개정 31판

식품위생관계법규 해설

식품위생법규교재 편찬위원회 편저

光文閣
www.kwangmoonkag.co.kr

집필진

대표저자 진성현	경성대학교 식품응용공학부 외래교수
권오천	경남도립 남해대학교 호텔조리제빵과 교수
금보연	(사)한국식품안전협회 회장
김경수	조선대학교 식품영양과 교수
김동석	경남정보대학교 식품영양과 겸임교수
김용식	연성대학교 식품과학학부 교수
김종수	식품의약품안전처
박연옥	송원대학교 식품영양학과 교수
박호국	동부산대학교 식품영양과 초빙교수
이화균	한국조리사관전문학교 교수
장미경	경성대학교 식품응용공학부 교수
최경하	신라대학교 식품영양학과 교수

인간의 건강과 가장 밀접한 관계가 있는 의·식·주 중에서도 가장 중요한 식품위생은 각종 오염물질에 의한 식품오염 등으로 인하여 시급한 관리가 필요하다. 이 때문에 관계기관에서는 국민의 건강을 도모하기 위하여 건전한 식생활을 영위할 수 있도록 식품위생과 관련된 법규를 시대에 맞게 개정, 공포하고 있다.

이 책은 대학에서 식품학 등을 전공하는 학생들이 교재로 사용하기에 적합하도록 하기 위하여 많은 교수들의 오랜 강의 경험을 토대로 집필한 것으로, 식품위생법규를 원문 그대로 단순히 옮기는 데 그치지 않고, 학습효과를 높이기 위하여 다음과 같은 점에 유의하여 편찬하였다.

첫째, 식품위생관계법규를 해당 조항을 쉽게 찾아볼 수 있도록 하기 위하여 법, 시행령, 시행규칙을 동일면에 수록하였으며, 이와 관련된 타 법규나 규정은 쉽게 찾아볼 수 있도록 하기 위하여 해당 조항 내에 【주】로서 표시·수록하여 동시에 보기 쉽도록 구성하여 편리성을 높였다.

둘째, 해당 법 조항들만 나열된 조항에는 해당 조항의 바로 뒤에 ※ 표로 표기하거나, 해당 조항의 내용 등을 괄호 속에 간단히 병기하여 이해를 돕게 하였다.

셋째, 시행령, 시행규칙의 별표를 별도 수록하지 않고 해당 조항 바로 인근에 수록하여 동시에 내용을 파악할 수 있도록 하였다.

전작 '식품위생관계법규'를 애용했던 독자들과 새로운 독자들, 모두에게 더욱 큰 도움이 되길 바라며, 앞으로도 매년 개정을 거듭하면서 계속 보완할 것을 약속드린다.

끝으로 이 책의 발행에 힘써주신 광문각출판사의 박정태 회장님 이하 편집부 직원 여러분께 깊은 감사를 드린다.

2020년 7월
식품위생법규 교재편찬위원 일동

CONTENTS

제3편 → **식품위생관계 기타 법규 / 303**

→ **주 · 시행령 · 시행규칙 별표 차례**

CONTENTS

제1편 법의 일반적인 개념

1. 법의 의의와 특성
2. 법의 시행체계
3. 법의 구성 및 용어해석

법의 일반적인 개념

1. 법의 의의와 특성

아리스토텔레스는 "사람은 사회적 동물이다."라고 하였으며 Jhering은 인간이 자기의 생활을 유지·발전시키기 위해서는 자기를 위한 생활 이외에 "타인에 의한 생활"을 하지 않으면 안 된다고 말했듯이, 인간은 선천적으로 타인과 공동으로 사회생활을 하는 본성을 가지고 있다.

인간의 사회생활에 있어서 법은 인간의 행위를 규제하는 규범으로 당위(當爲) 또는 부당위(不當爲) "하여야 한다" 또는 "하여서는 안 된다"를 규정하여 사회생활에 있어 사람들을 조화 있게 질서 지음으로써 인간의 합목적적 생활의 실현을 꾀하고 있다. 이러한 의미에서 법은 인간의 사회생활의 규범이라고 할 수 있다.

법은 종교, 도덕, 관습 등의 사회규범과 다른 강제규범의 성격을 가지며, 다음과 같은 특성이 있다.
① 법은 사회 공통의 소망과 요구를 대표한다.
② 모든 사회 구성원에게 적용된다.
③ 정부의 권한에 의하여 지원을 받는다.
④ 법은 모든 사람에게 정의의 구현을 보장한다.

또 법의 목적에는 개인의 자유와 권리를 보호하며 공익의 증진을 위하여 인간 행위를 규제·통제하는 1차적 목적과 재판관의 자의(恣意)에 의한 판결을 최대한 방지하여 법의 재판규범에 의한 사회의 정의실현에 2차적 목적이 있다.

2. 법의 시행체계

가. 헌법[대통령 또는 국회재적의원 과반수 발의 → 20일 이상 공고 → 국회에서 의결(재적의원 3분의 2 이상 찬성) → 국민투표(국민과반수의 투표와 투표자 과반수의 찬성) → 대통령 공포]

국가의 기본법으로서 국가통치체제와 기본권 보장의 기초에 관한 근본법규이며, 모든 법령의 수권법(授權法), 근원법, 기초법, 제한법이다.

헌법 제37조 : 국민의 모든 자유와 권리는 국가안전보장·질서유지 또는 공공복리를 위하여 필요한 경우에 한하여 법률로써 제한할 수 있으며, 제한하는 경우에도 자유와 권리의 본질적인 내용을 침해할 수 없다.

나. 식품위생법

헌법 제37조에 의거 식품위생상의 위해방지 등을 위해 각종 의무를 명하고 일정한 요건에 적합한 경우 그 제한을 해제함.
예) 영업허가를 득한 자에게만 헌법상 보장된 영업의 자유를 회복시켜 줌.

법률 : 국회의 의결에 의해 정부의 공포로 시행되는 것으로서 국민의 기본권에 관한 것은 법률로서 정한다. 법률은 국민 전체에 적용되는 것으로서 법률 없이 개개인의 행위를 제한할 수 없다.

다. 식품위생법 시행령

식품위생법에서 위임받은 사항과 그 구체적 집행에 관한 사항.

시행령 : 법률을 시행하는 데 필요한 사항을 규정한 것으로, 법제처의 심의를 거쳐 국무회의 의결로서 공포된다. 공포·발령은 대통령령으로 표시한다. 행정수반이며 집행권자인 대통령이 정치력에 의해서 법률을 시행할 수 있도록 위임한 위임법이다.

라. 식품위생법 시행규칙

식품위생법·시행령에서 위임받은 사항과 그 구체적 집행에 관한 사항.

시행규칙 : 법률이나 시행령의 위임규정에 근거를 둔 것으로서 시행령으로 규정할 수 없는 구체적 사항을 실무 행정기관으로 하여금 적법하도록 시행하게 한 것이다.
이를 통상 행정 각부 장관에게 위임한 사항이라고 하며 그 발령은 대부분 부령(部令)으로 표시하는데, 식품위생법 시행규칙은 2013.3.23. 이전에는 보건복지부령, 이후에는 총리령으로 개정·공포되고 있다. 시행규칙은 당해 행정기관의 제정과 법제처의 심의를 거쳐 시행된다.

마. 각종 고시

법·시행령·시행규칙에서 위임받은 사항과 그 구체적인 집행에 관한 사항
예) 한시적으로 인정하는 식품 등의 제조·가공 등에 관한 기준과 성분의 규격에 관하여 필요한 세부 검토기준 등에 대해서는 식품의약품안전처장이 정하여 고시한다. 등

3. 법의 구성 및 용어 해석

(가) 법의 구성은 제1장…, 제1절…, 제1조…, ① (제1항)·②·③…, 1 (제1호)·2·3…, 가 (가목)·나·다… 으로 나타낸다.

(나) 법 등에 나오는 용어의 해석은 다음과 같다.

① 이상, 이하, 이전, 이후, 이내 : 그 수치를 포함한다.

② 초과, 미만, 넘는 : 그 수치를 포함하지 않는다.

③ 준용한다 : 비슷한 내용의 조항을 되풀이 하지 않고 그 조항에 필요한 사항만을 적용한 다는 뜻이다.

④ 각호에, 각호의 1 : 「각호에」은 게재된 호의 전부를 가리키고 「각 호의 1」은 게재되어 있는 호 중 어느 하나의 호만 가리킨다.

⑤ 전2항, 제2항 : 「전2항」은 그 항을 포함하지 않는 그 항의 앞에 있는 2개항을 가리키고 「제2항」은 제1항 다음에 오는 제2항만을 가리킨다.

⑥ 그러하지 아니하다. 하여서는 아니 된다 : 「그러하지 아니하다」은 허용(許容)을, 「하여 서는 아니 된다」은 불허(不許)를 뜻한다.

⑦ 제2항 내지 제5항 : 제2항에서 제5항까지의 전체를 뜻한다.

⑧ 병과(倂科)한다 : 벌칙사항에 대하여 징역형과 벌금형을 동시에 과한다는 뜻이다.

⑨ 공하는 : "사용되는", "쓰이는"을 뜻한다.

⑩ 갈음할 수 있다 : "대신할 수 있다"는 뜻이다.

제2편 식품위생관계법규 해설

식품위생법	식품위생법 시행령	식품위생법 시행규칙
제 정 : 1962. 1. 20. 법률 제1007호 개 정 : 2020. 3. 24. 법률 제17091호 ※ 제정 이후 제78차 개정	제 정 : 1962. 6. 10. 각 령 제 811호 개 정 : 2020. 3. 24. 대통령령 제30545호 ※ 제정 이후 제108차 개정	제 정 : 1962. 10. 10. 보건사회부령 제91호 개 정 : 2020. 4. 13. 총리령 제1610호 ※ 제정 이후 제131차 개정
【식품위생법은 제13장, 제102조 및 부칙으로 구성】	【식품위생법 시행령은 대통령령으로서 제67조 및 부칙으로 구성】	【식품위생법 시행규칙은 총리령으로 제101조 및 부칙으로 구성】

제1장 총칙

제1조(목적) 이 법은 식품으로 인하여 생기는 위생상의 위해(危害)를 방지하고 식품영양의 질적 향상을 도모하며 식품에 관한 올바른 정보를 제공하여 국민보건의 증진에 이바지함을 목적으로 한다.

제1조(목적) 이 영은 「식품위생법」에서 위임된 사항과 그 시행에 필요한 사항을 규정함을 목적으로 한다.

제1조(목적) 이 규칙은 「식품위생법」 및 같은 법 시행령에서 위임된 사항과 그 시행에 필요한 사항을 규정함을 목적으로 한다.

제2조(정의) 이 법에서 사용하는 용어의 뜻은 다음과 같다. <개정 2017. 4. 18.>
1. "식품"이란 모든 음식물(의약으로 섭취하는 것은 제외한다)을 말한다.
2. "식품첨가물"이란 식품을 제조·가공·조리 또는 보존하는 과정에서 감미(甘味), 착색(着色), 표백(漂白) 또는 산화방지 등을 목적으로 식품에 사용되는 물질을 말한다. 이 경우 기구(器具)·용기·포장을 살균·소독하는 데에 사용되어 간접적으로 식품으로 옮아갈 수 있는 물질을 포함한다.
3. "화학적 합성품"이란 화학적 수단으로 원소(元素) 또는 화합물에 분해 반응 외의 화학 반응을 일으켜서 얻은 물질을 말한다.
4. "기구"란 다음 각 목의 어느 하나에 해당하는 것으로서 식품 또는 식품첨가물에 직접 닿는 기계·기구나 그 밖의 물건(농업과 수산업에서 식품을 채취하는 데에 쓰는 기계·기구나 그 밖의 물건 및 「위생용품 관리법」 제2조제1호에 따른 위생용품은 제외한다)을 말한다.
   가. 음식을 먹을 때 사용하거나 담는 것
   나. 식품 또는 식품첨가물을 채취·제조·가공·조리·저장·소분[(小分): 완제품을 나누어 유통을 목적으로 재포장하는 것을 말한다. 이하 같다]·운반·진열할 때 사용하는 것
5. "용기·포장"이란 식품 또는 식품첨가물을 넣거나 싸는 것으로서 식품 또는 식품첨가물을 주고받을 때 함께 건네는 물품을 말한다.

6. "위해"란 식품, 식품첨가물, 기구 또는 용기·포장에 존재하는 위험 요소로서 인체의 건강을 해치거나 해칠 우려가 있는 것을 말한다.

7. 삭제 <2018. 3. 13.>

8. 삭제 <2018. 3. 13.>

9. "영업"이란 식품 또는 식품첨가물을 채취·제조·수입·가공·조리·저장·소분·운반 또는 판매하거나 기구 또는 용기·포장을 제조·수입·운반·판매하는 업(농업과 수산업에 속하는 식품 채취업은 제외한다)을 말한다.

10. "영업자"란 제37조제1항에 따라 영업허가를 받은 자나 같은 조 제4항에 따라 영업신고를 한 자 또는 같은 조 제5항에 따라 영업등록을 한 자를 말한다.

11. "식품위생"이란 식품, 식품첨가물, 기구 또는 용기·포장을 대상으로 하는 음식에 관한 위생을 말한다.

12. "집단급식소"란 영리를 목적으로 하지 아니하면서 특정 다수인에게 계속하여 음식물을 공급하는 다음 각 목의 어느 하나에 해당하는 곳의 급식시설로서 대통령령으로 정하는 시설을 말한다.

    가. 기숙사

    나. 학교

    다. 병원

    라. 「사회복지사업법」 제2조제4호의 사회복지시설

    마. 산업체

    바. 국가, 지방자치단체 및 「공공기관의 운영에 관한 법률」 제4조제1항에 따른 공공기관

    사. 그 밖의 후생기관 등

13. "식품이력추적관리"란 식품을 제조·가공단계부터 판매단계까지 각 단계별로 정보를 기록·관리하여 그 식품의 안전성 등에 문제가 발생할 경우 그 식품을 추적하여 원인을 규명하고 필요한 조치를 할 수 있도록 관리하는 것을 말한다.

14. "식중독"이란 식품 섭취로 인하여 인체에 유해한 미생물 또는 유독물질에 의하여 발생하였거나 발생한 것으로 판단되는 감염성 질환 또는 독소형 질환을 말한다.

15. "집단급식소에서의 식단"이란 급식대상 집단의 영양섭취기준에 따라 음식명, 식재료, 영양성분, 조리방법, 조리인력 등을 고려하여 작성한 급식계획서를 말한다.

제2조(집단급식소의 범위) 「식품위생법」(이하 "법"이라 한다) 제2조제12호에 따른 집단급식소는 1회 50명 이상에게 식사를 제공하는 급식소를 말한다.

제3조(식품 등의 취급)

① 누구든지 판매(판매 외의 불특정 다수인에 대한 제공을 포함한다. 이하 같다)를 목적으로 식품 또는 식품첨가물을 채취·제조·가공·사용·조리·저장·소분·운반 또는 진열을 할 때에는 깨끗하고 위생적으로 하여야 한다.

② 영업에 사용하는 기구 및 용기·포장은 깨끗하고 위생적으로 다루어야 한다.

③ 제1항 및 제2항에 따른 식품, 식품첨가물, 기구 또는 용기·포장(이하 "식품등"이라 한다)의 위생적인 취급에 관한 기준은 총리령으로 정한다. <개정 2013. 3. 23.>

제2조(식품등의 위생적인 취급에 관한 기준) 「식품위생법」(이하 "법"이라 한다) 제3조제3항에 따른 식품, 식품첨가물, 기구 또는 용기·포장(이하 "식품등"이라 한다)의 위생적인 취급에 관한 기준은 **별표 1**과 같다.

◎ **시행규칙 [별표 1]** 〈개정 2020. 4. 13.〉

식품 등의 위생적인 취급에 관한 기준(시행규칙 제2조 관련)

1. 식품등을 취급하는 원료보관실·제조가공실·조리실·포장실 등의 내부는 항상 청결하게 관리하여야 한다.
2. 식품등의 원료 및 제품 중 부패·변질이 되기 쉬운 것은 냉동·냉장시설에 보관·관리하여야 한다.
3. 식품등의 보관·운반·진열시에는 식품등의 기준 및 규격이 정하고 있는 보존 및 유통기준에 적합하도록 관리하여야 하고, 이 경우 냉동·냉장시설 및 운반시설은 항상 정상적으로 작동시켜야 한다.
4. 식품등의 제조·가공·조리 또는 포장에 직접 종사하는 사람은 위생모를 착용하는 등 개인위생관리를 철저히 하여야 한다.
5. 제조·가공(수입품을 포함한다)하여 최소판매 단위로 포장(위생상 위해가 발생할 우려가 없도록 포장되고, 제품의 용기·포장에 「식품 등의 표시·광고에 관한 법률」 제4조제1항에 적합한 표시가 되어 있는 것을 말한다)된 식품 또는 식품첨가물을 허가를 받지 아니하거나 신고를 하지 아니하고 판매의 목적으로 포장을 뜯어 분할하여 판매하여서는 아니 된다. 다만, 컵라면, 일회용 다류, 그 밖의 음식류에 뜨거운 물을 부어주거나, 호빵 등을 따뜻하게 데워 판매하기 위하여 분할하는 경우는 제외한다.
6. 식품등의 제조·가공·조리에 직접 사용되는 기계·기구 및 음식기는 사용 후에 세척·살균하는 등 항상 청결하게 유지·관리하여야 하며, 어류·육류·채소류를 취급하는 칼·도마는 각각 구분하여 사용하여야 한다.
7. 유통기한이 경과된 식품 등을 판매하거나 판매의 목적으로 진열·보관하여서는 아니 된다.

제2장 식품과 식품첨가물

제4조(위해식품등의 판매 등 금지) 누구든지 다음 각 호의 어느 하나에 해당하는 식품등을 판매하거나 판매할 목적으로 채취·제조·수입·가공·사용·조리·저장·소분·운반 또는 진열하여서는 아니 된다. 〈개정 2016. 2. 3.〉

1. 썩거나 상하거나 설익어서 인체의 건강을 해칠 우려가 있는 것
2. 유독·유해물질이 들어 있거나 묻어 있는 것 또는 그러할 염려가 있는 것. 다만, 식품의약품안전처장이 인체의 건강을 해칠 우려가 없다고 인정하는 것은 제외한다.
3. 병(病)을 일으키는 미생물에 오염되었거나 그러할 염려가 있어 인체의 건강을 해칠 우려가 있는 것
4. 불결하거나 다른 물질이 섞이거나 첨가(添加)된 것 또는 그 밖의 사유로 인체의 건강을 해칠 우려가 있는 것
5. 제18조에 따른 안전성 심사 대상인 농·축·수산물 등 가운데 안전성 심사를 받지 아니하였거나 안전성 심사에서 식용(食用)으로 부적합하다고 인정된 것
6. 수입이 금지된 것 또는 「수입식품안전관리 특별법」 제20조제1항에 따른 수입신고를 하지 아니하고 수입한 것
7. 영업자가 아닌 자가 제조·가공·소분한 것

제5조(병든 동물 고기 등의 판매 등 금지) 누구든지 총리령으로 정하는 질병에 걸렸거나 걸렸을 염려가 있는 동물이나 그 질병에 걸려 죽은 동물

제3조(판매 등이 허용되는 식품등) 유독·유해물질이 들어 있거나 묻어 있는 식품등 또는 그러할 염려가 있는 식품등으로서 법 제4조제2호 단서에 따라 인체의 건강을 해칠 우려가 없다고 식품의약품안전처장이 인정하여 판매 등의 금지를 하지 아니할 수 있는 것은 다음 각 호의 어느 하나에 해당하는 것으로 한다. 〈개정 2013. 3. 23.〉

1. 법 제7조제1항·제2항(식품 또는 식품첨가물에 관한 기준 및 규격) 또는 법 제9조제1항·제2항(기구 및 용기·포장에 관한 기준 및 규격) 에 따른 식품등의 제조·가공 등에 관한 기준 및 성분에 관한 규격(이하 "식품등의 기준 및 규격"이라 한다)에 적합한 것
2. 제1호의 식품등의 기준 및 규격이 정해지지 아니한 것으로서 식품의약품안전처장이 법 제57조에 따른 식품위생심의위원회(이하 "식품위생심의위원회"라 한다)의 심의를 거쳐 유해의 정도가 인체의 건강을 해칠 우려가 없다고 인정한 것

제4조(판매 등이 금지되는 병든 동물 고기 등) 법 제5조에서 "총리령으로 정하는 질병"이란 다음 각 호의 질병을 말한다. 〈개정 2014. 2. 19.〉

의 고기·뼈·젖·장기 또는 혈액을 식품으로 판매하거나 판매할 목적으로 채취·수입·가공·사용·조리·저장·소분 또는 운반하거나 진열하여서는 아니 된다. <개정 2013. 3. 23.>	1. 「축산물 위생관리법 시행규칙」 별표 3 제1호다목에 따라 도축이 금지되는 가축전염병 【주 1】 2. 리스테리아병, 살모넬라병, 파스튜렐라병 및 선모충증

【주 1】

◎ 「축산물 위생관리법 시행규칙」 별표 3 <개정 2018. 6. 29.>

도축하는 가축 및 그 식육의 검사기준

다. 검사관 또는 책임수의사는 가축의 검사 결과 다음에 해당되는 가축에 대해서는 도축을 금지하도록 하여야 한다.
  (1) 다음의 가축질병에 걸렸거나 걸렸다고 믿을 만한 역학조사·정밀검사 결과나 임상증상이 있는 가축
   ㈎ 우역(牛疫)·우폐역(牛肺疫)·구제역(口蹄疫)·탄저(炭疽)·기종저(氣腫疽)·불루텅병·리프트계곡열·럼프스킨병·가성우역(假性牛疫)·소유행열·결핵병(結核病)·브루셀라병·요네병(전신증상을 나타낸 것만 해당한다)·스크래피·소해면상뇌증(海綿狀腦症: BSE)·소류코시스(임상증상을 나타낸 것만 해당한다)·아나플라즈마병(아나플라즈마 마지나레만 해당한다)·바베시아병(바베시아 비제미나 및 보비스만 해당한다)·타이레리아병(타이레리아 팔마 및 에눌라타만 해당한다)
   ㈏ 돼지열병·아프리카돼지열병·돼지수포병(水疱病)·돼지텟셴병·돼지단독·돼지일본뇌염
   ㈐ 양두(羊痘)·수포성구내염(水疱性口內炎)·비저(鼻疽)·말전염성빈혈·아프리카마역(馬疫)·광견병(狂犬病)
   ㈑ 뉴캣슬병·가금콜레라·추백리(雛白痢)·조류(鳥類)인플루엔자·닭전염성후두기관염·닭전염성기관지염·가금티프스
   ㈒ 현저한 증상을 나타내거나 인체에 위해를 끼칠 우려가 있다고 판단되는 파상풍·농독증·패혈증·요독증·황달·수종·종양·중독증·전신쇠약·전신빈혈증·이상고열증상·주사반응(생물학적제제에 의하여 현저한 반응을 나타낸 것만 해당한다)
  (2) 강제로 물을 먹였거나 먹였다고 믿을 만한 역학조사·정밀검사 결과나 임상증상이 있는 가축

제6조(기준·규격이 정하여지지 아니한 화학적 합성품 등의 판매 등 금지) 누구든지 다음 각 호의 어느 하나에 해당하는 행위를 하여서는 아니 된다. 다만, 식품의약품안전처장이 제57조에 따른 식품위생심의위원회(이하 "심의위원회"라 한다)의 심의를 거쳐 인체의 건강을 해칠 우려가 없다고 인정하는 경우에는 그러하지 아니하다. <개정 2016. 2. 3.>
 1. 제7조제1항 및 제2항에 따라 기준·규격이 고시되지 아니한 화학적 합성품인 첨가물과 이를 함유한 물질을 식품첨가물로 사용하는 행위
 2. 제1호에 따른 식품첨가물이 함유된 식품을 판매하거나 판매할 목적으로 제조·수입·가공·사용·조리·저장·소분·운반 또는 진열하는 행위 〈제목개정 2016. 2. 3.〉

제7조(식품 또는 식품첨가물에 관한 기준 및 규격) ① 식품의약품안전처장은 국민보건을 위하여 필요하면 판매를 목적으로 하는 식품 또는 식품첨가물에 관한 다음 각 호의 사항을 정하여 고시한다.【주 2】 <개정 2016. 2. 3.> 1. 제조·가공·사용·조리·보존 방법에 관한 기준 2. 성분에 관한 규격 ② 식품의약품안전처장은 제1항에 따라 기준과 규격이 고시되지 아니한 식품 또는 식품첨가물의 기준과	**【주 2】** 식품의 기준 및 규격(식품공전) 참조 ➡ P. 169	제5조(식품등의 한시적 기준 및 규격의 인정 등) ① 법 제7조제2항(식품 또는 식품첨가물에 관한 기준 및

규격을 인정받으려는 자에게 제1항 각 호의 사항을 제출하게 하여 「식품·의약품분야 시험·검사 등에 관한 법률」 제6조제3항제1호에 따라 식품의약품안전처장이 지정한 식품전문 시험·검사기관 또는 같은 조 제4항 단서에 따라 총리령으로 정하는 시험·검사기관의 【주 3】 검토를 거쳐 제1항에 따른 기준과 규격이 고시될 때까지 그 식품 또는 식품첨가물의 기준과 규격으로 인정할 수 있다. <개정 2016. 2. 3.>
③ 수출할 식품 또는 식품첨가물의 기준과 규격은 제1항 및 제2항에도 불구하고 수입자가 요구하는 기준과 규격을 따를 수 있다.
④ 제1항 및 제2항에 따라 기준과 규격이 정하여진 식품 또는 식품첨가물은 그 기준에 따라 제조·수입·가공·사용·조리·보존하여야 하며, 그 기준과 규격에 맞지 아니하는 식품 또는 식품첨가물은 판매하거나 판매할 목적으로 제조·수입·가공·사용·조리·저장·소분·운반·보존 또는 진열하여서는 아니 된다.

【주 3】
총리령으로 정하는 시험·검사기관 참조 ☞ P. 22

규격) 또는 법 제9조제2항(기구 및 용기·포장에 관한 기준 및 규격)에 따라 한시적으로 제조·가공 등에 관한 기준과 성분에 관한 규격을 인정받을 수 있는 식품등은 다음 각 호와 같다. <개정 2016. 8. 4.>
1. 식품(원료로 사용되는 경우만 해당한다)
   가. 국내에서 새로 원료로 사용하려는 농산물·축산물·수산물 등
   나. 농산물·축산물·수산물 등으로부터 추출·농축·분리 등의 방법으로 얻은 것으로서 식품으로 사용하려는 원료
2. 식품첨가물 : 법 제7조제1항에 따라 개별 기준 및 규격이 정하여지지 아니한 식품첨가물
3. 기구 또는 용기·포장 : 법 제9조제1항에 따라 개별 기준 및 규격이 고시되지 아니한 식품 및 식품첨가물에 사용되는 기구 또는 용기·포장
② 식품의약품안전처장은 「식품·의약품분야 시험·검사 등에 관한 법률」 제6조제3항제1호에 따라 지정된 식품전문 시험·검사기관 또는 같은 조 제4항 단서에 따라 총리령으로 정하는 시험·검사기관 【주 3】 (이하 이 조에서 "식품 등 시험·검사기관"이라 한다)이 한시적으로 인정하는 식품등의 제조·가공 등에 관한 기준과 성분의 규격에 대하여 검토한 내용이 제4항에 따른 검토기준에 적합하지 아니하다고 인정하는 경우에는 그 식품 등 시험·검사기관에 시정을 요청할 수 있다. <개정 2014. 8. 20.>
③ 식품 등 시험·검사기관은 제2항에 따른 검토를 하는 데에 필요한 경우에는 그 검토를 의뢰한 자에게 관계 문헌, 원료 및 시험에 필요한 특수시약의 제출을 요청할 수 있다. <개정 2014. 8. 20.>
④ 한시적으로 인정하는 식품등의 제조·가공 등에 관한 기준과 성분의 규격에 관하여 필요한 세부 검토

		기준 등에 대해서는 식품의약품안전처장이 정하여 고시한다. <개정 2013. 3. 23.>

【주 3】

식품·의약품 분야 시험·검사 등에 관한 법률

제6조(시험·검사기관의 지정) ① 식품의약품안전처장은 시험·검사 업무를 전문적·효율적으로 수행할 기관(이하 "시험·검사기관"이라 한다)을 지정할 수 있다.

② 제1항에 따라 지정할 수 있는 시험·검사기관의 종류는 다음 각호와 같다. <개정 2018. 12. 11.>

1. 식품 등 시험·검사기관: 다음 각 목에 따른 시험·검사를 수행하는 기관
   가. 「식품위생법」 제7조, 제9조, 제19조의4, 제22조제1항, 제31조제2항, 「건강기능식품에 관한 법률」 제14조, 「수입식품안전관리 특별법」 제21조 및 제22조에 따른 검사
   나. 「식품 등의 표시·광고에 관한 법률」 제4조 및 제5조에 따른 표시기준 또는 영양표시기준, 「식품위생법」 제37조제6항 및 제48조에 따른 식품 또는 식품첨가물의 제조·가공 보고 또는 식품안전관리인증기준의 준수를 위하여 필요한 시험·검사
2. 축산물 시험·검사기관: 다음 각 목에 따른 시험·검사를 수행하는 기관
   가. 「축산물 위생관리법」 제4조제3항, 제12조, 제19조제1항 및 제2항, 「수입식품안전관리 특별법」 제21조 및 제22조에 따른 검사
   나. 「식품 등의 표시·광고에 관한 법률」 제4조에 따른 표시기준, 「축산물 위생관리법」 제9조 및 제25조에 따른 안전관리인증기준 또는 품목 제조의 보고 준수를 위하여 필요한 시험·검사
3. 의약품 등 시험·검사기관: 「약사법」 제73조의 검사명령에 따라 의약품 등의 품질검사를 수행하는 기관
4. 의료기기 시험·검사기관: 「의료기기법」 제27조에 따라 의료기기의 시험검사를 수행하는 기관
5. 화장품 시험·검사기관: 「화장품법」 제20조의 검사명령에 따라 화장품의 검사를 수행하는 기관
6. 위생용품 시험·검사기관: 「위생용품 관리법」 제8조, 제13조, 제14조 및 제25조에 따라 위생용품의 시험·검사를 수행하는 기관

③ 제2항제1호에 따른 식품 등 시험·검사기관은 검사업무의 범위별로 다음 각호와 같이 구분하여 지정할 수 있다. <개정 2018. 12. 11.>

1. 식품전문 시험·검사기관: 「식품위생법」 제7조, 제9조, 제19조의4, 제22조제1항, 「건강기능식품에 관한 법률」 제14조, 「수입식품안전관리 특별법」 제21조, 제22조 및 이 조 제2항제1호나목에 따른 시험·검사를 수행하는 기관
2. 자가품질위탁 시험·검사기관: 「식품위생법」 제7조, 제9조, 제31조제2항, 「건강기능식품에 관한 법률」 제14조 및 이 조 제2항제1호나목에 따른 시험·검사를 수행하는 기관

④ 제2항 각호의 어느 하나에 해당하는 시험·검사기관으로 지정받고자 하는 자는 총리령으로 정하는 시험·검사에 필요한 시설·설비 및 인력 등의 요건을 갖추어 식품의약품안전처장에게 지정 신청을 하여야 한다. 다만, 총리령으로 정하는 시험·검사기관인 경우에는 제1항에 따라 지정된 것으로 본다.

⑤ 제1항에 따라 지정을 받은 시험·검사기관이 지정받은 사항 중 시험·검사 범위의 변경 등 총리령으로 정하는 중요 사항을 변경하고자 하는 때에는 미리 식품의약품안전처장의 승인을 받아야 한다. 다만, 총리령으로 정하는 경미한 사항을 변경할 때에는 변경사항 발생일부터 1개월 이내에 식품의약품안전처장에게 신고하여야 한다.

⑥ 다음 각호의 어느 하나에 해당하는 자는 제2항 각호에 따른 시험·검사기관으로 지정을 받을 수 없다. <신설 2018. 12. 11.>

1. 이 법을 위반하여 금고 이상의 실형을 선고받고 그 집행이 종료(집행이 종료된 것으로 보는 경우를 포함한다)되거나 집행이 면제된 날부터 2년이 경과되지 아니한 사람
2. 이 법을 위반하여 금고 이상의 형의 집행유예를 선고받고 그 유예기간 중인 사람
3. 대표자 또는 임원 중 제1호, 제2호 또는 제10조제3항제1호의 어느 하나에 해당하는 사람이 있는 법인

⑦ 시험·검사기관으로 지정을 받은 자는 다른 사람에게 지정받은 시험·검사기관의 명칭을 사용하여 이 조에 따른 시험·검사 업무를 하게 하거나 시험·검사기관 지정서를 다른 사람에게 대여하여서는 아니 된다. <신설 2018. 12. 11.>

⑧ 제1항부터 제5항까지의 규정에 따른 지정, 변경의 요건·절차, 업무의 범위, 그 밖에 필요한 사항은 총리령으로 정한다. <개정 2018. 12. 11.>

⑨ 제4항 단서에 따라 총리령으로 정하는 시험·검사기관의 경우에는 제5항, 제8항, 제7조, 제9조, 제10조, 제

17조 및 제27조를 적용하지 아니한다. <개정 2018. 12. 11.>

식품·의약품 분야 시험·검사 등에 관한 법률 시행규칙

제3조(총리령으로 정하는 시험·검사기관) 법 제6조제4항 단서에서 "총리령으로 정하는 시험·검사기관"이란 **별표 3**에 따른 기관을 말한다.

[별표 3] **총리령으로 정하는 시험·검사기관** 〈개정 2018. 12. 4.〉
 1. 식품의약품안전평가원
 2. 지방식품의약품안전청
 3. 농림축산검역본부
 3의 2. 국세청 주류면허지원센터
 4. 「보건환경연구원법」 제2조에 따른 시·도 보건환경연구원
 5. 「지방자치법」 제114조에 따라 지방자치단체가 식품(세종특별자치시동물위생연구소만 해당한다) 및 축산물
   에 대한 위생검사를 하기 위하여 설립한 다음 각 목의 기관
   가. 경기도동물위생시험소
   나. 경기도북부동물위생시험소
   다. 강원도동물위생시험소
   라. 충청북도축산위생연구소
   마. 충청남도동물위생시험소
   바. 전라북도동물위생시험소
   사. 전라남도동물위생시험소
   아. 경상북도동물위생시험소
   자. 경상남도동물위생시험소
   차. 제주특별자치도동물위생시험소
   카. 세종특별자치시동물위생연구소

제7조의2(권장규격 예시 등) ① 식품의약품안전처장은 판매를 목적으로 하는 제7조(식품 또는 식품첨가물에 관한 기준 및 규격) 및 제9조(기구 및 용기·포장에 관한 기준 및 규격)에 따른 기준 및 규격이 설정되지 아니한 식품등이 국민보건상 위해 우려가 있어 예방조치가 필요하다고 인정하는 경우에는 그 기준 및 규격이 설정될 때까지 위해 우려가 있는 성분 등의 안전관리를 권장하기 위한 규격(이하 "권장규격"이라 한다)을 예시할 수 있다. <개정 2013. 3. 23.>
② 식품의약품안전처장은 제1항에 따라 권장규격을 예시할 때에는 국제식품규격위원회 및 외국의 규격 또는 다른 식품등에 이미 규격이 신설되어 있는 유사한 성분 등을 고려하여야 하고 심의위원회의 심의를 거쳐야 한다. <개정 2013. 3. 23.>
③ 식품의약품안전처장은 영업자가 제1항에 따른 권장규격을 준수하도록 요청할 수 있으며 이행하지 아니한 경우 그 사실을 공개할 수 있다. <개정 2013. 3. 23.>

제7조의3(농약 등의 잔류허용기준 설정 요청 등)
① 식품에 잔류하는 「농약관리법」에 따른 농약, 「약사법」에 따른 동물용 의약품의 잔류허용기준 설정이 필요한 자는 식품의약품안전처장에게 신청하여야 한다.
② 수입식품에 대한 농약 및 동물용 의약품의 잔류허용기준 설정을 원하는 자는 식품의약품안전처장에게 관련 자료를 제출하여 기준 설정을 요청할 수 있다.
③ 식품의약품안전처장은 제1항의 신청에 따라 잔류허용기준을 설정하는 경우 관계 행정기관의 장에게 자료제공 등의 협조를 요청할 수 있다. 이

제5조의2(농약 또는 동물용 의약품 잔류허용기준의 설정) ① 식품에 대하여 법 제7조의3제1항에 따라 농약 또는 동물용 의약품 잔류허용기준(이하 "잔류허용기준"이라 한다)의 설정을 신청하려는 자는 **별지 제1호서식**의 설정 신청서(전자문서로 된 신청서를 포함한다)를 식품의약품안전처장에게 제출하여야 한다.
② 법 제7조의3제2항에 따라 수입식품에 대한 잔류허용기준의 설정을 요청하려는 자는 **별지 제1호의2서식**의 설정 요청서(전자문서로 된 요청서를 포함한다)에 다음 각 호의 자료(전자문서를 포함한다)를 첨부하여 식품의약품안전처장에게 제출하여야 한다.

경우 요청을 받은 관계 행정기관의 장은 특별한 사유가 없으면 이에 따라야 한다.
④ 제1항 및 제2항에 따른 신청 절차·방법 및 자료제출의 범위 등 세부사항은 총리령으로 정한다.
　[본조신설 2013. 7. 30.]

1. 농약 또는 동물용 의약품의 독성에 관한 자료와 그 요약서
2. 농약 또는 동물용 의약품의 식품 잔류에 관한 자료와 그 요약서
3. 국제식품규격위원회의 잔류허용기준에 관한 자료와 잔류허용기준의 설정에 관한 자료
4. 수출국의 잔류허용기준에 관한 자료와 잔류허용기준의 설정에 관한 자료
5. 수출국의 농약 또는 동물용 의약품의 표준품
③ 식품의약품안전처장은 제1항에 따른 신청이나 제2항에 따른 요청 내용이 타당한 경우에는 잔류허용기준을 설정할 수 있으며, 잔류허용기준 설정 여부가 결정되면 지체 없이 그 사실을 **별지 제1호의3서식**에 따라 신청인 또는 요청인에게 통보하여야 한다.
제5조의3(잔류허용기준의 변경 등) ① 제5조의2제1항 또는 제2항에 따라 잔류허용기준의 설정을 받은 자가 그 기준을 변경할 필요가 있는 경우에는 **별지 제1호서식**의 변경 신청서 또는 **별지 제1호의2서식**의 변경 요청서를 식품의약품안전처장에게 제출하여야 한다.
② 제5조의2제1항 또는 제2항에 따라 잔류허용기준 설정을 신청 또는 요청하는 대신 잔류허용기준을 설정할 필요가 없음을 확인받으려는 자는 **별지 제1호서식**의 설정면제 신청서 또는 **별지 제1호의2서식**의 설정면제 요청서를 식품의약품안전처장에게 제출하여야 한다.
③ 잔류허용기준의 변경·설정면제 및 통보에 관하여는 제5조의2제3항을 준용한다.

제7조의4(식품등의 기준 및 규격 관리계획 등)
① 식품의약품안전처장은 관계 중앙행정기관의 장과의 협의 및 심의위원회의 심의를 거쳐 식품등의 기준 및 규격 관리 기본계획(이하 "관리계획"이라 한다)을 5년마다 수립·추진할 수 있다.
〈개정 2016. 2. 3.〉
② 관리계획에는 다음 각 호의 사항이 포함되어야 한다.
1. 식품등의 기준 및 규격 관리의 기본 목표 및 추진방향
2. 식품등의 유해물질 노출량 평가
3. 식품등의 유해물질의 총 노출량 적정관리 방안
4. 식품등의 기준 및 규격의 재평가에 관한 사항
5. 그 밖에 식품등의 기준 및 규격 관리에 필요한 사항
③ 식품의약품안전처장은 관리계획을 시행하기 위하여 해마다 관계 중앙행정기관의 장과 협의하여 식품등의 기준 및 규격 관리 시행계획(이하 "시행계획"이라 한다)을 수립하여야 한다.

제5조의4(식품등의 기준 및 규격 관리 기본계획 등의 수립·시행) ① 법 제7조의4제1항에 따른 식품등의 기준 및 규격 관리 기본계획(이하 "관리계획"이라 한다)에 포함되는 노출량 평가·관리의 대상이 되는 유해물질의 종류는 다음 각 호와 같다.
1. 중금속
2. 곰팡이 독소
3. 유기성오염물질
4. 제조·가공 과정에서 생성되는 오염물질
5. 그 밖에 식품등의 안전관리를 위하여 식품의약품안전처장이 노출량 평가·관리가 필요하다고 인정한 유해물질
② 식품의약품안전처장은 관리계획 및 법 제7조의4제3항에 따른 식품등의 기준 및 규격 관리 시행계획을 수립·시행할 때에는 다음 각 호의 자료를 바탕으로 하여야 한다.
1. 식품등의 유해물질 오염도에 관한 자료
2. 식품등의 유해물질 저감화(低減化)에 관한 자료
3. 총식이조사(TDS, Total Diet Study)에 관한 자료

④ 식품의약품안전처장은 관리계획 및 시행계획을 수립·시행하기 위하여 필요한 때에는 관계 중앙행정기관의 장 및 지방자치단체의 장에게 협조를 요청할 수 있다. 이 경우 협조를 요청받은 관계 중앙행정기관의 장 등은 특별한 사유가 없으면 이에 따라야 한다.
⑤ 관리계획에 포함되는 노출량 평가·관리의 대상이 되는 유해물질의 종류, 관리계획 및 시행계획의 수립·시행 등에 필요한 사항은 총리령으로 정한다.
　　[본조신설 2014. 5. 28.]

4. 「국민영양관리법」 제7조제2항제2호다목에 따른 영양 및 식생활 조사에 관한 자료
　　[본조신설 2015. 8. 18.]

제7조의5(식품등의 기준 및 규격의 재평가 등) ① 식품의약품안전처장은 관리계획에 따라 식품등에 관한 기준 및 규격을 주기적으로 재평가하여야 한다.
② 제1항에 따른 재평가 대상, 방법 및 절차 등에 필요한 사항은 총리령으로 정한다.
　　[본조신설 2014. 5. 28.]

제5조의5(식품등의 기준 및 규격의 재평가 등) ① 법 제7조의5제1항에 따른 재평가 대상은 다음 각 호와 같다.
　1. 법 제7조제1항에 따라 정해진 식품 또는 식품첨가물의 기준 및 규격
　2. 법 제9조제1항에 따라 정해진 기구 및 용기·포장의 기준 및 규격
② 식품의약품안전처장은 법 제7조의5제1항에 따라 재평가를 할 때에는 미리 그 계획서를 작성하여 식품위생심의위원회의 심의를 받아야 한다.
③ 법 제7조의5제1항에 따른 재평가의 방법 및 절차에 관한 세부 사항은 식품의약품안전처장이 정하여 고시한다.
　　[본조신설 2015. 8. 18.]

제3장 기구와 용기·포장

제8조(유독기구 등의 판매·사용 금지) 유독·유해물질이 들어 있거나 묻어 있어 인체의 건강을 해칠 우려가 있는 기구 및 용기·포장과 식품 또는 식품첨가물에 직접 닿으면 해로운 영향을 끼쳐 인체의 건강을 해칠 우려가 있는 기구 및 용기·포장을 판매하거나 판매할 목적으로 제조·수입·저장·운반·진열하거나 영업에 사용하여서는 아니 된다.

제9조(기구 및 용기·포장에 관한 기준 및 규격) ① 식품의약품안전처장은 국민보건을 위하여 필요한 경우에는 판매하거나 영업에 사용하는 기구 및 용기·포장에 관하여 다음 각 호의 사항을 정하여 고시한다. <개정 2013. 3. 23.>
　1. 제조 방법에 관한 기준
　2. 기구 및 용기·포장과 그 원재료에 관한 규격
② 식품의약품안전처장은 제1항에 따라 기준과 규격이 고시되지 아니한 기구 및 용기·포장의 기준과 규격을 인정받으려는 자에게 제1항 각 호의 사항을 제출하게 하여 「식품·의약품분야 시험·검사 등에 관한 법률」 제6조제3항제1호에 따라 식품의약품안전처장이 지정한 식품전문 시험·검사기관 또는 같은 조 제4항 단서에 따라 총리령으로 정하는 시험·검사기관의 검토를 거쳐 제1항에 따라 기준과 규격이 고시될 때까지 해당 기구 및 용기·포장의 기준과 규격으로 인정할 수 있다. <개정 2016. 2. 3.>
③ 수출할 기구 및 용기·포장과 그 원재료에 관한 기준과 규격은 제1항 및 제2항에도 불구하고 수입자가 요구하는 기준과 규격을 따를 수 있다.
④ 제1항 및 제2항에 따라 기준과 규격이 정하여진 기구 및 용기·포장은 그 기준에 따라 제조하여야 하며, 그 기준과 규격에 맞지 아니한 기구 및 용기·포장은 판매하거나 판매할 목적으로

제조·수입·저장·운반·진열하거나 영업에 사용하여서는 아니 된다.

제4장 표시

제10조(표시기준) 삭제 <2018. 3. 13.>

제11조(식품의 영양표시 등) 삭제 <2018. 3. 13.>
제11조의2(나트륨 함량 비교 표시 등) 삭제 <2018. 3. 13.>

제12조 삭제 <2010. 2. 4.>

제12조의2(유전자변형식품등의 표시) ① 다음 각 호의 어느 하나에 해당하는 생명공학기술을 활용하여 재배·육성된 농산물·축산물·수산물 등을 원재료로 하여 제조·가공한 식품 또는 식품첨가물(이하 "유전자변형식품등"이라 한다)은 유전자변형식품임을 표시하여야 한다. 다만, 제조·가공 후에 유전자변형 디엔에이(DNA, Deoxyribonucleic acid) 또는 유전자변형 단백질이 남아 있는 유전자변형식품등에 한정한다. <개정 2016. 2. 3.>
 1. 인위적으로 유전자를 재조합하거나 유전자를 구성하는 핵산을 세포 또는 세포 내 소기관으로 직접 주입하는 기술
 2. 분류학에 따른 과(科)의 범위를 넘는 세포융합기술
② 제1항에 따라 표시하여야 하는 유전자변형식품등은 표시가 없으면 판매하거나 판매할 목적으로 수입·진열·운반하거나 영업에 사용하여서는 아니 된다. <개정 2016. 2. 3.>
③ 제1항에 따른 표시의무자, 표시대상 및 표시방법 등에 필요한 사항은 식품의약품안전처장이 정한다. <개정 2013. 3. 23.>

제12조의3(표시·광고의 심의) 삭제 <2018. 3. 13.>

제12조의4 삭제 <2018. 3. 13.>

제13조(허위표시 등의 금지) 삭제 <2018. 3. 13.>

제6조(영양표시 대상 식품) 삭제 <2019. 4. 25.>
제7조(나트륨 함량 비교 표시 대상 식품) 삭제 <2019. 4. 25.>

제3조(표시·광고의 심의) 삭제 <2019. 3. 14.>

제8조(허위표시, 과대광고, 비방광고 및 과대포장의 범위) 삭제 <2019. 4. 25.>

제5장 식품 등의 공전(公典)

제14조(식품 등의 공전) 식품의약품안전처장은 다음 각 호의 기준 등을 실은 식품 등의 공전을 작성·보급하여야 한다. <개정 2013. 3. 23.>
【주 2】
 1. 제7조제1항에 따라 정하여진 식품 또는 식품첨가물의 기준과 규격
 2. 제9조제1항에 따라 정하여진 기구 및 용기·포장의 기준과 규격
 3. 삭제 <2018. 3. 13.>

> 【주 2】
> 식품의 기준 및 규격(식품공전) 참조 ➡ P. 169

제6장 검사 등

제15조(위해평가) ① 식품의약품안전처장은 국내외에서 유해물질이 함유된 것으로 알려지는 등 위해의 우려가 제기되는 식품등이 제4조(위해식품등의 판매 등 금지) 또는 제8조(유독기구 등의 판매·

제4조(위해평가의 대상 등) ① 법 제15조제1항에 따른 식품, 식품첨가물, 기구 또는 용기·포장(이하 "식품등"이라 한다)의 위해평가(이하 "위해평가"라 한다) 대상은 다음 각 호로 한다.
 1. 국제식품규격위원회 등 국제기구 또는 외국 정부가 인체의 건강을 해칠 우려가 있다고 인정하여 판매하거나 판매할 목적으로 채취·제조·수입·가공·사용·조리·저장·소분(소분 :

사용 금지)에 따른 식품등에 해당한다고 의심되는 경우에는 그 식품등의 위해요소를 신속히 평가하여 그것이 위해식품등인지를 결정하여야 한다. <개정 2013. 3. 23.>

② 식품의약품안전처장은 제1항에 따른 위해평가가 끝나기 전까지 국민건강을 위하여 예방조치가 필요한 식품등에 대하여는 판매하거나 판매할 목적으로 채취·제조·수입·가공·사용·조리·저장·소분·운반 또는 진열하는 것을 일시적으로 금지할 수 있다. 다만, 국민건강에 급박한 위해가 발생하였거나 발생할 우려가 있다고 식품의약품안전처장이 인정하는 경우에는 그 금지조치를 하여야 한다. <개정 2013. 3. 23.>

③ 식품의약품안전처장은 제2항에 따른 일시적 금지조치를 하려면 미리 심의위원회의 심의·의결을 거쳐야 한다. 다만, 국민건강을 급박하게 위해할 우려가 있어서 신속히 금지조치를 하여야 할 필요가 있는 경우에는 먼저 일시적 금지조치를 한 뒤 지체 없이 심의위원회의 심의·의결을 거칠 수 있다. <개정 2013. 3. 23.>

④ 심의위원회는 제3항 본문 및 단서에 따라 심의하는 경우 대통령령으로 정하는 이해관계인의 의견을 들어야 한다.

⑤ 식품의약품안전처장은 제1항에 따른 위해평가나 제3항 단서에 따른 사후 심의위원회의 심의·의결에서 위해가 없다고 인정된 식품등에 대하여는 지체 없이 제2항에 따른 일시적 금지조치를 해제하여야 한다. <개정 2013. 3. 23.>

⑥ 제1항에 따른 위해평가의 대상, 방법 및 절차, 그 밖에 필요한 사항은 대통령령으로 정한다.

완제품을 나누어 유통을 목적으로 재포장하는 것을 말한다. 이하 같다)·운반 또는 진열을 금지하거나 제한한 식품등

2. 국내외의연구·검사기관에서 인체의 건강을 해칠 우려가 있는 원료 또는 성분 등이 검출된 식품등

3. 「소비자기본법」 제29조에 따라 등록한 소비자단체 또는 식품 관련 학회가 위해평가를 요청한 식품등으로서 법 제57조에 따른 식품위생심의위원회(이하 "심의위원회"라 한다)가 인체의 건강을 해칠 우려가 있다고 인정한 식품등

4. 새로운 원료·성분 또는 기술을 사용하여 생산·제조·조합 되거나 안전성에 대한 기준 및 규격이 정하여지지 아니하여 인체의 건강을 해칠 우려가 있는 식품등

② 위해평가에서 평가하여야 할 위해요소는 다음 각 호의 요인으로 한다.

1. 잔류농약, 중금속, 식품첨가물, 잔류 동물용 의약품, 환경오염 물질 및 제조·가공·조리과정에서 생성되는 물질 등 화학적 요인

2. 식품등의 형태 및 이물(異物) 등 물리적 요인

3. 식중독 유발 세균 등 미생물적 요인

③ 위해평가는 다음 각 호의 과정을 순서대로 거친다. 다만, 식품의 약품안전처장이 현재의 기술수준이나 위해요소의 특성에 따라 따로 방법을 정한 경우에는 그에 따를 수 있다. <개정 2013. 3. 23.>

1. 위해요소의인체 내 독성을 확인하는 위험성 확인과정

2. 위해요소의 인체노출 허용량을 산출하는 위험성 결정과정

3. 위해요소가 인체에 노출된 양을 산출하는 노출평가과정

4. 위험성 확인과정, 위험성 결정과정 및 노출평가과정의 결과를 종합하여 해당 식품등이 건강에 미치는 영향을 판단하는 위해 도(危害度) 결정과정

④ 심의위원회는 제3항 각 호에 따른 각 과정별 결과 등에 대하여 심의·의결하여야 한다. 다만, 해당 식품등에 대하여 국제식품규격 위원회 등 국제기구 또는 국내외의 연구·검사기관에서 이미 위해 평가를 실시하였거나 위해요소에 대한 과학적 시험·분석 자료가 있는 경우에는 심의·의결을 한 것으로 본다.

⑤ 삭제 <2011. 12. 19.>

⑥ 제1항부터 제4항까지의 규정에 따른 위해평가의 방법, 기준 및 절차 등에 관한 세부 사항은 식품의약품안전처장이 정하여 고시 한다. <개정 2013. 3. 23.>

제5조(위해평가에 관한 이해관계인의 범위) 법 제15조제4항에서 "대통령령으로 정하는 이해관계인"이란 법 제15조제2항에 따른 일시적 금지조치로 인하여 영업상의 불이익을 받았거나 받게 되는 영업자를 말한다.

제15조의2(위해평가 결과 등에 관한 공표) ① 식품의약품안전처장은 제15조에 따른 위해평가 결과에 관한 사항을 공표할 수 있다. <개정 2013. 3. 23.>

② 중앙행정기관의 장, 특별시장·광역시장·특별자치시장·도지사·특별자치도지사(이하 "시·도지사"라 한다), 시장·군수·구청장(자치구의 구청

제5조의2(위해평가 결과의 공표) ① 식품의약품 안전처장은 법 제15조의2제1항에 따라 위해평가 의 결과를 인터넷 홈페이지, 신문, 방송 등을 통하여 공표할 수 있다. <개정 2013. 3. 23.>

② 법 제15조의2제2항에서 "대통령령으로 정하는 공공기관"이란 「공공기관의 운영에 관한 법률」 제

장을 말한다. 이하 같다) 또는 대통령령으로 정하는 공공기관의 장은 식품의 위해 여부가 의심되는 경우나 위해와 관련된 사실을 공표하려는 경우로서 제15조에 따른 위해평가가 필요한 경우에는 반드시 식품의약품안전처장에게 그 사실을 미리 알리고 협의하여야 한다. <개정 2016. 2. 3.> ③ 제1항에 따른 공표방법 등 공표에 필요한 사항은 대통령령으로 정한다.	4조에 따른 공공기관을 말한다. 【주 4】	

【주 4】

공공기관의 운영에 관한 법률

4조(공공기관) ① 기획재정부 장관은 국가·지방자치단체가 아닌 법인·단체 또는 기관(이하 "기관"이라 한다)으로서 다음 각호의 어느 하나에 해당하는 기관을 공공기관으로 지정할 수 있다. <개정 2020. 6. 9.>

1. 다른 법률에 따라 직접 설립되고 정부가 출연한 기관
2. 정부지원액(법령에 따라 직접 정부의 업무를 위탁받거나 독점적 사업권을 부여받은 기관의 경우에는 그 위탁업무나 독점적 사업으로 인한 수입액을 포함한다. 이하 같다)이 총수입액의 2분의 1을 초과하는 기관
3. 정부가 100분의 50 이상의 지분을 가지고 있거나 100분의 30 이상의 지분을 가지고 임원 임명권한 행사 등을 통하여 해당 기관의 정책 결정에 사실상 지배력을 확보하고 있는 기관
4. 정부와 제1호부터 제3호까지의 어느 하나에 해당하는 기관이 합하여 100분의 50 이상의 지분을 가지고 있거나 100분의 30 이상의 지분을 가지고 임원 임명권한 행사 등을 통하여 해당 기관의 정책 결정에 사실상 지배력을 확보하고 있는 기관
5. 제1호부터 제4호까지의 어느 하나에 해당하는 기관이 단독으로 또는 두 개 이상의 기관이 합하여 100분의 50 이상의 지분을 가지고 있거나 100분의 30 이상의 지분을 가지고 임원 임명권한 행사 등을 통하여 해당 기관의 정책 결정에 사실상 지배력을 확보하고 있는 기관
6. 제1호부터 제4호까지의 어느 하나에 해당하는 기관이 설립하고, 정부 또는 설립 기관이 출연한 기관

② 제1항에도 불구하고 기획재정부 장관은 다음 각호의 어느 하나에 해당하는 기관을 공공기관으로 지정할 수 없다. <개정 2020. 6. 9.>

1. 구성원 상호 간의 상호부조·복리증진·권익향상 또는 영업질서 유지 등을 목적으로 설립된 기관
2. 지방자치단체가 설립하고, 그 운영에 관여하는 기관
3. 「방송법」에 따른 한국방송공사와 「한국교육방송공사법」에 따른 한국교육방송공사

③ 제1항제2호의 규정에 따른 정부지원액과 총수입액의 산정 기준·방법 및 같은 항 제3호부터 제5호까지의 규정에 따른 사실상 지배력 확보의 기준에 관하여 필요한 사항은 대통령령으로 정한다. <개정 2020. 6. 9.>

[시행일 : 2021. 1. 1.] 제4조

제16조(소비자 등의 위생검사등 요청) ① 식품의약품안전처장(대통령령으로 정하는 그 소속 기관의 장을 포함한다. 이하 이 조에서 같다), 시·도지사 또는 시장·군수·구청장은 대통령령으로 정하는 일정 수 이상의 소비자, 소비자단체 또는 「식품·의약품분야 시	제6조(소비자 등의 위생검사등 요청) ① 법 제16조제1항(소비자 등의 위생검사등 요청) 각 호 외의 부분 본문에서 "대통령령으로 정하는 그 소속 기관의 장"이란 지방식품의약품안전청장을 말하고, "대통령령으로 정하는 일정 수 이상의 소비자"란 같은 영업소에 의하여 같은	

험·검사 등에 관한 법률」제6조에 따른 시험·검사기관 중 총리령으로 정하는 시험·검사기관이 식품등 또는 영업시설 등에 대하여 제22조(출입·검사·수거 등) 에 따른 출입·검사·수거 등(이하 이 조에서 "위생검사등"이라 한다)을 요청하는 경우에는 이에 따라야 한다. 다만, 다음 각 호의 어느 하나에 해당하는 경우에는 그러하지 아니하다. <개정 2013. 7. 30.>

1. 같은 소비자, 소비자단체 또는 시험·검사기관이 특정 영업자의 영업을 방해할 목적으로 같은 내용의 위생검사등을 반복적으로 요청하는 경우
2. 식품의약품안전처장, 시·도지사 또는 시장·군수·구청장이 기술 또는 시설, 재원(財源) 등의 사유로 위생검사등을 할 수 없다고 인정하는 경우

② 식품의약품안전처장, 시·도지사 또는 시장·군수·구청장은 제1항에 따라 위생검사등의 요청에 따르는 경우 14일 이내에 위생검사등을 하고 그 결과를 대통령령으로 정하는 바에 따라 위생검사등의 요청을 한 소비자, 소비자단체 또는 시험·검사기관에 알리고 인터넷 홈페이지에 게시하여야 한다. <개정 2013. 7. 30.>

③ 위생검사등의 요청 요건 및 절차, 그 밖에 필요한 사항은 대통령령으로 정한다.

제17조(위해식품등에 대한 긴급대응) ① 식품의약품안전처장은 판매하거나 판매할 목적으로 채취·제조·수입·가공·조리·저장·소분 또는 운반(이하 이 조에서 "제조·판매등"이라 한다)되고 있는 식품등이 다음 각 호의 어느 하나에 해당하는 경우에는 긴급대응방안을 마련하고 필요한 조치를 하여야 한다. <개정 2013. 3. 23.>

1. 국내외에서 식품등 위해발생

피해를 입은 5명 이상의 소비자를 말한다. <개정 2014. 1. 28.>

② 법 제16조제1항(소비자 등의 위생검사등 요청)에 따라 법 제22조(출입·검사·수거 등)에 따른 출입·검사·수거 등(이하 이 조에서 "위생검사등"이라 한다)을 요청하려는 자는 총리령으로 정하는 요청서를 식품의약품안전처장(지방식품의약품안전청장을 포함한다. 이하 이 조에서 같다), 특별시장·광역시장·특별자치시장·도지사·특별자치도지사(이하 "시·도지사"라 한다) 또는 시장·군수·구청장(자치구의 구청장을 말한다. 이하 같다)에게 제출하되, 소비자의 대표자, 「소비자기본법」제29조에 따른 소비자단체의 장 또는 「식품·의약품분야 시험·검사 등에 관한 법률」제6조에 따른 시험·검사기관의 장을 통하여 제출하여야 한다. <개정 2016. 7. 26.>

③ 식품의약품안전처장, 시·도지사 또는 시장·군수·구청장은 법 제16조제2항에 따라 위생검사등의 결과를 알리는 경우에는 소비자의 대표자, 소비자단체의 장 또는 시험·검사기관의 장이 요청하는 방법으로 하되, 따로 정하지 아니한 경우에는 문서로 한다. <개정 2014. 7. 28.>

제9조(위생검사등 요청서) 「식품위생법 시행령」(이하 "영"이라 한다) 제6조제2항에 따라 출입·검사·수거 등(이하 "위생검사등"이라 한다)을 요청하려는 자는 별지 제1호의4서식의 요청서에 요청인의 신분을 확인할 수 있는 증명서를 첨부하여 식품의약품안전처장, 지방식품의약품안전청장, 특별시장·광역시장·특별자치시장·도지사·특별자치도지사(이하 "시·도지사"라 한다) 또는 시장·군수·구청장(자치구의 구청장을 말한다. 이하 같다)에게 제출하여야 한다. <개정 2019. 6. 12.>

제9조의2(위생검사등 요청기관) 법 제16조제1항 각 호 외의 부분 본문에서 "총리령으로 정하는 식품위생검사기관"이란 다음 각 호의 기관을 말한다. <개정 2019. 6. 12.>

1. 식품의약품안전평가원
2. 지방식품의약품안전청
3. 「보건환경연구원법」 제2조제1항에 따른 보건환경연구원

제10조(긴급대응의 대상 등) 법 제

우려가 총리령으로 정하는 과학적 근거에 따라 제기되었거나 제기된 경우
2. 그 밖에 식품등으로 인하여 국민건강에 중대한 위해가 발생하거나 발생할 우려가 있는 경우로서 대통령령으로 정하는 경우
② 제1항에 따른 긴급대응방안은 다음 각 호의 사항이 포함되어야 한다.
1. 해당 식품등의 종류
2. 해당 식품등으로 인하여 인체에 미치는 위해의 종류 및 정도
3. 제3항에 따른 제조·판매등의 금지가 필요한 경우 이에 관한 사항
4. 소비자에 대한 긴급대응요령 등의 교육·홍보에 관한 사항
5. 그 밖에 식품등의 위해 방지 및 확산을 막기 위하여 필요한 사항
③ 식품의약품안전처장은 제1항에 따른 긴급대응이 필요하다고 판단되는 식품등에 대하여는 그 위해 여부가 확인되기 전까지 해당 식품등의 제조·판매등을 금지하여야 한다. <개정 2013. 3. 23.>
④ 영업자는 제3항에 따른 식품등에 대하여는 제조·판매등을 하여서는 아니 된다.
⑤ 식품의약품안전처장은 제3항에 따라 제조·판매등을 금지하려면 미리 대통령령으로 정하는 이해관계인의 의견을 들어야 한다. <개정 2013. 3. 23.>
⑥ 영업자는 제3항에 따른 금지조치에 대하여 이의가 있는 경우에는 대통령령으로 정하는 바에 따라 식품의약품안전처장에게 해당 금지의 전부 또는 일부의 해제를 요청할 수 있다. <개정 2013. 3. 23.>
⑦ 식품의약품안전처장은 식품등으로 인하여 국민건강에 위해가 발생하지 아니하였거나 발생할 우려가 없어졌다고 인정하는 경우에는 제3항에 따른 금지의 전부 또는 일부를 해제하여야 한다. <개정 2013. 3. 23.>

제7조(위해식품등에 대한 긴급대응) ① 법 제17조제1항제2호에서 "대통령령으로 정하는 경우"란 다음 각 호의 어느 하나에 해당하는 경우를 말한다.
1. 국내외에서 위해식품등의 섭취로 인하여 사상자가 발생한 경우
2. 국내외의 연구·검사기관에서 인체의 건강을 해칠 심각한 우려가 있는 원료 또는 성분이 식품등에서 검출된 경우
3. 법 제93조제1항에 따른 질병에 걸린 동물을 사용하였거나 같은 조 제2항에 따른 원료 또는 성분 등을 사용하여 제조·가공 또는 조리한 식품등이 발견된 경우
② 법 제17조제5항에서 "대통령령으로 정하는 이해관계인"이란 법 제17조제3항에 따른 금지조치로 인하여 영업상의 불이익을 받거나 받게 되는 영업자를 말한다.
③ 법 제17조제6항에 따라 해당 금지의 전부 또는 일부의 해제를 요청하려는 영업자는 총리령으로 정하는 해제 요청서를 식품의약품안전처장에게 제출하여야 한다. <개정 2013. 3. 23.>
④ 제3항에 따른 해제 요청서를 받은 식품의약품안전처장은 검토 결과를 지체 없이 해당 요청자에게 알려야 한다. <개정 2013. 3. 23.>

17조제1항제1호에 따른 "국내외에서 식품등 위해발생 우려가 총리령으로 정하는 과학적 근거에 따라 제기되었거나 제기된 경우"란 식품위생심의위원회가 과학적 시험 및 분석자료 등을 바탕으로 조사·심의하여 인체의 건강을 해칠 우려가 있다고 인정한 경우를 말한다. <개정 2013. 3. 23.>

제11조(금지 해제 요청서) 영 제7조제3항에 따라 해당 금지의 전부 또는 일부의 해제를 요청하려는 영업자는 별지 제2호서식의 해제 요청서에 「식품·의약품분야 시험·검사 등에 관한 법률」 제6조제3항제1호에 따라 지정된 식품전문 시험·검사기관 또는 같은 조 제4항 단서에 따라 총리령으로 정하는 시험·검사기관이 발행한 시험·검사성적서(이하 "검사성적서"라 한다)를 첨부하여 식품의약품안전처장에게 제출하여야 한다. <개정 2014. 8. 20.>

⑧ 식품의약품안전처장은 국민건강에 급박한 위해가 발생하거나 발생할 우려가 있다고 인정되는 위해식품에 관한 정보를 국민에게 긴급하게 전달하여야 하는 경우로서 대통령령으로 정하는 요건에 해당하는 경우에는 「방송법」 제2조제3호에 따른 방송사업자 중 대통령령으로 정하는 방송사업자에 대하여 이를 신속하게 방송하도록 요청하거나 「전기통신사업법」 제5조에 따른 기간통신사업자 중 대통령령으로 정하는 기간통신사업자에 대하여 이를 신속하게 문자 또는 음성으로 송신하도록 요청할 수 있다. <개정 2013. 3. 23.>
⑨ 제8항에 따라 요청을 받은 방송사업자 및 기간통신사업자는 특별한 사유가 없는 한 이에 응하여야 한다.

제8조(위해식품 긴급정보 발송) ① 법 제17조제8항에서 "대통령령으로 정하는 요건에 해당하는 경우"란 제7조제1항 각 호의 어느 하나에 해당하는 경우를 말한다.
② 법 제17조제8항에서 "대통령령으로 정하는 방송사업자"란 「방송법 시행령」 제1조의2제1호의 지상파텔레비전방송사업자 및 같은 조 제2호의 지상파라디오방송사업자를 말한다.
③ 법 제17조제8항에서 "대통령령으로 정하는 기간통신사업자"란 「전기통신사업법」 제6조에 따라 기간통신사업자로 등록을 한 자로서 주파수를 할당받아 제공하는 역무 중 이동전화 역무 또는 개인휴대통신 역무를 제공하는 자를 말한다. <개정 2019. 6. 25.>
④ 법 제17조제8항에 따른 방송 및 송신의 구체적인 방법과 절차는 제2항 및 제3항에 따른 각각의 방송사업자 및 기간통신사업자가 자율적으로 결정한다.

제18조(유전자변형식품등의 안전성 심사 등) ① 유전자변형식품등을 식용(食用)으로 수입·개발·생산하는 자는 최초로 유전자변형식품등을 수입하는 경우 등 대통령령으로 정하는 경우에는 식품의약품안전처장에게 해당 식품등에 대한 안전성 심사를 받아야 한다. <개정 2016. 2. 3.>
② 식품의약품안전처장은 제1항에 따른 유전자변형식품등의 안전성 심사를 위하여 식품의약품안전처에 유전자변형식품등 안전성심사위원회(이하 "안전성심사위원회"라 한다)를 둔다. <개정 2016. 2. 3.>
③ 안전성심사위원회는 위원장 1명을 포함한 20명 이내의 위원으로 구성한다. 이 경우 공무원이 아닌 위원이 전체 위원의 과반수가 되도록 하여야 한다. <신설 2019. 1. 15.>
④ 안전성심사위원회의 위원은 유

제9조(유전자변형식품등의 안전성 심사) 법 제18조제1항에서 "최초로 유전자변형식품등을 수입하는 경우 등 대통령령으로 정하는 경우"란 다음 각 호의 어느 하나에 해당하는 경우를 말한다. <개정 2019. 7. 9.>
1. 최초로 유전자변형식품등[인위적으로 유전자를 재조합하거나 유전자를 구성하는 핵산을 세포나 세포 내 소기관으로 직접 주입하는 기술 또는 분류학에 따른 과(科)의 범위를 넘는 세포융합기술에 해당하는 생명공학기술을 활용하여 재배·육성된 농산물·축산물·수산물 등을 원재료로 하여 제조·가공한 식품 또는 식품첨가물을 말한다. 이하 이 조에서 같다]을 수입하거나 개발 또는 생산하는 경우
2. 법 제18조(유전자변형식품등의 안전성 심사 등)에 따른 안전성 심사를 받은 후 10년이 지난 유전자변형식품등으로서 시중에 유통되어 판매되고 있는 경우
3. 그 밖에 법 제18조에 따른 안전성 심사를 받은 후 10년이 지나지 아니한 유전자변형식품등으로서 식품의약품안전처장이 새로운 위해요소가 발견되었다는 등의 사유로 인체의 건강을 해칠 우려가 있다고 인정하여 심의위원회의 심의를 거쳐 고시하는 경우[제목개정 2016. 7. 26.]
제10조(유전자변형식품등 안전성심사위원회의 구성·운영 등)
① 삭제 <2019. 7. 9.>
② 삭제 <2019. 7. 9.>

전자변형식품등에 관한 학식과 경험이 풍부한 사람으로서 다음 각 호의 어느 하나에 해당하는 사람 중에서 식품의약품안전처장이 위촉하거나 임명한다. <신설 2019. 1. 15.>

1. 유전자변형식품 관련 학회 또는 「고등교육법」 제2조제1호 및 제2호에 따른 대학 또는 산업대학의 추천을 받은 사람
2. 「비영리민간단체 지원법」 제2조에 따른 비영리민간단체의 추천을 받은 사람
3. 식품위생 관계 공무원

⑤ 안전성심사위원회의 위원장은 위원 중에서 호선한다. <신설 2019. 1. 15.>

⑥ 위원의 임기는 2년으로 한다. 다만, 공무원인 위원의 임기는 해당 직(職)에 재직하는 기간으로 한다. <신설 2019. 1. 15.>

⑦ 그 밖에 안전성심사위원회의 구성·기능·운영에 필요한 사항은 대통령령으로 정한다. <개정 2019. 1. 15.>

⑧ 제1항에 따른 안전성 심사의 대상, 안전성 심사를 위한 자료제출의 범위 및 심사절차 등에 관하여는 식품의약품안전처장이 정하여 고시한다. <개정 2019. 1. 15.>

[제목개정 2016. 2. 3.]

③ 삭제 <2019. 7. 9.>

④ 법 제18조제2항에 따른 유전자변형식품등 안전성심사위원회(이하 "안전성심사위원회"라 한다)의 위원(공무원인 위원은 제외한다)이 궐위(闕位)된 경우 그 보궐위원의 임기는 전임위원 임기의 남은 기간으로 한다. <개정 2019. 7. 9.>

⑤ 위원장은 안전성심사위원회를 대표하며, 안전성심사위원회의 업무를 총괄한다. <개정 2016. 7. 26.>

⑥ 안전성심사위원회에 출석한 위원에게는 예산의 범위에서 수당과 여비를 지급할 수 있다. 다만, 공무원인 위원이 그 소관 업무와 직접 관련하여 출석하는 경우에는 그러하지 아니하다. <개정 2016. 7. 26.>

⑦ 제4항부터 제6항까지, 제10조의2 및 제10조의3에서 규정한 사항 외에 안전성심사위원회의 운영에 필요한 사항은 안전성심사위원회의 의결을 거쳐 위원장이 정한다. <개정 2019. 7. 9.>

제10조의2(위원의 제척·기피·회피) ① 안전성심사위원회의 위원이 다음 각 호의 어느 하나에 해당하는 경우에는 안전성심사위원회의 심의·의결에서 제척(除斥)된다. <개정 2016. 7. 26.>

1. 위원 또는 그 배우자나 배우자이었던 사람이 해당 안건의 당사자(당사자가 법인·단체 등인 경우에는 그 임원 또는 직원을 포함한다. 이하 이 호 및 제2호에서 같다)가 되거나 그 안건의 당사자와 공동권리자 또는 공동의무자인 경우
2. 위원이 해당 안건의 당사자와 친족이거나 친족이었던 경우
3. 위원 또는 위원이 속한 법인·단체 등이 해당 안건에 대하여 증언, 진술, 자문, 연구, 용역 또는 감정을 한 경우
4. 위원이나 위원이 속한 법인·단체 등이 해당 안건의 당사자의 대리인이거나 대리인이었던 경우
5. 위원이 해당 안건의 당사자인 법인·단체 등에 최근 3년 이내에 임원 또는 직원으로 재직하였던 경우

② 해당 안건의 당사자는 위원에게 공정한 심의·의결을 기대하기 어려운 사정이 있는 경우에는 안전성심사위원회에 기피 신청을 할 수 있고, 안전성심사위원회는 의결로 이를 결정한다. 이 경우 기피 신청의 대상인 위원은 그 의결에 참여하지 못한다. <개정 2016. 7. 26.>

③ 위원이 제1항 각 호에 따른 제척 사유에 해당하는 경우에는 스스로 해당 안건의 심의·의결에서 회피(回避)하여야 한다

제10조의3(위원의 해촉) 식품의약품안전처장은 위원이 다음 각 호의 어느 하나에 해당하는 경우에는 해당 위원을 해촉(解囑)할 수 있다. <개정 2013. 3. 23.>

1. 심신장애로 인하여 직무를 수행할 수 없게 된 경우
2. 직무태만, 품위손상이나 그 밖의 사유로 인하여 위원으로 적합하지 아니하다고 인정되는 경우
3. 제10조의2제1항 각 호의 어느 하나에 해당하는 데에도 불구하고 회피하지 아니한 경우

제19조 삭제 <2015. 2. 3.>

제12조 삭제 <2016. 2. 4.>
제12조의2 삭제 <2016. 2. 4.>
제13조 삭제 <2016. 2. 4.>

		제14조 삭제 <2016. 2. 4.> 제15조 삭제 <2016. 2. 4.> 제15조의2 삭제 <2016. 2. 4.> 제15조의3 삭제 <2016. 2. 4.> 제15조의4 삭제 <2016. 2. 4.> 제15조의5 삭제 <2016. 2. 4.> 제15조의6 삭제 <2016. 2. 4.> 제15조의7 삭제 <2016. 2. 4.>

제19조의2 삭제 <2015. 2. 3.>

제19조의3 삭제 <2015. 2. 3.>

제10조의4 삭제 <2016. 1. 22.>

제19조의4(검사명령 등) ① 식품의약품안전처장은 다음 각 호의 어느 하나에 해당하는 식품등을 채취·제조·가공·사용·조리·저장·소분·운반 또는 진열하는 영업자에 대하여 「식품·의약품분야 시험·검사 등에 관한 법률」 제6조제3항제1호에 따른 식품전문 시험·검사기관 또는 같은 법 제8조에 따른 국외 시험·검사기관에서 검사를 받을 것을 명(이하 "검사명령"이라 한다)할 수 있다. 다만, 검사로써 위해성분을 확인할 수 없다고 식품의약품안전처장이 인정하는 경우에는 관계 자료 등으로 갈음할 수 있다. <개정 2015. 2. 3.>
 1. 국내외에서 유해물질이 검출된 식품등
 2. 삭제 <2015. 2. 3.>
 3. 그 밖에 국내외에서 위해발생의 우려가 제기되었거나 제기된 식품등
② 검사명령을 받은 영업자는 총리령으로 정하는 검사기한 내에 검사를 받거나 관련 자료 등을 제출하여야 한다. <개정 2013. 3. 23.>
③ 제1항 및 제2항에 따른 검사명령 대상 식품등의 범위, 제출 자료 등 세부사항은 식품의약품안전처장이 정하여 고시한다. <개정 2013. 3. 23.>

제15조의8(검사명령 이행기한) 법 제19조의4제2항에 따른 검사기한은 같은 조 제1항에 따른 검사명령을 받은 날부터 20일 이내로 한다.

제20조 삭제 <2015. 2. 3.>

제16조 삭제 <2016. 2. 4.>
제17조 삭제 <2016. 2. 4.>
제18조 삭제 <2016. 2. 4.>

제21조(특정 식품등의 수입·판매 등 금지) ① 식품의약품안전처장은 특정 국가 또는 지역에서 채취·제조·가공·사용·조리 또는 저장된 식품등이 그 특정 국가 또는 지역에서 위해한 것으로 밝혀졌거나 위해의 우려가 있다고 인정되는 경우에는 그 식품등을 수입·판매하거나 판매할 목적으로 제조·가공·사용·조리·저장·소분·운반 또는 진열하는 것을 금지할 수 있다. <개정 2013. 3. 23.>
② 식품의약품안전처장은 제15조제1항에 따른 위해평가 또는 「수입식품안전관리 특별법」 제21조제1항에 따른 검사 후 식품등에서 제4조제2호에 따른 유독·유해물질이 검출된 경우에는 해당 식품등의 수입을 금지하여야 한다. 다만, 인체의 건강을 해칠 우려가 없다고 식품의약품안전처장이 인정하는 경우는 그러하지 아니하다. <개정 2015. 2. 3.>
③ 식품의약품안전처장은 제1항 및 제2항에 따른 금지를 하려면 미

리 관계 중앙행정기관의 장의 의견을 듣고 심의위원회의 심의·의결을 거쳐야 한다. 다만, 국민건강을 급박하게 위해할 우려가 있어서 신속히 금지 조치를 하여야 할 필요가 있는 경우 먼저 금지조치를 한 뒤 지체 없이 심의위원회의 심의·의결을 거칠 수 있다. <개정 2013. 3. 23.>
④ 제3항 본문 및 단서에 따라 심의위원회가 심의하는 경우 대통령령으로 정하는 이해관계인은 심의위원회에 출석하여 의견을 진술하거나 문서로 의견을 제출할 수 있다.
⑤ 식품의약품안전처장은 직권으로 또는 제1항 및 제2항에 따라 수입·판매 등이 금지된 식품등에 대하여 이해관계가 있는 국가 또는 수입한 영업자의 신청을 받아 그 식품등에 위해가 없는 것으로 인정되면 심의위원회의 심의·의결을 거쳐 제1항 및 제2항에 따른 금지의 전부 또는 일부를 해제할 수 있다. <개정 2013. 3. 23.>
⑥ 식품의약품안전처장은 제1항 및 제2항에 따른 금지나 제5항에 따른 해제를 하는 경우에는 고시하여야 한다. <개정 2013. 3. 23.>
⑦ 식품의약품안전처장은 제1항 및 제2항에 따라 수입·판매 등이 금지된 해당 식품등의 제조업소, 이해관계가 있는 국가 또는 수입한 영업자가 원인 규명 및 개선사항을 제시할 경우에는 제1항 및 제2항에 따른 금지의 전부 또는 일부를 해제할 수 있다. 이 경우 개선사항에 대한 확인이 필요한 때에는 현지 조사를 할 수 있다. <개정 2013. 3. 23.>

제11조(특정 식품등의 수입·판매 등 금지조치에 관한 이해관계인의 범위) 법 제21조제4항에서 "대통령령으로 정하는 이해관계인"이란 법 제21조제1항에 따른 금지조치로 인하여 영업상의 불이익을 받았거나 받게 되는 영업자를 말한다.

제22조(출입·검사·수거 등) ① 식품의약품안전처장(대통령령으로 정하는 그 소속 기관의 장을 포함한다. 이하 이 조에서 같다), 시·도지사 또는 시장·군수·구청장은 식품등의 위해방지·위생관리와 영업질서의 유지를 위하여 필요하면 다음 각 호의 구분에 따른 조치를 할 수 있다. <개정 2013. 3. 23.>
1. 영업자나 그 밖의 관계인에게 필요한 서류나 그 밖의 자료의 제출 요구
2. 관계 공무원으로 하여금 다음 각 목에 해당하는 출입·검사·수거 등의 조치
가. 영업소(사무소, 창고, 제조소, 저장소, 판매소, 그 밖에 이와 유사한 장소를 포함한다)에 출입하여 판매를 목적으로 하거나 영업에 사용하는 식품등 또는 영업시설 등에 대하여 하는 검사
나. 가목에 따른 검사에 필요한 최소량의 식품등의 무상 수거
다. 영업에 관계되는 장부 또는

제12조(출입·검사·수거 등) 법 제22조제1항 각 호 외의 부분에서 "대통령령으로 정하는 그 소속 기관의 장"이란 지방식품의약품안전청장을 말한다.

제19조(출입·검사·수거 등) ① 법 제22조에 따른 출입·검사·수거 등은 국민의 보건위생을 위하여 필요하다고 판단되는 경우에는 수시로 실시한다.
② 제1항에도 불구하고 제89조에 따라 행정처분을 받은 업소에 대한 출입·검사·수거 등은 그 처분일부터 6개월 이내에 1회 이상 실시하여야 한다. 다만, 행정처분을 받은 영업자가 그 처분의 이행 결과를 보고하는 경우에는 그러하지 아니하다.

제20조(수거량 및 검사 의뢰 등) ① 법 제22조제1항제2호나목에 따라 무상으로 수거할 수 있는 식품등의

　　　　서류의 열람

② 식품의약품안전처장은 시·도지사 또는 시장·군수·구청장이 제1항에 따른 출입·검사·수거 등의 업무를 수행하면서 식품등으로 인하여 발생하는 위생 관련 위해방지 업무를 효율적으로 하기 위하여 필요한 경우에는 관계 행정기관의 장, 다른 시·도지사 또는 시장·군수·구청장에게 행정응원(行政應援)을 하도록 요청할 수 있다. 이 경우 행정응원을 요청받은 관계 행정기관의 장, 시·도지사 또는 시장·군수·구청장은 특별한 사유가 없으면 이에 따라야 한다. <개정 2013. 3. 23.>
③ 제1항 및 제2항의 경우에 출입·검사·수거 또는 열람하려는 공무원은 그 권한을 표시하는 증표 및 조사기간, 조사범위, 조사담당자, 관계 법령 등 대통령령으로 정하는 사항이 기재된 서류를 지니고 이를 관계인에게 내보여야 한다. <개정 2016. 2. 3.>
④ 제2항에 따른 행정응원의 절차, 비용 부담 방법, 그 밖에 필요한 사항은 대통령령으로 정한다.

제13조(행정응원의 절차 등) ① 법 제22조제2항에 따라 식품의약품안전처장(지방식품의약품안전청장을 포함한다. 이하 이 조에서 같다)이 관계 행정기관의 장, 다른 관할 구역의 시·도지사 또는 시장·군수·구청장에게 행정응원을 요청할 때에는 응원이 필요한 지역, 업무 수행의 내용, 위생점검반의 편성 및 운영에 관한 계획을 수립하여 통보하여야 한다. <개정 2014. 1. 28.>
② 제1항에 따른 행정응원 업무를 수행하는 공무원은 식품의약품안전처장의 지휘·감독을 받는다. <개정 2013. 3. 23.>
③ 제1항에 따른 행정응원에 드는 비용은 식품의약품안전처장이 부담한다. <개정 2013. 3. 23.>
제13조의2(출입·검사·수거 등의 조치 시 제시하는 서류의 기재사항) 법 제22조제3항에서 "조사기간, 조사범위, 조사담당자, 관계 법령 등 대통령령으로 정하는 사항"이란 다음 각 호의 사항을 말한다.
1. 조사목적
2. 조사기간 및 대상
3. 조사의 범위 및 내용
4. 조사담당자의 성명 및 소속
5. 제출자료의 목록
6. 조사 관계 법령
7. 그 밖에 해당 조사에 필요한 사항 [본조신설 2016. 7. 26.]

대상과 그 수거량은 별표 8과 같다.
② 관계 공무원이 제1항에 따라 식품등을 수거한 경우에는 별지 제16호서식의 수거증(전자문서를 포함한다)을 발급하여야 한다. <개정 2011. 8. 19.>
③ 제1항에 따라 식품등을 수거한 관계 공무원은 그 수거한 식품등을 그 수거 장소에서 봉함하고 관계 공무원 및 피수거자의 인장 등으로 봉인하여야 한다.
④ 식품의약품안전처장, 시·도지사 또는 시장·군수·구청장은 제1항에 따라 수거한 식품등에 대해서는 지체 없이 「식품·의약품분야 시험·검사 등에 관한 법률」 제6조제3항제1호에 따라 식품의약품안전처장이 지정한 식품전문 시험·검사기관 또는 같은 조 제4항 단서에 따라 총리령으로 정하는 시험·검사기관에 검사를 의뢰하여야 한다. <개정 2014. 8. 20.>
⑤ 식품의약품안전처장, 시·도지사 또는 시장·군수·구청장은 법 제22조제1항에 따라 관계 공무원으로 하여금 출입·검사·수거를 하게 한 경우에는 별지 제17호서식의 수거검사 처리대장(전자문서를 포함한다)에 그 내용을 기록하고 이를 갖춰 두어야 한다. <개정 2013. 3. 23.>
⑥ 법 제22조제3항에 따른 출입·검사·수거 또는 열람하려는 공무원의 권한을 표시하는 증표는 별지 제18호서식과 같다.

시행규칙 [별표 8] <개정 2017. 1. 4.>

식품 등의 무상수거대상 및 수거량(제20조제1항 관련)

1. 무상수거대상 식품등 : 제19조제1항에 따라 검사에 필요한 식품등을 수거할 경우
2. 수거대상 및 수거량
　가. 식품(식품접객업소 등의 음식물 포함)

식품의 종류	수거량	비　고
1) 가공식품	600g(㎖) (다만, 캡슐류는 200g)	1. 수거량은 검체의 개수별 무게 또는 용량을 모두 합한 것으로 말하며, 검사에 필요한 시험재료 1건 당 수거양의 범위 안에서 수거하여야 한다. 다만, 검체채취로 인한 오염 등 소분·채취하기 어려운 경우에는 수거량을 초과하
2) 유탕처리식품	추가1kg	
3) 자연산물		

○ 곡류·두류 및 기타 자연산물	1~3kg
○ 채소류	1~3kg
○ 과실류	3~5kg
○ 수산물	0.3~4kg

더라도 최소포장단위 그대로 채취할 수 있다.

2. 가공식품에 잔류농약검사, 방사능검사, 이물검사 등이 추가될 경우에는 각각 1kg을 추가로 수거하여야 한다(다만, 잔류농약검사 중 건조채소 및 침출차는 0.3kg).

3. 방사선 조사 검사가 추가될 경우에는 0.2kg을 추가로 수거하여야 한다. 다만, 소스류 및 식품등의 기준 및 규격에 따른 방사선 조사 검사 대상 원료가 2종 이상이 혼합된 식품은 0.6kg을 추가로 수거하고, 밤·생버섯·곡류 및 두류는 1kg을 추가로 수거하여야 한다.

4. 세균발육검사항목이 있는 경우 및 통조림식품은 6개(세균발육검사용 5개, 그 밖에 이화학검사용 1개)를 수거하여야 한다.

5. 2개 이상을 수거하는 경우에는 그 용기 또는 포장과 제조 연월일이 같은 것이어야 한다.

6. 용량검사를 하여야 하는 경우에는 수거량을 초과하더라도 식품등의 기준 및 규격에서 정한 용량검사에 필요한 양을 추가하여 수거할 수 있다.

7. 분석 중 최종 확인 등을 위하여 추가로 검체가 필요한 경우에는 추가로 검체를 수거할 수 있다.

8. 식품위생감시원이 의심물질이 있다고 판단되어 검사항목을 추가하는 경우 또는 「식품·의약품분야 시험·검사 등에 관한 법률」 제16조에 따른 식품 등 시험·검사기관 또는 같은 조 제4항 단서에 따라 총리령으로 정하는 시험·검사기관(이하 이 표에서 "시험·검사기관"이라 한다)이 두 곳 이상인 경우에는 수거량을 초과하여 수거할 수 있다.

나. 식품첨가물

시험항목별	수 거 량
식품등의 기준 및 규격의 적부에 관한 시험	고체 : 200g 액체 : 500g(㎖) 기체 : 1kg
비소·중금속 함유량시험	50g(㎖)

비 고

1. 분석 중 최종 확인 등을 위하여 추가로 검체가 필요한 경우에는 추가로 검체를 수거할 수 있다.
2. 식품위생감시원이 의심물질이 있다고 판단되어 검사항목을 추가하는 경우 또는 시험·검사기관이 두 곳 이상인 경우에는 수거량을 초과하여 수거할 수 있다.

다. 기구 또는 용기·포장

시험항목별	수 거 량
재질·용출시험	기구 또는 용기·포장에 대한 식품등의 기준 및 규격검사에 필요한 양

비 고

1. 분석 중 최종 확인 등을 위하여 추가로 검체가 필요한 경우에는 추가로 검체를 수거할 수 있다.
2. 품위생감시원이 의심물질이 있다고 판단되어 검사항목을 추가하는 경우 또는 시험·검사기관이 두 곳 이상인 경우에는 수거량을 초과하여 수거할 수 있다.

제22조의2 삭제 <2015. 2. 3.>

제23조(식품등의 재검사) ① 식품의약품안전처장(대통령령으로 정하는 그 소속 기관의 장을 포함한다. 이하 이 조에서 같다), 시·도지사 또는 시장·군수·구청장은 제22조(출입·검사·수거 등), 「수입식품안전관리 특별법」 제21조 또는 제25조에 따라 식품등을 검사한 결과 해당 식품등이 제7조(식품 또는 식품첨가물에 관한 기준 및 규격) 또는 제9조(기구 및 용기·포장에 관한 기준 및 규격)에 따른 식품등의 기준이나 규격에 맞지 아니하면 대통령령으로 정하는 바에 따라 해당 영업자에게 그 검사 결과를 통보하여야 한다. <개정 2015. 2. 3.>

제14조(식품등의 재검사) ① 법 제23조제1항에서 "대통령령으로 정하는 그 소속 기관의 장"이란 지방식품의약품안전청장을 말한다.
② 법 제23조제1항에 따라 식품의약품안전처장(지방식품의약품안전청장을 포함한다. 이하 이 조에서 같다), 시·도지사 또는 시장·군수·구청장은 해당 영업자에게 해당 검사에 적용한 검사방법, 검체의 채취·취급방법 및 검사 결과를 해당 검사성적서 또는 검사증명서가 작성된 날부터 7일 이내에 통보하여야 한다. <개정 2013. 3. 23.>
③ 삭제 <2015. 12. 30.>
④ 삭제 <2015. 12. 30.>
⑤ 삭제 <2015. 12. 30.>

② 제1항에 따른 통보를 받은 영업자가 그 검사 결과에 이의가 있으면 검사한 제품과 같은 제품(같은 날에 같은 영업시설에서 같은 제조 공정을 통하여 제조·생산된 제품에 한정한다)을 식품의약품안전처장이 인정하는 국내외 검사기관 2곳 이상에서 같은 검사 항목에 대하여 검사를 받아 그 결과가 제1항에 따라 통보받은 검사 결과와 다를 때에는 그 검사기관의 검사성적서 또는 검사증명서를 첨부하여 식품의약품안전처장, 시·도지사 또는 시장·군수·구청장에게 재검사를 요청할 수 있다. 다만, 시간이 경과함에 따라 검사 결과가 달라질 수 있는 검사항목 등 총리령으로 정하는 검사항목은 재검사 대상에서 제외한다. <개정 2014. 5. 28.>
③ 제2항에 따른 재검사 요청을 받은 식품의약품안전처장, 시·도지사 또는 시장·군수·구청장은 영업자가 제출한 검사 결과가 제1항에 따른 검사 결과와 다르다고 확인되거나 같은 항의 검사에 따른 검체(檢體)의 채취·취급방법, 검사방법·검사과정 등이 제7조제1항 또는 제9조제1항에 따른 식품등의 기준 및 규격에 위반된다고 인정되는 때에는 지체 없이 재검사하고 해당 영업자에게 재검사 결과를 통보하여야 한다. 이 경우 재검사 수수료와 보세창고료 등 재검사에 드는 비용은 영업자가 부담한다. <개정 2014. 5. 28.>
④ 제2항 및 제3항에 따른 재검사 요청 절차, 재검사 방법 및 결과 통보 등에 필요한 사항은 총리령으로 정한다. <신설 2018. 12. 11.>

제21조(식품등의 재검사 제외대상) 법 제23조제2항 단서에 따라 재검사 대상에서 제외하는 검사항목은 이물, 미생물, 곰팡이독소, 잔류농약 및 잔류동물용의약품에 관한 검사로 한다.
　[본조신설 2015. 12. 31.]

제24조 삭제 <2013. 7. 30.>
제25조 삭제 <2013. 7. 30.>
제26조 삭제 <2013. 7. 30.>
제27조 삭제 <2013. 7. 30.>
제28조 삭제 <2013. 7. 30.>
제29조 삭제 <2013. 7. 30.>
제30조 삭제 <2013. 7. 30.>

제15조 삭제 <2014. 7. 28.>

제22조 삭제 <2014. 8. 20.>
제23조 삭제 <2014. 8. 20.>
제24조 삭제 <2014. 8. 20.>
제25조 삭제 <2014. 8. 20.>
제26조 삭제 <2014. 8. 20.>
제27조 삭제 <2014. 8. 20.>
제28조 삭제 <2014. 8. 20.>

제31조(자가품질검사 의무) ① 식품등을 제조·가공하는 영업자는 총리령으로 정하는 바에 따라 제조·가공하는 식품등이 제7조(식품 또는 식품첨가물에 관한 기준 및 규격) 또는 제9조(기구 및 용기·포장에 관한 기준 및 규격)에 따른 기준과 규격에 맞는지를 검사하여야 한다. <개정 2013. 3. 23.> ② 식품등을 제조·가공하는 영업자는 제1항에 따른 검사를 「식품·의약품분야 시험·검사 등에 관한 법률」 제6조제3항제2호에 따른 자가품질위탁 시험·검사기관에 위탁하여 실시할 수 있다. <개정 2018. 12. 11.>	제29조 삭제 <2014. 8. 20.> 제30조 삭제 <2014. 8. 20.> 제31조(자가품질검사) ① 법 제31조제1항에 따른 자가품질검사는 **별표 12**의 자가품질검사기준에 따라 하여야 한다. ② 삭제 <2014. 8. 20.> ③ 삭제 <2014. 8. 20.> ④ 자가품질검사에 관한 기록서는 2년간 보관하여야 한다.
③ 제1항에 따른 검사를 직접 행하는 영업자는 제1항에 따른 검사 결과 해당 식품등이 제4조(위해식품등의 판매 등 금지), 제5조(병든 동물 고기 등의 판매 등 금지) 제6조(기준·규격이 고시되지 아니한 화학적 합성품 등의 판매 등 금지), 제7조제4항(식품 또는 식품첨가물에 관한 기준 및 규격), 제8조(유독기구 등의 판매·사용 금지) 또는 제9조제4항(기구 및 용기·포장에 관한 기준 및 규격)을 위반하여 국민 건강에 위해가 발생하거나 발생할 우려가 있는 경우에는 지체 없이 식품의약품안전처장에게 보고하여야 한다. <신설 2013. 7. 30.> ④ 제1항에 따른 검사의 항목·절차, 그 밖에 검사에 필요한 사항은 총리령으로 정한다. <개정 2013. 7. 30.>	
제31조의2(자가품질검사의무의 면제) 식품의약품안전처장 또는 시·도지사는 제48조제3항에 따른 식품안전관리인증기준적용업소가 다음 각 호에 해당하는 경우에는 제31조제1항에도 불구하고 총리령으로 정하는 바에 따라 자가품질검사를 면제할 수 있다. 1. 제48조제3항에 따른 식품안전관리인증기준적용업소가 제31조제1항에 따른 검사가 포함된 식품안전관리인증기준을 지키는 경우 2. 제48조제8항에 따른 조사·평가 결과 그 결과가 우수하다고 총리령으로 정하는 바에 따라 식품의약품안전처장이 인정하는 경우 [본조신설 2016. 2. 3.]	제31조의2(자가품질검사의무의 면제) 법 제31조의2제2호에 따라 식품안전관리인증기준적용업소의 자가품질검사 의무를 면제하는 경우는 해당 식품안전관리인증기준적용업소에 대하여 제66조제1항에 따른 조사·평가를 한 결과가 만점의 95퍼센트 이상인 경우로 한다. [본조신설 2016. 8. 2.]

시행규칙 [별표 12] <개정 2020. 4. 13.>

자가품질검사기준(제31조제1항 관련)

1. 식품 등에 대한 자가품질검사는 판매를 목적으로 제조·가공하는 품목별로 실시하여야 한다. 다만, 식품공전에서 정한 동일한 검사항목을 적용받은 품목을 제조·가공하는 경우에는 식품 유형별로 이를 실시할 수 있다.
2. 기구 및 용기·포장의 경우 동일한 재질의 제품으로 크기나 형태가 다를 경우에는 재질별로 자가품질검사를 실시할 수 있다.
3. 자가품질검사 주기의 적용 시점은 제품제조일을 기준으로 산정한다. 다만, 「수입식품안전관리 특별법」 제18조제2항에 따른 주문자상표부착식품등과 식품제조·가공업자가 자신의 제품을 만들기 위하여 수입한 반가공 원료식품 및 용기·포장은 「관세법」 제248조에 따라 관할 세관장이 신고필증을 발급한 날을 기준으로 산정한다.
4. 자가품질검사는 식품의약품안전처장이 정하여 고시하는 식품유형별 검사항목을 검사한다. 다만, 식품 제조·가공 과정 중 특정 식품첨가물을 사용하지 아니한 경우에는 그 항목의 검사를 생략할 수 있다.
5. 영업자가 다른 영업자에게 식품등을 제조하게 하는 경우에는 식품등을 제조하게 하는 자 또는 직접 그

식품등을 제조하는 자가 자가품질검사를 실시하여야 한다.
6. 식품등의 자가품질검사는 다음의 구분에 따라 실시하여야 한다.
가. 식품제조·가공업
1) 과자류, 빵류 또는 떡류(과자, 캔디류, 추잉껌 및 떡류만 해당한다), 코코아가공품류, 초콜릿류, 잼류, 당류, 음료류[다류(茶類) 및 커피류만 해당한다], 절임류 또는 조림류, 수산가공식품류(젓갈류, 건포류, 조미김, 기타 수산물가공품만 해당한다), 두부류 또는 묵류, 면류, 조미식품(고춧가루, 실고추 및 향신료가공품, 식염만 해당한다), 즉석식품류(만두류, 즉석섭취식품, 즉석조리식품만 해당한다), 장류, 농산가공식품류(전분류, 밀가루, 기타농산가공품류 중 곡류가공품, 두류가공품, 서류가공품, 기타 농산가공품만 해당한다), 식용유지가공품(모조치즈, 식물성크림, 기타 식용유지가공품만 해당한다), 동물성가공식품류(추출가공식품만 해당한다), 기타가공품, 선박에서 통·병조림을 제조하는 경우 및 단순가공품(자연산물을 그 원형을 알아볼 수 없도록 분해·절단 등의 방법으로 변형시키거나 1차 가공처리한 식품원료를 식품첨가물을 사용하지 아니하고 단순히 서로 혼합만 하여 가공한 제품이거나 이 제품에 식품제조·가공업의 허가를 받아 제조·포장된 조미식품을 포장된 상태 그대로 첨부한 것을 말한다)만을 가공하는 경우: 3개월마다 1회 이상 식품의약품안전처장이 정하여 고시하는 식품유형별 검사항목
2) 식품제조·가공업자가 자신의 제품을 만들기 위하여 수입한 반가공 원료식품 및 용기·포장
가) 반가공 원료식품: 6개월마다 1회 이상 식품의약품안전처장이 정하여 고시하는 식품유형별 검사항목
나) 용기·포장: 동일재질별로 6개월마다 1회 이상 재질별 성분에 관한 규격
3) 빵류, 식육함유가공품, 알함유가공품, 동물성가공식품류(기타식육 또는 기타알제품), 음료류(과일·채소류음료, 탄산음료류, 두유류, 발효음료류, 인삼·홍삼음료, 기타음료만 해당한다, 비가열음료는 제외한다), 식용유지류(들기름, 추출들깨유만 해당한다): 2개월마다 1회 이상 식품의약품안전처장이 정하여 고시하는 식품유형별 검사항목
4) 1)부터 3)까지의 규정 외의 식품: 1개월(주류의 경우에는 6개월)마다 1회 이상 식품의약품안전처장이 정하여 고시하는 식품유형별 검사항목
5) 법 제48조제8항에 따른 전년도의 조사·평가 결과가 만점의 90퍼센트 이상인 식품: 1)·3)·4)에도 불구하고 6개월마다 1회 이상 식품의약품안전처장이 정하여 고시하는 식품유형별 검사항목
6) 식품의약품안전처장이 식중독 발생위험이 높다고 인정하여 지정·고시한 기간에는 1) 및 2)에 해당하는 식품은 1개월마다 1회 이상, 3)에 해당하는 식품은 15일마다 1회 이상, 4)에 해당하는 식품은 1주일마다 1회 이상 실시하여야 한다.
7) 「주세법」 제51조에 따른 검사 결과 적합 판정을 받은 주류는 자가품질검사를 실시하지 않을 수 있다. 이 경우 해당 검사는 제4호에 따른 주류의 자가품질검사 항목에 대한 검사를 포함하여야 한다.
나. 즉석판매제조·가공업
1) 과자(크림을 위에 바르거나 안에 채워 넣은 후 가열살균하지 않고 그대로 섭취하는 것만 해당한다), 빵류(크림을 위에 바르거나 안에 채워 넣은 후 가열살균하지 않고 그대로 섭취하는 것만 해당한다), 당류(설탕류, 포도당, 과당류, 올리고당류만 해당한다), 식육함유가공품, 어육가공품류(연육, 어묵, 어육소시지 및 기타 어육가공품만 해당한다), 두부류 또는 묵류, 식용유지류(압착식용유만 해당한다), 특수용도식품, 소스, 음료류(커피, 과일·채소류음료, 탄산음료류, 두유류, 발효음료류, 인삼·홍삼음료, 기타음료만 해당한다), 동물성가공식품류(추출가공식품만 해당한다), 빙과류, 즉석섭취식품(도시락, 김밥류, 햄버거류 및 샌드위치류만 해당한다), 즉석조리식품(순대류만 해당한다), 「축산물 위생관리법」 제2조제2호에 따른 유가공품, 식육가공품 및 알가공품: 9개월 마다 1회 이상 식품의약품안전처장이 정하여 고시하는 식품 및 축산물가공품 유형별 검사항목
2) 별표 15 제2호에 따른 영업을 하는 경우에는 자가품질검사를 실시하지 않을 수 있다.
다. 식품첨가물
1) 기구 등 살균소독제: 6개월마다 1회 이상 살균소독력

2) 1) 외의 식품첨가물: 6개월마다 1회 이상 식품첨가물별 성분에 관한 규격

라. 기구 또는 용기·포장: 동일 재질별로 6개월마다 1회 이상 재질별 성분에 관한 규격

제32조(식품위생감시원) ① 제22조제1항에 따른 관계 공무원의 직무와 그 밖에 식품위생에 관한 지도 등을 하기 위하여 식품의약품안전처(대통령령으로 정하는 그 소속 기관을 포함한다), 특별시·광역시·특별자치시·도·특별자치도(이하 "시·도"라 한다) 또는 시·군·구(자치구를 말한다. 이하 같다)에 식품위생감시원을 둔다. <개정 2016. 2. 3.>

② 제1항에 따른 식품위생감시원의 자격·임명·직무범위, 그 밖에 필요한 사항은 대통령령으로 정한다.

16조(식품위생감시원의 자격 및 임명) ① 법 제32조제1항에서 "대통령령으로 정하는 그 소속 기관"이란 지방식품의약품안전청을 말한다.

② 법 제32조제1항에 따른 식품위생감시원(이하 "식품위생감시원"이라 한다)은 식품의약품안전처장(지방식품의약품안전청장을 포함한다), 시·도지사 또는 시장·군수·구청장이 다음 각 호의 어느 하나에 해당하는 소속 공무원 중에서 임명한다. <개정 2018. 12. 11.>

1. 위생사, 식품기술사·식품기사·식품산업기사·수산제조기술사·수산제조기사·수산제조산업기사 또는 영양사
2. 「고등교육법」제2조제1호 및 제4호에 따른 대학 또는 전문대학에서 의학·한의학·약학·한약학·수의학·축산학·축산가공학·수산제조학·농산제조학·농화학·화학·화학공학·식품가공학·식품화학·식품제조학·식품공학·식품과학·식품영양학·위생학·발효공학·미생물학·조리학·생물학 분야의 학과 또는 학부를 졸업한 자 또는 이와 같은 수준 이상의 자격이 있는 자
3. 외국에서 위생사 또는 식품제조기사의 면허를 받은 자나 제2호와 같은 과정을 졸업한 자로서 식품의약품안전처장이 적당하다고 인정하는 자
4. 1년 이상 식품위생행정에 관한 사무에 종사한 경험이 있는 자

③ 식품의약품안전처장(지방식품의약품안전청장을 포함한다), 시·도지사 또는 시장·군수·구청장은 제2항 각 호의 요건에 해당하는 자만으로는 식품위생감시원의 인력 확보가 곤란하다고 인정될 경우에는 식품위생행정에 종사하는 자 중 소정의 교육을 2주 이상 받은 자에 대하여 그 식품위생행정에 종사하는 기간 동안 식품위생감시원의 자격을 인정할 수 있다. <개정 2013. 3. 23.>

제17조(식품위생감시원의 직무) 법 제32조에 따른 식품위생감시원의 직무는 다음 각호와 같다. <개정 2019. 3. 14.>

1. 식품등의 위생적인 취급에 관한 기준의 이행 지도
2. 수입·판매 또는 사용 등이 금지된 식품등의 취급 여부에 관한 단속
3. 「식품 등의 표시·광고에 관한 법률」제4조부터 제8조까지의 규정에 따른 표시 또는 광고기준의 위반 여부에 관한 단속
4. 출입·검사 및 검사에 필요한 식품등의 수거
5. 시설기준의 적합 여부의 확인·검사
6. 영업자 및 종업원의 건강진단 및 위생교육의 이행 여부의 확인·지도
7. 조리사 및 영양사의 법령 준수사항 이행 여부의 확인·지도
8. 행정처분의 이행 여부 확인

제31조의3(식품위생감시원의 교육시간 등) ① 법 제32조제1항에 따른 식품위생감시원(이하 이 조에서 "식품위생감시원"이라 한다)은 영 제17조의2에 따라 매년 7시간 이상 식품위생감시원 직무교육을 받아야 한다. 다만, 식품위생감시원으로 임명된 최초의 해에는 21시간 이상을 받아야 한다.

② 영 제17조의2에 따른 식품위생감시원 직무교육에는 다음 각 호의 내용이 포함되어야 한다.

1. 식품안전 법령에 관한 사항
2. 식품 등의 기준 및 규격에 관한 사항
3. 영 제17조에 따른 식품위생감시원의 직무에 관한 사항
4. 그 밖에 제1호부터 제3호까지에 준하는 사항으로서 식품의약품안전처장, 시·도지사 또는 시장·군수·구청장이 식품위생감시원의 전문성 및 직무역량 강화를 위해 필요하다고 인정하는 사항

③ 제1항 및 제2항에서 규정한 사항 외에 식품위생감시원의 교

9. 식품등의 압류·폐기 등 10. 영업소의 폐쇄를 위한 간판 제거 등의 조치 11. 그 밖에 영업자의 법령 이행 여부에 관한 확인·지도 제17조의2(식품위생감시원의 교육) ① 식품의약품안전처장, 시·도지사 또는 시장·군수·구청장은 식품위생감시원을 대상으로 제17조에 따른 직무 수행에 필요한 전문지식과 역량을 강화하는 교육 프로그램을 운영하여야 한다. ② 식품의약품안전처장, 시·도지사 또는 시장·군수·구청장은 제1항에 따른 교육 프로그램을 국내외 교육기관 등에 위탁하여 실시할 수 있다. ③ 식품위생감시원은 제1항에 따른 교육을 받아야 한다. 이 경우 교육의 방법·시간·내용 및 그 밖에 교육에 필요한 사항은 총리령으로 정한다. [본조신설 2018. 12. 11.] [시행일 : 2019. 12. 12.] 제17조의2	육 운영 등에 필요한 세부 사항은 식품의약품안전처장이 정하여 고시한다. [본조신설 2019. 11. 20.]

제33조(소비자식품위생감시원) ① 식품의약품안전처장(대통령령으로 정하는 그 소속 기관의 장을 포함한다. 이하 이 조에서 같다), 시·도지사 또는 시장·군수·구청장은 식품위생관리를 위하여「소비자기본법」제29조에 따라 등록한 소비자단체의 임직원 중 해당 단체의 장이 추천한 자나 식품위생에 관한 지식이 있는 자를 소비자식품위생감시원으로 위촉할 수 있다. <개정 2013. 3. 23.> ② 제1항에 따라 위촉된 소비자식품위생감시원(이하 "소비자식품위생감시원"이라 한다)의 직무는 다음 각 호와 같다. <개정 2018. 3. 13.> 1. 제36조제1항제3호에 따른 식품접객업을 하는 자(이하 "식품접객영업자"라 한다)에 대한 위생관리 상태 점검 2. 유통 중인 식품등이「식품등의 표시·광고에 관한 법률」【주5】 제4조(표시의 기준), 제5조(영양표시), 제6조(나트륨 함량 비교 표시), 제7조(광고의 기준)에 따른 표시·광고의 기준에 맞지 아니하거나 같은 법 제8조에 따른 부당한 표시 또는 광고행위의 금지 규정을 위반한 경우 관할 행정관청에 신고하거나 그에 관한 자료 제공	제18조(소비자식품위생감시원의 자격 등) ① 법 제33조제1항에서 "대통령령으로 정하는 그 소속 기관의 장"이란 지방식품의약품안전청장을 말한다. ② 법 제33조제1항에 따른 소비자식품위생감시원(이하 "소비자식품위생감시원"이라 한다)으로 위촉될 수 있는 자는 다음 각 호의 어느 하나에 해당하는 자로 한다. <개정 2013. 3. 23.> 1. 식품의약품안전처장이 정하여 고시하는 교육과정을 마친 자 2. 제16조제2항 각 호의 어느 하나에 해당하는 자 ③ 법 제33조제2항제4호에서 "대통령령으로 정하는 사항"이란 제17조에 따른 식품위생감시원의 직무 중 같은 조 제8호에 따른 행정처분의 이행 여부 확인을 지원하는 업무를 말한다. ④ 법 제33조제4항에 따라 식품의약품안전처장(지방식품의약품안전청장을 포함한다. 이하 제5항에서 같다), 시·도지사 또는 시장·군수·구청장은 소비자식품위생감시원에 대하여 반기(半期)마다 식품위생법령 및 위해식품등 식별 등에 관한 교육을 실시하고, 소비자식품위생감시원이 직무를 수행하기 전에 그 직무에 관한 교육을 실시하여야 한다. <개정 2013. 3. 23.> ⑤ 식품의약품안전처장, 시·도지사	**【주 5】** 식품 등의 표시·광고에 관한 법률. 참조 ➡ P. 267

3. 제32조에 따른 식품위생감시원이 하는 식품등에 대한 수거 및 검사 지원
4. 그 밖에 식품위생에 관한 사항으로서 대통령령으로 정하는 사항
③ 소비자식품위생감시원은 제2항 각 호의 직무를 수행하는 경우 그 권한을 남용하여서는 아니 된다.
④ 제1항에 따라 소비자식품위생감시원을 위촉한 식품의약품안전처장, 시·도지사 또는 시장·군수·구청장은 소비자식품위생감시원에게 직무 수행에 필요한 교육을 하여야 한다. <개정 2013. 3. 23.>
⑤ 식품의약품안전처장, 시·도지사 또는 시장·군수·구청장은 소비자식품위생감시원이 다음 각 호의 어느 하나에 해당하면 그 소비자식품위생감시원을 해촉(解囑)하여야 한다. <개정 2013. 3. 23.>
1. 추천한 소비자단체에서 퇴직하거나 해임된 경우
2. 제2항 각 호의 직무와 관련하여 부정한 행위를 하거나 권한을 남용한 경우
3. 질병이나 부상 등의 사유로 직무 수행이 어렵게 된 경우
⑥ 소비자식품위생감시원이 제2항 제1호의 직무를 수행하기 위하여 식품접객영업자의 영업소에 단독으로 출입하려면 미리 식품의약품안전처장, 시·도지사 또는 시장·군수·구청장의 승인을 받아야 한다. <개정 2013. 3. 23.>
⑦ 소비자식품위생감시원이 제6항에 따른 승인을 받아 식품접객영업자의 영업소에 단독으로 출입하는 경우에는 승인서와 신분을 표시하는 증표 및 조사기간, 조사범위, 조사담당자, 관계 법령 등 대통령령으로 정하는 사항이 기재된 서류를 지니고 이를 관계인에게 내보여야 한다. <개정 2016. 2. 3.>
⑧ 소비자식품위생감시원의 자격, 직무 범위 및 교육, 그 밖에 필요한 사항은 대통령령으로 정한다.

또는 시장·군수·구청장은 소비자식품위생감시원의 활동을 지원하기 위하여 예산 또는 법 제89조에 따른 식품진흥기금(이하 "기금"이라 한다)의 범위에서 식품의약품안전처장이 정하는 바에 따라 수당 등을 지급할 수 있다. <개정 2013. 3. 23.>
⑥ 법 제33조제6항에 따른 단독출입의 승인 절차와 그 밖에 소비자식품위생감시원의 운영에 필요한 사항은 식품의약품안전처장이 정하여 고시한다. <개정 2013. 3. 23.>
⑦ 법 제33조제7항에서 "조사기간, 조사범위, 조사담당자 및 관계 법령 등 대통령령으로 정하는 사항"이란 다음 각 호의 사항을 말한다. <신설 2016. 7. 26.>
1. 조사목적
2. 조사기간 및 대상
3. 조사의 범위 및 내용
4. 소비자식품위생감시원의 성명 및 위촉기관
5. 소비자식품위생감시원의 소속 단체(단체에 소속된 경우만 해당한다)
6. 그 밖에 해당 조사에 필요한 사항
⑧ 법 제33조제7항에 따라 영업소를 단독으로 출입할 때 지니는 승인서 및 증표의 서식은 총리령으로 정한다. <개정 2016. 7. 26.>

제32조(소비자식품위생감시원의 단독 출입 시 승인서 및 증표) 영 제18조제7항에 따라 소비자식품위생감시원이 영업소를 단독으로 출입할 때 지니는 승인서 및 증표는 각각 별지 제24호서식 및 별지 제25호서식과 같다.

제34조 삭제 <2015. 3. 27.>

제19조 삭제 <2015. 12. 30.>

제33조 삭제 <2015. 12. 31.>
제34조 삭제 <2015. 12. 31.>

제35조(소비자 위생점검 참여 등) ① 대통령령으로 정하는 영업자는 식품위생에 관한 전문적인 지식이 있는 자 또는 「소비자기본법」 제29조에 따라 등록한 소비자단체의 장이 추천한 자로서 식품의약품안전처장이 정하는 자에게 위생관리 상태를 점검받을 수 있다. <개정 2013. 3. 23.>
② 제1항에 따른 점검 결과 식품의약품안전처장이 정하는 기준에 적합하여 합격한 경우 해당 영업자는 그 합격사실을 총리령으로 정하는 바에 따라 해당 영업소에서 제조·가공한 식품등에 표시하거나 광고할 수 있다. <개정 2013. 3. 23.>
③ 식품의약품안전처장(대통령령으로 정하는 그 소속 기관의 장을 포함한다. 이하 이 조에서 같다), 시·도지사 또는 시장·군수·구청장은 제1항에 따라 위생점검을 받은 영업소 중 식품의약품안전처장이 정하는 기준에 따른 우수 등급의 영업소에 대하여는 관계 공무원으로 하여금 총리령으로 정하는 일정 기간 동안 제22조에 따른 출입·검사·수거 등을 하지 아니하게 할 수 있다. <개정 2016. 2. 3.>
④ 식품의약품안전처장, 시·도지사 또는 시장·군수·구청장은 제22조제1항에 따른 출입·검사·수거 등에 참여를 희망하는 소비자를 참여하게 하여 위생 상태를 점검할 수 있다. <신설 2016. 2. 3.>
⑤ 제1항에 따른 위생점검의 시기 등은 대통령령으로 정한다. <개정 2013. 7. 30.>

제20조(소비자 위생점검 참여 등) ① 법 제35조제1항에서 "대통령령으로 정하는 영업자"란 다음 각 호의 영업자를 말한다.
1. 제21조제1호의 식품제조·가공업자
2. 제21조제3호의 식품첨가물제조업자
3. 제21조제5호나목6)의 기타 식품판매업자
4. 제21조제8호의 식품접객업자 중 법 제47조제1항에 따라 모범업소로 지정받은 영업자
② 법 제35조제3항에서 "대통령령으로 정하는 그 소속 기관의 장"이란 지방식품의약품안전청장을 말한다. <개정 2016. 7. 26.>
③ 제1항에 따른 영업자가 법 제35조제1항에 따라 위생관리 상태 점검을 신청하는 경우에는 1개월 이내에 위생점검을 하여야 한다. 이 경우 같은 업소에 대한 위생점검은 연 1회로 한정한다.
④ 제3항에 따른 위생점검 방법 및 절차는 총리령으로 정한다.
<개정 2013. 3. 23.>

제35조(위생점검의 절차 및 결과 표시 등) ① 법 제35조제1항에 따른 위생관리 상태의 점검을 신청하려는 영업자는 별지 제28호서식의 소비자 위생점검 참여신청서(전자문서로 된 신청서를 포함한다)에 다음 각 호의 구분에 따른 서류(전자문서를 포함한다)를 첨부하여 식품의약품안전처장에게 제출하여야 한다. <개정 2013. 3. 23.>
1. 영 제21조제1호의 식품제조·가공업자 및 영 제21조제3호의 식품첨가물제조업자의 경우 : 제품명, 사용한 원재료명 및 성분배합 비율, 제조·가공의 방법, 사용한 식품첨가물의 명칭·사용량 등에 관한 서류
2. 영 제21조제5호나목6)의 기타 식품판매업자의 경우 : 제품의 안전성 및 위생적 관리, 보존 및 보관에 관한 서류
3. 영 제21조제8호의 식품접객업자 중 법 제47조제1항에 따라 모범업소로 지정받은 영업자의 경우 : 취수원, 배수시설 등 건물의 구조 및 환경, 주방시설 및 기구, 원재료의 보관 및 운반시설, 종업원의 서비스, 제공반찬과 가격 표시, 남은 음식을 처리할 수 있는 시설 및 설비에 관한 서류
② 식품의약품안전처장은 제1항에 따라 신청을 받은 경우에는 신청 받은 날부터 1개월 이내에 식품위생에 관한 전문적인 지식이 있는 사람 또는 소비자단체의 장이 추천한 사람 중에서 해당 영업소의 업종 등을 고려하여 적합한 전문가들로 점검단을 구성하여 위생점검을 실시하게 하여야 한다. <개정 2013. 3. 23.>

③ 식품의약품안전처장은 제2항에 따른 위생점검 결과 합격한 영업자에게는 별지 제29호서식의 위생점검 합격증서를 발급하고, 그 영업자는 그 합격사실을 별표 13에 따라 표시하거나 광고할 수 있다. 이 경우 그 표시사항은 제품·포장·용기 및 주변의 도안 등을 고려하여 소비자가 알아보기 쉽게 표시하여야 한다. <개정 2013. 3. 23.>
④ 법 제35조제3항에 따라 식품의약품안전처장, 시·도지사 또는 시장·군수·구청장은 우수 등급의 영업소에 대하여는 우수 등급이 확정된 날부터 2년 동안 법 제22조에 따른 출입·검사·수거 등을 하지 아니할 수 있다. <개정 2013. 3. 23.>

시행규칙 [별표 13] 〈개정 2020. 4. 13〉

소비자 위생점검 표시 및 광고 방법(제35조제3항 관련)

1. 표시기준
  가. 도안모형

소비자위생점검 합격

  나. 도안요령
    1) 심볼마크 상단의 태극문양 색상은 노란색(Magneta 30 + Yellow 83)으로 하고, 심볼마크의 하단 밥그릇 색상은 회식(Black20)으로 한다.
    2) 바탕색의 색상은 흰색(Cyan 0 + Magneta 0 + Yellow 0 + Black 0)으로 하고 하단의 "소비자 위생점검 합격" 글씨는 검정색(black100)으로 하며, 슬로건은 Black 30으로 한다.
    3) 문자의 활자체는 HY태백B로 하며 슬로건은 서울들국화로 한다.
2. 표시방법
  가. 도안의 크기는 용도 및 포장재의 크기에 따라 동일배율로 조정한다.
  나. 도안은 알아보기 쉽도록 인쇄 또는 각인 등의 방법으로 표시하여야 한다.
3. 광고방법
  가. 소비자 위생점검 합격사실을 광고하는 경우에는 사실과 다름이 없어야 한다.
  나. 「신문 등의 진흥에 관한 법률」 제9조제1항에 따라 등록한 전국을 보급 지역으로 하는 1개 이상의 일반 신문에 게재할 수 있다.
  다. 식품의약품안전처나 관할 특별자치도·시·군·구청의 인터넷 홈페이지에 게재하도록 요청할 수 있다.

제7장 영업 제36조(시설기준) ① 다음의 영업을 하려는 자는 총리령으로 정하는 시설기준에 맞는 시설을 갖추어야 한다. 〈개정 2013. 3. 23.〉 1. 식품 또는 식품첨가물의 제조업, 가공업, 운반업, 판매업 및 보존업 2. 기구 또는 용기·포장의 제조업 3. 식품접객업 ② 제1항 각 호에 따른 영업의 세부 종류와 그 범위는 대통령령으로 정한다.	제21조(영업의 종류) 법 제36조제2항에 따른 영업의 세부 종류와 그 범위는 다음 각 호와 같다. 〈개정 2017. 12. 12.〉 1. 식품제조·가공업 : 식품을 제조·가공하는 영업 2. 즉석판매제조·가공업 : 총리령으로 정하는 식품을 제조·가공업소에서 직접 최종소비자에게 판매하는 영업	제36조(업종별 시설기준) 법 제36조에 따른 업종별 시설기준은 **별표 14**과 같다. 제37조(즉석판매제조·가공업의 대상) 영 제21조제2호에서 "총리령으로 정하는 식품"이란 **별표 15**와 같다. 〈개정 2013. 3. 23.〉

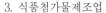

3. 식품첨가물제조업

　가. 감미료・착색료・표백제 등의 화학적 합성품을 제조・가공하는 영업

　나. 천연 물질로부터 유용한 성분을 추출하는 등의 방법으로 얻은 물질을 제조・가공하는 영업

　다. 식품첨가물의 혼합제제를 제조・가공하는 영업

　라. 기구 및 용기・포장을 살균・소독할 목적으로 사용되어 간접적으로 식품에 이행(移行)될 수 있는 물질을 제조・가공하는 영업

4. 식품운반업 : 직접 마실 수 있는 유산균음료(살균유산균음료를 포함한다)나 어류・조개류 및 그 가공품 등 부패・변질되기 쉬운 식품을 전문적으로 운반하는 영업. 다만, 해당 영업자의 영업소에서 판매할 목적으로 식품을 운반하는 경우와 해당 영업자가 제조・가공한 식품을 운반하는 경우는 제외한다.

5. 식품소분・판매업

　가. 식품소분업 : 총리령으로 정하는 식품 또는 식품첨가물의 완제품을 나누어 유통할 목적으로 재포장・판매하는 영업

　나. 식품판매업

　　1) 식용얼음판매업 : 식용얼음을 전문적으로 판매하는 영업

　　2) 식품자동판매기영업 : 식품을 자동판매기에 넣어 판매하는 영업. 다만, 유통기간이 1개월 이상인 완제품만을 자동판매기에 넣어 판매하는 경우는 제외한다.

　　3) 유통전문판매업 : 식품 또는 식품첨가물을 스스로 제조・가공하지 아니하고 제1호의 식품제조・가공업자 또는 제3호의 식품첨가물제조업자에게 의뢰하여 제조・가공한 식품 또는 식품첨가물을 자신의 상표로 유통・판매하는 영업

　　4) 집단급식소 식품판매업 : 집단급식소에 식품을 판매하는 영업

　　5) 삭제 <2016. 1. 22.>

　　6) 기타 식품판매업 : 1)부터 4)까지를 제외한 영업으로서 총리령으로 정하는 일정 규모 이상의 백화점, 슈퍼마켓, 연쇄점 등에서 식품을 판매하는 영업

6. 식품보존업

　가. 식품조사처리업 : 방사선을 쬐어 식품의 보존성을 물리적으로 높이는 것을 업(業)으로 하는 영업

　나. 식품냉동・냉장업 : 식품을 얼리거나 차게 하여 보존하는 영업. 다만, 수산물의 냉동・냉장은 제외한다.

7. 용기・포장류제조업

　가. 용기・포장지제조업 : 식품 또는 식품첨가물을 넣거나 싸는 물품으로서 식품 또는 식품첨가물에 직접 접촉되는 용기(옹기류는 제외한다)・포장지를 제조하는 영업

　나. 옹기류제조업 : 식품을 제조・조리・저장할 목적으로 사용되는 독, 항아리, 뚝배기 등을 제조하는 영업

8. 식품접객업

　가. 휴게음식점영업 : 주로 다류(茶類), 아이스크림류 등을 조리・판매하거나 패스트푸드점, 분식점 형태의 영업 등 음식류를 조리・판매하는 영업으로서 음주행위가 허용되지 아니하는 영업. 다만, 편의점, 슈퍼마켓, 휴게소, 그 밖에

제38조(식품소분업의 신고대상) ① 영 제21조제5호가목에서 "총리령으로 정하는 식품 또는 식품첨가물"이란 영 제21조제1호 및 제3호에 따른 영업의 대상이 되는 식품 또는 식품첨가물(수입되는 식품 또는 식품첨가물을 포함한다)과 벌꿀[영업자가 자가채취하여 직접 소분(小分)・포장하는 경우를 제외한다]을 말한다. 다만, 어육제품, 특수용도식품(체중조절용 조제식품은 제외한다), 통・병조림 제품, 레토르트식품, 전분, 장류 및 식초는 소분・판매하여서는 아니 된다. <개정 2014. 10. 13.>

② 식품 또는 식품첨가물제조업의 신고를 한 자가 자기가 제조한 제품의 소분・포장만을 하기 위하여 신고를 한 제조업소 외의 장소에서 식품소분업을 하려는 경우에는 그 제품이 제1항의 식품소분업 신고대상 품목이 아니더라도 식품소분업 신고를 할 수 있다.

제39조(기타 식품판매업의 신고대상) 영 제21조제5호나목6)의 기타 식품판매업에서 "총리령으로 정하는 일정 규모 이상의 백화점, 슈퍼마켓, 연쇄점 등"이란 백화점, 슈퍼마켓, 연쇄점 등의 영업장의 면적이 300제곱미터 이상인 업소를 말한다. <개정 2013. 3. 23.>

음식류를 판매하는 장소(만화가게 및 「게임산업진흥에 관한 법률」 제2조제7호에 따른 인터넷컴퓨터게임시설제공업을 하는 영업소 등 음식류를 부수적으로 판매하는 장소를 포함한다)에서 컵라면, 일회용 다류 또는 그 밖의 음식류에 물을 부어 주는 경우는 제외한다.

나. 일반음식점영업 : 음식류를 조리·판매하는 영업으로서 식사와 함께 부수적으로 음주행위가 허용되는 영업

다. 단란주점영업 : 주로 주류를 조리·판매하는 영업으로서 손님이 노래를 부르는 행위가 허용되는 영업

라. 유흥주점영업 : 주로 주류를 조리·판매하는 영업으로서 유흥종사자를 두거나 유흥시설을 설치할 수 있고 손님이 노래를 부르거나 춤을 추는 행위가 허용되는 영업

마. 위탁급식영업 : 집단급식소를 설치·운영하는 자와의 계약에 따라 그 집단급식소에서 음식류를 조리하여 제공하는 영업

바. 제과점영업 : 주로 빵, 떡, 과자 등을 제조·판매하는 영업으로서 음주행위가 허용되지 아니하는 영업

제22조(유흥종사자의 범위) ① 제21조제8호라목에서 "유흥종사자"란 손님과 함께 술을 마시거나 노래 또는 춤으로 손님의 유흥을 돋우는 부녀자인 유흥접객원을 말한다.

② 제21조제8호라목에서 "유흥시설"이란 유흥종사자 또는 손님이 춤을 출 수 있도록 설치한 무도장을 말한다.

시행규칙 [별표 14] 〈개정 2020. 4. 13.〉

업종별 시설기준(제36조 관련)

1. 식품제조·가공업의 시설기준
  가. 식품의 제조시설과 원료 및 제품의 보관시설 등이 설비된 건축물(이하 "건물"이라 한다)의 위치 등
  1) 건물의 위치는 축산폐수·화학물질, 그 밖에 오염물질의 발생시설로부터 식품에 나쁜 영향을 주지 아니하는 거리를 두어야 한다.
  2) 건물의 구조는 제조하려는 식품의 특성에 따라 적정한 온도가 유지될 수 있고, 환기가 잘 될 수 있어야 한다.
  3) 건물의 자재는 식품에 나쁜 영향을 주지 아니하고 식품을 오염시키지 아니하는 것이어야 한다.
  나. 작업장
  1) 작업장은 독립된 건물이거나 식품제조·가공 외의 용도로 사용되는 시설과 분리(별도의 방을 분리함에 있어 벽이나 층 등으로 구분하는 경우를 말한다. 이하 같다)되어야 한다.
  2) 작업장은 원료처리실·제조가공실·포장실 및 그 밖에 식품의 제조·가공에 필요한 작업실을 말하며, 각각의 시설은 분리 또는 구획(칸막이·커튼 등으로 구분하는 경우를 말한다. 이하 같다)되어야 한다. 다만, 제조공정의 자동화 또는 시설·제품의 특수성으로 인하여 분리 또는 구획할 필요가 없다고 인정되는 경우로서 각각의 시설이 서로 구분(선·줄 등으로 구분하는 경우를 말한다. 이하 같다)될 수 있는 경우에는 그러하지 아니하다.
  3) 작업장의 바닥·내벽 및 천장 등은 다음과 같은 구조로 설비되어야 한다.
    가) 바닥은 콘크리트 등으로 내수처리를 하여야 하며, 배수가 잘 되도록 하여야 한다.
    나) 내벽은 바닥으로부터 1.5미터까지 밝은색의 내수성으로 설비하거나 세균 방지용 페인트로 도색하여야 한다. 다만, 물을 사용하지 않고 위생상 위해발생의 우려가 없는 경우에는 그러하지 아니하다.
    다) 작업장의 내부 구조물, 벽, 바닥, 천장, 출입문, 창문 등은 내구성, 내부식성 등을 가지고, 세척·소독이 용이하여야 한다
  4) 작업장 안에서 발생하는 악취·유해가스·매연·증기 등을 환기시키기에 충분한 환기시설을 갖추어야 한다.
  5) 작업장은 외부의 오염물질이나 해충, 설치류, 빗물 등의 유입을 차단할 수 있는 구조이어야 한다.
  6) 작업장은 폐기물·폐수 처리시설과 격리된 장소에 설치하여야 한다.
  다. 식품취급시설 등

1) 식품을 제조·가공하는데 필요한 기계·기구류 등 식품취급시설은 식품의 특성에 따라 식품등의 기준 및 규격에서 정하고 있는 제조·가공기준에 적합한 것이어야 한다.

2) 식품 취급시설 중 식품과 직접 접촉하는 부분은 위생적인 내수성 재질[스테인리스·알루미늄·에프아르피(FRP)·테플론 등 물을 흡수하지 아니하는 것을 말한다. 이하 같다]로서 씻기 쉬운 것이거나 위생적인 목재로서 씻는 것이 가능한 것이어야 하며, 열탕·증기·살균제 등으로 소독·살균이 가능한 것이어야 한다.

3) 냉동·냉장시설 및 가열처리시설에는 온도계 또는 온도를 측정할 수 있는 계기를 설치하여야 한다.

라. 급수시설

1) 수돗물이나 「먹는물관리법」 제5조에 따른 먹는 물의 수질기준에 적합한 지하수 등을 공급할 수 있는 시설을 갖추어야 한다.

2) 지하수 등을 사용하는 경우 취수원은 화장실·폐기물처리시설·동물사육장, 그 밖에 지하수가 오염될 우려가 있는 장소로부터 영향을 받지 아니하는 곳에 위치하여야 한다.

3) 먹기에 적합하지 않은 용수는 교차 또는 합류되지 않아야 한다.

마. 화장실

1) 작업장에 영향을 미치지 아니하는 곳에 정화조를 갖춘 수세식화장실을 설치하여야 한다. 다만, 인근에 사용하기 편리한 화장실이 있는 경우에는 화장실을 따로 설치하지 아니할 수 있다.

2) 화장실은 콘크리트 등으로 내수처리를 하여야 하고, 바닥과 내벽(바닥으로부터 1.5미터까지)에는 타일을 붙이거나 방수페인트로 색칠하여야 한다.

바. 창고 등의 시설

1) 원료와 제품을 위생적으로 보관·관리할 수 있는 창고를 갖추어야 한다. 다만, 창고에 갈음할 수 있는 냉동·냉장시설을 따로 갖춘 업소에서는 이를 설치하지 아니할 수 있다.

2) 창고의 바닥에는 양탄자를 설치하여서는 아니 된다.

사. 검사실

1) 식품등의 기준 및 규격을 검사할 수 있는 검사실을 갖추어야 한다. 다만, 다음 각호의 어느 하나에 해당하는 경우에는 이를 갖추지 아니할 수 있다.

가) 법 제31조제2항에 따라 「식품·의약품분야 시험·검사 등에 관한 법률」 제6조제3항제2호에 따른 자가품질위탁 시험·검사기관 등에 위탁하여 자가품질검사를 하려는 경우

나) 같은 영업자가 다른 장소에 영업신고한 같은 업종의 영업소에 검사실을 갖추고 그 검사실에서 법 제31조제1항에 따른 자가품질검사를 하려는 경우

다) 같은 영업자가 설립한 식품 관련 연구·검사기관에서 자사 제품에 대하여 법 제31조제1항에 따른 자가품질검사를 하려는 경우

라) 「독점규제 및 공정거래에 관한 법률」 제2조제2호에 따른 기업집단에 속하는 식품관련 연구·검사기관 또는 같은 조 제3호에 따른 계열회사가 영업신고한 같은 업종의 영업소의 검사실에서 법 제31조제1항에 따른 자가품질검사를 하려는 경우

마) 같은 영업자, 동일한 기업집단(「독점규제 및 공정거래에 관한 법률」 제2조제2호에 따른 기업집단을 말한다)에 속하는 식품관련 연구·검사기관 또는 영업자의 계열회사(같은 법 제2조제3호에 따른 계열회사를 말한다)가 영 제21조제1항제3호에 따른 식품첨가물제조업, 「축산물 위생관리법」 제21조제1항제3호에 따른 축산물가공업, 「건강기능식품에 관한 법률 시행령」 제2조제1호가목에 따른 건강기능식품전문제조업, 「약사법」 제31조제1항·제4항에 따른 의약품·의약외품을 제조하는 영업 또는 「화장품법」 제3조제1항에 따른 화장품의 전부 또는 일부를 제조하는 영업을 하면서 해당 영업소에 검사실 또는 시험실을 갖추고 법 제31조제1항에 따른 자가품질검사를 하려는 경우

2) 검사실을 갖추는 경우에는 자가품질검사에 필요한 기계·기구 및 시약류를 갖추어야 한다.

아. 운반시설

식품을 운반하기 위한 차량, 운반도구 및 용기를 갖춘 경우 식품과 직접 접촉하는 부분의 재질은 인체에 무해하며 내수성·내부식성을 갖추어야 한다.

자. 시설기준 적용의 특례

1) 선박에서 수산물을 제조·가공하는 경우에는 다음의 시설만 설비할 수 있다.

가) 작업장
작업장에서 발생하는 악취·유해가스·매연·증기 등을 환기시키는 시설을 갖추어야 한다.

나) 창고 등의 시설 등
냉동·냉장시설을 갖추어야 한다.

다) 화장실
수세식 화장실을 두어야 한다.

2) 식품제조·가공업자가 제조·가공시설 등이 부족한 경우에는 영 제21조 각호에 따른 영업자, 「축산물 위생관리법」 제21조제1항제3호에 따른 축산물가공업의 영업자 또는 「건강기능식품에 관한 법률 시행령」 제2조제1호 가목에 따른 건강기능식품전문제조업의 영업자에게 위탁하여 식품을 제조·가공할 수 있다.

3) 하나의 업소가 둘 이상의 업종의 영업을 할 경우 또는 둘 이상의 식품을 제조·가공하고자 할 경우로서 각각의 제품이 전부 또는 일부의 동일한 공정을 거쳐 생산되는 경우에는 그 공정에 사용되는 시설 및 작업장을 함께 쓸 수 있다. 이 경우 「축산물 위생관리법」 제22조에 따라 축산물가공업의 허가를 받은 업소, 「먹는물관리법」 제21조에 따라 먹는샘물제조업의 허가를 받은 업소, 「주세법」 제6조에 따라 주류제조의 면허를 받아 주류를 제조하는 업소 및 「건강기능식품에 관한 법률」 제5조에 따라 건강기능식품제조업의 허가를 받은 업소 및 「양곡관리법」 제19조에 따라 양곡가공업 등록을 한 업소의 시설 및 작업장도 또한 같다.

4) 「농업·농촌 및 식품산업 기본법」 제3조제2호에 따른 농업인, 같은 조 제4호에 따른 생산자 단체, 「수산업·어촌 발전 기본법」 제3조제2호에 따른 수산인, 같은 조 제3호에 따른 어업인, 같은 조 제5호에 따른 생산지 단체, 「농어업 경영체 육성 및 지원에 관한 법률」 제16조에 따른 영농조합법인·영어조합법인 또는 같은 법 제19조에 따른 농업회사법인·어업회사법인이 국내산 농산물과 수산물을 주된 원료로 식품을 직접 제조·가공하는 영업과 「전통시장 및 상점가 육성을 위한 특별법」 제2조제1호에 따른 전통시장에서 식품을 제조·가공하는 영업에 대해서는 특별자치도지사·시장·군수·구청장은 그 시설기준을 따로 정할 수 있다.

5) 식품제조·가공업을 함께 영위하려는 의약품제조업자 또는 의약외품제조업자는 제조하는 의약품 또는 의약외품 중 내복용 제제가 식품에 전이될 우려가 없다고 식품의약품안전처장이 인정하는 경우에는 해당 의약품 또는 의약외품 제조시설을 식품제조·가공시설로 이용할 수 있다. 이 경우 식품제조·가공시설로 이용할 수 있는 기준 및 방법 등 세부사항은 식품의약품안전처장이 정하여 고시한다.

6) 「곤충산업의 육성 및 지원에 관한 법률」 제2조제3호에 따른 곤충농가가 곤충을 주된 원료로 하여 식품을 제조·가공하는 영업을 하려는 경우 특별자치시장·특별자치도지사·시장·군수·구청장은 그 시설기준을 따로 정할 수 있다.

2. 즉석판매제조·가공업의 시설기준
 가. 건물의 위치 등
 1) 독립된 건물이거나 즉석판매제조·가공 외의 용도로 사용되는 시설과 분리 또는 구획되어야 한다. 다만, 백화점 등 식품을 전문으로 취급하는 일정 장소(식당가·식품매장 등을 말한다) 또는 일반음식점·휴게음식점·제과점 영업장과 직접 접한 장소에서 즉석판매제조·가공업의 영업을 하려는 경우, 「축산물 위생관리법」 제21조제7호 가목에 따른 식육판매업소에서 식육을 이용하여 즉석판매제조·가공업의 영업을 하려는 경우 및 「건강기능식품에 관한 법률 시행령」 제2조제3호가목에 따른 건강기능식품일반판매소에서 즉석판매제조·가공업의 영업을 하려는 경우로서 식품위생상 위해발생의 우려가 없다고 인정되는 경우에는 그러하지 아니하다.
 2) 건물의 위치·구조 및 자재에 관하여는 1. 식품제조·가공업의 시설기준 중 가. 건물의 위치 등의 관련 규정을 준용한다.
 나. 작업장
 1) 식품을 제조·가공할 수 있는 기계·기구류 등이 설치된 제조·가공실을 두어야 한다. 다만, 식품제조·가공업 영업자가 제조·가공한 식품 또는 「수입식품안전관리 특별법」 제15조제1항에 따라 등록한 수입식품 등 수입·판매업 영업자가 수입·판매한 식품을 소비자가 원하는 만큼 덜어서 판매하는 것만 하고, 식품의 제조·가공은 하지 아니하는 영업자인 경우에는 제조·가공실을 두지 아니할 수 있다.
 2) 제조가공실의 시설 등에 관하여는 1. 식품제조·가공업의 시설기준 중 나. 작업장의 관련규정을 준용한다.
 다. 식품취급시설 등
  식품취급시설 등에 관하여는 1. 식품제조·가공업의 시설기준 중 다. 식품취급시설 등의 관련규정을 준용한다.
 라. 급수시설
  급수시설은 1. 식품제조·가공업의 시설기준 중 라. 급수시설의 관련 규정을 준용한다. 다만, 인근에 수돗물이나 「먹는물관리법」 제5조에 따른 먹는물 수질기준에 적합한 지하수 등을 공급할 수 있는 시설이 있는 경우에는 이를 설치하지 아니할 수 있다.
 마. 판매시설
  식품을 위생적으로 유지·보관할 수 있는 진열·판매시설을 갖추어야 한다. 다만, 신고관청은 즉석판매제조·가공업의 영업자가 제조·가공하는 식품의 형태 및 판매 방식 등을 고려해 진열·판매의 필요성 및 식품위생에의 위해성이 모두 없다고 인정하는 경우에는 진열·판매시설의 설치를 생략하게 할 수 있다.

바. 화장실

1) 화장실을 작업장에 영향을 미치지 아니하는 곳에 설치하여야 한다.

2) 정화조를 갖춘 수세식 화장실을 설치하여야 한다. 다만, 상·하수도가 설치되지 아니한 지역에서는 수세식이 아닌 화장실을 설치할 수 있다.

3) 2)단서에 따라 수세식이 아닌 화장실을 설치하는 경우에는 변기의 뚜껑과 환기시설을 갖추어야 한다.

4) 공동화장실이 설치된 건물 안에 있는 업소 및 인근에 사용이 편리한 화장실이 있는 경우에는 따로 설치하지 아니할 수 있다.

사. 시설기준 적용의 특례

1) 「전통시장 및 상점가 육성을 위한 특별법」 제2조제1호에 따른 전통시장 또는 「관광진흥법 시행령」 제2조제1항제5호 가목에 따른 종합유원시설업의 시설 안에서 이동판매 형태의 즉석판매제조·가공업을 하려는 경우에는 특별자치시장·특별자치도지사·시장·군수·구청장이 그 시설기준을 따로 정할 수 있다.

2) 「도시와 농어촌 간의 교류 촉진에 관한 법률」 제10조에 따라 농어촌체험·휴양마을사업자가 지역 농·수·축산물을 주재료로 이용한 식품을 제조·판매·가공하는 경우에는 특별자치시장·특별자치도지사·시장·군수·구청장이 그 시설기준을 따로 정할 수 있다.

3) 지방자치단체의 장이 주최·주관 또는 후원하는 지역행사 등에서 즉석판매제조·가공업을 하려는 경우에는 특별자치시장·특별자치도지사·시장·군수·구청장이 그 시설기준을 따로 정할 수 있다.

4) 지방자치단체 및 농림축산식품부장관이 인정한 생산자단체등에서 국내산 농·수·축산물을 주재료로 이용한 식품을 제조·판매·가공하는 경우에는 특별자치시장·특별자치도지사·시장·군수·구청장이 그 시설기준을 따로 정할 수 있다.

5) 「전시산업발전법」 제2조제4호에 따른 전시시설 또는 「국제회의산업 육성에 관한 법률」 제2조제3호에 따른 국제회의시설에서 즉석판매제조·가공업을 하려는 경우에는 특별자치시장·특별자치도지사·시장·군수·구청장이 그 시설기준을 따로 정할 수 있다.

6) 그 밖에 특별자치시장·특별자치도지사·시장·군수·구청장이 별도로 지정하는 장소에서 즉석판매제조·가공업을 하려는 경우에는 특별자치시장·특별자치도지사·시장·군수·구청장이 그 시설기준을 따로 정할 수 있다.

아. 삭제 <2017. 12. 29.>

자. 삭제 <2017. 12. 29.>

3. 식품첨가물제조업의 시설기준

식품제조·가공업의 시설기준을 준용한다. 다만, 건물의 위치·구조 및 작업장에 대하여는 신고관청이 위생상 위해 발생의 우려가 없다고 인정하는 경우에는 그러하지 아니하다.

4. 식품운반업의 시설기준

가. 운반시설

1) 냉동 또는 냉장시설을 갖춘 적재고(積載庫)가 설치된 운반 차량 또는 선박이 있어야 한다. 다만, 어패류에 식용얼음을 넣어 운반하는 경우와 냉동 또는 냉장시설이 필요 없는 식품만을 취급하는 경우에는 그러하지 아니하다.

2) 냉동 또는 냉장시설로 된 적재고의 내부는 식품등의 기준 및 규격 중 운반식품의 보존 및 유통기준에 적합한 온도를 유지하여야 하며, 시설외부에서 내부의 온도를 알 수 있도록 온도계를 설치하여야 한다.

3) 적재고는 혈액 등이 누출되지 아니하고 냄새를 방지할 수 있는 구조이어야 한다.

나. 세차시설

세차장은 「수질환경보전법」에 적합하게 전용세차장을 설치하여야 한다. 다만, 동일 영업자가 공동으로 세차장을 설치하거나 타인의 세차장을 사용계약한 경우에는 그러하지 아니하다.

다. 차고

식품운반용 차량을 주차시킬 수 있는 전용차고를 두어야 한다. 다만, 타인의 차고를 사용계약한 경우와 「화물자동차 운수사업법」 제55조에 따른 사용신고 대상이 아닌 자가용 화물자동차의 경우에는 그러하지 아니하다.

라. 사무소

영업활동을 위한 사무소를 두어야 한다. 다만, 영업활동에 지장이 없는 경우에는 다른 사무소를 함께 사용할 수 있고, 「화물자동차 운수사업법 시행령」 제3조제2호에 따른 개별화물자동차 운송사업의 영업자가 식품운반업을 하려는 경우에는 사무소를 두지 아니할 수 있다.

5. 식품소분·판매업의 시설기준
  가. 공통시설기준
   1) 작업장 또는 판매장(식품자동판매기영업 및 유통전문판매업을 제외한다)
    가) 건물은 독립된 건물이거나 주거장소 또는 식품소분·판매업 외의 용도로 사용되는 시설과 분리 또는 구획되어야 한다.
    나) 식품소분업의 소분실은 1. 식품제조·가공업의 시설기준 중 나. 작업장의 관련규정을 준용한다.
   2) 급수시설(식품소분업 등 물을 사용하지 아니하는 경우를 제외한다)
    수돗물이나 「먹는물관리법」 제5조에 따른 먹는 물의 수질기준에 적합한 지하수 등을 공급할 수 있는 시설을 갖추어야 한다.
   3) 화장실(식품자동판매기영업을 제외한다)
    가) 화장실은 작업장 및 판매장에 영향을 미치지 아니하는 곳에 설치하여야 한다.
    나) 정화조를 갖춘 수세식 화장실을 설치하여야 한다. 다만, 상·하수도가 설치되지 아니한 지역에서는 수세식이 아닌 화장실을 설치할 수 있다.
    다) 나) 단서에 따라 수세식이 아닌 화장실을 설치한 경우에는 변기의 뚜껑과 환기시설을 갖추어야 한다.
    라) 공동화장실이 설치된 건물 안에 있는 업소 및 인근에 사용이 편리한 화장실이 있는 경우에는 따로 화장실을 설치하지 아니할 수 있다.
   4) 공통시설기준의 적용 특례
    지방자치단체 및 농림축산식품부 장관이 인정한 생산자단체 등에서 국내산 농·수·축산물의 판매촉진 및 소비홍보 등을 위하여 14일 이내의 기간에 한하여 특정장소에서 농·수·축산물의 판매행위를 하려는 경우는 공통시설기준에 불구하고 특별자치도지사·시장·군수·구청장(시·도에서 농·수·축산물의 판매행위를 하는 경우에는 시·도지사)이 시설기준을 따로 정할 수 있다.
  나. 업종별 시설기준
   1) 식품소분업
    가) 식품등을 소분·포장할 수 있는 시설을 설치하여야 한다.
    나) 소분·포장하려는 제품과 소분·포장한 제품을 보관할 수 있는 창고를 설치하여야 한다.
   2) 식용얼음판매업
    가) 판매장은 얼음을 저장하는 창고와 취급실이 구획되어야 한다.
    나) 취급실의 바닥은 타일·콘크리트 또는 두꺼운 목판자 등으로 설비하여야 하고, 배수가 잘 되어야 한다.
    다) 판매장의 주변은 배수가 잘 되어야 한다.
    라) 배수로에는 덮개를 설치하여야 한다.
    마) 얼음을 저장하는 창고에는 보기 쉬운 곳에 온도계를 비치하여야 한다.
    바) 소비자에게 배달 판매를 하려는 경우에는 위생적인 용기가 있어야 한다.
   3) 식품 자동판매기 영업
    가) 식품 자동판매기(이하 "자판기"라 한다)는 위생적인 장소에 설치하여야 하며, 옥외에 설치하는 경우에는 비·눈·직사광선으로부터 보호되는 구조이어야 한다.
    나) 더운 물을 필요로 하는 제품의 경우에는 제품의 음용온도는 68℃ 이상이 되도록 하여야 하고, 자판기 내부에는 살균등(더운 물을 필요로 하는 경우를 제외한다)·정수기 및 온도계가 부착되어야 한다. 다만, 물을 사용하지 않는 경우는 제외한다.
    다) 자판기 안의 물탱크는 내부 청소가 쉽도록 뚜껑을 설치하고 녹이 슬지 아니하는 재질을 사용하여야 한다.
    라) 삭제 <2011.8.19>
   4) 유통전문판매업
    가) 영업활동을 위한 독립된 사무소가 있어야 한다. 다만, 영업활동에 지장이 없는 경우에는 다른 사무소를 함께 사용할 수 있다.
    나) 식품을 위생적으로 보관할 수 있는 창고를 갖추어야 한다. 이 경우 보관창고는 영업신고를 한 영업소의 소재지와 다른 곳에 설치하거나 임차하여 사용할 수 있다.
    다) 상시 운영하는 반품·교환품의 보관시설을 두어야 한다.
   5) 집단급식소 식품판매업
    가) 사무소
    영업활동을 위한 독립된 사무소가 있어야 한다. 다만, 영업활동에 지장이 없는 경우에는 다른 사무소를 함께 사용할 수 있다.

나) 작업장

(1) 식품을 선별·분류하는 작업은 항상 찬 곳(0~18℃)에서 할 수 있도록 하여야 한다.

(2) 작업장은 식품을 위생적으로 보관하거나 선별 등의 작업을 할 수 있도록 독립된 건물이거나 다른 용도로 사용되는 시설과 분리되어야 한다.

(3) 작업장 바닥은 콘크리트 등으로 내수처리를 하여야 하고, 물이 고이거나 습기가 차지 아니하게 하여야 한다.

(4) 작업장에는 쥐, 바퀴 등 해충이 들어오지 못하게 하여야 한다.

(5) 작업장에서 사용하는 칼, 도마 등 조리기구는 육류용과 채소용 등 용도별로 구분하여 그 용도로만 사용하여야 한다.

(6) 신고관청은 집단급식소 식품판매업의 영업자가 판매하는 식품 형태 및 판매 방식 등을 고려해 작업장의 필요성과 식품위생에의 위해성이 모두 없다고 인정하는 경우에는 작업장의 설치를 생략하게 할 수 있다.

다) 창고 등 보관시설

(1) 식품등을 위생적으로 보관할 수 있는 창고를 갖추어야 한다. 이 경우 창고는 영업신고를 한 소재지와 다른 곳에 설치하거나 임차하여 사용할 수 있다.

(2) 창고에는 식품의약품안전처장이 정하는 보존 및 유통기준에 적합한 온도에서 보관할 수 있도록 냉장시설 및 냉동시설을 갖추어야 한다. 다만, 창고에서 냉장처리나 냉동처리가 필요하지 아니한 식품을 처리하는 경우에는 냉장시설 또는 냉동시설을 갖추지 아니하여도 된다.

(3) 서로 오염원이 될 수 있는 식품을 보관·운반하는 경우 구분하여 보관·운반하여야 한다.

라) 운반차량

(1) 식품을 위생적으로 운반하기 위하여 냉동시설이나 냉장시설을 갖춘 적재고가 설치된 운반차량을 1대 이상 갖추어야 한다. 다만, 법 제37조에 따라 허가, 신고 또는 등록한 영업자와 계약을 체결하여 냉동 또는 냉장시설을 갖춘 운반차량을 이용하는 경우에는 운반차량을 갖추지 아니하여도 된다.

(2) (1)의 규정에도 불구하고 냉동 또는 냉장시설이 필요 없는 식품만을 취급하는 경우에는 운반차량에 냉동시설이나 냉장시설을 갖춘 적재고를 설치하지 아니하여도 된다.

6) 삭제 <2016. 2. 4.>

7) 기타식품판매업

가) 냉동시설 또는 냉장고·진열대 및 판매대를 설치하여야 한다. 다만, 냉장·냉동 보관 및 유통을 필요로 하지 않는 제품을 취급하는 경우는 제외한다.

나) 삭제 <2012. 1. 17.>

6. 식품보존업의 시설기준

가. 식품조사처리업

원자력 관계법령에서 정한 시설기준에 적합하여야 한다.

나. 식품냉동·냉장업

1) 작업장은 독립된 건물이거나 다른 용도로 사용되는 시설과 분리되어야 한다. 다만, 다음 각호의 어느 하나에 해당하는 경우에는 그러하지 아니할 수 있다.

가) 밀봉 포장된 식품과 밀봉 포장된 축산물(「축산물 위생관리법」 제2조제2호에 따른 축산물을 말한다)을 같은 작업장에 구분하여 보관하는 경우

나) 「수입식품안전관리 특별법」 제15조제1항에 따라 등록한 수입식품등 보관업의 시설과 함께 사용하는 작업장의 경우

2) 작업장에는 적하실(積下室)·냉동예비실·냉동실 및 냉장실이 있어야 하고, 각각의 시설은 분리 또는 구획되어야 한다. 다만, 냉동을 하지 아니할 경우에는 냉동예비실과 냉동실을 두지 아니할 수 있다.

3) 작업장의 바닥은 콘크리트 등으로 내수처리를 하여야 하고, 물이 고이거나 습기가 차지 아니하도록 하여야 한다.

4) 냉동예비실·냉동실 및 냉장실에는 보기 쉬운 곳에 온도계를 비치하여야 한다.

5) 작업장에는 작업장 안에서 발생하는 악취·유해가스·매연·증기 등을 배출시키기 위한 환기시설을 갖추어야 한다.

6) 작업장에는 쥐·바퀴 등 해충이 들어오지 못하도록 하여야 한다.

7) 상호오염원이 될 수 있는 식품을 보관하는 경우에는 서로 구별할 수 있도록 하여야 한다.

8) 작업장 안에서 사용하는 기구 및 용기·포장 중 식품에 직접 접촉하는 부분은 씻기 쉬우며, 살균소독이 가능한 것이어야 한다.

9) 수돗물이나「먹는물관리법」제5조에 따른 먹는 물의 수질기준에 적합한 지하수 등을 공급할 수 있는 시설을 갖추어야 한다.
10) 화장실을 설치하여야 하며, 화장실의 시설은 2. 즉석판매제조·가공업의 시설기준 중 바. 화장실의 관련 규정을 준용한다.

7. 용기·포장류 제조업의 시설기준
식품제조·가공업의 시설기준을 준용한다. 다만, 신고 관청이 위생상 위해발생의 우려가 없다고 인정하는 경우에는 그러하지 아니하다.

8. 식품접객업의 시설기준
가. 공통시설기준
1) 영업장
가) 독립된 건물이거나 식품접객업의 영업허가를 받거나 영업신고를 한 업종 외의 용도로 사용되는 시설과 분리, 구획 또는 구분되어야 한다(일반음식점에서「축산물위생관리법 시행령」제21조제7호가목의 식육판매업을 하려는 경우, 휴게음식점에서「음악산업진흥에 관한 법률」제2조제10호에 따른 음반·음악영상물판매업을 하는 경우 및 관할 세무서장의 의제 주류판매 면허를 받고 제과점에서 영업을 하는 경우는 제외한다). 다만, 다음의 어느 하나에 해당하는 경우에는 분리되어야 한다.
(1) 식품접객업의 영업허가를 받거나 영업신고를 한 업종과 다른 식품접객업의 영업을 하려는 경우. 다만, 휴게음식점에서 일반음식점영업 또는 제과점영업을 하는 경우, 일반음식점에서 휴게음식점영업 또는 제과점영업을 하는 경우 또는 제과점에서 휴게음식점영업 또는 일반음식점영업을 하는 경우는 제외한다.
(2)「음악산업진흥에 관한 법률」제2조제13호의 노래연습장업을 하려는 경우
(3)「다중이용업소의 안전관리에 관한 특별법 시행규칙」제2조제3호의 콜라텍업을 하려는 경우
(4)「체육시설의 설치·이용에 관한 법률」제10조제1항제2호에 따른 무도학원업 또는 무도장업을 하려는 경우
(5)「동물보호법」제2조제1호에 따른 동물의 출입, 전시 또는 사육이 수반되는 영업을 하려는 경우
나) 영업장은 연기·유해가스 등의 환기가 잘 되도록 하여야 한다.
다) 음향 및 반주시설을 설치하는 영업자는「소음·진동관리법」제21조에 따른 생활소음·진동이 규제기준에 적합한 방음장치 등을 갖추어야 한다.
라) 공연을 하려는 휴게음식점·일반음식점 및 단란주점의 영업자는 무대시설을 영업장 안에 객석과 구분되게 설치하되, 객실 안에 설치하여서는 아니 된다.
마)「동물보호법」제2조제1호에 따른 동물의 출입, 전시 또는 사육이 수반되는 시설과 직접 접한 영업장의 출입구에는 손을 소독할 수 있는 장치, 용품 등을 갖추어야 한다.
2) 조리장
가) 조리장은 손님이 그 내부를 볼 수 있는 구조로 되어 있어야 한다. 다만, 영 제21조제8호바목에 따른 제과점영업소로서 같은 건물 안에 조리장을 설치하는 경우와「관광진흥법 시행령」제2조제1항제2호가목 및 같은 항 제3호마목에 따른 관광호텔업 및 관광공연장업의 조리장의 경우에는 그러하지 아니하다.
나) 조리장 바닥에 배수구가 있는 경우에는 덮개를 설치하여야 한다.
다) 조리장 안에는 취급하는 음식을 위생적으로 조리하기 위하여 필요한 조리시설·세척시설·폐기물 용기 및 손 씻는 시설을 각각 설치하여야 하고, 폐기물 용기는 오물·악취 등이 누출되지 아니하도록 뚜껑이 있고 내수성 재질로 된 것이어야 한다.
라) 1명의 영업자가 하나의 조리장을 둘 이상의 영업에 공동으로 사용할 수 있는 경우는 다음과 같다.
(1) 같은 건물 내에서 휴게음식점, 제과점, 일반음식점 및 즉석판매제조·가공업의 영업 중 둘 이상의 영업을 하려는 경우
(2)「관광진흥법 시행령」에 따른 전문휴양업, 종합휴양업 및 유원시설업 시설 안의 같은 장소에서 휴게음식점·제과점영업 또는 일반음식점영업 중 둘 이상의 영업을 하려는 경우
(3) 삭제 <2017. 12. 29.>
(4) 제과점 영업자가 식품제조·가공업 또는 즉석판매제조·가공업의 제과·제빵류 품목 등을 제조·가공하려는 경우
(5) 제과점영업자가 다음의 구분에 따라 둘 이상의 제과점영업을 하는 경우
(가) 기존 제과점의 영업신고관청과 같은 관할 구역에서 제과점영업을 하는 경우

(나) 기존 제과점의 영업신고관청과 다른 관할 구역에서 제과점 영업을 하는 경우로서 제과점 간 거리가 5킬로미터 이내인 경우

마) 조리장에는 주방용 식기류를 소독하기 위한 자외선 또는 전기살균소독기를 설치하거나 열탕세척소독시설(식중독을 일으키는 병원성 미생물 등이 살균될 수 있는 시설이어야 한다. 이하 같다)을 갖추어야 한다. 다만, 주방용 식기류를 기구등의 살균·소독제로만 소독하는 경우에는 그러하지 아니하다.

바) 충분한 환기를 시킬 수 있는 시설을 갖추어야 한다. 다만, 자연적으로 통풍이 가능한 구조의 경우에는 그러하지 아니하다.

사) 식품등의 기준 및 규격 중 식품별 보존 및 유통기준에 적합한 온도가 유지될 수 있는 냉장시설 또는 냉동시설을 갖추어야 한다.

3) 급수시설

가) 수돗물이나 「먹는물관리법」 제5조에 따른 먹는 물의 수질기준에 적합한 지하수 등을 공급할 수 있는 시설을 갖추어야 한다.

나) 지하수를 사용하는 경우 취수원은 화장실·폐기물처리시설·동물사육장, 그 밖에 지하수가 오염될 우려가 있는 장소로부터 영향을 받지 아니하는 곳에 위치하여야 한다.

4) 화장실

가) 화장실은 콘크리트 등으로 내수처리를 하여야 한다. 다만, 공중화장실이 설치되어 있는 역·터미널·유원지 등에 위치하는 업소, 공동화장실이 설치된 건물 안에 있는 업소 및 인근에 사용하기 편리한 화장실이 있는 경우에는 따로 화장실을 설치하지 아니할 수 있다.

나) 화장실은 조리장에 영향을 미치지 아니하는 장소에 설치하여야 한다.

다) 정화조를 갖춘 수세식 화장실을 설치하여야 한다. 다만, 상·하수도가 설치되지 아니한 지역에서는 수세식이 아닌 화장실을 설치할 수 있다.

라) 다)단서에 따라 수세식이 아닌 화장실을 설치하는 경우에는 변기의 뚜껑과 환기시설을 갖추어야 한다.

마) 화장실에는 손을 씻는 시설을 갖추어야 한다.

5) 공통시설기준의 적용 특례

가) 공통시설기준에도 불구하고 다음의 경우에는 특별자치시장·특별자치도지사·시장·군수·구청장(시·도에서 음식물의 조리·판매행위를 하는 경우에는 시·도지사)이 시설기준을 따로 정할 수 있다.

(1) 「전통시장 및 상점가 육성을 위한 특별법」 제2조제1호에 따른 전통시장에서 음식점영업을 하는 경우

(2) 해수욕장 등에서 계절적으로 음식점영업을 하는 경우

(3) 고속도로·자동차전용도로·공원·유원시설 등의 휴게장소에서 영업을 하는 경우

(4) 건설공사현장에서 영업을 하는 경우

(5) 지방자치단체 및 농림축산식품부장관이 인정한 생산자단체등에서 국내산 농·수·축산물의 판매촉진 및 소비홍보 등을 위하여 특정장소에서 음식물의 조리·판매행위를 하려는 경우

(6) 「전시산업발전법」 제2조제4호에 따른 전시시설에서 휴게음식점영업, 일반음식점영업 또는 제과점영업을 하는 경우

(7) 지방자치단체의 장이 주최, 주관 또는 후원하는 지역행사 등에서 휴게음식점영업, 일반음식점영업 또는 제과점영업을 하는 경우

(8) 「국제회의산업 육성에 관한 법률」 제2조제3호에 따른 국제회의시설에서 휴게음식점, 일반음식점, 제과점 영업을 하려는 경우

(9) 그 밖에 특별자치시장·특별자치도지사·시장·군수·구청장이 별도로 지정하는 장소에서 휴게음식점, 일반음식점, 제과점 영업을 하려는 경우

나) 「도시와 농어촌 간의 교류촉진에 관한 법률」 제10조에 따라 농어촌체험·휴양마을사업자가 농어촌 체험·휴양 프로그램에 부수하여 음식을 제공하는 경우로서 그 영업시설기준을 따로 정한 경우에는 그 시설기준에 따른다.

다) 백화점, 슈퍼마켓 등에서 휴게음식점영업 또는 제과점영업을 하려는 경우와 음식물을 전문으로 조리하여 판매하는 백화점 등의 일정 장소(식당가를 말한다)에서 휴게음식점영업·일반음식점영업 또는 제과점영업을 하려는 경우로서 위생상 위해 발생의 우려가 없다고 인정되는 경우에는 각 영업소와 영업소 사이를 분리 또는 구획하는 별도의 차단벽이나 칸막이 등을 설치하지 아니할 수 있다.

라) 「관광진흥법」 제70조에 따라 시·도지사가 지정한 관광특구에서 휴게음식점 영업, 일반음식점 영업 또는 제과점 영업을 하는 경우에는 영업장 신고면적에 포함되어 있지 아니한 옥외시설에서 해당 영업별 식품을 제공할 수 있다. 이 경우 옥외시설의 기준에 관한 사항은 시장·군수 또는 구청장이 따로 정하여야 한다.

마) 「관광진흥법」 제3조제1항제2호가목의 호텔업을 영위하는 장소 또는 시·도지사 또는 시장·군수·구청

장이 별도로 지정하는 장소에서 휴게음식점 영업, 일반음식점 영업 또는 제과점 영업을 하는 경우에는 공통시설기준에도 불구하고 시장·군수 또는 구청장이 시설기준 등을 따로 정하여 영업장 신고면적 외 옥외 등에서 음식을 제공할 수 있다.

나. 업종별 시설기준
1) 휴게음식점 영업·일반음식점 영업 및 제과점 영업
  가) 일반음식점에 객실(투명한 칸막이 또는 투명한 차단벽을 설치하여 내부가 전체적으로 보이는 경우는 제외한다)을 설치하는 경우 객실에는 잠금장치를 설치할 수 없다.
  나) 휴게음식점 또는 제과점에는 객실(투명한 칸막이 또는 투명한 차단벽을 설치하여 내부가 전체적으로 보이는 경우는 제외한다)을 둘 수 없으며, 객석을 설치하는 경우 객석에는 높이 1.5미터 미만의 칸막이(이동식 또는 고정식)를 설치할 수 있다. 이 경우 2면 이상을 완전히 차단하지 아니하여야 하고, 다른 객석에서 내부가 서로 보이도록 하여야 한다.
  다) 기차·자동차·선박 또는 수상구조물로 된 유선장(遊船場)·도선장(渡船場) 또는 수상 레저 사업장을 이용하는 경우 다음 시설을 갖추어야 한다.
   (1) 1일의 영업시간에 사용할 수 있는 충분한 양의 물을 저장할 수 있는 내구성이 있는 식수탱크
   (2) 1일의 영업시간에 발생할 수 있는 음식물 찌꺼기 등을 처리하기에 충분한 크기의 오물통 및 폐수탱크
   (3) 음식물의 재료(원료)를 위생적으로 보관할 수 있는 시설
  라) 영업장으로 사용하는 바닥면적(「건축법 시행령」 제119조제1항제3호에 따라 산정한 면적을 말한다)의 합계가 100제곱미터(영업장이 지하층에 설치된 경우에는 그 영업장의 바닥면적 합계가 66제곱미터) 이상인 경우에는 「다중이용업소의 안전관리에 관한 특별법」 제9조제1항에 따른 소방시설 등 및 영업장 내부 피난통로 그 밖의 안전시설을 갖추어야 한다. 다만, 영업장(내부 계단으로 연결된 복층구조의 영업장을 제외한다)이 지상 1층 또는 지상과 직접 접하는 층에 설치되고 그 영업장의 주된 출입구가 건축물 외부의 지면과 직접 연결되는 곳에서 하는 영업을 제외한다.
  마) 휴게음식점·일반음식점 또는 제과점의 영업장에는 손님이 이용할 수 있는 자막용 영상장치 또는 자동반주장치를 설치하여서는 아니 된다. 다만, 연회석을 보유한 일반음식점에서 회갑연, 칠순연 등 가정의 의례로서 행하는 경우에는 그러하지 아니하다.
  바) 일반음식점의 객실 안에는 무대장치, 음향 및 반주시설, 우주볼 등의 특수조명시설을 설치하여서는 아니 된다.
  사) 삭제 <2012. 12. 17>
2) 단란주점 영업
  가) 영업장 안에 객실이나 칸막이를 설치하려는 경우에는 다음 기준에 적합하여야 한다.
   (1) 객실을 설치하는 경우 주된 객장의 중앙에서 객실 내부가 전체적으로 보일 수 있도록 설비하여야 하며, 통로 형태 또는 복도 형태로 설비하여서는 아니 된다.
   (2) 객실로 설치할 수 있는 면적은 객석 면적의 2분의 1을 초과할 수 없다.
   (3) 주된 객장 안에서는 높이 1.5미터 미만의 칸막이(이동식 또는 고정식)를 설치할 수 있다. 이 경우 2면 이상을 완전히 차단하지 아니하여야 하고, 다른 객석에서 내부가 서로 보이도록 하여야 한다.
  나) 객실에는 잠금장치를 설치할 수 없다.
  다) 「다중이용업소의 안전관리에 관한 특별법」 제9조제1항에 따른 소방시설등 및 영업장 내부 피난통로 그 밖의 안전시설을 갖추어야 한다.
3) 유흥주점 영업
  가) 객실에는 잠금장치를 설치할 수 없다.
  나) 「다중이용업소의 안전관리에 관한 특별법」 제9조제1항에 따른 소방시설등 및 영업장 내부 피난통로 그 밖의 안전시설을 갖추어야 한다.

9. 위탁급식영업의 시설기준
가. 사무소
  영업활동을 위한 독립된 사무소가 있어야 한다. 다만, 영업활동에 지장이 없는 경우에는 다른 사무소를 함께 사용할 수 있다.
나. 창고 등 보관시설
1) 식품등을 위생적으로 보관할 수 있는 창고를 갖추어야 한다. 이 경우 창고는 영업신고를 한 소재지와 다른 곳에 설치하거나 임차하여 사용할 수 있다.
2) 창고에는 식품등을 법 제7조제1항에 따른 식품등의 기준 및 규격에서 정하고 있는 보존 및 유통기준에 적합한 온도에서 보관할 수 있도록 냉장·냉동시설을 갖추어야 한다.

다) 운반시설
1) 식품을 위생적으로 운반하기 위하여 냉동시설이나 냉장시설을 갖춘 적재고가 설치된 운반차량을 1대 이상 갖추어야 한다. 다만, 법 제37조에 따라 허가 또는 신고한 영업자와 계약을 체결하여 냉동 또는 냉장시설을 갖춘 운반차량을 이용하는 경우에는 운반차량을 갖추지 아니하여도 된다.
2) 1)의 규정에도 불구하고 냉동 또는 냉장시설이 필요 없는 식품만을 취급하는 경우에는 운반차량에 냉동시설이나 냉장시설을 갖춘 적재고를 설치하지 아니하여도 된다.
라) 식재료 처리시설
식품첨가물이나 다른 원료를 사용하지 아니하고 농·임·수산물을 단순히 자르거나 껍질을 벗기거나 말리거나 소금에 절이거나 숙성하거나 가열(살균의 목적 또는 성분의 현격한 변화를 유발하기 위한 목적의 경우를 제외한다)하는 등의 가공과정 중 위생상 위해발생의 우려가 없고 식품의 상태를 관능검사로 확인할 수 있도록 가공하는 경우 그 재료처리시설의 기준은 제1호나목부터 마목까지의 규정을 준용한다.
마) 나)부터 라)까지의 시설기준에도 불구하고 집단급식소의 창고 등 보관시설 및 식재료 처리시설을 이용하는 경우에는 창고 등 보관시설과 식재료 처리시설을 설치하지 아니할 수 있으며, 위탁급식영업자가 식품을 직접 운반하지 않는 경우에는 운반시설을 갖추지 아니할 수 있다.

시행규칙 [별표 15] 〈개정 2018. 6. 28.〉

즉석판매제조·가공 대상식품(제37조 관련)

1. 영 제21조제1호에 따른 식품제조·가공업 및 「축산물위생관리법 시행령」 제21조제3호에 따른 축산물가공업에서 제조·가공할 수 있는 식품에 해당하는 모든 식품(통·병조림 식품 제외)
2. 영 제21조제1호에 따른 식품제조·가공업의 영업자 및 「축산물 위생관리법 시행령」 제21조제3호에 따른 축산물가공업의 영업자가 제조·가공한 식품 또는 「수입식품안전관리 특별법」 제15조제1항에 따라 등록한 수입식품 등 수입·판매업 영업자가 수입·판매한 식품으로 즉석판매제조·가공업소 내에서 소비자가 원하는 만큼 덜어서 직접 최종 소비자에게 판매하는 식품. 다만, 다음 각 목의 어느 하나에 해당하는 식품은 제외한다.
가. 통·병조림 제품
나. 레토르트식품
다. 냉동식품
라. 어육제품
마. 특수용도식품(체중조절용 조제식품은 제외한다)
바. 식초
사. 전분
아. 알가공품
자. 유가공품

제37조(영업허가 등) ① 제36조제1항 각 호에 따른 영업 중 대통령령으로 정하는 영업을 하려는 자는 대통령령으로 정하는 바에 따라 영업 종류별 또는 영업소별로 식품의약품안전처장 또는 특별자치시장·특별자치도지사·시장·군수·구청장의 허가를 받아야 한다. 허가받은 사항 중 대통령령으로 정하는 중요한 사항을 변경할 때에도 또한 같다. 〈개정 2016. 2. 3.〉
② 식품의약품안전처장 또는 특별자치시장·특별자치도지사·시장·군수·구청장은 제1항에 따른 영업허가를 하는 때에는 필요한 조건을 붙일 수 있다. 〈개정 2016. 2. 3.〉

제23조(허가를 받아야 하는 영업 및 허가관청) 법 제37조제1항 전단에 따라 허가를 받아야 하는 영업 및 해당 허가관청은 다음 각 호와 같다. 〈개정 2016. 7. 26.〉
1. 제21조제6호가목의 식품조사처리업 : 식품의약품안전처장
2. 제21조제8호다목의 단란주점영업과 같은 호 라목의 유흥주점영업 : 특별자치시장·특별자치도지사 또는 시장·군수·구청장

제24조(허가를 받아야 하는 변경사항) 법 제37조제1항 후단에 따라 변경할 때 허가를 받아야 하는 사항은 영업소 소재지로 한다.

제40조(영업허가의 신청) ① 법 제37조제1항 전단에 따라 영업허가를 받으려는 자는 **별지 제30호서식**의 영업허가신청서(전자문서로 된 신청서를 포함한다)에 다음 각 호의 서류(전자문서를 포함한다)를 첨부하여 영 제23조에 따른 허가관청(이하 "허가관청"이라 한다)에 제출하여야 한다. 〈개정 2012. 5. 31.〉
1. 삭제 〈2012. 5. 31.〉
2. 교육이수증(법 제41조제2항에 따라 미리 교육을 받은 경우만 해당한다)
3. 유선 및 도선사업 면허증 또는 신고필증(수상구조물로 된 유선장 또는 도선장에서 영 제21

③ 제1항에 따라 영업허가를 받은 자가 폐업하거나 허가받은 사항 중 같은 항 후단의 중요한 사항을 제외한 경미한 사항을 변경할 때에는 식품의약품안전처장 또는 특별자치시장·특별자치도지사·시장·군수·구청장에게 신고하여야 한다. <개정 2016. 2. 3.>

④ 제36조제1항 각 호에 따른 영업 중 대통령령으로 정하는 영업을 하려는 자는 대통령령으로 정하는 바에 따라 영업 종류별 또는 영업소별로 식품의약품안전처장 또는 특별자치시장·특별자치도지사·시장·군수·구청장에게 신고하여야 한다. 신고한 사항 중 대통령령으로 정하는 중요한 사항을 변경하거나 폐업할 때에도 또한 같다. <개정 2016. 2. 3.>

⑤ 제36조제1항 각 호에 따른 영업 중 대통령령으로 정하는 영업을 하려는 자는 대통령령으로 정하는 바에 따라 영업 종류별 또는 영업소별로 식품의약품안전처장 또는 특별자치시장·특별자치도지사·시장·군수·구청장에게 등록하여야 하며, 등록한 사항 중 대통령령으로 정하는 중요한 사항을 변경할 때에도 또한 같다. 다만, 폐업하거나 대통령령으로 정하는 중요한 사항을 제외한 경미한 사항을 변경할 때에는 식품의약품안전처장 또는 특별자치시장·특별자치도지사·시장·군수·구청장에게 신고하여야 한다. <신설 2016. 2. 3.>

⑥ 제1항, 제4항 또는 제5항에 따라 식품 또는 식품첨가물의 제조업·가공업의 허가를 받거나 신고 또는 등록을 한 자가 식품 또는 식품첨가물을 제조·가공하는 경우에는 총리령으로 정하는 바에 따라 식품의약품안전처장 또는 특별자치시장·특별자치도지사·시장·군수·구청장에게 그 사실을 보고하여야 한다. 보고한 사항 중 총리령으로 정하는 중요한 사항을 변경하는 경우에도 또한 같다. <개정 2016. 2. 3.>

⑦ 식품의약품안전처장 또는 특별

제25조(영업신고를 하여야 하는 업종) ① 법 제37조제4항 전단에 따라 특별자치시장·특별자치도지사 또는 시장·군수·구청장에게 신고를 하여야 하는 영업은 다음 각 호와 같다.<개정 2016. 7. 26.>
1. 삭제 <2011. 12. 19.>
2. 제21조제2호의 즉석판매제조·가공업
3. 삭제 <2011. 12. 19.>
4. 제21조제4호의 식품운반업
5. 제21조제5호의 식품소분·판매업
6. 제21조제6호나목의 식품냉동·냉장업
7. 제21조제7호의 용기·포장류제조업(자신의 제품을 포장하기 위하여 용기·포장류를 제조하는 경우는 제외한다)
8. 제21조제8호가목의 휴게음식점영업, 같은 호 나목의 일반음식점영업, 같은 호 마목의 위탁급식영업 및 같은 호 바목의 제과점영업

② 제1항에도 불구하고 다음 각 호의 어느 하나에 해당하는 경우에는 신고하지 아니한다. <개정 2016. 1. 22.>
1. 「양곡관리법」 제19조에 따른 양곡가공업 중 도정업을 하는 경우
2. 「식품산업진흥법」 제19조의5에 따라 수산물가공업[어유(간유)가공업, 냉동·냉장업 및 선상수산물가공업만 해당한다]의 신고를 하고 해당 영업을 하는 경우
3. 삭제 <2012. 11. 27.>
4. 「축산물 위생관리법」 제22조에 따라 축산물가공업의 허가를 받아 해당 영업을 하거나 같은 법 제24조 및 같은 법 시행령 제21조제8호에 따라 식육즉석

조제8호다목의 단란주점영업 및 같은 호 라목의 유흥주점영업을 하려는 경우만 해당한다)
4. 「먹는물관리법」에 따른 먹는물 수질검사기관이 발행한 수질검사(시험)성적서(수돗물이 아닌 지하수 등을 먹는 물 또는 식품등의 제조과정이나 식품의 조리·세척 등에 사용하는 경우만 해당한다)
5. 삭제 <2019. 11. 20.>
6. 삭제 < 2016. 6. 30.>

② 제1항에 따라 신청서를 제출받은 허가관청은 「전자정부법」 제36조제1항에 따른 행정정보의 공동이용을 통하여 다음 각 호의 서류를 확인하여야 한다. 다만, 신청인이 제3호부터 제6호까지의 확인에 동의하지 아니하는 경우에는 그 사본을 첨부하도록 하여야 한다. <신설 2020. 4. 13.>
1. 토지이용계획확인서
2. 건축물대장
3. 액화석유가스 사용시설완성검사증명서(영 제21조제8호다목의 단란주점영업 및 같은 호 라목의 유흥주점영업을 하려는 자 중 「액화석유가스의 안전관리 및 사업법」 제44조제2항에 따라 액화석유가스 사용시설의 완성검사를 받아야 하는 경우만 해당한다)
4. 「전기사업법」 제66조의2제1항제3호 및 같은 법 시행규칙 제38조제3항에 따른 전기안전점검확인서(영 제21조제8호다목의 단란주점영업 및 같은 호 라목의 유흥주점영업을 하려는 경우만 해당한다)
5. 건강진단결과서(제49조에 따른 건강진단대상자의 경우만 해당한다)
6. 「다중이용업소의 안전관리에 관한 특별법」 제9조제5항에 따라 소방본부장 또는 소방서장이 발급하는 안전시설등 완비증명서(영 제21조제8호다목

자치시장·특별자치도지사·시장·군수·구청장은 영업자(제4항에 따른 영업신고 또는 제5항에 따른 영업등록을 한 자만 해당한다)가 「부가가치세법」 제8조에 따라 관할 세무서장에게 폐업신고를 하거나 관할세무서장이 사업자등록을 말소한 경우에는 신고 또는 등록 사항을 직권으로 말소할 수 있다. <개정 2016. 2. 3.>

⑧ 제3항부터 제5항까지의 규정에 따라 폐업하고자 하는 자는 제71조(시정명령), 제72조(폐기처분 등), 제73조(위해식품등의 공표), 제74조(시설 개수명령 등),제75조(허가취소 등), 제76조(품목 제조정지 등) 의 규정에 따른 영업정지 등 행정 제재처분기간과 그 처분을 위한 절차가 진행 중인 기간(「행정절차법」 제21조에 따른 처분의 사전 통지 시점부터 처분이 확정되기 전까지의 기간을 말한다) 중에는 폐업신고를 할 수 없다. <신설 2019. 4. 30.>

⑨ 식품의약품안전처장 또는 특별자치시장·특별자치도지사·시장·군수·구청장은 제7항의 직권말소를 위하여 필요한 경우 관할 세무서장에게 영업자의 폐업여부에 대한 정보 제공을 요청할 수 있다. 이 경우 요청을 받은 관할 세무서장은 「전자정부법」 제39조에 따라 영업자의 폐업여부에 대한 정보를 제공한다. <신설 2016. 2. 3.>

⑩ 식품의약품안전처장 또는 특별자치시장·특별자치도지사·시장·군수·구청장은 제1항에 따른 허가 또는 변경허가의 신청을 받은 날부터 총리령으로 정하는 기간 내에 허가 여부를 신청인에게 통지하여야 한다. <신설 2018. 12. 11.>

판매가공업 신고를 하고 해당 영업을 하는 경우

5. 「건강기능식품에 관한 법률」 제5조 및 제6조에 따라 건강기능식품제조업 및 건강기능식품판매업의 영업허가를 받거나 영업신고를 하고 해당 영업을 하는 경우

6. 식품첨가물이나 다른 원료를 사용하지 아니하고 농산물·임산물·수산물을 단순히 자르거나, 껍질을 벗기거나, 말리거나, 소금에 절이거나, 숙성하거나, 가열(살균의 목적 또는 성분의 현격한 변화를 유발하기 위한 목적의 경우는 제외한다. 이하 같다)하는 등의 가공과정 중 위생상 위해가 발생할 우려가 없고 식품의 상태를 관능검사(官能檢査)로 확인할 수 있도록 가공하는 경우. 다만, 다음 각 목의 어느 하나에 해당하는 경우는 제외한다.
   가. 집단급식소에 식품을 판매하기 위하여 가공하는 경우
   나. 식품의약품안전처장이 법 제7조제1항에 따라 기준과 규격을 정하여 고시한 신선편의식품(과일, 야채, 채소, 새싹 등을 식품첨가물이나 다른 원료를 사용하지 아니하고 단순히 자르거나, 껍질을 벗기거나, 말리거나, 소금에 절이거나, 숙성하거나, 가열하는 등의 가공과정을 거친 상태에서 따로 씻는 등의 과정 없이 그대로 먹을 수 있게 만든 식품을 말한다)을 판매하기 위하여 가공하는 경우

의 단란주점영업 및 같은 호 라목의 유흥주점영업을 하려는 경우만 해당한다)

③ 허가관청은 신청인이 법 제38조제1항제8호에 해당하는지 여부를 내부적으로 확인할 수 없는 경우에는 제1항 각 호의 서류 외에 신원 확인에 필요한 자료를 제출하게 할 수 있다. 이 경우 신청인이 외국인인 경우에는 해당 국가의 정부나 그 밖의 권한 있는 기관이 발행한 서류 또는 공증인이 공증한 신청인의 진술서로서 「재외공관 공증법」에 따라 해당 국가에 주재하는 대한민국공관의 영사관이 확인한 서류를 제출하게 할 수 있다. <개정 2012. 5. 31.>

④ 허가관청은 영업허가를 할 경우에는 영 제21조제6호가목의 영업의 경우에는 **별지 제31호서식**, 영 제21조제8호다목 및 라목의 영업의 경우에는 **별지 제32호서식**의 영업허가증을 각각 발급하여야 한다. 이 경우 허가관청은 영 제21조제6호가목의 영업의 경우에는 **별지 제33호서식**, 영 제21조제8호다목 및 라목의 영업의 경우에는 **별지 제34호서식**의 영업허가 관리대장을 각각 작성하여 보관하거나 같은 서식으로 전산망에 입력하여 관리하여야 한다. <개정 2012. 5. 31.>

⑤ 영업자가 허가증을 잃어버렸거나 허가증이 헐어 못 쓰게 되어 허가증을 재발급받으려는 경우에는 **별지 제35호서식**의 재발급신청서(허가증이 헐어 못 쓰게 된 경우에는 못 쓰게 된 허가증을 첨부하여야 한다)를 허가관청에 제출하여야 한다. <개정 2012. 5. 31.>
   1. 삭제 <2011. 8. 19.>
   2. 삭제 <2011. 8. 19.>

⑪ 식품의약품안전처장 또는 특별자치시장·특별자치도지사·시장·군수·구청장이 제10항에서 정한 기간 내에 허가 여부 또는 민원 처리 관련 법령에 따른 처리기간의 연장을 신청인에게 통지하지 아니하면 그 기간(민원 처리 관련 법령에 따라 처리기간이 연장 또는 재연장된 경우에는 해당 처리기간을 말한다)이 끝난 날의 다음 날에 허가를 한 것으로 본다. <신설 2018. 12. 11.>

⑫ 식품의약품안전처장 또는 특별자치시장·특별자치도지사·시장·군수·구청장은 다음

각 호의 어느 하나에 해당하는 신고 또는 등록의 신청을 받은 날부터 3일 이내에 신고수리 여부 또는 등록 여부를 신고인 또는 신청인에게 통지하여야 한다. <신설 2018. 12. 11.>

1. 제3항에 따른 변경신고
2. 제4항에 따른 영업신고 또는 변경신고
3. 제5항에 따른 영업의 등록·변경등록 또는 변경신고

⑬ 식품의약품안전처장 또는 특별자치시장·특별자치도지사·시장·군수·구청장이 제12항에서 정한 기간 내에 신고수리 여부, 등록 여부 또는 민원 처리 관련 법령에 따른 처리기간의 연장을 신고인이나 신청인에게 통지하지 아니하면 그 기간(민원 처리 관련 법령에 따라 처리기간이 연장 또는 재연장된 경우에는 해당 처리기간을 말한다)이 끝난 날의 다음 날에 신고를 수리하거나 등록을 한 것으로 본다. <신설 2018. 12. 11.>

7. 「농업·농촌 및 식품산업 기본법」 제3조제2호에 따른 농업인과 「수산업·어촌 발전 기본법」 제3조제3호에 따른 어업인 및 「농어업경영체 육성 및 지원에 관한 법률」 제16조에 따른 영농조합법인과 영어조합법인이 생산한 농산물·임산물·수산물을 집단급식소에 판매하는 경우. 다만, 다른 사람으로 하여금 생산하거나 판매하게 하는 경우는 제외한다. **제26조(신고를 하여야 하는 변경사항)** 법 제37조제4항 후단에 따라 변경할 때 신고를 하여야 하는 사항은 다음 각 호와 같다. <개정 2016. 7. 26.> 1. 영업자의 성명(법인인 경우에는 그 대표자의 성명을 말한다) 2. 영업소의 명칭 또는 상호 3. 영업소의 소재지 4. 영업장의 면적 5. 삭제 <2011. 12. 19.> 6. 제21조제2호의 즉석판매제조·가공업을 하는 자가 같은 호에 따른 즉석판매제조·가공 대상 식품 중 식품의 유형을 달리하여 새로운 식품을 제조·가공하려는 경우(변경 전 식품의 유형 또는 변경하려는 식품의 유형이 법 제31조에 따른 자가품질검사 대상인 경우만 해당한다) 7. 삭제 <2011. 12. 19.> 8. 제21조제4호의 식품운반업을 하는 자가 냉장·냉동차량을 증감하려는 경우 9. 제21조제5호나목2)의 식품자동판매기영업을 하는 자가 같은 특별자치시·시(「제주특별자치도 설치 및 국제자유도시 조성을 위한 특별법」에 따른 행정시를 포함한다)·군·구(자치구를 말한다. 이하 같다)에서 식품자동판매기의 설치 대수를 증감하려는 경우 **제26조의2(등록하여야 하는 영업)** ① 법 제37조제5항 본문에 따라 특별자치시장·특별자치도지사 또는 시장·군수·구청장에게 등록하여야 하	**제41조(허가사항의 변경)** ① 법 제37조제1항 후단에 따라 변경허가를 받으려는 자는 별지 제36호서식의 허가사항 변경 신청·신고서에 허가증과 다음 각호의 서류를 첨부하여 변경한 날부터 7일 이내에 허가관청에 제출하여야 한다. <개정 2019. 11. 20.> 1. 삭제 <2012. 5. 31.> 2. 유선 및 도선사업 면허증 또는 신고필증(수상구조물로 된 유선장 또는 도선장에서 영 제21조제8호다목의 단란주점영업 및 같은 호 라목의 유흥주점영업을 하려는 경우만 해당한다) 3. 「먹는물관리법」에 따른 먹는물 수질검사기관이 발행한 수질검사(시험)성적서(수돗물이 아닌 지하수 등을 먹는 물 또는 식품등의 제조과정이나 식품의 조리·세척 등에 사용하는 경우만 해당한다) 4. 삭제 <2019. 11. 20.> ② 제1항에 따라 신청서를 제출받은 허가관청은 「전자정부법」 제36조제1항에 따른 행정정보의 공동 이용을 통하여 다음 각호의 서류를 확인하여야 한다. 다만, 신청인이 제3호부터 제5호까지의 확인에 동의하지 아니하는 경우에는 그 사본을 첨부하도록 하여야 한다. <신설 2020. 4. 13.> 1. 토지이용계획 확인서 2. 건축물대장 3. 액화석유가스 사용시설완성검사증명서(영 제21조제8호다목의 단란주점영업 및 같은 호 라목의 유흥주점영업을 하는 자 중 「액화석유가스의 안전관리 및 사업법」 제44조제2항에 따라 액화석유가스 사용시설의 완성검사를 받아야 하는 경우만 해당한다) 4. 「전기사업법」 제66조의2제1항제3호 및 같은 법 시행규칙 제38조제3항에 따른 전기안전점검확인서(영 제21조제8호다목의 단란주점영업 및 같은 호 라목의 유흥주점영업만 해당

는 영업은 다음 각 호와 같다. 다만, 제1호에 따른 식품제조·가공업 중 「주세법」 제3조제1호의 주류를 제조하는 경우에는 식품의약품안전처장에게 등록하여야 한다. <개정 2018. 12. 11.>

1. 제21조제1호의 식품제조·가공업
2. 제21조제3호의 식품첨가물제조업

② 제1항에도 불구하고 다음 각 호의 어느 하나에 해당하는 경우에는 등록하지 아니한다. <개정 2014. 1. 28.>

1. 「양곡관리법」 제19조에 따른 양곡가공업 중 도정업을 하는 경우
2. 「식품산업진흥법」 제19조의5에 따라 수산물가공업[어유(간유) 가공업, 냉동·냉장업 및 선상수산물가공업만 해당한다]의 신고를 하고 해당 영업을 하는 경우
3. 삭제 <2012. 11. 27.>
4. 「축산물 위생관리법」 제22조에 따라 축산물가공업의 허가를 받아 해당 영업을 하는 경우
5. 「건강기능식품에 관한 법률」 제5조에 따라 건강기능식품제조업의 영업허가를 받아 해당 영업을 하는 경우
6. 식품첨가물이나 다른 원료를 사용하지 아니하고 농산물·임산물·수산물을 단순히 자르거나, 껍질을 벗기거나, 말리거나, 소금에 절이거나, 숙성하거나, 가열하는 등의 가공과정 중 위생상 위해가 발생할 우려가 없고 식품의 상태를 관능검사로 확인할 수 있도록 가공하는 경우. 다만, 다음 각 목의 어느 하나에 해당하는 경우는 제외한다.
   가. 집단급식소에 식품을 판매하기 위하여 가공하는 경우
   나. 식품의약품안전처장이 법 제7조제1항에 따라 기준과 규격을 정하여 고시한 신선편의 식품(과일, 야채, 채소, 새싹 등을 식품첨가물이나 다른 원료를 사용하지 아니하고 단순히 자르거나, 껍질을 벗기거나, 말리거나, 소금에 절이거나, 숙성하거나, 가열하는 등의 가공과정을 거친 상태에서 따로 씻는 등의 과정 없이 그대로 먹을 수 있게 만든 식품을 말한다)을 판매하기 위하여 가공하는 경우

제26조의3(등록하여야 하는 변경사항) 법 제37조제5항 본문에 따라 변경할 때 등록하여야 하는 사항은 다음 각 호와 같다. <개정 2013. 3. 23.>

1. 영업소의 소재지
2. 제21조제1호의 식품제조·가공업을 하는 자가 추가로 시설을 갖추어 새로운 식품군(법

한다)

5. 「다중이용업소의 안전관리에 관한 특별법」 제9조제5항에 따라 소방본부장 또는 소방서장이 발급하는 안전시설등 완비증명서(영 제21조제8호다목의 단란주점영업 및 같은 호 라목의 유흥주점영업만 해당한다)

③ 영업허가를 받은 자가 다음 각 호의 사항을 변경한 경우에는 법 제37조제3항에 따라 변경한 날부터 7일 이내에 허가관청에 별지 제36호서식의 허가사항 변경 신청·신고서에 허가증을 첨부하여 신고하여야 한다. 다만, 제48조의 영업자 지위 승계에 따른 변경의 경우는 제외한다. <개정 2019. 11. 20.>

1. 영업자의 성명(영업자가 법인인 경우에는 그 대표자의 성명을 말한다)
2. 영업소의 명칭 또는 상호
3. 영업장의 면적

④ 제3항에 따라 신고서를 제출 받은 허가관청은 「전자정부법」 제36조제1항에 따른 행정정보의 공동이용을 통해 「다중이용업소의 안전관리에 관한 특별법」 제9조제5항에 따라 소방본부장 또는 소방서장이 발급하는 안전시설 등 완비증명서(영업장 면적을 변경하는 경우로서 영 제21조제8항다목의 단란주점영업 및 같은 호 라목의 유흥주점영업만 해당한다)를 확인해야 한다. 다만, 신고인이 확인에 동의하지 않는 경우에는 그 사본을 첨부하도록 해야 한다. <신설 2019. 11. 20.>

제42조(영업의 신고 등) ① 법 제37조제4항 전단에 따라 영업신고를 하려는 자는 영업에 필요한 시설을 갖춘 후 별지 제37호서식의 영업신고서(전자문서로 된 신고서를 포함한다)에 다음 각 호의 서류(전자문서를 포함한다)를 첨부하여 영 제25조제1항에 따른 신고관청(이하 "신고관청"이라 한다)에 제출하여야 한다. <개정 2017. 12. 29.>

1. 교육이수증(법 제41조제2항에 따라 미리 교육을 받은 경우만 해당한다)
2. 제조·가공하려는 식품 및 식품첨가물의 종류 및 제조방법설명서(영 제21조제2호의 영업만 해당한다)
3. 시설사용계약서(영 제21조제4호의 식품운반업을 하려는 자 중 차고 또는 세차장을 임대할 경우만 해당한다)
4. 「먹는물관리법」에 따른 먹는물 수질검사기관이 발행한 수질검사(시험)성적서(수돗물이 아닌 지하수 등을 먹는 물 또는 식품등의 제조과정이나 식품의 조리·세척 등에 사용하는 경우만 해당한다)

제7조제1항에 따라 식품의약품안전처장이 정하여 고시하는 식품의 기준 및 규격에 따른 식품군을 말한다)에 해당하는 식품을 제조·가공하려는 경우

3. 제21조제3호의 식품첨가물제조업을 하는 자가 추가로 시설을 갖추어 새로운 식품첨가물(법 제7조제1항에 따라 식품의약품안전처장이 정하여 고시하는 식품의 기준 및 규격에 따른 식품첨가물을 말한다)을 제조하려는 경우

5. 삭제 <2012. 5. 31.>

6. 유선 및 도선사업 면허증 또는 신고필증(수상구조물로 된 유선장 및 도선장에서 영 제21조제8호가목의 휴게음식점영업, 같은 호 나목의 일반음식점영업 및 같은 호 바목의 제과점영업을 하려는 경우만 해당한다)

7. 삭제 <2019. 11. 20.>

8. 식품자동판매기의 종류 및 설치장소가 기재된 서류(2대 이상의 식품자동판매기를 설치하고 일련관리번호를 부여하여 일괄 신고를 하는 경우만 해당한다)

9. 수상레저사업 등록증(수상구조물로 된 수상레저사업장에서 영 제21조제8호가목의 휴게음식점영업 및 같은 호 바목의 제과점영업을 하려는 경우만 해당한다)

10. 「국유재산법 시행규칙」 제14조제3항에 따른 국유재산 사용허가서(국유철도의 정거장시설에서 영 제21조제2호의 즉석판매제조·가공업의 영업, 같은 조 제5호의 식품소분·판매업의 영업, 같은 조 제8호가목의 휴게음식점영업, 같은 호 나목의 일반음식점영업 또는 같은 호 바목의 제과점영업을 하려는 경우 및 군사시설에서 영 제21조제8호나목의 일반음식점영업을 하려는 경우만 해당한다)

11. 해당 도시철도사업자와 체결한 도시철도시설 사용계약에 관한 서류(도시철도의 정거장시설에서 영 제21조제2호의 즉석판매제조·가공업의 영업, 같은 조 제5호의 식품소분·판매업의 영업, 같은 조 제8호가목의 휴게음식점영업, 같은 호 나목의 일반음식점영업 또는 같은 호 바목의 제과점영업을 하려는 경우만 해당한다)

12. 예비군식당 운영계약에 관한 서류(군사시설에서 영 제21조제8호나목의 일반음식점영업을 하려는 경우만 해당한다)

13. 삭제 〈2016. 6. 30.〉

14. 「자동차관리법 시행규칙」 별표 1 제1호·제2호 및 비고 제1호가목에 따른 이동용 음식판매 용도인 소형·경형화물자동차 또는 같은 표 제2호에 따른 이동용 음식판매 용도인 특수작업형 특수자동차(이하 "음식판매자동차"라 한다)를 사용하여 영 제21조제8호가목의 휴게음식점영업 또는 같은 호 바목의 제과점영업을 하려는 경우는 별표 15의2에 따른 서류

15. 「어린이놀이시설 안전관리법」 제12조제1항 및 같은 법 시행령 제7조제4항에 따른 어린이놀이시설 설치검사합격증 또는 「어린이놀이시설 안전관리법」 제12조제2항 및 같은 법 시행령 제8조제5항에 따른 어린이놀이시설 정기시설검사합격증(영 제21조제8호가목, 나목, 마목 또는 바목의 영업을 하려는 경우로서 해당 영업장에 어린이놀이시설을 설치하는 경우만 해당한다)

② 제1항에 따라 신고서를 제출받은 신고관청은 「전자정부법」 제36조제1항에 따른 행정정보의 공동 이용을 통하여 다음 각호의 서류를 확인하여야 한다. 다만, 신고인이 제3호부터 제7호까지의 확인에 동의하지 아니하는 경우에는 그 사본을 첨부하도록 하여야 한다. <신설 2020. 4. 13.>

1. 토지이용계획 확인서(제1항제10호에 따른 국유재산 사용허가서를 제출한 경우에는 제외한다)

2. 건축물대장 또는 「건축법」 제22조제3항제2호에 따른 건축물의 임시사용 승인서(제1항제10호에 따른 국유재산 사용허가서를 제출한 경우에는 제외한다)

3. 액화석유가스 사용시설완성검사증명서(영 제21조제8호가목의 휴게음식점영업, 같은 호 나목의 일반음식점영업 및 같은 호 바목의 제과점 영업을 하려는 자 중 「액화석유가스의 안전관리 및 사업법」 제44조제2항에 따라 액화석유가스 사용시설의 완성검사를 받아야 하는 경우만 해당한다)

4. 자동차등록증(음식판매자동차를 사용하여 영 제21조제8호가목의 휴게음식점영업 또는

같은 호 바목의 제과점영업을 하려는 경우만 해당한다)

5. 사업자등록증(「고등교육법」 제2조에 따른 학교에서 해당 학교의 경영자가 음식판매자 동차를 사용하여 영 제21조제8호가목의 휴게음식점영업 또는 같은 호 바목의 제과점영업을 하려는 경우만 해당한다)

6. 건강진단결과서(제49조에 따른 건강진단 대상자만 해당한다)

7. 「다중이용업소의 안전관리에 관한 특별법」 제9조제5항에 따라 소방본부장 또는 소방서 장이 발급하는 안전시설등 완비증명서(「다중이용업소의 안전관리에 관한 특별법 시행령」 제2조제1호가목에 따른 영업을 하려는 경우만 해당한다)

③ 제1항에도 불구하고 신고한 영업소 외의 다른 장소(제2호의 경우에는 별표 14 제8호가목 5)에 따른 장소만 해당한다)에서 1개월의 범위에서 한시적으로 영업을 하려는 자는 다음 각 호의 구분에 따른 서류를 관할 신고관청에 제출해야 한다. <개정 2020. 4. 13.>

1. 영 제21조제2호에 따른 즉석판매제조·가공업자: 영업신고증 및 자가품질검사 결과서 (자가품질검사가 필요한 영업만 해당한다)

2. 영 제21조제8호에 따른 휴게음식점영업자, 일반음식점영업자 또는 제과점영업자(음식판매자동차를 사용하여 영업을 하는 경우는 제외한다): 영업신고증

④ 제1항에도 불구하고 음식판매자동차를 사용하는 영 제21조제8호가목의 휴게음식점영업자 또는 같은 호 바목의 제과점영업자가 신고한 영업소의 소재지 외의 장소에서 해당 영업을 하려는 경우에는 영업을 하려는 지역의 관할 행정관청에 영업신고증 및 별표 15의2에 따른 서류(전자문서를 포함한다)를 제출하여야 한다. <신설 2016. 7. 12.>

⑤ 제4항에 따라 영업신고증 및 서류를 제출받은 관할 행정관청은 지체 없이 제출된 영업신고증의 뒷면에 제출일 및 새로운 영업소의 소재지를 적어 발급하고 그 사실을 신고관청에 통보하여야 하며, 신고관청은 통보받은 내용을 영업신고 관리대장에 작성·보관하거나 전산망에 입력하여 관리하여야 한다. <신설 2016. 7. 12.>

⑥ 제1항에 따른 영업신고를 할 경우 같은 사람이 같은 시설 안에서 영 제21조제5호나목의 식품판매업 중 식용얼음판매업, 식품자동판매기영업 및 기타 식품판매업을 하려는 경우에도 영업별로 각각 영업신고를 하여야 한다. <개정 2016. 7. 12.>

⑦ 제1항에 따른 식품자동판매기영업을 신고할 때 같은 특별자치시·시(제주특별자치도의 경우에는 행정시를 말한다)·군·구(자치구를 말한다)에서 식품자동판매기를 2대 이상 설치하여 영업을 하려는 경우에는 해당 식품자동판매기에 일련관리번호를 부여하여 일괄 신고를 할 수 있다. <개정 2016. 8. 4.>

⑧ 제1항에 따라 신고를 받은 신고관청은 지체 없이 영 제21조제2호 및 제7호의 영업의 경우에는 별지 제38호서식의 영업신고증을 발급하고, 영 제21조제4호·제5호·제6호나목 및 제8호가목·나목·마목 및 바목의 영업의 경우에는 별지 제39호서식의 영업신고증을 발급하여야 한다. <개정 2016. 7. 12.>

⑨ 제8항에 따라 신고증을 발급한 신고관청은 영 제21조제2호, 제4호, 제5호, 제6호나목 및 제7호의 영업의 경우에는 별지 제33호서식의 영업신고 관리대장을, 영 제21조제8호가목·나목·마목 및 바목의 영업의 경우에는 별지 제34호서식의 영업신고 관리대장을 각각 작성·보관하거나 같은 서식으로 전산망에 입력하여 관리하여야 한다. <개정 2016. 7. 12.>

⑩ 제1항에 따라 신고를 받은 신고관청은 해당 영업소의 시설에 대한 확인이 필요한 경우에는 신고증 발급 후 15일 이내에 신고받은 사항을 확인하여야 한다. 다만, 영 제21조제8호의 식품접객업 영업신고를 받은 경우에는 반드시 1개월 이내에 해당 영업소의 시설에 대하여 신고받은 사항을 확인하여야 한다. <개정 2016. 7. 12.>

⑪ 영업자가 신고증을 잃어버렸거나 헐어 못 쓰게 되어 신고증을 재발급받으려는 경우에는 별지 제35호서식의 재발급신청서에 신고증(신고증이 헐어 못 쓰게 되어 재발급을 신청하는 경우만 해당한다)을 첨부하여 신고관청에 신청하여야 한다. <개정 2016. 7. 12.>

1. 삭제 <2011. 4. 7.>

2. 삭제 <2011. 4. 7.>

시행규칙 [별표 15의2] <개정 2017. 12. 29.>

음식판매자동차를 사용하는 영업의 신고 시 첨부서류(제42조제1항제14호 관련)

1. 유원시설 : 「관광진흥법」에 따른 유원시설업 영업장(이하 이 호에서 "유원시설업 영업장"이라 한다)에서 영 제21조 제8호가목의 휴게음식점영업 또는 같은 호 바목의 제과점영업(이하 이 표에서 "휴게음식점영업등"이라 한다)을 하려는 경우
   가. 「관광진흥법」제5조제2항 또는 제4항에 따라 허가를 받거나 신고한 유원시설업자(이하 이 호에서 "유원시설업자"라 한다)가 해당 유원시설업 영업장에서 휴게음식점영업등을 하려는 경우 : 「관광진흥법 시행규칙」제7조제4항 또는 제11조제4항에 따른 유원시설업 허가증 또는 유원시설업 신고증 사본
   나. 유원시설업자가 아닌 자가 유원시설업 영업장에서 휴게음식점영업등을 하려는 경우 : 해당 유원시설업자와 체결한 유원시설업 영업장 사용계약에 관한 서류
2. 관광지 등 : 「관광진흥법」에 따른 관광지 및 관광단지(이하 이 호에서 "관광지등"이라 한다)에서 휴게음식점영업등을 하려는 경우
   가. 「관광진흥법」제55조에 따른 관광지등의 사업시행자 또는 같은 법 제59조제1항에 따라 토지 · 관광시설 또는 지원 시설을 매수 · 임차하거나 그 경영을 수탁한 자(이하 이 호에서 "시설운영자"라 한다)가 해당 관광지등에서 휴게음 식점영업등을 하려는 경우 : 해당 관광지등의 사업시행자 또는 시설운영자임을 증명하는 서류
   나. 관광지등의 사업시행자나 시설운영자가 아닌 자가 관광지등에서 휴게음식점영업등을 하려는 경우 : 해당 관광지 등의 사업시행자나 시설운영자와 체결한 관광지등의 토지 등 사용계약에 관한 서류
3. 체육시설 : 「체육시설의 설치 · 이용에 관한 법률」에 따른 체육시설(이하 이 호에서 "체육시설"이라 한다)에서 휴게 음식점영업등을 하려는 경우
   가. 「체육시설의 설치 · 이용에 관한 법률」제19조 또는 제20조에 따라 등록 또는 신고한 체육시설업자(이하 이 호에서 "민간체육시설업자"라 한다)가 해당 체육시설에서 휴게음식점영업등을 하려는 경우 : 「체육시설의 설치 · 이용에 관한 법률 시행규칙」제19조제1항에 따른 체육시설업 등록증 사본 또는 같은 법 시행규칙 제21조제3항에 따른 체육시설업 신고증명서 사본
   나. 「체육시설의 설치 · 이용에 관한 법률」제7조에 따라 직장체육시설을 설치 · 운영하는 자가 해당 직장체육시설에서 휴게음식점영업등을 하려는 경우 : 해당 직장체육시설의 설치 · 운영자임을 증명하는 서류
   다. 민간체육시설업자, 「체육시설의 설치 · 이용에 관한 법률」제5조부터 제7조까지의 규정에 따른 전문체육시설, 생활체육시설 또는 직장체육시설을 설치 · 운영하는 자가 아닌 자가 해당 체육시설에서 휴게음식점영업등을 하려는 경우 : 해당 체육시설업자나 체육시설의 설치 · 운영자와 체결한 체육시설 사용계약에 관한 서류
4. 도시공원 : 「도시공원 및 녹지 등에 관한 법률」에 따른 도시공원에서 휴게음식점영업등을 하려는 경우에는 같은 법 제20조제1항 또는 제3항에 따른 공원관리청 또는 공원수탁관리자와 체결한 도시공원 사용계약에 관한 서류
5. 하천 : 「하천법」제2조제1호에 따른 하천에서 휴게음식점영업등을 하려는 경우에는 다음 각 목의 어느 하나에 해당 하는 자와 체결한 하천 사용계약에 관한 서류
   가. 「하천법」제2조제4호에 따른 하천관리청
   나. 다음 중 어느 하나에 해당하는 자로서 「하천법」제33조제1항제3호에 따른 공작물의 신축 · 개축 · 변경에 관한 하천의 점용허가(음식판매자동차를 사용한 휴게음식점영업등을 하게 할 수 있는 권한이 포함된 것이어야 한다)를 받은 자
      1) 시 · 도지사
      2) 시장 · 군수 · 구청장
      3) 「지방공기업법」에 따른 지방공사 또는 지방공단 등 국토교통부장관이 정하여 고시하는 자
6. 학교 : 「고등교육법」제2조에 따른 학교(이하 이 호에서 "학교"라 한다)에서 해당 학교의 경영자 외의 자가 휴게음식 점영업등을 하려는 경우에는 해당 학교의 장과 체결한 학교시설의 사용 계약에 관한 서류
7. 고속국도 졸음쉼터 : 「도로법」제10조제1호에 따른 고속국도의 졸음쉼터(같은 법 시행령 제3조제1호에 따른 졸음쉼터를 말한다. 이하 이 호에서 같다)에서 휴게음식점영업등을 하려는 경우에는 같은 법 제112조에 따라 고속국도에 관한 국토교통부장관의 권한을 대행하는 한국도로공사와 체결한 졸음쉼터 사용계약에 관한 서류
8. 공용재산 : 「국유재산법」제6조제2항제1호에 따른 공용재산 또는 「공유재산 및 물품 관리법」제5조제2항제1호에 따른 공용재산에서 휴게음식점영업등을 하려는 경우
   가. 「국유재산법」제6조제2항제1호에 따른 공용재산에서 휴게음식점영업등을 하려는 경우 : 「국유재산법 시행규칙」제14조제3항에 따른 사용허가서
   나. 「공유재산 및 물품 관리법」제5조제2항제1호에 따른 공용재산에서 휴게음식점영업등을 하려는 경우 : 「공유재산 및 물품 관리법」제20조제1항에 따라 사용 · 수익허가를 받았음을 증명하는 서류
9. 영업자가 신청하여 지정하는 장소 : 음식판매자동차를 사용하는 영업을 하려는 자가 신청하여 특별시장 · 광역시장 · 도지사 또는 특별자치시장 · 특별자치도지사 · 시장 · 군수 · 구청장이 정하는 장소의 운영 주체와 체결한 사용계약에 관한 서류

10. 그 밖에 특별시·광역시·도·특별자치시·특별자치도 또는 시·군·구(자치구를 말한다. 이하 이 호에서 같다)의 조례로 정하는 시설 또는 장소 : 해당 시설 또는 장소에서 휴게음식점영업등을 하려는 경우에는 그 시설 또는 장소를 사용할 수 있음을 증명하는 서류 등으로서 특별자치시·특별자치도·시·군·구의 조례로 정하는 서류

제43조(신고사항의 변경) 법 제37조제4항 후단에 따라 변경신고를 하려는 자는 별지 제41호서식의 영업신고사항 변경신고서(전자문서로 된 신고서를 포함한다)에 영업신고증(소재지를 변경하는 경우에는 제42조제1항제2호부터 제4호까지, 제6호부터 제12호까지, 제14호 및 제15호의 서류를 포함하되, 제42조제1항제2호의 서류는 제조·가공하려는 식품의 종류 또는 제조방법이 변경된 경우만 해당한다)을 첨부하여 변경한 날부터 7일 이내에 신고관청에 제출하여야 한다. 이 경우 신고관청은 「전자정부법」 제36조제1항에 따른 행정정보의 공동이용을 통하여 다음 각 호의 서류를 확인하여야 하며, 신고인이 제3호부터 제6호까지의 확인에 동의하지 아니하는 경우에는 그 사본을 첨부하도록 하여야 한다. <개정 2020. 4. 13.>

1. 토지이용계획확인서(제42조제1항제10호에 따른 국유재산 사용허가서를 제출한 경우에는 제외한다)
2. 건축물대장 또는 「건축법」 제22조제3항제2호에 따른 건축물의 임시사용 승인서(제42조제1항제10호에 따른 국유재산 사용허가서를 제출한 경우에는 제외한다)
3. 액화석유가스 사용시설완성검사증명서(영 제21조제8호가목의 휴게음식점영업, 같은 호 나목의 일반음식점영업 및 같은 호 바목의 제과점영업을 하는 자 중 「액화석유가스의 안전관리 및 사업법」 제44조제2항에 따라 액화석유가스 사용시설의 완성검사를 받아야 하는 경우만 해당한다)
4. 자동차등록증(신고한 음식판매자동차의 면적을 변경하려는 경우만 해당한다)
5. 「다중이용업소의 안전관리에 관한 특별법」 제9조제5항에 따라 소방본부장 또는 소방서장이 발급하는 안전시설등 완비증명서(영업소 소재지 또는 영업장 면적을 변경하는 경우로서 「다중이용업소의 안전관리에 관한 특별법 시행령」 제2조제1호가목에 따른 영업만 해당한다)
6. 사업자등록증(「고등교육법」 제2조에 따른 학교에서 해당 학교의 경영자가 음식판매자동차를 사용하여 영 제21조제8호가목의 휴게음식점영업 또는 같은 호 바목의 제과점영업을 하는 경우만 해당한다)

제43조의2(영업의 등록 등) ① 법 제37조제5항 본문에 따라 영업등록을 하려는 자는 영업에 필요한 시설을 갖춘 후 **별지 제41호의2서식**의 영업등록신청서(전자문서로 된 신청서를 포함한다)에 다음 각 호의 서류(전자문서를 포함한다)를 첨부하여 영 제26조의2에 따른 등록관청(이하 "등록관청"이라 한다)에 제출하여야 한다. 이 경우 등록신청을 받은 등록관청은 「전자정부법」 제36조제1항에 따른 행정정보의 공동이용을 통하여 토지이용계획확인서, 건축물대장 및 건강진단결과서(제49조에 따른 건강진단대상자만 해당한다. 이하 이항에서 같다)를 확인하여야 하며, 신청인이 건강진단결과서의 확인에 동의하지 아니하는 경우에는 그 사본을 첨부하도록 하여야 한다. <개정 2016. 6. 30.>

1. 교육이수증(법 제41조제2항에 따라 미리 교육을 받은 경우에만 해당한다)
2. 제조·가공하려는 식품 또는 식품첨가물의 종류 및 제조방법 설명서
3. 「먹는물관리법」에 따른 먹는물 수질검사기관이 발행한 수질검사(시험)성적서(수돗물이 아닌 지하수 등을 먹는 물 또는 식품등의 제조과정 등에 사용하는 경우에만 해당한다)
4. 삭제 <2016. 6. 30.>

② 제1항에 따른 등록신청을 받은 등록관청은 해당 영업소의 시설을 확인한 후 **별지 제41호의3서식**의 영업등록증을 발급하여야 한다.

③ 제2항에 따라 등록증을 발급한 등록관청은 **별지 제33호서식**의 영업등록 관리대장을 작성·보관하거나 같은 서식으로 전산망에 입력하여 관리하여야 한다.

④ 영업자가 등록증을 잃어버렸거나 등록증이 헐어 못 쓰게 되어 등록증을 재발급받으려는 경우에는 **별지 제35호서식**의 재발급신청서(등록증이 헐어 못 쓰게 된 경우에는 못 쓰게 된 등록증을 첨부하여야 한다)를 등록관청에 제출하여야 한다. <개정 2012. 6. 29.>

제43조의3(등록사항의 변경) ① 법 제37조제5항 본문에 따라 변경등록을 하려는 자는 별지 제41호의4서식의 변경등록신청서에 등록증과 다음 각 호의 서류를 첨부하여 변경한 날부터 7일 이내에 등록관청에 제출하여야 한다. 이 경우 등록관청은 「전자정부법」 제36조제1항에 따른 행정정보의공동이용을 통하여 토지이용계획확인서 및 건축물대장을 확인하여야 한다. <개정 2018. 12. 31.>

1. 새롭게 제조·가공하려는 식품 또는 식품첨가물의 종류 및 제조방법설명서(영 제26조의3제2호 또는 제3호에 따른 변경사항의 경우에만 해당한다)
2. 「먹는물관리법」에 따른 먹는물 수질검사기관이 발행한 수질검사(시험)성적서(수돗물이 아닌 지하수 등을 먹는 물 또는 식품등의 제조과정 등에 사용하는 경우에만 해당한다)

② 영업등록을 한 자가 다음 각 호의 사항을 변경한 경우에는 법 제37조제5항 단서에 따라 별지 제41호의4서식의 변경신고서에 등록증과 변경내용을 기재한 서류를 첨부하여 변경한 날부터 7일 이내에 등록관청에 신고하여야 한다. 다만, 제48조의 영업자 지위승계에 따른 변경의 경우는 제외한다. <개정 2018. 12. 31.>

1. 영업자의 성명(법인의 경우에는 그 대표자의 성명을 말한다)
2. 영업소의 명칭 또는 상호
3. 영업장의 면적

제44조(폐업신고) ① 법 제37조제3항부터 5항까지의 규정에 따라 폐업신고를 하려는 자는 **별지 제42호서식**의 영업의 폐업신고서(전자문서로 된 신고서를 포함한다)에 영업허가증, 영업신고증 또는 영업등록증을 첨부하여 허가관청, 신고관청 또는 등록관청에 제출하여야 한다.

② 제1항에 따라 폐업신고를 하려는 자가 「부가가치세법」 제8조제7항에 따른 폐업신고를 같이 하려는 경우에는 제1항에 따른 폐업신고서에 「부가가치세법 시행규칙」 별지 제9호서식의 폐업신고서를 함께 제출하여야 한다. 이 경우 허가관청, 신고관청 또는 등록관청은 함께 제출받은 폐업신고서를 지체 없이 관할 세무서장에게 송부(정보통신망을 이용한 송부를 포함한다. 이하 이 조에서 같다)하여야 한다. <개정 2020. 4. 13.>

③ 관할 세무서장이 「부가가치세법 시행령」 제13조제5항에 따라 제1항에 따른 폐업신고를 받아 이를 해당 허가관청, 신고관청 또는 등록관청에 송부한 경우에는 제1항에 따른 폐업신고서가 제출된 것으로 본다.

제45조(품목제조의 보고 등) ① 법 제37조제6항에 따라 식품 또는 식품첨가물의 제조·가공에 관한 보고를 하려는 자는 별지 제43호서식의 품목제조보고서(전자문서로 된 보고서를 포함한다)에 다음 각 호의 서류(전자문서를 포함한다)를 첨부하여 제품생산 시작 전이나 제품생산 시작 후 7일 이내에 등록관청에 제출하여야 한다. 이 경우 식품제조·가공업자가 식품을 위탁 제조·가공하는 경우에는 위탁자가 보고를 하여야 한다. <개정 2019. 4. 25.>

1. 제조방법설명서
2. 「식품·의약품분야 시험·검사 등에 관한 법률」 제6조제3항제1호에 따라 식품의약품안전처장이 지정한 식품전문 시험·검사기관 또는 같은 조 제4항 단서에 따라 총리령으로 정하는 시험·검사기관이 발급한 식품등의 한시적 기준 및 규격 검토서(제5조제1항에 따른 식품등의 한시적 기준 및 규격의 인정 대상이 되는 식품등만 해당한다)
3. 식품의약품안전처장이 정하여 고시한 기준에 따라 설정한 유통기한의 설정사유서(「식품 등의 표시·광고에 관한 법률」 제4조제1항의 표시기준에 따른 유통기한 표시 대상 식품 외에 유통기한을 표시하려는 식품을 포함한다)
4. 삭제 <2020. 4. 13.>

② 등록관청은 제1항에 따른 보고를 받은 경우에는 그 내용을 별지 제44호서식의 품목제조보고관리대장(전자문서로 된 관리대장을 포함한다)에 기록·보관하여야 한다. <개정 2020. 4. 13.>

제46조(품목제조보고사항 등의 변경) ① 제45조에 따라 보고를 한 자가 해당 품목에 대하여 다음 각 호의 어느 하나에 해당하는 사항을 변경하려는 경우에는 별지 제45호서식의 품목제조보고사항 변경보고서(전자문서로 된 보고서를 포함한다)에 품목제조보고서 사본 및 유통기한 연장 사유서(제3호의 사항을 변경하려는 경우만 해당한다)를 첨부하여 제품생산 시작 전이나 제품생

산 시작일부터 7일 이내에 등록관청에 제출하여야 한다. 다만, 수출용 식품등을 제조하기 위하여 변경하는 경우는 그러하지 아니하다. <개정 2020. 4. 13.>

1. 제품명
2. 원재료명 또는 성분명 및 배합비율(제45조제1항에 따라 품목제조보고 시 등록관청에 제출한 원재료성분 및 배합비율을 변경하려는 경우만 해당한다)
3. 유통기한(제45조제1항에 따라 품목제조보고를 한 자가 해당 품목의 유통기한을 연장하려는 경우만 해당한다)
4. 삭제 <2020. 4. 13.>

② 삭제 <2012. 6. 29.>

제47조(영업허가 등의 보고) ① 지방식품의약품안전청장 또는 특별자치시장·특별자치도지사·시장·군수·구청장은 법 제37조제1항 또는 제5항에 따른 영업허가(영 제21조제6가목의 식품조사처리업만 해당한다)를 하였거나 영업등록을 한 경우에는 그 날부터 15일 이내에 **별지 제47호서식**에 따라 지방식품의약품안전청장 또는 특별자치시장·특별자치도지사의 경우에는 식품의약품안전처장에게, 시장·군수·구청장의 경우에는 시·도지사에게 보고하여야 한다. 이 경우 시·도지사는 시장·군수·구청장으로부터 보고받은 사항을 분기별로 분기 종료 후 20일 이내에 식품의약품안전처장에게 보고하여야 한다. <개정 2016. 8. 4.>

② 삭제 <2013. 3. 23.>

③ 삭제 <2014. 5. 9.>

제47조의2(영업 신고 또는 등록 사항의 직권말소 절차) 지방식품의약품안전청장, 특별자치시장·특별자치도지사·시장·군수·구청장은 법 제37조제7항에 따라 직권으로 신고 또는 등록 사항을 말소하려는 경우에는 다음 각 호의 절차에 따른다. <개정 2016. 8. 4.>

1. 신고 또는 등록 사항 말소 예정사실을 해당 영업자에게 사전 통지할 것
2. 신고 또는 등록 사항 말소 예정사실을 해당 기관 게시판과 인터넷 홈페이지에 10일 이상 예고할 것

제38조(영업허가 등의 제한) ① 다음 각 호의 어느 하나에 해당하면 제37조제1항(영업허가 등)에 따른 영업허가를 하여서는 아니 된다. <개정 2019. 4. 30.>

1. 해당 영업 시설이 제36조(시설기준)에 따른 시설기준에 맞지 아니한 경우
2. 제75조제1항 또는 제2항(영업허가 취소 등)에 따라 영업허가가 취소[제44조제2항제1호(청소년을 유흥접객원으로 고용)를 위반하여 영업허가가 취소된 경우와 제75조제1항제19호(성매매 알선 등 금지행위)에 따라 영업허가가 취소된 경우는 제외한다] 되거나 「식품 등의 표시·광고에 관한 법률」 제16조(영업정지 등)제1항·제2항에 따라 영업허가가 취소되고 6개월이 지나기 전에 같은 장소에서 같은 종류의 영업을 하려는 경우. 다만, 영업시설 전부를 철거하여 영업허가가 취소된 경우에는 그러하지 아니하다.
3. 제44조제2항제1호(청소년을 유흥접객원으로 고용)를 위반하여 영업허가가 취소되거나 제75조제1항제19호(성매매 알선 등 금지행위)에 따라 영업허가가 취소되고 2년이 지나기 전에 같은 장소에서 제36조제1항제3호(식품접객업)에 따른 식품접객업을 하려는 경우
4. 제75조제1항 또는 제2항(영업허가 취소 등)에 따라 영업허가가 취소[제4조(위해식품등의 판매 등 금지), 제5조(병든 동물 고기 등의 판매 등 금지), 제6조(기준·규격이 고시되지 아니한 화학적 합성품 등의 판매 등 금지), 제8조(유독기구 등의 판매·사용 금지) 또는 제44조제2항제1호(청소년을 유흥접객원으로 고용)를 위반하여 영업허가가 취소된 경우와 제75조제1항제19호(성매매 알선 등 금지행위)에 따라 영업허가가 취소된 경우는 제외한다] 되거나 「식품 등의 표시·광고에 관한 법률」 제16조(영업정지 등)제1항·제2항에 따라 영업허가가 취소되고 2년이 지나기 전에 같은 자(법인인 경우에는 그 대표자를 포함한다)가 취소된 영업과 같은 종류의 영업을 하려는 경우
5. 제44조제2항제1호(청소년을 유흥접객원으로 고용)를 위반하여 영업허가가 취소되거나 제75조제1항제19호(성매매 알선 등 금지행위)에 따라 영업허가가 취소된 후 3년이 지나기 전에

같은 자(법인인 경우에는 그 대표자를 포함한다)가 제36조제1항제3호(식품접객업)에 따른 식품접객업을 하려는 경우

6. 제4조(위해식품등의 판매 등 금지), 제5조(병든 동물 고기 등의 판매 등 금지), 제6조(기준·규격이 고시되지 아니한 화학적 합성품 등의 판매 등 금지) 또는 제8조(유독기구 등의 판매·사용 금지)를 위반하여 영업허가가 취소되고 5년이 지나기 전에 같은 자(법인인 경우에는 그 대표자를 포함한다)가 취소된 영업과 같은 종류의 영업을 하려는 경우

7. 제36조제1항제3호(식품접객업)에 따른 식품접객업 중 국민의 보건위생을 위하여 허가를 제한할 필요가 뚜렷하다고 인정되어 시·도지사가 지정하여 고시하는 영업에 해당하는 경우

8. 영업허가를 받으려는 자가 피성년후견인이거나 파산선고를 받고 복권되지 아니한 자인 경우

② 다음 각 호의 어느 하나에 해당하는 경우에는 제37조제4항(영업의 신고)에 따른 영업신고 또는 같은 조 제5항(영업의 등록)에 따른 영업등록을 할 수 없다. <개정 2019. 4. 30.>

1. 제75조제1항 또는 제2항(영업허가 취소 등)에 따른 등록취소 또는 영업소 폐쇄명령〔제44조제2항제1호(청소년을 유흥접객원으로 고용)를 위반하여 영업소 폐쇄명령을 받은 경우와 제75조제1항제19호(성매매 알선 등 금지행위)에 따라 영업소 폐쇄명령을 받은 경우는 제외한다〕이나 「식품 등의 표시·광고에 관한 법률」 제16조(영업정지 등)제1항부터 제4항까지에 따른 등록취소 또는 영업소 폐쇄명령을 받고 6개월이 지나기 전에 같은 장소에서 같은 종류의 영업을 하려는 경우. 다만, 영업시설 전부를 철거하여 등록취소 또는 영업소 폐쇄명령을 받은 경우에는 그러하지 아니하다.

2. 제44조제2항제1호(청소년을 유흥접객원으로 고용)를 위반하여 영업소 폐쇄명령을 받거나 제75조제1항제19호(성매매 알선 등 금지행위)에 따라 영업소 폐쇄명령을 받은 후 1년이 지나기 전에 같은 장소에서 제36조제1항제3호(식품접객업)에 따른 식품접객업을 하려는 경우

3. 제75조제1항 또는 제2항(영업허가 취소 등)에 따른 등록취소 또는 영업소 폐쇄명령〔제4조(위해식품등의 판매 등 금지), 제5조(병든 동물 고기 등의 판매 등 금지), 제6조(기준·규격이 고시되지 아니한 화학적 합성품 등의 판매 등 금지), 제8조(유독기구 등의 판매·사용 금지) 또는 제44조제2항제1호(청소년을 유흥접객원으로 고용)를 위반하여 등록취소 또는 영업소 폐쇄명령을 받은 경우와 제75조제1항제19호(성매매 알선 등 금지행위)에 따라 영업소 폐쇄명령을 받은 경우는 제외한다〕이나 「식품 등의 표시·광고에 관한 법률」 제16조(영업정지 등)제1항부터 제4항까지에 따른 등록취소 또는 영업소 폐쇄명령을 받고 2년이 지나기 전에 같은 자(법인인 경우에는 그 대표자를 포함한다)가 등록취소 또는 폐쇄명령을 받은 영업과 같은 종류의 영업을 하려는 경우

4. 제44조제2항제1호(청소년을 유흥접객원으로 고용)를 위반하여 영업소 폐쇄명령을 받거나 제75조제1항제19호(성매매 알선 등 금지행위)에 따라 영업소 폐쇄명령을 받고 2년이 지나기 전에 같은 자(법인인 경우에는 그 대표자를 포함한다)가 제36조제1항제3호(식품접객업)에 따른 식품접객업을 하려는 경우

5. 제4조(위해식품등의 판매 등 금지), 제5조(병든 동물 고기 등의 판매 등 금지), 제6조(기준·규격이 고시되지 아니한 화학적 합성품 등의 판매 등 금지), 제8조(유독기구 등의 판매·사용 금지)를 위반하여 등록취소 또는 영업소 폐쇄명령을 받고 5년이 지나지 아니한 자(법인인 경우에는 그 대표자를 포함한다)가 등록취소 또는 폐쇄명령을 받은 영업과 같은 종류의 영업을 하려는 경우

제39조(영업 승계) ① 영업자가 영업을 양도하거나 사망한 경우 또는 법인이 합병한 경우에는 그 양수인·상속인 또는 합병 후 존속하는 법인이나 합병에 따라 설립되는 법인은 그 영업자의 지위를 승계한다. ② 다음 각 호의 어느 하나에 해당하는 절차에 따라 영업 시설의 전부를 인수한 자는 그 영업	제48조(영업자 지위승계 신고) ① 법 제39조제3항에 따른 영업자의 지위승계 신고를 하려는 자는 별지 제49호서식의 영업자 지위승계 신고서(전자문서로 된 신고서를 포함한다)에 다음 각 호의 서류(전자문서를 포함한다)를 첨부하여 허가관청, 신고관청 또는 등록관청에 제출하여야 한다. 이 경우 허가관청, 신고관청 또는 등록관청은 「전자정부법」 제36조제1항에 따른 행정정보의 공동이용을 통해 건강진

자의 지위를 승계한다. 이 경우 종전의 영업자에 대한 영업 허가·등록 또는 그가 한 신고는 그 효력을 잃는다. <개정 2016. 12. 27.>

1. 「민사집행법」에 따른 경매
2. 「채무자 회생 및 파산에 관한 법률」에 따른 환가(換價)
3. 「국세징수법」, 「관세법」 또는 「지방세징수법」에 따른 압류재산의 매각
4. 그 밖에 제1호부터 제3호까지의 절차에 준하는 절차

③ 제1항 또는 제2항에 따라 그 영업자의 지위를 승계한 자는 총리령으로 정하는 바에 따라 1개월 이내에 그 사실을 식품의약품안전처장 또는 특별자치시장·특별자치도지사·시장·군수·구청장에게 신고하여야 한다. <개정 2016. 2. 3.>

④ 식품의약품안전처장 또는 특별자치시장·특별자치도지사·시장·군수·구청장은 제3항에 따른 신고를 받은 날부터 3일 이내에 신고수리 여부를 신고인에게 통지하여야 한다. <신설 2018. 12. 11.>

⑤ 식품의약품안전처장 또는 특별자치시장·특별자치도지사·시장·군수·구청장이 제4항에서 정한 기간 내에 신고수리 여부 또는 민원 처리 관련 법령에 따른 처리기간의 연장을 신고인에게 통지하지 아니하면 그 기간(민원 처리 관련 법령에 따라 처리기간이 연장 또는 재연장된 경우에는 해당 처리기간을 말한다)이 끝난 날의 다음 날에 신고를 수리한 것으로 본다. <신설 2018. 12. 11.>

⑥ 제1항 및 제2항에 따른 승계에 관하여는 제38조를 준용한다. 다만, 상속인이 제38조제1항제8호에 해당하면 상속받은 날부터 3개월 동안은 그러하지 아니하다. <개정 2018. 12. 11.>

제40조(건강진단) ① 총리령으로 정하는 영업자 및 그 종업원은 건강진단을 받아야 한다. 다만, 다른 법령에 따라 같은 내용의 건강진단을 받는 경우에는 이 법에 따른 건강진단을 받은 것으로 본다. <개정 2013. 3. 23.>

② 제1항에 따라 건강진단을 받은 결과 타인에게 위해를 끼칠 우려가

단결과서(제49조에 따른 건강진단 대상자만 해당한다)를 확인해야 하며, 신청인이 확인에 동의하지 않는 경우에는 그 사본을 첨부하도록 해야 한다. <개정 2020. 4. 13.>

1. 영업허가증, 영업신고증 또는 영업등록증
2. 다음 각 목에 따른 권리의 이전을 증명하는 서류(전자문서를 포함한다)
   가. 양도의 경우에는 양도·양수를 증명할 수 있는 서류 사본
   나. 상속의 경우에는 「가족관계의 등록 등에 관한 법률」 제15조제1항제1호의 가족관계증명서와 상속인임을 증명하는 서류
   다. 그 밖에 해당 사유별로 영업자의 지위를 승계하였음을 증명할 수 있는 서류
3. 교육이수증(법 제41조제2항 본문에 따라 미리 식품위생교육을 받은 경우만 해당한다)
4. 삭제 <2020. 4. 13.>
5. 위임인의 자필서명이 있는 위임인의 신분증명서 사본 및 위임장(양수인이 영업자 지위승계 신고를 위임한 경우만 해당한다)
6. 「다중이용업소의 안전관리에 관한 특별법」 제13조의2에 따른 화재배상책임보험에 가입하였음을 증명하는 서류(같은 법 시행령 제2조제1호에 따른 영업의 경우만 해당한다)

② 제1항에 따라 영업자의 지위승계 신고를 하려는 상속인이 제44조제1항에 따른 폐업신고를 함께 하려는 경우에는 제1항 각 호의 첨부서류 중 제1항제1호 및 같은 항 제2호나목의 서류(상속인이 영업자 지위승계 신고를 위임한 경우에는 같은 항 제5호의 서류를 포함한다)만을 첨부하여 제출할 수 있다. <신설 2018. 6. 28.>

③ 허가관청은 신청인이 법 제38조제1항제8호(피성년후견인이거나 파산선고를 받고 복권되지 아니한 자)에 해당하는지 여부를 내부적으로 확인할 수 없는 경우에는 제1항의 서류 외에 신원 확인에 필요한 자료를 제출하게 할 수 있다. <개정 2011. 8. 19.>

④ 제1항에 따라 영업자 지위승계 신고를 하는 자가 제41조(허가사항의 변경)제2항제2호 및 제43조(신고사항의 변경)에 따라 영업소의 명칭 또는 상호를 변경하려는 경우에는 이를 함께 신고할 수 있다.

제49조(건강진단 대상자) ① 법 제40조제1항 본문에 따라 건강진단을 받아야 하는 사람은 식품 또는 식품첨가물(화학적 합성품 또는 기구등의 살균·소독제는 제외한다)을 채취·제조·가공·조리·저장·운반 또는 판매하는 일에 직접 종사하는 영업자 및 종업원으로 한다. 다만, 완전 포장된 식품 또는 식품첨가물을 운반하거나 판매하는 일에 종사하는 사람은 제외한다.

② 제1항에 따라 건강진단을 받아야 하는 영업자 및 그 종업원은 영업 시작 전 또는 영업에 종사하기 전에 미리 건강진단을 받아야 한다.

있는 질병이 있다고 인정된 자는 그 영업에 종사하지 못한다.

③ 영업자는 제1항을 위반하여 건강진단을 받지 아니한 자나 제2항에 따른 건강진단 결과 타인에게 위해를 끼칠 우려가 있는 질병이 있는 자를 그 영업에 종사시키지 못한다.

④ 제1항에 따른 건강진단의 실시방법 등과 제2항 및 제3항에 따른 타인에게 위해를 끼칠 우려가 있는 질병의 종류는 총리령으로 정한다. <개정 2013. 3. 23.>

③ 제1항에 따른 건강진단은 「식품위생 분야 종사자의 건강진단 규칙」【주 6】에서 정하는 바에 따른다. <개정 2013. 3. 23.>

제50조(영업에 종사하지 못하는 질병의 종류) 법 제40조제4항에 따라 영업에 종사하지 못하는 사람은 다음의 질병에 걸린 사람으로 한다. <개정 2020. 4. 13.>

1. 「감염병의 예방 및 관리에 관한 법률」제2조제3호가목에 따른 결핵(비감염성인 경우는 제외한다)【주 7】
2. 「감염병의 예방 및 관리에 관한 법률 시행규칙」제33조제1항 각 호의 어느 하나에 해당하는 감염병【주 7】
3. 피부병 또는 그 밖의 화농성(化膿性)질환
4. 후천성면역결핍증(「감염병의 예방 및 관리에 관한 법률」제19조에 따라 성병에 관한 건강진단을 받아야 하는 영업에 종사하는 사람만 해당한다)【주 8】

【주 6】

식품위생 분야 종사자의 건강진단 규칙
[총리령 제1519호, 2018. 12. 31.]

제1조(목적) 이 규칙은 「식품위생법」제40조제1항 및 제4항에 따른 건강진단의 실시에 필요한 사항을 규정함을 목적으로 한다.

제2조(건강진단 항목 등) 「식품위생법」제40조제1항 및 같은 법 시행규칙 제49조에 따라 건강진단을 받아야 하는 사람의 진단 항목 및 횟수는 **별표**와 같다.

제3조(건강진단 실시) 이 규칙에 따른 건강진단은 「지역보건법」에 따른 보건소(이하 "보건소"라 한다), 「의료법」에 따른 종합병원·병원 또는 의원(이하 "의료기관"이라 한다)에서 실시한다. 다만, 영업자가 요청하는 경우에는 의료기관의 의료인이 해당 영업소에 방문하여 건강진단을 실시할 수 있다. <개정 2018. 12. 31.>

제4조(감염병환자의 발생 신고 등) 의료기관의 장은 제3조에 따라 건강진단을 실시한 결과 감염병환자가 발생한 경우에는 「감염병의 예방 및 관리에 관한 법률」제11조에 따라 관할 보건소장에게 신고하고, 「의료법」제22조에 따라 진료기록부 등을 기록·보존하여야 한다.

제5조(수수료) 보건소에서 제2조에 따른 건강진단을 받으려는 사람은 수수료 3천원을 내야 한다. <개정 2018. 3. 28.>

[별표] <개정 2018. 3. 28.>

건강진단 항목 및 횟수(제2조 관련)

대상	건강진단 항목	횟수
식품 또는 식품첨가물(화학적 합성품 또는 기구 등의 살균·소독제는 제외한다)을 채취·제조·가공·조리·저장·운반 또는 판매하는 데 직접 종사하는 사람. 다만, 영업자 또는 종업원 중 완전 포장된 식품 또는 식품첨가물을 운반하거나 판매하는 데 종사하는 사람은 제외한다.	1. 장티푸스(식품위생 관련 영업 및 집단급식소 종사자만 해당한다) 2. 폐결핵 3. 전염성 피부질환(한센병 등 세균성 피부질환을 말한다)	매년 1회 (건강진단 검진을 받은 날을 기준으로 한다)

【주 7】

감염병의 예방 및 관리에 관한 법률

제2조(정의) 이 법에서 사용하는 용어의 뜻은 다음과 같다. <개정 2020. 3. 4.>

1. "감염병"이란 제1급감염병, 제2급감염병, 제3급감염병, 제4급감염병, 기생충감염병, 세계보건기구 감시대상 감염병, 생물테러감염병, 성매개감염병, 인수(人獸)공통감염병 및 의료관련감염병을 말한다.

2. "제1급감염병"이란 생물테러감염병 또는 치명률이 높거나 집단 발생의 우려가 커서 발생 또는 유행 즉시 신고하여야 하고, 음압 격리와 같은 높은 수준의 격리가 필요한 감염병으로서 다음 각 목의 감염병을 말한다. 다만, 갑작스러운 국내 유입 또는 유행이 예견되어 긴급한 예방·관리가 필요하여 보건복지부 장관이 지정하는 감염병을 포함한다.

   가. 에볼라바이러스병

   나. 마버그열

   다. 라싸열

   라. 크리미안콩고출혈열

   마. 남아메리카출혈열

   바. 리프트밸리열

   사. 두창

   아. 페스트

   자. 탄저

   차. 보툴리눔독소증

   카. 야토병

   타. 신종감염병증후군

   파. 중증급성호흡기증후군(SARS)

   하. 중동호흡기증후군(MERS)

   거. 동물인플루엔자 인체감염증

   너. 신종인플루엔자

   더. 디프테리아

3. "제2급감염병"이란 전파 가능성을 고려하여 발생 또는 유행 시 24시간 이내에 신고하여야 하고, 격리가 필요한 다음 각 목의 감염병을 말한다. 다만, 갑작스러운 국내 유입 또는 유행이 예견되어 긴급한 예방·관리가 필요하여 보건복지부 장관이 지정하는 감염병을 포함한다.

   가. 결핵(結核)

   나. 수두(水痘)

   다. 홍역(紅疫)

   라. 콜레라

   마. 장티푸스

   바. 파라티푸스

   사. 세균성이질

   아. 장출혈성대장균감염증

   자. A형간염

   차. 백일해(百日咳)

   카. 유행성이하선염(流行性耳下腺炎)

   타. 풍진(風疹)

   파. 폴리오

   하. 수막구균 감염증

   거. b형헤모필루스인플루엔자

   너. 폐렴구균 감염증

   더. 한센병

   러. 성홍열

   머. 반코마이신내성황색포도알균(VRSA) 감염증

   버. 카바페넴내성장내세균속균종(CRE) 감염증

   서. E형간염

4. "제3급감염병"이란 그 발생을 계속 감시할 필요가 있어 발생 또는 유행 시 24시간 이내에 신고하여야 하는 다음 각 목의 감염병을 말한다. 다만, 갑작스러운 국내 유입 또는 유행이 예견되어 긴급한 예방·관리가 필요하여 보건복지부 장관이 지정하는 감염병을 포함한다.

   가. 파상풍(破傷風)

   나. B형간염

다. 일본뇌염

라. C형간염

마. 말라리아

바. 레지오넬라증

사. 비브리오패혈증

아. 발진티푸스

자. 발진열(發疹熱)

차. 쯔쯔가무시증

카. 렙토스피라증

타. 브루셀라증

파. 공수병(恐水病)

하. 신증후군출혈열(腎症侯群出血熱)

거. 후천성면역결핍증(AIDS)

너. 크로이츠펠트-야콥병(CJD) 및 변종크로이츠펠트-야콥병(vCJD)

더. 황열

러. 뎅기열

머. 큐열(Q熱)

버. 웨스트나일열

서. 라임병

어. 진드기매개뇌염

저. 유비저(類鼻疽)

처. 치쿤구니야열

커. 중증열성혈소판감소증후군(SFTS)

터. 지카바이러스 감염증

5. "제4급감염병"이란 제1급감염병부터 제3급감염병까지의 감염병 외에 유행 여부를 조사하기 위하여 표본 감시 활동이 필요한 다음 각 목의 감염병을 말한다.

가. 인플루엔자

나. 매독(梅毒)

다. 회충증

라. 편충증

마. 요충증

바. 간흡충증

사. 폐흡충증

아. 장흡충증

자. 수족구병

차. 임질

카. 클라미디아감염증

타. 연성하감

파. 성기단순포진

하. 첨규콘딜롬

거. 반코마이신내성장알균(VRE) 감염증

너. 메티실린내성황색포도알균(MRSA) 감염증

더. 다제내성녹농균(MRPA) 감염증

러. 다제내성아시네토박터바우마니균(MRAB) 감염증

머. 장관감염증

버. 급성호흡기감염증

서. 해외유입기생충감염증

어. 엔테로바이러스감염증

저. 사람유두종바이러스 감염증

6. "기생충감염병"이란 기생충에 감염되어 발생하는 감염병 중 보건복지부장관이 고시하는 감염병을 말한다.

7. 삭제 <2018. 3. 27.>

8. "세계보건기구 감시대상 감염병"이란 세계보건기구가 국제공중보건의 비상사태에 대비하기 위하여 감시 대상으로 정한 질환으로서 보건복지부장관이 고시하는 감염병을 말한다.

9. "생물테러감염병"이란 고의 또는 테러 등을 목적으로 이용된 병원체에 의하여 발생된 감염병 중 보건복지 부장관이 고시하는 감염병을 말한다.

10. "성매개감염병"이란 성 접촉을 통하여 전파되는 감염병 중 보건복지부장관이 고시하는 감염병을 말한다.

11. "인수공통감염병"이란 동물과 사람 간에 서로 전파되는 병원체에 의하여 발생되는 감염병 중 보건복지부 장관이 고시하는 감염병을 말한다.

12. "의료관련감염병"이란 환자나 임산부 등이 의료행위를 적용받는 과정에서 발생한 감염병으로서 감시활동 이 필요하여 보건복지부장관이 고시하는 감염병을 말한다.

13. "감염병환자"란 감염병의 병원체가 인체에 침입하여 증상을 나타내는 사람으로서 제11조제6항의 진단 기 준에 따른 의사, 치과의사 또는 한의사의 진단이나 제16조의2에 따른 감염병병원체 확인기관의 실험실 검 사를 통하여 확인된 사람을 말한다.

14. "감염병의사환자"란 감염병병원체가 인체에 침입한 것으로 의심이 되나 감염병환자로 확인되기 전 단계 에 있는 사람을 말한다.

15. "병원체보유자"란 임상적인 증상은 없으나 감염병병원체를 보유하고 있는 사람을 말한다.

15의2. "감염병의심자"란 다음 각 목의 어느 하나에 해당하는 사람을 말한다.

가. 감염병환자, 감염병의사환자 및 병원체보유자(이하 "감염병환자등"이라 한다)와 접촉하거나 접촉이 의 심되는 사람(이하 "접촉자"라 한다)

나. 「검역법」 제2조제7호 및 제8호에 따른 검역관리지역 또는 중점검역관리지역에 체류하거나 그 지역을 경유한 사람으로서 감염이 우려되는 사람

다. 감염병병원체 등 위험요인에 노출되어 감염이 우려되는 사람

16. "감시"란 감염병 발생과 관련된 자료, 감염병병원체·매개체에 대한 자료를 체계적이고 지속적으로 수집, 분석 및 해석하고 그 결과를 제때에 필요한 사람에게 배포하여 감염병 예방 및 관리에 사용하도록 하는 일체의 과정을 말한다.

16의2. "표본감시"란 감염병 중 감염병환자의 발생빈도가 높아 전수조사가 어렵고 중증도가 비교적 낮은 감염 병의 발생에 대하여 감시기관을 지정하여 정기적이고 지속적인 의과학적 감시를 실시하는 것을 말한다.

17. "역학조사"란 감염병환자등이 발생한 경우 감염병의 차단과 확산 방지 등을 위하여 감염병환자등의 발생 규모를 파악하고 감염원을 추적하는 등의 활동과 감염병 예방접종 후 이상반응 사례가 발생한 경우나 감 염병 여부가 불분명하나 그 발병원인을 조사할 필요가 있는 사례가 발생한 경우 그 원인을 규명하기 위 하여 하는 활동을 말한다.

18. "예방접종 후 이상반응"이란 예방접종 후 그 접종으로 인하여 발생할 수 있는 모든 증상 또는 질병으로서 해당 예방접종과 시간적 관련성이 있는 것을 말한다.

19. "고위험병원체"란 생물테러의 목적으로 이용되거나 사고 등에 의하여 외부에 유출될 경우 국민 건강에 심 각한 위험을 초래할 수 있는 감염병병원체로서 보건복지부령으로 정하는 것을 말한다.

20. "관리대상 해외 신종감염병"이란 기존 감염병의 변이 및 변종 또는 기존에 알려지지 아니한 새로운 병원 체에 의해 발생하여 국제적으로 보건문제를 야기하고 국내 유입에 대비하여야 하는 감염병으로서 보건복 지부장관이 지정하는 것을 말한다.

제19조(건강진단) 성매개감염병의 예방을 위하여 종사자의 건강진단이 필요한 직업으로 보건복지부령으로 정 하는 직업에 종사하는 자와 성매개감염병에 감염되어 그 전염을 매개할 상당한 우려가 있다고 시장·군수·구청 장이 인정한 자는 보건복지부령으로 정하는 바에 따라 성매개감염병에 관한 건강진단을 받아야 한다. 【주 8】 <개정 2010. 1. 18.>

제45조(업무 종사의 일시 제한) ① 감염병환자등은 보건복지부령으로 정하는 바에 따라 업무의 성질상 일반 인과 접촉하는 일이 많은 직업에 종사할 수 없고, 누구든지 감염병환자등을 그러한 직업에 고용할 수 없다. <개정 2010. 1. 18.>

② 제19조에 따른 성매개감염병에 관한 건강진단을 받아야 할 자가 건강진단을 받지 아니한 때에는 같은 조에 따른 직업에 종사할 수 없으며 해당 영업을 영위하는 자는 건강진단을 받지 아니한 자를 그 영업에 종사하 게 하여서는 아니 된다.

감염병의 예방 및 관리에 관한 법률 시행규칙

제33조(업무 종사의 일시 제한) ① 법 제45조제1항에 따라 일시적으로 업무 종사의 제한을 받는 감염병환자
등은 다음 각 호의 감염병에 해당하는 감염병환자등으로 하고, 그 제한 기간은 감염력이 소멸되는 날까지로 한
다. <개정 2019. 11. 22.>
  1. 콜레라
  2. 장티푸스
  3. 파라티푸스
  4. 세균성이질
  5. 장출혈성대장균감염증
  6. A형간염
② 법 제45조제1항에 따라 업무 종사의 제한을 받는 업종은 다음 각 호와 같다.
  1.「식품위생법」제2조제12호에 따른 집단급식소
  2.「식품위생법」제36조제1항제3호 따른 식품접객업

【주 8】

성매개감염병 및 후천성면역결핍증 건강진단규칙

[보건복지부령 제185호, 2013. 3. 23.]

제1조(목적) 이 규칙은「감염병의 예방 및 관리에 관한 법률」제19조에 따른 성매개감염병에 관한 건강진단,
「후천성면역결핍증 예방법」제8조제1항 및 제2항제2호에 따른 후천성면역결핍증에 관한 검진의 실시에 필요한
사항을 규정함을 목적으로 한다. <개정 2013. 3. 23.>
제2조(정의) 이 규칙에서 "성매개감염병"이란「감염병의 예방 및 관리에 관한 법률」제2조제10호에 따른 성매개
감염병으로서 매독, 임질, 연성하감, 클라미디아, 성기단순포진 및 첨규콘딜롬을 말한다. <개정 2011. 1. 3.>
제3조(정기 건강진단)「감염병의 예방 및 관리에 관한 법률」제19조,「후천성면역결핍증 예방법」제8조제2항제2
호 및 같은 법 시행령 제10조에 따라 성매개감염병 및 후천성면역결핍증에 관한 건강진단을 받아야 하는 직업에
종사하는 사람과 그 진단 항목 및 횟수는 별표와 같다. <개정 2013. 3. 23.>
제4조 삭제 <2013. 3. 23.>
제5조(수시 건강진단) 특별자치도지사·시장·군수·구청장(자치구의 구청장을 말한다. 이하 같다)은 성매개감
염병 및 후천성면역결핍증에 감염되어 타인을 감염시킬 우려가 있다고 인정되는 사람에게는「감염병의 예방
및 관리에 관한 법률」제19조,「후천성면역결핍증 예방법」제8조제1항 및 같은 법 시행령 제12조에 따라 건강진단
을 받을 것을 통지하여야 하며, 그 통지를 받은 사람은 지체 없이 성매개감염병 및 후천성면역결핍증에 관한
건강진단을 받아야 한다.
제6조(건강진단의 실시) 이 규칙에 따른 건강진단은「지역보건법」에 따른 보건소(이하 "보건소"라 한다)와「의
료법」에 따른 종합병원·병원 또는 의원(이하 "의료기관"이라 한다)에서 실시한다.
제7조(감염병환자의 발생 신고 등) 의료기관의 장은 제6조에 따라 건강진단을 실시한 결과 감염병환자가 발생한
경우에는「감염병의 예방 및 관리에 관한 법률」제11조에 따라 관할 보건소장에게 신고하고,「의료법」제22조에
따라 진료기록부 등을 기록·보존하여야 한다.

[별표] <개정 2013. 3. 23.>

성매개감염병 및 후천성면역결핍증 건강진단대상자 및 건강진단 항목 및 횟수

성매개감염병 및 후천성면역결핍증 건강진단 대상자	건강진단 항목 및 횟수		
	매독검사	HIV검사	그 밖의 성매개 감염병 검사
1.「청소년보호법 시행령」제6조제2항제1호에 따른 영업소의 여성종업원	1회/6개월	1회/6개월	1회/6개월

2. 「식품위생법 시행령」 제22조제1항에 따른 유흥접객원	1회/3개월	1회/6개월	1회/3개월
3. 「안마사에 관한 규칙」 제6조에 따른 안마시술소의 여성종업원	1회/3개월	1회/6개월	1회/3개월
4. 특별자치도지사·시장·군수·구청장이 불특정 다수를 대상으로 성매개감염병 및 후천성면역결핍증을 감염시킬 우려가 있는 행위를 한다고 인정하는 영업장에 종사하는 사람	1회/3개월	1회/6개월	1회/3개월

제41조(식품위생교육) ① 대통령령으로 정하는 영업자 및 유흥종사자를 둘 수 있는 식품접객업 영업자의 종업원은 매년 식품위생에 관한 교육(이하 "식품위생교육"이라 한다)을 받아야 한다.

② 제36조제1항 각 호(식품 등의 제조·운반·판매업 등, 식품접객업)에 따른 영업을 하려는 자는 미리 식품위생교육을 받아야 한다. 다만, 부득이한 사유로 미리 식품위생교육을 받을 수 없는 경우에는 영업을 시작한 뒤에 식품의약품안전처장이 정하는 바에 따라 식품위생교육을 받을 수 있다. <개정 2013. 3. 23.>

③ 제1항 및 제2항에 따라 교육을 받아야 하는 자가 영업에 직접 종사하지 아니하거나 두 곳 이상의 장소에서 영업을 하는 경우에는 종업원 중에서 식품위생에 관한 책임자를 지정하여 영업자 대신 교육을 받게 할 수 있다. 다만, 집단급식소에 종사하는 조리사 및 영양사(「국민영양관리법」 제15조에 따라 영양사 면허를 받은 사람을 말한다. 이하 같다)가 식품위생에 관한 책임자로 지정되어 제56조제1항 단서(집단급식소 종사 조리사와 영양사는 2년 마다 교육)에 따라 교육을 받은 경우에는 제1항 및 제2항에 따른 해당 연도의 식품위생교육을 받은 것으로 본다. <개정 2010. 3. 26.>

④ 제2항에도 불구하고 다음 각 호의 어느 하나에 해당하는 면허를 받은 자가 제36조제1항제3호(식품접객업)에 따른 식품접객업을 하려는 경우에는 식품위생교육을 받지 아니하여도 된다. <개정 2016. 2. 3.>

　1. 제53조(조리사의 면허)에 따른

제27조(식품위생교육의 대상) 법 제41조제1항에서 "대통령령으로 정하는 영업자"란 다음 각 호의 영업자를 말한다.

　1. 제21조제1호의 식품제조·가공업자
　2. 제21조제2호의 즉석판매제조·가공업자
　3. 제21조제3호의 식품첨가물제조업자
　4. 제21조제4호의 식품운반업자
　5. 제21조제5호의 식품소분·판매업자(식용얼음판매업자 및 식품자동판매기영업자는 제외한다)
　6. 제21조제6호의 식품보존업자
　7. 제21조제7호의 용기·포장류제조업자
　8. 제21조제8호의 식품접객업자

【주 9】
식품 등 영업자 등에 대한 위생교육기관지정 참조 ➡ P. 75

제51조(식품위생교육기관 등) ① 법 제41조제1항(식품위생교육)에 따른 식품위생교육을 실시하는 기관은 식품의약품안전처장이 지정·고시하는 식품위생교육전문기관【주 9】, 법 제59조제1항(동업자조합 설립)에 따른 동업자조합 또는 법 제64조제1항(한국식품산업협회 설립)에 따른 한국식품산업협회로 한다. <개정 2013. 3. 23.>

② 식품위생교육의 내용은 식품위생, 개인위생, 식품위생시책, 식품의 품질관리 등으로 한다.

③ 식품위생교육전문기관의 운영과 식품교육내용에 관한 세부 사항은 식품의약품안전처장이 정한다. <개정 2013. 3. 23.>

제52조(교육시간) ① 법 제41조제1항(식품위생교육) [제88조제3항(집단급식소)에 따라 준용되는 경우를 포함한다]에 따라 영업자와 종업원이 받아야 하는 식품위생교육 시간은 다음 각 호와 같다.

　1. 영 제21조제1호(식품제조·가공업), 제2호(즉석판매제조·가공업), 제3호(식품첨가물제조업), 제4호(식품운반업), 제5호(식품소분·판매업), 제6호(식품보존업), 제7호(용기·포장류제조업), 제8호(식품접객업)에 해당하는 영업자[같은 조 제5호 나목1)의 식용얼음판매업자와 같은 목 2)의 식품자동판매기영업자는 제외한다] : 3시간
　2. 영 제21조제8호라목에 따른 유흥주점영업의 유흥종사자 : 2시간
　3. 법 제88조제2항에 따라 집단급식소를 설치·운영하는 자 : 3시간

② 법 제41조제2항(식품위생 사전교육) [법 제88조제3항(집단급식소)에

조리사 면허 2. 「**국민영양관리법**」 제15조에 따른 영양사 면허 3. 「**공중위생관리법**」 제6조의2에 따른 위생사 면허 ⑤ 영업자는 특별한 사유가 없는 한 식품위생교육을 받지 아니한 자를 그 영업에 종사하게 하여서는 아니 된다. ⑥ 식품위생교육은 집합교육 또는 정보통신매체를 이용한 원격교육으로 실시한다. 다만, 제2항(제88조제3항에서 준용하는 경우를 포함한다)에 따라 영업을 하려는 자가 미리 받아야 하는 식품위생교육은 집합교육으로 실시한다. <신설 2019. 12. 3.> ⑦ 제6항에도 불구하고 식품위생교육을 받기 어려운 도서·벽지 등의 영업자 및 종업원에 대해서는 총리령으로 정하는 바에 따라 식품위생교육을 실시할 수 있다. <신설 2019. 12. 3.> ⑧ 제1항 및 제2항에 따른 교육의 내용, 교육비 및 교육 실시 기관 등에 관하여 필요한 사항은 총리령으로 정한다. <개정 2019. 12. 3.> [시행일 : 2021. 1. 1.] 제41조	국민영양관리법 참조 ➡ P. 327 공중위생관리법 참조 ➡ P. 357	따라 준용되는 경우를 포함한다]에 따라 영업을 하려는 자가 받아야 하는 식품위생교육 시간은 다음 각 호와 같다. 1. 영 제21조제1호(식품제조·가공업), 제2호(즉석판매제조·가공업), 제3호(식품첨가물제조업)에 해당하는 영업을 하려는 자 : 8시간 2. 영 제4호(식품운반업), 제5호(식품소분·판매업), 제6호(식품보존업), 제7호(용기·포장류제조업)에 해당하는 영업을 하려는 자 : 4시간 3. 영 제21조제8호(식품접객업)의 영업을 하려는 자 : 6시간 4. 법 제88조제1항(집단급식소)에 따라 집단급식소를 설치·운영하려는 자 : 6시간 ③ 제1항 및 제2항에 따라 식품위생교육을 받은 자가 다음 각 호의 어느 하나에 해당하는 경우에는 해당 영업에 대한 신규 식품위생교육을 받은 것으로 본다. <개정 2019. 12. 31.> 1. 신규 식품위생교육을 받은 날부터 2년이 지나지 않은 자 또는 제1항에 따른 교육을 받은 날부터 1년이 지나지 아니한 자가 교육받은 업종과 같은 업종으로 영업을 하려는 경우

2. 신규 식품위생교육을 받은 날부터 2년이 지나지 않은 자 또는 제1항에 따른 교육을 받은 날부터 1년이 지나지 아니한 자가 다음 각 목의 어느 하나에 해당하는 업종 중에서 같은 목의 다른 업종으로 영업을 하려는 경우
   가. 영 제21조제1호의 식품제조·가공업, 같은 조 제2호의 즉석판매제조·가공업 및 같은 조 제3호의 식품첨가물제조업
   나. 영 제21조제5호가목의 식품소분업, 같은 호 나목의 식용얼음판매업, 유통전문판매업, 집단급식소 식품판매업 및 기타 식품판매업
   다. 영 제21조제8호가목의 휴게음식점영업, 같은 호 나목의 일반음식점영업 및 같은 호 바목의 제과점영업
   라. 영 제21조제8호다목의 단란주점영업 및 같은 호 라목의 유흥주점영업
3. 영 제21조제1호부터 제3호까지의 어느 하나에 해당하는 영업에서 같은 조 제4호부터 제7호까지의 어느 하나에 해당하는 영업으로 업종을 변경하거나 그 업종을 함께하려는 경우
4. 영 제21조제1호부터 제8호까지의 어느 하나에 해당하는 영업을 하는 자가 영 제21조제5호나목2)의 식품자동판매기영업으로 업종을 변경하거나 그 업종을 함께 하려는 경우

④ 제1항에 따라 식품위생교육을 받은 자가 다음 각 호의 어느 하나에 해당하는 경우에는

해당 영업에 대하여 제1항에 따른 식품위생교육을 받은 것으로 본다. <신설 2019. 12. 31.>

1. 해당 연도에 제1항에 따른 교육을 받은 자가 기존 영업의 허가관청·신고관청·등록관청과 같은 관할 구역에서 교육받은 업종과 같은 업종으로 영업을 하고 있는 경우
2. 해당 연도에 제1항에 따른 교육을 받은 자가 기존 영업의 허가관청·신고관청·등록관청과 같은 관할 구역에서 다음 각 목의 어느 하나에 해당하는 업종 중에서 같은 목의 다른 업종으로 영업을 하고 있는 경우
   가. 영 제21조제1호에 따른 식품제조·가공업, 같은 조 제2호에 따른 즉석판매제조·가공업 및 같은 조 제3호에 따른 식품첨가물제조업
   나. 영 제21조제5호가목의 식품소분업, 같은 호 나목의 유통전문판매업, 집단급식소 식품판매업 및 기타 식품판매업
   다. 영 제21조제8호가목에 따른 휴게음식점영업, 같은 호 나목에 따른 일반음식점영업 및 같은 호 바목에 따른 제과점영업
   라. 영 제21조제8호다목에 따른 단란주점영업 및 같은 호 라목에 따른 유흥주점영업

제53조(교육교재 등) ① 제51조제1항(식품위생교육기관 등)에 따른 식품위생교육기관은 교육교재를 제작하여 교육 대상자에게 제공하여야 한다.

② 식품위생교육기관은 식품위생교육을 수료한 사람에게 수료증을 발급하고, 교육 실시 결과를 교육 후 1개월 이내에 허가관청, 신고관청 또는 등록관청에, 해당 연도 종료 후 1개월 이내에 식품의약품안전처장에게 각각 보고하여야 하며, 수료증 발급대장 등 교육에 관한 기록을 2년 이상 보관·관리하여야 한다. <개정 2015. 8. 18.>

제54조(도서·벽지 등의 영업자 등에 대한 식품위생교육) ① 법 제41조(식품위생교육)제1항 및 제2항에 따른 식품위생교육 대상자 중 허가관청, 신고관청 또는 등록관청에서 교육에 참석하기 어렵다고 인정하는 도서·벽지 등의 영업자 및 종업원에 대해서는 제53조(교육교재 등)에 따른 교육교재를 배부하여 이를 익히고 활용하도록 함으로써 교육을 갈음할 수 있다. <개정 2015. 8. 18.>

② 법 제41조제2항(식품위생 사전교육)에 따른 식품위생교육 대상자 중 영업준비상 사전교육을 받기가 곤란하다고 허가관청, 신고관청 또는 등록관청이 인정하는 자에 대해서는 영업허가를 받거나 영업신고 또는 영업등록을 한 후 3개월 이내에 허가관청, 신고관청 또는 등록관청이 정하는 바에 따라 식품위생교육을 받게 할 수 있다. <개정 2015. 8. 18.>

【주 9】

식품 등 영업자 등에 대한 위생교육기관지정

<식품의약품안전처 고시 제2019-123호, 2019. 12. 11.>

1. 식품위생교육대상자
가. 「식품위생법」에 의한 위생교육대상자
  (1) 「식품위생법」 제41조제1항의 규정에 의한 영업자 및 유흥주점영업의 유흥종사자
  (2) 「식품위생법」 제36조의 규정에 의한 영업을 하고자 하는 자
  (3) 「식품위생법」 제41조제1항 및 제2항에 따라 위생교육을 받아야 하는 자 중 영업에 직접 종사하지 아니하거나 둘 이상의 장소에서 영업을 하고자 하는 자가 그 종업원 중 식품위생에 관한 책임자로 지정한 자
  (4) 「식품위생법」 제88조의 규정에 의한 집단급식소의 설치·운영자 또는 그 집단급식소의 식품위생관리책임자
나. 「건강기능식품에 관한 법률」에 의한 위생교육대상자
  (1) 「건강기능식품에 관한 법률」 제13조제1항의 규정에 의한 식품의약품안전처장이 국민건강상 위해를 방지하기 위하여 필요하다고 인정하여 교육을 받을 것을 명한 영업자 및 그 종업원
  (2) 「건강기능식품에 관한 법률」 제4조의 규정에 의한 영업을 하고자 하는 자
  (3) 「건강기능식품에 관한 법률」 제12조의 규정에 의한 품질관리인으로 선임된 자
  (4) 「건강기능식품에 관한 법률」 제13조제1항 및 제2항에 따라 교육을 받아야 하는 자 중 둘 이상의 장소에서 영업을 하고자 하는 자 또는 총리령이 정하는 사유로 교육을 받을 수 없는 자가 그 종업원 중 책임자로 지정한 자

2. 교육대상자별 위생교육기관
가. 「식품위생법」에 의한 위생교육기관

교 육 대 상	교 육 기 관
(1) 법 제41조제1항에 따른 영업자중 다음의 영업자 및 영업을 하고자 하는 자 또는 동조제3항에 의한 식품위생에 관한 책임자로 지정 받은 자 ㉮ 식품제조·가공업, 식품첨가물제조업, 식품운반업, 식품소분·판매업(식품자동판매기영업제외), 식품보존업 및 용기·포장류제조업, 위탁급식영업의 영업자 ㉯ 법 제88조에 따른 집단급식소의 설치·운영자 또는 식품위생관리책임자	한국식품산업협회 한국외식산업협회(위탁급식영업자 중 소속회원에 한함) 한국식품산업협회 한국외식산업협회(소속회원에 한함)
(2) 법 제41조제1항에 따른 영업자중 다음의 영업자 및 영업을 하고자 하는 자 또는 동조제3항에 의한 식품위생에 관한 책임자로 지정 받은 자 ㉮ 일반음식점영업자	한국외식업중앙회 한국외식산업협회(소속회원에 한함)
(3) 법 제41조제1항에 따른 영업자중 다음의 영업자 및 영업을 하고자 하는 자 또는 동조제3항에 의한 식품위생에 관한 책임자로 지정 받은 자 ㉮ 즉석판매제조·가공업 영업자 - 즉석판매제조·가공업 영업자중 추출가공업자 - 즉석판매제조·가공업 영업자중 압착식용유가공업자 - 즉석판매제조·가공업 영업자중 떡류식품가공업자	한국식품산업협회 한국추출가공식품업중앙회 한국식용유지고추가공업중앙회 한국떡류식품가공협회
(4) 법 제41조제1항에 따른 영업자중 다음의 영업자 및 영업을 하고자 하는 자 또는 동조제3항에 의한 식품위생에 관한 책임자로 지정 받은 자 ㉮ 휴게음식점영업자 ㉮ 식품자동판매기영업자	한국휴게음식업중앙회 한국휴게음식업중앙회
(5) 법 제41조제1항에 따른 영업자중 다음의 영업자 및 영업을 하고자 하는 자 또는 동조제3항에 의한 식품위생에 관한 책임자로 지정 받은 자 ㉮ 제과점영업자	대한제과협회
(6) 법 제41조제1항에 따른 영업자중 다음의 영업자 및 영업을 하고자 하는 자 또는 동조제3항에 의한 식품위생에 관한 책임자로 지정 받은 자 ㉮ 단란주점영업자	한국단란주점업중앙회
(7) 법 제41조제1항에 따른 영업자중 다음의 영업자 및 영업을 하고자 하는 자 또는 동조제3항에 의한 식품위생에 관한 책임자로 지정 받은 자 ㉮ 유흥주점영업자 ㉯ 법 제41조제1항에 따른 유흥주점영업의 유흥종사자	한국유흥음식업중앙회 한국유흥음식업중앙회

나. 「건강기능식품에 관한 법률」에 의한 위생교육기관

교 육 대 상	교 육 기 관
(1) 법 제4조에 따라 영업을 하고자 하는 자 또는 법 제13조제4항에 의한 종업원중 책임자로 지정 받은 자 ㉮ 건강기능식품전문제조업, 건강기능식품벤처제조업 ㉯ <삭 제> ㉰ 건강기능식품일반판매업, 건강기능식품유통전문판매업 (2) 법 제12조에 따른 품질관리인으로 선임된 자	한국건강기능식품협회

3. 위생교육평가기관
   ○ 한국식품안전관리인증원, 한국보건복지인력개발원, 한국소비자단체협의회
4. 위생교육기관의 신청
   ○ 위생교육기관의 신청은 **별지 제1호 서식**에 의한다.
5. 재검토기한
   ○ 식품의약품안전처장은 「훈령·예규 등의 발령 및 관리에 관한 규정」에 따라 이 고시에 대하여 "2017년 1월 1일 기준으로 매 3년이 되는 시점(매 3년째의 12월 31일까지를 말한다)마다 그 타당성을 검토하여 개선 등의 조치를 하여야 한다"로 변경한다.

부칙<제2019-123호, 2019.12.11.>

이 고시는 고시한 날부터 시행한다.

제42조(실적보고) ① 삭제 <2016. 2. 3.> ② 식품 또는 식품첨가물을 제조·가공하는 영업자는 총리령으로 정하는 바에 따라 식품 및 식품첨가물을 생산한 실적 등을 식품의약품안전처장 또는 시·도지사에게 보고하여야 한다. <개정 2016. 2. 3.> [제목개정 2016. 2. 3.]	제55조 삭제 <2016. 8. 4.> 제56조(생산실적 등의 보고) ① 법 제42조제2항에 따른 식품 및 식품첨가물의 생산실적 등에 관한 보고(전자문서를 포함한다)는 **별지 제50호서식**에 따라 하되, 해당 연도 종료 후 1개월 이내에 하여야 한다. <개정 2011. 8. 19.> ② 영업자가 제1항에 따른 보고를 할 때에는 등록관청을 거쳐 식품의약품안전처장 또는 시·도지사(특별자치시장·특별자치도지사를 제외한다)에게 보고하여야 한다. <개정 2016. 8. 4.> 제56조의2 삭제 <2016. 2. 4.>	
제43조(영업 제한) ① 특별자치시장·특별자치도지사·시장·군수·구청장은 영업 질서와 선량한 풍속을 유지하는 데에 필요한 경우에는 영업자 중 식품접객영업자와 그 종업원에 대하여 영업시간 및 영업행위를 제한할 수 있다. <개정 2019. 1. 15.> ② 제1항에 따른 제한 사항은 대통령령으로 정하는 범위에서 해당 특별자치시·특별자치도·시·군·구의 조례로 정한다. <개정 2019. 1. 15.>	제28조(영업의 제한 등) 법 제43조제2항에 따라 특별자치시·특별자치도·시·군·구의 조례로 영업을 제한하는 경우 영업시간의 제한은 1일당 8시간 이내로 하여야 한다. <개정 2019. 7. 9.>	
제44조(영업자 등의 준수사항) ① 제36조제1항 각 호의 영업을 하는 자 중 대통령령으로 정하는 영업자와 그 종업원은 영업의 위생관리와 질서유지, 국민의 보건위생 증진을 위하여 영업의 종류에 따라 다음 각 호에 해당하는 사항을 지켜야 한다. <개정 2018. 12. 11.> 1. 「축산물 위생관리법」 제12조에 따른 검사를 받지 아니한 축산물 또는 실험 등의 용도로 사용한 동물은 운반·보관	제29조(준수사항 적용 대상 영업자의 범위) ① 법 제44조제1항 각 호 외의 부분에서 "대통령령으로 정하는 영업자"란 다음 각 호의 영업자를 말한다. <개정 2018. 5. 15.> 1. 제21조제1호의 식품제조·가공업자 2. 제21조제2호의 즉석판매제조·가공업자 3. 제21조제3호의 식품첨가물제조업자 4. 제21조제4호의 식품운반업자	제57조(식품접객영업자 등의 준수사항 등) 법 제44조제1항(영업자 등의 준수사항)에 따라 식품접객영업자 등이 지켜야 할 준수사항은 **별표 17**과 같다.

·진열·판매하거나 식품의 제조·가공에 사용하지 말 것 2. 「야생생물 보호 및 관리에 관한 법률」을 위반하여 포획·채취한 야생생물은 이를 식품의 제조·가공에 사용하거나 판매하지 말 것 3. 유통기한이 경과된 제품·식품 또는 그 원재료를 제조·가공·조리·판매의 목적으로 소분·운반·진열·보관하거나 이를 판매 또는 식품의 제조·가공·조리에 사용하지 말 것	5. 제21조제5호의 식품소분·판매업자 6. 제21조제6호가목의 식품조사처리업자 7. 제21조제8호의 식품접객업자 ② 법 제44조제3항에서 "대통령령으로 정하는 영업"이란 제21조제8호라목의 유흥주점영업을 말한다. 제30조 삭제 <2016. 1. 22.>

4. 수돗물이 아닌 지하수 등을 먹는 물 또는 식품의 조리·세척 등에 사용하는 경우에는 「먹는물관리법」 제43조에 따른 먹는물 수질검사기관에서 총리령으로 정하는 바에 따라 검사를 받아 마시기에 적합하다고 인정된 물을 사용할 것. 다만, 둘 이상의 업소가 같은 건물에서 같은 수원(水源)을 사용하는 경우에는 하나의 업소에 대한 시험결과로 나머지 업소에 대한 검사를 갈음할 수 있다.
5. 제15조제2항에 따라 위해평가가 완료되기 전까지 일시적으로 금지된 식품등을 제조·가공·판매·수입·사용 및 운반하지 말 것
6. 식중독 발생 시 보관 또는 사용 중인 식품은 역학조사가 완료될 때까지 폐기하거나 소독 등으로 현장을 훼손하여서는 아니 되고 원상태로 보존하여야 하며, 식중독 원인규명을 위한 행위를 방해하지 말 것
7. 손님을 꾀어서 끌어들이는 행위를 하지 말 것
8. 그 밖에 영업의 원료관리, 제조공정 및 위생관리와 질서유지, 국민의 보건위생 증진 등을 위하여 총리령으로 정하는 사항
② 식품접객영업자는 「청소년 보호법」【주 10】 제2조에 따른 청소년(이하 이 항에서 "청소년"이라 한다)에게 다음 각 호의 어느 하나에 해당하는 행위를 하여서는 아니 된다. <개정 2011. 9. 15.>
1. 청소년을 유흥접객원으로 고용하여 유흥행위를 하게 하는 행위
2. 「청소년 보호법」 제2조제5호가목3)에 따른 청소년출입·고용 금지업소에 청소년을 출입시키거나 고용하는 행위
3. 「청소년 보호법」 제2조제5호나목3)에 따른 청소년고용금지업소에 청소년을 고용하는 행위
4. 청소년에게 주류(酒類)를 제공하는 행위
③ 누구든지 영리를 목적으로 제36조제1항제3호의 식품접객업을 하는 장소(유흥종사자를 둘 수 있도록 대통령령으로 정하는 영업을 하는 장소는 제외한다)에서 손님과 함께 술을 마시거나 노래 또는 춤으로 손님의 유흥을 돋우는 접객행위(공연을 목적으로 하는 가수, 악사, 댄서, 무용수 등이 하는 행위는 제외한다)를 하거나 다른 사람에게 그 행위를 알선하여서는 아니 된다.
④ 제3항에 따른 식품접객영업자는 유흥종사자를 고용·알선하거나 호객행위를 하여서는 아니 된다.
⑤ 삭제 <2015. 2. 3.>

【주 10】

청소년 보호법

제1장 총칙
제1조(목적) 이 법은 청소년에게 유해한 매체물과 약물 등이 청소년에게 유통되는 것과 청소년이 유해한 업소에 출입하는 것 등을 규제하고 청소년을 유해한 환경으로부터 보호·구제함으로써 청소년이 건전한 인격체로 성장할 수 있도록 함을 목적으로 한다.

제2조(정의) 이 법에서 사용하는 용어의 뜻은 다음과 같다. <개정 2018. 12. 11.>

1. "청소년"이란 만 19세 미만인 사람을 말한다. 다만, 만 19세가 되는 해의 1월 1일을 맞이한 사람은 제외한다.
2. "매체물"이란 다음 각 목의 어느 하나에 해당하는 것을 말한다.
　가. 「영화 및 비디오물의 진흥에 관한 법률」에 따른 영화 및 비디오물
　나. 「게임산업진흥에 관한 법률」에 따른 게임물
　다. 「음악산업진흥에 관한 법률」에 따른 음반, 음악파일, 음악영상물 및 음악영상파일
　라. 「공연법」에 따른 공연(국악공연은 제외한다)
　마. 「전기통신사업법」에 따른 전기통신을 통한 부호·문언·음향 또는 영상정보
　바. 「방송법」에 따른 방송프로그램(보도 방송프로그램은 제외한다)
　사. 「신문 등의 진흥에 관한 법률」에 따른 일반일간신문(주로 정치·경제·사회에 관한 보도·논평 및 여론을 전파하는 신문은 제외한다), 특수일간신문(경제·산업·과학·종교 분야는 제외한다), 일반주간신문(정치·경제 분야는 제외한다), 특수주간신문(경제·산업·과학·시사·종교 분야는 제외한다), 인터넷신문(주로 보도·논평 및 여론을 전파하는 기사는 제외한다) 및 인터넷뉴스서비스
　아. 「잡지 등 정기간행물의 진흥에 관한 법률」에 따른 잡지(정치·경제·사회·시사·산업·과학·종교 분야는 제외한다), 정보간행물, 전자간행물 및 그 밖의 간행물
　자. 「출판문화산업 진흥법」에 따른 간행물, 전자출판물 및 외국간행물(사목 및 아목에 해당하는 매체물은 제외한다)
　차. 「옥외광고물 등의 관리와 옥외광고산업 진흥에 관한 법률」에 따른 옥외광고물과 가목부터 자목까지의 매체물에 수록·게재·전시되거나 그 밖의 방법으로 포함된 상업적 광고선전물
　카. 그 밖에 청소년의 정신적·신체적 건강을 해칠 우려가 있어 대통령령으로 정하는 매체물
3. "청소년유해매체물"이란 다음 각 목의 어느 하나에 해당하는 것을 말한다.
　가. 제7조제1항 본문 및 제11조에 따라 청소년보호위원회가 청소년에게 유해한 것으로 결정하거나 확인하여 여성가족부장관이 고시한 매체물
　나. 제7조제1항 단서 및 제11조에 따라 각 심의기관이 청소년에게 유해한 것으로 심의하거나 확인하여 여성가족부장관이 고시한 매체물
4. "청소년유해약물등"이란 청소년에게 유해한 것으로 인정되는 다음 가목의 약물(이하 "청소년유해약물"이라 한다)과 청소년에게 유해한 것으로 인정되는 다음 나목의 물건(이하 "청소년유해물건"이라 한다)을 말한다.
　가. 청소년유해약물
　　1) 「주세법」에 따른 주류
　　2) 「담배사업법」에 따른 담배
　　3) 「마약류 관리에 관한 법률」에 따른 마약류
　　4) 「화학물질관리법」에 따른 환각물질
　　5) 그 밖에 중추신경에 작용하여 습관성, 중독성, 내성 등을 유발하여 인체에 유해하게 작용할 수 있는 약물 등 청소년의 사용을 제한하지 아니하면 청소년의 심신을 심각하게 손상시킬 우려가 있는 약물로서 대통령령으로 정하는 기준에 따라 관계 기관의 의견을 들어 제36조에 따른 청소년보호위원회(이하 "청소년보호위원회"라 한다)가 결정하고 여성가족부장관이 고시한 것
　나. 청소년유해물건
　　1) 청소년에게 음란한 행위를 조장하는 성기구 등 청소년의 사용을 제한하지 아니하면 청소년의 심신을 심각하게 손상시킬 우려가 있는 성 관련 물건으로서 대통령령으로 정하는 기준에 따라 청소년보호위원회가 결정하고 여성가족부장관이 고시한 것
　　2) 청소년에게 음란성·포악성·잔인성·사행성 등을 조장하는 완구류 등 청소년의 사용을 제한하지 아니하면 청소년의 심신을 심각하게 손상시킬 우려가 있는 물건으로서 대통령령으로 정하는 기준에 따라 청소년보호위원회가 결정하고 여성가족부장관이 고시한 것
　　3) 청소년유해약물과 유사한 형태의 제품으로 청소년의 사용을 제한하지 아니하면 청소년의 청소년유해약물 이용습관을 심각하게 조장할 우려가 있는 물건으로서 대통령령으로 정하는 기준에 따라 청소년보호위원회가 결정하고 여성가족부장관이 고시한 것
5. "청소년유해업소"란 청소년의 출입과 고용이 청소년에게 유해한 것으로 인정되는 다음 가목의 업소(이하 "청소년 출입·고용금지업소"라 한다)와 청소년의 출입은 가능하나 고용이 청소년에게 유해한 것으로 인정되는 다음 나목의 업소(이하 "청소년고용금지업소"라 한다)를 말한다. 이 경우 업소의 구분은 그 업소가

영업을 할 때 다른 법령에 따라 요구되는 허가·인가·등록·신고 등의 여부와 관계없이 실제로 이루어지고 있는 영업행위를 기준으로 한다.
　가. 청소년 출입·고용금지업소
　　1)「게임산업진흥에 관한 법률」에 따른 일반게임제공업 및 복합유통게임제공업 중 대통령령으로 정하는 것
　　2)「사행행위 등 규제 및 처벌 특례법」에 따른 사행행위영업
　　3)「식품위생법」에 따른 식품접객업 중 대통령령으로 정하는 것
　　4)「영화 및 비디오물의 진흥에 관한 법률」제2조제16호에 따른 비디오물감상실업·제한관람가비디오물소극장업 및 복합영상물제공업
　　5)「음악산업진흥에 관한 법률」에 따른 노래연습장업 중 대통령령으로 정하는 것
　　6)「체육시설의 설치·이용에 관한 법률」에 따른 무도학원업 및 무도장업
　　7) 전기통신설비를 갖추고 불특정한 사람들 사이의 음성대화 또는 화상대화를 매개하는 것을 주된 목적으로 하는 영업. 다만,「전기통신사업법」등 다른 법률에 따라 통신을 매개하는 영업은 제외한다.
　　8) 불특정한 사람 사이의 신체적인 접촉 또는 은밀한 부분의 노출 등 성적 행위가 이루어지거나 이와 유사한 행위가 이루어질 우려가 있는 서비스를 제공하는 영업으로서 청소년보호위원회가 결정하고 여성가족부장관이 고시한 것
　　9) 청소년유해매체물 및 청소년유해약물등을 제작·생산·유통하는 영업 등 청소년의 출입과 고용이 청소년에게 유해하다고 인정되는 영업으로서 대통령령으로 정하는 기준에 따라 청소년보호위원회가 결정하고 여성가족부장관이 고시한 것
　　10)「한국마사회법」제6조제2항에 따른 장외발매소
　　11)「경륜·경정법」제9조제2항에 따른 장외매장
　나. 청소년고용금지업소
　　1)「게임산업진흥에 관한 법률」에 따른 청소년게임제공업 및 인터넷컴퓨터게임시설제공업
　　2)「공중위생관리법」에 따른 숙박업, 목욕장업, 이용업 중 대통령령으로 정하는 것
　　3)「식품위생법」에 따른 식품접객업 중 대통령령으로 정하는 것
　　4)「영화 및 비디오물의 진흥에 관한 법률」에 따른 비디오물소극장업
　　5)「화학물질관리법」에 따른 유해화학물질 영업. 다만, 유해화학물질 사용과 직접 관련이 없는 영업으로서 대통령령으로 정하는 영업은 제외한다.
　　6) 회비 등을 받거나 유료로 만화를 빌려 주는 만화대여업
　　7) 청소년유해매체물 및 청소년유해약물등을 제작·생산·유통하는 영업 등 청소년의 고용이 청소년에게 유해하다고 인정되는 영업으로서 대통령령으로 정하는 기준에 따라 청소년보호위원회가 결정하고 여성가족부장관이 고시한 것
6. "유통"이란 매체물 또는 약물 등을 판매·대여·배포·방송·공연·상영·전시·진열·광고하거나 시청 또는 이용하도록 제공하는 행위와 이러한 목적으로 매체물 또는 약물 등을 인쇄·복제 또는 수입하는 행위를 말한다.
7. "청소년폭력·학대"란 폭력이나 학대를 통하여 청소년에게 신체적·정신적 피해를 발생하게 하는 행위를 말한다.
8. "청소년유해환경"이란 청소년유해매체물, 청소년유해약물등, 청소년유해업소 및 청소년폭력·학대를 말한다.

시행규칙 [별표 17] 〈개정 2019. 6.12.〉

식품접객업 영업자 등의 준수사항(제57조 관련)

1. 식품제조·가공업자 및 식품첨가물제조업자와 그 종업원의 준수사항
　가. 생산 및 작업기록에 관한 서류와 원료의 입고·출고·사용에 대한 원료수불 관계 서류를 작성하되 이를 거짓으로 작성해서는 안된다. 이 경우 해당 서류는 최종 기재일부터 3년간 보관하여야 한다.
　나. 식품제조·가공업자는 제품의 거래기록을 작성하여야 하고, 최종 기재일부터 3년간 보관하여야 한다.
　다. 유통기한이 경과된 제품은 판매목적으로 진열·보관·판매(대리점을 통하여 또는 직접 진열·보관하거나 판매하는 경우만 해당한다)하거나 이를 식품 등의 제조·가공에 사용하지 아니하여야 한다. 다만, 폐기용 또는 교육용이라는 표시를 명확하게 하여 진열·보관하는 경우는 제외한다.
　라. 삭제 〈2019. 4. 25.〉

마. 식품제조·가공업자는 장난감 등을 식품과 함께 포장하여 판매하는 경우 장난감 등이 식품의 보관·섭취에 사용되는 경우를 제외하고는 식품과 구분하여 별도로 포장하여야 한다. 이 경우 장난감 등은 「품질경영 및 공산품안전관리법」 제14조제3항에 따른 제품검사의 안전기준에 적합한 것이어야 한다.

바. 식품제조·가공업자 또는 식품첨가물제조업자는 **별표 14** 제1호자목2) 또는 제3호에 따라 식품제조·가공업 또는 식품첨가물제조업의 영업등록을 한 자에게 위탁하여 식품 또는 식품첨가물을 제조·가공하는 경우에는 위탁한 그 제조·가공업자에 대하여 반기별 1회 이상 위생관리상태 등을 점검하여야 한다. 다만, 위탁하려는 식품과 동일한 식품에 대하여 법 제48조에 따라 식품안전관리인증기준적용업소로 인증받거나 「어린이 식생활안전관리 특별법」 제14조에 따라 품질인증을 받은 영업자에게 위탁하는 경우는 제외한다.

사. 식품제조·가공업자 및 식품첨가물제조업자는 이물이 검출되지 아니하도록 필요한 조치를 하여야 하고, 소비자로부터 이물 검출 등 불만사례 등을 신고 받은 경우 그 내용을 기록하여 2년간 보관하여야 하며, 이 경우 소비자가 제시한 이물과 증거품(사진, 해당 식품 등을 말한다)은 6개월간 보관하여야 한다. 다만, 부패하거나 변질될 우려가 있는 이물 또는 증거품은 2개월간 보관할 수 있다.

아. 식품제조·가공업자는 「식품 등의 표시·광고에 관한 법률」 제4조 및 제5조에 따른 표시사항을 모두 표시하지 않은 축산물, 「축산물 위생관리법」 제7조제1항을 위반하여 허가받지 않은 작업장에서 도축·집유·가공·포장 또는 보관된 축산물, 같은 법 제12조제1항·제2항에 따른 검사를 받지 않은 축산물, 같은 법 제22조에 따른 영업 허가를 받지 아니한 자가 도축·집유·가공·포장 또는 보관된 축산물 또는 같은 법 제33조제1항에 따른 축산물 또는 실험 등의 용도로 사용한 동물을 식품의 제조 또는 가공에 사용하여서는 아니 된다.

자. 수돗물이 아닌 지하수 등을 먹는 물 또는 식품의 제조·가공 등에 사용하는 경우에는 「먹는물관리법」 제43조에 따른 먹는 물 수질검사기관에서 1년(음료류 등 마시는 용도의 식품인 경우에는 6개월)마다 「먹는물관리법」 제5조에 따른 먹는 물의 수질기준에 따라 검사를 받아 마시기에 적합하다고 인정된 물을 사용하여야 한다.

차. 삭제 <2019. 4. 25.>

카. 법 제15조제2항에 따라 위해평가가 완료되기 전까지 일시적으로 금지된 제품에 대하여는 이를 제조·가공·유통·판매하여서는 아니 된다.

타. 식품제조·가공업자가 자신의 제품을 만들기 위하여 수입한 반가공 원료 식품 및 용기·포장과 「대외무역법」에 따른 외화획득용 원료로 수입한 식품등을 부패하거나 변질되어 또는 유통기한이 경과하여 폐기한 경우에는 이를 증명하는 자료를 작성하고, 최종 작성일부터 2년간 보관하여야 한다.

파. 법 제47조제1항에 따라 우수업소로 지정받은 자 외의 자는 우수업소로 오인·혼동할 우려가 있는 표시를 하여서는 아니 된다.

하. 법 제31조제1항에 따라 자가품질검사를 하는 식품제조·가공업자 또는 식품첨가물제조업자는 검사설비에 검사 결과의 변경 시 그 변경내용이 기록·저장되는 시스템을 설치·운영하여야 한다.

거. 초산($C_2H_4O_2$) 함량비율이 99% 이상인 빙초산을 제조하는 식품첨가물제조업자는 빙초산에 「품질경영 및 공산품안전관리법」 제2조제11호에 따른 어린이보호포장을 하여야 한다.

2. 즉석판매제조·가공업자와 그 종업원의 준수사항

가. 제조·가공한 식품을 판매를 목적으로 하는 사람에게 판매하여서는 아니 되며, 다음의 어느 하나에 해당하는 방법으로 배달하는 경우를 제외하고는 영업장 외의 장소에서 판매하여서는 아니 된다.

 1) 영업자나 그 종업원이 최종소비자에게 직접 배달하는 경우

 2) 식품의약품안전처장이 정하여 고시하는 기준에 따라 우편 또는 택배 등의 방법으로 최종소비자에게 배달하는 경우

나. 손님이 보기 쉬운 곳에 가격표를 붙여야 하며, 가격표대로 요금을 받아야 한다.

다. 영업신고증을 업소 안에 보관하여야 한다.

라. 「식품 등의 표시·광고에 관한 법률」 제4조 및 제5조에 따른 표시사항을 모두 표시하지 않은 축산물, 「축산물 위생관리법」 제7조제1항을 위반하여 허가받지 않은 작업장에서 도축·집유·가공·포장 또는 보관된 축산물, 같은 법 제12조제1항·제2항에 따른 검사를 받지 않은 축산물, 같은 법 제22조에 따른 영업 허가를 받지 아니한 자가 도축·집유·가공·포장 또는 보관된 축산물 또는 같은 법 제33조제1항에 따른 축산물 또는 실험 등의 용도로 사용한 동물은 식품의 제조·가공에 사용하여서는 아니 된다.

마. 「야생생물 보호 및 관리에 관한 법률」을 위반하여 포획한 야생동물은 이를 식품의 제조·가공에 사용하여서는 아니 된다.

바. 유통기한이 경과된 제품을 진열·보관하거나 이를 식품의 제조·가공에 사용하여서는 아니 된다.

사. 수돗물이 아닌 지하수 등을 먹는 물 또는 식품의 조리・세척 등에 사용하는 경우에는 「먹는물관리법」 제 43조에 따른 먹는 물 수질검사기관에서 다음의 검사를 받아 마시기에 적합하다고 인정된 물을 사용하여야 한다. 다만, 둘 이상의 업소가 같은 건물에서 같은 수원(水原)을 사용하는 경우에는 하나의 업소에 대한 시험결과로 해당 업소에 대한 검사에 갈음할 수 있다.

　1) 일부항목 검사 : 1년마다(모든 항목 검사를 하는 연도의 경우는 제외한다) 「먹는물 수질기준 및 검사 등에 관한 규칙」 제4조제1항제2호에 따른 마을상수도의 검사기준에 따른 검사(잔류염소검사를 제외한다). 다만, 시・도지사가 오염의 염려가 있다고 판단하여 지정한 지역에서는 같은 규칙 제2조에 따른 먹는 물의 수질기준에 따른 검사를 하여야 한다.

　2) 모든 항목 검사 : 2년마다 「먹는물 수질기준 및 검사 등에 관한 규칙」 제2조에 따른 먹는 물의 수질기준에 따른 검사

아. 법 제15조제2항에 따라 위해평가가 완료되기 전까지 일시적으로 금지된 식품등을 제조・가공・판매하여서는 아니 된다.

3. 식품소분・판매(식품자동판매기영업 및 집단급식소 식품판매업은 제외한다)・운반업자와 그 종업원의 준수사항

가. 영업자간의 거래에 관하여 식품의 거래기록(전자문서를 포함한다)을 작성하고, 최종 기재일부터 2년 동안 이를 보관하여야 한다.

나. 영업허가증 또는 신고증을 영업소 안에 보관하여야 한다.

다. 수돗물이 아닌 지하수 등을 먹는 물 또는 식품의 조리・세척 등에 사용하는 경우에는 「먹는물관리법」 제 43조에 따른 먹는 물 수질검사기관에서 다음의 구분에 따라 검사를 받아 마시기에 적합하다고 인정된 물을 사용하여야 한다. 다만, 같은 건물에서 같은 수원을 사용하는 경우에는 하나의 업소에 대한 시험결과로 갈음할 수 있다.

　1) 일부항목 검사 : 1년마다(모든 항목 검사를 하는 연도의 경우를 제외한다) 「먹는물 수질기준 및 검사 등에 관한 규칙」 제4조제1항제2호에 따른 마을 상수도의 검사기준에 따른 검사(잔류염소검사를 제외한다). 다만, 시・도지사가 오염의 염려가 있다고 판단하여 지정한 지역에서는 같은 규칙 제2조에 따른 먹는 물의 수질기준에 따른 검사를 하여야 한다.

　2) 모든 항목 검사 : 2년마다 「먹는물 수질기준 및 검사 등에 관한 규칙」 제2조에 따른 먹는 물의 수질기준에 따른 검사

라. 삭제 <2019. 4. 25.>

마. 식품판매업자는 제1호마목을 위반한 식품을 판매하여서는 아니 된다.

바. 삭제 <2016. 2. 4.>

사. 식품운반업자는 운반차량을 이용하여 살아있는 동물을 운반하여서는 아니 되며, 운반목적 외에 운반차량을 사용하여서는 아니 된다.

아. 「식품 등의 표시・광고에 관한 법률」 제4조 및 제5조에 따른 표시사항을 모두 표시하지 않은 축산물, 「축산물 위생관리법」 제7조제1항을 위반하여 허가받지 않은 작업장에서 도축・집유・가공・포장 또는 보관된 축산물, 같은 법 제12조제1항・제2항에 따른 검사를 받지 않은 축산물, 같은 법 제22조에 따른 영업 허가를 받지 아니한 자가 도축・집유・가공・포장 또는 보관된 축산물 또는 같은 법 제33조제1항에 따른 축산물 또는 실험 등의 용도로 사용한 동물은 운반・보관・진열 또는 판매하여서는 아니 된다.

자. 유통기한이 경과된 제품을 판매의 목적으로 소분・운반・진열 또는 보관하여서는 아니 되며, 이를 판매하여서는 아니 된다.

차. 식품판매영업자는 즉석판매제조・가공영업자가 제조・가공한 식품을 진열・판매하여서는 아니 된다.

카. 삭제 <2019. 4. 25.>

파. 식품소분・판매업자는 법 제15조제2항에 따라 위해평가가 완료되기 전까지 일시적으로 금지된 식품 등에 대하여는 이를 수입・가공・사용・운반 등을 하여서는 아니 된다.

하. 식품소분업자 및 유통전문판매업자는 소비자로부터 이물 검출 등 불만사례 등을 신고 받은 경우에는 그 내용을 2년간 기록・보관하여야 하며, 소비자가 제시한 이물과 증거품(사진, 해당 식품 등을 말한다)은 6개월간 보관하여야 한다. 다만, 부패하거나 변질될 우려가 있는 이물 또는 증거품은 2개월간 보관할 수 있다.

거. 유통전문판매업자는 제조・가공을 위탁한 제조・가공업자에 대하여 반기마다 1회 이상 위생관리 상태를 점검하여야 한다. 다만, 위탁받은 제조・가공업자가 위탁받은 식품과 동일한 식품에 대하여 법 제48조에 따른 식품안전관리인증기준적용업소인 경우, 법 제50조에 따른 우수등급 영업소인 경우 또는 위탁받은 식품과 동일한 식품에 대하여 「어린이 식생활안전관리 특별법」 제14조에 따라 품질인증을 받은 자인 경우

는 제외한다.

4. 식품자동판매기영업자와 그 종업원의 준수사항

가. 자판기용 제품은 적법하게 제조·가공된 것을 사용하여야 하며, 유통기한이 경과된 제품을 보관하거나 이를 사용하여서는 아니 된다.

나. 자판기 내부의 정수기 또는 살균장치 등이 낡거나 닳아 없어진 경우에는 즉시 바꾸어야 하고, 그 기능이 떨어진 경우에는 즉시 그 기능을 보강하여야 한다.

다. 자판기 내부(재료혼합기, 급수통, 급수호스 등)는 하루 1회 이상 세척 또는 소독하여 청결히 하여야 하고, 그 기능이 떨어진 경우에는 즉시 교체하여야 한다.

라. 자판기 설치장소 주변은 항상 청결하게 하고, 뚜껑이 있는 쓰레기통을 비치하여야 하며, 쥐·바퀴 등 해충이 자판기 내부에 침입하지 아니하도록 하여야 한다.

마. 매일 위생상태 및 고장여부를 점검하여야 하고, 그 내용을 다음과 같은 아크릴로 된 점검표에 기록하여 보기 쉬운 곳에 항상 비치하여야 한다.

점검일시	점검자	점검결과		비고
		내부청결상태	정상가동여부	

바. 자판기에는 영업신고번호, 자판기별 일련관리번호(제42조제7항에 따라 2대 이상을 일괄신고한 경우에 한한다), 제품의 명칭 및 고장시의 연락전화번호를 12포인트 이상의 글씨로 판매기 앞면의 보기 쉬운 곳에 표시하여야 한다.

5. 집단급식소 식품판매업자와 그 종업원의 준수사항

가. 영업자는 식품의 구매·운반·보관·판매 등의 과정에 대한 거래내역을 2년간 보관하여야 한다.

나. 「식품 등의 표시·광고에 관한 법률」 제4조 및 제5조에 따른 표시사항을 모두 표시하지 않은 축산물, 「축산물 위생관리법」 제7조제1항을 위반하여 허가받지 않은 작업장에서 도축·집유·가공·포장 또는 보관된 축산물, 같은 법 제12조제1항·제2항에 따른 검사를 받지 않은 축산물, 같은 법 제22조에 따른 영업 허가를 받지 아니한 자가 도축·집유·가공·포장 또는 보관된 축산물 또는 같은 법 제33조제1항에 따른 축산물, 실험 등의 용도로 사용한 동물 또는 「야생동·식물보호법」을 위반하여 포획한 야생동물은 판매하여서는 아니 된다.

다. 냉동식품을 공급할 때에 해당 집단급식소의 영양사 및 조리사가 해동(解凍)을 요청할 경우 해동을 위한 별도의 보관 장치를 이용하거나 냉장운반을 할 수 있다. 이 경우 해당 제품이 해동 중이라는 표시, 해동을 요청한 자, 해동 시작시간, 해동한 자 등 해동에 관한 내용을 표시하여야 한다.

라. 작업장에서 사용하는 기구, 용기 및 포장은 사용 전, 사용 후 및 정기적으로 살균·소독하여야 하며, 동물·수산물의 내장 등 세균의 오염원이 될 수 있는 식품 부산물을 처리한 경우에는 사용한 기구에 따른 오염을 방지하여야 한다.

마. 유통기한이 지난 식품 또는 그 원재료를 집단급식소에 판매하기 위하여 보관·운반 및 사용하여서는 아니 된다.

바. 수돗물이 아닌 지하수 등을 먹는 물 또는 식품의 조리·세척 등에 사용하는 경우에는 「먹는물관리법」 제43조에 따른 먹는 물 수질검사기관에서 다음의 검사를 받아 마시기에 적합하다고 인정된 물을 사용하여야 한다. 다만, 둘 이상의 업소가 같은 건물에서 같은 수원을 사용하는 경우에는 하나의 업소에 대한 시험결과로 해당 업소에 대한 검사에 갈음할 수 있다.

1) 일부항목 검사 : 1년(모든 항목 검사를 하는 연도는 제외한다) 마다 「먹는물 수질기준 및 검사 등에 관한 규칙」 제4조에 따른 마을상수도의 검사기준에 따른 검사(잔류염소검사는 제외한다)를 하여야 한다. 다만, 시·도지사가 오염의 염려가 있다고 판단하여 지정한 지역에서는 같은 규칙 제2조에 따른 먹는 물의 수질기준에 따른 검사를 하여야 한다.

2) 모든 항목 검사 : 2년마다 「먹는물 수질기준 및 검사 등에 관한 규칙」 제2조에 따른 먹는 물의 수질기준에 따른 검사

사. 법 제15조에 따른 위해평가가 완료되기 전까지 일시적으로 금지된 식품등을 사용하여서는 아니 된다.

아. 식중독 발생시 보관 또는 사용 중인 식품은 역학조사가 완료될 때까지 폐기하거나 소독 등으로 현장을 훼손하여서는 아니 되고 원상태로 보존하여야 하며, 식중독 원인규명을 위한 행위를 방해하여서는 아니 된다.

6. 식품조사처리업자 및 그 종업원의 준수사항

조사연월일 및 시간, 조사대상식품명칭 및 무게 또는 수량, 조사선량 및 선량보증, 조사목적에 관한 서류를

작성하여야 하고, 최종 기재일부터 3년간 보관하여야 한다.

7. 식품접객영업자(위탁급식영업자는 제외한다)와 그 종업원의 준수사항

가. 물수건, 숟가락, 젓가락, 식기, 찬기, 도마, 칼, 행주, 그 밖의 주방용구는 기구등의 살균·소독제, 열탕, 자외선살균 또는 전기살균의 방법으로 소독한 것을 사용하여야 한다.

나. 「식품 등의 표시·광고에 관한 법률」 제4조 및 제5조에 따른 표시사항을 모두 표시하지 않은 축산물, 「축산물 위생관리법」 제7조제1항을 위반하여 허가받지 않은 작업장에서 도축·집유·가공·포장 또는 보관된 축산물, 같은 법 제12조제1항·제2항에 따른 검사를 받지 않은 축산물, 같은 법 제22조에 따른 영업 허가를 받지 아니한 자가 도축·집유·가공·포장 또는 보관된 축산물 또는 같은 법 제33조제1항에 따른 축산물 또는 실험 등의 용도로 사용한 동물은 음식물의 조리에 사용하여서는 아니 된다.

다. 업소 안에서는 도박이나 그 밖의 사행행위 또는 풍기문란행위를 방지하여야 하며, 배달판매 등의 영업행위 중 종업원의 이러한 행위를 조장하거나 묵인하여서는 아니 된다.

라. 삭제 <2011. 8. 19>

마. 삭제 <2011. 8. 19>

바. 제과점영업자가 별표 14 제8호가목2)라)(5)에 따라 조리장을 공동 사용하는 경우 빵류를 실제 제조한 업소명과 소재지를 소비자가 알아볼 수 있도록 별도로 표시하여야 한다. 이 경우 게시판, 팻말 등 다양한 방법으로 표시할 수 있다.

사. 간판에는 영 제21조에 따른 해당업종명과 허가를 받거나 신고한 상호를 표시하여야 한다. 이 경우 상호와 함께 외국어를 병행하여 표시할 수 있으나 업종구분에 혼동을 줄 수 있는 사항은 표시하여서는 아니 된다.

아. 손님이 보기 쉽도록 영업소의 외부 또는 내부에 가격표(부가가치세 등이 포함된 것으로서 손님이 실제로 내야 하는 가격이 표시된 가격표를 말한다)를 붙이거나 게시하되, 신고한 영업장 면적이 150제곱미터 이상인 휴게음식점 및 일반음식점은 영업소의 외부와 내부에 가격표를 붙이거나 게시하여야 하고, 가격표대로 요금을 받아야 한다.

자. 영업허가증·영업신고증·조리사면허증(조리사를 두어야 하는 영업에만 해당한다)을 영업소 안에 보관하고, 허가관청 또는 신고관청이 식품위생·식생활개선 등을 위하여 게시할 것을 요청하는 사항을 손님이 보기 쉬운 곳에 게시하여야 한다.

차. 식품의약품안전처장 또는 시·도지사가 국민에게 혐오감을 준다고 인정하는 식품을 조리·판매하여서는 아니 되며, 「멸종위기에 처한 야생동식물종의 국제거래에 관한 협약」에 위반하여 포획·채취한 야생동물·식물을 사용하여 조리·판매하여서는 아니 된다.

카. 유통기한이 경과된 원료 또는 완제품을 조리·판매의 목적으로 보관하거나 이를 음식물의 조리에 사용하여서는 아니 된다.

타. 허가를 받거나 신고한 영업 외의 다른 영업시설을 설치하거나 다음에 해당하는 영업행위를 하여서는 아니 된다.

1) 휴게음식점영업자·일반음식점영업자 또는 단란주점영업자가 유흥접객원을 고용하여 유흥접객행위를 하게 하거나 종업원의 이러한 행위를 조장하거나 묵인하는 행위

2) 휴게음식점영업자·일반음식점영업자가 음향 및 반주시설을 갖추고 손님이 노래를 부르도록 허용하는 행위. 다만, 연회석을 보유한 일반음식점에서 회갑연, 칠순연 등 가정의 의례로서 행하는 경우에는 그러하지 아니하다.

3) 일반음식점영업자가 주류만을 판매하거나 주로 다류를 조리·판매하는 다방형태의 영업을 하는 행위

4) 휴게음식점영업자가 손님에게 음주를 허용하는 행위

5) 식품접객업소의 영업자 또는 종업원이 영업장을 벗어나 시간적 소요의 대가로 금품을 수수하거나, 영업자가 종업원의 이러한 행위를 조장하거나 묵인하는 행위

6) 휴게음식점영업 중 주로 다류 등을 조리·판매하는 영업소에서 「청소년보호법」 제2조제1호에 따른 청소년인 종업원에게 영업소를 벗어나 다류 등을 배달하게 하여 판매하는 행위

7) 휴게음식점영업자·일반음식점영업자가 음향시설을 갖추고 손님이 춤을 추는 것을 허용하는 행위. 다만, 특별자치도·시·군·구의 조례로 별도의 안전기준, 시간 등을 정하여 별도의 춤을 추는 공간이 아닌 객석에서 춤을 추는 것을 허용하는 경우는 제외한다.

파. 유흥주점영업자는 성명, 주민등록번호, 취업일, 이직일, 종사분야를 기록한 종업원(유흥접객원만 해당한다)명부를 비치하여 기록·관리하여야 한다.

하. 손님을 꾀어서 끌어들이는 행위를 하여서는 아니 된다.

거. 업소 안에서 선량한 미풍양속을 해치는 공연, 영화, 비디오 또는 음반을 상영하거나 사용하여서는 아니 된다.

너. 수돗물이 아닌 지하수 등을 먹는 물 또는 식품의 조리·세척 등에 사용하는 경우에는 「먹는물관리법」 제43조에 따른 먹는 물 수질검사기관에서 다음의 검사를 받아 마시기에 적합하다고 인정된 물을 사용하여야 한다. 다만, 둘 이상의 업소가 같은 건물에서 같은 수원을 사용하는 경우에는 하나의 업소에 대한 시험결과로 해당 업소에 대한 검사에 갈음할 수 있다.

1) 일부항목 검사 : 1년(모든 항목 검사를 하는 연도는 제외한다)마다 「먹는물 수질기준 및 검사 등에 관한 규칙」제4조에 따른 마을상수도의 검사기준에 따른 검사(잔류염소검사는 제외한다)를 하여야 한다. 다만, 시·도지사가 오염의 염려가 있다고 판단하여 지정한 지역에서는 같은 규칙 제2조에 따른 먹는 물의 수질기준에 따른 검사를 하여야 한다.

2) 모든 항목 검사 : 2년마다 「먹는물 수질기준 및 검사 등에 관한 규칙」제2조에 따른 먹는 물의 수질기준에 따른 검사

더. 동물의 내장을 조리한 경우에는 이에 사용한 기계·기구류 등을 세척하여 살균하여야 한다.

러. 식품접객업자는 손님이 먹고 남은 음식물을 다시 사용하거나 조리하거나 또는 보관(폐기용이라는 표시를 명확하게 하여 보관하는 경우는 제외한다)하여서는 아니 된다.

머. 식품접객업자는 공통찬통, 소형찬기 또는 복합찬기를 사용하거나, 손님이 남은 음식물을 싸서 가지고 갈 수 있도록 포장용기를 비치하고 이를 손님에게 알리는 등 음식문화개선을 위해 노력하여야 한다.

버. 휴게음식점영업자·일반음식점영업자 또는 단란주점영업자는 영업장 안에 설치된 무대시설 외의 장소에서 공연을 하거나 공연을 하는 행위를 조장·묵인하여서는 아니 된다. 다만, 일반음식점영업자가 손님의 요구에 따라 회갑연, 칠순연 등 가정의 의례로서 행하는 경우에는 그러하지 아니하다.

서. 「야생생물 보호 및 관리에 관한 법률」을 위반하여 포획한 야생동물을 사용한 식품을 조리·판매하여서는 아니 된다.

어. 법 제15조제2항에 따른 위해평가가 완료되기 전까지 일시적으로 금지된 식품등을 사용·조리하여서는 아니 된다.

저. 조리·가공한 음식을 진열하고, 진열된 음식을 손님이 선택하여 먹을 수 있도록 제공하는 형태(이하 "뷔페"라 한다)로 영업을 하는 일반음식점영업자는 제과점영업자에게 당일 제조·판매하는 빵류를 구입하여 구입 당일 이를 손님에게 제공할 수 있다. 이 경우 당일 구입하였다는 증명서(거래명세서나 영수증 등을 말한다)를 6개월간 보관하여야 한다.

처. 법 제47조제1항에 따른 모범업소가 아닌 업소의 영업자는 모범업소로 오인·혼동할 우려가 있는 표시를 하여서는 아니 된다.

커. 손님에게 조리하여 제공하는 식품의 주재료, 중량 등이 아목에 따른 가격표에 표시된 내용과 달라서는 아니 된다.

터. 아목에 따른 가격표에는 불고기, 갈비 등 식육의 가격을 100그램당 가격으로 표시하여야 하며, 조리하여 제공하는 경우에는 조리하기 이전의 중량을 표시할 수 있다. 100그램당 가격과 함께 1인분의 가격도 표시하려는 경우에는 다음의 예와 같이 1인분의 중량과 가격을 함께 표시하여야 한다.

예) 불고기 100그램 ○○원(1인분 120그램 △△원)
갈비 100그램 ○○원(1인분 150그램 △△원)

퍼. 음식판매자동차를 사용하는 휴게음식점영업자 및 제과점영업자는 신고한 장소가 아닌 장소에서 그 음식판매자동차로 휴게음식점영업 및 제과점영업을 하여서는 아니 된다.

허. 법 제47조의2제1항에 따라 위생등급을 지정받지 아니한 식품접객업소의 영업자는 위생등급 지정업소로 오인·혼동할 우려가 있는 표시를 해서는 아니 된다.

8. 위탁급식영업자와 그 종업원의 준수사항

가. 집단급식소를 설치·운영하는 자와 위탁 계약한 사항 외의 영업행위를 하여서는 아니 된다.

나. 물수건, 숟가락, 젓가락, 식기, 찬기, 도마, 칼, 행주 그 밖에 주방용구는 기구 등의 살균·소독제, 열탕, 자외선살균 또는 전기살균의 방법으로 소독한 것을 사용하여야 한다.

다. 「식품 등의 표시·광고에 관한 법률」제4조 및 제5조에 따른 표시사항을 모두 표시하지 않은 축산물, 「축산물 위생관리법」제7조제1항을 위반하여 허가받지 않은 작업장에서 도축·집유·가공·포장 또는 보관된 축산물, 같은 법 제12조제1항·제2항에 따른 검사를 받지 않은 축산물, 같은 법 제22조에 따른 영업 허가를 받지 아니한 자가 도축·집유·가공·포장 또는 보관된 축산물 또는 같은 법 제33조제1항에 따른 축산물 또는 실험 등의 용도로 사용한 동물을 음식물의 조리에 사용하여서는 아니 되며, 「야생생물 보호 및 관리에 관한 법률」에 위반하여 포획한 야생동물을 사용하여 조리하여서는 아니 된다.

라. 유통기한이 경과된 원료 또는 완제품을 조리할 목적으로 보관하거나 이를 음식물의 조리에 사용하여서는

아니 된다.

마. 수돗물이 아닌 지하수 등을 먹는 물 또는 식품의 조리·세척 등에 사용하는 경우에는 「먹는물관리법」 제43조에 따른 먹는 물 수질검사기관에서 다음의 구분에 따라 검사를 받아 마시기에 적합하다고 인정된 물을 사용하여야 한다. 다만, 같은 건물에서 같은 수원을 사용하는 경우에는 하나의 업소에 대한 시험결과로 갈음할 수 있다.

1) 일부항목 검사 : 1년마다(모든 항목 검사를 하는 연도의 경우를 제외한다) 「먹는물 수질기준 및 검사 등에 관한 규칙」 제4조제1항제2호에 따른 마을상수도의 검사기준에 따른 검사(잔류염소검사를 제외한다). 다만, 시·도지사가 오염의 염려가 있다고 판단하여 지정한 지역에서는 같은 규칙 제2조에 따른 먹는 물의 수질기준에 따른 검사를 하여야 한다.

2) 모든 항목 검사 : 2년마다 「먹는물 수질기준 및 검사 등에 관한 규칙」 제2조에 따른 먹는 물의 수질기준에 따른 검사

바. 동물의 내장을 조리한 경우에는 이에 사용한 기계·기구류 등을 세척하고 살균하여야 한다.

사. 조리·제공한 식품(법 제2조제12호다목에 따른 병원의 경우에는 일반식만 해당한다)을 보관할 때에는 매회 1인분 분량을 섭씨 영하 18도 이하에서 144시간 이상 보관하여야 한다.

아. 삭제 <2011. 8. 19>

자. 삭제 <2011. 8. 19>

차. 법 제15조제2항에 따라 위해평가가 완료되기 전까지 일시적으로 금지된 식품등에 대하여는 이를 사용·조리하여서는 아니 된다.

카. 식중독 발생시 보관 또는 사용 중인 보존식이나 식재료는 역학조사가 완료될 때까지 폐기하거나 소독 등으로 현장을 훼손하여서는 아니 되고 원상태로 보존하여야 하며, 원인규명을 위한 행위를 방해하여서는 아니 된다.

타. 법 제47조제1항에 따른 모범업소가 아닌 업소의 영업자는 모범업소로 오인·혼동할 우려가 있는 표시를 하여서는 아니 된다.

제45조(위해식품등의 회수) ① 판매의 목적으로 식품등을 제조·가공·소분·수입 또는 판매한 영업자(「수입식품안전관리 특별법」 제15조에 따라 등록한 수입식품등 수입·판매업자를 포함한다. 이하 이 조에서 같다)는 해당 식품등이 제4조(위해식품등의 판매 등 금지), 제5조(병든 동물 고기 등의 판매 등 금지), 제6조(기준·규격이 고시되지 아니한 화학적 합성품 등의 판매 등 금지), 제7조제4항(기준과 규격에 맞지 아니하는 식품 또는 식품첨가물의 판매 등 금지), 제8조(유독기구 등의 판매·사용 금지) 또는 제9조제4항(기준과 규격에 맞지 아니한 기구 및 용기·포장의 판매 등 금지), 제10조제2항(표시기준이 정해진 식품 등은 그 기준에 맞는 표시가 없으면 판매 등 금지), 제12조의2제2항(유전자변형식품등은 표시가 없으면 판매 등 금지)을 위반한 사실(식품등의 위해와 관련이 없는 위반사항을 제외한다)을 알게 된 경우에는 지체 없이 유통 중인 해당 식품등을 회수하거나 회수하

제31조(위해식품등을 회수한 영업자에 대한 행정처분의 감면) 법 제45조제1항에 따라 위해식품등의 회수에 필요한 조치를 성실히 이행한 영업자에 대하여 같은 조 제2항에 따라 행정처분을 감면하는 경우 그 감면기준은 다음 각 호의 구분에 따른다. <개정 2011. 12. 19.>

1. 법 제45조제1항 후단의 회수계획에 따른 회수계획량(이하 이 조에서 "회수계획량"이라 한다)의 5분의 4 이상을 회수한 경우 : 그 위반행위에 대한 행정처분을 면제

2. 회수계획량 중 일부를 회수한 경우 : 다음 각 목의 어느 하나에 해당하는 기준에 따라 행정처분을 경감

가. 회수계획량의 3분의 1 이상을 회수한 경우(제1호의 경우는 제외한다)

1) 법 제75조제4항 및 제76조제2항에 따른 행정처분의 기준(이하 이 조에서 "행정처분기준"이라 한다)이 영

제58조(회수대상 식품등의 기준) ① 법 제45조제1항 및 법 제72조제3항(위해식품 등의 회수 등)에 따른 회수대상 식품등의 기준은 **별표 18**과 같다. ② 법 제45조제1항 전단에서 "위반한 사실(식품등의 위해와 관련이 없는 위반사항을 제외한다)을 알게 된 경우"란 법 제31조에 따른 자가품질검사 또는 「식품·의약품분야 시험·검사 등에 관한 법률」 제6조에 따른 식품 등 시험·검사기관의 위탁검사 결과 해당 식품등이 제1항에 따른 기준을 위반한 사실을 확인한 경우를 말한다. <개정 2014. 8. 20.>

제59조(위해식품등의 회수계획 및 절차 등) ① 법 제45조제1항에 따른 회수계획에 포함되어야 할 사항은 다음 각 호와 같다.

1. 제품명, 거래업체명, 생산량(수입량을 포함한다) 및 판매량

2. 회수계획량(위해식품등으로 판명 당시 해당 식품등의 소비량 및 유통기한 등을 고려하여 산출하여야 한다)

3. 회수 사유

는 데에 필요한 조치를 하여야 한다. 이 경우 영업자는 회수계획을 식품의약품안전처장, 시·도지사 또는 시장·군수·구청장에게 미리 보고하여야 하며, 회수결과를 보고받은 시·도지사 또는 시장·군수·구청장은 이를 지체 없이 식품의약품안전처장에게 보고하여야 한다. 다만, 해당 식품등이 「수입식품안전관리 특별법」에 따라 수입한 식품등이고, 보고의무자가 해당 식품등을 수입한 자인 경우에는 식품의약품안전처장에게 보고하여야 한다. <개정 2018. 3. 13.>
② 식품의약품안전처장, 시·도지사 또는 시장·군수·구청장은 제1항에 따른 회수에 필요한 조치를 성실히 이행한 영업자에 대하여 해당 식품등으로 인하여 받게 되는 제75조(허가취소 등) 또는 제76조(품목 제조정지 등)에 따른 행정처분을 대통령령으로 정하는 바에 따라 감면할 수 있다. <개정 2013. 3. 23.>
③ 제1항에 따른 회수대상 식품등·회수계획·회수절차 및 회수결과 보고 등에 관하여 필요한 사항은 총리령으로 정한다. <개정 2013. 3. 23.>

업허가 취소, 등록취소 또는 영업소 폐쇄인 경우에는 영업정지 2개월 이상 6개월 이하의 범위에서 처분
2) 행정처분기준이 영업정지 또는 품목·품목류의 제조정지인 경우에는 정지처분기간의 3분의 2 이하의 범위에서 경감
나. 회수계획량의 4분의 1 이상 3분의 1 미만을 회수한 경우
1) 행정처분기준이 영업허가 취소, 등록취소 또는 영업소 폐쇄인 경우에는 영업정지 3개월 이상 6개월 이하의 범위에서 처분
2) 행정처분기준이 영업정지 또는 품목·품목류의 제조정지인 경우에는 정지처분기간의 2분의 1 이하의 범위에서 경감

4. 회수방법
5. 회수기간 및 예상 소요기간
6. 회수되는 식품등의 폐기 등 처리방법
7. 회수 사실을 국민에게 알리는 방법
② 허가관청, 신고관청 또는 등록관청은 영업자로부터 회수계획을 보고받은 경우에는 지체 없이 다음 각 호에 따른 조치를 하여야 한다. <개정 2014. 5. 9.>
1. 식품의약품안전처장에게 회수계획을 통보할 것. 이 경우 허가관청, 신고관청 또는 등록관청이 시장·군수·구청장인 경우에는 시·도지사를 거쳐야 한다.
2. 법 제73조제1항(위해식품등의 공표)에 따라 해당 영업자에게 회수계획의 공표를 명할 것
3. 유통 중인 해당 회수 식품등에 대하여 해당 위반 사실을 확인하기 위한 검사를 실시할 것
③ 제2항제2호에 따라 공표명령을 받은 영업자는 해당 위해식품등을 회수하고, 그 회수결과를 지체 없이 허가관청, 신고관청 또는 등록관청에 보고하여야 한다. 이 경우 회수결과 보고서에는 다음 각 호의 사항이 포함되어야 한다. <개정 2014. 5. 9.>
1. 식품등의 제조·가공량, 판매량, 회수량 및 미회수량 등이 포함된 회수실적
2. 미회수량에 대한 조치계획
3. 재발 방지를 위한 대책
④ 제1항부터 제3항까지의 규정에 따른 회수계획, 허가관청 등의 조치, 회수 및 회수결과 보고에 관한 세부사항은 식품의약품안전처장이 정하여 고시한다. <신설 2017. 1. 4.>

시행규칙 [별표 18] <개정 2019. 4. 25.>

회수대상이 되는 식품 등의 기준 (제58조제1항관련)

1. 법 제7조에 따라 식품의약품안전처장이 정한 식품·식품첨가물의 기준 및 규격의 위반사항 중 다음 각 목의 어느 하나에 해당한 경우
가. 비소·카드뮴·납·수은·중금속·메탄올 및 시안화물의 기준을 위반한 경우
나. 바륨, 포름알데히드, o-톨루엔설폰아미드, 다이옥신 또는 폴리옥시에틸렌의 기준을 위반한 경우
다. 방사능기준을 위반한 경우
라. 농산물의 농약잔류허용기준을 초과한 경우

마. 곰팡이 독소기준을 초과한 경우
바. 패류 독소기준을 위반한 경우
사. 항생물질 등의 잔류허용기준(항생물질·합성항균제, 합성호르몬제)을 초과한 것을 원료로 사용한 경우
아. 식중독균(살모넬라, 대장균 O157:H7, 리스테리아 모노사이토제네스, 캠필로박터 제주니, 클로스트리디움 보툴리눔) 검출기준을 위반한 경우
자. 허용한 식품첨가물 외의 인체에 위해한 공업용 첨가물을 사용한 경우
차. 주석·포스파타제·암모니아성질소·아질산이온 또는 형광증백제시험에서 부적합하다고 판정된 경우
카. 식품조사처리기준을 위반한 경우
타. 식품등에서 유리·금속 등 섭취과정에서 인체에 직접적인 위해나 손상을 줄 수 있는 재질이나 크기의 이물 또는 심한 혐오감을 줄 수 있는 이물이 발견된 경우. 다만, 이물의 혼입 원인이 객관적으로 밝혀져 다른 제품에서 더 이상 동일한 이물이 발견될 가능성이 없다고 식품의약품안전처장이 인정하는 경우에는 그러하지 아니하다.
파. 자가품질검사 결과 허용된 첨가물 외의 첨가물이 검출된 경우
하. 대장균검출기준을 위반한 사실이 확인된 경우
거. 그 밖에 식품등을 제조·가공·조리·소분·유통 또는 판매하는 과정에서 혼입되어 인체의 건강을 해칠 우려가 있거나 섭취하기에 부적합한 물질로서 식품의약품안전처장이 인정하는 경우
2. 법 제9조에 따라 식품의약품안전처장이 정한 기구 또는 용기·포장의 기준 및 규격에 위반한 것으로서 유독·유해물질이 검출된 경우
3. 국제기구 및 외국의 정부 등에서 위생상 위해우려를 제기하여 식품의약품안전처장이 사용금지한 원료·성분이 검출된 경우
4. 그 밖에 회수대상이 되는 경우는 섭취함으로서 인체의 건강을 해치거나 해칠 우려가 있다고 인정하는 경우로서 식품의약품안전처장이 정하는 기준에 따른다.

제46조(식품등의 이물 발견보고 등) ① 판매의 목적으로 식품등을 제조·가공·소분·수입 또는 판매하는 영업자는 소비자로부터 판매제품에서 식품의 제조·가공·조리·유통 과정에서 정상적으로 사용된 원료 또는 재료가 아닌 것으로서 섭취할 때 위생상 위해가 발생할 우려가 있거나 섭취하기에 부적합한 물질[이하 "이물(異物)"이라 한다]을 발견한 사실을 신고받은 경우 지체 없이 이를 식품의약품안전처장, 시·도지사 또는 시장·군수·구청장에게 보고하여야 한다. <개정 2013. 3. 23.>
② 「소비자기본법」에 따른 한국소비자원 및 소비자단체와 「전자상거래 등에서의 소비자보호에 관한 법률」에 따른 통신판매중개업자로서 식품접객업소에서 조리한 식품의 통신판매를 전문적으로 알선하는 자는 소비자로부터 이물 발견의 신고를 접수하는 경우 지체 없이 이를 식품의약품안전처장에게 통보하여야 한다. <개정 2019. 1. 15.>
③ 시·도지사 또는 시장·군수·구청장은 소비자로부터 이물 발견의 신고를 접수하는 경우 이를 식품의약품안전처장에게 통보하여야 한다. <개정 2013. 3. 23.>
④ 식품의약품안전처장은 제1항부터 제3항까지의 규정에 따라 이물 발견의 신고를 통보받은

제60조(이물 보고의 대상 등) ① 법 제46조제1항에 따라 영업자가 지방식품의약품안전청장, 시·도지사 또는 시장·군수·구청장에게 보고하여야 하는 이물(異物)은 다음 각 호의 어느 하나에 해당하는 물질을 말한다. <개정 2014. 5. 9.>
 1. 금속성 이물, 유리조각 등 섭취과정에서 인체에 직접적인 위해나 손상을 줄 수 있는 재질 또는 크기의 물질
 2. 기생충 및 그 알, 동물의 사체 등 섭취과정에서 혐오감을 줄 수 있는 물질
 3. 그 밖에 인체의 건강을 해칠 우려가 있거나 섭취하기에 부적합한 물질로서 식품의약품안전처장이 인정하는 물질
② 법 제46조제1항에 따라 이물의 발견 사실을 보고하려는 자는 **별지 제51호서식**의 이물보고서(전자문서로 된 보고서를 포함한다)에 사진, 해당 식품 등 증거자료를 첨부하여 관할 지방식품의약품안전청장, 시·도지사 또는 시장·군수·구청장에게 제출하여야 한다. <개정 2014. 5. 9.>
③ 제2항에 따라 이물 보고를 받은 관할 지방식품의약품안전청장, 시·도지사 또는 시장·군수·구청장은 다음 각 호에 따라 구분하여 식품의약품안전처장에게 통보하여야 한다. <개정 2014. 5. 9.>
 1. 제1항제1호에 해당하는 이물 또는 같은 항 제2호·제3호 중 식품의약품안전처장이 위해 우려가 있다고 정하는 이물의 경우 : 보고받은 즉시 통보

경우 이물혼입 원인 조사를 위하여 필요한 조치를 취하여야 한다. <개정 2013. 3. 23.>
⑤ 제1항에 따른 이물 보고의 기준·대상 및 절차 등에 필요한 사항은 총리령으로 정한다. <개정 2013. 3. 23.>

제47조(위생등급) ① 식품의약품안전처장 또는 특별자치시장·특별자치도지사·시장·군수·구청장은 총리령으로 정하는 위생등급 기준에 따라 위생관리 상태 등이 우수한 식품등의 제조·가공업소, 식품접객업소 또는 집단급식소를 우수업소 또는 모범업소로 지정할 수 있다. <개정 2016. 2. 3.>
② 식품의약품안전처장(대통령령으로 정하는 그 소속 기관의 장을 포함한다), 시·도지사 또는 시장·군수·구청장은 제1항에 따라 지정한 우수업소 또는 모범업소에 대하여 관계 공무원으로 하여금 총리령으로 정하는 일정 기간 동안 제22조에 따른 출입·검사·수거 등을 하지 아니하게 할 수 있으며, 시·도지사 또는 시장·군수·구청장은 제89조제3항제1호에 따른 영업자의 위생관리시설 및 위생설비시설 개선을 위한 융자 사업과 같은 항 제6호에 따른 음식문화 개선과 좋은 식단 실천을 위한 사업에 대하여 우선 지원 등을 할 수 있다. <개정 2013. 3. 23.>
③ 식품의약품안전처장 또는 특별자치시장·특별자치도지사·시장·군수·구청장은 제1항에 따라 우수업소 또는 모범업소로 지정된 업소가 그 지정기준에 미치지 못하거나 영업정지 이상의 행정처분을 받게 되면 지체 없이 그 지정을 취소하여야 한다. <개정 2016. 2. 3.>
④ 제1항 및 제3항에 따른 우수업소 또는 모범업소의 지정 및 그 취소에 관한 사항은 총리령으로 정한다. <개정 2013. 3. 23.>
제47조의2(식품접객업소의 위생등급 지정 등) ① 식품의약품안전처장, 시·도지사 또는 시장·군수·구청장은 식품접객업소의 위생 수준을 높이기 위하여 식품접객영업자의 신청

제32조(위생등급) 법 제47조제2항에서 "대통령령으로 정하는 그 소속 기관의 장"이란 지방식품의약품안전청장을 말한다.

2. 제1호 외의 이물의 경우 : 월별로 통보
④ 제1항부터 제3항까지의 규정에 따른 보고 대상 이물의 범위, 크기, 재질 및 보고 방법 등 세부적인 사항은 식품의약품안전처장이 정하여 고시한다. <개정 2013. 3. 23.>

제61조(우수업소·모범업소의 지정 등) ① 법 제47조제1항에 따른 우수업소 또는 모범업소의 지정은 다음 각 호의 구분에 따른 자가 행한다. <개정 2016. 8. 4.>
  1. 우수업소의 지정 : 식품의약품안전처장 또는 특별자치시장·특별자치도지사·시장·군수·구청장
  2. 모범업소의 지정 : 특별자치도지사·시장·군수·구청장
② 영 제21조제1호의 식품제조·가공업 및 같은 조 제3호의 식품첨가물제조업은 우수업소와 일반업소로 구분하며, 영 제2조의 집단급식소 및 영 제21조제8호나목의 일반음식점영업은 모범업소와 일반업소로 구분한다. 이 경우 그 등급 결정의 기준은 **별표 19**의 우수업소·모범업소의 지정기준에 따른다.
③ 식품의약품안전처장 또는 특별자치시장·특별자치도지사·시장·군수·구청장은 제2항에 따라 우수업소 또는 모범업소로 지정된 업소에 대하여 해당 업소에서 생산한 식품 또는 식품첨가물에 식품의약품안전처장이 정하는 우수업소 로고를 표시하게 하거나 해당 업소의 외부 또는 내부에 식품의약품안전처장이 정하는 규격에 따른 모범업소 표지판을 붙이게 할 수 있으며, 다음 각 호의 어느 하나에 해당하는 경우를 제외하고는 우수업소 또는 모범업소로 지정된 날부터 2년 동안은 법 제22조에 따른 출입·검사를 하지 아니할 수 있다. <개정 2016. 8. 4.>
  1. 법 제71조(시정명령)에 따른 시정명령 또는 법 제74조에 따른 시설개수명령을 받은 업소
  2. 법 제93조(벌칙)부터 법 제98조(벌칙)까지의 규정에 따른 징역 또는 벌금형이 확정된 영업자가 운영하는 업소
  3. 법 제101조(과태료)에 따른 과태료 처분을 받은 업소
④ 식품의약품안전처장 또는 특별자치시장·특별자치도지사·시장·군수·구청장

을 받아 식품접객업소의 위생상태를 평가하여 위생등급을 지정할 수 있다.
② 식품의약품안전처장은 제1항에 따른 식품접객업소의 위생상태 평가 및 위생등급 지정에 필요한 기준 및 방법 등을 정하여 고시하여야 한다.
③ 식품의약품안전처장, 시·도지사 또는 시장·군수·구청장은 제1항에 따른 위생등급 지정 결과를 공표할 수 있다.
④ 위생등급을 지정받은 식품접객영업자는 그 위생등급을 표시하여야 하며, 광고할 수 있다.
⑤ 위생등급의 유효기간은 위생등급을 지정한 날부터 2년으로 한다. 다만, 총리령으로 정하는 바에 따라 그 기간을 연장할 수 있다.
⑥ 식품의약품안전처장, 시·도지사 또는 시장·군수·구청장은 제1항에 따라 위생등급을 지정받은 식품접객영업자가 다음 각 호의 어느 하나에 해당하는 경우 그 지정을 취소하거나 시정을 명할 수 있다.
  1. 위생등급을 지정받은 후 그 기준에 미달하게 된 경우
  2. 위생등급을 표시하지 아니하거나 허위로 표시·광고하는 경우
  3. 제75조(허가취소 등)에 따라 영업정지 이상의 행정처분을 받은 경우
  4. 그 밖에 제1호부터 제3호까지에 준하는 사항으로서 총리령으로 정하는 사항을 지키지 아니한 경우
⑦ 식품의약품안전처장, 시·도지사 또는 시장·군수·구청장은 위생등급 지정을 받았거나 받으려는 식품접객영업자에게 필요한 기술적 지원을 할 수 있다.
⑧ 식품의약품안전처장, 시·도지사 또는 시장·군수·구청장은 제1항에 따라 위생등급을 지정한 식품접객업소에 대하여 제22조에 따른 출입·검사·수거 등을 총리령으로 정하는 기간 동안 하지 아니하게 할 수 있다.
⑨ 시·도지사 또는 시장·군수·구청장은 제89조의 식품진흥기금을 같

은 법 제47조제3항(우수업소 또는 모범업소 지정 취소)에 따라 지정을 취소할 경우 다음 각 호의 조치를 취하여야 한다. <신설 2016. 8. 4.>
  1. 우수업소 지정증 또는 모범업소 지정증의 회수
  2. 우수업소 표지판 또는 모범업소 표지판의 회수
  3. 그 밖에 해당 업소에 대한 우수업소 또는 모범업소 지정에 따른 지원의 중지
⑤ 법 제47조제3항에 따라 지정이 취소된 우수업소 또는 모범업소의 영업자 또는 운영자는 그 지정증 및 표지판을 지체없이 식품의약품안전처장 또는 특별자치시장·특별자치도지사·시장·군수·구청장에게 반납하여야 한다. <신설 2016. 8. 4.>
제61조의2(위생등급의 지정절차 및 위생등급 공표·표시의 방법 등) ① 법 제47조의2제1항에 따라 위생등급을 지정받으려는 식품접객영업자(영 제21조제8호가목에 따른 휴게음식점영업자, 같은 호 나목에 따른 일반음식점영업자 및 같은 호 바목에 따른 제과점영업자만 해당한다)는 별지 제51호의2서식의 위생등급 지정신청서에 영업신고증을 첨부하여 식품의약품안전처장, 시·도지사 또는 시장·군수·구청장에게 제출하여야 한다. <개정 2018. 12. 31.>
② 제1항에 따른 신청을 받은 식품의약품안전처장, 시·도지사 또는 시장·군수·구청장은 신청을 받은 날부터 60일 이내에 식품의약품안전처장이 정하여 고시하는 절차와 방법에 따라 위생등급을 지정하고 별지 제51호의3서식의 위생등급 지정서를 발급하여야 한다.
③ 법 제47조의2제3항에 따른 공표는 식품의약품안전처, 시·도 또는 시·군·구의 인터넷 홈페이지에 게재하는 방법으로 한다.
④ 법 제47조의2제4항에 따라 위생등급을 표시할 때에는 위생등급 표지판을 그 영업장의 주된 출입구 또는 소비자가 잘 볼 수 있는 장소에 부착하는 방법으로 한다.
⑤ 제3항에 따른 공표 및 제4항에 따른 위생등급 표지판의 도안·규격 등에 필요한 세부 사항은 식품의약품안전처장이 정하

은 조 제3항제1호에 따른 영업자의 위생관리시설 및 위생설비시설 개선을 위한 융자 사업과 같은 항 제7호의2에 따른 식품접객업소의 위생등급 지정 사업에 우선 지원할 수 있다.

⑩ 식품의약품안전처장, 시·도지사 또는 시장·군수·구청장은 위생등급 지정에 관한 업무를 대통령령으로 정하는 관계 전문기관이나 단체에 위탁할 수 있다. 이 경우 필요한 예산을 지원할 수 있다.

⑪ 제1항에 따른 위생등급과 그 지정 절차, 제3항에 따른 위생등급 지정 결과 공표 및 제7항에 따른 기술적 지원 등에 필요한 사항은 총리령으로 정한다.

[본조신설 2015. 5. 18.]

제32조의2(위생등급 지정에 관한 업무의 위탁) 식품의약품안전처장, 시·도지사 또는 시장·군수·구청장은 법 제47조의2제10항에 따라 위생등급 지정에 관한 업무 중 다음 각 호의 업무를 법 제70조의2에 따른 한국식품안전관리인증원에 위탁한다.

1. 위생등급 지정을 받았거나 받으려는 식품접객영업자에 대한 기술지원
2. 위생등급 지정을 위한 식품접객업소의 위생상태 평가
3. 위생등급 지정과 관련된 전문 인력의 양성 및 교육·훈련
4. 위생등급 지정에 관한 정보의 수집·제공 및 홍보
5. 위생등급 지정에 관한 조사·연구 사업
6. 그 밖에 위생등급 지정 활성화를 위하여 필요하다고 식품의약품안전처장, 시·도지사 또는 시장·군수·구청장이 인정하는 사업

[본조신설 2015. 12. 30.]

여 고시한다.

[본조신설 2015. 12. 31.]

제61조의3(위생등급 유효기간의 연장 등) ① 법 제47조의2제5항 단서에 따라 위생등급의 유효기간을 연장하려는 자는 별지 제51호의4서식의 위생등급 유효기간 연장신청서에 위생등급 지정서를 첨부하여 위생등급의 유효기간이 끝나기 60일 전까지 식품의약품안전처장, 시·도지사 또는 시장·군수·구청장에 신청하여야 한다.

② 제1항에 따라 유효기간의 연장신청을 받은 식품의약품안전처장, 시·도지사 또는 시장·군수·구청장은 식품의약품안전처장이 정하여 고시하는 절차와 방법에 따라 위생등급을 지정하고, 별지 제51호의3서식의 위생등급 지정서를 발급하여야 한다.

③ 법 제47조의2제6항제4호에서 "총리령으로 정하는 사항을 지키지 아니한 경우"란 거짓 또는 그 밖의 부정한 방법으로 위생등급을 지정받은 경우를 말한다.

④ 법 제47조의2제7항에 따른 기술적 지원의 구체적 내용은 다음 각 호와 같다.
  1. 위생등급 지정에 관한 교육
  2. 위생등급 지정 등에 필요한 검사

⑤ 법 제47조의2제8항에서 "총리령으로 정하는 기간"이란 2년을 말한다.

[본조신설 2015. 12. 31.]

시행규칙 [별표 19] 〈개정 2015. 8. 18.〉

우수업소·모범업소의 지정기준(제61조제2항 관련)

1. 우수업소

가. 건물의 주변환경은 식품위생환경에 나쁜 영향을 주지 아니하여야 하며, 항상 청결하게 관리되어야 한다.

나. 건물은 작업에 필요한 공간을 확보하여야 하며, 환기가 잘 되어야 한다.

다. 원료처리실·제조가공실·포장실 등 작업장은 분리·구획되어야 한다.

라. 작업장의 바닥·내벽 및 천장은 내수처리를 하여야 하며, 항상 청결하게 관리되어야 한다.

마. 작업장의 바닥은 적절한 경사를 유지하도록 하여 배수가 잘 되도록 하여야 한다.

바. 작업장의 출입구와 창은 완전히 꼭 닫힐 수 있어야 하며, 방충시설과 쥐 막이 시설이 설치되어야 한다.

사. 제조하려는 식품 등의 특성에 맞는 기계·기구류를 갖추어야 하며, 기계·기구류는 세척이 용이하고 부식되지 아니하는 재질이어야 한다.

아. 원료 및 제품은 항상 위생적으로 보관·관리되어야 한다.

자. 작업장·냉장시설·냉동시설 등에는 온도를 측정할 수 있는 계기가 알아보기 쉬운 곳에 설치되어야 한다.

차. 오염되기 쉬운 작업장의 출입구에는 탈의실·작업화 또는 손 등을 세척·살균할 수 있는 시설을 갖추어야 한다.

카. 급수시설은 식품의 특성별로 설치하여야 하며, 지하수 등을 사용하는 경우 취수원은 오염지역으로부터 20미

터 이상 떨어진 곳에 위치하여야 한다.

타. 하수나 폐수를 적절하게 처리할 수 있는 하수·폐수이동 및 처리시설을 갖추어야 한다.

파. 화장실은 정화조를 갖춘 수세식 화장실로서 내수처리 되어야 한다.

하. 식품등을 직접 취급하는 종사자는 위생적인 작업복·신발 등을 착용하여야 하며, 손은 항상 청결히 유지하여야 한다.

거. 그 밖에 우수업소의 지정기준 등과 관련한 세부사항은 식품의약품안전처장이 정하는 바에 따른다.

2. 모범업소

가. 집단급식소

1) 법 제48조제3항에 따른 식품안전관리인증기준(HACCP)적용업소로 인증받아야 한다.

2) 최근 3년간 식중독 발생하지 아니하여야 한다.

3) 조리사 및 영양사를 두어야 한다.

4) 그 밖에 나목의 일반음식점이 갖추어야 하는 기준을 모두 갖추어야 한다.

나. 일반음식점

1) 건물의 구조 및 환경

가) 청결을 유지할 수 있는 환경을 갖추고 내구력이 있는 건물이어야 한다.

나) 마시기에 적합한 물이 공급되며, 배수가 잘 되어야 한다.

다) 업소 안에는 방충시설·쥐 막이 시설 및 환기시설을 갖추고 있어야 한다.

2) 주방

가) 주방은 공개되어야 한다.

나) 입식조리대가 설치되어 있어야 한다.

다) 냉장시설·냉동시설이 정상적으로 가동되어야 한다.

라) 항상 청결을 유지하여야 하며, 식품의 원료 등을 보관할 수 있는 창고가 있어야 한다.

마) 식기 등을 소독할 수 있는 설비가 있어야 한다.

3) 객실 및 객석

가) 손님이 이용하기에 불편하지 아니한 구조 및 넓이여야 한다.

나) 항상 청결을 유지하여야 한다.

4) 화장실

가) 정화조를 갖춘 수세식이어야 한다.

나) 손 씻는 시설이 설치되어야 한다.

다) 벽 및 바닥은 타일 등으로 내수 처리되어 있어야 한다.

라) 1회용 위생종이 또는 에어타월이 비치되어 있어야 한다.

5) 종업원

가) 청결한 위생복을 입고 있어야 한다.

나) 개인위생을 지키고 있어야 한다.

다) 친절하고 예의바른 태도를 가져야 한다.

6) 그 밖의 사항

가) 1회용 물 컵, 1회용 숟가락, 1회용 젓가락 등을 사용하지 아니하여야 한다.

나) 그 밖에 모범업소의 지정기준 등과 관련한 세부사항은 식품의약품안전처장이 정하는 바에 따른다.

제48조(식품안전관리인증기준) ① 식품의약품안전처장은 식품의 원료관리 및 제조·가공·조리·소분·유통의 모든 과정에서 위해한 물질이 식품에 섞이거나 식품이 오염되는 것을 방지하기 위하여 각 과정의 위해요소를 확인·평가하여 중점적으로 관리하는 기준(이하 "식품안전관리인증기준"【주 11】이라 한다)을 식품별로 정하여 고시할 수 있다. <개정 2014. 5. 28.>	【주 11】 식품 및 축산물 안전관리 인증 기준 참조 ➡ P. 243	

② 총리령으로 정하는 식품을 제조·가공·조리·소분·유통하는 영업자는 제1항에 따라 식품의약품안전처장이 식품별로 고시한 식품안전관리인증기준을 지켜야 한다. <개정 2014. 5. 28.>
③ 식품의약품안전처장은 제2항에 따라 식품안전관리인증기준을 지켜야 하는 영업자와 그 밖에 식품안전관리인증기준을 지키기 원하는 영업자의 업소를 식품별 식품안전관리인증기준 적용업소(이하 "식품안전관리인증기준적용업소"라 한다)로 인증할 수 있다. 이 경우 식품안전관리인증기준적용업소로 인증을 받은 영업자가 그 인증을 받은 사항 중 총리령으로 정하는 사항을 변경하려는 경우에는 식품의약품안전처장의 변경 인증을 받아야 한다. <개정 2016. 2. 3.>
④ 식품의약품안전처장은 식품안전관리인증기준적용업소로 인증받은 영업자에게 총리령으로 정하는 바에 따라 그 인증 사실을 증명하는 서류를 발급하여야 한다. 제3항 후단에 따라 변경 인증을 받은 경우에도 또한 같다. <개정 2016. 2. 3.>
⑤ 식품안전관리인증기준적용업소의 영업자와 종업원은 총리령으로 정하는 교육훈련을 받아야 한다. <개정 2014. 5. 28.>
⑥ 식품의약품안전처장은 제3항에 따라 식품안전관리인증기준적용업소의 인증을 받거나 받으려는 영업자에게 위해요소중점관리에 필요한 기술적·경제적 지원을 할 수 있다. <개정 2014. 5. 28.>
⑦ 식품안전관리인증기준적용업소의 인증요건·인증절차, 제5항에 따른 영업자 및 종업원에 대한 교육실시 기관, 교육훈련 방법·절차, 교육훈련비 및 제6항에 따른 기술적·경제적 지원에 필요한 사항은 총리령으로 정한다. <개정 2014. 5. 28.>
⑧ 식품의약품안전처장은 식품안전관리인증기준적용업소의 효율적 운영을 위하여 총리령으로 정하는 식

제62조(식품안전관리인증기준 대상 식품) ① 법 제48조제2항에서 "총리령으로 정하는 식품"이란 다음 각 호의 어느 하나에 해당하는 식품을 말한다. <개정 2017. 12. 29.>
1. 수산가공식품류의 어육가공품류 중 어묵·어육소시지
2. 기타수산물가공품 중 냉동 어류·연체류·조미가공품
3. 냉동식품 중 피자류·만두류·면류
4. 과자류, 빵류 또는 떡류 중 과자·캔디류·빵류·떡류
5. 빙과류 중 빙과
6. 음료류[다류(茶類) 및 커피류는 제외한다]
7. 레토르트식품
8. 절임류 또는 조림류의 김치류 중 김치(배추를 주원료로 하여 절임, 양념혼합과정 등을 거쳐 이를 발효시킨 것이거나 발효시키지 아니한 것 또는 이를 가공한 것에 한한다)
9. 코코아가공품 또는 초콜릿류 중 초콜릿류
10. 면류 중 유탕면 또는 곡분, 전분, 전분질원료 등을 주원료로 반죽하여 손이나 기계 따위로 면을 뽑아내거나 자른 국수로서 생면·숙면·건면
11. 특수용도식품
12. 즉석섭취·편의식품류 중 즉석섭취식품
12의2. 즉석섭취·편의식품류의 즉석조리식품 중 순대
13. 식품제조·가공업의 영업소 중 전년도 총 매출액이 100억원 이상인 영업소에서 제조·가공하는 식품
② 제1항에 따른 식품에 대한 식품안전관리인증기준의 적용·운영에 관한 세부적인 사항은 식품의약품안전처장이 정하여 고시한다. <개정 2015. 8. 18.>
[제목개정 2015. 8. 18.]
[시행일] 제62조제1항제1호(어육소시지만 해당한다), 제4호(과자·

품안전관리인증기준의 준수 여부 등에 관한 조사·평가를 할 수 있으며, 그 결과 식품안전관리인증기준 적용업소가 다음 각 호의 어느 하나에 해당하면 그 인증을 취소하거나 시정을 명할 수 있다. 다만, 식품안전관리인증기준적용업소가 제1호의2 및 제2호에 해당할 경우 인증을 취소하여야 한다. <개정 2018. 3. 13.>

1. 식품안전관리인증기준을 지키지 아니한 경우
1의2. 거짓이나 그 밖의 부정한 방법으로 인증을 받은 경우
2. 제75조(허가취소 등) 또는 「식품 등의 표시·광고에 관한 법률」 제16조(영업정지 등)제1항·제3항에 따라 영업정지 2개월 이상의 행정처분을 받은 경우
3. 영업자와 그 종업원이 제5항에 따른 교육훈련을 받지 아니한 경우
4. 그 밖에 제1호부터 제3호까지에 준하는 사항으로서 총리령으로 정하는 사항을 지키지 아니한 경우

⑨ 식품안전관리인증기준적용업소가 아닌 업소의 영업자는 식품안전관리인증기준적용업소라는 명칭을 사용하지 못한다. <개정 2014. 5. 28.>
⑩ 식품안전관리인증기준적용업소의 영업자는 인증받은 식품을 다른 업소에 위탁하여 제조·가공하여서는 아니 된다. 다만, 위탁하려는 식품과 동일한 식품에 대하여 식품안전관리인증기준적용업소로 인증된 업소에 위탁하여 제조·가공하려는 경우 등 대통령령으로 정하는 경우에는 그러하지 아니하다. <개정 2014. 5. 28.>
⑪ 식품의약품안전처장(대통령령으로 정하는 그 소속 기관의 장을 포함한다), 시·도지사 또는 시장·군수·구청장은 식품안전관리인증기준적용업소에 대하여 관계 공무원으로 하여금 총리령으로 정하는 일정기간 동안 제22조에 따른 출입·검사·수거 등을 하지 아니하게 할 수 있으며, 시·도지사 또는 시장·군

제33조(식품안전관리인증기준) ① 법 제48조제10항 단서에서 "위탁하려는 식품과 동일한 식품에 대하여 식품안전관리인증기준적용업소로 인증된 업소에 위탁하여 제조·가공하려는 경우 등 대통령령으로 정한 경우"란 다음 각 호의 경우를 말한다. <개정 2014. 11. 28.>

1. 위탁하려는 식품과 같은 식품에 대하여 법 제48조제3항에 따라 식품안전관리인증기준 적용업소(이하 "식품안전관리인증기준적용업소"라 한다)로 인증된 업소에 위탁하여 제조·가공하려는 경우
2. 위탁하려는 식품과 같은 제조공정·중요관리점(식품의 위해를 방지하거나 제거하여 안전성을 확보할 수 있는 단계 또는 공정을 말한다)에 대하여 식품안전관리인증기준적용업소로

캔디류만 해당한다), 제5호(비가열음료는 제외한다) 및 제8호부터 제12호까지의 개정규정은 다음 각 호에서 정한 날

1. 해당 식품유형별 2013년 매출액이 20억원 이상이고, 종업원 수가 51명 이상인 영업소에서 제조·가공하는 식품 : 2014년 12월 1일
2. 해당 식품유형별 2013년 매출액이 5억원 이상이고, 종업원 수가 21명 이상인 영업소(이 항 제1호에 해당하는 영업소는 제외한다)에서 제조·가공하는 식품 : 2016년 12월 1일
3. 해당 식품유형별 2013년 매출액이 1억원 이상이고, 종업원 수가 6명 이상인 영업소(이 항 제1호 또는 제2호에 해당하는 영업소 및 제62조제1항제13호의 개정규정에 해당하는 영업소는 제외한다)에서 제조·가공하는 식품 : 2018년 12월 1일. 다만, 제62조제1항제8호의 개정규정 중 떡류의 경우로서 해당 떡류의 2013년 매출액이 1억원 이상이고, 종업원 수가 10명 이상인 영업소에서 제조·가공하는 떡류 : 2017년 12월 1일
4. 제1호부터 제3호까지의 어느 하나에 해당하지 아니하는 영업소(제62조제1항제13호의 개정규정에 해당하는 영업소는 제외한다)에서 제조·가공하는 식품 : 2020년 12월 1일

[시행일] 제62조제1항제12호의2의 개정규정은 다음 각 호의 구분에 따른 날

1. 2014년의 종업원 수가 2명 이상인 영업소에서 제조·가공하는 순대 : 2016년 12월 1일
2. 제1호에 해당하지 아니하는 영업소에서 제조·가공하는 순대 : 2017년 12월 1일

제63조(식품안전관리인증기준적용업소의 인증신청 등) ① 법 제48조제3항에 따라 식품안전관리인증

수·구청장은 제89조제3항제1호에 따른 영업자의 위생관리시설 및 위생설비시설 개선을 위한 융자 사업에 대하여 우선 지원 등을 할 수 있다. <개정 2014. 5. 28.>

⑫ 식품의약품안전처장은 식품안전관리인증기준적용업소의 공정별·품목별 위해요소의 분석, 기술지원 및 인증 등의 업무를 「한국식품안전관리인증원의 설립 및 운영에 관한 법률」에 따른 한국식품안전관리인증원 등 대통령령으로 정하는 기관에 위탁할 수 있다. <개정 2016. 2. 3.>

⑬ 식품의약품안전처장은 제12항에 따른 위탁기관에 대하여 예산의 범위에서 사용경비의 전부 또는 일부를 보조할 수 있다. <개정 2013. 3. 23.>

⑭ 제12항에 따른 위탁기관의 업무 등에 필요한 사항은 대통령령으로 정한다. [제목개정 2014. 5. 28.]

제48조의2(인증 유효기간) ① 제48조제3항에 따른 인증의 유효기간은 인증을 받은 날부터 3년으로 하며, 같은 항 후단에 따른 변경 인증의 유효기간은 당초 인증 유효기간의 남은 기간으로 한다.

② 제1항에 따른 인증 유효기간을 연장하려는 자는 총리령으로 정하는 바에 따라 식품의약품안전처장에게 연장신청을 하여야 한다.

③ 식품의약품안전처장은 제2항에 따른 연장신청을 받았을 때에는 안전관리인증기준에 적합하다고 인정하는 경우 3년의 범위에서 그 기간을 연장할 수 있다.

[본조신설 2016. 2. 3.]

제48조의3(식품안전관리인증기준적용업소에 대한 조사·평가 등) ① 식품의약품안전처장은 식품안전관리인증기준적용업소로 인증받은 업소에 대하여 식품안전관리인증기준의 준수 여부와 제48조제5항에 따른 교육훈련 수료 여부를 연 1회 이상 조사·평가하여야 한다.

② 식품의약품안전처장은 제1항에 따른 조사·평가 결과 그 결과가 우수한 식품안전관리인증기준적용업소에 대

인증된 업소에 위탁하여 제조·가공하려는 경우

② 법 제48조제11항에서 "대통령령으로 정하는 그 소속 기관의 장"이란 지방식품의약품안전청장을 말한다. [제목개정 2014. 11. 28.]

제34조(식품안전관리인증기준적용업소에 관한 업무의 위탁 등) ① 식품의약품안전처장은 법 제48조제12항에 따라 식품안전관리인증기준적용업소에 관한 업무의 일부를 다음 각 호의 어느 하나에 해당하는 기관에 위탁한다. <개정 2014. 11. 28.>

1. 법 제70조의2에 따른 한국식품안전관리인증원
2. 「정부출연연구기관 등의 설립·운영 및 육성에 관한 법률」에 따른 정부출연연구기관
3. 정부가 설립하거나 운영비용의 전부 또는 일부를 지원하는 연구기관으로서 식품안전관리인증기준(법 제48조제1항에 따른 식품안전관리인증기준을 말한다. 이하 같다)에 관한 전문인력을 보유한 기관
4. 그 밖에 식품안전관리인증기준 업무를 할 목적으로 설립된 비영리법인 또는 연구소

② 제1항에 따라 위탁받는 기관은 다음 각 호의 업무를 수행한다. <개정 2016. 7. 26.>

1. 법 제48조제3항·제4항·제6항 및 법 제48조의2제2항에 따른 식품안전관리인증기준적용업소의 인증, 변경인증, 인증 증명 서류의 발급, 인증을 받거나 받으려는 영업자에 대한 기술지원 및 인증 유효기간의 연장
2. 삭제 <2014. 11. 28.>
3. 식품안전관리인증기준과 관련된 전문인력의 양성 및 교육·훈련
4. 식품안전관리인증기준적용업소의 공정별·품목별 위해요소의 분석
5. 식품안전관리인증기준에 관한 정보의 수집·제공 및 홍보
6. 식품안전관리인증기준에 관한

기준적용업소로 인증을 받으려는 자는 별지 제52호서식의 식품안전관리인증기준적용업소 인증신청서(전자문서로 된 신청서를 포함한다)에 법 제48조제1항에 따른 식품안전관리인증기준에 따라 작성한 적용대상 식품별 식품안전관리인증계획서(전자문서를 포함한다)를 첨부하여 법 제48조제12항에 따라 해당 업무를 위탁받은 기관(이하 "인증기관"이라 한다)의 장에게 제출하여야 한다. <개정 2015. 8. 18.>

② 제1항에 따라 식품안전관리인증기준적용업소로 인증을 받으려는 자는 다음 각 호의 요건을 갖추어야 한다. <개정 2015. 8. 18.>

1. 선행요건관리기준(식품안전관리인증기준을 적용하기 위하여 미리 갖추어야 하는 시설기준 및 위생관리기준을 말한다)을 작성하여 운용할 것
2. 식품안전관리인증기준을 작성하여 운용할 것

③ 제1항에 따른 인증신청을 받은 인증기관의 장은 해당 업소를 식품안전관리인증기준적용업소로 인증한 경우에는 별지 제53호서식의 식품안전관리인증기준적용업소 인증서를 발급하여야 한다. <개정 2015. 8. 18.>

④ 법 제48조제3항 후단에 따라 식품안전관리인증기준적용업소로 인증받은 사항 중 식품의 위해를 방지하거나 제거하여 안전성을 확보할 수 있는 단계 또는 공정(이하 "중요관리점"이라 한다)을 변경하거나 영업장 소재지를 변경하려는 자는 별지 제54호서식의 변경신청서(전자문서로 된 신청서를 포함한다)에 다음 각 호의 서류(전자문서를 포함한다)를 첨부하여 인증기관의 장에게 제출하여야 한다. <개정 2017. 1. 4.>

1. 별지 제53호서식의 식품안전관리인증기준적용업소 인증서
2. 중요관리점의 변경 내용에 대한 설명서

⑤ 인증기관의 장은 제4항에 따라 변경신청을 받으면 서류검토 또는 현장

해서는 제1항에 따른 조사·평가를 면제하는 등 행정적·재정적 지원을 할 수 있다. 다만, 식품안전관리인증기준적용업소가 제48조의2제1항에 따른 인증 유효기간 내에 이 법을 위반하여 영업의 정지, 허가 취소 등 행정처분을 받은 경우에는 제1항에 따른 조사·평가를 면제하여서는 아니 된다.
③ 그 밖에 조사·평가의 방법 및 절차 등에 필요한 사항은 총리령으로 정한다.
　　[본조신설 2016. 2. 3.]

조사·연구사업
7. 그 밖에 식품안전관리인증기준 활성화를 위하여 필요한 사업
[제목개정 2014. 11. 28.]

실사 등의 방법으로 변경사항을 확인하고 식품안전관리인증기준의 적용에 적합하다고 인정되는 경우에는 별지 제53호서식의 인증서를 재발급하여야 한다. <개정 2015. 8. 18.>
⑥ 인증기관장의 장은 제3항 또는 제5항 따라 인증서를 발급하거나 재발급하였을 때에는 지체 없이 그 사실을 식품의약품안전처장과 관할 지방식품의약품안전청장에게 통보하여야 한다. <신설 2017. 1. 4.>
[제목개정 2015. 8. 18.]

제64조(식품안전관리인증기준적용업소의 영업자 및 종업원에 대한 교육훈련) ① 법 제48조제5항에 따라 식품안전관리인증기준적용업소의 영업자 및 종업원이 받아야 하는 교육훈련의 종류는 다음 각 호와 같다. 다만, 법 제48조제8항 및 이 규칙 제66조에 따른 조사·평가 결과 만점의 95퍼센트 이상을 받은 식품안전관리인증기준적용업소의 종업원에 대하여는 그 다음 연도의 제2호에 따른 정기교육훈련을 면제한다. <개정 2017. 1. 4.>
　1. 영업자 및 종업원에 대한 신규 교육훈련
　2. 종업원에 대하여 매년 1회 이상 실시하는 정기교육훈련
　3. 그 밖에 식품의약품안전처장이 식품위해사고의 발생 및 확산이 우려되어 영업자 및 종업원에게 명하는 교육훈련
② 제1항에 따른 교육훈련의 내용에는 다음 각 호의 사항이 포함되어야 한다. <개정 2015. 8. 18.>
　1. 식품안전관리인증기준의 원칙과 절차에 관한 사항
　2. 식품위생제도 및 식품위생관련 법령에 관한 사항
　3. 식품안전관리인증기준의 적용방법에 관한 사항
　4. 식품안전관리인증기준의 조사·평가 및 자체평가에 관한 사항
　5. 식품안전관리인증기준과 관련된 식품위생에 관한 사항
③ 제1항에 따른 교육훈련의 시간은 다음 각 호와 같다.
　1. 신규 교육훈련 : 영업자의 경우 2시간 이내, 종업원의 경우 16시간 이내
　2. 정기교육훈련 : 4시간 이내
　3. 제1항제3호에 따른 교육훈련 : 8시간 이내
④ 제1항에 따른 교육훈련은 다음 각 호의 기관이나 단체 중 식품의약품안전처장이 지정하여 고시하는 기관이나 단체에서 실시한다. <개정 2015. 8. 18.>
　1. 삭제 <2017. 1. 4.>
　2. 「고등교육법」 제2조제1호부터 제6호까지에 따른 대학
　3. 그 밖에 식품안전관리인증기준에 관한 전문인력을 보유한 기관, 단체 및 업체
⑤ 제4항에 따른 교육훈련기관 등은 교육 대상자로부터 교육에 필요한 수강료를 받을 수 있다. 이 경우 수강료는 다음 각 호의 사항을 고려하여 실비(實費) 수준으로 교육훈련기관 등의 장이 결정한다.
　1. 강사수당
　2. 교육교재 편찬 비용
　3. 교육에 필요한 실험재료비 및 현장 실습에 드는 비용
　4. 그 밖에 교육 관련 사무용품 구입비 등 필요한 경비
⑥ 제1항부터 제5항까지의 규정에 따른 교육훈련 대상별 교육시간, 실시방법, 그 밖에 교육훈련에 관한 세부적인 사항은 식품의약품안전처장이 정하여 고시한다. <개정 2013. 3. 23.>
[제목개정 2015. 8. 18.]

제65조(식품안전관리인증기준적용업소에 대한 지원 등) 식품의약품안전처장은 법 제48조제6항에 따라 식품안전관리인증기준적용업소의 인증을 받거나 받으려는 영업자에게 식품안전관리인증기준에 관한 다음 각 호의 사항을 지원할 수 있다. <개정 2015. 8. 18.>

  1. 식품안전관리인증기준 적용에 관한 전문적 기술과 교육

  2. 위해요소 분석 등에 필요한 검사

  3. 식품안전관리인증기준 적용을 위한 자문 비용

  4. 식품안전관리인증기준 적용을 위한 시설·설비 등 개수·보수 비용

  5. 교육훈련 비용

[제목개정 2015. 8. 18.]

제66조(식품안전관리인증기준적용업소에 대한 조사·평가) ① 지방식품의약품안전청장은 법 제48조제8항에 따라 식품안전관리인증기준적용업소로 인증받은 업소에 대하여 식품안전관리인증기준의 준수 여부 등에 관하여 매년 1회 이상 조사·평가할 수 있다. <개정 2015. 8. 18.>

② 제1항에 따른 조사·평가사항은 다음 각 호와 같다. <개정 2015. 8. 18.>

  1. 법 제48조제1항에 따른 제조·가공·조리 및 유통에 따른 위해요소분석, 중요관리점 결정 등이 포함된 식품안전관리인증기준의 준수 여부

  2. 제64조에 따른 교육훈련 수료 여부

③ 그 밖에 조사·평가에 관한 세부적인 사항은 식품의약품안전처장이 정한다. <개정 2013. 3. 23.>

[제목개정 2015. 8. 18.]

제67조(식품안전관리인증기준적용업소 인증취소 등) ① 법 제48조제8항제4호에서 "총리령으로 정하는 사항을 지키지 아니한 경우"란 다음 각 호의 경우를 말한다. <개정 2015. 8. 18.>

  1. 법 제48조제10항을 위반하여 식품안전관리인증기준적용업소의 영업자가 인증받은 식품을 다른 업소에 위탁하여 제조·가공한 경우

  2. 제63조제4항을 위반하여 변경신청을 하지 아니한 경우

  3. 삭제 <2017. 1. 4.>

② 법 제48조제8항에 따른 식품안전관리인증기준적용업소 인증취소 등의 기준은 별표 20과 같다. <개정 2015. 8. 18.>

[제목개정 2015. 8. 18.]

제68조(식품안전관리인증기준적용업소에 대한 출입·검사 면제) 지방식품의약품안전청장, 시·도지사 또는 시장·군수·구청장은 법 제48조제11항에 따라 법 제48조의2제1항에 따른 인증 유효기간(이하 "인증유효기간"이라 한다) 동안 관계 공무원으로 하여금 출입·검사를 하지 아니하게 할 수 있다. <개정 2017. 1. 4.> [제목개정 2015. 8. 18.]

제68조의2(인증유효기간의 연장신청 등) ① 인증기관의 장은 인증유효기간이 끝나기 90일 전까지 다음 각 호의 사항을 식품안전관리인증기준적용업소의 영업자에게 통지하여야 한다. 이 경우 통지는 휴대전화 문자메시지, 전자우편, 팩스, 전화 또는 문서 등으로 할 수 있다.

  1. 인증유효기간을 연장하려면 인증유효기간이 끝나기 60일 전까지 연장 신청을 하여야 한다는 사실

  2. 인증유효기간의 연장 신청 절차 및 방법

② 법 제48조의2제2항에 따라 인증유효기간의 연장을 신청하려는 영업자는 인증유효기간이 끝나기 60일 전까지 별지 제52호서식의 식품안전관리인증기준적용업소 인증연장신청서(전자문서로 된 신청서를 포함한다)에 다음 각 호의 서류(전자문서를 포함한다)를 첨부하여 인증기관의 장에게 제출하여야 한다.

  1. 법 제48조제1항에 따른 식품안전관리인증기준에 따라 작성한 적용대상 식품별 식품안전관리인증계획서

  2. 식품안전관리인증기준적용업소 인증서 원본

③ 인증기관의 장은 법 제48조의2제3항에 따라 인증유효기간을 연장하는 경우에는 별지 제53호서식의 식품안전관리인증기준적용업소 인증서를 발급하여야 한다.

[본조신설 2017. 1. 4.]

시행규칙 [별표 20] 〈개정 2019. 12. 31.〉

식품안전관리인증기준적용업소의 인증취소 등의 기준(제67조제2항 관련)

위 반 사 항	근거 법령	처분기준
1. 식품안전관리인증기준을 지키지 않은 경우로서 다음 각목의 어느 하나에 해당하는 경우	법 제48조제8항제1호	
가. 원재료·부재료 입고 시 공급업체로부터 식품안전관리인증기준에서 정한 검사성적서를 받지도 않고 식품안전관리인증기준에서 정한 자체검사도 하지 않은 경우		인증취소
나. 식품안전관리인증기준에서 정한 작업장 세척 또는 소독을 하지 않고 식품안전관리인증기준에서 정한 종사자 위생관리도 하지 않은 경우		인증취소
다. 식품안전관리인증기준에서 정한 중요관리점에 대한 모니터링을 하지 않거나 중요관리점에 대한 한계기준의 위반 사실이 있음에도 불구하고 지체 없이 개선조치를 이행하지 않은 경우		인증취소
라. 지하수를 비가열 섭취식품의 원재료·부재료의 세척용수 또는 배합수로 사용하면서 살균 또는 소독을 하지 않은 경우		인증취소
마. 식품안전관리인증기준서에서 정한 제조·가공 방법대로 제조·가공하지 않은 경우		시정명령
바.　신규 제품 또는 추가된 공정에 대해 식품안전관리인증기준에서 정한 위해요소 분석을 전혀 실시하지 않은 경우		인증취소
사. 식품안전관리인증기준적용업소에 대한 법 제48조제8항에 따른 조사·평가 결과 부적합 판정을 받은 경우로서 다음의 어느 하나에 해당하는 경우 　　1) 선행요건 관리분야에서 만점의 60퍼센트 미만을 받은 경우 　　2) 식품안전관리인증기준 관리분야에서 만점의 60퍼센트 미만을 받은 경우		인증취소
아. 식품안전관리인증기준적용업소에 대한 법 제48조제8항에 따른 조사·평가 결과 부적합 판정을 받은 경우로서 다음의 어느 하나에 해당하는 경우 　　1) 선행요건 관리분야에서 만점의 85퍼센트 미만 60퍼센트 이상을 받은 경우 　　2) 식품안전관리인증기준 관리분야에서 만점의 85퍼센트 미만 60퍼센트 이상을 받은 경우		시정명령
2. 법 제75조(허가취소 등)에 따라 2개월 이상의 영업정지를 받은 경우 또는 그에 갈음하여 과징금을 부과 받은 경우	법 제48조제8항제2호	인증취소
3. 영업자 및 종업원이 법 제48조제5항에 따른 교육훈련을 받지 아니한 경우	법 제48조제8항제3호	시정명령
4. 법 제48조제10항을 위반하여 식품안전관리인증기준적용업소의 영업자가 인증받은 식품을 다른 업소에 위탁하여 제조·가공한 경우	법 제48조제8항제4호	인증취소
5. 제63조제4항을 위반하여 변경신고를 하지 아니한 경우	법 제48조제8항제4호	시정명령
6. 위의 제1호마목, 제3호 또는 제5호를 위반하여 2회 이상의 시정명령을 받고도 이를 이행하지 아니한 경우	법 제48조제8항	인증취소
7. 제1호사목을 위반하여 시정명령을 받고도 이를 이행하지 않은 경우	법 제48조제8항제1호	인증취소
8. 거짓이나 그 밖의 부정한 방법으로 인증을 받은 경우	법 제48조제8항제4호	인증취소

제49조(식품이력추적관리 등록기준 등) ① 식품을 제조·가공 또는 판

제69조(식품이력추적관리의 등록신청 등) ① 법 제49조제1항에 따라 식품이력추적관리에 관한 등록을 하려는 자는 별지 제55호서식

매하는 자 중 식품이력추적관리를 하려는 자는 총리령으로 정하는 등록기준을 갖추어 해당 식품을 식품의약품안전처장에게 등록할 수 있다. 다만, 영유아식 제조·가공업자, 일정 매출액·매장면적 이상의 식품판매업자 등 총리령으로 정하는 자는 식품의약품안전처장에게 등록하여야 한다. <개정 2015. 2. 3.>
② 제1항에 따라 등록한 식품을 제조·가공 또는 판매하는 자는 식품이력추적관리에 필요한 기록의 작성·보관 및 관리 등에 관하여 식품의약품안전처장이 정하여 고시하는 기준(이하 "식품이력추적관리기준"이라 한다)을 지켜야 한다. <개정 2015. 2. 3.>
③ 제1항에 따라 등록을 한 자는 등록사항이 변경된 경우 변경사유가 발생한 날부터 1개월 이내에 식품의약품안전처장에게 신고하여야 한다. <개정 2013. 3. 23.>
④ 제1항에 따라 등록한 식품에는 식품의약품안전처장이 정하여 고시하는 바에 따라 식품이력추적관리의 표시를 할 수 있다. <개정 2013. 3. 23.>
⑤ 식품의약품안전처장은 제1항에 따라 등록한 식품을 제조·가공 또는 판매하는 자에 대하여 식품이력추적관리기준의 준수 여부 등을 3년마다 조사·평가하여야 한다. 다만, 제1항 단서에 따라 등록한 식품을 제조·가공 또는 판매하는 자에 대하여는 2년마다 조사·평가하여야 한다. <개정 2015. 2. 3.>
⑥ 식품의약품안전처장은 제1항에 따라 등록을 한 자에게 예산의 범위에서 식품이력추적관리에 필요한 자금을 지원할 수 있다. <개정 2013. 3. 23.>
⑦ 식품의약품안전처장은 제1항에 따라 등록을 한 자가 식품이력추적관리기준을 지키지 아니하면 그 등록을 취소하거나 시정을 명할 수 있다. <개정 2013. 3. 23.>
⑧ 식품의약품안전처장은 제1항에 따른 등록의 신청을 받은 날부터 40일 이내에, 제3항에 따른 변경신고를 받은 날부터 15일 이내에 등

의 식품이력추적관리 등록신청서(전자문서로 된 신청서를 포함한다)에 다음 각 호의 서류(전자문서를 포함한다)를 첨부하여 지방식품의약품안전청장에게 제출하여야 한다. <개정 2016. 2. 4.>
  1. 별지 제43호서식의 식품 품목제조보고서(유통전문판매업의 경우에는 수탁자의 식품 품목제조보고서) 사본
  2. 제2항에 따른 식품이력관리전산시스템 등 식품의약품안전처장이 정하여 고시하는 사항을 포함한 식품이력추적관리 계획서
② 법 제49조제1항 본문에서 "총리령으로 정하는 등록기준"이란 식품이력추적관리에 필요한 기록의 작성·보관 및 관리 등에 필요한 시스템(이하 "식품이력관리전산시스템"이라 한다)을 말한다. <개정 2015. 8. 18.>
③ 식품이력추적관리의 등록대상인 식품의 품목은 다음 각 호의 요건을 모두 갖추어야 한다.
  1. 제조·가공단계부터 판매단계까지의 식품이력에 관한 정보를 추적하여 제공할 수 있도록 관리되고 있을 것
  2. 제조·가공단계부터 판매단계까지 식품의 회수 등 사후관리체계를 갖추고 있을 것
④ 제1항에 따른 신청을 받은 지방식품의약품안전청장은 식품이력관리전산시스템을 갖추고 있는지 여부와 제3항에 따른 등록대상에 적합한 품목인지 여부를 심사하고, 그 심사 결과 적합하다고 인정되는 경우에는 해당 식품을 품목별로 등록한 후 별지 제56호서식의 식품이력추적관리 품목 등록증을 발급하여야 한다. <개정 2015. 8. 18.>
⑤ 삭제 <2015. 8. 18.>
제69조의2(식품이력추적관리 등록 대상) 법 제49조제1항 단서에서 "총리령으로 정하는 자"란 다음 각 호의 자를 말한다. <개정 2018. 6. 28.>
  1. 영유아식(영유아용 조제식품, 성장기용 조제식품, 영유아용 곡류 조제식품 및 그 밖의 영유아용 식품을 말한다) 제조·가공업자
  2. 임산·수유부용 식품, 특수의료용도 등 식품 및 체중조절용 조제식품 제조·가공업자
  3. 영 제21조제5호나목6) 및 이 규칙 제39조에 따른 기타 식품판매업자 [본조신설 2014. 3. 6.]
[시행일] 제69조의2제1호의 개정규정은 다음 각 호의 구분에 따른 날
  1. 영유아식의 식품유형별 2013년 매출액이 50억 이상인 제조·수입·가공업자: 2014년 12월 1일
  2. 영유아식의 식품유형별 2013년 매출액이 10억 이상 50억 미만인 제조·수입·가공업자: 2015년 12월 1일
  3. 영유아식의 식품유형별 2013년 매출액이 1억 이상 10억 미만인 제조·수입·가공업자: 2016년 12월 1일
  4. 영유아식의 식품유형별 2013년 매출액이 1억 미만인 제조·수입·가공업자 및 2014년 이후 영 제25조제1항 또는 제26조의2제1항에 따라 영업신고 또는 등록을 한 영유아식 제조·수입·가공업자: 2017년 12월 1일
[시행일] 제69조의2제2호의 개정규정은 다음 각 호의 구분에 따른 날
  1. 임산·수유부용 식품, 특수의료용도 등 식품 및 체중조절용 조제식품의 식품유형별 2016년 매출액이 50억원 이상인 제조·가공업자: 2019년 12월 1일

록 여부 또는 신고수리 여부를 신청인 또는 신고인에게 통지하여야 한다. <신설 2018. 12. 11.>

⑨ 식품의약품안전처장이 제8항에서 정한 기간 내에 등록 여부, 신고수리 여부 또는 민원 처리 관련 법령에 따른 처리기간의 연장을 신청인 또는 신고인에게 통지하지 아니하면 그 기간(민원 처리 관련 법령에 따라 처리기간이 연장 또는 재연장된 경우에는 해당 처리기간을 말한다)이 끝난 날의 다음 날에 등록을 하거나 신고를 수리한 것으로 본다. <신설 2018. 12. 11.>

⑩ 식품이력추적관리의 등록절차, 등록사항, 등록취소 등의 기준 및 조사·평가, 그 밖에 등록에 필요한 사항은 총리령으로 정한다. <개정 2018. 12. 11.>

제49조의2(식품이력추적관리정보의 기록·보관 등) ① 제49조제1항에 따라 등록한 자(이하 이 조에서 "등록자"라 한다)는 식품이력추적관리기준에 따른 식품이력추적관리정보를 총리령으로 정하는 바에 따라 전산기록장치에 기록·보관하여야 한다.

② 등록자는 제1항에 따른 식품이력추적관리정보의 기록을 해당 제품의 유통기한 등이 경과한 날부터 2년 이상 보관하여야 한다.

③ 등록자는 제1항에 따라 기록·보관된 정보가 제49조의3제1항에 따른 식품이력추적관리시스템에 연계되도록 협조하여야 한다.

[본조신설 2014. 5. 28.]

제49조의3(식품이력추적관리시스템의 구축 등) ① 식품의약품안전처장은 식품이력추적관리시스템을 구축·운영하고, 식품이력추적관리시스템과 제49조의2제1항에 따른 식품이력추적관리정보가 연계되도록 하여야 한다.

② 식품의약품안전처장은 제1항에 따라 식품이력추적관리시스템에 연계된 정보 중 총리령으로 정하는 정보는 소비자 등이 인터넷 홈페이지를 통하여 쉽게 확인할 수 있도록 하

2. 임산·수유부용 식품, 특수의료용도 등 식품 및 체중조절용 조제식품의 식품유형별 2016년 매출액이 10억원 이상 50억원 미만인 제조·가공업자: 2020년 12월 1일

3. 임산·수유부용 식품, 특수의료용도 등 식품 및 체중조절용 조제식품의 식품유형별 2016년 매출액이 1억원 이상 10억원 미만인 제조·가공업자: 2021년 12월 1일

4. 임산·수유부용 식품, 특수의료용도 등 식품 및 체중조절용 조제식품의 식품유형별 2016년 매출액이 1억원 미만인 제조·가공업자 및 2017년 이후 영 제26조의2제1항에 따라 영업등록을 한 임산·수유부용 식품, 특수의료용도 등 식품, 체중조절용 조제식품 제조·가공업자: 2022년 12월 1일

제70조(등록사항) 법 제49조제1항에 따른 식품이력추적관리의 등록사항은 다음 각 호와 같다.

1. 국내식품의 경우
  가. 영업소의 명칭(상호)과 소재지
  나. 제품명과 식품의 유형
  다. 유통기한 및 품질유지기한
  라. 보존 및 보관방법

2. 수입식품의 경우
  가. 영업소의 명칭(상호)과 소재지
  나. 제품명
  다. 원산지(국가명)
  라. 제조회사 또는 수출회사

제71조(등록사항의 변경신고) ① 법 제49조제3항에 따른 등록사항 변경 신고를 하려는 자는 그 변경사유가 발생한 날부터 1개월 이내에 **별지 제57호서식**의 변경신고서(전자문서로 된 신고서를 포함한다)에 **별지 제56호서식**의 식품이력추적관리 품목 등록증을 첨부하여 지방식품의약품안전청장에게 제출하여야 한다. <개정 2014. 3. 6.>

② 제1항에 따라 변경신고를 받은 지방식품의약품안전청장은 **별지 제56호서식**의 식품이력추적관리 품목 등록증에 변경사항을 기재하여 내주어야 한다. <개정 2014. 3. 6.>

제72조(조사·평가 등) ① 법 제49조제5항에 따라 식품이력추적관리를 등록한 식품을 제조·가공 또는 판매하는 자에 대하여 식품이력추적관리기준의 준수 여부 등에 대한 조사·평가를 하는 경우에는 서류검토 및 현장조사의 방법으로 한다. <개정 2016. 2. 4.>

② 제1항에 따른 조사·평가에는 다음 각 호의 사항이 포함되어야 한다. <개정 2015. 8. 18.>

1. 식품이력관리전산시스템의 구축·운영 여부
2. 식품이력추적관리기준의 준수 여부

③ 제1항 및 제2항에서 규정한 사항 외에 조사·평가의 점검사항과 방법 등에 필요한 세부사항은 식품의약품안전처장이 정하여 고시한다.

제73조(자금지원 대상 등) 식품의약품안전처장은 법 제49조제6항에 따라 식품이력추적관리를 등록한 자에게 다음 각 호의 사항에 대하여 자금을 지원할 수 있다. <개정 2015. 8. 18.>

1. 식품이력관리전산시스템의 구축·운영에 필요한 장비 구입
2. 식품이력관리전산시스템의 프로그램 개발 비용
3. 그 밖에 식품의약품안전처장이 식품이력추적관리에 필요하다고

여야 한다. ③ 제2항에 따른 정보는 해당 제품의 유통기한 또는 품질유지기한이 경과한 날부터 1년 이상 확인할 수 있도록 하여야 한다. ④ 누구든지 제1항에 따라 연계된 정보를 식품이력추적관리 목적 외에 사용하여서는 아니 된다. 　[본조신설 2014. 5. 28.]		인정하는 사업

제74조(식품이력추적관리 등록증의 반납) 법 제49조제7항에 따라 식품이력추적관리 등록이 취소된 자는 별지 제56호서식의 식품이력추적관리 품목 등록증을 지체 없이 지방식품의약품안전청장에게 반납하여야 한다. <개정 2014. 3. 6.>

제74조의2(식품이력추적관리 등록취소 등의 기준) 법 제49조제7항에 따른 식품이력추적관리 등록취소 등의 기준은 별표 20의2와 같다. [본조신설 2014. 3. 6.]

제74조의3(식품이력추적관리 정보의 기록·보관) 법 제49조의2제1항에 따라 식품이력추적관리정보를 기록·보관할 때에는 식품이력관리전산시스템을 활용하여야 한다. [본조신설 2015. 8. 18.]

제74조의4(식품이력추적관리시스템에 연계된 정보의 공개) 법 제49조의3제2항에서 "총리령으로 정하는 정보"란 다음 각 호의 구분에 따른 정보를 말한다. <개정 2016. 8. 4.>

　1. 국내식품의 경우 : 다음 각 목의 정보
　　가. 식품이력추적관리번호
　　나. 제조업소의 명칭 및 소재지
　　다. 제조일
　　라. 유통기한 또는 품질유지기한
　　마. 원재료명 또는 성분명
　　바. 원재료의 원산지 국가명
　　사. 유전자변형식품(인위적으로 유전자를 재조합하거나 유전자를 구성하는 핵산을 세포나 세포 내 소기관으로 직접 주입하는 기술 또는 분류학에 따른 과(科)의 범위를 넘는 세포융합기술에 해당하는 생명공학기술을 활용하여 재배·육성된 농산물·축산물·수산물 등을 원재료로 하여 제조·가공한 식품 또는 식품첨가물을 말한다. 이하 같다) 여부
　　아. 출고일
　　자. 법 제45조제1항 또는 제72조제3항에 따른 회수대상 여부 및 회수사유
　2. 수입식품의 경우 : 다음 각 목의 정보
　　가. 식품이력추적관리번호
　　나. 수입업소 명칭 및 소재지
　　다. 제조국
　　라. 제조업소의 명칭 및 소재지
　　마. 제조일
　　바. 유전자변형식품 여부
　　사. 수입일
　　아. 유통기한 또는 품질유지기한
　　자. 원재료명 또는 성분명
　　차. 법 제45조제1항 또는 제72조제3항에 따른 회수대상 여부 및 회수사유
　[본조신설 2015. 8. 18.]

시행규칙 [별표 20의2] 〈신설 2014. 3. 6.〉

식품이력추적관리 등록취소 등의 기준(제74조의2 관련)

위 반 사 항	근거 법령	처분기준
1. 식품이력추적관리 정보를 특별한 사유 없이 식품이력추적관리시스템에 제공하지 아니한 경우로서	법 제49조제7항	
가. 2일 이상 30일 미만(토요일 및 공휴일은 산입하지 아니한다. 이하 같다) 식품이력추적관리 정보 전부를 제공하지 아니한 경우		시정명령
나. 30일 이상 식품이력추적관리 정보 전부를 제공하지 아니한 경우		해당품목 등록취소
다. 5일 이상 식품이력추적관리 정보 일부를 제공하지 아니한 경우		시정명령
2. 식품이력추적관리기준을 지키지 아니한 경우(제1호에 해당하는 경우는 제외한다)	법 제49조제7항	시정명령
3. 3년 내에 2회의 시정명령을 받고 이를 모두 이행하지 아니한 경우	법 제49조제7항	해당품목 등록취소

제50조 삭제 〈2015. 3. 27.〉

제35조 삭제 〈2015. 12. 30.〉

제75조 삭제 〈2015. 12. 31.〉
제76조 삭제 〈2015. 12. 31.〉
제77조 삭제 〈2015. 12. 31.〉
제78조 삭제 〈2015. 12. 31.〉

제8장 조리사 등

제51조(조리사) ①집단급식소 운영자와 대통령령으로 정하는 식품접객업자는 조리사(調理士)를 두어야 한다. 다만, 다음 각 호의 어느 하나에 해당하는 경우에는 조리사를 두지 아니하여도 된다. 〈개정 2013. 5. 22.〉
　1. 집단급식소 운영자 또는 식품접객영업자 자신이 조리사로서 직접 음식물을 조리하는 경우
　2. 1회 급식인원 100명 미만의 산업체인 경우
　3. 제52조제1항에 따른 영양사가 조리사의 면허를 받은 경우
② 집단급식소에 근무하는 조리사는 다음 각 호의 직무를 수행한다. 〈신설 2011. 6. 7.〉
　1. 집단급식소에서의 식단에 따른 조리업무[식재료의 전(前)처리에서부터 조리, 배식 등의 전 과정을 말한다]
　2. 구매식품의 검수 지원
　3. 급식설비 및 기구의 위생·안전 실무
　4. 그 밖에 조리실무에 관한 사항

제36조(조리사를 두어야 하는 식품접객업자) 법 제51조제1항 각 호 외의 부분 본문에서 "대통령령으로 정하는 식품접객업자"란 제21조제8호의 식품접객업 중 복어독 제거가 필요한 복어를 조리·판매하는 영업을 하는 자를 말한다. 이 경우 해당 식품접객업자는 「국가기술자격법」에 따른 복어 조리 자격을 취득한 조리사를 두어야 한다.
　[시행일 : 2019. 12. 13.] 제36조

제52조(영양사) ①집단급식소 운영자는 영양사(營養士)를 두어야 한다. 다만, 다음 각 호의 어느 하나에 해당하는 경우에는 영양사를 두지 아니하여도 된다. 〈개정 2013. 5. 22.〉
　1. 집단급식소 운영자 자신이 영양사로서 직접 영양 지도를 하는 경우

제37조 삭제 〈2013. 12. 30.〉

제79조 삭제 〈2020. 4. 13.〉

2. 1회 급식인원 100명 미만의 산업체
   인 경우
3. 제51조제1항에 따른 조리사가 영
   양사의 면허를 받은 경우
② 집단급식소에 근무하는 영양사는 다
음 각 호의 직무를 수행한다.
<신설 2011. 6. 7.>
   1. 집단급식소에서의 식단 작성, 검식
      (檢食) 및 배식관리
   2. 구매식품의 검수(檢受) 및 관리
   3. 급식시설의 위생적 관리
   4. 집단급식소의 운영일지 작성
   5. 종업원에 대한 영양 지도 및 식품
      위생교육

제53조(조리사의 면허) ① 조리사
가 되려는 자는 「국가기술자격법」에
따라 해당 기능분야의 자격을 얻은
후 특별자치시장·특별자치도지사
·시장·군수·구청장의 면허를 받
아야 한다. <개정 2016. 2. 3.>
② 제1항에 따른 조리사의 면허 등
에 관하여 필요한 사항은 총리령으
로 정한다. <개정 2013. 3. 23.>
③ 삭제 <2010. 3. 26.>
④ 삭제 <2010. 3. 26.>

제80조(조리사의 면허신청 등) ① 법 제53조제1항에 따라 조리사
의 면허를 받으려는 자는 **별지 제60호서식**의 조리사 면허증 발급·
재발급 신청서에 다음 각 호의 서류를 첨부하여 특별자치시장·특
별자치도지사·시장·군수·구청장에게 제출하여야 한다. 이 경우
특별자치시장·특별자치도지사·시장·군수·구청장은 「전자정부
법」 제36조제1항에 따른 행정정보의 공동이용을 통하여 조리사 국가
기술자격증을 확인하여야 하며, 신청인이 그 확인에 동의하지 아니
하는 경우에는 국가기술자격증 사본을 첨부하도록 하여야 한다. <개
정 2016. 8. 4.>
   1. 사진 2장(최근 6개월 이내에 찍은 탈모 상반신 가로 3센티미터,
      세로 4센티미터의 사진)
   2. 법 제54조제1호 본문에 해당하는 사람이 아님을 증명하는 의사
      의 진단서 또는 법 제54조제1호 단서에 해당하는 사람임을 증명
      하는 전문의의 진단서
   3. 법 제54조제2호 및 제3호에 해당하는 사람이 아님을 증명하는
      의사의 진단서
② 특별자치시장·특별자치도지사·시장·군수·구청장은 조리사
의 면허를 한 때에는 **별지 제61호서식**의 조리사명부에 기록하고 **별지
제62호서식**의 조리사 면허증을 발급하여야 한다. <개정 2016. 8. 4.>
제81조(면허증의 재발급 등) ① 조리사는 면허증을 잃어버렸거나
헐어 못 쓰게 된 경우에는 **별지 제60호서식**의 조리사 면허증 발급·
재발급 신청서에 사진 2장(최근 6개월 이내에 찍은 탈모 상반신 가로
3센티미터, 세로 4센티미터 사진)과 면허증(헐어 못 쓰게 된 경우만
해당한다)을 첨부하여 특별자치시장·특별자치도지사·시장·군
수·구청장에게 제출하여야 한다. <개정 2016. 8. 4.>
② 조리사는 면허증의 기재사항에 변경이 있는 경우 **별지 제63호서
식**의 조리사 면허증 기재사항 변경신청서에 면허증과 그 변경을 증
명하는 서류를 첨부하여 특별자치시장·특별자치도지사·시장·군
수·구청장에게 제출하여야 한다. <개정 2016. 8. 4.>
제82조(조리사 면허증의 반납) 조리사가 법 제80조에 따라 그 면허의
취소처분을 받은 경우에는 지체 없이 면허증을 특별자치시장·특별자치
도지사·시장·군수·구청장에게 반납하여야 한다. <개정 2016. 8. 4.>

제54조(결격사유) 다음 각 호의 어느 하나에 해당하는 자는 조리사 면허를 받을 수 없다. <개정 2010. 3. 26.>
1. 「정신건강증진 및 정신질환자 복지서비스 지원에 관한 법률」 제3조제1호에 따른 정신질환자. 【주 12】 다만, 전문의가 조리사로서 적합하다고 인정하는 자는 그러하지 아니하다.
2. 「감염병의 예방 및 관리에 관한 법률」 제2조제13호에 따른 감염병환자. 다만, 같은 조 제4호나목에 따른 B형간염환자는 제외한다. 【주 7】
3. 「마약류관리에 관한 법률」 제2조제2호에 따른 마약이나 그 밖의 약물 중독자 【주 13】
4. 조리사 면허의 취소처분을 받고 그 취소된 날부터 1년이 지나지 아니한 자

【주 12】 정신건강증진 및 정신질환자 복지서비스 지원에 관한 법률

제3조(정의) 이 법에서 사용하는 용어의 뜻은 다음과 같다.
1. "정신질환자"란 망상, 환각, 사고(思考)나 기분의 장애 등으로 인하여 독립적으로 일상생활을 영위하는 데 중대한 제약이 있는 사람을 말한다.

【주 7】

감염병의 예방 및 관리에 관한 법률 참조 ☛ P. 68

【주 13】 마약류 관리에 관한 법률

제2조(정의) 이 법에서 사용하는 용어의 뜻은 다음과 같다. <개정 2017. 4. 18.>
1. "마약류"란 마약·향정신성의약품 및 대마를 말한다.
2. "마약"이란 다음 각 목의 어느 하나에 해당하는 것을 말한다.
   가. 양귀비 : 양귀비과(科)의 파파베르 솜니페룸 엘(Papaver somniferum L.), 파파베르 세티게룸 디시(Papaver setigerum DC.) 또는 파파베르 브락테아툼(Papaver bracteatum)
   나. 아편 : 양귀비의 액즙(液汁)이 응결(凝結)된 것과 이를 가공한 것. 다만, 의약품으로 가공한 것은 제외한다.
   다. 코카 잎[엽] : 코카 관목[(灌木) : 에리드록시론속(屬)의 모든 식물을 말한다]의 잎. 다만, 엑고닌·코카인 및 엑고닌 알칼로이드 성분이 모두 제거된 잎은 제외한다.
   라. 양귀비, 아편 또는 코카 잎에서 추출되는 모든 알카로이드 및 그와 동일한 화학적 합성품으로서 대통령령으로 정하는 것
   마. 가목부터 라목까지에 규정된 것 외에 그와 동일하게 남용되거나 해독(害毒) 작용을 일으킬 우려가 있는 화학적 합성품으로서 대통령령으로 정하는 것
   바. 가목부터 마목까지에 열거된 것을 함유하는 혼합물질 또는 혼합제제. 다만, 다른 약물이나 물질과 혼합되어 가목부터 마목까지에 열거된 것으로 다시 제조하거나 제제(製劑)할 수 없고, 그것에 의하여 신체적 또는 정신적 의존성을 일으키지 아니하는 것으로서 총리령으로 정하는 것[이하 "한외마약"(限外麻藥)이라 한다]은 제외한다.

제55조(명칭 사용 금지) 조리사가 아니면 조리사라는 명칭을 사용하지 못한다. <개정 2010. 3. 26.>

제56조(교육) ① 식품의약품안전처장은 식품위생 수준 및 자질의 향상을 위하여 필요한 경우 조리사와 영양사에게 교육(조리사의 경우 보수교육을 포함한다. 이하 이 조에서 같다)을 받을 것을 명할 수 있다. 다만, 집단급식소에 종사하는 조리사와 영양사는 2년마다 교육을 받아야 한다. <개정 2013. 3. 23.>
② 제1항에 따른 교육의 대상자·실시기관·내용 및 방법 등에 관하여 필

제83조(조리사 및 영양사의 교육) ① 식품의약품안전처장은 법 제56조제2항(교육의 대상자 등)에 따라 식품으로 인하여 「감염병의 예방 및 관리에 관한 법률」 제2조에 따른 감염병이 유행하거나 집단식중독의 발생 및 확산 등으로 국민건강을 해칠 우려가 있다고 인정되는 경우 또는 시·도지사가 국제적 행사나 대규모 특별행사 등으로 식품위생 수준의 향상이 필요하

요한 사항은 총리령으로 정한다. <개정 2013. 3. 23.>
③ 식품의약품안전처장은 제1항에 따른 교육 등 업무의 일부를 대통령령으로 정하는 바에 따라 관계 전문기관이나 단체에 위탁할 수 있다. <개정 2013. 3. 23.>

제38조(교육의 위탁) ① 식품의약품안전처장은 법 제56조제3항에 따라 조리사 및 영양사에 대한 교육업무를 위탁하려는 경우에는 조리사 및 영양사에 대한 교육을 목적으로 설립된 전문기관 또는 단체에 위탁하여야 한다. <개정 2013. 3. 23.>
② 제1항에 따라 교육업무를 위탁받은 전문기관 또는 단체는 조리사 및 영양사에 대한 교육을 실시하고, 교육이수자 및 교육시간 등 교육실시 결과를 식품의약품안전처장에게 보고하여야 한다. <개정 2013. 3. 23.>

여 식품위생에 관한 교육의 실시를 요청하는 경우에는 다음 각 호의 어느 하나에 해당하는 조리사 및 영양사에게 식품의약품안전처장이 정하는 시간에 해당하는 교육을 받을 것을 명할 수 있다. 이 경우 교육실시기관은 제84조제1항에 따라 식품의약품안전처장이 지정한 기관으로 한다. <개정 2014. 5. 9.>
  1. 법 제51조제1항에 따라 조리사를 두어야 하는 식품접객업소 또는 집단급식소에 종사하는 조리사
  2. 법 제52조제1항에 따라 영양사를 두어야 하는 집단급식소에 종사하는 영양사

② 법 제51조제1항제3호에 따른 조리사 면허를 받은 영양사나 법 제52조제1항제3호에 따른 영양사 면허를 받은 조리사가 제1항에 따른 교육을 이수한 경우에는 해당 조리사 교육과 영양사 교육을 모두 받은 것으로 본다. <개정 2014. 5. 9.>
③ 제1항에 따라 교육을 받아야 하는 조리사 및 영양사가 식품의약품안전처장이 정하는 질병 치료 등 부득이한 사유로 교육에 참석하기가 어려운 경우에는 교육교재를 배부하여 이를 익히고 활용하도록 함으로써 교육을 갈음할 수 있다. <개정 2013. 3. 23.>
제84조(조리사 및 영양사의 교육기관 등) ① 법 제56조제1항 단서에 따른 집단급식소에 종사하는 조리사 및 영양사에 대한 교육은 식품의약품안전처장이 식품위생 관련 교육을 목적으로 하는 전문기관 또는 단체 중에서 지정한 기관이 실시한다. <개정 2013. 3. 23.>
② 제1항에 따른 교육기관은 다음 각 호의 내용에 대한 교육을 실시한다.
  1. 식품위생법령 및 시책
  2. 집단급식 위생관리
  3. 식중독 예방 및 관리를 위한 대책
  4. 조리사 및 영양사의 자질향상에 관한 사항
  5. 그 밖에 식품위생을 위하여 필요한 사항
③ 교육시간은 6시간으로 한다.
④ 제1항부터 제3항까지에서 규정한 사항 외에 교육방법 및 내용 등에 관하여 필요한 사항은 식품의약품안전처장이 정하여 고시한다. <개정 2013. 3. 23.>

제9장 식품위생심의위원회

제57조(식품위생심의위원회의 설치 등) 식품의약품안전처장의 자문에 응하여 다음 각 호의 사항을 조사·심의하기 위하여 식품의약품안전처에 식품위생심의위원회를 둔다. <개정 2013. 3. 23.>
  1. 식중독 방지에 관한 사항
  2. 농약·중금속 등 유독·유해물질 잔류 허용 기준에 관한 사항
  3. 식품등의 기준과 규격에 관한 사항
  4. 그 밖에 식품위생에 관한 중요 사항

제58조(심의위원회의 조직과 운영) ① 심의위원회는 위원장 1명과 부위원장 2명을 포함한 100명 이내의 위원으로 구성한다. <신설 2011. 8. 4.>

제39조(식품위생심의위원회의 위원장 등) 법 제58조제6항에 따라 심의위원회의 위원장은 위원 중에서 호선하고, 심의위원회의 부위원장은 심의위원회의 위원장이 지명하는 위원이 된다.
[전문개정 2011. 12. 19.]

② 심의위원회의 위원은 다음 각 호의 어느 하나에 해당하는 사람 중에서 식품의약품안전처장이 임명하거나 위촉한다. 다만, 제3호의 사람을 전체 위원의 3분의 1 이상 위촉하고, 제2호와 제4호의 사람을 합하여 전체 위원의 3분의 1 이상 위촉하여야 한다. <신설 2013. 3. 23.>

1. 식품위생 관계 공무원
2. 식품등에 관한 영업에 종사하는 사람
3. 시민단체의 추천을 받은 사람
4. 제59조에 따른 동업자조합 또는 제64조에 따른 한국식품산업협회(이하 "식품위생단체"라 한다)의 추천을 받은 사람
5. 식품위생에 관한 학식과 경험이 풍부한 사람

③ 심의위원회 위원의 임기는 2년으로 하되, 공무원인 위원은 그 직위에 재직하는 기간 동안 재임한다. 다만, 위원이 궐위된 경우 그 보궐위원의 임기는 전임위원 임기의 남은 기간으로 한다. <신설 2011. 8. 4.>

④ 심의위원회에 식품등의 국제 기준 및 규격을 조사·연구할 연구위원을 둘 수 있다. <개정 2011. 8. 4.>

⑤ 제4항에 따른 연구위원의 업무는 다음 각 호와 같다. 다만, 다른 법령에 따라 수행하는 관련 업무는 제외한다. <신설 2011. 8. 4.>

1. 국제식품규격위원회에서 제시한 기준·규격 조사·연구
2. 국제식품규격의 조사·연구에 필요한 외국정부, 관련 소비자단체 및 국제기구와 상호협력
3. 외국의 식품의 기준·규격에 관한 정보 및 자료 등의 조사·연구
4. 그 밖에 제1호부터 제3호까지에 준하는 사항으로서 대통령령으로 정하는 사항

⑥ 이 법에서 정한 것 외에 심의위원회의 조직 및 운영에 필요한 사항은 대통령령으로 정한다. <개정 2011. 8. 4.>

제39조의2(위원의 제척·기피·회피) ① 심의위원회의 위원이 다음 각 호의 어느 하나에 해당하는 경우에는 심의위원회의 조사·심의에서 제척(除斥)된다.

1. 위원 또는 그 배우자나 배우자이었던 사람이 해당 안건의 당사자(당사자가 법인·단체 등인 경우에는 그 임원 또는 직원을 포함한다. 이하 이 호 및 제2호에서 같다)가 되거나 그 안건의 당사자와 공동권리자 또는 공동의무자인 경우
2. 위원이 해당 안건의 당사자와 친족이거나 친족이었던 경우
3. 위원 또는 위원이 속한 법인·단체 등이 해당 안건에 대하여 증언, 진술, 자문, 연구, 용역 또는 감정을 한 경우
4. 위원이나 위원이 속한 법인·단체 등이 해당 안건의 당사자의 대리인이거나 대리인이었던 경우
5. 위원이 해당 안건의 당사자인 법인·단체 등에 최근 3년 이내에 임원 또는 직원으로 재직하였던 경우

② 해당 안건의 당사자는 위원에게 공정한 조사·심의를 기대하기 어려운 사정이 있는 경우에는 심의위원회에 기피 신청을 할 수 있고, 심의위원회는 의결로 기피 여부를 결정한다. 이 경우 기피 신청의 대상인 위원은 그 의결에 참여하지 못한다.

③ 위원이 제1항 각 호에 따른 제척 사유에 해당하는 경우에는 스스로 해당 안건의 조사·심의에서 회피(回避)하여야 한다.

[본조신설 2017. 12. 12.]

[종전 제39조의2는 제39조의3으로 이동 <2017. 12. 12.>]

제39조의3(심의위원회 위원의 해촉) 식품의약품안전처장은 법 제58조제2항제2호부터 제5호까지의 규정에 따른 심의위원회의 위원이 다음 각 호의 어느 하나에 해당하는 경우에는 해당 위원을 해촉할 수 있다. <개정 2017. 12. 12.>

1. 심신장애로 인하여 직무를 수행할 수 없게 된 경우
2. 직무와 관련된 비위사실이 있는 경우
3. 직무태만, 품위손상이나 그 밖의 사유로 인하여 위원으로 적합하지 아니하다고 인정되는 경우
4. 위원 스스로 직무를 수행하는 것이 곤란하다고 의사를 밝히는 경우
5. 제39조의2제1항 각 호의 어느 하나에 해당하는 경우에도 불구하고 회피 신청을 하지 아니한 경우

[본조신설 2015. 12. 31.]

제40조(위원의 직무) ① 삭제 <2011. 12. 19.>

② 위원장은 심의위원회를 대표하며, 심의위원회의 업무를 총괄한다.

③ 부위원장은 위원장을 보좌하며, 위원장이 부득이한 사유로 직무를 수행할 수 없을 때에는 그 직무를 대행한다.

제41조(회의 및 의사) ① 위원장은 심의위원회의 회의를 소집하고 그 의장이 된다.

② 위원장은 식품의약품안전처장 또는 위원 3분의 1 이상의 요구가 있을 때에는 지체 없이 회의를 소집하여야 한다. <개정 2013. 3. 23.>

③ 회의는 재적위원 과반수의 출석으로 개의(開議)하고, 출석위원 과반수의 찬성으로 의결한다.

제42조(의견의 청취) 위원장은 심의위원회의 심의사항과 관련하여 필요한 경우에는 관계인을 출석시켜 의견을 들을 수 있다.

제43조(분과위원회) ① 심의위원회에 전문분야별로 분과위원회를 둘 수 있다.

② 분과위원회의 위원장은 분과위원회에서 심의·의결한 사항을 지체 없이 심의위원회의 위원장에게 보고하여야 한다.

③ 분과위원회의 회의 및 의사에 관하여는 제41조(회의 및 의사)를 준용한다. 이 경우 "심의위원회"는 "분과위원회"로 본다.

제44조(연구위원 등) ① 법 제58조제4항에 따라 심의위원회에 20명 이내의 연구위원을 둘 수 있다. <개정 2011. 12. 19.>

② 법 제58조제5항제4호에 따른 연구위원의 업무는 다음 각 호와 같다. <개정 2013. 3. 23.>

 1. 국제식품규격위원회에서 논의할 기준·규격의 제·개정안 발굴 및 제안

 2. 식품등의 국제 기준·규격에 관한 국내외 전문가 네트워크 구축 및 운영

 3. 국제식품규격위원회가 발행한 문서에 대한 번역본 발간 및 배포

 4. 그 밖에 식품등의 국제 기준·규격에 관한 사항으로서 식품의약품안전처장이 심의위원회에 조사·연구를 의뢰한 사항

③ 연구위원은 심의위원회의 회의에 출석하여 발언할 수 있다.

④ 연구위원은 식품등에 관한 학식과 경험이 풍부한 자 중에서 식품의약품안전처장이 임명한다. <개정 2013. 3. 23.>

제45조(간사) 심의위원회의 사무를 처리하기 위하여 심의위원회에 간사 1명을 두며, 식품의약품안전처장이 소속 공무원 중에서 임명한다. <개정 2013. 3. 23.>

제46조(수당과 여비) ① 심의위원회에 출석한 위원에게는 예산의 범위에서 식품의약품안전처장이 정하는 바에 따라 수당과 여비를 지급할 수 있다. 다만, 공무원인 위원이 그 소관 업무와 직접 관련하여 출석하는 경우에는 그러하지 아니하다. <개정 2013. 3. 23.>

② 식품의약품안전처장은 연구위원에게 예산의 범위에서 연구비와 여비 등을 지급할 수 있다. <개정 2013. 3. 23.>

제47조(운영세칙) 이 영에서 정하는 사항 외에 심의위원회의 운영에 관한 사항과 연구위원의 복무 등에 관하여 필요한 사항은 심의위원회의 의결을 거쳐 위원장이 정한다.

제10장 식품위생단체 등

제1절 동업자조합

제59조(설립) ① 영업자는 영업의 발전과 국민보건 향상을 위하여 대통령령으로 정하는 영업 또는 식품의 종류별로 동업자조합(이하 "조합"이라 한다)을 설립할 수 있다.

② 조합은 법인으로 한다.

③ 조합을 설립하려는 경우에는 대통령령으로 정하는 바에 따라 조합원 자격이 있는 자 10분의 1(20명을 초과하면 20명으로 한다) 이상의 발기인이 정관을 작성하여 식품의약품안전처장의 설립인

제48조(동업자조합 설립단위 등) ① 법 제59조제1항에서 "대통령령으로 정하는 영업"이란 제21조 각 호의 영업을 말한다.

② 법 제59조제1항에 따라 설립하는 동업자조합(이하 "조합"이라 한다)의 설립단위는 전국으로 한다. 다만, 지역 또는 영업의 특수성 등으로 인하여 전국적 조합 설립이 불가능하다고 식품의약품안전처장이 인정하는 경우에는 그러하지 아니하다. <개정 2013. 3. 23.>

제49조(설립인가의 신청) 법 제59조제3항에 따라 조합의 설립인가를 받으려는 자는 설립인가신청서에 다음 각 호의 서류를 첨부하여 식품의약품안전처장에게 제출하여야 한다. <개정 2013. 3. 23.>

 1. 창립총회의 회의록

 2. 정관

가를 받아야 한다. <개정 2013. 3. 23.>

④ 식품의약품안전처장은 제3항에 따라 설립인가의 신청을 받은 날부터 30일 이내에 설립인가 여부를 신청인에게 통지하여야 한다. <신설 2018. 12. 11.>

⑤ 식품의약품안전처장이 제4항에서 정한 기간 내에 인가 여부 또는 민원 처리 관련 법령에 따른 처리기간의 연장을 신청인에게 통지하지 아니하면 그 기간(민원 처리 관련 법령에 따라 처리기간이 연장 또는 재연장된 경우에는 해당 처리기간을 말한다)이 끝난 날의 다음 날에 인가를 한 것으로 본다. <신설 2018. 12. 11.>

⑥ 조합은 제3항에 따른 설립인가를 받는 날 또는 제5항에 따라 설립인가를 한 것으로 보는 날에 성립된다. <개정 2018. 12. 11.>

⑦ 조합은 정관으로 정하는 바에 따라 하부조직을 둘 수 있다. <개정 2018. 12. 11.>

3. 사업계획서 및 수지예산서
4. 재산목록
5. 임원명부
6. 임원의 취임승낙서
7. 임원의 이력서
8. 임원의 주민등록증 사본 등 신원을 확인할 수 있는 증명서 사본

제60조(조합의 사업) 조합은 다음 각 호의 사업을 한다. <개정 2013. 3. 23.>

1. 영업의 건전한 발전과 조합원 공동의 이익을 위한 사업
2. 조합원의 영업시설 개선에 관한 지도
3. 조합원을 위한 경영지도
4. 조합원과 그 종업원을 위한 교육훈련
5. 조합원과 그 종업원의 복지증진을 위한 사업
6. 식품의약품안전처장이 위탁하는 조사·연구 사업
7. 조합원의 생활안정과 복지증진을 위한 공제사업
8. 제1호부터 제5호까지에 규정된 사업의 부대사업

제60조의2(조합의 공제회 설립·운영) ① 조합은 조합원의 생활안정과 복지증진을 도모하기 위하여 식품의약품안전처장의 인가를 받아 공제회를 설립하여 공제사업을 영위할 수 있다. <개정 2017. 12. 19.>

② 공제회의 구성원(이하 "공제회원"이라 한다)은 공제사업에 필요한 출자금을 납부하여야 한다.

③ 공제회의 설립인가 절차, 운영 등에 관하여 필요한 사항은 대통령령으로 정한다. <개정 2017. 12. 19.>

④ 조합이 제1항에 따라 공제사업을 하기 위하여 공제회를 설립하고자 하는 때에는 공제회원의 자격에 관한 사항, 출자금의 부담기준, 공제방법, 공제사업에 충당하기 위한 책임준비금 및 비상위험준비금 등 공제회의 운영에 관하여 필요한 사항을 포함하는 공제정관을 작성하여 식품의약품안전처장의 인

제49조의2(공제회 설립인가 등) ① 조합은 법 제60조의2에 따라 공제회의 설립인가를 받으려면 공제회 설립인가 신청서에 공제회의 구성원(이하 "공제회원"이라 한다)의 자격, 출자금의 부담기준, 공제방법, 공제사업에 충당하기 위한 책임준비금 및 비상위험준비금 등 공제회의 운영에 필요한 사항을 정한 공제정관을 첨부하여 식품의약품안전처장에게 신청하여야 한다. <개정 2018. 5. 15.>

② 공제회는 매 사업연도 말에 책임준비금, 비상위험준비금 및 지급준비금을 계상(計上)하고 적립하여야 한다. <개정 2018. 5. 15.>

③ 삭제 <2018. 5. 15.>

④ 법 제60조의3제6호에서 "대통령령으로 정하는 수익사업"이란 다음 각 호의 사업을 말한다.

가를 받아야 한다. 공제정관을 변경하고자 하는 때에도 또한 같다. <개정 2017. 12. 19.>

⑤ 공제회는 법인으로 하며, 주된 사무소의 소재지에서 설립등기를 함으로써 성립한다. <신설 2017. 12. 19.>

　　[제목개정 2017. 12. 19.]

1. 공제회원에 대한 융자 사업
2. 공제회원에 대한 경영컨설팅 사업
3. 그 밖에 공제회원의 생활안정과 복지증진을 위한 사업

⑤ 법 제60조의4제2항에서 "조사기간, 조사범위, 조사담당자, 관계 법령 등 대통령령으로 정하는 사항"이란 다음 각 호의 사항을 말한다. <신설 2016. 7. 26.>
1. 조사목적
2. 조사기간 및 대상
3. 조사의 범위 및 내용
4. 조사담당자의 성명 및 소속
5. 제출자료의 목록
6. 그 밖에 해당 조사와 관련하여 필요한 사항
　　[제목개정 2018. 5. 15.]

제60조의3(공제사업의 내용) 공제회는 다음 각 호의 사업을 한다.
1. 공제회원에 대한 공제급여 지급
2. 공제회원의 복리·후생 향상을 위한 사업
3. 기금 조성을 위한 사업
4. 식품위생 영업자의 경영개선을 위한 조사·연구 및 교육 사업
5. 식품위생단체 등의 법인에의 출연
6. 공제회의 목적달성에 필요한 대통령령으로 정하는 수익사업

제60조의4(공제회에 대한 감독) ① 식품의약품안전처장은 공제회에 대하여 감독상 필요한 경우에는 그 업무에 관한 사항을 보고하게 하거나 자료의 제출을 명할 수 있으며, 소속 공무원으로 하여금 장부·서류, 그 밖의 물건을 검사하게 할 수 있다. <개정 2017. 12. 19.>

② 제1항에 따라 조사 또는 검사를 하는 공무원 등은 그 권한을 표시하는 증표 및 조사기간, 조사범위, 조사담당자, 관계 법령 등 대통령령으로 정하는 사항이 기재된 서류를 가지고 이를 관계인에게 보여주어야 한다. <개정 2016. 2. 3.>

③ 식품의약품안전처장은 공제회의 운영이 적정하지 아니하거나 자산상황이 불량하여 공제회원 등의 권익을 해칠 우려가 있다고 인정하면 업무집행방법 및 자산예탁기관의 변경, 가치가 없다고 인정되는 자산의 손실처리 등 필요한 조치를 명할 수 있다. <개정 2017. 12. 19.>

④ 공제회가 제3항의 개선명령을 이행하지 아니한 경우 식품의약품안전처장은 공제회의 임직원의 징계·해임을 요구할 수 있다. <개정 2017. 12. 19.>

제61조(대의원회) ① 조합원이 500명을 초과하는 조합은 정관으로 정하는 바에 따라 총회를 갈음할 수 있는 대의원회를 둘 수 있다.

② 대의원은 조합원이어야 한다.

제62조(다른 법률의 준용) ① 조합에 관하여 이 법에서 규정하지 아니한 것에 대하여는 「민법」 중 사단법인에 관한 규정을 준용한다. <개정 2019. 4. 30.>

② 공제회에 관하여 이 법에서 규정하지 아니한 것에 대해서는 「민법」 중 사단법인에 관한 규정과 「상법」 중 주식회사의 회계에 관한 규정을 준용한다. <신설 2019. 4. 30.>

　　[제목개정 2019. 4. 30..]

제63조(자율지도원 등) ① 조합은 조합원의 영업시설 개선과 경영에 관한 지도 사업 등을 효율적으로 수행하기 위하여 자율지도원을 둘 수 있다.	제50조(자율지도원의 임명 및 직무 등) ① 조합은 법 제63조제1항에 따라 정관으로 정하는 자격기준에 해당하는 자를 자율지도원으로 둘 수 있다. ② 제1항에 따른 자율지도원은 정관으로 정하는 바에 따라 해당 조합의

② 조합의 관리 및 운영 등에 필요한 기준은 대통령령으로 정한다.

장이 임명한다.
③ 제1항에 따른 자율지도원은 소속된 조합의 조합원에 대하여 다음 각 호의 사항에 관한 직무를 수행한다.
  1. 법 제36조(시설기준)에 따른 시설기준에 관한 지도
  2. 영업자 및 그 종업원의 위생교육, 건강진단, 그 밖에 위생관리의 지도
  3. 법 제44조(영업자 등의 준수사항)에 따른 영업자의 준수사항 이행 지도 및 법 제37조제2항(조건부 허가 조건 이행)에 따른 조건부 허가에 따른 조건 이행 지도
  4. 그 밖에 정관으로 정하는 식품위생 지도에 관한 사항

제2절 식품산업협회

제64조(설립) ① 식품산업의 발전과 식품위생의 향상을 위하여 한국식품산업협회(이하 "협회"라 한다)를 설립한다. <개정 2011. 8. 4.>
② 제1항에 따라 설립되는 협회는 법인으로 한다.
③ 협회의 회원이 될 수 있는 자는 영업자 중 식품 또는 식품첨가물을 제조·가공·운반·판매·보존하는 자 및 그 밖에 식품 관련 산업을 운영하는 자로 한다. <개정 2011. 8. 4.>
④ 협회에 관하여 이 법에서 규정하지 아니한 것에 대하여는 「민법」 중 사단법인에 관한 규정을 준용한다.

제65조(협회의 사업) 협회는 다음 각 호의 사업을 한다. <개정 2011. 8. 4.>
  1. 식품산업에 관한 조사·연구
  2. 식품 및 식품첨가물과 그 원재료(原材料)에 대한 시험·검사 업무
  3. 식품위생과 관련한 교육
  4. 영업자 중 식품이나 식품첨가물을 제조·가공·운반·판매 및 보존하는 자의 영업시설 개선에 관한 지도
  5. 회원을 위한 경영지도
  6. 식품안전과 식품산업 진흥 및 지원·육성에 관한 사업
  7. 제1호부터 제5호까지에 규정된 사업의 부대사업

제66조(준용) 협회에 관하여는 제63조제1항을 준용한다. 이 경우 "조합"은 "협회"로, "조합원"은 "협회의 회원"으로 본다.

제3절 식품안전정보원

제67조(식품안전정보원의 설립) ① 식품의약품안전처장의 위탁을 받아 제49조(식품이력추적관리 등록기준 등)에 따른 식품이력추적관리업무와 식품안전에 관한 업무 중 제68조제1항 각 호에 관한 업무를 효율적으로 수행하기 위하여 식품안전정보원(이하 "정보원"이라 한다)을 둔다. <개정 2013. 3. 23.>
② 정보원은 법인으로 한다. <개정 2011. 8. 4.>
③ 정보원의 정관에는 다음 각 호의 사항을 기재하여야 한다. <신설 2018. 12. 11.>
  1. 목적
  2. 명칭
  3. 주된 사무소가 있는 곳
  4. 자산에 관한 사항
  5. 임원 및 직원에 관한 사항
  6. 이사회의 운영
  7. 사업범위 및 내용과 그 집행

제85조(식품안전정보원 사업계획서 제출) 법 제67조제1항에 따른 식품안전정보원(이하 "정보원"으로 한다)은 법 제69조(사업계획서 등의 제출)에 따라 매 사업연도 시작 전까지 다음 연도의 사업계획서와 다음 각 호의 서류를 첨부한 예산서에 대하여 이사회의 의결을 거친 후 식품의약품안전처장에게 승인을 받아야 한다. 이를 변경할 때에도 또한 같다. <개정 2013. 3. 23.>
  1. 추정대차대조표
  2. 추정손익계산서
  3. 자금의 수입·지출 계획서

8. 회계 9. 공고의 방법 10. 정관의 변경 11. 그 밖에 정보원의 운영에 관한 중요 사항 ④정보원이 정관의 기재사항을 변경하려는 경우에는 식품의약품안전처장의 인가를 받아야 한다. <신설 2018. 12. 11.> ⑤ 정보원에 관하여 이 법에서 규정된 것 외에는「민법」중 재단법인에 관한 규정을 준용한다. <개정 2018. 12. 11.>		

제68조(정보원의 사업) ① 정보원은 다음 각 호의 사업을 한다. <개정 2016. 2. 3.>
1. 국내외 식품안전정보의 수집·분석·정보제공 등
1의2. 식품안전정책 수립을 지원하기 위한 조사·연구 등
2. 식품안전정보의 수집·분석 및 식품이력추적관리 등을 위한 정보시스템의 구축·운영 등
3. 식품이력추적관리의 등록·관리 등
4. 식품이력추적관리에 관한 교육 및 홍보
5. 식품사고가 발생한 때 사고의 신속한 원인규명과 해당 식품의 회수·폐기 등을 위한 정보제공
6. 식품위해정보의 공동활용 및 대응을 위한 기관·단체·소비자단체 등과의 협력 네트워크 구축·운영
7. 소비자 식품안전 관련 신고의 안내·접수·상담 등을 위한 지원
8. 그 밖에 식품안전정보 및 식품이력추적관리에 관한 사항으로서 식품의약품안전처장이 정하는 사업
② 식품의약품안전처장은 정보원의 설립·운영 등에 필요한 비용을 지원할 수 있다. <개정 2013. 3. 23.>

제69조(사업계획서 등의 제출) ① 정보원은 총리령으로 정하는 바에 따라 매 사업연도 개시 전에 사업계획서와 예산서를 식품의약품안전처장에게 제출하여 승인을 받아야 한다. <개정 2013. 3. 23.>
② 정보원은 식품의약품안전처장이 지정하는 공인회계사의 검사를 받은 매 사업연도의 세입·세출결산서를 식품의약품안전처장에게 제출하여 승인을 받아 결산을 확정한 후 그 결과를 다음 사업연도 5월 말까지 국회에 보고하여야 한다. <개정 2013. 3. 23.>

제70조(지도·감독 등) ① 식품의약품안전처장은 정보원에 대하여 감독상 필요한 때에는 그 업무에 관한 사항을 보고하게 하거나 자료의 제출, 그 밖에 필요한 명령을 할 수 있고, 소속 공무원으로 하여금 그 사무소에 출입하여 장부·서류 등을 검사하게 할 수 있다. <개정 2013. 3. 23.> ② 제1항에 따라 출입·검사를 하는 공무원은 그 권한을 표시하는 증표 및 조사기간, 조사범위, 조사담당자, 관계 법령 등 대통령령으로 정하는 사항이 기재된 서류를 지니고 이를 관계인에게 내보여야 한다. <개정 2016. 2. 3.> ③ 정보원에 대한 지도·감독에 관하여 그 밖에 필요한 사항은 총리령	제50조의2(식품안전정보원에 대한 출입·검사 시 제시하는 서류의 기재사항) 법 제70조제2항에서 "조사기간, 조사범위, 조사담당자, 관계 법령 등 대통령령으로 정하는 사항"이란 다음 각 호의 사항을 말한다. 1. 조사목적 2. 조사기간 및 대상 3. 조사의 범위 및 내용 4. 조사담당자의 성명 및 소속	 제86조(정보원에 대한 지도·감독) ① 식품의약품안전처장은 법 제70조

으로 정한다. <개정 2013. 3. 23.>

5. 제출자료의 목록
6. 그 밖에 해당 조사와 관련하여 필요한 사항
[본조신설 2016. 7. 26.]

제3항에 따라 정보원에 대하여 매년 1회 이상 다음 각 호의 사항을 지도·감독하여야 한다. <개정 2013. 3. 23.>
   1. 법 제68조에 따른 정보원의 사업에 관한 사항
   2. 운영예산 편성·집행의 적정 여부
   3. 운영 장비 관리의 적정 여부
   4. 그 밖에 식품의약품안전처장이 필요하다고 인정한 사항
② 식품의약품안전처장은 정보원의 사업과 관련하여 필요한 경우에는 정보원의 장에게 관련 업무의 처리 상황을 보고하게 할 수 있다. <개정 2013. 3. 23.>

제4절 한국식품안전관리인증원

삭제 <2016. 2. 3.>

제70조의2 삭제 <2016. 2. 3.>
제70조의3 삭제 <2016. 2. 3.>
제70조의4 삭제 <2016. 2. 3.>
제70조의5 삭제 <2016. 2. 3.>
제70조의6 삭제 <2016. 2. 3.>

제50조의3 삭제 <2017. 12. 12.>

제86조의2(식품안전관리인증원의 사업계획서 제출) 법 제70조의2제1항에 따른 한국식품안전관리인증원은 법 제70조의4제2항에 따라 매 사업연도 시작 전까지 다음 연도의 사업계획서와 다음 각 호의 서류를 첨부한 예산서에 대하여 이사회의 의결을 거친 후 식품의약품안전처장에게 승인을 받아야 한다. 이를 변경할 때에도 또한 같다.
   1. 추정대차대조표
   2. 추정손익계산서
   3. 자금의 수입·지출 계획서
[본조신설 2015. 8. 18.]

제5절 건강 위해가능 영양성분 관리

<신설 2016. 5. 29.>

제70조의7(건강 위해가능 영양성분 관리) ① 국가 및 지방자치단체는 식품의 나트륨, 당류, 트랜스지방 등 영양성분(이하 "건강 위해가능 영양성분"이라 한다)의 과잉섭취로 인한 국민보건상 위해를 예방하기 위하여 노력하여야 한다.
② 식품의약품안전처장은 관계 중앙행정기관의 장과 협의하여 건강 위해가능 영양성분 관리 기술의 개발·보급, 적정섭취를 위한 실천방

제50조의4(건강 위해가능 영양성분의 종류) 법 제70조의7제1항에 따른 건강 위해가능 영양성분의 종류는 다음 각 호와 같다.
   1. 나트륨
   2. 당류
   3. 트랜스지방
[본조신설 2016. 11. 22.]

제86조의3(건강 위해가능 영양성분 관리 및 지원) 식품의약품안전처장은 시·도지사 또는 시장·군수·구청장이 법 제70조의7제1항에 따라 노인·장애인 등 사회적 취약계층이 이용하는 단체급식에 대하여 식품의약품안전처장이 정하여 고시하는 바에 따라 건강 위해가능 영양성분 관리 사업을 수행하는 경우에는 예산의 범위에서 경비의 일부를 보조하거나 그 밖의

법의 교육·홍보 등을 실시하여야 한다.

③ 건강 위해가능 영양성분의 종류는 대통령령으로 정한다.

　[본조신설 2016. 5. 29.]

제70조의8(건강 위해가능 영양성분 관리 주관기관 설립·지정) ① 식품의약품안전처장은 건강 위해가능 영양성분 관리를 위하여 다음 각 호의 사업을 주관하여 수행할 기관(이하 "주관기관"이라 한다)을 설립하거나 건강 위해가능 영양성분 관리와 관련된 사업을 하는 기관·단체 또는 법인을 주관기관으로 지정할 수 있다.

1. 건강 위해가능 영양성분 적정 섭취 실천방법 교육·홍보 및 국민 참여 유도
2. 건강 위해가능 영양성분 함량 모니터링 및 정보제공
3. 건강 위해가능 영양성분을 줄인 급식과 외식, 가공식품 생산 및 구매 활성화
4. 건강 위해가능 영양성분 관리 실천사업장 운영 지원
5. 그 밖에 식품의약품안전처장이 필요하다고 인정하는 건강 위해가능 영양성분 관리사업

② 식품의약품안전처장은 주관기관에 대하여 예산의 범위에서 설립·운영 및 제1항 각 호의 사업을 수행하는 데 필요한 경비의 전부 또는 일부를 지원할 수 있다.

③ 제1항에 따라 설립되는 주관기관은 법인으로 한다.

④ 제1항에 따라 설립되는 주관기관에 관하여 이 법에서 규정된 것을 제외하고는 「민법」 중 재단법인에 관한 규정을 준용한다.

⑤ 식품의약품안전처장은 제1항에 따라 지정된 주관기관이 다음 각 호의 어느 하나에 해당하는 경우 지정을 취소할 수 있다. 다만, 제1호에 해당하는 경우에는 지정을 취소하여야 한다.

1. 거짓이나 그 밖의 부정한 방법으로 지정을 받은 경우
2. 제6항에 따른 지정기준에 적합

제50조의5(주관기관의 지정 및 지정 취소의 기준·절차 등) ① 법 제70조의8제1항에 따른 주관기관(이하 "주관기관"이라 한다)으로 지정을 받으려는 자는 총리령으로 정하는 지정신청서(전자문서로 된 신청서를 포함한다)에 다음 각 호의 서류(전자문서를 포함한다)를 첨부하여 식품의약품안전처장에게 제출하여야 한다.

1. 정관 또는 이에 준하는 사업운영규정
2. 제2항제2호에 따른 요건을 갖추었음을 증명하는 서류
3. 법 제70조의8제1항 각 호의 사업에 관한 사업계획서

② 주관기관의 지정기준은 다음 각 호와 같다.

1. 법 제70조의8제1항 각 호의 사업을 주된 업무로 하는 비영리 목적의 기관·단체 또는 법인일 것
2. 법 제70조의8제1항 각 호의 사업을 수행할 수 있는 전담인력과 조직 등 식품의약품안전처장이 정하여 고시하는 요건을 갖출 것

③ 식품의약품안전처장은 법 제70조의8제1항에 따라 주관기관을 지정한 경우에는 총리령으로 정하는 주관기관 지정서를 발급하여야 한다.

④ 법 제70조의8제1항에 따라 주관기관으로 지정을 받은 자는 그 명칭, 대표자 또는 소재지 중 어느 하나가 변경된 경우에는 총리령으로 정하는 변경지정신청서(전자문서로 된 신청서를 포함한다)에 다음 각 호의 서류(전자문서를 포함한다)를 첨부하여 식품의약품안전처장에게 제출하여야 한다.

1. 주관기관 지정서
2. 변경된 사항을 증명하는 서류

필요한 지원을 할 수 있다.

　[본조신설 2019. 11. 20.]

제86조의4(주관기관 지정신청서 등) ① 영 제50조의5제1항에 따른 지정신청서는 별지 제63호의2서식과 같다.

② 영 제50조의5제3항에 따른 주관기관 지정서는 별지 제63호의3서식과 같다.

③ 영 제50조의5제4항에 따른 변경지정신청서는 별지 제63호의4서식과 같다.

　[본조신설 2016. 11. 30.]

하지 아니하게 된 경우
⑥ 주관기관의 설립, 지정 및 지정취소의 기준·절차 등에 필요한 사항은 대통령령으로 정한다.
　[본조신설 2016. 5. 29.]
제70조의9(사업계획서 등의 제출) 주관기관은 총리령으로 정하는 바에 따라 전년도의 사업 실적보고서와 해당 연도의 사업계획서를 작성하여 식품의약품안전처장에게 제출하여야 한다. 다만, 제70조의8제1항에 따라 지정된 주관기관의 경우 같은 항 각 호의 사업 수행과 관련된 사항으로 한정한다.
　[본조신설 2016. 5. 29.]
제70조의10(지도·감독 등) ① 식품의약품안전처장은 주관기관에 대하여 감독상 필요한 때에는 그 업무에 관한 사항을 보고하게 하거나 자료의 제출, 그 밖에 필요한 명령을 할 수 있다. 다만, 제70조의8제1항에 따라 지정된 주관기관에 대한 지도·감독은 같은 항 각 호의 사업 수행과 관련된 사항으로 한정한다.
② 주관기관에 대한 지도·감독에 관하여 그 밖에 필요한 사항은 총리령으로 정한다.
　[본조신설 2016. 5. 29.]

⑤ 식품의약품안전처장은 제1항에 따른 지정신청 또는 제4항에 따른 변경지정신청을 받은 경우에는 「전자정부법」 제36조제1항에 따른 행정정보의 공동이용을 통하여 법인 등기사항증명서(법인인 경우로 한정한다)를 확인하여야 한다.
⑥ 식품의약품안전처장은 제4항에 따른 변경지정신청이 적합하다고 인정되는 경우에는 주관기관 지정서에 변경된 사항을 적어 내주어야 한다.
⑦ 주관기관의 장은 법 제70조의8 제5항에 따라 지정이 취소된 경우에는 주관기관 지정서를 식품의약품안전처장에게 반납하여야 한다.
⑧ 제1항부터 제3항까지의 규정에서 정한 사항 외에 주관기관의 지정 절차 등에 관하여 필요한 세부사항은 식품의약품안전처장이 정한다.
　[본조신설 2016. 11. 22.]

제86조의5(사업계획서 등의 제출) ① 주관기관은 법 제70조의9에 따라 다음 각 호의 서류를 첨부한 전년도 사업 실적보고서와 해당 연도의 사업계획서를 작성하여 매년 1월 말까지 식품의약품안전처장에게 제출하여야 한다.
　1. 예산서
　2. 추정대차대조표
　3. 추정손익계산서
　4. 자금의 수입·지출계획서
② 주관기관은 제1항에 따라 제출한 사업계획서를 변경하려는 경우에는 변경 내용 및 사유를 적은 서류를 식품의약품안전처장에게 제출하여야 한다.
　[본조신설 2016. 11. 30.]
제86조의6(주관기관에 대한 지도·감독) 식품의약품안전처장은 법 제70조의10에 따라 주관기관에 대하여 매년 1회 이상 다음 각 호의 사항을 지도·감독하여야 한다.
　1. 법 제70조의8제1항 각 호에 따른 주관기관의 사업에 관한 사항
　2. 예산편성·집행의 적정 여부에 관한 사항
　3. 그 밖에 식품의약품안전처장이 주관기관의 지도·감독을 위하여 필요하다고 인정하는 사항
　[본조신설 2016. 11. 30.]

제11장 시정명령과 허가취소 등 행정 제재

제71조(시정명령) ① 식품의약품안전처장, 시·도지사 또는 시장·군수·구청장은 제3조(식품 등의 취급)에 따른 식품등의 위생적 취급에 관한 기준에 맞지 아니하게 영업하는 자와 이 법을 지키지 아니하는 자에게는 필요한 시정을 명하여야 한다. <개정 2013. 3. 23.>
② 식품의약품안전처장, 시·도지사 또는 시장·군수·구청장은 제1항의 시정명령을 한 경우에는 그 영업을 관할하는 관서의 장에게 그 내용을 통보하여 시정명령이 이행되도록 협조를 요청할 수 있다. <개정 2013. 3. 23.>
③ 제2항에 따라 요청을 받은 관계 기관의 장은 정당한 사유가 없으면 이에 응하여야 하며, 그 조치결과를 지체 없이 요청한 기관의 장에게 통보하여야 한다. <신설 2011. 6. 7.>

제72조(폐기처분 등) ① 식품의약품안전처장, 시·도지사 또는 시장·군수·구청장은 영업자(「수입식품안전관리 특별법」 제15조에

제87조(압류 등) ① 관계 공무원이 법 제72조에 따라 식품등을 압류한 경우에는 **별지 제16호서식**의 압류

따라 등록한 수입식품등 수입·판매업자를 포함한다. 이하 이 조에서 같다)가 제4조(위해식품등의 판매 등 금지), 제5조(병든 동물 고기 등의 판매 등 금지), 제6조(기준·규격이 고시되지 아니한 화학적 합성품 등의 판매 등 금지), 제7조제4항(기준 규격에 맞지 아니하는 식품 또는 식품첨가물의 판매 금지 등), 제8조(유독기구 등의 판매·사용 금지), 제9조제4항(기준 규격에 맞지 아니한 기구 및 용기·포장의 판매 등 금지), 제12조의2제2항(유전자재조합식품등의 표시 에 따라 표시하여야 하는 유전자재조합식품등은 표시가 없으면 판매 등 금지) 또는 제44조제1항제3호(유통기한이 경과된 제품 판매 또는 식품의 제조·가공·조리에 사용하지 말 것)를 위반한 경우에는 관계 공무원에게 그 식품등을 압류 또는 폐기하게 하거나 용도·처리방법 등을 정하여 영업자에게 위해를 없애는 조치를 하도록 명하여야 한다. <개정 2018. 12. 11.>

증을 발급하여야 한다.
② 법 제72조제3항에 따른 회수에 관하여는 제59조를 준용한다. <신설 2017. 1. 4.>
③ 법 제72조제4항에 따라 압류나 폐기를 하는 공무원의 권한을 표시하는 증표는 별지 제18호서식에 따른다. <개정 2017. 1. 4.>

② 식품의약품안전처장, 시·도지사 또는 시장·군수·구청장은 제37조제1항(영업허가 등), 제4항(영업의 신고) 또는 제5항(영업의 등록)을 위반하여 허가받지 아니하거나 신고 또는 등록하지 아니하고 제조·가공·조리한 식품 또는 식품첨가물이나 여기에 사용한 기구 또는 용기·포장 등을 관계 공무원에게 압류하거나 폐기하게 할 수 있다. <개정 2013. 3. 23.>
③ 식품의약품안전처장, 시·도지사 또는 시장·군수·구청장은 식품위생상의 위해가 발생하였거나 발생할 우려가 있는 경우에는 영업자에게 유통 중인 해당 식품등을 회수·폐기하게 하거나 해당 식품등의 원료, 제조 방법, 성분 또는 그 배합 비율을 변경할 것을 명할 수 있다. <개정 2013. 3. 23.>
④ 제1항 및 제2항에 따른 압류나 폐기를 하는 공무원은 그 권한을 표시하는 증표 및 조사기간, 조사범위, 조사담당자, 관계 법령 등 대통령령으로 정하는 사항이 기재된 서류를 지니고 이를 관계인에게 내보여야 한다. <개정 2016. 2. 3.>
⑤ 제1항 및 제2항에 따른 압류 또는 폐기에 필요한 사항과 제3항에 따른 회수·폐기 대상 식품등의 기준 등은 총리령으로 정한다. <개정 2013. 3. 23.>
⑥ 식품의약품안전처장, 시·도지사 및 시장·군수·구청장은 제1항에 따라 폐기처분명령을 받은 자가 그 명령을 이행하지 아니하는 경우에는 「행정대집행법」에 따라 대집행을 하고 그 비용을 명령위반자로부터 징수할 수 있다. <개정 2013. 3. 23.>

제50조의6(식품등의 압류·폐기 시 제시하는 서류의 기재사항) 법 제72조제4항에서 "조사기간, 조사범위, 조사담당자, 관계 법령 등 대통령령으로 정하는 사항"이란 다음 각 호의 사항을 말한다.
1. 조사목적
2. 조사기간 및 대상
3. 조사의 범위 및 내용
4. 조사담당자의 성명 및 소속
5. 압류·폐기 대상 제품
6. 조사 관계 법령
7. 그 밖에 해당 조사와 관련하여 필요한 사항
[본조신설 2016. 7. 26.]

제73조(위해식품등의 공표) ① 식	제51조(위해식품등의 공표방법)	제88조(위해식품등의 긴급회수문)
품의약품안전처장, 시·도지사 또는 시장·군수·구청장은 다음 각 호의 어느 하나에 해당되는 경우에는 해당 영업자에 대하여 그 사실의 공표를 명할 수 있다. 다만, 식품위생에 관한 위해가 발생한 경우에는 공표를 명하여야 한다. <개정 2018. 3. 13.> 1. 제4조(위해식품등의 판매 등 금지), 제5조(병든 동물 고기 등의 판매 등 금지), 제6조(기준·규격이 고시되지 아니한 화학적 합성품 등의 판매 등 금지), 제7조제4항(기준 규격에 맞지 아니하는 식품 또는 식품첨가물의 판매 금지 등), 제8조(유독기구 등의 판매·사용 금지) 또는 제9조제4항(기준 규격에 맞지 아니한 기구 및 용기·포장의 판매 등 금지) 등을 위반하여 식품위생에 관한 위해가 발생하였다고 인정되는 때 2. 제45조제1항(위해식품등의 회수) 또는 「식품 등의 표시·광고에 관한 법률」제15조(위해식품 등의 회수 및 폐기처분 등)제2항에 따른 회수계획을 보고받은 때 ② 제1항에 따른 공표방법 등 공표에 관하여 필요한 사항은 대통령령으로 정한다.	① 법 제73조제1항에 따라 위해식품 등의 공표명령을 받은 영업자는 지체 없이 위해 발생사실 또는 다음 각 호의 사항이 포함된 위해식품등의 긴급회수문을 「신문 등의 진흥에 관한 법률」제9조제1항에 따라 등록한 전국을 보급지역으로 하는 1개 이상의 일반일간신문[당일 인쇄·보급되는 해당 신문의 전체 판(版)을 말한다. 이하 같다]에 게재하고, 식품의약품안전처의 인터넷 홈페이지에 게재를 요청하여야 한다. <개정 2013. 3. 23.> 1. 식품등을 회수한다는 내용의 표제 2. 제품명 3. 회수대상 식품등의 제조일·수입일 또는 유통기한·품질유지기한 4. 회수 사유 5. 회수방법 6. 회수하는 영업자의 명칭 7. 회수하는 영업자의 전화번호, 주소, 그 밖에 회수에 필요한 사항 ② 제1항에 따른 공표에 관한 세부사항은 총리령으로 정한다. <개정 2013. 3. 23.>	① 영 제51조제1항에 따른 위해식품 등의 긴급회수문의 내용 및 작성요령 등은 **별표 22**와 같다. ② 영 제51조제1항에 따라 위해 발생사실 또는 위해식품등의 긴급회수문을 공표한 영업자는 다음 각 호의 사항이 포함된 공표 결과를 지체 없이 허가관청 또는 신고관청에 통보하여야 한다. <개정 2015. 8. 18.> 1. 공표일 2. 공표매체 3. 공표횟수 4. 공표문 사본 또는 내용

시행규칙 [별표 22]

위해식품 등의 긴급회수문(제88조제1항 관련)

1. 긴급회수문의 크기
   가. 일반일간신문 게재용 : 5단 10센티미터 이상
   나. 인터넷 홈페이지 게재용 : 긴급회수문의 내용이 잘 보이도록 크기 조정 가능
2. 긴급회수문의 내용

위해식품등 긴급회수

「식품위생법」제45조에 따라 아래의 식품 등을 긴급회수합니다.

가. 회수제품명 :
나. 제조일·유통기한 또는 품질유지기한 :
　※ 제조번호 또는 롯트번호로 제품을 관리하는 업소는 그 관리번호를 함께 기재
다. 회수사유 :
라. 회수방법 :

마. 회수영업자 :

바. 영업자주소 :

사. 연락처 :

아. 그 밖의 사항 : 위해식품등 긴급회수관련 협조 요청

　○ 해당 회수식품등을 보관하고 있는 판매자는 판매를 중지하고 회수 영업자에게 반품하여 주시기 바랍니다.

　○ 해당 제품을 구입한 소비자께서는 그 구입한 업소에 되돌려 주시는 등 위해식품 회수에 적극 협조하여 주시기 바랍니다.

제74조(시설 개수명령 등) ① 식품의약품안전처장, 시·도지사 또는 시장·군수·구청장은 영업시설이 제36조(시설기준)에 따른 시설기준에 맞지 아니한 경우에는 기간을 정하여 그 영업자에게 시설을 개수(改修)할 것을 명할 수 있다. <개정 2013. 3. 23.>

② 건축물의 소유자와 영업자 등이 다른 경우 건축물의 소유자는 제1항에 따른 시설 개수명령을 받은 영업자 등이 시설을 개수하는 데에 최대한 협조하여야 한다.

제75조(허가취소 등) ① 식품의약품안전처장 또는 특별자치시장·특별자치도지사·시장·군수·구청장은 영업자가 다음 각 호의 어느 하나에 해당하는 경우에는 대통령령으로 정하는 바에 따라 영업허가 또는 등록을 취소하거나 6개월 이내의 기간을 정하여 그 영업의 전부 또는 일부를 정지하거나 영업소 폐쇄(제37조제4항에 따라 신고한 영업만 해당한다. 이하 이 조에서 같다)를 명할 수 있다. 다만, 식품접객영업자가 제13호(제44조제2항에 관한 부분만 해당한다)를 위반한 경우로서 청소년의 신분증 위조·변조 또는 도용으로 식품접객영업자가 청소년인 사실을 알지 못하였거나 폭행 또는 협박으로 청소년임을 확인하지 못한 사정이 인정되는 경우에는 대통령령으로 정하는 바에 따라 해당 행정처분을 면제할 수 있다. <개정 2019. 4. 30.>

　1. 제4조(위해식품 등의 판매 등 금지), 제5조(병든 동물고기 등의 판매 등 금지), 제6조(기준·규격이 고시되지 아니한 화학적 합성품등의 판매 등 금지), 제7조제4항(기준과 규격에 맞지 않는 식품 또는 식품첨가물의 판매 등 금지), 제8조(유독기구 등의 판매·사용금지), 제9조제4항(기준과 규격에 맞지 않는 기구 및 용기·포장의 판매 등 금지) 또는 제12

제52조(허가취소 등) ① 다음 각 호의 처분은 처분 사유 및 처분 내용 등이 기재된 서면으로 하여야 한다. <개정 2011. 12. 19.>

　1. 법 제75조(허가취소 등)에 따른 영업허가 취소, 등록취소, 영업정지 또는 영업소 폐쇄 처분

　2. 법 제76조(품목 제조정지 등)에 따른 품목·품목류 제조정지 처분

　3. 법 제80조(면허취소 등)에 따른 조리사 또는 영양사의 면허취소 또는 업무정지 처분

② 제1항에 따른 처분을 하기 위하여 법 제81조(청문)에 따른 청문을 하거나 「행정절차법」 제27조에 따른 의견제출을 받았을 때에는 특별한 사유가 없으면 그 절차를 마친 날부터 14일 이내에 처분을 하여야 한다.

③ 식품의약품안전처장 또는 특별자치시장·특별자치도지사·시장·군수·구청장은 법 제75조제1항 각 호 외의 부분 단서에 따라 식품접객영업자가 법 제44조제2항을 위반한 경우로서 청소년(「청소년 보호법」 제2조제1호에 따른 청소년을 말한다. 이하 같다)의 신분증 위조·변조 또는 도용으로 청소년인 사실을 알지 못했거나 폭행 또는 협박으로 청소년임을 확인하지 못한 사정이 인정되어 불기소 처분이나 선고유예 판결을 받은 경우에는 해당 행정처분을 면제한다. <신설 2019. 5. 21.>

제89조(행정처분의 기준) 법 제71조(시정명령), 법 제72조(폐기처분 등), 법 제74조(시설 개수명령 등), 법 제75조(허가취소 등), 법 제76조(품목 제조정지 등) 및 법 제80조(면허취소 등)에 따른 행정처분의 기준은 **별표 23**과 같다.

제90조(영업소 폐쇄 등의 게시) 허가관청, 신고관청 또는 등록관청은 법 제75조(허가취소 등)에 따라 영업허가취소, 영업등록취소, 영업정지 또는 영업소의 폐쇄처분을 한 경우 영업소명, 처분 내용, 처분기간 등을 적은 **별지 제63호의5서식**의 게시문을 해당 처분을 받은 영업소의 출입구나 그 밖의 잘 보이는 곳에 붙여두어야 한다. <개정 2016. 11. 30.>

제91조(행정처분대장 등) ① 식품의약품안전처장, 지방식품의약품안전청장 또는 허가관청·신고관청·등록관청은 법 제71조(시정명령), 법 제72조(폐기처분 등), 법 제74조(시설 개수명령 등), 법제75조(허가취소 등), 법 제76조(품목 제조정지 등), 법 제79조(폐쇄조치 등)및 법 제80조(면허취소 등)에 따라 행정처분을 한 경우와 법 제81조(청문)에 따른 청문을 한 경우에는 별지 제64호서식의 행정처분 및 청문대장에 그 내용을 기록하고 이를 갖춰 두어야 한다. <개정 2016. 8. 4.>

② 지방식품의약품안전청장 또는 특별자치시장·특별자치도지사·시

조의2제2항(유전자변형식품등의 표시)을 위반한 경우
2. 삭제 <2018. 3. 13.>
3. 제17조제4항(위해식품 등의 제조·판매 금지)을 위반한 경우
4. 제22조제1항에 따른 출입·검사·수거를 거부·방해·기피한 경우
4의2. 삭제 <2015. 2. 3.>
5. 제31조(자가품질검사 의무)제1항 및 제3항을 위반한 경우
6. 제36조(시설기준)를 위반한 경우
7. 제37조제1항 후단(중요사항 변경시 허가), 제3항(허가사항 중 경미한 사항 변경시 신고), 제4항 후단(신고한 사항 중 대통령령으로 정하는 중요한 사항을 변경하거나 폐업시 신고)을 위반하거나 같은 조 제2항(영업허가시 조건부여)에 따른 조건을 위반한 경우
7의2. 제37조제5항(등록 및 중요사항 변경시 신고)에 따른 변경 등록을 하지 아니하거나 같은 항 단서를 위반한 경우
8. 제38조제1항제8호※1에 해당하는 경우
9. 제40조제3항※2을 위반한 경우
10. 제41조제5항※3을 위반한 경우
11. 삭제 <2016. 2. 3.>
12. 제43조(영업 제한)에 따른 영업 제한을 위반한 경우
13. 제44조제1항※4·제2항※5 및 제4항※6을 위반한 경우
14. 제45조제1항 전단에(위해식품 등의 회수) 따른 회수 조치를 하지 아니한 경우
14의2. 제45조제1항 후단(회수계획 보고)에 따른 회수계획을 보고하지 아니하거나 거짓으로 보고한 경우
15. 제48조제2항(식품안전관리인증기준 준수)에 따른 식품안전관리인증기준을 지키지 아니한 경우
15의2. 제49조제1항(식품이력추적관리 등록기준 등) 단서에 따

※1 영업허가를 받으려는 자가 피성년후견인이거나 파산선고를 받고 복권되지 아니한 자인 경우

※2 영업자는 건강진단을 받지 아니한 자나 건강진단 결과 타인에게 위해를 끼칠 우려가 있는 질병이 있는 자를 그 영업에 종사시키지 못한다.

※3 영업자는 특별한 사유가 없는 한 식품위생교육을 받지 아니한 자를 그 영업에 종사하게 하여서는 아니 된다.

※4 식품접객영업자 등 대통령령으로 정하는 영업자와 그 종업원은 영업의 위생관리와 질서유지, 국민의 보건위생 증진을 위하여 총리령으로 정하는 사항을 지켜야 한다.

※5 청소년을 유흥접객원으로 고용하여 유흥행위를 하게 하는 행위 등

※6 식품접객영업자는 유흥종사자를 고용·알선하거나 호객행위를 하여서는 아니 된다.

장·군수·구청장이 법 제75조(허가취소 등)에 따라 영업허가·영업등록을 취소한 경우 또는 법 제79조(폐쇄조치 등)에 따라 영업소의 폐쇄명령을 한 경우에는 그 영업자의 성명·생년월일, 취소 또는 폐쇄 사유, 취소 또는 폐쇄일 등을 지방식품의약품안전청장은 다른 지방식품의약품안전청장에게, 시장·군수·구청장은 관할 시·도지사를 거쳐 다른 시·도지사에게 각각 알려야 한다. <개정 2016. 8. 4.>
③ 지방식품의약품안전청장 또는 특별자치시장·특별자치도지사·시장·군수·구청장이 다음 각 호의 어느 하나에 해당하는 영업에 대하여 법 제75조(허가취소 등), 법 제76조(품목제조정지 등) 및 법 제79조(폐쇄조치 등)에 따른 행정처분을 한 경우에는 지체 없이 그 영업소의 명칭, 영업허가(신고·등록)번호, 위반내용, 행정처분내용, 처분기간 및 처분대상 품목명 등을 별지 제65호서식에 따라 식품의약품안전처장에게 보고하여야 한다. 이 경우 시장·군수·구청장은 시·도지사를 거쳐 보고하여야 한다. <개정 2016. 8. 4.>
1. 영 제21조제1호의 식품제조·가공업
2. 영 제21조제3호의 식품첨가물제조업
3. 영 제21조제5호나목3)의 유통전문판매업
4. 삭제 <2016. 2. 4>
5. 영 제21조제7호의 용기·포장류제조업

른 식품이력추적관리를 등록
하지 아니 한 경우
16. 제51조제1항(조리사 고용)을 위
반한 경우
17. 제71조제1항(시정명령), 제72조제
1항(압류 등) · 제3항((위해발생
시 조치), 제73조제1항(위해식품
등의 공표) 또는 제74조제1항(시
설의 개수명령) 〔제88조(집단
급식소) 에 따라 준용되는 제71
조제1항, 제72조제1항 · 제3항
또는 제74조제1항을 포함한다〕
에 따른 명령을 위반한 경우
18. 「성매매알선 등 행위의 처벌에
관한 법률」 제4조[*7]에 따른 금
지행위를 한 경우

※7 「성매매알선 등 행위의 처
벌에 관한 법률」
제4조(금지행위) 누구든지 다음
각 호의 어느 하나에 해당하는 행
위를 하여서는 아니 된다.
1. 성매매
2. 성매매알선 등 행위
3. 성매매 목적의 인신매매
4. 성을 파는 행위를 하게 할 목
적으로 다른 사람을 고용 ·
모집하거나 성매매가 행하여
진다는 사실을 알고 직업을
소개 · 알선하는 행위
5. 제1호, 제2호 및 제4호의 행위
및 그 행위가 행하여지는 업
소에 대한 광고행위

② 식품의약품안전처장 또는 특별자치시장 · 특별자치도지사 · 시장 · 군수 · 구청장은 영업자가
제1항에 따른 영업정지 명령을 위반하여 영업을 계속하면 영업허가 또는 등록을 취소하거나
영업소 폐쇄를 명할 수 있다. <개정 2016. 2. 3.>
③ 식품의약품안전처장 또는 특별자치시장 · 특별자치도지사 · 시장 · 군수 · 구청장은 다음 각 호
의 어느 하나에 해당하는 경우에는 영업허가 또는 등록을 취소하거나 영업소 폐쇄를 명할 수 있다.
<개정 2016. 2. 3.>
1. 영업자가 정당한 사유 없이 6개월 이상 계속 휴업하는 경우
2. 영업자(제37조제1항에 따라 영업허가를 받은 자만 해당한다)가 사실상 폐업하여 「부가가치
세법」 제8조(사업자 등록)에 따라 관할세무서장에게 폐업신고를 하거나 관할세무서장이
사업자등록을 말소한 경우
④ 식품의약품안전처장 또는 특별자치시장 · 특별자치도지사 · 시장 · 군수 · 구청장은 제3항제2호
의 사유로 영업허가를 취소하기 위하여 필요한 경우 관할 세무서장에게 영업자의 폐업여부에 대한
정보 제공을 요청할 수 있다. 이 경우 요청을 받은 관할 세무서장은 「전자정부법」 제39조에 따라
영업자의 폐업여부에 대한 정보를 제공한다. <신설 2016. 2. 3.>
⑤ 제1항 및 제2항에 따른 행정처분의 세부기준은 그 위반 행위의 유형과 위반 정도 등을 고려하
여 총리령으로 정한다. <개정 2015. 3. 27.>

시행규칙 [별표 23] <개정 2020. 4. 13.>

<u>행정처분 기준</u>(제89조 관련)

Ⅰ. 일반기준
1. 둘 이상의 위반행위가 적발된 경우로서 위반행위가 다음 각 목의 어느 하나에 해당하는 경우에는 가장 중한
정지처분 기간에 나머지 각각의 정지처분 기간의 2분의 1을 더하여 처분한다.
가. 영업정지에만 해당하는 경우
나. 한 품목 또는 품목류(식품등의 기준 및 규격 중 같은 기준 및 규격을 적용받아 제조 · 가공되는 모든 품목을
말한다. 이하 같다)에 대하여 품목 또는 품목류 제조정지에만 해당하는 경우
2. 둘 이상의 위반행위가 적발된 경우로서 그 위반행위가 영업정지와 품목 또는 품목류 제조정지에 해당하는
경우에는 각각의 영업정지와 품목 또는 품목류 제조정지 처분기간을 제1호에 따라 산정한 후 다음 각 목의
구분에 따라 처분한다.
가. 영업정지 기간이 품목 또는 품목류 제조정지 기간보다 길거나 같으면 영업정지 처분만 할 것

    나. 영업정지 기간이 품목 또는 품목류 제조정지 기간보다 짧으면 그 영업정지 처분과 그 초과기간에 대한 품목 또는 품목류 제조정지 처분을 병과할 것

    다. 품목류 제조정지 기간이 품목 제조정지 기간보다 길거나 같으면 품목류 제조정지 처분만 할 것

    라. 품목류 제조정지 기간이 품목 제조정지 기간보다 짧으면 그 품목류 제조정지 처분과 그 초과기간에 대한 품목 제조정지 처분을 병과할 것

3. 같은 날 제조한 같은 품목에 대하여 같은 위반사항(법 제7조제4항 위반행위의 경우에는 식품등의 기준과 규격에 따른 같은 기준 및 규격의 항목을 위반한 것을 말한다)이 적발된 경우에는 같은 위반행위로 본다.

4. 위반행위에 대하여 행정처분을 하기 위한 절차가 진행되는 기간 중에 반복하여 같은 사항을 위반하는 경우에는 그 위반횟수마다 행정처분 기준의 2분의 1씩 더하여 처분한다.

5. 위반행위의 횟수에 따른 행정처분의 기준은 최근 1년간(법 제4조부터 제6조까지, 법 제8조, 법 제19조 및 「성매매알선 등 행위의 처벌에 관한 법률」 제4조 위반은 3년간으로 한다) 같은 위반행위(법 제7조제4항 위반행위의 경우에는 식품등의 기준과 규격에 따른 같은 기준 및 규격의 항목을 위반한 것을 말한다)를 한 경우에 적용한다. 다만, 식품 등에 이물이 혼입되어 위반한 경우에는 같은 품목에서 같은 종류의 재질의 이물이 발견된 경우에 적용한다.

6. 제5호에 따른 처분 기준의 적용은 같은 위반사항에 대한 행정처분일과 그 처분 후 재적발일(수거검사의 경우에는 검사결과를 허가 또는 신고관청이 접수한 날)을 기준으로 한다.

7. 어떤 위반행위든 해당 위반 사항에 대하여 행정처분이 이루어진 경우에는 해당 처분 이전에 이루어진 같은 위반행위에 대하여도 행정처분이 이루어진 것으로 보아 다시 처분하여서는 아니 된다. 다만, 식품접객업자가 별표 17제7호다목, 타목, 하목, 거목 및 버목을 위반하거나 법 제44조제2항을 위반한 경우는 제외한다.

8. 제1호 및 제2호에 따른 행정처분이 있은 후 다시 행정처분을 하게 되는 경 경우 그 위반행위의 횟수에 따른 행정처분의 기준을 적용함에 있어서 종전의 행정처분의 사유가 된 각각의 위반행위에 대하여 각각 행정처분을 하였던 것으로 본다.

9. 4차 위반인 경우에는 다음 각 목의 기준에 따르고, 5차 위반의 경우로서 가목의 경우에는 영업정지 6개월로 하고, 나목의 경우에는 영업허가 취소 또는 영업소 폐쇄를 한다. 가목을 6차 위반한 경우에는 영업허가 취소 또는 영업소 폐쇄를 하여야 한다.

    가. 3차 위반의 처분 기준이 품목 또는 품목류 제조정지인 경우에는 품목 또는 품목류 제조정지 6개월의 처분을 한다.

    나. 3차 위반의 처분 기준이 영업정지인 경우에는 3차 위반 처분 기준의 2배로 하되, 영업정지 6개월 이상이 되는 경우에는 영업허가 취소 또는 영업소 폐쇄를 한다.

    다. 식품등에 이물이 혼입된 경우로서 4차 이상의 위반에 해당하는 경우에는 3차 위반의 처분 기준을 적용한다.

10. 조리사 또는 영양사에 대하여 행정처분을 하는 경우에는 4차 위반인 경우에는 3차 위반의 처분 기준이 업무정지이면 3차 위반 처분 기준의 2배로 하되, 업무정지 6개월 이상이 되는 경우에는 면허취소 처분을 하여야 하고, 5차 위반인 경우에는 면허취소 처분을 하여야 한다.

11. 식품등의 출입·검사·수거 등에 따른 위반행위에 대한 행정처분의 경우에는 그 위반행위가 해당 식품등의 제조·가공·운반·진열·보관 또는 판매·조리과정 중의 어느 과정에서 기인하는지 여부를 판단하여 그 원인 제공자에 대하여 처분하여야 한다. 다만, 유통전문판매영업자가 판매하는 식품등이 법 제4조부터 제7조까지, 제8조, 제9조 및 제12조의2를 위반한 경우로서 그 위반행위의 원인제공자가 해당 식품등을 제조·가공한 영업자인 경우에는 해당 식품등을 제조·가공한 영업자와 해당 유통전문판매영업자에 대하여 함께 처분하여야 한다.

12. 제11호 단서에 따라 유통전문판매업자에 대하여 품목 또는 품목류 제조정지 처분을 하는 경우에는 이를 각각 그 위반행위의 원인제공자인 제조·가공업소에서 제조·가공한 해당 품목 또는 품목류의 판매정지에 해당하는 것으로 본다.

13. 즉석판매제조·가공업, 식품소분업, 식품등수입판매업 및 용기·포장류제조업에 대한 행정처분의 경우 그 처분의 양형이 품목 제조정지에 해당하는 경우에는 품목 제조정지 기간의 3분의 1에 해당하는 기간으로 영업정지 처분을 하고, 그 처분의 양형이 품목류 제조정지에 해당하는 경우에는 품목류 제조정지 기간의 2분의 1에 해당하는 기간으로 영업정지 처분을 하여야 한다.

14. 법 제86조(식중독에 관한 조사 보고)에 따른 식중독 조사 결과 식품제조·가공업소, 식품판매업소 또는 식품접객업소에서 제조·가공, 조리·판매 또는 제공된 식품이 해당 식중독의 발생원인으로 확정된 경우의 처분기준은 다음 각 목의 구분에 따른다.

    가. 식품제조·가공업소 : Ⅱ. 개별기준 1. 식품제조·가공업 등 제1호다목

    나. 식품판매업소 : Ⅱ. 개별기준 2. 식품판매업 등 제1호다목

    다. 식품접객업소 : Ⅱ. 개별기준 3. 식품접객업 제1호다목2)

15. 다음 각 목의 어느 하나에 해당하는 경우에는 행정처분의 기준이, 영업정지 또는 품목·품목류 제조정지인

경우에는 정지처분 기간의 2분의 1 이하의 범위에서, 영업허가 취소 또는 영업장 폐쇄인 경우에는 영업정지 3개월 이상의 범위에서 각각 그 처분을 경감할 수 있다.

가. 식품등의 기준 및 규격 위반사항 중 산가, 과산화물가 또는 성분 배합비율을 위반한 사항으로서 국민보건상 인체의 건강을 해할 우려가 없다고 인정되는 경우

나. 삭제 <2019. 4. 25.>

다. 식품 등을 제조·가공하거나 수입만 하고 시중에 유통시키지 아니한 경우

라. 식품을 제조·가공 또는 판매하는 자가 식품이력추적관리 등록을 한 경우

마. 위반사항 중 그 위반의 정도가 경미하거나 고의성이 없는 사소한 부주의로 인한 것인 경우

바. 해당 위반사항에 관하여 검사로부터 기소유예의 처분을 받거나 법원으로부터 선고유예의 판결을 받은 경우로서 그 위반사항이 고의성이 없거나 국민보건상 인체의 건강을 해할 우려가 없다고 인정되는 경우.다만, 차목에 해당하는 경우는 제외한다.

사. 식중독을 발생하게 한 영업자가 식중독의 재발 및 확산을 방지하기 위한 대책으로 시설을 개수하거나 살균·소독 등을 실시하기 위하여 자발적으로 영업을 중단한 경우

아. 식품등의 기준 및 규격이 정하여지지 않은 유독·유해물질 등이 해당 식품에 혼입여부를 전혀 예상할 수 없었고 고의성이 없는 최초의 사례로 인정되는 경우

자. 별표 17 제7호머목에 따라 공통찬통, 소형찬기 또는 복합찬기를 사용하거나, 손님이 남은 음식물을 싸서 가지고 갈 수 있도록 포장용기를 비치하고 이를 손님에게 알리는 등 음식문화개선을 위해 노력하는 식품접객업자인 경우. 다만, 1차 위반에 한정하여 경감할 수 있다.

차. 삭제 <2019. 6. 12.>

카. 그 밖에 식품 등의 수급정책상 필요하다고 인정되는 경우

16. 소비자로부터 접수한 이물혼입 불만사례 등을 식품의약품안전처장, 관할 시·도지사 및 관할 시장·군수·구청장에게 지체 없이 보고한 영업자가 다음 각 목에 모두 해당하는 경우에는 차수에 관계없이 시정명령으로 처분한다. 소비자가 식품의약품안전처장 등 행정기관의 장에게만 접수한 경우도 위와 같다.

가. 영업자가 검출된 이물의 발생방지를 위하여 시설 및 작업공정 개선, 직원교육 등 시정조치를 성실히 수행하였다고 관할 행정기관이 평가한 경우

나. 이물을 검출할 수 있는 장비의 기술적 한계 등의 사유로 이물혼입이 불가피하였다고 식품의약품안전처장 등 관할 행정기관의 장이 인정하는 경우로 이물혼입의 불가피성은 식품위생심의위원회가 정한 기준에 따라 판단할 수 있다.

17. 뷔페 영업을 하는 일반음식점영업자가 별표 17 제7호저목에 따라 빵류를 제공하고 그 사실을 증명하면 Ⅱ. 개별기준의 3. 식품접객업의 제7호가목1)에도 불구하고 표시사항 전부를 표시하지 아니한 경우라도 그 행정처분을 하지 아니할 수 있다.

18. 영업정지 1개월은 30일을 기준으로 한다.

19. 행정처분의 기간이 소수점 이하로 산출되는 경우에는 소수점 이하를 버린다.

Ⅱ. 개별기준

1. 식품제조·가공업 등

영 제21조제1호의 식품제조·가공업, 같은 조 제2호의 즉석판매제조·가공업, 같은 조 제3호의 식품첨가물제조업, 같은 조 제5호가목의 식품소분업, 같은 호 나목3)의 유통전문판매업, 같은 목 5)의 식품등수입판매업, 같은 조 제6호가목의 식품조사처리업 및 같은 조 제7호의 용기·포장류제조업을 말한다.

위반사항	근거 법령	행정처분기준		
		1차 위반	2차 위반	3차 위반
1. 법 제4조(위해식품등의 판매 등 금지)를 위반한 경우 가. 썩거나 상하여 인체의 건강을 해칠 우려가 있는 것	법 제72조(폐기처분 등) 및 법 제75조(허가취소 등)	영업정지 1개월과 해당 제품 폐기	영업정지 3개월과 해당 제품 폐기	영업허가·등록취소 또는 영업소 폐쇄와 해당 제품 폐기

나. 설익어서 인체의 건강을 해칠 우려가 있는 것		영업정지 15일과 해당 제품 폐기	영업정지 1개월과 해당 제품 폐기	영업정지 3개월과 해당 제품 폐기
다. 유독·유해물질이 들어 있거나 묻어 있는 것이나 그러할 염려가 있는 것 또는 병을 일으키는 미생물에 오염되었거나 그러할 염려가 있어 인체의 건강을 해칠 우려가 있는 것		영업허가·등록취소 또는 영업소 폐쇄와 해당 제품 폐기		
라. 불결하거나 다른 물질이 섞이거나 첨가된 것 또는 그 밖의 사유로 인체의 건강을 해칠 우려가 있는 것		영업정지 1개월과 해당 제품 폐기	영업정지 2개월과 해당 제품 폐기	영업허가·등록취소 또는 영업소 폐쇄와 해당 제품 폐기
마. 법 제18조(유전자변형식품등의 안전성 심사 등)에 따른 안전성 평가 대상인 농·축·수산물 등 가운데 안전성 평가를 받지 아니하였거나 안전성 평가에서 식용으로 부적합하다고 인정된 것		영업정지 2개월과 해당 제품 폐기	영업정지 3개월과 해당 제품 폐기	영업허가·등록취소 또는 영업소 폐쇄와 해당 제품 폐기
바. 수입이 금지된 것 또는 또는 「수입식품안전관리 특별법」 제20조제1항에 따른 수입신고를 하지 아니하고 수입한 것(식용 외의 용도로 수입된 것을 식용으로 사용한 것을 포함한다)		영업정지 2개월과 해당 제품 폐기	영업정지 3개월과 해당 제품 폐기	영업허가·등록취소 또는 영업소 폐쇄와 해당 제품 폐기
사. 영업자가 아닌 자가 제조·가공·소분(소분 대상이 아닌 식품 또는 식품첨가물을 소분·판매하는 것을 포함한다)한 것		영업정지 2개월과 해당 제품 폐기	영업정지 3개월과 해당 제품 폐기	영업허가·등록취소 또는 영업소 폐쇄와 해당 제품 폐기
2. 법 제5조(병든 동물 고기 등의 판매 등 금지)를 위반한 경우	법 제72조 및 법 제75조	영업허가·등록취소 또는 영업소 폐쇄와 해당 제품 폐기		
3. 법 제6조(기준·규격이 고시되지 아니한 화학적 합성품 등의 판매 등 금지)를 위반한 경우	법 제72조 및 법 제75조	영업허가·등록취소 또는 영업소 폐쇄와 해당 제품 폐기		
4. 법 제7조제4항을 위반한 경우 가. 한시적 기준 및 규격을 인정받지 않은 식품 등으로서 식품(원료만 해당한다)을 제조·가공 등 영업에 사용한 것 또는 식품첨가물을 제조·판매등 영업에 사용한 것	법 제71(시정명령) 조, 법 제72조, 법 제75조 및 법 제76조(품목 제조정지 등)	영업정지 15일과 해당 제품 폐기	영업정지 1개월과 해당 제품 폐기	영업정지 3개월과 해당 제품 폐기

나. 비소, 카드뮴, 납, 수은, 중금속, 메탄올, 다이옥신 또는 시안화물의 기준을 위반한 것	품목류 제조정지 1개월과 해당 제품 폐기	영업정지 1개월과 해당 제품 폐기	영업정지 2개월과 해당 제품 폐기
다. 바륨, 포름알데히드, 올소톨루엔, 설폰아미드, 방향족탄화수소, 폴리옥시에틸렌, 엠씨피디 또는 세레늄의 기준을 위반한 것	품목류 제조정지 15일과 해당 제품 폐기	품목류 제조정지 1개월과 해당 제품 폐기	영업정지 1개월과 해당 제품 폐기
라. 방사능잠정허용기준을 위반한 것	품목류 제조정지 1개월과 해당 제품 및 원료 폐기	영업정지 1개월과 해당 제품 및 원료 폐기	영업정지 3개월과 해당 제품 및 원료 폐기
마. 농산물 또는 식육의 농약잔류허용기준을 위반한 것	품목류 제조정지 1개월과 해당 제품 및 원료 폐기	영업정지 1개월과 해당 제품 및 원료 폐기	영업정지 3개월과 해당 제품 및 원료 폐기
바. 곰팡이독소 또는 패류독소 기준을 위반한 것	품목류 제조정지 1개월과 해당 제품 및 원료 폐기	영업정지 1개월과 해당 제품 및 원료 폐기	영업정지 3개월과 해당 제품 및 원료 폐기
사. 동물용의약품의 잔류허용기준을 위반한 것	품목류 제조정지 1개월과 해당 제품 및 원료 폐기	영업정지 1개월과 해당 제품 및 원료 폐기	영업정지 3개월과 해당 제품 및 원료 폐기
아. 식중독균 또는 엔테로박터 사카자키균 검출 기준을 위반한 것	품목류 제조정지 1개월과 해당 제품 폐기	영업정지 1개월과 해당 제품 폐기	영업정지 3개월과 해당 제품 폐기
자. 대장균, 대장균군, 일반세균 또는 세균발육 기준을 위반한 것	품목 제조정지 15일과 해당 제품 폐기	품목 제조정지 1개월과 해당 제품 폐기	품목 제조정지 3개월과 해당 제품 폐기
차. 주석, 포스파타제, 암모니아성질소, 아질산이온 또는 형광증백제 시험에서 부적합하다고 판정된 경우	품목 제조정지 1개월과 해당 제품 폐기	품목 제조정지 2개월과 해당 제품 폐기	품목류 제조정지 2개월과 해당 제품 폐기
카. 식품첨가물의 사용 및 허용기준을 위반한 것으로서			
1) 허용한 식품첨가물 외의 식품첨가물	영업정지 1개월과 해당 제품 폐기	영업정지 2개월과 해당 제품 폐기	영업허가·등록취소 또는 영업소 폐쇄
2) 사용 또는 허용량 기준을 초과한 것으로서			
가) 30퍼센트 이상을 초과한 것	품목류 제조정지 1개월과 해당 제품 폐기	영업정지 1개월과 해당 제품 폐기	영업정지 2개월과 해당 제품 폐기
나) 10퍼센트 이상 30퍼센트 미만을 초과한 것	품목 제조정지 1개월과 해당 제품 폐기	품목 제조정지 2개월과 해당 제품 폐기	품목류 제조정지 2개월과 해당 제품 폐기

	시정명령	품목 제조정지 1개월	품목 제조정지 2개월
다) 10퍼센트 미만을 초과한 것	시정명령	품목 제조정지 1개월	품목 제조정지 2개월
타. 식품첨가물 중 질소의 사용기준을 위반한 경우	영업허가·등록취소 또는 영업소 폐쇄와 해당 제품폐기		
파. 나목부터 타목까지의 규정 외에 그 밖의 성분에 관한 규격 또는 성분배합비율을 위반한 것으로서			
1) 30퍼센트 이상 부족하거나 초과한 것	품목 제조정지 2개월과 해당 제품 폐기	품목류 제조정지 2개월과 해당 제품 폐기	품목류 제조정지 3개월과 해당 제품 폐기
2) 20퍼센트 이상 30퍼센트 미만 부족하거나 초과한 것	품목 제조정지 1개월과 해당 제품 폐기	품목 제조정지 2개월과 해당 제품 폐기	품목류 제조정지 2개월과 해당 제품 폐기
3) 10퍼센트 이상 20퍼센트 미만 부족하거나 초과한 것	품목 제조정지 15일	품목 제조정지 1개월	품목 제조정지 2개월
4) 10퍼센트 미만 부족하거나 초과한 것	시정명령	품목 제조정지 7일	품목 제조정지 15일
하. 이물이 혼입된 것			
1) 기생충 및 그 알, 금속(금속성 이물로서 쇳가루는 제외한다) 또는 유리의 혼입	품목 제조정지 7일과 해당 제품 폐기	품목 제조정지 15일과 해당 제품 폐기	품목 제조정지 1개월과 해당 제품 폐기
2) 칼날 또는 동물(설치류, 양서류, 파충류 및 바퀴벌레만 해당한다) 사체의 혼입	품목 제조정지 15일과 해당 제품 폐기	품목 제조정지 1개월과 해당 제품 폐기	품목 제조정지 2개월과 해당 제품 폐기
3) 1) 및 2) 외의 이물(식품의약품안전처장이 정하는 기준 이상의 쇳가루를 포함한다)의 혼입	시정명령	품목제조정지 5일	품목제조정지 10일
거. 식품조사처리기준을 위반한 경우로서			
1) 허용한 것 외의 선원 및 선종을 사용한 경우	영업정지 2개월과 해당 제품 폐기	영업허가 취소와 해당 제품 폐기	
2) 허용대상 식품별 흡수선량을 초과하여 조사처리한 경우와 조사한 식품을 다시 조사처리한 경우	영업정지 1개월과 해당 제품 폐기	영업정지 2개월과 해당 제품 폐기	영업허가취소와 해당 제품 폐기
3) 허용대상 외의 식품을 조사처리한 경우	영업정지 15일과 해당 제품 폐기	영업정지 1개월과 해당 제품 폐기	영업정지 2개월과 해당 제품 폐기
너. 식품조사처리기준을 위반한 것	해당 식품을 원료로 하여	해당 식품을 원료로 하여	해당 식품을 원료로 하여 제

		제조·가공한 품목류 제조정지 1개월과 해당 제품 폐기	제조·가공한 품목류 제조정지 3개월과 해당 제품 폐기	조·가공한 영업소의 영업등록취소 및 해당 제품 폐기
더. 식품 등의 기준 및 규격 중 원료의 구비요건이나 제조·가공기준을 위반한 경우로서(제1호부터 제3호까지에 해당하는 경우는 제외한다)				
1) 식품제조·가공 등의 원료로 사용하여서는 아니 되는 동식물을 원료로 사용한 것		품목 제조정지 1개월과 해당 제품 폐기	품목 제조정지 2개월과 해당 제품 폐기	품목 제조정지 3개월과 해당 제품 폐기
2) 식용으로 부적합한 비가식 부분을 원료로 사용한 것		품목 제조정지 1개월과 해당 제품 폐기	품목 제조정지 2개월과 해당 제품 폐기	품목 제조정지 3개월과 해당 제품 폐기
3) 법 제22조에 따른 출입·검사·수거 등의 결과 또는 법 제31조제1항·제2항에 따른 검사나 그 밖에 영업자가 하는 자체적인 검사의 결과 부적합한 식품으로 통보되거나 확인된 후에도 그 식품을 원료로 사용한 것		품목 제조정지 1개월과 해당 제품 폐기	품목 제조정지 2개월과 해당 제품 폐기	품목 제조정지 3개월과 해당 제품 폐기
4) 사료용 또는 공업용 등으로 사용되는 등 식용을 목적으로 채취, 취급, 가공, 제조 또는 관리되지 않은 것을 식품 제조·가공 시 원료로 사용한 것		영업허가·등록 취소 또는 영업소 폐쇄와 해당 제품 폐기		
5) 그 밖의 사항을 위반한 것		시정명령	품목 제조정지 7일	품목 제조정지 15일
러. 보존 및 유통기준을 위반한 것				
1) 온도 기준을 위반한 경우		영업정지 7일	영업정지 15일	영업정지 1개월
2) 그 밖의 기준을 위반한 경우		시정명령	영업정지 7일	영업정지 15일
머. 산가, 과산화물가 기준을 위반한 것		품목 제조정지 5일과 해당 제품 폐기	품목 제조정지 10일과 해당 제품 폐기	품목 제조정지 15일과 해당 제품 폐기
버. 그 밖에 가목부터 머목까지 외의 사항을 위반한 것		시정명령	품목 제조정지 5일	품목 제조정지 10일
5. 법 제8조(유독기구 등의 판매·사용 금지)를 위반한 경우	법 제72조 및 법 제75조			
가. 유독기구 등을 제조·수입 또는 판매한 경우		영업허가·등록취소 또는 영업소 폐쇄와 해당 제품 폐기		
나. 유독기구 등을 사용·저장·운반 또는 진열한 경우		영업정지 7일	영업정지 15일	영업정지 1개월
6. 법 제9조제4항을 위반한 경우	법 제71조,			

가. 식품등의 기준 및 규격을 위반한 것을 제조·수입·운반·진열·저장 또는 판매한 경우	법 제72조, 법 제75조 및 법 제76조	품목 제조정지 15일	품목 제조정지 1개월	품목 제조정지 2개월
나. 식품등의 기준 및 규격에 위반된 것을 사용한 경우		시정명령	품목 제조정지 5일	품목 제조정지 10일
다. 한시적 기준 및 규격을 정하지 아니한 기구 또는 용기·포장을 사용한 경우		영업정지 15일과 해당 제품 폐기	영업정지 1개월과 해당 제품 폐기	영업정지 3개월과 해당 제품 폐기
7. 법 제12조의2(유전자변형식품등의 표시)를 위반한 경우	법 제71조, 법 제72조, 법 제75조 및 법 제76조			
가. 삭제 <2019. 4. 25.>				
나. 삭제 <2019. 4. 25.>				
다. 삭제 <2019. 4. 25.>				
라. 삭제 <2019. 4. 25.>				
마. 삭제 <2019. 4. 25.>				
바. 삭제 <2019. 4. 25.>				
사. 삭제 <2019. 4. 25.>				
아. 삭제 <2019. 4. 25.>				
자. 삭제 <2019. 4. 25.>				
차. 삭제 <2019. 4. 25.>				
카. 삭제 <2019. 4. 25.>				
타. 삭제 <2019. 4. 25.>				
파. 삭제 <2019. 4. 25.>				
하. 삭제 <2019. 4. 25.>우				
거. 유전자재조합식품의 표시위반				
1) 유전자재조합식품에 유전자재조합식품임을 표시하지 아니한 경우		품목 제조정지 15일	품목 제조정지 1개월	품목 제조정지 2개월
2) 삭제 <2019. 4. 25.>				
너. 삭제 <2019. 4. 25.>				
더. 삭제 <2019. 4. 25.>				
8. 법 제22조제1항에 따른 출입·검사·수거를 거부·방해·기피한 경우	법 제75조	영업정지 1개월	영업정지 2개월	영업정지 3개월
9. 법 제31조제1항을 위반한 경우				
가. 자가품질검사를 실시하지 아니한 경우로서				

1) 검사항목의 전부에 대하여 실시하지 아니한 경우	법 제71조, 법 제75조 및 법 제76조	품목 제조정지 1개월	품목 제조정지 3개월	품목류 제조정지 3개월
2) 검사항목의 50퍼센트 이상에 대하여 실시하지 아니한 경우		품목 제조정지 15일	품목 제조정지 1개월	품목 제조정지 3개월
3) 검사항목의 50퍼센트 미만에 대하여 실시하지 아니한 경우		시정명령	품목 제조정지 15일	품목 제조정지 3개월
나. 자가품질검사에 관한 기록서를 2년간 보관하지 아니한 경우		영업정지 5일	영업정지 15일	영업정지 1개월
다. 자가품질검사결과 부적합한 사실을 확인하였거나, 「식품·의약품분야 시험·검사 등에 관한 법률」 제6조제3항제2호에 따른 자가품질위탁 시험·검사기관으로부터 부적합한 사실을 통보받았음에도 불구하고 해당 식품을 유통·판매한 경우		영업허가·등록취소 또는 영업소 폐쇄와 해당 제품 폐기		
라. 자가품질검사 결과 부적합한 사실을 확인하였음에도 그 사실을 보고하지 않은 경우		영업정지 1개월	영업정지 2개월	영업정지 3개월
10. 법 제36조(시설기준) 및 법 제37조(영업허가 등) 를 위반한 경우	법 제71조, 법 제74조, 법 제75조 및 법 제76조			
가. 허가, 신고 또는 등록 없이 영업소를 이전한 경우		영업허가·등록취소 또는 영업소 폐쇄		
나. 변경허가를 받지 아니하거나 변경신고 또는 변경등록를 하지 아니한 경우로서				
1) 영업시설의 전부를 철거한 경우(시설 없이 영업신고를 한 경우를 포함한다)		영업허가·등록취소 또는 영업소 폐쇄		
2) 영업시설의 일부를 철거한 경우		시설개수 명령	영업정지 1개월	영업정지 2개월
다. 영업장의 면적을 변경하고 변경신고를 하지 아니한 경우		시정명령	영업정지 7일	영업정지 15일
라. 변경신고 또는 변경등록를 하지 아니하고 추가로 시설을 설치하여 새로운 제품을 생산한 경우		시정명령	영업정지 1개월	영업정지 2개월
마. 법 제37조제2항에 따른 조건을 위반한 경우		영업정지 1개월	영업정지 3개월	영업허가·등록취소
바. 급수시설기준을 위반한 경우(수질검사결과 부적합판정을 받은 경우를 포함한다)		시설개수명령	영업정지 1개월	영업정지 3개월
사. 허가를 받거나 신고 또는 등록를 한 업종의 영업행위가 아닌 다른 업종의 영업행위를 한 경우		영업정지 1개월	영업정지 2개월	영업정지 3개월
아. 의약품제조시설을 식품제조·가공시설로 지정받지 아니하고 의약품제조시설을 이용하		영업정지 1개월	영업정지 2개월	영업정지 3개월

여 식품등을 제조·가공한 경우				
자. 그 밖에 가목부터 아목까지를 제외한 허가, 신고 또는 등록사항 중				
1) 시설기준에 위반된 경우		시설개수명령	영업정지 1개월	영업정지 2개월
2) 그 밖의 사항을 위반한 경우		시정명령	영업정지 5일	영업정지 15일
11. 법 제44조제1항을 위반한 경우 가. 식품 및 식품첨가물의 제조·가공영업자의 준수사항 중	법 제71조 및 법 제75조			
1) 별표 17 제1호가목을 위반한 경우				
가) 생산 및 작업기록에 관한 서류를 작성하지 아니하거나 거짓으로 작성한 경우 또는 이를 보관하지 아니한 경우		영업정지 15일	영업정지 1개월	영업정지 3개월
나) 원료수불 관계 서류를 작성하지 아니하거나 거짓으로 작성한 경우 또는 이를 보관하지 아니한 경우		영업정지 5일	영업정지 10일	영업정지 20일
2) 별표 17 제1호다목[*8] 또는 카목[*9]을 위반한 경우		영업정지 15일	영업정지 1개월	영업정지 3개월

※8 유통기한 경과된 제품 진열·보관·판매 금지
※9 위해평가가 완료되기 전까지 일시적으로 금지된 제품에 대하여는 이를 제조·가공·유통·판매금지

3) 별표 17 제1호아목[*10] 또는 타목[*11] 을 위반한 경우		영업정지 7일	영업정지 15일	영업정지 1개월

※10 축산물위생관리법에 따라 검사를 받지 아니한 축산물의 식품의 제조 또는 가공 금지 등
※11.식품제조·가공업자가 수입한 반가공 원료 식품 등을 부패하거나 변질되어 폐기한 경우에는 자료를 작성하고 2년간 보관

4) 별표 17 제1호자목[*12] 을 위반한 경우				

※12 지하수 등을 먹는 물 또는 식품의 제조·가공 등에 사용하는 경우 먹는 물의 수질기준에 따른 검사를 받아 적합한 물을 사용하여야 한다.

가) 수질검사를 검사기간 내에 하지 아니한 경우		영업정지 15일	영업정지 1개월	영업정지 3개월
나) 부적합판정한 물을 계속 사용한 경우		영업허가·등록 취소 또는 영업소 폐쇄		
5) 위 1)부터 4)까지를 제외한 준수사항을 위반한 경우		시정명령	영업정지 5일	영업정지 10일
나. 즉석판매제조·가공업자의 준수사항 중				
1) 별표 17 제2호 가목[*13] 또는 아목[*14]을 위반한 경우		영업정지 15일	영업정지 1개월	영업정지 3개월

※13 제조·가공한 식품을 판매를 목적으로 하는 사람에게 판매하여서는 아니 됨
※14 위해평가가 완료되기 전까지 일시적으로 금지된 제품에 대하여는 이를 제조·가공·유통·판매금지

2) 별표 17 제2호마목[*15]을 위반한 경우		영업정지 1개월	영업정지 2개월	영업정지 3개월

※15 「야생생물 보호 및 관리에 관한 법률」을 위반하여 포획한 야생동물의 식품의 제조·가공금지.

위반사항	근거법령	1차 위반	2차 위반	3차 위반
3) 별표 17 제2호사목[16]을 위반한 경우				

※16 수돗물이 아닌 지하수 등을 먹는 물 또는 식품의 조리·세척 등에 사용하는 경우에는 「먹는물관리법」 따른 먹는 물 수질검사기관에서 적합하다고 인정된 물을 사용하여야 한다.

위반사항	근거법령	1차 위반	2차 위반	3차 위반
가) 수질검사를 검사기간 내에 하지 아니한 경우 나) 부적합 판정한 물을 계속 사용한 경우		영업정지 15일 영업허가·등록 취소 또는 영업소 폐쇄	영업정지 1개월	영업정지 3개월
4) 별표 17 제2호나목[17]을 위반한 경우		시정명령	영업정지 7일	영업정지 15일
5) 별표 17 제2호라목[18] 또는 바목[19]을 위반한 경우		영업정지 7일	영업정지 15일	영업정지 1개월

※17 가격표를 붙여야 하며, 가격표대로 요금수납.
※18 검사를 받지 아니한 축산물은 식품의 제조·가공에 사용금지.
※19 유통기한 경과 제품의 진열·보관 등 금지.

위반사항	근거법령	1차 위반	2차 위반	3차 위반
6) 위 1)부터 5)까지 외의 준수 사항을 위반한 경우		시정명령	영업정지 5일	영업정지 10일
다. 식품소분업, 식품등수입판매업 및 유통전문판매업자의 준수사항 위반은 2. 식품판매업 등의 제9호가목에 따른다.				
라. 식품조사처리업자의 준수사항 위반		영업정지 15일	영업정지 1개월	영업정지 3개월
12. 법 제45조(위해식품등의 회수)제1항을 위반한 경우	법 제75조			
가. 회수조치를 하지 않은 경우		영업정지 2개월	영업정지 3개월	영업허가 취소, 영업등록 취소 또는 영업소 폐쇄
나. 회수계획을 보고하지 않거나 허위로 보고한 경우		영업정지 1개월	영업정지 2개월	영업정지 3개월
13. 법 제48조제2항에 따른 식품안전관리인증기준을 지키지 아니한 경우	법 제75조	영업정지 7일	영업정지 15일	영업정지 1개월
13의2. 법 제49조제1항 단서에 따른 식품이력추적관리를 등록하지 아니한 경우	법 제71조 및 법 제75조	시정명령	영업정지 7일	영업정지 15일
13의3. 법 제72조제1항·제2항에 따른 압류·폐기를 거부·방해·기피한 경우	법 제75조	영업정지 1개월	영업정지 2개월	영업정지 3개월
14. 법 제72(폐기처분 등)조제3항에 따른 회수명령을 위반한 경우	법 제75조			
가. 회수명령을 받고 회수하지 아니한 경우		영업정지 1개월	영업정지 2개월	영업정지 3개월
나. 회수하지 아니하였으나 회수한 것으로 속인 경우		영업허가·등록 취소 또는 영업소 폐쇄와 해당 제품 폐기		

위반사항	근거 법령	행정처분기준		
		1차 위반	2차 위반	3차 위반
15. 법 제73조(위해식품등의 공표)제1항에 따른 위해발생사실의 공표명령을 위반한 경우	법 제75조	영업정지 1개월	영업정지 2개월	영업정지 3개월
16. 영업정지 처분 기간 중에 영업을 한 경우	법 제75조	영업허가 · 등록취소 또는 영업소 폐쇄		
17. 품목 및 품목류 제조정지 기간 중에 품목제조를 한 경우	법 제75조	영업정지 2개월	영업허가 · 등록취소 또는 영업소 폐쇄	
18. 그 밖에 제1호부터 제17호까지를 제외한 법을 위반한 경우(법 제101조에 따른 과태료 부과 대상에 해당하는 위반 사항은 제외한다)	법 제71조 및 법 제75조	시정명령	영업정지 7일	영업정지 15일

2. 식품판매업 등

영 제21조제4호의 식품운반업, 같은 조 제5호나목의 식품판매업(유통전문판매업은 제외한다) 및 같은 조 제6호나목의 식품냉동·냉장업을 말한다.

위반사항	근거 법령	행정처분기준		
		1차 위반	2차 위반	3차 위반
1. 법 제4조(위해식품등의 판매 등 금지)를 위반한 경우	법 제72조 및 법 제75조			
가. 썩거나 상하여 인체의 건강을 해칠 우려가 있는 것		영업정지 15일과 해당 제품 폐기	영업정지 1개월과 해당 제품 폐기	영업정지 3개월과 해당 제품 폐기
나. 설익어서 인체의 건강을 해칠 우려가 있는 것		영업정지 7일과 해당 제품 폐기	영업정지 15일과 해당 제품 폐기	영업정지 1개월과 해당 제품 폐기
다. 유독·유해물질이 들어 있거나 묻어 있는 것이나 그러할 염려가 있는 것 또는 병을 일으키는 미생물에 오염되었거나 그러할 염려가 있어 인체의 건강을 해칠 우려가 있는 것		영업허가 취소 또는 영업소 폐쇄와 해당 제품 폐기		
라. 불결하거나 다른 물질이 섞이거나 첨가된 것 또는 그 밖의 사유로 인체의 건강을 해칠 우려가 있는 것		영업정지 15일과 해당 제품 폐기	영업정지 1개월과 해당 제품 폐기	영업정지 3개월과 해당 제품 폐기
마. 법 제18조(유전자변형식품등의 안전성 심사 등)에 따른 안전성 평가 대상인 농·축·수산물 등 가운데 안전성 평가를 받지 아니하였거나 안전성 평가에서 식용으로 부적합하다고 인정된 것		영업정지 1개월과 해당 제품 폐기	영업정지 3개월과 해당 제품 폐기	영업허가 취소 또는 영업소 폐쇄와 해당 제품 폐기
바. 수입이 금지된 것 또는 「수입식품안전관리 특별법」 제20조제1항에 따른 수입신고를 하지 아니하고 수입한 것(식용 외의 용도로 수입된 것을 식용으로 사용한 것을 포함한다)		영업정지 1개월과 해당 제품 폐기	영업정지 3개월과 해당 제품 폐기	영업허가 취소 또는 영업소 폐쇄와 해당 제품 폐기
사. 영업자가 아닌 자가 제조·가공·소분(소분 대상이 아닌 식품 및 식품첨가물을 소분·판매하는 것을 포함한다)한 것		영업정지 1개월과 해당 제품 폐기	영업정지 3개월과 해당 제품 폐기	영업허가 취소 또는 영업소 폐쇄와 해당 제품 폐기

위반사항	근거 법령	1차 위반	2차 위반	3차 위반
2. 법 제5조(병든 동물 고기 등의 판매 등 금지)를 위반한 경우	법 제72조 및 법 제75조	영업허가 취소 또는 영업소 폐쇄와 해당 제품 폐기		
3. 법 제6조(기준·규격이 고시되지 아니한 화학적 합성품 등의 판매 등 금지)를 위반한 경우	법 제72조 및 법 제75조	영업허가 취소 또는 영업소 폐쇄와 해당 제품 폐기		
4. 법 제7조(식품 또는 식품첨가물에 관한 기준 및 규격)제4항을 위반한 경우 가. 식중독균 검출기준을 위반한 것	법 제71조, 법 제72조 및 법 제75조	영업정지 1개월과 해당 제품 폐기	영업정지 2개월과 해당 제품 폐기	영업정지 3개월과 해당 제품 폐기
나. 산가, 과산화물가, 대장균, 대장균군 또는 일반세균 기준을 위반한 것		영업정지 7일과 해당 제품 폐기	영업정지 15일과 해당 제품 폐기	영업정지 1개월과 해당 제품 폐기
다. 이물이 혼입된 것		시정명령	영업정지 7일	영업정지 15일
라. 보존 및 유통기준을 위반한 경우로서				
1) 온도 기준을 위반한 경우		영업정지 7일	영업정지 15일	영업정지 1개월
2) 그 밖의 기준을 위반한 경우		시정명령	영업정지 7일	영업정지 15일
마. 그 밖에 가목부터 라목까지 외의 사항을 위반한 것		시정명령	영업정지 5일	영업정지 10일
5. 법 제8조(유독기구 등의 판매·사용 금지)를 위반한 경우	법 제72조 및 법 제75조	영업정지 15일과 해당 제품 폐기	영업정지 1개월과 해당 제품 폐기	영업정지 2개월과 해당 제품 폐기
6. 법 제9조제4항(기구 및 용기·포장에 관한 기준 및 규격에 맞지 아니한 기구 등 의 판매금지)을 위반한 경우	법 제72조 및 법 제75조	영업정지 7일과 해당 제품 폐기	영업정지 15일과 해당 제품 폐기	영업정지 1개월과 해당 제품 폐기
7. 법 제22조제1항에 따른 출입·검사·수거를 거부·방해·기피한 경우	법 제75조	영업정지 1개월	영업정지 2개월	영업정지 3개월
8. 법 제36조(시설기준) 및 법 제37조(영업허가 등)를 위반한 경우 가. 신고를 하지 아니하고 영업소를 이전한 경우	법 제71조, 법 제72조 및 법 제75조	영업허가 취소 또는 영업소 폐쇄		
나. 변경신고를 하지 아니한 경우로서				
1) 영업시설의 전부를 철거한 경우(시설 없이 영업신고를 한 경우를 포함한다)		영업허가 취소 또는 영업소 폐쇄		
2) 영업시설의 일부를 철거한 경우		시설개수명령	영업정지 15일	영업정지 1개월
다. 시설기준에 따른 냉장·냉동시설이 없거나				

위반사항	근거법령	1차 위반	2차 위반	3차 위반
냉장·냉동시설을 가동하지 아니한 경우				
1) 식품운반업		해당 차량 영업정지 1개월	해당 차량 영업정지 3개월	전체 차량 영업정지 2개월
2) 식품판매업 또는 식품냉동·냉장업		영업정지 1개월	영업정지 3개월	영업허가 취소 또는 영업소 폐쇄
라. 영업장의 면적을 변경하고 변경신고를 하지 아니한 경우		시정명령	영업정지 7일	영업정지 15일
마. 급수시설기준을 위반한 경우(수질검사결과 부적합 판정을 받은 경우를 포함한다)		시설개수명령	영업정지 1개월	영업정지 2개월
바. 신고한 업종의 영업행위가 아닌 다른 업종의 영업행위를 한 경우		영업정지 1개월	영업정지 2개월	영업정지 3개월
사. 그 밖에 가목부터 바목까지를 제외한 신고사항 중				
1) 시설기준을 위반한 경우		시설개수명령	영업정지 1개월	영업정지 2개월
2) 그 밖의 사항을 위반한 경우		시정명령	영업정지 5일	영업정지 15일
9. 법 제44조(영업자 등의 준수사항)제1항을 위반한 경우 가. 식품소분·판매·운반업자의 준수사항 중 1) 별표 17 제3호다목[20]을 위반한 경우	법 제71조 및 법 제75조			

※20 지하수 등을 먹는 물 또는 식품의 조리·세척 등에 사용하는 경우에는 「먹는물관리법」에 따른 적합한 물을 사용하여야 한다.

위반사항	근거법령	1차 위반	2차 위반	3차 위반
가) 수질검사를 검사기간 내에 하지 아니한 경우		영업정지 15일	영업정지 1개월	영업정지 3개월
나) 부적합 판정한 물을 계속 사용한 경우		영업허가·등록 취소 또는 영업소 폐쇄		
2) 별표 17 제3호아목[21] 또는 차목[22] 을 위반한 경우		영업정지 15일	영업정지 1개월	영업정지 2개월

※21 축산물가공처리법에 따라 검사를 받지 아니한 축산물 등의 운반·보관 등 판매금지.
※22 식품판매영업자는 즉석판매제조·가공영업자가 제조한 식품의 판매금지.

위반사항	근거법령	1차 위반	2차 위반	3차 위반
3) 별표 17 제3호사목[23]·자목[24] 또는 파목[25]을 위반한 경우		영업정지 7일	영업정지 15일	영업정지 1개월

※23 식품운반업자는 운반차량을 이용한 살아있는 동물을 운반하여서는 아니 됨.
※24 유통기한이 경과된 제품의 판매 등 금지.
※25 식품소분·판매업자는 위해평가가 완료되기 전의 식품 등에 대하여는 이를 수입·가공·사용·운반 등을 하여서는 아니 됨.

위반사항	근거법령	1차 위반	2차 위반	3차 위반
4) 별표 17 제3호하목[26]을 위반한 경우		시정명령	영업정지 5일	영업정지 10일

※26 식품소분업자, 식품등수입판매업자 및 유통전문판매업자는 소비자로부터 이물 검출 등 불만사례 등을 신고 받은 경우에는 그 내용을 2년간 기록·보관하여야 하며, 소비자가 제시한 이물과 증거품(사진, 해당 식품 등을 말한다)은 6개월간 보관하여야 한다. 다만, 부패하거나 변질될 우려가 있는 이물 또는 증거품은 2개월간 보관할 수 있다.

위반사항	근거법령	1차 위반	2차 위반	3차 위반
5) 위 1)부터 4)까지 외의 준수사항을 위반한 경우 나. 식품자동판매기영업자의 준수사항 중		시정명령	영업정지 3일	영업정지 7일

위반사항	근거 법령	1차 위반	2차 위반	3차 위반
1) 별표 17 제4호 가목※27·다목※28 또는 바목※29을 위반한 경우		영업정지 7일	영업정지 15일	영업정지 1개월

※27 자판기용 제품은 적법하게 제조·가공된 것을 사용하여야 하며, 유통기한이 경과된 제품을 보관하거나 이를 사용하여서는 아니 된다.
※28 자판기 내부(재료혼합기, 급수통, 급수호스 등)는 하루 1회 이상 세척 또는 소독하여 청결히 하여야 하고, 그 기능이 떨어진 경우에는 즉시 교체하여야 한다.
※29 자판기에는 영업신고번호, 자판기별 일련관리번호(제42조제3항에 따라 2대 이상을 일괄신고한 경우에 한한다), 제품의 명칭 및 고장시의 연락전화번호를 12포인트 이상의 글씨로 판매기 앞면의 보기 쉬운 곳에 표시하여야 한다.

위반사항	근거 법령	1차 위반	2차 위반	3차 위반
2) 1) 외의 준수사항을 위반한 경우		시정명령	영업정지 7일	영업정지 15일
다. 집단급식소 식품판매영업자의 준수사항 중				
1) 별표 17 제5호나목※30을 위반한 경우		영업정지 7일	영업정지 15일	영업정지 1개월

※30 표시사항을 모두 표시하지 않은 축산물, 허가받지 않은 작업장에서 도축·집유·가공·포장 또는 보관된 축산물, 검사를 받지 않은 축산물, 영업 허가를 받지 아니한 자가 도축·집유·가공·포장 또는 보관된 축산물, 실험 등의 용도로 사용한 동물, 「야생동·식물보호법」을 위반하여 포획한 야생동물은 판매하여서는 아니 된다.

위반사항	근거 법령	1차 위반	2차 위반	3차 위반
2) 별표 17 제5호마목※31 또는 사목※32을 위반한 경우		영업정지 15일	영업정지 1개월	영업정지 2개월

※31 유통기한이 지난 식품 또는 그 원재료를 집단급식소에 판매하기 위하여 보관·운반 및 사용하여서는 아니 된다.
※32 위해평가가 완료되기 전까지 일시적으로 금지된 식품등을 사용하여서는 아니 된다.

위반사항	근거 법령	1차 위반	2차 위반	3차 위반
3) 별표 17 제5호바목※33을 위반한 경우				

※33 수돗물이 아닌 지하수 등을 먹는 물 또는 식품의 조리·세척 등에 사용하는 경우에는 먹는 물 수질검사기관에서 마시기에 적합하다고 인정된 물을 사용하여야 한다.

위반사항	근거 법령	1차 위반	2차 위반	3차 위반
가) 수질검사를 정하여진 기간 내에 하지 아니한 경우		영업정지 15일	영업정지 1개월	영업정지 3개월
나) 부적합 판정받은 물을 계속 사용한 경우		영업허가·등록 취소 또는 영업소 폐쇄		
4) 1)부터 3)까지 외의 준수사항을 위반한 경우		시정명령	영업정지 7일	영업정지 15일
10. 법 제45조(위해식품등의 회수)제1항을 위반한 경우	법 제75조			
가. 회수조치를 하지 않은 경우		영업정지 2개월	영업정지 3개월	영업허가 취소 또는 영업소 폐쇄
나. 회수계획을 보고하지 않거나 허위로 보고한 경우		영업정지 1개월	영업정지 2개월	영업정지 3개월
10의2. 법 제49조제1항 단서에 따른 식품이력추적관리를 등록하지 아니한 경우	법 제71조 및 법 제75조	시정명령	영업정지 7일	영업정지 15일
10의3. 법 제72조제1항·제2항에 따른 압류·폐기를 거부·방해·기피한 경우	법 제75조	영업정지 1개월	영업정지 2개월	영업정지 3개월
11. 법 제72조(폐기처분 등)제3항에 따른 회수명령을 위반한 경우	법 제75조	영업정지 1개월	영업정지 2개월	영업정지 3개월

위반사항	근거 법령			
12. 법 제73조(위해식품등의 공표)제1항에 따른 위해발생사실의 공표명령을 위반한 경우	법 제75조	영업정지 1개월	영업정지 2개월	영업정지 3개월
13. 영업정지 처분 기간 중에 영업을 한 경우	법 제75조	영업허가 취소 또는 영업소 폐쇄		
14. 그 밖에 제1호부터 제13호까지를 제외한 법을 위반한 경우(법 제101조에 따른 과태료 부과 대상에 해당하는 위반 사항은 제외한다)	법 제71조 및 법 제75조	시정명령	영업정지 5일	영업정지 10일

3. 식품접객업
   영 제21조제8호의 식품접객업을 말한다.

위반사항	근거 법령	행정처분기준		
		1차 위반	2차 위반	3차 위반
1. 법 제4조(위해식품등의 판매 등 금지)를 위반한 경우	법 제72조 및 법 제75조			
가. 썩거나 상하여 인체의 건강을 해칠 우려가 있는 것		영업정지 15일과 해당 음식물 폐기	영업정지 1개월과 해당 음식물 폐기	영업정지 3개월과 해당 음식물 폐기
나. 설익어서 인체의 건강을 해칠 우려가 있는 것		영업정지 7일과 해당 음식물 폐기	영업정지 15일과 해당 음식물 폐기	영업정지 1개월과 해당 음식물 폐기
다. 유독·유해물질이 들어 있거나 묻어 있는 것이나 그러할 염려가 있는 것 또는 병을 일으키는 미생물에 오염되었거나 그러할 염려가 있어 인체의 건강을 해칠 우려가 있는 것				
1) 유독·유해물질이 들어 있거나 묻어 있는 것이나 그러할 염려가 있는 것		영업허가 취소 또는 영업소 폐쇄와 해당 음식물 폐기		
2) 병을 일으키는 미생물에 오염되었거나 그러할 염려가 있어 인체의 건강을 해칠 우려가 있는 것		영업정지 1개월과 해당 음식물 폐기	영업정지 3개월과 해당 음식물 폐기	영업허가 취소 또는 영업소 폐쇄와 해당 음식물 폐기
라. 불결하거나 다른 물질이 섞이거나 첨가된 것 또는 그 밖의 사유로 인체의 건강을 해칠 우려가 있는 것		영업정지 15일과 해당 음식물 폐기	영업정지 1개월과 해당 음식물 폐기	영업정지 3개월과 해당 음식물 폐기
마. 법 제18조(유전자변형식품등의 안전성 심사 등)에 따른 안전성 평가 대상인 농·축·수산물 등 가운데 안전성 평가를 받지 아니하였거나 안전성 평가에서 식용으로 부적합하다고 인정된 것		영업정지 2개월과 해당 음식물 폐기	영업정지 3개월과 해당 음식물 폐기	영업허가 취소 또는 영업소 폐쇄와 해당 음식물 폐기
바. 수입이 금지된 것 또는 「수입식품안전관리특별법」 제20조제1항에 따른 수입신고를 하		영업정지 2개월과 해당 음	영업정지 3개월과 해당 음	영업허가 취소 또는 영업소

지 아니하고 수입한 것		식물 폐기	식물 폐기	폐쇄와 해당 음식물 폐기
사. 영업자가 아닌 자가 제조·가공·소분(소분 대상이 아닌 식품 및 식품첨가물을 소분·판 매하는 것을 포함한다)한 것		영업정지 1개 월과 해당 음 식물 폐기	영업정지 2개 월과 해당 음 식물 폐기	영업정지 3개 월과 해당 음 식물 폐기
2. 법 제5조(병든 동물 고기 등의 판매 등 금지)를 위반한 경우	법 제72조 및 법제75조	영업허가취소 또는 영업소 폐쇄와 해당 음식물 폐기		
3. 법 제6조(기준·규격이 고시되지 아니한 화학 적 합성품 등의 판매 등 금지)를 위반한 경우	법 제72조 및 법제75조	영업허가 취소 또는 영업소 폐쇄와 해당 음식물 폐기		
4. 법 제7조(식품 또는 식품첨가물에 관한 기준 및 규격) 제4항을 위반한 경우 가. 식품등의 한시적 기준 및 규격을 정하지 아 니한 천연첨가물, 기구등의 살균·소독제를 사용한 경우	법 제71조, 법 제72조 및 법제75조	영업정지 15 일과 해당 음 식물 폐기	영업정지 1개 월과 해당 음 식물 폐기	영업정지 3개 월과 해당 음 식물 폐기
나. 비소, 카드뮴, 납, 수은, 중금속, 메탄올, 다이 옥신 또는 시안화물의 기준을 위반한 것		영업정지 1개 월과 해당 음 식물 폐기	영업정지 2개 월과 해당 음 식물 폐기	영업정지 3개 월과 해당 음 식물 폐기
다. 바륨, 포름알데히드, 올소톨루엔, 설폰아미 드, 방향족탄화수소, 폴리옥시에틸렌, 엠씨피 디 또는 세레늄의 기준을 위반한 것		영업정지 15 일과 해당 음 식물 폐기	영업정지 1개 월과 해당 음 식물 폐기	영업정지 2개 월과 해당 음 식물 폐기
라. 방사능잠정허용기준을 위반한 것		영업정지 1개 월과 해당 음 식물 폐기	영업정지 2개 월과 해당 음 식물 폐기	영업정지 3개 월과 해당 음 식물 폐기
마. 농약잔류허용기준을 초과한 농산물 또는 식 육을 원료로 사용한 것(「축산물가공처리법」 등 다른 법령에 따른 검사를 받아 합격한 것 을 원료로 사용한 경우는 제외한다)		영업정지 1개 월과 해당 음 식물 폐기	영업정지 3개 월과 해당 음 식물 폐기	영업허가취소 또는 영업소 폐쇄와 해당 음식물 폐기
바. 곰팡이독소 또는 패류독소 기준을 위반한 것		영업정지 1개 월과 해당 음 식물 폐기 및 원료 폐기	영업정지 3개 월과 해당 음 식물 폐기 및 원료 폐기	영업허가취소 또는 영업소 폐쇄와 해당 음식물 폐기 및 원료 폐기
사. 항생물질 등의 잔류허용기준(항생물질·합 성항균제 또는 합성호르몬제)을 초과한 것을 원료로 사용한 것(「축산물가공처리법」 등 다 른 법령에 따른 검사를 받아 합격한 것을 원 료로 사용한 경우는 제외한다)		영업정지 1개 월과 해당 음 식물 폐기 및 원료 폐기	영업정지 3개 월과 해당 음 식물 폐기 및 원료 폐기	영업허가취소 또는 영업소 폐쇄와 해당 음식물 폐기 및 원료 폐기
아. 식중독균 검출기준을 위반한 것으로서 1) 조리식품 등 또는 접객용 음용수		영업정지 1개 월과 해당 음	영업정지 3개 월과 해당 음	영업허가취소 또는 영업소

	식물 폐기 및 원료 폐기	식물 폐기 및 원료 폐기	폐쇄와 해당 음식물 폐기 및 원료 폐기
2) 조리기구 등	시정명령	영업정지 7일	영업정지 15일
자. 산가, 과산화물가, 대장균, 대장균군 또는 일반세균의 기준을 위반한 것			
1) 조리식품 등 또는 접객용 음용수	영업정지 15일과 해당 음식물 폐기	영업정지 1개월과 해당 음식물 폐기	영업정지 2개월과 해당 음식물 폐기
2) 조리기구 등	시정명령	영업정지 7일	영업정지 15일
차. 식품첨가물의 사용 및 허용기준을 위반한 것을 사용한 것			
1) 허용 외 식품첨가물을 사용한 것 또는 기준 및 규격이 정하여지지 아니한 첨가물을 사용한 것	영업정지 1개월과 해당 제품 폐기	영업정지 2개월과 해당 제품 폐기	영업허가취소 또는 영업소 폐쇄
2) 사용 또는 허용량 기준에 초과한 것으로서			
가) 30퍼센트 이상을 초과한 것	영업정지 15일과 해당 음식물 폐기	영업정지 1개월과 해당 음식물 폐기	영업정지 2개월과 해당 음식물 폐기
나) 10퍼센트 이상 30퍼센트 미만을 초과한 것	영업정지 7일과 해당 음식물 폐기	영업정지 15일과 해당 음식물 폐기	영업정지 1개월과 해당 음식물 폐기
다) 10퍼센트 미만을 초과한 것	시정명령	영업정지 7일	영업정지 15일
카. 식품첨가물 중 질소의 사용기준을 위반한 경우	영업허가 취소 또는 영업소 폐쇄와 해당 음식물 폐기		
타. 이물이 혼입된 것	시정명령	영업정지 7일	영업정지 15일
파. 식품조사처리기준을 위반한 것을 사용한 것	시정명령	영업정지 7일	영업정지 15일
하. 식품등의 기준 및 규격 중 식품원료 기준이나 조리 및 관리기준을 위반한 경우로서(제1호부터 제3호까지에 해당하는 경우는 제외한다)			
1) 사료용 또는 공업용 등으로 사용되는 등 식용을 목적으로 채취, 취급, 가공, 제조 또는 관리되지 않은 원료를 식품의 조리에 사용한 경우	영업허가·등록 취소 또는 영업소 폐쇄와 해당 음식물 폐기		
2) 그 밖의 사항을 위반한 경우	시정명령	영업정지 7일	영업정지 15일
거. 그 밖에 가목부터 하목까지 외의 사항을 위반한 것	시정명령	영업정지 5일	영업정지 10일

5. 법 제8조(유독기구 등의 판매·사용 금지)를 위반한 경우	법 제75조	시정명령	영업정지 15일	영업정지 1개월
6. 법 제9조제4항(기준과 규격에 맞지 아니한 기구 및 용기·포장 판매 금지 등)을 위반한 경우	법 제71조 및 법 제75조	시정명령	영업정지 5일	영업정지 10일
7. 법 제22조제1항에 따른 출입·검사·수거를 거부·방해·기피한 경우	법 제75조	영업정지 1개월	영업정지 2개월	영업정지 3개월
8. 법 제36조(시설기준) 또는 법 제37조(영업허가 등)를 위반한 경우	법 제71조, 법 제74조 및 법 제75조			
가. 변경허가를 받지 아니하거나 변경신고를 하지 아니하고 영업소를 이전한 경우		영업허가취소 또는 영업소 폐쇄		
나. 변경신고를 하지 아니한 경우로서 1) 영업시설의 전부를 철거한 경우(시설 없이 영업신고를 한 경우를 포함한다)		영업허가취소 또는 영업소 폐쇄		
2) 영업시설의 일부를 철거한 경우		시설개수명령	영업정지 15일	영업정지 1개월
다. 영업장의 면적을 변경하고 변경신고를 하지 아니한 경우		시정명령	영업정지 7일	영업정지 15일
라. 시설기준 위반사항으로 1) 유흥주점 외의 영업장에 무도장을 설치한 경우		시설개수명령	영업정지 1개월	영업정지 2개월
2) 일반음식점의 객실 안에 무대장치, 음향 및 반주시설, 특수조명시설을 설치한 경우		시설개수명령	영업정지 1개월	영업정지 2개월
3) 음향 및 반주시설을 설치하는 영업자가 방음장치를 하지 아니한 경우		시설개수명령	영업정지 15일	영업정지 1개월
마. 법 제37조(영업허가 등) 제2항에 따른 조건을 위반한 경우		영업정지 1개월	영업정지 2개월	영업정지 3개월
바. 시설기준에 따른 냉장·냉동시설이 없는 경우 또는 냉장·냉동시설을 가동하지 아니한 경우		영업정지 15일	영업정지 1개월	영업정지 2개월
사. 급수시설기준을 위반한 경우(수질검사결과 부적합 판정을 받은 경우를 포함한다)		시설개수명령	영업정지 1개월	영업정지 3개월
아. 그 밖의 가목부터 사목까지 외의 허가 또는 신고사항을 위반한 경우로서				
1) 시설기준을 위반한 경우		시설개수명령	영업정지 15일	영업정지 1개월
2) 그 밖의 사항을 위반한 경우		시정명령	영업정지 7일	영업정지 15일
9. 법 제43조(영업 제한)에 따른 영업 제한을 위반한 경우	법 제71조 및 법 제75조			
가. 영업시간 제한을 위반하여 영업한 경우		영업정지 15일	영업정지 1개월	영업정지 2개월
나. 영업행위 제한을 위반하여 영업한 경우		시정명령	영업정지 15일	영업정지 1개월
10. 법 제44조(영업자 등의 준수사항)제1항을 위반한 경우	법 제71조 및 법 제75조			

위반사항		1차위반	2차위반	3차위반
가. 식품접객업자의 준수사항(별표 17 제7호자목·파목·머목 및 별도의 개별 처분기준이 있는 경우는 제외한다)의 위반으로서				
1) 별표 17 제7호타목1)*34을 위반한 경우		영업정지 1개월	영업정지 2개월	영업허가 취소 또는 영업소 폐쇄

※34 휴게음식점영업자·일반음식점영업자 또는 단란주점영업자가 유흥접객원을 고용하여 유흥접객행위를 하게 하거나 종업원의 이러한 행위를 조장하거나 묵인하는 행위.

2) 별표 17 제7호다목*35·타목5)*36 또는 버목*37을 위반한 경우		영업정지 2개월	영업정지 3개월	영업허가 취소 또는 영업소 폐쇄

※35 업소 안에서는 도박이나 그 밖의 사행행위 또는 풍기문란행위를 방지하여야 하며, 배달판매 등의 영업행위 중 종업원의 이러한 행위를 조장하거나 묵인하여서는 아니 된다.
※36 허가를 받거나 신고한 영업 외의 다른 영업시설을 설치하거나 식품접객업소의 영업자 또는 종업원이 영업장을 벗어나 시간적 소요의 대가로 금품을 수수하거나, 영업자가 종업원의 이러한 행위를 조장하거나 묵인하는 행위.
※37 휴게음식점영업자·일반음식점영업자 또는 단란주점영업자는 영업장 안에 설치된 무대시설 외의 장소에서 공연을 하거나 공연을 하는 행위를 조장·묵인하여서는 아니 된다.

3) 별표 17 제7호타목2)*38·7)*39·거목*40 또는 서목*41을 위반한 경우		영업정지 1개월	영업정지 2개월	영업허가 취소 또는 영업소 폐쇄

※38 허가를 받거나 신고한 영업 외의 다른 영업시설을 설치하거나 휴게음식점영업자·일반음식점영업자가 음향 및 반주시설을 갖추고 손님이 노래를 부르도록 허용하는 행위.
※39 휴게음식점영업자·일반음식점영업자가 음향시설을 갖추고 손님이 춤을 추는 것을 허용하는 행위.
※40 업소 안에서 선량한 미풍양속을 해치는 공연, 영화, 비디오 또는 음반을 상영하거나 사용하여서는 아니 된다.
※41 「야생생물 보호 및 관리에 관한 법률」을 위반하여 포획한 야생동물을 사용한 식품을 조리·판매하여서는 아니 된다.

4) 별표 17 제7호나목*42, 카목*43, 타목 3)*44·4)*45, 하목*46 또는 어목*47을 위반한 경우		영업정지 15일	영업정지 1개월	영업정지 3개월

※42 표시사항을 모두 표시하지 않은 축산물, 허가받지 않은 작업장에서 도축·집유·가공·포장 또는 보관된 축산물, 검사를 받지 않은 축산물, 영업 허가를 받지 아니한 자가 도축·집유·가공·포장 또는 보관된 축산물, 실험 등의 용도로 사용한 동물은 음식물의 조리에 사용하여서는 아니 된다.
※43 유통기한이 경과된 원료 또는 완제품을 조리·판매의 목적으로 보관하거나 이를 음식물의 조리에 사용하여서는 아니 된다.
※44 일반음식점영업자가 주류만을 판매하거나 주로 다류를 조리·판매하는 다방형태의 영업을 하는 행위.
※45 휴게음식점영업자가 손님에게 음주를 허용하는 행위.
※46 손님을 꾀어서 끌어들이는 행위를 하여서는 아니 된다.
※47 위해평가가 완료되기 전까지 일시적으로 금지된 식품등을 사용·조리하여서는 아니 된다.

5) 별표 17 제7호너목*48을 위반한 경우				

※48 수돗물이 아닌 지하수 등을 먹는 물 또는 식품의 조리·세척 등에 사용하는 경우에는 「먹는물관리법」에 따른 먹는 물 수질검사기관에서 다음의 검사를 받아 마시기에 적합하다고 인정된 물을 사용하여야 한다.

가) 수질검사를 검사기간 내에 하지 아니한 경우		영업정지 15일	영업정지 1개월	영업정지 2개월
나) 부적합 판정된 물을 계속 사용한 경우		영업허가·등록 취소 또는 영업소 폐쇄		
6) 별표 17 제7호러목*49을 위반한 경우		영업정지 15일	영업정지 2개월	영업정지 3개월

※49 식품접객업자는 손님이 먹고 남은 음식물을 다시 사용하거나 조리하거나 또는 보관하여서는 아니 된다.

7) 별표 17 제7호처목*50을 위반하여 모범업소로 오인·혼동할 우려가 있는 표시를 한 경우		시정명령	영업정지 5일	영업정지 10일

※50 모범업소가 아닌 업소의 영업자는 모범업소로 오인·혼동할 우려가 있는 표시를 하여서는 아니 된다.

8) 별표 17 제7호커목^{※51}을 위반한 경우로서			

※51 손님에게 조리하여 제공하는 식품의 주재료, 중량 등이 가격표에 표시된 내용과 달라서는 아니 된다.

가) 주재료가 다른 경우		영업정지 7일	영업정지 15일	영업정지 1개월
나) 중량이 30퍼센트 이상 부족한 것		영업정지 7일	영업정지 15일	영업정지 1개월
다) 중량이 20퍼센트 이상 30퍼센트 미만 부족한 것	시정명령	영업정지 7일	영업정지 15일
9) 별표 17 제7호퍼목^{※52}을 위반한 경우	시정명령	영업정지 7일	영업정지 15일

※52 음식판매자동차를 사용하는 휴게음식점영업자 및 제과점영업자는 신고한 장소가 아닌 장소에서 그 음식판매자동차로 휴게음식점영업 및 제과점영업을 하여서는 아니 된다.

10) 별표 17 제7호카목^{※53}을 위반한 경우			
가) 유통기한이 경과된 원료 또는 완제품을 조리·판매의 목적으로 보관한 경우	영업정지 15일	영업정지 1개월	영업정지 3개월
나) 유통기한이 경과된 원료 또는 완제품을 조리에 사용하거나 판매한 경우	영업정지 1개월	영업정지 2개월	영업정지 3개월
나. 위탁급식업영업자의 준수사항(별도의 개별 처분기준이 있는 경우는 제외한다)의 위반으로서			
1) 별표 17 제8호가목^{※54}·다목^{※55}·차목^{※56} 또는 카목^{※57}을 위반한 경우	영업정지 15일	영업정지 1개월	영업정지 2개월

※53 유통기한이 경과된 제품·식품 또는 그 원재료를 조리·판매의 목적으로 운반·진열·보관하거나 이를 판매 또는 식품의 조리에 사용해서는 안 되며, 해당 제품·식품 또는 그 원재료를 진열·보관할 때에는 폐기용 또는 교육용이라는 표시를 명확하게 해야 한다.
※54 집단급식소를 설치·운영하는 자와 위탁 계약한 사항 외의 영업행위를 하여서는 아니 된다.
※55 표시사항을 모두 표시하지 않은 축산물, 허가받지 않은 작업장에서 도축·집유·가공·포장 또는 보관된 축산물, 검사를 받지 않은 축산물, 영업 허가를 받지 아니한 자가 도축·집유·가공·포장 또는 보관된 축산물 또는 실험 등의 용도로 사용한 동물을 음식물의 조리에 사용하여서는 아니 되며, 「야생생물 보호 및 관리에 관한 법률」에 위반하여 포획한 야생동물을 사용하여 조리하여서는 아니 된다.
※56 위해평가가 완료되기 전까지 일시적으로 금지된 식품 등에 대하여는 이를 사용·조리하여서는 아니 된다.
※57 식중독 발생시 보관 또는 사용 중인 보존식이나 식재료는 역학조사가 완료될 때까지 폐기하거나 소독 등으로 현장을 훼손하여서는 아니 되고 원상태로 보존하여야 한다.

2) 별표 17 제8호사목^{※58}을 위반한 경우		영업정지 7일	영업정지 15일	영업정지 1개월

※58 조리·제공한 식품을 보관할 때에는 매회 1인분 분량을 섭씨 영하 18도 이하에서 144시간 이상 보관하여야 한다.

3) 별표 17 제8호마목^{※59}을 위반한 경우			

※59 지하수 등을 먹는 물 또는 식품의 조리·세척 등에 사용하는 경우에는 「먹는물관리법」에 따른 먹는 물 수질검사기관에서 검사를 받아 마시기에 적합하다고 인정된 물을 사용하여야 한다.

가) 수질검사를 검사기간 내에 하지 아니한 경우	영업정지 15일	영업정지 1개월	영업정지 3개월
나) 부적합 판정된 물을 계속 사용한 경우	영업정지 1개월	영업정지 3개월	영업허가 취소 또는 영업소 폐쇄
4) 별표 17 제8호타목^{※60}을 위반한 경우	시정명령	영업정지 5일	영업정지 10일

※60 모범업소가 아닌 업소의 영업자는 모범업소로 오인·혼동할 우려가 있는 표시를 하여서는 아니 된다.

위반 사항	근거 법령	1차 위반	2차 위반	3차 위반
5) 별표 17 제8호라목을 위반한 경우로서				
가) 유통기한이 경과된 원료 또는 완제품을 조리할 목적으로 보관한 경우		영업정지 15일	영업정지 1개월	영업정지 2개월
나) 유통기한이 경과된 원료 또는 완제품을 조리에 사용한 경우		영업정지 1개월	영업정지 2개월	영업정지 3개월
6) 1)부터 5)까지를 제외한 준수사항을 위반한 경우		시정명령	영업정지 7일	영업정지 15일
11. 법 제44조(영업자 등의 준수사항)제2항을 위반한 경우	법 제75조			
가. 청소년을 유흥접객원으로 고용하여 유흥행위를 하게 하는 행위를 한 경우		영업허가취소 또는 영업소 폐쇄		
나. 청소년유해업소에 청소년을 고용하는 행위를 한 경우		영업정지 3개월	영업허가취소 또는 영업소 폐쇄	
다. 청소년유해업소에 청소년을 출입하게 하는 행위를 한 경우		영업정지 1개월	영업정지 2개월	영업정지 3개월
라. 청소년에게 주류를 제공하는 행위(출입하여 주류를 제공한 경우 포함)를 한 경우		영업정지 2개월	영업정지 3개월	영업허가취소 또는 영업소 폐쇄
12. 법 제51조를 위반한 경우[61]	법 제71조 및 법 제75조	시정명령	영업정지 7일	영업정지 15일
12의2. 법 제72조제1항·제2항에 따른 압류·폐기를 거부·방해·기피한 경우	법 제75조	영업정지 1개월	영업정지 2개월	영업정지 3개월

※61 집단급식소 운영자와 대통령령으로 정하는 식품접객업자는 조리사(調理士)를 두어야 한다.

위반 사항	근거 법령	1차 위반	2차 위반	3차 위반
13. 영업정지 처분 기간 중에 영업을 한 경우	법 제75조	영업허가취소 또는 영업소 폐쇄		
14. 「성매매알선 등 행위의 처벌에 관한 법률」 제4조에 따른 금지행위를 한 경우[62]	법 제75조	영업정지 3개월	영업허가 취소 또는 영업소 폐쇄	

※62 성매매, 성매매알선행위 등 금지

위반 사항	근거 법령	1차 위반	2차 위반	3차 위반
15. 그 밖에 제1호부터 제14호까지를 제외한 법을 위반한 경우(법 제101조에 따른 과태료 부과 대상에 해당하는 위반 사항과 별표 17 제6호자목·머목은 제외한다)	법 제71조 및 법 제75조	시정명령	영업정지 7일	영업정지 15일

4. 조리사

위반 사항	근거 법령	행정처분기준		
		1차 위반	2차 위반	3차 위반
1. 법 제54조(결격사유) 각 호의 어느 하나에 해당하게 된 경우[63]	법 제80조 (면허취소 등)	면허취소		

※63 정신질환자, 감염병환자, 마약이나 그 밖의 약물 중독자 등

위반 사항	근거 법령	1차 위반	2차 위반	3차 위반
2. 법 제56조(교육)에 따른 교육을 받지 아니한 경우		시정명령	업무정지 15일	업무정지 1개월
3. 식중독이나 그 밖에 위생과 관련한 중대한 사고 발생에 직무상의 책임이 있는 경우	법 제80조	업무정지 1개월	업무정지 2개월	면허취소

| 4. 면허를 타인에게 대여하여 사용하게 한 경우 | 법 제80조 | 업무정지 2개월 | 업무정지 3개월 | 면허취소 |
| 5. 업무정지기간 중에 조리사의 업무를 한 경우 | 법 제80조 | 면허취소 | | |

Ⅲ. 과징금 제외 대상
  1. 식품제조·가공업 등(유통전문판매업은 제외한다)
    가. 제1호 각 목의 어느 하나에 해당하는 경우
    나. 제4호나목부터 바목까지, 아목, 차목, 카목1)·2)가) 또는 거목1)·2)에 해당하는 경우
    다. 삭제 <2019. 4. 25.>
    라. 1차 위반행위가 영업정지 1개월 이상에 해당하는 경우로서 2차 위반사항에 해당하는 경우
    마. 3차 위반사항에 해당하는 경우
    바. 과징금을 체납 중인 경우
  2. 식품판매업 등
    가. 제1호가목·바목 또는 사목에 해당하는 경우
    나. 제4호가목에 해당하는 경우
    다. 삭제 <2019. 4. 25.>
    라. 1차 위반행위가 영업정지 1개월 이상에 해당하는 경우로서 2차 위반사항에 해당하는 경우
    마. 3차 위반사항에 해당하는 경우
    바. 과징금을 체납 중인 경우
  3. 식품접객업
    가. 제1호가목·나목 또는 사목에 해당하는 경우
    나. 제8호마목에 해당하는 경우
    다. 제10호가목1)에 해당하는 경우
    라. 제11호나목·다목 또는 라목에 해당하는 경우
    마. 3차 위반사항에 해당하는 경우
    바. 과징금을 체납 중인 경우
    사. 제14호에 해당하는 경우
  4. 제1호부터 제3호(사목은 제외한다)까지의 규정에도 불구하고 Ⅰ. 일반기준의 제15호에 따른 경감대상에 해당하는 경우에는 과징금 처분을 할 수 있다.

제76조(품목 제조정지 등) ① 식품의약품안전처장 또는 특별자치시장·특별자치도지사·시장·군수·구청장은 영업자가 다음 각 호의 어느 하나에 해당하면 대통령령으로 정하는 바에 따라 해당 품목 또는 품목류(제7조 또는 제9조에 따라 정하여진 식품등의 기준 및 규격 중 동일한 기준 및 규격을 적용받아 제조·가공되는 모든 품목을 말한다. 이하 같다)에 대하여 기간을 정하여 6개월 이내의 제조정지를 명할 수 있다. <개정 2016. 2. 3.>
  1. 제7조제4항을 위반한 경우*64
  2. 제9조제4항을 위반한 경우*65
  3. 삭제 <2018. 3. 13.>
  3의2. 제12조의2제2항을 위반한 경우 *66
  4. 삭제 <2018. 3. 13.>

※64 기준과 규격이 정하여진 식품 또는 식품첨가물은 그 기준에 따라 제조·수입·가공·사용·조리·보존하여야 하며, 그 기준과 규격에 맞지 아니하는 식품 또는 식품첨가물은 판매하거나 판매할 목적으로 제조·수입·가공·사용·조리·저장·소분·운반·보존 또는 진열하여서는 아니 된다.

※65 기준과 규격이 정하여진 기구 및 용기·포장은 그 기준에 따라 제조하여야 하며, 그 기준과 규격에 맞지 아니한 기구 및 용기·포장은 판매하거나 판매할 목적으로 제조·수입·저장·운반·진열하거나 영업에 사용하여서는 아니 된다.

※66 유전자변형식품등은 표시가 없으면 판매하거나 판매할 목적으로 수입·진열·운반하거나 영업에 사용하여서는 아니 된다.

5. 제31조제1항을 위반한 경우[67]
② 제1항에 따른 행정처분의 세부기준은 그 위반 행위의 유형과 위반 정도 등을 고려하여 총리령으로 정한다. <개정 2013. 3. 23.>

> [67] 식품등을 제조·가공하는 영업자는 총리령으로 정하는 바에 따라 제조·가공하는 식품 등이 제7조 또는 제9조에 따른 기준과 규격에 맞는지를 검사하여야 한다.

제77조(영업허가 등의 취소 요청) ① 식품의약품안전처장은 「축산물위생관리법」, 「수산업법」, 「양식산업발전법」 또는 「주세법」에 따라 허가 또는 면허를 받은 자가 제4조(위해식품등의 판매 등 금지), 제5조(병든 동물 고기 등의 판매 등 금지), 제6조(기준·규격이 고시되지 아니한 화학적 합성품 등의 판매 등 금지) 또는 제7조제4항(기준 규격에 맞지 아니하는 식품 또는 식품첨가물의 판매 등 금지)을 위반한 경우에는 해당 허가 또는 면허 업무를 관할하는 중앙행정기관의 장에게 다음 각 호의 조치를 하도록 요청할 수 있다. 다만, 주류(酒類)는 「보건범죄단속에 관한 특별조치법」 제8조【주 14】에 따른 유해 등의 기준에 해당하는 경우로 한정한다. <개정 2019. 8. 27.>
1. 허가 또는 면허의 전부 또는 일부 취소
2. 일정 기간의 영업정지
3. 그 밖에 위생상 필요한 조치
② 제1항에 따라 영업허가 등의 취소 요청을 받은 관계 중앙행정기관의 장은 정당한 사유가 없으면 이에 따라야 하며, 그 조치결과를 지체 없이 식품의약품안전처장에게 통보하여야 한다. <개정 2013. 3. 23.>

【주 14】

보건범죄 단속에 관한 특별조치법

제2조(부정식품 제조 등의 처벌) ①「식품위생법」제37조제1항, 제4항 및 제5항의 허가를 받지 아니하거나 신고 또는 등록을 하지 아니하고 제조·가공한 사람, 「건강기능식품에 관한 법률」제5조에 따른 허가를 받지 아니하고 건강기능식품을 제조·가공한 사람, 이미 허가받거나 신고된 식품, 식품첨가물 또는 건강기능식품과 유사하게 위조하거나 변조한 사람, 그 사실을 알고 판매하거나 판매할 목적으로 취득한 사람 및 판매를 알선한 사람, 「식품위생법」제6조, 제7조제4항 또는 「건강기능식품에 관한 법률」제24조제1항을 위반하여 제조·가공한 사람, 그 정황을 알고 판매하거나 판매할 목적으로 취득한 사람 및 판매를 알선한 사람은 다음 각 호의 구분에 따라 처벌한다. <개정 2017. 12. 19.>
　1. 식품, 식품첨가물 또는 건강기능식품이 인체에 현저히 유해한 경우 : 무기 또는 5년 이상의 징역에 처한다.
　2. 식품, 식품첨가물 또는 건강기능식품의 가액(價額)이 소매가격으로 연간 5천만원 이상인 경우 : 무기 또는 3년 이상의 징역에 처한다.
　3. 제1호의 죄를 범하여 사람을 사상(死傷)에 이르게 한 경우 : 사형, 무기 또는 5년 이상의 징역에 처한다.
② 제1항의 경우에는 제조, 가공, 위조, 변조, 취득, 판매하거나 판매를 알선한 제품의 소매가격의 2배 이상 5배 이하에 상당하는 벌금을 병과(倂科)한다
제8조(유해 등의 기준) 제2조, 제3조, 제4조 및 제7조 중 "현저히 유해" 및 "현저히 부족"의 기준은 따로 대통령령으로 정한다.

보건범죄 단속에 관한 특별조치법 시행령

제4조(부정식품의 유해기준) ①법 제2조제1항제1호의 규정에 의한 "인체에 현저한 유해"의 기준은 다음 각호와 같다.
　1. 다류
　　허용외의 착색료가 함유된 경우
　2. 과자류
　　허용외의 착색료나 방부제가 함유되거나, 비소가 2ppm이상 또는 납이 3ppm이상 함유된 경우
　3. 빵류
　　허용외의 방부제가 함유된 경우
　4. 엿류
　　허용외의 방부제가 함유된 경우

5. 시유
   허용외의 방부제가 함유되거나, 포스파타제가 검출된 경우
6. 식육 및 어육제품
   허용외의 방부제가 함유되거나, 납이 3ppm이상 함유된 경우
7. 청량음료수
   허용외의 착색료나 방부제가 함유되거나, 비소가 0.3ppm이상 또는 납이 0.5ppm이상 함유된 경우
8. 장류
   허용외의 착색료나 방부제가 함유되거나, 비소가 5ppm이상 함유된 경우
9. 주류
   허용외의 착색료나 방부제가 함유되거나, 메칠알코올이 1ml당 1mg이상 함유된 경우
10. 분말 청량음료
    허용외의 착색료나 방부제가 함유되거나, 수용상태에서 비소가 0.3ppm이상 또는 납이 0.5ppm이상 함유된 경우

제78조(행정 제재처분 효과의 승계) 영업자가 영업을 양도하거나 법인이 합병되는 경우에는 제75조제1항(영업허가 또는 등록 취소)각 호, 같은 조 제2항(영업허가 또는 등록 취소하거나 영업소 폐쇄) 또는 제76조제1항 각 호(품목 제조정지 등)를 위반한 사유로 종전의 영업자에게 행한 행정 제재처분의 효과는 그 처분기간이 끝난 날부터 1년간 양수인이나 합병 후 존속하는 법인에 승계되며, 행정 제재처분 절차가 진행 중인 경우에는 양수인이나 합병 후 존속하는 법인에 대하여 행정 제재처분 절차를 계속할 수 있다. 다만, 양수인이나 합병 후 존속하는 법인이 양수하거나 합병할 때에 그 처분 또는 위반사실을 알지 못하였음을 증명하는 때에는 그러하지 아니하다.

제79조(폐쇄조치 등) ① 식품의약품안전처장, 시·도지사 또는 시장·군수·구청장은 제37조제1항(영업허가 등), 제4항(영업의 신고 등) 또는 제5항(영업의 등록 등)을 위반하여 허가받지 아니하거나 신고 또는 등록하지 아니하고 영업을 하는 경우 또는 제75조제1항(허가취소) 또는 제2항(영업정지 명령을 위반하여 영업을 계속하면 영업허가 또는 등록을 취소하거나 영업소 폐쇄)에 따라 허가 또는 등록이 취소되거나 영업소 폐쇄명령을 받은 후에도 계속하여 영업을 하는 경우에는 해당 영업소를 폐쇄하기 위하여 관계 공무원에게 다음 각 호의 조치를 하게 할 수 있다. <개정 2013. 3. 23.>
1. 해당 영업소의 간판 등 영업 표지물의 제거나 삭제
2. 해당 영업소가 적법한 영업소가 아님을 알리는 게시문 등의 부착
3. 해당 영업소의 시설물과 영업에 사용하는 기구 등을 사용할 수 없게 하는 봉인(封印)

② 식품의약품안전처장, 시·도지사 또는 시장·군수·구청장은 제1항제3호에 따라 봉인한 후 봉인을 계속할 필요가 없거나 해당 영업을 하는 자 또는 그 대리인이 해당 영업소 폐쇄를 약속하거나 그 밖의 정당한 사유를 들어 봉인의 해제를 요청하는 경우에는 봉인을 해제할 수 있다. 제1항제2호에 따른 게시문 등의 경우에도 또한 같다. <개정 2013. 3. 23.>
③ 식품의약품안전처장, 시·도지사 또는 시장·군수·구청장은 제1항에 따른 조치를 하려면 해당 영업을 하는 자 또는 그 대리인에게 문서로 미리 알려야 한다. 다만, 급박한 사유가 있으면 그러하지 아니하다. <개정 2013. 3. 23.>
④ 제1항에 따른 조치는 그 영업을 할 수 없게 하는 데에 필요한 최소한의 범위에 그쳐야 한다.
⑤ 제1항의 경우에 관계 공무원은 그 권한을 표시하는 증표 및 조사기간, 조사범위, 조사담당자, 관계 법령 등 대통령령으로 정하는 사항이 기재된 서류를 지니고 이를 관계인에게 내보여야 한다. <개정 2016. 2. 3.>

제52조의2(영업소 폐쇄를 위한 조치 시 제시하는 서류의 기재사항) 법 제79조제5항에서 "조사기간, 조사범위, 조사담당자, 관계 법령 등 대통령령으로 정하는 사항"이란 다음 각 호의 사항을 말한다.
1. 조사목적
2. 조사기간 및 대상
3. 조사의 범위 및 내용
4. 조사담당자의 성명 및 소속
5. 조사 관계 법령
6. 그 밖에 해당 조사와 관련하여 필요한 사항
[본조신설 2016. 7. 26.]

제80조(면허취소 등) ① 식품의약품안전처장 또는 특별자치시장·특별자치도지사·시장·군수·구청장은 조리사가 다음 각 호의 어느 하나에 해당하면 그 면허를 취소하거나 6개월 이내의 기간을 정하여 업무정지를 명할 수 있다. 다만, 조리사가 제1호 또는 제5호에 해당할 경우 면허를 취소하여야 한다. <개정 2016. 2. 3.>

  1. 제54조 각 호의 어느 하나에 해당하게 된 경우[※68]

> ※68 제54조(결격사유) 다음 각 호의 어느 하나에 해당하는 자는 조리사 면허를 받을 수 없다.
>   1. 정신질환자.
>   2. 감염병환자. (B형간염환자는 제외)
>   3. 마약이나 그 밖의 약물 중독자
>   4. 조리사 면허의 취소처분을 받고 그 취소된 날부터 1년이 지나지 아니한 자

  2. 제56조(교육)에 따른 교육을 받지 아니한 경우
  3. 식중독이나 그 밖에 위생과 관련한 중대한 사고 발생에 직무상의 책임이 있는 경우
  4. 면허를 타인에게 대여하여 사용하게 한 경우
  5. 업무정지기간 중에 조리사의 업무를 하는 경우
② 제1항에 따른 행정처분의 세부기준은 그 위반 행위의 유형과 위반 정도 등을 고려하여 총리령으로 정한다. <개정 2013. 3. 23.>

제81조(청문) 식품의약품안전처장, 시·도지사 또는 시장·군수·구청장은 다음 각 호의 어느 하나에 해당하는 처분을 하려면 청문을 하여야 한다. <개정 2014. 5. 28.>

  1. 삭제 <2015. 2. 3.>
  1의2. 삭제 <2013. 7. 30.>
  2. 제48조제8항[※69]에 따른 식품안전관리인증기준적용업소의 인증취소
  3. 제75조(허가취소 등)제1항부터 제3항까지의 규정에 따른 영업허가 또는 등록의 취소나 영업소의 폐쇄명령
  4. 제80조(면허취소 등) 제1항에 따른 면허의 취소

> ※69 제48조(식품안전관리인증기준) ⑧ 식품의약품안전처장은 식품안전관리인증기준적용업소의 효율적 운영을 위하여 총리령으로 정하는 식품안전관리인증기준의 준수 여부 등에 관한 조사·평가를 할 수 있으며, 그 결과 식품안전관리인증기준적용업소가 다음 각 호의 어느 하나에 해당하면 그 인증을 취소하거나 시정을 명할 수 있다. 다만, 식품안전관리인증기준적용업소가 제1호의2 및 제2호에 해당할 경우 인증을 취소하여야 한다. <개정 2018. 3. 13.>
>   1. 식품안전관리인증기준을 지키지 아니한 경우
>   1의2. 거짓이나 그 밖의 부정한 방법으로 인증을 받은 경우
>   2. 제75조(허가취소 등) 또는 「식품 등의 표시·광고에 관한 법률」 제16조(영업정지 등)제1항·제3항에 따라 영업정지 2개월 이상의 행정처분을 받은 경우
>   3. 영업자와 그 종업원이 제5항에 따른 교육훈련을 받지 아니한 경우
>   4. 그 밖에 제1호부터 제3호까지에 준하는 사항으로서 총리령으로 정하는 사항을 지키지 아니한 경우

제82조(영업정지 등의 처분에 갈음하여 부과하는 과징금 처분) ① 식품의약품안전처장, 시·도지사 또는 시장·군수·구청장은 영업자가 제75조(허가취소 등)제1항 각 호 또는 제76조(품목 제조정지 등) 제1항 각 호의 어느 하나에 해당하는 경우에는 대통령령으로 정하는 바에 따라 영업정지, 품목 제조정지 또는 품목류 제조정지 처분을 갈음하여 10억원 이하의 과징금을 부과할 수 있다. 다만, 제6조(기준·규격이 고시되지 아니한 화학적 합성품 등의 판매 등 금지) 를 위반하여 제75조제1항(허가취소 등)에 해

제53조(영업정지 등의 처분에 갈음하여 부과하는 과징금의 산정기준) 법 제82조제1항 본문에 따라 부과하는 과징금의 금액은 위반행위의 종류와 위반 정도 등을 고려하여 총리령으로 정하는 영업정지, 품목·품목류 제조정지 처분기준에 따라 별표 1의 기준을 적용하여 산정한다. <개정 2013. 3. 23.>

제54조(과징금의 부과 및 징수절차) ① 식품의약품안전처장, 시·도지사 또는 시장·군수·구청장은 법 제82조에 따라 과징금을 부과하려면 그 위반행위의 종류와 해당 과징금의 금액 등을 명시하여 납부할 것을 서면으로 알려야 한다. <개정 2013. 3. 23.>
② 법 제82조에 따른 과징금의 징수절차는

제92조(과징금부과 제외대상 및 징수절차 등) ① 법 제82조제1항 단서에 따른 과징금 부과 제외대상은 별표 23과 같다.
<※ 별표 23 참조 ➡ P. 119 >
② 영 제54조에 따른 과징금

당하는 경우와 제4조(위해식품등의 판매 등 금지), 제5조(병든 동물 고기 등의 판매 등 금지), 제7조(식품 또는 식품첨가물에 관한 기준 및 규격), 제12조의2(유전자변형식품등의 표시), 제37조(영업허가 등), 제43조(영업 제한) 제44조(영업자 등의 준수사항)를 위반하여 제75조제1항(허가취소 등) 또는 제76조제1항(품목 제조정지 등)에 해당하는 중대한 사항으로서 총리령으로 정하는 경우는 제외한다. <개정 2018. 3. 13.>

② 제1항에 따른 과징금을 부과하는 위반 행위의 종류・정도 등에 따른 과징금의 금액과 그 밖에 필요한 사항은 대통령령으로 정한다.

③ 식품의약품안전처장, 시・도지사 또는 시장・군수・구청장은 과징금을 징수하기 위하여 필요한 경우에는 다음 각 호의 사항을 적은 문서로 관할 세무관서의 장에게 과세 정보 제공을 요청할 수 있다. <개정 2013. 3. 23.>

1. 납세자의 인적 사항
2. 사용 목적
3. 과징금 부과기준이 되는 매출금액

④ 식품의약품안전처장, 시・도지사 또는 시장・군수・구청장은 제1항에 따른 과징금을 기한 내에 납부하지 아니하는 때에는 대통령령으로 정하는 바에 따라 제1항에 따른 과징금 부과처분을 취소하고 제75조제1항(허가취소 등) 또는 제76조제1항(품목 제조정지 등)에 따른 영업정지 또는 제조정지 처분을 하거나 국세 체납처분의 예 또는 「지방행정제재・부과금의 징수 등에 관한 법률」에 따라 징수한다. 다만, 다음 각 호의 어느 하나에 해당하는 경우에는 국세 체납처분의 예 또는 「지방행정제재・부과금의 징수 등에 관한 법률」에 따라 징수한다. <개정 2020. 3. 24.>

1. 삭제 <2013. 7. 30.>
2. 제37조제3항(폐업 등 신고), 제4항(영업종류별 신고 등) 및 제5항(영업종류별 등록 등)에 따

총리령으로 정한다. <개정 2013. 3. 23.>

제54조의2(과징금 납부기한의 연장 및 분할 납부) ① 식품의약품안전처장, 시・도지사 또는 시장・군수・구청장은 법 제82조제1항에 따라 과징금을 부과받은 자(이하 "과징금납부의무자"라 한다)가 납부하여야 할 과징금의 금액이 100만원 이상인 경우로서 다음 각 호의 어느 하나에 해당하는 사유로 인하여 과징금의 전액을 한꺼번에 납부하기 어렵다고 인정될 때에는 그 납부기한을 연장하거나 분할 납부하게 할 수 있다. 이 경우 필요하다고 인정하면 담보를 제공하게 할 수 있다.

1. 재해 등으로 재산에 현저한 손실을 입은 경우
2. 사업 여건의 악화로 사업이 중대한 위기에 있는 경우
3. 과징금을 한꺼번에 납부하면 자금사정에 현저한 어려움이 예상되는 경우
4. 그 밖에 제1호부터 제3호까지의 규정에 준하는 사유가 있는 경우

② 제1항에 따라 과징금의 납부기한을 연장하거나 분할 납부하려는 과징금납부의무자는 그 납부기한의 10일 전까지 납부기한의 연장 또는 분할 납부의 사유를 증명하는 서류를 첨부하여 식품의약품안전처장, 시・도지사 또는 시장・군수・구청장에게 신청하여야 한다.

③ 제1항에 따라 과징금의 납부기한을 연장하거나 분할 납부하게 할 경우 납부기한의 연장은 그 납부기한의 다음 날부터 1년을 초과할 수 없고, 분할된 납부기한 간의 간격은 4개월을 초과할 수 없으며, 분할 납부의 횟수는 3회를 초과할 수 없다.

④ 식품의약품안전처장, 시・도지사 또는 시장・군수・구청장은 제1항에 따라 납부기한이 연장되거나 분할 납부하기로 결정된 과징금납부의무자가 다음 각 호의 어느 하나에 해당하는 경우에는 납부기한의 연장 또는 분할 납부 결정을 취소하고 과징금을 한꺼번에 징수할 수 있다.

1. 분할 납부하기로 결정된 과징금을 납부기한까지 내지 아니한 경우
2. 담보의 제공에 관한 식품의약품안전처장, 시・도지사 또는 시장・군수・구청장의 제1항 각 호 외의 부분 후단

의 징수절차에 관하여는 「국고금관리법 시행규칙」을 준용한다. 이 경우 납입고지서에는 이의방법 및 이의기간 등을 함께 기재하여야 한다.

른 폐업 등으로 제75조제1항 (허가취소 등) 또는 제76조제1항(품목 제조정지 등)에 따른 영업정지 또는 제조정지 처분을 할 수 없는 경우

⑤ 제1항 및 제4항 단서에 따라 징수한 과징금 중 식품의약품안전처장이 부과·징수한 과징금은 국가에 귀속되고, 시·도지사가 부과·징수한 과징금은 시·도의 식품진흥기금(제89조에 따른 식품진흥기금을 말한다. 이하 이 항에서 같다)에 귀속되며, 시장·군수·구청장이 부과·징수한 과징금은 시·도와 시·군·구의 식품진흥기금에 귀속된다. 이 경우 시·도 및 시·군·구에 귀속시키는 방법 등은 대통령령으로 정한다. <개정 2013. 3. 23.>

⑥ 시·도지사는 제91조(권한의 위임)에 따라 제1항에 따른 과징금을 부과·징수할 권한을 시장·군수·구청장에게 위임한 경우에는 그에 필요한 경비를 대통령령으로 정하는 바에 따라 시장·군수·구청장에게 교부할 수 있다.

에 따른 명령을 이행하지 아니한 경우

3. 강제집행, 경매의 개시, 파산선고, 법인의 해산, 국세 또는 지방세의 체납처분을 받은 경우 등 과징금의 전부 또는 잔여분을 징수할 수 없다고 인정되는 경우

[본조신설 2017. 12. 12.]

제55조(과징금 부과처분 취소 대상자) 법 제82조제4항 각 호 외의 부분 본문에 따라 과징금 부과처분을 취소하고 업무정지, 영업정지 또는 제조정지 처분을 하거나 국세체납처분의 예 또는 「지방행정제재·부과금의 징수 등에 관한 법률」에 따라 과징금을 징수하여야 하는 대상자는 과징금을 기한 내에 납부하지 아니한 자로서 1회의 독촉을 받고 그 독촉을 받은 날부터 15일 이내에 과징금을 납부하지 아니한 자를 말한다. <개정 2020. 3. 24.>

제56조(기금의 귀속비율) 법 제82조제5항 후단에 따른 기금의 특별시·광역시·특별자치시·도·특별자치도(이하 "시·도"라 한다) 및 시·군·구 귀속비율은 다음 각 호와 같다. <개정 2019. 7. 9.>

1. 시·도 : 100분의 40
2. 시·군·구 : 100분의 60

시행령 [별표 1] <개정 2016. 7. 26.>

영업정지 등의 처분에 갈음하여 부과하는 과징금 산정기준(제53조 관련)

1. 일반기준

가. 영업정지 1개월은 30일을 기준으로 한다.

나. 영업정지에 갈음한 과징금부과의 기준이 되는 매출금액은 처분일이 속한 연도의 전년도의 1년간 총매출금액을 기준으로 한다. 다만, 신규사업·휴업 등으로 인하여 1년간의 총매출금액을 산출할 수 없는 경우에는 분기별·월별 또는 일별 매출금액을 기준으로 연간 총매출금액으로 환산하여 산출한다.

다. 품목류 제조정지에 갈음한 과징금부과의 기준이 되는 매출금액은 품목류에 해당하는 품목들의 처분일이 속한 연도의 전년도의 1년간 총매출금액을 기준으로 한다. 다만, 신규제조·휴업 등으로 인하여 품목류에 해당하는 품목들의 1년간의 총매출금액을 산출할 수 없는 경우에는 분기별·월별 또는 일별 매출금액을 기준으로 연간 총매출금액으로 환산하여 산출한다.

라. 품목 제조정지에 갈음한 과징금부과의 기준이 되는 매출금액은 처분일이 속하는 달로부터 소급하여 직전 3개월간 해당 품목의 총 매출금액에 4를 곱하여 산출한다. 다만, 신규제조 또는 휴업 등으로 3개월의 총 매출금액을 산출할 수 없는 경우에는 전월(전월의 실적을 알 수 없는 경우에는 당월을 말한다)의 1일 평균매출액에 365를 곱하여 산출한다.

마. 나목부터 라목까지의 규정에도 불구하고 과징금 산정금액이 10억원을 초과하는 경우에는 10억원으로 한다.

2. 과징금 기준

가. 식품 및 식품첨가물 제조업·가공업 외의 영업

등급 \ 업종	연간매출액(단위 : 백만원)	영업정지 1일에 해당하는 과징금의 금액(단위 : 만원)
1	20 이하	5
2	20 초과 30 이하	8
3	30 초과 50 이하	10
4	50 초과 100 이하	13
5	100 초과 150 이하	16
6	150 초과 210 이하	23
7	210 초과 270 이하	31
8	270 초과 330 이하	39
9	330 초과 400 이하	47
10	400 초과 470 이하	56
11	470 초과 550 이하	66
12	550 초과 650 이하	78
13	650 초과 750 이하	88
14	750 초과 850 이하	94
15	850 초과 1,000 이하	100
16	1,000 초과 1,200 이하	106
17	1,200 초과 1,500 이하	112
18	1,500 초과 2,000 이하	118
19	2,000 초과 2,500 이하	124
20	2,500 초과 3,000 이하	130
21	3,000 초과 4,000 이하	136
22	4,000 초과 5,000 이하	165
23	5,000 초과 6,500 이하	211
24	6,500 초과 8,000 이하	266
25	8,000 초과 10,000 이하	330
26	10,000 초과	367

나. 식품 및 식품첨가물 제조업·가공업의 영업

등급 \ 업종	연간매출액(단위 : 백만원)	영업정지 1일에 해당하는 과징금의 금액(단위 : 만원)
1	100 이하	12
2	100 초과 200 이하	14
3	200 초과 310 이하	17
4	310 초과 430 이하	20
5	430 초과 560 이하	27
6	560 초과 700 이하	34
7	700 초과 860 이하	42
8	860 초과 1,040 이하	51
9	1,040 초과 1,240 이하	62
10	1,240 초과 1,460 이하	73
11	1,460 초과 1,710 이하	86
12	1,710 초과 2,000 이하	94
13	2,000 초과 2,300 이하	100
14	2,300 초과 2,600 이하	106
15	2,600 초과 3,000 이하	112

16	3,000 초과 3,400 이하	118
17	3,400 초과 3,800 이하	124
18	3,800 초과 4,300 이하	140
19	4,300 초과 4,800 이하	157
20	4,800 초과 5,400 이하	176
21	5,400 초과 6,000 이하	197
22	6,000 초과 6,700 이하	219
23	6,700 초과 7,500 이하	245
24	7,500 초과 8,600 이하	278
25	8,600 초과 10,000 이하	321
26	10,000 초과 12,000 이하	380
27	12,000 초과 15,000 이하	466
28	15,000 초과 20,000 이하	604
29	20,000 초과 25,000 이하	777
30	25,000 초과 30,000 이하	949
31	30,000 초과 35,000 이하	1,122
32	35,000 초과 40,000 이하	1,295
33	40,000 초과	1,381

다. 품목 또는 품목류 제조

등급＼업종	연간매출액(단위 : 백만원)	제조정지 1일에 해당하는 과징금의 금액(단위 : 만원)
1	100 이하	12
2	100 초과 200 이하	14
3	200 초과 300 이하	16
4	300 초과 400 이하	19
5	400 초과 500 이하	24
6	500 초과 650 이하	31
7	650 초과 800 이하	39
8	800 초과 950 이하	47
9	950 초과 1,100 이하	55
10	1,100 초과 1,300 이하	65
11	1,300 초과 1,500 이하	76
12	1,500 초과 1,700 이하	86
13	1,700 초과 2,000 이하	100
14	2,000 초과 2,300 이하	106
15	2,300 초과 2,700 이하	112
16	2,700 초과 3,100 이하	118
17	3,100 초과 3,600 이하	124
18	3,600 초과 4,100 이하	142
19	4,100 초과 4,700 이하	163
20	4,700 초과 5,300 이하	185
21	5,300 초과 6,000 이하	209
22	6,000 초과 6,700 이하	235
23	6,700 초과 7,400 이하	261
24	7,400 초과 8,200 이하	289
25	8,200 초과 9,000 이하	318
26	9,000 초과 10,000 이하	351

27	10,000 초과 11,000 이하	388
28	11,000 초과 12,000 이하	425
29	12,000 초과 13,000 이하	462
30	13,000 초과 15,000 이하	518
31	15,000 초과 17,000 이하	592
32	17,000 초과 20,000 이하	684
33	20,000 초과	740

제83조(위해식품등의 판매 등에 따른 과징금 부과 등) ① 식품의약품안전처장, 시·도지사 또는 시장·군수·구청장은 위해식품등의 판매 등 금지에 관한 제4조(위해식품등의 판매 등 금지), 제5조(병든 동물 고기 등의 판매 등 금지), 제6조(기준·규격이 고시되지 아니한 화학적 합성품 등의 판매 등 금지)의 규정 또는 제8조(유독기구 등의 판매·사용 금지)를 위반한 경우 다음 각 호의 어느 하나에 해당하는 자에 대하여 그가 판매한 해당 식품 등의 판매금액을 과징금으로 부과한다. <개정 2018. 12. 11.>

1. 제4조제2호(유독·유해물질의 함유 등)·제3호(병원미생물의 오염 등) 및 제5호(안전성 평가), 제6호(수입이 금지된 것 등) 제7호(영업자가 아닌 자가 제조·가공·소분한 것)의 규정을 위반하여 제75조(허가취소 등)에 따라 영업정지 2개월 이상의 처분, 영업허가 및 등록의 취소 또는 영업소의 폐쇄명령을 받은 자

2. 제5조(병든 동물 고기 등의 판매 등 금지), 제6조(기준·규격이 고시되지 아니한 화학적 합성품 등의 판매 등 금지) 또는 제8조(유독기구 등의 판매·사용 금지)를 위반하여 제75조(허가취소 등)에 따라 영업허가 및 등록의 취소 또는 영업소의 폐쇄명령을 받은 자

3. 삭제 <2018. 3. 13.>

② 제1항에 따른 과징금의 산출금액은 대통령령으로 정하는 바에 따라 결정하여 부과한다.

③ 제2항에 따라 부과된 과징금을 기한 내에 납부하지 아니하는 경우 또는 제37조제3항(영업허가를 받은 자가 폐업하거나 허가받은 사항 중 경미한 사항을 변경할 때에는 식품의약품안전처장 등에게 신고), 제4항(영업 신고 및 신고한 사항 중 중요한 사항을 변경하거나 폐업할 때 신고) 및 제5항(영업의 등록 등)에 따라 폐업한 경우에는 국세 체납처분의 예 또는 「지방행정제재·부과금의 징수 등에 관한 법률」에 따라 징수한다. <개정 2020. 3. 24.>

④ 제2항에 따라 부과한 과징금의 귀속, 귀속 비율 및 징수 절차 등에 대하여는 제82조제3항(과징금 징수 등)·제5항(과징금 국가 귀속) 및 제6(과징금 부과 위임)항을 준용한다.

제84조(위반사실 공표) 식품의약품안전처장, 시·도지사 또는 시장·군수·구청장은 제72조(폐기처분 등), 제75조(허가취소 등), 제76조(품목 제조정지 등), 제79조(폐쇄조치 등), 제82조(영업정지 등의 처분에 갈음하여 부과하는 과징금 처분) 또는 제83조(위해식품등의 판매 등

제57조(위해식품등의 판매 등에 따른 과징금 부과 기준 및 절차) ① 법 제83조제1항에 따라 부과하는 과징금의 금액은 위해식품등의 판매량에 판매가격을 곱한 금액으로 한다.

② 제1항에 따른 판매량은 위해식품등을 최초로 판매한 시점부터 적발 시점까지의 출하량에서 회수량 및 자연적 소모량을 제외한 수량으로 하고, 판매가격은 판매기간 중 가격이 변동된 경우에는 판매시기별로 가격을 산정한다.

③ 법 제83조제1항에 따른 과징금의 부과·징수절차 및 귀속 비율에 관하여는 제54조(과징금의 부과 및 징수절차) 및 제56조(기금의 귀속비율)를 준용한다.

제58조(위반사실의 공표) 법 제84조에 따라 식품의약품안전처장, 시·도지사 또는 시장·군수·구청장은 행정처분이 확정된 영업자에 대한 다음 각 호의 사항을 지체 없이 해당 기관의 인터넷 홈페이지 또는 「신문 등의 진흥에 관한 법률」 제9조제1항에 따라 등록한 전국을 보급지역으로 하는 일반일간신문 등에 게재하여야 한다. <개정 2016. 1. 22.>

1. 「식품위생법」 위반사실의 공표라는 내용의 표제

2. 영업의 종류

에 따른 과징금 부과 등)에 따라 행정처분이 확정된 영업자에 대한 처분 내용, 해당 영업소와 식품등의 명칭 등 처분과 관련한 영업 정보를 대통령령으로 정하는 바에 따라 공표하여야 한다. <개정 2013. 3. 23.>

3. 영업소 명칭, 소재지 및 대표자 성명
4. 식품등의 명칭(식품등의 제조·가공, 소분·판매업만 해당한다)
5. 위반 내용(위반행위의 구체적인 내용과 근거 법령을 포함한다)
6. 행정처분의 내용, 처분일 및 기간
7. 단속기관 및 단속일 또는 적발일

제12장 보칙

제85조(국고 보조) 식품의약품안전처장은 예산의 범위에서 다음 경비의 전부 또는 일부를 보조할 수 있다. <개정 2013. 3. 23.>

1. 제22조(출입·검사·수거 등)제1항 [제88조(집단급식소)에서 준용하는 경우를 포함한다]에 따른 수거에 드는 경비
2. 삭제 <2013. 7. 30.>
3. 조합에서 실시하는 교육훈련에 드는 경비
4. 제32조(식품위생감시원)제1항에 따른 식품위생감시원과 제33조(소비자식품위생감시원)에 따른 소비자식품위생감시원 운영에 드는 경비
5. 정보원의 설립·운영에 드는 경비
6. 제60조(조합의 사업)제6호에 따른 조사·연구 사업에 드는 경비
7. 제63조(자율지도원 등) 제1항 [제66조(준용)에서 준용하는 경우를 포함한다]에 따른 조합 또는 협회의 자율지도원 운영에 드는 경비
8. 제72조(폐기처분 등) [제88조(집단급식소)에서 준용하는 경우를 포함한다]에 따른 폐기에 드는 경비

제86조(식중독에 관한 조사 보고) ① 다음 각 호의 어느 하나에 해당하는 자는 지체 없이 관할 특별자치시장·시장(「제주특별자치도 설치 및 국제자유도시 조성을 위한 특별법」에 따른 행정시장을 포함한다. 이하 이 조에서 같다)·군수·구청장에게 보고하여야 한다. 이 경우 의사나 한의사는 대통령령으로 정하는 바에 따라 식중독 환자나 식중독이 의심되는 자의 혈액 또는 배설물을 보관하는 데에 필요한 조치를 하여야 한다. <개정 2018. 12. 11.> 　1. 식중독 환자나 식중독이 의심되는 자를 진단하였거나 그 사체를 검안(檢案)한 의사 또는 한의사 　2. 집단급식소에서 제공한 식품등으로 인하여 식중독 환자나 식중독으로 의심되는 증세를 보이는 자를 발견한 집단급식소의 설치·운영자	제59조(식중독 원인의 조사) ① 식중독 환자나 식중독이 의심되는 자를 진단한 의사나 한의사는 다음 각 호의 어느 하나에 해당하는 경우 법 제86조(식중독에 관한 조사 보고)제1항 각 호 외의 부분 후단에 따라 해당 식중독 환자나 식중독이 의심되는 자의 혈액 또는 배설물을 채취하여 법 제86조제2항에 따라 시장(「제주특별자치도 설치 및 국제자유도시 조성을 위한 특별법」에 따른 행정시장을 포함한다. 이하 이 조에서 같다)·군수·구청장이 조사하기 위하여 인수할 때까지 변질되거나 오염되지 아니하도록 보관하여야 한다. 이 경우 보관용기에는 채취일, 식중독 환자나 식중독이 의심되는 자의 성명 및 채취자의 성명을 표시하여야 한다. <개정 2019. 5. 21.> 　1. 구토·설사 등의 식중독 증세를 보여 의사 또는 한의사가 혈액 또는 배설물의 보관이 필요하다고 인정한 경우 　2. 식중독 환자나 식중독이 의심되	제93조(식중독환자 또는 그 사체에 관한 보고) ① 의사 또는 한의사가 법 제86조제1항에 따라 하는 보고에는 다음 각 호의 사항이 포함되어야 한다. 　1. 보고자의 주소 및 성명 　2. 식중독을 일으킨 환자, 식중독이 의심되는 사람 또는 식중독으로 사망한 사람의 주소·성명·생년월일 및 사체의 소재지 　3. 식중독의 원인 　4. 발병 연월일 　5. 진단 또는 검사 연월일 ② 법 제86조제2항에 따라 특별자치시장·시장(「제주특별자치도 설치 및 국제자유도시 조성을 위한 특별법」에 따른 행정시장을 포함한다)·군수·구청장이 하는 식중독 발생 보고 및 식중독 조사결과 보고는 각각 별지 제66호서식 및 별지 제67호서식에 따른다. <개정 2019. 6. 12.>

② 특별자치시장·시장·군수·구청장은 제1항에 따른 보고를 받은 때에는 지체 없이 그 사실을 식품의약품안전처장 및 시·도지사(특별자치시장은 제외한다)에게 보고하고, 대통령령으로 정하는 바에 따라 원인을 조사하여 그 결과를 보고하여야 한다. <개정 2018. 12. 11.>

③ 식품의약품안전처장은 제2항에 따른 보고의 내용이 국민보건상 중대하다고 인정하는 경우에는 해당 시·도지사 또는 시장·군수·구청장과 합동으로 원인을 조사할 수 있다. <신설 2013. 5. 22.>

④ 식품의약품안전처장은 식중독 발생의 원인을 규명하기 위하여 식중독 의심환자가 발생한 원인시설 등에 대한 조사절차와 시험·검사 등에 필요한 사항을 정할 수 있다. <개정 2013. 5. 22.>

는 자 또는 그 보호자가 혈액 또는 배설물의 보관을 요청한 경우

② 법 제86조제2항에 따라 시장·군수·구청장이 하여야 할 조사는 다음 각 호와 같다. <개정 2019. 5. 21.>

1. 식중독의 원인이 된 식품등과 환자 간의 연관성을 확인하기 위해 실시하는 설문조사, 섭취음식 위험도 조사 및 역학적(疫學的) 조사
2. 식중독 환자나 식중독이 의심되는 자의 혈액·배설물 또는 식중독의 원인이라고 생각되는 식품 등에 대한 미생물학적 또는 이화학적(理化學的) 시험에 의한 조사
3. 식중독의 원인이 된 식품등의 오염경로를 찾기 위하여 실시하는 환경조사

③ 특별자치시장·시장·군수·구청장은 제2항제2호에 따른 조사를 할 때에는 「식품·의약품분야 시험·검사 등에 관한 법률」 제6조제4항 단서에 따라 총리령으로 정하는 시험·검사기관에 협조를 요청할 수 있다. <신설 2019. 5. 21.>

제87조(식중독대책협의기구 설치) ① 식품의약품안전처장은 식중독 발생의 효율적인 예방 및 확산방지를 위하여 교육부, 농림축산식품부, 보건복지부, 환경부, 해양수산부, 식품의약품안전처, 시·도 등 유관기관으로 구성된 식중독대책협의기구를 설치·운영하여야 한다. <개정 2013. 3. 23.>

② 제1항에 따른 식중독대책협의기구의 구성과 세부적인 운영사항 등은 대통령령으로 정한다.

제60조(식중독대책협의기구의 구성·운영 등) ① 법 제87조제1항에 따른 식중독대책협의기구(이하 "협의기구"라 한다)의 위원은 다음 각 호에 해당하는 자로 한다. <개정 2017. 12. 12.>

1. 교육부, 법무부, 국방부, 농림축산식품부, 보건복지부 및 환경부 등 중앙행정기관의 장이 해당 중앙행정기관의 고위공무원단에 속하는 일반직공무원 또는 이에 상당하는 공무원[법무부 및 국방부의 경우에는 각각 이에 해당하는 검사(檢事) 및 장성급(將星級))급 장교를 포함한다] 중에서 지명하는 자
2. 지방자치단체의 장이 해당 지방행정기관의 고위공무원단에 속하는 일반직공무원 또는 이에 상당하는 지방공무원 중에서 지명하는 자
3. 그 밖에 식품의약품안전처장이 지정하는 기관 및 단체의 장

② 식품의약품안전처장은 협의기구의 회의를 소집하고 그 의장이 된다. <개정 2013. 3. 23.>

③ 협의기구의 회의는 재적위원 과반수의 출석으로 개의하고, 출석위원 과반수의 찬성으로 의결한다.

④ 협의기구는 그 직무를 수행하기 위하여 필요한 경우에는 관계 공무원이나 관계 전문가를 협의기구의 회의에 출석시켜 의견을 듣거나 관계 기관·단체 등으로 하여금 자료나 의견을 제출하도록 하는 등 필요한 협조를 요청할 수 있다.

⑤ 협의기구는 업무 수행을 위하여 필요한 경우에는 관계 전문가 또는 관계 기관·단체 등에 전문적인 조사나 연구를 의뢰할 수 있다.

⑥ 이 영에서 규정한 사항 외에 협의기구의 운영에 필요한 사항은 협의기구의 의결을 거쳐 식품의약품안전처장이 정한다. <개정 2013. 3. 23.>

제88조(집단급식소) ① 집단급식소를 설치·운영하려는 자는 총리령으로 정하는 바에 따라 특별자치시장·특별자치도지사·시장·군수·구청장에게 신고하여야 한다. 신고한 사항 중 총리령으로 정하는 사항을 변경하려는 경우에도 또한 같다. <개정 2018. 12. 11.>

② 집단급식소를 설치·운영하는 자는 집단급식소 시설의 유지·관리 등 급식을 위생적으로 관리하기 위하여 다음 각 호의 사항을 지켜야 한다. <개정 2013. 3. 23.>

1. 식중독 환자가 발생하지 아니하도록 위생관리를 철저히 할 것
2. 조리·제공한 식품의 매회 1인분 분량을 총리령으로 정하는 바에 따라 144시간 이상 보관할 것
3. 영양사를 두고 있는 경우 그 업무를 방해하지 아니할 것
4. 영양사를 두고 있는 경우 영양사가 집단급식소의 위생관리를 위하여 요청하는 사항에 대하여는 정당한 사유가 없으면 따를 것
5. 그 밖에 식품등의 위생적 관리를 위하여 필요하다고 총리령으로 정하는 사항을 지킬 것

③ 집단급식소에 관하여는 제3조(식품 등의 취급), 제4조(위해식품등의 판매 등 금지), 제5조(병든 동물 고기 등의 판매 등 금지), 제6조(기준·규격이 고시되지 아니한 화학적 합성품 등의 판매 등 금지), 제7조제4항(기준규격에 맞지 아니하는 식품 판매 금지), 제8조(유독기구 등의 판매·사용 금지), 제9조제4항(기준규격에 맞지 아니한 기구 등 사용금지), 제22조(출입·검사·수거 등), 제40조(건강진단), 제41조(식품위생교육), 제48조(식품안전관리인증기준), 제71조(시정명령), 제72조(폐기처분 등) 및 제74조(시설 개수명령 등)를 준용한다. <개정 2018. 3. 13.>

④ 특별자치시장·특별자치도지사·시장·군수·구청장은 제1항에

제94조(집단급식소의 신고 등) ① 법 제88조제1항에 따라 집단급식소를 설치·운영하려는 자는 제96조(집단급식소의 시설기준)에 따른 시설을 갖춘 후 **별지 제68호서식**의 집단급식소 설치·운영신고서(전자문서로 된 신고서를 포함한다)에 제42조(영업의 신고 등) 제1항제1호(교육 이수증) 및 제4호(수질검사 성적서)의 서류(전자문서를 포함한다)를 첨부하여 신고관청에 제출하여야 한다. <개정 2017. 1. 4.>

② 제9항에 따라 집단급식소 설치·운영 종료 신고가 된 집단급식소를 운영하려는 자(종료 신고를 한 설치·운영자가 아닌 자를 포함한다)는 **별지 제68호서식**의 집단급식소 설치·운영신고서(전자문서로 된 신고서를 포함한다)에 다음 각 호의 서류(전자문서를 포함한다)를 첨부하여 신고관청에 제출하여야 한다. <신설 2017. 1. 4.>

1. 제42조제1항제1호(교육 이수증)의 서류
2. 제42조제4호(수질검사 성적서)의 서류. 다만, 종전 집단급식소의 수도시설을 그대로 사용하는 경우는 제외한다.
3. 양도·양수 계약서 사본이나 그 밖에 신고인이 해당 집단급식소의 설치·운영자임을 증명하는 서류

③ 제1항 또는 제2항(종전 집단급식소의 시설·설비 및 운영 체계를 유지하는 경우는 제외한다)에 따른 신고를 받은 신고관청은 「전자정부법」 제36조제1항에 따른 행정정보의 공동이용을 통하여 액화석유가스 사용시설완성검사증명서(「액화석유가스의 안전관리 및 사업법」 제44조제2항에 따라 액화석유가스 사용시설의 완성검사를 받아야 하는 경우만 해당한다) 및 건강진단결과서(제49조에 따른 건강진단 대상자의 경우만 해당한다)를 확인하여야 하며, 신청인이 확인에 동의하지 아니하는 경우에는 그 사본을 첨부하도록 하여야 한다. <신설 2020. 4. 13.>

④ 제1항 또는 제2항에 따라 신고를 받은 신고관청은 지체 없이 **별지 제69호서식**의 집단급식소 설치·운영신고증을 내어주고, 15일 이내에 신고받은 사항을 확인하여야 한다. <개정 2014. 5. 9.>

⑤ 제4항에 따라 신고증을 내어준 신고관청은 **별지 제70호서식**의 집단급식소의 설치·운영신고대장에 기록·보관하거나 같은 서식에 따른 전산망에 입력하여 관리하여야 한다. <개정 2014. 5. 9.>

⑥ 제4항에 따라 신고증을 받은 집단급식소의 설치·운영자가 해당 신고증을 잃어버렸거나 헐어 못 쓰게 되어 신고증을 다시 받으려는 경우에는 **별지 제35호서식**의 재발급신청서(전자문서로 된 신청서를 포함한다)에 헐어 못 쓰게 된 신고증(헐어 못 쓰게 된 경우만 해당한다)을 첨부하여 신고관청에 제출하여야 한다. <개정 2014. 5. 9.>

⑦ 집단급식소의 설치·운영자가 신고사항 중 다음 각 호의 구분에 따른 사항을 변경하는 경우에는 **별지 제71호서식**의 신고사항 변경신고서(전자문서로 된 신청서를 포함한다)에 집단급식소 설치·운영신고증을 첨부하여 신고관청에 제출하여야 한다. 이 경우 집단급식소의 소재지를 변경하는 경우에는 제42조제1항제1호 및 제4호의 서류(전자문서를 포함한다)를 추가로 첨부하여야 한다. <개정 2014. 5. 9.>

1. 집단급식소의 설치·운영자가 법인인 경우 : 그 대표자, 그 대표자의 성명, 소재지 또는 위탁급식영업자
2. 집단급식소의 설치·운영자가 법인이 아닌 경우 : 설치·운영자의 성명, 소재지 또는 위탁급식영업자

⑧ 제7항 각 호 외의 부분 후단에 따라 집단급식소의 소재지를 변

따른 신고 또는 변경신고를 받은 날부터 3일 이내에 신고수리 여부를 신고인에게 통지하여야 한다. <신설 2018. 12. 11.>

⑤ 특별자치시장·특별자치도지사·시장·군수·구청장이 제4항에서 정한 기간 내에 신고수리 여부 또는 민원 처리 관련 법령에 따른 처리기간의 연장을 신고인에게 통지하지 아니하면 그 기간(민원 처리 관련 법령에 따라 처리기간이 연장 또는 재연장된 경우에는 해당 처리기간을 말한다)이 끝난 날의 다음 날에 신고를 수리한 것으로 본다. <신설 2018. 12. 11.>

⑥ 제1항에 따라 신고한 자가 집단급식소 운영을 종료하려는 경우에는 특별자치시장·특별자치도지사·시장·군수·구청장에게 신고하여야 한다. <신설 2018. 12. 11.>

⑦ 집단급식소의 시설기준과 그 밖의 운영에 관한 사항은 총리령으로 정한다. <개정 2018. 12. 11.>

경하는 변경신고서를 제출받은 신고관청은 「전자정부법」 제36조제1항에 따른 행정정보의 공동이용을 통하여 액화석유가스 사용시설완성검사증명서(「액화석유가스의 안전관리 및 사업법」 제44조제2항에 따라 액화석유가스 사용시설의 완성검사를 받아야 하는 경우만 해당한다)를 확인하여야 한다. 다만, 신청인이 확인에 동의하지 아니하는 경우에는 그 사본을 첨부하도록 하여야 한다. <신설 2020. 4. 13.>

⑨ 집단급식소의 설치·운영자가 그 운영을 그만하려는 경우에는 **별지 제72호서식**의 집단급식소 설치·운영 종료신고서(전자문서로 된 신고서를 포함한다)에 집단급식소 설치·운영신고증을 첨부하여 신고관청에 제출하여야 한다. <개정 2014. 5. 9.>

제95조(집단급식소의 설치·운영자 준수사항) ① 법 제88조제2항제2호(조리·제공한 식품, 144시간 이상 보관할 것)에 따라 조리·제공한 식품 〔법 제2조제12호(집단급식소)에 따른 병원의 경우에는 일반식만 해당한다〕 을 보관할 때에는 매회 1인분 분량을 섭씨 영하 18도 이하로 보관하여야 한다. 이 경우 완제품 형태로 제공한 가공식품은 유통기한 내에서 해당 식품의 제조업자가 정한 보관방법에 따라 보관할 수 있다. <개정 2017. 12. 29.>

② 법 제88조제2항제5호(식품등의 위생적 관리)에서 "총리령으로 정하는 사항"이란 **별표 24**와 같다. <개정 2013. 3. 23.>

제96조(집단급식소의 시설기준) 법 제88조제4항(집단급식소의 시설기준)에 따른 집단급식소의 시설기준은 **별표 25**와 같다.

시행규칙 [별표 24] <개정 2011. 8. 19>

집단급식소의 설치·운영자의 준수사항(제95조제2항 관련)

1. 물수건, 숟가락, 젓가락, 식기, 찬기, 도마, 칼 및 행주, 그 밖에 주방용구는 기구 등의 살균·소독제 또는 열탕의 방법으로 소독한 것을 사용하여야 한다.

2. 「축산물가공처리법」 제12조에 따라 검사를 받지 아니한 축산물 또는 실험 등의 용도로 사용한 동물을 음식물의 조리에 사용하여서는 아니 되며, 「야생동·식물보호법」에 위반하여 포획한 야생동물을 조리하여서는 아니 된다.

3. 유통기한이 경과된 원료 또는 완제품을 조리할 목적으로 보관하거나 이를 음식물의 조리에 사용하여서는 아니 된다.

4. 수돗물이 아닌 지하수 등을 먹는 물 또는 식품의 조리·세척 등에 사용하는 경우에는 「먹는물관리법」 제43조에 따른 먹는물 수질검사기관에서 다음의 구분에 따라 검사를 받아 마시기에 적합하다고 인정된 물을 사용하여야 한다. 다만, 같은 건물에서 같은 수원을 사용하는 경우에는 같은 건물 안에 하나의 업소에 대한 시험결과를 같은 건물 안의 타 업소에 대한 시험결과로 갈음할 수 있다.

   가. 일부항목 검사 : 1년마다(모든 항목 검사를 하는 연도의 경우를 제외한다) 「먹는물 수질기준 및 검사 등에 관한 규칙」 제4조제1항제2호에 따른 마을상수도의 검사기준에 따른 검사(잔류염소에 관한 검사를 제외한다). 다만, 시·도지사가 오염의 우려가 있다고 판단하여 지정한 지역에서는 같은 규칙 제2조에 따른 먹는 물의 수질기준에 따른 검사를 하여야 한다.

   나. 모든 항목 검사 : 2년마다 「먹는물 수질기준 및 검사 등에 관한 규칙」 제2조에 따른 먹는 물의 수질기준에 따른 검사

5. 먹는 물 수질검사기관에서 수질검사를 실시한 결과 부적합 판정된 지하수는 먹는 물 또는 식품의 조리·세척 등에 사용하여서는 아니 된다.

6. 동물의 내장을 조리한 경우에는 이에 사용한 기계·기구류 등을 세척하고 살균하여야 한다.

7. 삭제 <2011. 8. 19>

8. 법 제15조제2항에 따라 위해평가가 완료되기 전까지 일시적으로 채취·제조·수입·가공·사용·조리·저장·운반 또는 진열이 금지된 식품 등에 대하여는 사용·조리를 하여서는 아니 된다.

9. 식중독이 발생한 경우 보관 또는 사용 중인 보존식이나 식재료를 역학조사가 완료될 때까지 폐기하거나 소독 등으로 현장을 훼손하여서는 아니 되고 원상태로 보존하여야 하며, 원인규명을 위한 행위를 방해하여서는 아니 된다.

10. 법 제47조제1항에 따라 모범업소로 지정받은 자 외의 자는 모범업소임을 알리는 지정증, 표지판, 현판 등 어떠한 표시도 하여서는 아니 된다.

시행규칙 [별표 25] 〈개정 2012. 12. 17.〉

<u>집단급식소의 시설기준</u>(제96조 관련)

1. 조리장
   가. 조리장은 음식물을 먹는 객석에서 그 내부를 볼 수 있는 구조로 되어 있어야 한다. 다만, 병원·학교의 경우에는 그러하지 아니하다.
   나. 조리장 바닥은 배수구가 있는 경우에는 덮개를 설치하여야 한다.
   다. 조리장 안에는 취급하는 음식을 위생적으로 조리하기 위하여 필요한 조리시설·세척시설·폐기물용기 및 손 씻는 시설을 각각 설치하여야 하고, 폐기물용기는 오물·악취 등이 누출되지 아니하도록 뚜껑이 있고 내수성 재질[스테인레스·알루미늄·에프알피(FRP)·테프론 등 물을 흡수하지 아니하는 것을 말한다. 이하 같다]로 된 것이어야 한다.
   라. 조리장에는 주방용 식기류를 소독하기 위한 자외선 또는 전기살균소독기를 설치하거나 열탕세척소독시설(식중독을 일으키는 병원성 미생물 등이 살균될 수 있는 시설이어야 한다)을 갖추어야 한다.
   마. 충분한 환기를 시킬 수 있는 시설을 갖추어야 한다. 다만, 자연적으로 통풍이 가능한 구조의 경우에는 그러하지 아니하다.
   바. 식품등의 기준 및 규격 중 식품별 보존 및 유통기준에 적합한 온도가 유지될 수 있는 냉장시설 또는 냉동시설을 갖추어야 한다.
   사. 식품과 직접 접촉하는 부분은 위생적인 내수성 재질로서 씻기 쉬우며, 열탕·증기·살균제 등으로 소독·살균이 가능한 것이어야 한다.
   아. 냉동·냉장시설 및 가열처리시설에는 온도계 또는 온도를 측정할 수 있는 계기를 설치하여야 하며, 적정온도가 유지되도록 관리하여야 한다.
   자. 조리장에는 쥐·해충 등을 막을 수 있는 시설을 갖추어야 한다.

2. 급수시설
   가. 수돗물이나 「먹는물관리법」 제5조에 따른 먹는 물의 수질기준에 적합한 지하수 등을 공급할 수 있는 시설을 갖추어야 한다. 다만, 지하수를 사용하는 경우에는 용수저장탱크에 염소자동주입기 등 소독장치를 설치하여야 한다.
   나. 지하수를 사용하는 경우 취수원은 화장실·폐기물처리시설·동물사육장 그 밖에 지하수가 오염될 우려가 있는 장소로부터 영향을 받지 아니 하는 곳에 위치하여야 한다.

3. 창고 등 보관시설
   가. 식품등을 위생적으로 보관할 수 있는 창고를 갖추어야 한다.
   나. 창고에는 식품등을 법 제7조제1항에 따른 식품등의 기준 및 규격에서 정하고 있는 보존 및 유통기준에 적합한 온도에서 보관할 수 있도록 냉장·냉동시설을 갖추어야 한다. 다만, 조리장에 갖춘 냉장시설 또는 냉동시설에 해당 급식소에서 조리·제공되는 식품을 충분히 보관할 수 있는 경우에는 창고에 냉장시설 및 냉동시설을 갖추지 아니하여도 된다.

4. 화장실
   가. 화장실은 조리장에 영향을 미치지 아니하는 장소에 설치하여야 한다. 다만, 집단급식소가 위치한 건축물 안에 나목부터 라목까지의 기준을 갖춘 공동화장실이 설치되어 있거나 인근에 사용하기 편리한 화장실이 있는 경우에는 따로 화장실을 설치하지 아니할 수 있다.
   나. 화장실은 정화조를 갖춘 수세식 화장실을 설치하여야 한다. 다만, 상·하수도가 설치되지 아니한 지역에서는 수세식이 아닌 화장실을 설치할 수 있다. 이 경우 변기의 뚜껑과 환기시설을 갖추어야 한다.
   다. 화장실은 콘크리트 등으로 내수처리를 하여야 하고, 바닥과 내벽(바닥으로부터 1.5미터까지)에는 타일을 붙이거나 방수페인트로 색칠하여야 한다.
   라. 화장실에는 손을 씻는 시설을 갖추어야 한다.

5. 삭제 〈2011. 8. 19〉

제89조(식품진흥기금) ① 식품위생과 국민의 영양수준 향상을 위한 사업을 하는 데에 필요한 재원에 충당하기 위하여 시·도 및 시·군·구에 식품진흥기금(이하 "기금"이라 한다)을 설치한다. ② 기금은 다음 각 호의 재원으로 조성한다. <개정 2018. 3. 13.> 1. 식품위생단체의 출연금 2. 제82조(영업정지 등의 처분에 갈음하여 부과하는 과징금 처분), 제83조(위해식품등의 판매 등에 따른 과징금 부과 등) 및 「건강기능식품에 관한 법률」 제37조(영업정지 등의 처분을 갈음하여 부과하는 과징금 처분), 「식품 등의 표시·광고에 관한 법률」 제19조(영업정지 등의 처분에 갈음하여 부과하는 과징금 처분) 및 제20조(부당한 표시·광고에 따른 과징금 부과 등)에 따라 징수한 과징금 3. 기금 운용으로 생기는 수익금 4. 그 밖에 대통령령으로 정하는 수입금 ③ 기금은 다음 각 호의 사업에 사용한다. <개정 2016. 12. 2.> 1. 영업자(「건강기능식품에 관한 법률」에 따른 영업자를 포함한다)의 위생관리시설 및 위생설비시설 개선을 위한 융자 사업 2. 식품위생에 관한 교육·홍보 사업(소비자단체의 교육·홍보 지원을 포함한다)과 소비자식품위생감시원의 교육·활동 지원 3. 식품위생과 「국민영양관리법」에 따른 영양관리(이하 "영양관리"라 한다)에 관한 조사·연구 사업 4. 제90조(포상금 지급)에 따른 포상금 지급 지원 4의2. 「공익신고자 보호법」 제29조제2항에 따라 지방자치단체가 부담하는 보상금(이 법 및 「건강기능식품에 관한 법률」 위반행위에 관한 신고를 원인	제61조(기금사업) ① 법 제89조제3항제8호에 따라 기금을 사용할 수 있는 사업은 다음 각 호의 사업으로 한다. <개정 2014. 11. 28.> 1. 식품의 안전성과 식품산업진흥에 대한 조사·연구사업 2. 식품사고 예방과 사후관리를 위한 사업 3. 식중독 예방과 원인 조사, 위생관리 및 식중독 관련 홍보사업 4. 식품의 재활용을 위한 사업 5. 식품위생과 식품산업 진흥을 위한 전산화사업 6. 식품산업진흥사업 7. 시·도지사가 식품위생과 주민 영양을 개선하기 위하여 민간단체에 연구를 위탁한 사업 8. 남은 음식 재사용 안 하기 활동에 대한 지원 9. 제18조제5항(소비자식품위생감시원의 활동을 지원)에 따른 수당 등의 지급 10. 「식품·의약품분야 시험·검사 등에 관한 법률」 제6조제3항제2호에 따른 자가품질위탁 시험·검사기관의 시험·검사실 설치 지원 11. 법 제47조제2항(우수업소 등 지원)에 따른 우수업소와 모범업소에 대한 지원 12. 법 제48조제11항(영업자에 대한 지원)에 따른 식품안전관리인증기준을 지키는 영업자와 이를 지키기 위하여 관련 시설 등을 설치하려는 영업자에 대한 지원 13. 법 제63조제1항(자율지도원)에 따른 자율지도원의 활동 지원

으로 한 보상금에 한정한다) 상환액의 지원
5. 식품위생에 관한 교육·연구기관의 육성 및 지원
6. 음식문화의 개선과 좋은 식단 실천을 위한 사업 지원
7. 집단급식소(위탁에 의하여 운영되는 집단급식소만 해당한다)의 급식시설 개수·보수를 위한 융자 사업
7의2. 제47조의2에 따른 식품접객업소의 위생등급 지정 사업 지원
8. 그 밖에 대통령령으로 정하는 식품위생, 영양관리, 식품산업 진흥 및 건강기능식품에 관한 사업
④ 기금은 시·도지사 및 시장·군수·구청장이 관리·운용하되, 그에 필요한 사항은 대통령령으로 정한다.

14. 「건강기능식품에 관한 법률」 제22조제6항에 따른 우수건강기능식품제조기준을 지키는 영업자와 이를 지키기 위하여 관련 시설 등을 설치하려는 영업자에 대한 지원
15. 「어린이 식생활안전관리 특별법」 제6조제2항에 따른 어린이 기호식품 전담 관리원의 지정 및 운영
16. 「어린이 식생활안전관리 특별법」 제7조제3항에 따른 어린이 기호식품 우수판매업소에 대한 보조 또는 융자
17. 「어린이 식생활안전관리 특별법」 제21조제4항에 따른 어린이 급식관리지원센터 설치 및 운영 비용 보조
② 식품의약품안전처장은 제62조제2항(기금운용계획)에 따른 기금운용계획에 따라 시·도지사 또는 시장·군수·구청장이 행하는 사업의 이행 여부를 확인하거나 해당 사업의 추진현황을 시·도지사 또는 시장·군수·구청장으로 하여금 보고하도록 할 수 있다. 이 경우 시장·군수·구청장은 시·도지사를 거쳐 보고하여야 한다. <개정 2013. 3. 23.>

제62조(기금의 운용) ① 기금의 회계연도는 정부회계연도에 따른다.
② 시·도지사 또는 시장·군수·구청장은 매년 기금운용계획을 수립하여야 한다. 이 경우 기금운용계획에는 기금의 운용 및 관리에 드는 비용을 포함시킬 수 있다.
③ 시·도지사 또는 시장·군수·구청장은 기금의 융자업무를 취급하기 위하여 기금을 금융기관에 위탁하여 관리하게 할 수 있다.
④ 시·도지사 또는 시장·군수·구청장은 기금의 수입과 지출에 관한 사무를 하게 하기 위하여 소속 공무원 중에서 기금수입징수관, 기금재무관, 기금지출관 및 기금출납공무원을 임명한다.
⑤ 시·도지사 또는 시장·군수·구청장은 기금계정을 설치할 은행을 지정하고, 지정한 은행에 수입계정과 지출계정을 구분하여 기금계정을 설치하여야 한다.
⑥ 시·도지사 또는 시장·군수·구청장은 기금재무관에게 지출원인행위를 하도록 하는 경우 기금운용계획에 따라 지출한도액을 배정하여야 한다.
⑦ 제1항부터 제6항까지에서 규정한 사항 외에 기금의 운용에 필요한 사항은 시·도 및 시·군·구의 조례로 정한다.

제90조(포상금 지급) ① 식품의약품안전처장, 시·도지사 또는 시장·군수·구청장은 이 법에 위반되는 행위를 신고한 자에게 신고 내용별로 1천만원까지 포상금을 줄 수 있다. <개정 2013. 3. 23.>
② 제1항에 따른 포상금 지급의 기준·방법 및 절차 등에 관하여 필요한 사항은 대통령령으로 정한다.

제63조(포상금의 지급기준) ① 법 제90조제1항에 따라 포상금을 지급하는 경우 그 기준은 다음 각 호와 같다. <개정 2019. 3. 14.>
1. 법 제93조(질병에 걸린 동물을 사용하여 판매할 목적 등)를 위반한 자를 신고한 경우 : 1천만원 이하
2. 법 제4조(위해식품등의 판매 등 금지), 제5조(병든 동물 고기 등의 판매 등 금지) 제6조(기준·규격이 고시되지 아니한 화학적 합성품 등의 판매 등 금지) [법 제88조(집단급식소)조에서 준용하는 경우를 포함한다], 제8조(유독기구 등의 판매·사용 금지) [법 제88조(집단급식소)에서 준용하는 경우를 포함한다] 또는 제37조제1항(영업허가 등)을 위반한 자를 신고한 경우 : 30만원 이하

3. 법 제7조제4항(기준 규격에 맞지 아니하는 식품 등 판매) [법 제88조에서 준용하는 경우를 포함한다], 제9조제4항(기준 규격에 맞지 아니하는 기구 등 판매) [법 제88조에서 준용하는 경우를 포함한다], 제37조제5항(영업의 등록), 제44조제1항(영업자 등의 준수사항)·제2항(청소년보호법 이행 등)을 위반한 자 또는 법 제75조제1항(영업허가 취소 등)에 따른 영업정

지명령을 위반하여 영업을 계속한 자를 신고한 경우 : 20만원 이하

4. 「식품 등의 표시·광고에 관한 법률」제8조(부당한 표시 또는 광고행위의 금지), 제37조제4항(영업허가 신고 등) 또는 법 제76조제1항(품목제조정지 등)에 따른 품목제조정지명령을 위반한 자를 신고한 경우 : 10만원 이하

5. 법 제40조제3항(건강진단 미필 등) 또는 제88조제1항(집단급식소 신고 등)을 위반한 자를 신고한 경우 : 5만원 이하

6. 제1호부터 제5호까지의 규정 외에 법을 위반한 자 중 위생상 위해발생 우려가 있는 위반사항을 신고한 경우 : 3만원 이하

② 제1항에 따른 포상금의 세부적인 지급대상, 지급금액, 지급방법 및 지급절차 등은 식품의약품안전처장이 정하여 고시한다. <개정 2013. 3. 23.>

제64조(신고자 비밀보장) ① 식품의약품안전처장, 시·도지사 또는 시장·군수·구청장은 법 제90조제1항(포상금 지급)에 따라 법을 위반한 행위를 신고한 자의 인적사항 등 그 신분이 누설되지 아니하도록 하여야 한다. <개정 2013. 3. 23.>

② 식품의약품안전처장, 시·도지사 또는 시장·군수·구청장은 신고자의 신분이 공개된 경우 그 경위를 확인하여 신고자의 신분을 누설한 자에 대하여 징계를 요청하는 등 필요한 조치를 할 수 있다. <개정 2013. 3. 23.>

제90조의2(정보공개) ① 식품의약품안전처장은 보유·관리하고 있는 식품등의 안전에 관한 정보 중 국민이 알아야 할 필요가 있다고 인정하는 정보에 대하여는 「공공기관의 정보공개에 관한 법률」에서 허용하는 범위에서 이를 국민에게 제공하도록 노력하여야 한다. <개정 2013. 3. 23.> ② 제1항에 따라 제공되는 정보의 범위, 제공 방법 및 절차 등에 필요한 사항은 대통령령으로 정한다. **제90조의3(식품안전관리 업무 평가)** ① 식품의약품안전처장은 식품안전관리 업무 수행 실적이 우수한 시·도 또는 시·군·구에 표창 수여, 포상금 지급 등의 조치를 하기 위하여 시·도 및 시·군·구에서 수행하는 식품안전관리업무를 평가할 수 있다. ② 제1항에 따른 평가 기준·방법 등에 관하여 필요한 사항은 총리령으로 정한다. [본조신설 2016. 2. 3.] **제90조의4(벌칙 적용에서 공무원 의제)** 안전성심사위원회 및 심의위원회의 위원 중 공무원이 아닌 사람은 「형법」제129조부터 제132조까지의 규정을 적용할 때에는 공무원으로 본다. [본조신설 2018. 12. 11.]	**제64조의2(정보공개)** ① 법 제90조의2제1항에 따라 제공되는 식품 등의 안전에 관한 정보의 범위는 다음 각 호와 같다. <개정 2016. 7. 26.> 1. 심의위원회의 조사·심의 내용 2. 안전성심사위원회의 심사 내용 3. 국내외에서 유해물질이 함유된 것으로 알려지는 등 위해의 우려가 제기되는 식품 등에 관한 정보 4. 그 밖에 식품 등의 안전에 관한 정보로서 식품의약품안전처장이 공개할 필요가 있다고 인정하는 정보 ② 식품의약품안전처장은 법 제90조의2제1항에 따라 식품 등의 안전에 관한 정보를 인터넷 홈페이지, 신문, 방송 등을 통하여 공개할 수 있다. <개정 2013. 3. 23.>
제91조(권한의 위임) 이 법에 따른 식품의약품안전처장의 권한은 대통령령으로 정하는 바에 따라 그 일부를 시·도지사, 식품의약품안전평가원장 또는 지방식품의약품안전청장에게, 시·도지사의 권한은 그 일부를 시장·군수·구청장 또는 보건소장에게 각각 위임할 수 있다. <개정 2018. 12. 11.>	**제65조(권한의 위임)** 식품의약품안전처장은 법 제91조에 따라 다음 각 호의 권한을 지방식품의약품안전청장에게 위임한다. <개정 2018. 5. 15.> 1. 삭제 <2016. 1. 22.> 1의2. 삭제 <2016. 1. 22.> 1의3. 삭제 <2016. 1. 22.> 2. 삭제 <2014. 7. 28.> 3. 삭제 <2014. 7. 28.>

4. 법 제37조(영업허가 등)제1항 및 제2항에 따른 영업의 허가 및 변경허가

4의2. 법 제37조제3항에 따른 폐업신고 및 변경신고

4의3. 법 제37조제5항 본문에 따른 영업의 등록 및 변경등록

4의4. 법 제37조제6항에 따른 보고 및 변경보고

4의5. 법 제37조제7항에 따른 등록 사항의 직권말소

5. 법 제39조(영업 승계)에 따른 영업 승계 신고의 수리

6. 법 제45조(위해식품등의 회수)에 따른 위해식품등의 회수계획 보고에 관한 업무 및 행정처분 감면

6의2. 법 제46조(식품등의 이물 발견보고 등) 제1항에 따른 이물(異物) 발견보고

7. 삭제 <2014. 11. 28.>

8. 법 제48조(식품안전관리인증기준)제8항에 따른 식품안전관리인증기준적용업소에 대한 조사·평가 및 인증취소 또는 시정명령

8의2. 법 제49조(식품이력추적관리 등록기준 등) 제1항 및 제3항에 따른 식품이력추적관리 등록 및 변경신고

8의3. 법 제49조제5항에 따른 식품이력추적관리기준 준수 여부 등에 대한 조사·평가

8의4. 법 제49조제7항에 따른 식품이력추적관리 등록을 한 자에 대한 등록취소 또는 시정명령

9. 법 제71조(시정명령)에 따른 시정명령

10. 법 제72조(폐기처분 등)에 따른 식품등의 압류·폐기처분 또는 위해 방지 조치 명령

11. 법 제73조(위해식품등의 공표)에 따른 위해식품등의 공표

12. 법 제74조(시설 개수명령 등)에 따른 시설 개수명령

13. 법 제75조(허가취소 등)에 따른 허가·등록 취소 또는 영업정지명령

14. 법 제76조(품목 제조정지 등)에 따른 품목 또는 품목류 제조정지명령

15. 법 제79조(폐쇄조치 등)에 따른 영업소를 폐쇄하기 위한 조치 및 그 해제를 위한 조치

16. 법 제81조(청문) 제2호 및 제3호에 따른 청문

17. 법 제82조(영업정지 등의 처분에 갈음하여 부과하는 과징금 처분) 및 제83조(위해식품등의 판매 등에 따른 과징금 부과 등)에 따른 과징금 부과·징수

18. 법 제90조제1항에 따른 포상금 지급

19. 법 제92조제5호(이 조 제4호, 제4호의2 및 제4호의3에 따라 위임된 권한에 따른 수수료만 해당한다)에 따른 수수료의 징수

20. 법 제101조(과태료)에 따른 과태료 부과·징수

제65조의2(민감정보 및 고유식별정보의 처리) 식품의약품안전처장〔제34조(식품안전관리인증기준적용업소에 관한 업무의 위탁 등) 또는 제65조(권한의 위임)에 따라 식품의약품안전처장의 권한 또는 업무를 위임·위탁받은 자를 포함한다〕, 시·도지사 또는 시장·군수·구청장(해당 권한이 위임·위탁된 경우에는 그 권한을 위임·위탁받은 자를 포함한다)은 다음 각 호의 사무를 수행하기 위하여 불가피한 경우「개인정보 보호법」제23조에 따른 건강에 관한 정보, 같은 법 시행령 제18조제2호에 따른 범죄경력자료에 해당하는 정보, 같은 영 제19조제1호 또는 제4호에 따른 주민등록번호 또는 외국인등록번호가 포함된 자료를 처리할 수 있다. <개정 2014. 11. 28.>

1. 법 제16조(소비자 등의 위생검사등 요청)에 따른 위생검사등의 요청에 관한 사무

2. 법 제22조(출입·검사·수거 등)에 따른 자료제출 및 출입·검사·수거 등의 조치에 관한 사무

3. 삭제 <2014. 7. 28.>

4. 법 제37조(영업허가 등)에 따른 영업허가, 영업신고, 영업등록 등에 관한 사무

5. 법 제38조(영업허가 등의 제한)에 따른 영업허가 및 영업등록 등에 관한 사무

6. 법 제39조(영업 승계)에 따른 영업 승계에 관한 사무

7. 법 제43조(영업 제한)에 따른 영업시간 및 영업행위의 제한에 관한 사무

8. 법 제45조(위해식품등의 회수)에 따른 식품등의 회수에 관한 사무

9. 법 제48조(식품안전관리인증기준)에 따른 식품안전관리인증기준적용업소의 인증, 기술적·경제적 지원, 조사·평가 및 인증취소·시정명령 등에 관한 사무

10. 법 제53조(조리사의 면허)에 따른 조리사의 면허에 관한 사무

11. 법 제71조(시정명령), 제72조(폐기처분 등), 제73조(위해식품등의 공표), 제74조(시설 개수명

령 등),제75조(허가취소 등),제76조(품목 제조정지 등), 제77조(영업허가 등의 취소 요청), 제78조(행정 제재처분 효과의 승계),제79조(폐쇄조치 등), 제80조(면허취소 등) 의 규정에 따른 행정처분에 관한 사무
12. 법 제81조(청문)에 따른 청문에 관한 사무
13. 법 제82조 (영업정지 등의 처분에 갈음하여 부과하는 과징금 처분)및 제83조(위해식품등의 판매 등에 따른 과징금 부과 등)에 따른 과징금의 부과·징수에 관한 사무
14.법 제90조(포상금 지급)에 따른 포상금 지급에 관한 사무

제92조(수수료) 다음 각 호의 어느 하나에 해당하는 자는 총리령으로 정하는 수수료를 내야 한다. <개정 2016. 12. 2.>
1. 제7조제2항 또는 제9조제2항에 따른 기준과 규격의 인정을 신청하는 자
1의2. 제7조의3제2항에 따른 농약 및 동물용 의약품의 잔류허용기준 설정을 요청하는 자
1의3. 삭제 <2018. 3. 13.>
2. 제18조(유전자변형식품등의 안전성 심사 등)에 따른 안전성 심사를 받는 자
3. 삭제 <2015. 2. 3.>
3의2. 삭제 <2015. 2. 3.>
3의3. 제23조제2항(식품등의 재검사)에 따른 재검사를 요청하는 자
4. 삭제 <2013. 7. 30.>
5. 제37조(영업허가 등)에 따른 허가를 받거나 신고 또는 등록을 하는 자
6. 제48조제3항(식품안전관리인증기준 적용업소 인증) [제88조(집단급식소)에서 준용하는 경우를 포함한다] 에 따른 식품안전관리인증기준적용업소 인증 또는 변경 인증을 신청하는 자
6의2. 제48조의2(인증 유효기간)제2항에 따른 식품안전관리인증기준적용업소 인증 유효기간의 연장신청을 하는 자
7. 제49조제1항(식품이력추적관리 등록)에 따른 식품이력추적관리를 위한 등록을 신청하는 자
8. 제53조(조리사의 면허)에 따른 조리사 면허를 받는 자
9. 제88조(집단급식소)에 따른 집단급식소의 설치·운영을 신고하는 자

제97조(수수료) ① 법 제92조에 따른 수수료는 별표 26과 같다. 이 경우 수수료는 허가관청, 면허관청 또는 신고·등록·신청 등을 받는 관청이나 기관이 국가인 경우에는 수입인지, 지방자치단체인 경우에는 해당 지방자치단체의 수입증지, 국가나 지방자치단체가 아닌 경우에는 현금, 신용카드 또는 직불카드로 납부하여야 한다. <개정 2015. 8. 18.>
② 제1항에 따른 납부는 정보통신망을 이용하여 전자화폐·전자결재 등의 방법으로 할 수 있다.

시행규칙 [별표 26] <개정 2019. 12. 31.>

수수료(제97조 관련)

1. 영업허가, 신고 및 등록 등
 가. 신규 : 28,000원
 나. 변경 : 9,300원(소재지 변경은 26,500원으로 하되, 영 제26조제1호, 제41조제3항제1호, 제43조의3제2항제1호 및 제94조제7항의 변경사항인 경우는 수수료를 면제한다)
 다. 조건부영업허가 : 28,000원
 라. 집단급식소 설치·운영신고 : 28,000원(제94조제2항에 따른 신고의 경우는 수수료를 면제한다)
 마. 허가증(신고증 또는 등록증) 재발급 : 5,300원
 바. 영업자지위승계신고 : 9,300원. 다만, 제48조제2항에 따라 상속인이 영업자의 지위승계 신고와 폐업신고를 함께 하는 경우에는 수수료를 면제한다.
2. 지정 등 신청
 가. 유전자변형식품등 안전성 심사 신청

      1) 유전자변형식품등 안전성 심사 : 5,000,000원
      2) 후대교배종의 안전성 심사 대상 여부 검토 : 2,900,000원
    나. 식품안전관리인증기준적용업소 인증
      1) 신청 : 200,000원(인증유효기간 연장신청을 포함한다)
      2) 변경(소재지, 중요관리점) : 100,000원
    다. 식품등의 한시적 기준 및 규격 인정 신청
      1) 식품원료 : 100,000원
      2) 식품첨가물(기구 등의 살균·소독제를 포함한다), 기구 및 용기·포장 : 30,000원
    3. 조리사면허
    가. 신규 : 5,500원
    나. 면허증 재발급 : 3,000원
    다. 조리사면허증기재사항변경신청 : 890원(개명으로 조리사의 성명을 변경하는 경우에는 수수료를 면제한다)
    4. 삭제 <2016. 2. 4.>
    5. 삭제 <2016. 2. 4.>
    6. 표시·광고 심의 신청 : 100,000원
    7. 농약 또는 동물용 의약품 잔류허용기준의 설정 등
    가. 농약 및 동물용 의약품의 독성에 관한 자료 검토 수수료(각 품목별로 수수료를 부과한다)
      1) 신규 설정 : 30,000,000원
      2) 변경 및 설정면제 : 10,000,000원
    나. 농약 및 동물용 의약품의 식품 잔류에 관한 자료 검토 수수료
      1) 농약(식품별로 부과한다) : 5,000,000원
      2) 동물용 의약품(동물별로 부과한다) : 10,000,000원
    8. 재검사 요청 : 「식품의약품안전처 및 그 소속기관 시험·검사의뢰 규칙」에서 정하는 바에 따른다.

제13장 벌칙

제93조(벌칙) ① 다음 각 호의 어느 하나에 해당하는 질병에 걸린 동물을 사용하여 판매할 목적으로 식품 또는 식품첨가물을 제조·가공·수입 또는 조리한 자는 3년 이상의 징역에 처한다. <개정 2011. 6. 7.>
  1. 소해면상뇌증(狂牛病)
  2. 탄저병
  3. 가금 인플루엔자
② 다음 각 호의 어느 하나에 해당하는 원료 또는 성분 등을 사용하여 판매할 목적으로 식품 또는 식품첨가물을 제조·가공·수입 또는 조리한 자는 1년 이상의 징역에 처한다. <개정 2011. 6. 7.>
  1. 마황(麻黃)
  2. 부자(附子)
  3. 천오(川烏)
  4. 초오(草烏)
  5. 백부자(白附子)
  6. 섬수(섬수)
  7. 백선피(白鮮皮)
  8. 사리풀
③ 제1항 및 제2항의 경우 제조·가공·수입·조리한 식품 또는 식품첨가물을 판매하였을 때에는 그 판매금액의 2배 이상 5배 이하에 해당하는 벌금을 병과(倂科)한다. <개정 2018. 12. 11.>
④ 제1항 또는 제2항의 죄로 형을 선고받고 그 형이 확정된 후 5년 이내에 다시 제1항 또는 제2항의 죄를 범한 자가 제3항에 해당하는 경우 제3항에서 정한 형의 2배까지 가중한다. <신설 2013. 7. 30.>

제94조(벌칙) ①다음 각 호의 어느 하나에 해당하는 자는 10년 이하의 징역 또는 1억원 이하의 벌금에 처하거나 이를 병과할 수 있다. <개정 2014. 3. 18.>

1. 제4조부터 제6조*[70]까지 [제88조(집단급식소)에서 준용하는 경우를 포함하고, 제93조(벌칙) 제1항 및 제3항에 해당하는 경우는 제외한다] 를 위반한 자

2. 제8조(유독기구 등의 판매·사용 금지) [제88조(집단급식소)에서 준용하는 경우를 포함한다] 를 위반한 자

2의2. 삭제 <2018. 3. 13.>

3. 제37조제1항*[71]을 위반한 자

② 제1항의 죄로 금고 이상의 형을 선고받고 그 형이 확정된 후 5년 이내에 다시 제1항의 죄를 범한 자는 1년 이상 10년 이하의 징역에 처한다. <신설 2018. 12. 11.>

③ 제2항의 경우 그 해당 식품 또는 식품첨가물을 판매한 때에는 그 판매금액의 4배 이상 10배 이하에 해당하는 벌금을 병과한다. <신설 2018. 12. 11.>

제95조(벌칙) 다음 각 호의 어느 하나에 해당하는 자는 5년 이하의 징역 또는 5천만원 이하의 벌금에 처하거나 이를 병과할 수 있다. <개정 2018. 3. 13.>

1. 제7조제4항*[72] [제88조(집단급식소)에서 준용하는 경우를 포함한다], 제9조제4항*[73](제88조에서 준용하는 경우를 포함한다)을 위반한 자

2. 삭제 <2013. 7. 30.>

2의2. 제37조제5항*[74]을 위반한 자

3. 제43조(영업 제한)에 따른 영업 제한을 위반한 자

3의2. 제45조제1항(위해식품등의 회수 조치 및 결과 보고) 전단을 위반한 자

4. 제72조(폐기처분 등)제1항·제3항 [제88조(집단급식소)에서 준용하는 경우를 포함한다] 또

※70 제4조(위해식품등의 판매 등 금지) 다음 각 호의 어느 하나에 해당하는 식품등을 판매하거나 판매할 목적으로 채취·제조·수입·가공·사용·조리·저장·소분·운반 또는 진열하여서는 아니 된다.
1. 썩거나 상하거나 설익어서 인체의 건강을 해칠 우려가 있는 것
2. 유독·유해물질이 들어 있거나 묻어 있는 것
3. 병(病)을 일으키는 미생물에 오염되어 인체의 건강을 해칠 우려가 있는 것
4. 불결하거나 다른 물질이 섞이거나 첨가(添加)된 것
5. 안전성 평가를 받지 아니하였거나 안전성 평가에서 식용(食用)으로 부적합하다고 인정된 것
6. 수입이 금지된 것 또는 수입신고를 하지 아니하고 수입한 것
7. 영업자가 아닌 자가 제조·가공·소분한 것

제5조(병든 동물 고기 등의 판매 등 금지)

제6조(기준·규격이 고시되지 아니한 화학적 합성품 등의 판매 등 금지)

※71 제37조(영업허가 등) ① 대통령령으로 정하는 영업을 하려는 자는 영업 종류별 또는 영업소별로 식품의약품안전처장 등의 허가를 받아야 한다. 허가받은 사항 중 중요한 사항을 변경할 때에도 또한 같다.

※72 제7조(식품 또는 식품첨가물에 관한 기준 및 규격) ④ 기준과 규격에 맞지 아니하는 식품 또는 식품첨가물은 판매하거나 판매할 목적으로 제조·수입·가공·사용·조리·저장·소분·운반·보존 또는 진열하여서는 아니 된다.

※73 제9조(기구 및 용기·포장에 관한 기준 및 규격) ④ 기준과 규격에 맞지 아니한 기구 및 용기·포장은 판매하거나 판매할 목적으로 제조·수입·저장·운반·진열하거나 영업에 사용하여서는 아니 된다.

※74 제37조(영업허가 등) ⑤ 대통령령으로 정하는 영업을 하려는 자는 영업 종류별 또는 영업소별로 식품의약품안전처장 또는 특별자치도지사·시장·군수·구청장에게 등록하여야 하며, 등록한 사항 중 중요한 사항을 변경할 때에도 또한 같다. 다만, 폐업하거나 경미한 사항을 변경할 때에는 특별자치도지사·시장·군수·구청장에게 신고하여야 한다.

는 제73조(위해식품등의 공표)
제1항에 따른 명령을 위반한 자
5. 제75조제1항(영업허가 또는 등록
취소)에 따른 영업정지 명령을 위
반하여 영업을 계속한 자 [제37
조제1항(영업허가 등)에 따른 영
업허가를 받은 자만 해당한다]

제96조(벌칙) 제51조(집단급식소 운영자와 대통령으로 정하는 식
품접객영업자는 조리사를 두어야 한다) 또는 제52조(집단급식소 운영
자는 영양사를 두어야 한다)를 위반한 자는 3년 이하의 징역 또는
3천만원 이하의 벌금에 처하거나 이를 병과할 수 있다.

제97조(벌칙) 다음 각 호의 어느 하나에 해당하는 자는 3년 이하의
징역 또는 3천만원 이하의 벌금에 처한다. <개정 2018. 3. 13.>
  1. 제12조의2제2항(유전자변형식품 등의 무표시품 판매 등 금지),
     제17조제4항(위해식품 등의 제조 등 금지), 제31조제1항(자가
     품질검사 의무)·제3항(자가품질 검사결과 부적합시 식품의약
     품안전처장에게 보고), 제37조제3항(폐업하거나 경미한 사항
     변경시 신고)·제4항(영업의 신고 등), 제39조제3항(영업자 지
     위승계 신고), 제48조제2항(식품안전관리인증기준 준수)·제10
     항(식품안전관리인증기준적용업소의 영업자는 다른 업소에 위
     탁하여 제조·가공 금지), 제49조제1항 단서(식품이력추적관리
     등록기준 등) 또는 제55조(조리사 명칭 사용 금지)를 위반한 자
  2. 제22조제1항(출입·검사·수거 등) [제88(집단급식소)조에서
     준용하는 경우를 포함한다] 또는 제72조(폐기처분 등)제1항·
     제2항(제88조에서 준용하는 경우를 포함한다)에 따른 검사·출
     입·수거·압류·폐기를 거부·방해 또는 기피한 자
  3. 삭제 <2015. 2. 3.>
  4. 제36조(시설기준)에 따른 시설기준을 갖추지 못한 영업자
  5. 제37조제2항(영업허가 시 필요조건 부여)에 따른 조건을 갖추
     지 못한 영업자
  6. 제44조제1항(식품접객영업자 등 위생적 관리사항 등 준수)에
     따라 영업자가 지켜야 할 사항을 지키지 아니한 자. 다만, 총리
     령으로 정하는 경미한 사항을 위반한 자는 제외한다.
  7. 제75조제1항(영업정지 등)에 따른 영업정지 명령을 위반하여 계속
     영업한 자 [제37조제4항(영업신고 등) 또는 제5항(영업의 등록 등)
     에 따라 영업신고 또는 등록을 한 자만 해당한다] 또는 같은 조 제1
     항 및 제2항에 따른 영업소 폐쇄명령을 위반하여 영업을 계속한 자
  8. 제76조제1항(품목제조정지 등)에 따른 제조정지 명령을 위반한 자
  9. 제79조제1항(폐쇄조치 등)에 따라 관계 공무원이 부착한 봉인
     또는 게시문 등을 함부로 제거하거나 손상시킨 자

제98조(벌칙에서 제외되는 사항)
법 제97조제6호에서 "총리령으로 정
하는 경미한 사항"이란 다음 각 호의
어느 하나에 해당하는 경우를 말한다.
<개정 2013. 3. 23.>
  1. 영 제21조제1호의 식품제조·
     가공업자가 식품광고 시 유통
     기한을 확인하여 제품을 구입
     하도록 권장하는 내용을 포함
     하지 아니한 경우
  2. 영 제21조제1호의 식품제조·가
     공업자 및 제21조제5호의 식품
     소분·판매업자가 해당 식품 거
     래기록을 보관하지 아니한 경우
  3. 영 제21조제8호의 식품접객업
     자가 영업신고증 또는 영업허
     가증을 보관하지 아니한 경우
  4. 영 제21조제8호라목의 유흥주
     점영업자가 종업원 명부를 비
     치·관리하지 아니한 경우

제66조(규제의 재검토)
삭제 <2018. 12. 24.>

제99조(규제의 재검토) 식품의약품안전처장은 다음 각호의 사항에 대하
여 다음 각호의 기준일을 기준으로 3년마다(매 3년이 되는 해의 기준일과
같은 날 전까지를 말한다) 그 타당성을 검토하여 개선 등의 조치를 하여야
한다. <개정 2020. 4. 13.>
  1. 삭제 <2019. 4. 25.>
  2. 삭제 <2016. 2. 4.>

		3. 삭제 <2014. 8. 20.>	
		4. 제36조 및 별표 14에 따른 업종별 시설기준: 2014년 1월 1일	
		5. 삭제 <2020. 4. 13.>	
		6. 제57조 및 별표 17 제7호아목에 따른 식품접객업자(위탁급식영업자는 제외한다)의 준수사항: 2014년 1월 1일	
		7. 삭제 <2020. 4. 13.>	
		8. 제62조제1항제8호에 따른 식품안전관리인증기준의 대상 식품: 2014년 1월 1일	
		9. 삭제 <2020. 4. 13.>	

제98조(벌칙) 다음 각 호의 어느 하나에 해당하는 자는 1년 이하의 징역 또는 1천만원 이하의 벌금에 처한다. <개정 2014. 3. 18.>
1. 제44조제3항(접객행위 등)을 위반하여 접객행위를 하거나 다른 사람에게 그 행위를 알선한 자
2. 제46조제1항(식품 등의 이물발견 보고 등)을 위반하여 소비자로부터 이물 발견의 신고를 접수하고 이를 거짓으로 보고한 자
3. 이물의 발견을 거짓으로 신고한 자
4. 제45조제1항(위해식품 등의 회수결과 보고 등) 후단을 위반하여 보고를 하지 아니하거나 거짓으로 보고한 자

제99조 삭제 <2013. 7. 30.>

제100조(양벌규정) 법인의 대표자나 법인 또는 개인의 대리인, 사용인, 그 밖의 종업원이 그 법인 또는 개인의 업무에 관하여 제93조제3항(위해 동·식물 판매 등 사용시 벌칙) 또는 제94조(벌칙)부터 제97조(벌칙)까지의 어느 하나에 해당하는 위반행위를 하면 그 행위자를 벌하는 외에 그 법인 또는 개인에게도 해당 조문의 벌금형을 과(科)하고, 제93조(벌칙)제1항(질병에 걸린 동물사용 제조 등 조리한 자)의 위반행위를 하면 그 법인 또는 개인에 대하여도 1억5천만원 이하의 벌금에 처하며, 제93조제2항(위해 식물 원료의 사용 등)의 위반행위를 하면 그 법인 또는 개인에 대하여도 5천만원 이하의 벌금에 처한다. 다만, 법인 또는 개인이 그 위반행위를 방지하기 위하여 해당 업무에 관하여 상당한 주의와 감독을 게을리하지 아니한 경우에는 그러하지 아니하다.

제101조(과태료) ① 삭제 <2018. 3. 13.> ② 다음 각 호의 어느 하나에 해당하는 자에게는 500만원 이하의 과태료를 부과한다. <개정 2018. 12. 11.> 1. 제3조(식품 등의 취급)· 제40조제1항(건강진단) 및 제3항(건강진단 미필자 종사금지) 〔제88조(집단급식소)에서 준용하는 경우를 포함한다〕, 제41조제1항(식품위생교육) 및 제5항(위생교육 미필자 종사금지) 〔제88조(집단급식소)에서 준용하는 경우를 포함한다〕 또는 제86조제1항(식중독 환자 등 보고)을 위반한 자 1의2. 삭제 <2015. 2. 3.> 1의3. 제19조의4제2항(검사명령 등)을 위반하여 검사기한 내에 검사를 받지 아니하거나 자료 등을 제출하지 아니한 영업자 1의4. 삭제 <2016. 2. 3.> 2. 삭제 <2015. 3. 27.> 3. 제37조제6항(식품 등 제조·가공 등 보고)을 위반하여 보고를 하지 아니하거나 허위의 보고를 한 자 4. 제42조제2항(식품 등 생산실적 등 보고)을 위반하여 보고를 하지 아	**제67조(과태료의 부과기준)** 법 제101조제1항부터 제3항까지의 규정에 따른 과태료의 부과기준은 별표 2와 같다. [전문개정 2015. 12. 30.]	**제100조(과태료의 부과기준)** 영 제67조 및 영 별표 2에 따라 법 제3조(식품 등의 취급) 및 법 제88조제2항제5호(식품등의 위생적 관리)를 위반한 자에 대한 과태료의 부과기준은 **별표 27**과 같다.

니하거나 허위의 보고를 한 자

5. 삭제 <2011. 6. 7.>
6. 제48조제9항(식품안전관리인증기준적용업소 명칭사용 금지)〔제88조에서 준용하는 경우를 포함한다〕을 위반한 자
7. 제56조제1항(조리사와 영양사의 교육)을 위반하여 교육을 받지 아니한 자
8. 제74조제1항(시설 개수명령 등)〔제88조(집단급식소)에서 준용하는 경우를 포함한다〕에 따른 명령에 위반한 자
9. 제88조제1항(집단급식소 설치·운영하려는 자는 신고)을 위반하여 신고를 하지 아니하거나 허위의 신고를 한 자
10. 제88조제2항(집단급식소 시설의 유지·관리 등 급식 위생적 관리)을 위반한 자

③ 다음 각 호의 어느 하나에 해당하는 자에게는 300만원 이하의 과태료를 부과한다. <개정 2016. 2. 3.>

1. 삭제 <2013. 7. 30.>
2. 제44조제1항(영업의 위생관리 등 준수)에 따라 영업자가 지켜야 할 사항 중 총리령으로 정하는 경미한 사항을 지키지 아니한 자
3. 제46조제1항(식품등의 이물 발견보고 등)을 위반하여 소비자로부터 이물 발견신고를 받고 보고하지 아니한 자
4. 제49조제3항(식품이력추적관리 등록사항 변경된 경우 신고)을 위반하여 식품이력추적관리 등록사항이 변경된 경우 변경사유가 발생한 날부터 1개월 이내에 신고하지 아니한 자
5. 제49조의3(식품이력추적관리시스템의 구축 등)제4항을 위반하여 식품이력추적관리정보를 목적 외에 사용한 자

④ 제1항부터 제3항까지의 규정에 따른 과태료는 대통령령으로 정하는 바에 따라 식품의약품안전처장, 시·도지사 또는 시장·군수·구청장이 부과·징수한다. <개정 2013. 3. 23.>

제101조(과태료의 부과대상) 법 제101조제3항제2호에서 "총리령으로 정하는 경미한 사항"이란 다음 각 호의 어느 하나에 해당하는 경우를 말한다. <개정 2017. 12. 29.>

1. 영 제21조제8호(식품접객업)의 식품접객업자가 별표 17 제7호자목에 따른 영업신고증, 영업허가증 또는 조리사면허증 보관 의무를 준수하지 아니한 경우
2. 영 제21조제8호라목(유흥주점영업)의 유흥주점영업자가 별표 17 제7호파목에 따른 종업원 명부 비치·기록 및 관리 의무를 준수하지 아니한 경우

시행령 [별표 2] <개정 2019. 3. 14.>

과태료의 부과기준(제67조 관련)

1. 일반기준
   가. 위반행위의 횟수에 따른 과태료의 가중된 부과기준은 최근 2년간 같은 위반행위로 과태료 부과처분을 받은 경우에 적용한다. 이 경우 기간의 계산은 위반행위에 대하여 과태료 부과처분을 받은 날과 그 처분 후에 다시 같은 위반행위를 하여 적발한 날을 기준으로 한다.
   나. 가목에 따라 가중된 부과처분을 하는 경우 가중처분의 적용 차수는 그 위반행위 전 부과처분 차수(가목에 따른 기간 내에 과태료 부과처분이 둘 이상 있었던 경우에는 높은 차수를 말한다)의 다음 차수로 한다.
   다. 식품의약품안전처장, 시·도지사 또는 시장·군수·구청장은 다음의 어느 하나에 해당하는 경우에는 제2호의 개별기준에 따른 과태료 금액의 2분의 1 범위에서 그 금액을 줄일 수 있다. 다만, 과태료를 체납하고 있는 위반행위자의 경우에는 그 금액을 줄일 수 없다.
     1) 위반행위자가 「질서위반행위규제법 시행령」 제2조의2제1항 각 호의 어느 하나에 해당하는 경우

「질서위반행위규제법 시행령」 제2조의2(과태료 감경) ① 행정청은 법 제16조에 따른 사전통지 및 의견 제출 결과 당사자가 다음 각 호의 어느 하나에 해당하는 경우에는 해당 과태료 금액의 100분의 50의 범위에

서 과태료를 감경할 수 있다. 다만, 과태료를 체납하고 있는 당사자에 대해서는 그러하지 아니하다. <개정 2018. 12. 31.>

1. 「국민기초생활 보장법」 제2조에 따른 수급자

2. 「한부모가족 지원법」 제5조 및 제5조의2제2항·제3항에 따른 보호대상자

3. 「장애인복지법」 제2조에 따른 장애인 중 장애의 정도가 심한 장애인

4. 「국가유공자 등 예우 및 지원에 관한 법률」 제6조의4에 따른 1급부터 3급까지의 상이등급 판정을 받은 사람

5. 미성년자

2) 위반행위자가 위반행위를 바로 정정하거나 시정하여 위반상태를 해소한 경우

라. 식품의약품안전처장, 시·도지사 또는 시장·군수·구청장은 다음의 어느 하나에 해당하는 경우에는 제2호의 개별기준에 따른 과태료 금액의 2분의 1 범위에서 그 금액을 늘릴 수 있다. 다만, 금액을 늘리는 경우에도 법 제101조제1항부터 제3항까지의 규정에 따른 과태료 금액의 상한을 넘을 수 없다.

1) 위반의 내용 및 정도가 중대하여 이로 인한 피해가 크다고 인정되는 경우

2) 법 위반상태의 기간이 6개월 이상인 경우

3) 그 밖에 위반행위의 정도, 동기 및 그 결과 등을 고려하여 과태료를 늘릴 필요가 있다고 인정되는 경우

2. 개별기준

위반행위	근거 법조문	과태료 금액(단위 : 만원)		
		1차 위반	2차 위반	3차 이상 위반
가. 법 제3조(식품 등의 취급) [법 제88조에서 준용하는 경우를 포함한다]를 위반한 경우	법 제101조제2항제1호	20만원 이상 200만원 이하의 범위에서 총리령으로 정하는 금액		
나. 삭제 <2019. 3. 14.>				
다. 삭제 <2019. 3. 14.>				
라. 영업자가 법 제19조의4(검사명령 등)제2항을 위반하여 검사기한 내에 검사를 받지 않거나 자료 등을 제출하지 않은 경우	법 제101조제2항제1호의3	300	400	500
마. 삭제 <2016. 7. 26.>				
바. 법 제37조(영업허가 등)제6항을 위반하여 보고를 하지 않거나 허위의 보고를 한 경우	법 제101조제2항제3호	200	300	400
사. 법 제40조제1항(법 제88조에서 준용하는 경우를 포함한다)을 위반한 경우	법 제101조제2항제1호			
1) 건강진단을 받지 않은 영업자 또는 집단급식소의 설치·운영자(위탁급식영업자에게 위탁한 집단급식소의 경우는 제외한다)		20	40	60
2) 건강진단을 받지 않은 종업원		10	20	30
아. 법 제40조제3항(법 제88조에서 준용하는 경우를 포함한다)을 위반한 경우	법 제101조제2항제1호			
1) 건강진단을 받지 않은 자를 영업에 종사시킨 영업자				
가) 종업원 수가 5명 이상인 경우				
(1) 건강진단 대상자의 100분의 50 이상 위반		50	100	150
(2) 건강진단 대상자의 100분의 50 미만 위반		30	60	90
나) 종업원 수가 4명 이하인 경우				
(1) 건강진단 대상자의 100분의 50 이상 위반		30	60	90
(2) 건강진단 대상자의 100분의 50 미만 위반		20	40	60
2) 건강진단 결과 다른 사람에게 위해를 끼칠 우려가 있는 질병이 있다고 인정된 자를 영업에 종사시킨 영업자		100	200	300

위반행위	근거 법조문	1차	2차	3차
자. 법 제41조제1항(법 제88조에서 준용하는 경우를 포함한다)을 위반한 경우	법 제101조제2항제1호			
1) 위생교육을 받지 않은 영업자 또는 집단급식소의 설치·운영자(위탁급식영업자에게 위탁한 집단급식소의 경우는 제외한다)		20	40	60
2) 위생교육을 받지 않은 종업원		10	20	30
차. 법 제41조제5항(법 제88조에서 준용하는 경우를 포함한다)을 위반하여 위생교육을 받지 않은 종업원을 영업에 종사시킨 영업자 또는 집단급식소의 설치·운영자(위탁급식영업자에게 위탁한 집단급식소의 경우는 제외한다)	법 제101조제2항제1호	20	40	60
카. 법 제44조제1항에 따라 영업자가 지켜야 할 사항 중 총리령으로 정하는 경미한 사항을 지키지 않은 경우	법 제101조제3항제2호	10	20	30
타. 법 제42조(실적보고)제2항을 위반하여 보고를 하지 않거나 허위의 보고를 한 경우	법 제101조제2항제4호	30	60	90
파. 법 제46조제1항을 위반하여 소비자로부터 이물 발견 신고를 받고 보고하지 않은 경우	법 제101조제3항제3호			
1) 이물 발견신고를 보고하지 않은 경우		300	300	300
2) 이물 발견신고의 보고를 지체한 경우		100	200	300
하. 법 제48조(식품안전관리인증기준)제9항(법 제88조에서 준용하는 경우를 포함한다)을 위반한 경우	법 제101조제2항제6호	300	400	500
거. 법 제49조제3항을 위반하여 식품이력추적관리 등록 사항이 변경된 경우 변경사유가 발생한 날부터 1개월 이내에 신고하지 않은 경우	법 제101조제3항제4호	30	60	90
너. 법 제49조의3제4항을 위반하여 식품이력추적관리정보를 목적 외에 사용한 경우	법 제101조제3항제5호	100	200	300
더. 법 제56조(교육)제1항을 위반하여 교육을 받지 않은 경우	법 제101조제2항제7호	20	40	60
러. 법 제74조(시설 개수명령 등)제1항(법 제88조에서 준용하는 경우를 포함한다)에 따른 명령을 위반한 경우	법 제101조제2항제8호	200	300	400
머. 법 제86조(식중독에 관한 조사 보고)제1항을 위반한 경우	법 제101조제2항제1호			
1) 식중독 환자나 식중독이 의심되는 자를 진단하였거나 그 사체를 검안한 의사 또는 한의사		100	200	300
2) 집단급식소에서 제공한 식품등으로 인하여 식중독 환자나 식중독으로 의심되는 증세를 보이는 자를 발견한 집단급식소의 설치·운영자		200	300	400
버. 법 제88조(집단급식소)제1항을 위반하여 신고를 하지 않거나 허위의 신고를 한 경우	법 제101조제2항제9호	100	200	300
서. 법 제88조제2항을 위반한 경우(위탁급식영업자에게 위탁한 집단급식소의 경우는 제외한다)	법 제101조제2항제10호			
1) 식중독을 발생하게 한 집단급식소(법 제86조제2항 및 이 영 제59조제2항에 따른 식중독 원인의 조사 결과 해당 집단급식소에서 조리·제공한 식품이 식중독의 발생 원인으로 확정된 집단급식소를 말한다)의 설치·운영자		300	400	500
2) 조리·제공한 식품의 매회 1인분 분량을 총리령으로		50	100	150

정하는 바에 따라 144시간 이상 보관하지 않은 경우				
3) 영양사의 업무를 방해하는 집단급식소의 설치·운영자		50	100	150
4) 정당한 사유 없이 영양사가 위생관리를 위하여 요청하는 사항을 따르지 않은 집단급식소의 설치·운영자		50	100	150
5) 그 밖에 총리령으로 정한 준수사항을 위반한 집단급식소의 설치·운영자		30만원 이상 300만원 이하의 범위에서 총리령으로 정하는 금액		

시행규칙 [별표 27] 〈개정 2017. 1. 4.〉

법 제3조 및 제88조제2항제5호를 위반한 자에 대한 과태료 금액(제100조 관련)

위반행위	근거 법조문	과태료 금액(단위 : 만원)		
		1차 위반	2차 위반	3차 이상 위반
1. 법 제3조(법 제88조에서 준용하는 경우를 포함한다)를 위반한 경우	법 제101조 제2항제1호 및 영 제67조			
가. 식품등을 취급하는 원료보관실·제조가공실·조리실·포장실 등의 내부에 위생해충을 방제(防除) 및 구제(驅除)하지 아니하여 그 배설물 등이 발견되거나 청결하게 관리하지 아니한 경우		50	100	150
나. 식품등의 원료 및 제품 중 부패·변질이 되기 쉬운 것을 냉동·냉장시설에 보관·관리하지 아니한 경우		30	60	90
다. 식품등의 보관·운반·진열 시에 식품등의 기준 및 규격이 정하고 있는 보존 및 유통기준에 적합하도록 관리하지 아니하거나 냉동·냉장시설 및 운반시설을 정상적으로 작동시키지 아니한 경우(이 법에 따라 허가를 받거나 신고한 영업자는 제외한다)		100	200	300
라. 식품등의 제조·가공·조리 또는 포장에 직접 종사하는 사람에게 위생모를 착용시키지 아니한 경우		20	40	60
마. 제조·가공(수입품을 포함한다)하여 최소판매 단위로 포장된 식품 또는 식품첨가물을 영업허가 또는 신고하지 아니하고 판매의 목적으로 포장을 뜯어 분할하여 판매한 경우		20	40	60
바. 식품등의 제조·가공·조리에 직접 사용되는 기계·기구 및 음식기를 사용한 후에 세척 또는 살균을 하지 아니하는 등 청결하게 유지·관리하지 아니한 경우 또는 어류·육류·채소류를 취급하는 칼·도마를 각각 구분하여 사용하지 아니한 경우		50	100	150
사. 유통기한이 경과된 식품등을 판매하거나 판매의 목적으로 진열·보관한 경우(이 법에 따라 허가를 받거나 신고한 영업자는 제외한다)		30	60	90
2. 법 제88조제2항제5호를 위반한 경우(위탁급식영업자에게 위탁한 집단급식소의 경우는 제외한다)	법 제101조 제2항제10호 및 영 제67조			
가. 별표 24 제3호를 위반하여 유통기한이 지난 원료 또는 완제품을 조리할 목적으로 보관하거나 음식물의 조리에 사용한 경우		100	200	300
나. 별표 24 제4호에 따른 수질검사를 실시하지 아니한 경우		50	100	150
다. 수질검사를 실시한 결과 부적합 판정된 지하수를 사용한		100	200	300

경우 라. 가목부터 다목까지 규정한 사항 외에 별표 24에 따른 준수사항을 위반한 경우	30	60	90

제102조(과태료에 관한 규정 적용의 특례) 제101조의 과태료에 관한 규정을 적용하는 경우 제82조(영업정지 등의 처분에 갈음하여 부과하는 과징금 처분)에 따라 과징금을 부과한 행위에 대하여는 과태료를 부과할 수 없다. 다만, 제82조제4항(과징금 미납 시 처분) 본문에 따라 과징금 부과처분을 취소하고 영업정지 또는 제조정지 처분을 한 경우에는 그러하지 아니하다.

부 칙
<제17091호, 2020. 3. 24.>
제1조(시행일) 이 법은 공포한 날부터 시행한다.
제4조(다른 법률의 개정) ①부터 <59>까지 생략
<60> 식품위생법 일부를 다음과 같이 개정한다.
제82조제4항 각 호 외의 부분 본문·단서 및 제83조제3항 중 "「지방세외수입금의 징수 등에 관한 법률」"을 각각 "「지방행정제재·부과금의 징수 등에 관한 법률」"로 한다.
<61>부터 <102>까지 생략

부 칙
<제30545호, 2020. 3. 24.>
제1조(시행일) 이 영은 공포한 날부터 시행한다. <단서 생략>
제2조(다른 법령의 개정) ①부터 ⑤까지 생략
⑥ 식품위생법 시행령 일부를 다음과 같이 개정한다.
제55조 중 "「지방세외수입금의 징수 등에 관한 법률」"을 "「지방행정제재·부과금의 징수 등에 관한 법률」"로 한다.
⑦부터 ⑬까지 생략

부 칙
<제1610호, 2020. 4. 13.>
제1조(시행일) 이 규칙은 공포한 날부터 시행한다.

2

식품의 기준 및 규격(식품공전)

〈식품의약품안전처 고시 제2020-55호, 2020. 6. 26.〉

* : 내용 생략

제1 — 총칙

1. 일반원칙

이 고시에서 따로 규정한 것 이외에는 아래의 총칙에 따른다.

1) 이 고시의 수록범위는 다음 각 호와 같다.

　가) 식품위생법 제7조제1항의 규정에 따른 식품의 원료에 관한 기준, 식품의 제조·가공·사용·조리 및 보존방법에 관한 기준, 식품의 성분에 관한 규격과 기준·규격에 대한 시험법

　나)「식품 등의 표시·광고에 관한 법률」제4조제1항의 규정에 따른 식품·식품첨가물 또는 축산물과 기구 또는 용기·포장 및「식품위생법」제12조2의 제1항에 따른 유전자변형식품등의 표시기준

　다) 축산물 위생관리법 제4조제2항의 규정에 따른 축산물의 가공·포장·보존 및 유통의 방법에 관한 기준, 축산물의 성분에 관한 규격, 축산물의 위생등급에 관한 기준

2) 이 고시에서는 가공식품에 대하여 다음과 같이 식품군(대분류), 식품종(중분류), 식품유형(소분류)으로 분류한다.

　식 품 군 : '제4. 식품별 기준 및 규격'에서 대분류하고 있는 음료류, 조미식품 등을 말한다.

　식 품 종 : 식품군에서 분류하고 있는 다류, 과일·채소류음료, 식초, 햄류 등을 말한다.

　식품유형 : 식품종에서 분류하고 있는 농축과·채즙, 과·채주스, 발효식초, 희석초산 등을 말한다.

3) 이 고시에 정하여진 기준 및 규격에 대한 적·부판정은 이 고시에서 규정한 시험방법으로 실시하여 판정하는 것을 원칙으로 한다. 다만, 이 고시에서 규정한 시험방법보다 더 정밀·정확하다고 인정된 방법을 사용할 수 있다. 다만, 미생물 및 독소 등에 대한 시험에는 상품화된 kit를 사용할 수 있으나, 그 결과에 대하여 의문이 있다고 인정될 때에는 규정한 방법에 의하여 시험하고 판정하여야 한다.

4) 이 고시에서 기준 및 규격이 정하여지지 아니한 것은 잠정적으로 식품의약품안전처장이 해당 물질에 대한 국제식품규격위원회(Codex Alimentarius Commission, CAC)규정 또는 주요외국의 기준·규격과 일일섭취허용량(Acceptable Daily Intake, ADI), 해당 식품의 섭취량 등 해당물질별 관련 자료를 종합적으로 검토하여 적·부를 판정할 수 있다.

5) 이 고시의 '제5. 식품별 기준 및 규격'에서 따로 정하여진 시험방법이 없는 경우에는 '제8. 일반시험법'의 해당 시험방법에 따르고, 이 고시에서 기준·규격이 정하여지지 아니하였거나 기준·규격이 정하여져 있어도 시험방법이 수재되어 있지 아니한 경우에는 식품의약품안전처장이 인정한 시험방법, 국제식품규격위원회(Codex Alimentarius Commission, CAC)규정, 국제분석화학회(Association of Official Analytical Chemists, AOAC), 국제표준화기

구(International Standard Organization, ISO), 농약분석매뉴얼(Pesticide Analytical Manual, PAM) 등의 시험방법에 따라 시험할 수 있다. 만약, 상기 시험방법에도 없는 경우에는 다른 법령에 정해져 있는 시험방법, 국제적으로 통용되는 공인시험방법에 따라 시험할 수 있으며 그 시험방법을 제시하여야 한다.

  6) 계량 등의 단위는 국제 단위계를 사용한 아래의 약호를 쓴다.

    ① 길이 : m, cm, mm, μm, nm

    ② 용량 : L, mL, μL

    ③ 중량 : kg, g, mg, μg, ng, pg

    ④ 넓이 : cm2

    ⑤ 열량 : kcal, kj

    ⑥ 압착강도 : N(Newton)

    ⑦ 온도 : ℃

 7) 표준온도는 20℃, 상온은 15~25℃, 실온은 1~35℃, 미온은 30~40℃로 한다.

 8) 중량백분율을 표시할 때에는 %의 기호를 쓴다. 다만, 용액 100 mL 중의 물질함량(g)을 표시할 때에는 w/v%로, 용액 100 mL중의 물질함량(mL)을 표시할 때에는 v/v%의 기호를 쓴다. 중량백만분율을 표시할 때에는 mg/kg의 약호를 사용하고 ppm의 약호를 쓸 수 있으며, mg/L도 사용할 수 있다. 중량 10억분율을 표시할 때에는 μg/kg의 약호를 사용하고 ppb의 약호를 쓸 수 있으며, μg/L도 사용할 수 있다.

 9) 방사성물질 누출사고 발생시 관리해야 할 방사성 핵종(核種)은 다음의 원칙에 따라 선정한다.

    (1) 대표적 오염 지표 물질인 방사성 요오드와 세슘에 대하여 우선 선정하고, 방사능 방출사고의 유형에 따라 방출된 핵종을 선정한다.

    (2) 방사성 요오드나 세슘이 검출될 경우 플루토늄, 스트론튬 등 그 밖의(이하 '기타' 라고 한다) 핵종에 의한 오염여부를 추가적으로 확인할 수 있으며, 기타 핵종은 환경 등에 방출여부, 반감기, 인체 유해성 등을 종합 검토하여 전부 또는 일부 핵종을 선별하여 적용할 수 있다.

    (3) 기타 핵종에 대한 기준은 해당 사고로 인한 방사성 물질 누출이 더 이상 되지 않는 사고 종료 시점으로부터 1년이 경과할 때까지를 적용한다.

    (4) 기타 핵종에 대한 정밀검사가 어려운 경우에는 방사성 물질 누출 사고 발생국가의 비오염 증명서로 갈음할 수 있다.

10) 식품 중 농약 또는 동물용의약품의 잔류허용기준을 신설, 변경 또는 면제 하려는 자는 [별표 7]의 "식품 중 농약 및 동물용의약품의 잔류허용기준설정 지침"에 따라 신청하여야 한다.

11) 유해오염물질의 기준설정은 식품 중 유해오염물질의 오염도와 섭취량에 따른 인체 총 노출량, 위해수준, 노출 점유율을 고려하여 최소량의 원칙(As Low As Reasonably

Achievable, ALARA)에 따라 설정함을 원칙으로 한다.

12) 이 고시에서 정하여진 시험은 별도의 규정이 없는 경우 다음의 원칙을 따른다.

(1) 원자량 및 분자량은 최신 국제원자량표에 따라 계산한다.

(2) 따로 규정이 없는 한 찬물은 15℃ 이하, 온탕 60~70℃, 열탕은 약 100℃의 물을 말한다.

(3) "물 또는 물속에서 가열 한다."라 함은 따로 규정이 없는 한 그 가열온도를 약 100℃로 하되, 물 대신 약 100℃ 증기를 사용할 수 있다.

(4) 시험에 쓰는 물은 따로 규정이 없는 한 증류수 또는 정제수로 한다.

(5) 용액이라 기재하고 그 용매를 표시하지 아니하는 것은 물에 녹인 것을 말한다.

(6) 감압은 따로 규정이 없는 한 15 mmHg 이하로 한다.

(7) pH를 산성, 알카리성 또는 중성으로 표시한 것은 따로 규정이 없는 한 리트머스지 또는 pH 미터기(유리전극)를 써서 시험한다. 또한, 강산성은 pH 3.0 미만, 약산성은 pH 3.0 이상 5.0 미만, 미산성은 pH 5.0 이상 6.5 미만, 중성은 pH 6.5 이상 7.5 미만, 미알카리성은 pH 7.5 이상 9.0 미만, 약알카리성은 pH 9.0 이상 11.0 미만, 강알카리성은 pH 11.0 이상을 말한다.

(8) 용액의 농도를 (1→5), (1→10), (1→100) 등으로 나타낸 것은 고체시약 1 g 또는 액체시약 1 mL를 용매에 녹여 전량을 각각 5 mL, 10 mL, 100 mL 등으로 하는 것을 말한다. 또한 (1+1), (1+5) 등으로 기재한 것은 고체시약 1 g 또는 액체시약 1 mL에 용매 1 mL 또는 5 mL 혼합하는 비율을 나타낸다. 용매는 따로 표시되어 있지 않으면 물을 써서 희석한다.

(9) 혼합액을 (1 : 1), (4 : 2 : 1) 등으로 나타낸 것은 액체시약의 혼합용량비 또는 고체시약의 혼합중량비를 말한다.

(10) 방울수(滴水)를 측정할 때에는 20℃에서 증류수 20방울을 떨어뜨릴 때 그 무게가 0.90~1.10 g이 되는 기구를 쓴다.

(11) 네슬러관은 안지름 20 mm, 바깥지름 24 mm, 밑에서부터 마개의 밑까지의 길이가 20 cm의 무색유리로 만든 바닥이 평평한 시험관으로서 50 mL의 것을 쓴다. 또한 각 관의 눈금의 높이의 차는 2 mm이하로 한다.

(12) 데시케이터의 건조제는 따로 규정이 없는 한 실리카겔(이산화규소)로 한다.

(13) 시험은 따로 규정이 없는 한 상온에서 실시하고 조작 후 30초 이내에 관찰한다. 다만, 온도의 영향이 있는 것에 대하여는 표준온도에서 행한다.

(14) 무게를 "정밀히 단다"라 함은 달아야 할 최소단위를 고려하여 0.1 mg, 0.01 mg 또는 0.001 mg까지 다는 것을 말한다. 또 무게를 "정확히 단다"라 함은 규정된 수치의 무게를 그 자리수까지 다는 것을 말한다.

(15) 검체를 취하는 양에 "약"이라고 한 것은 따로 규정이 없는 한 기재량의 90~110%의 범위 내에서 취하는 것을 말한다.

(16) 건조 또는 강열할 때 "항량"이라고 기재한 것은 다시 계속하여 1시간 더 건조 혹은 강열

할 때에 전후의 칭량차가 이전에 측정한 무게의 0.1%이하임을 말한다.

2. 기준 및 규격의 적용

이 고시에 수재된 식품, 식품첨가물(이하 "식품 등"이라 한다)에 대하여 다음과 같이 기준 및 규격을 적용한다.

1) '제5. 식품별 기준 및 규격'에서 개별로 정하고 있는 식품은 그 기준 및 규격을 우선 적용하여야 한다. 다만, 식품 중 식품첨가물의 사용기준은 「식품첨가물의 기준 및 규격」을 우선 적용한다.

2) 식품 등은 '제2. 식품일반에 대한 공통기준 및 규격'에 적합하여야 한다. 다만, 식품 등의 특성을 고려할 때 그 필요성이 희박하거나 실효성이 적은 경우 그 중요도에 따라 선별 적용할 수 있다.

3) 영·유아를 섭취대상으로 표시하여 판매하는 식품과 장기보존식품은 1)에서 정하는 기준 및 규격과 함께 각각 '제3. 영·유아를 섭취대상으로 표시하여 판매하는 식품'과 '제4. 장기보존식품의 기준 및 규격'을 동시에 적용하여야 하며, 기준 및 규격 항목이 중복될 경우에는 강화된 기준 및 규격 항목을 적용하여야 한다.

4) 규격치가 a~b라고 기재된 것은 a이상 b이하임을 말한다.

5) 규정된 값(규격치라 한다)과 시험에서 얻은 값(실험치라 한다)을 비교하여 적부판정을 할 때에, 실험치는 규격치보다 한자리 수까지 더 구하여 더 구한 한자리수를 반올림해서 규격치와 비교 판정한다.

6) 고시에 정하고 있는 식품 중 잔류농약 및 동물용의약품 등 정량한계가 정해져 있는 시험법에서 정량한계 미만은 불검출로 처리한다.

7) 이 고시의 '제7. 검체의 채취 및 취급방법'에 따라 같은 조건에서 여러 개의 시험검체가 의뢰된 경우, 그 중 하나 이상 부적합이면 검사대상 전체를 부적합으로 처리한다.

8) 이 고시에서 정하고 있는 "타르색소"란 식용색소녹색제3호 및 그 알루미늄레이크, 식용색소적색제2호 및 그 알루미늄레이크, 식용색소적색제3호, 식용색소적색제40호 및 그 알루미늄레이크, 식용색소적색제102호, 식용색소청색제1호 및 그 알루미늄레이크, 식용색소청색제2호 및 그 알루미늄레이크, 식용색소황색제4호 및 그 알루미늄레이크, 식용색소황색제5호 및 그 알루미늄레이크를 말한다.

9) 이 고시에서 정하고 있는 "허용외 타르색소"란 상기 제1. 2. 8)에서 정한 타르색소 중 「식품첨가물의 기준 및 규격」에서 해당 식품유형에 허용되지 않은 타르색소를 말한다.

10) 이 고시에서 정하고 있는 "보존료"란 "데히드로초산나트륨, 소브산 및 그 염류(칼륨, 칼슘), 안식향산 및 그 염류(나트륨, 칼륨, 칼슘), 파라옥시안식향산류(메틸, 에틸), 프로피온산 및 그 염류(나트륨, 칼슘)"를 말한다.

11) 이 고시에서 정하고 있는 "산화방지제"라 함은 "디부틸히드록시톨루엔, 부틸히드록시아니

솔, 터셔리부틸히드로퀴논, 몰식자산프로필, 이·디·티·에이·이나트륨, 이·디·티·에이·칼슘이나트륨"을 말한다.

12) 과일·채소류음료의 100% 착즙액 기준당도(Brix°)는 다음과 같다.

(1) 망고 : 13° 이상

(2) 파인애플 : 12° 이상

(3) 포도, 오렌지, 서양배 : 11° 이상

(4) 사과, 라임 : 10° 이상

(5) 귤, 자몽, 파파야 : 9° 이상

(6) 배, 수박, 구아바 : 8° 이상

(7) 복숭아, 살구, 딸기, 레몬 : 7° 이상

(8) 자두, 멜론, 매실 : 6° 이상

(9) 토마토 : 5° 이상

(10) 기타 : 근거문헌에 의함

3. 용어의 풀이

1) '정의'는 해당 개별식품을 규정하는 것으로 '식품유형'에 분류되지 않은 식품도 '정의'에 적합한 경우는 해당 개별식품의 기준 및 규격을 적용할 수 있다. 다만, 별도의 개별기준 및 규격이 정하여져 있는 경우는 그 기준 및 규격을 우선적으로 적용하여야 한다.

2) 'A, B, C, ……등'은 예시 개념으로 일반적으로 많이 사용하는 것을 기재하고 그 외에 관련된 것을 포괄하는 개념이다.

3) 'A 또는 B'는 'A와 B', 'A나 B', 'A 단독' 또는 'B 단독'으로 해석할 수 있으며, 'A, B, C 또는 D' 역시 그러하다.

4) 'A 및 B'는 A와 B를 동시에 만족하여야 한다.

5) '적절한 ○○과정(공정)'은 식품의 제조·가공에 필요한 과정(공정)을 말하며 식품의 안전성, 건전성을 얻으며 일반적으로 널리 통용되는 방법이나 과학적으로 충분히 입증된 방법을 말한다.

6) '식품 및 식품첨가물은 그 기준 및 규격에 적합하여야 한다'는 해당되는 기준 및 규격에 적합하여야 함을 말한다.

7) '보관하여야 한다'는 원료 및 제품의 특성을 고려하여 그 품질이 최대로 유지될 수 있는 방법으로 보관하여야 함을 말한다.

8) '가능한 한', '권장한다'와 '할 수 있다'는 위생수준과 품질향상을 유도하기 위하여 설정하는 것으로 권고사항을 뜻한다.

9) '이와 동등이상의 효력을 가지는 방법'은 기술된 방법이외에 일반적으로 널리 통용되는 방법이나 과학적으로 충분히 입증된 것으로 위생학적, 영양학적, 관능적 품질의 유지가 가능

한 방법을 말한다.

10) 정의 또는 식품유형에서 '○○%, ○○%이상, 이하, 미만' 등으로 명시되어 있는 것은 원료 또는 성분배합시의 기준을 말한다.

11) '특정성분'은 가공식품에 사용되는 원료로서 제1. 4. 식품원료 분류 등에 의한 단일식품의 가식부분을 말한다.

12) '건조물(고형물)'은 원료를 건조하여 남은 고형물로서 별도의 규격이 정하여 지지 않은 한, 수분함량이 15% 이하인 것을 말한다.

13) '고체식품'이라 함은 외형이 일정한 모양과 부피를 가진 식품을 말한다.

14) '액체 또는 액상식품'이라 함은 유동성이 있는 상태의 것 또는 액체상태의 것을 그대로 농축한 것을 말한다.

15) '환(pill)'이라 함은 식품을 작고 둥글게 만든 것을 말한다.

16) '과립(granule)'이라 함은 식품을 잔 알갱이 형태로 만든 것을 말한다.

17) '분말(powder)'이라 함은 입자의 크기가 과립형태보다 작은 것을 말한다.

18) '유탕 또는 유처리'라 함은 식품의 제조 공정상 식용유지로 튀기거나 제품을 성형한 후 식용유지를 분사하는 등의 방법으로 제조·가공하는 것을 말한다.

19) '주정처리'라 함은 살균을 목적으로 식품의 제조공정 상 주정을 사용하여 제품을 침지하거나 분사하는 등의 방법을 말한다.

20) '유통기간'이라 함은 소비자에게 판매가 가능한 기간을 말한다.

21) '최종제품'이란 가공 및 포장이 완료되어 유통 판매가 가능한 제품을 말한다.

22) '규격'은 최종제품에 대한 규격을 말한다.

23) '검출되어서는 아니 된다'라 함은 이 고시에 규정하고 있는 방법으로 시험하여 검출되지 않는 것을 말한다.

24) '원료'는 식품제조에 투입되는 물질로서 식용이 가능한 동물, 식물 등이나 이를 가공 처리한 것, 「식품첨가물의 기준 및 규격」에 허용된 식품첨가물, 그리고 또 다른 식품의 제조에 사용되는 가공식품 등을 말한다.

25) '주원료'는 해당 개별식품의 주용도, 제품의 특성 등을 고려하여 다른 식품과 구별, 특정짓게 하기 위하여 사용되는 원료를 말한다.

26) '단순추출물'이라 함은 원료를 물리적으로 또는 용매(물, 주정, 이산화탄소)를 사용하여 추출한 것으로 특정한 성분이 제거되거나 분리되지 않은 추출물(착즙포함)을 말한다.

27) '식품에 제한적으로 사용할 수 있는 원료'란 식품 사용에 조건이 있는 식품의 원료를 말한다.

28) '식품에 사용할 수 없는 원료'란 식품의 제조·가공·조리에 사용할 수 없는 것으로, 제2. 1. 2)의 (6)과 (7)에서 정한 것 이외의 원료를 말한다.

29) '원료에서 유래되는'은 해당 기준 및 규격에 적합하거나 품질이 양호한 원료에서 불가피하게 유래된 것을 말하는 것으로, 공인된 자료나 문헌으로 입증할 경우 인정할 수 있다.

30) 원료의 '품질과 선도가 양호'라 함은 농·임산물의 경우, 멍들거나 손상된 부위를 제거하여 식용에 적합하도록 한 것을 말하며, 수산물의 경우는 식품공전 상 '수산물에 대한 규격'에 적합한 것, 해조류의 경우는 외형상 그 종류를 알아 볼 수 있을 정도로 모양과 색깔이 손상 되지 않은 것, 농·임·축·수산물 및 가공식품의 경우 이 고시에서 규정하고 있는 기준과 규격에 적합한 것을 말한다.

31) '비가식부분'이라 함은 통상적으로 식용으로 섭취하지 않는 원료의 특정부위를 말하며, 가 식부분 중에 손상되거나 병충해를 입은 부분 등 고유의 품질이 변질되었거나 제조 공정 중 부적절한 가공처리로 손상된 부분을 포함한다.

32) '이물'이라 함은 정상식품의 성분이 아닌 물질을 말하며 동물성으로 절지동물 및 그 알, 유 충과 배설물, 설치류 및 곤충의 흔적물, 동물의 털, 배설물, 기생충 및 그 알 등이 있고, 식물 성으로 종류가 다른 식물 및 그 종자, 곰팡이, 짚, 겨 등이 있으며, 광물성으로 흙, 모래, 유 리, 금속, 도자기파편 등이 있다.

33) '이매패류'라 함은 두 장의 껍데기를 가진 조개류로 대합, 굴, 진주담치, 가리비, 홍합, 피조 개, 키조개, 새조개, 개량조개, 동죽, 맛조개, 재첩류, 바지락, 개조개 등을 말한다.

34) '냉장' 또는 '냉동' 이라 함은 이 고시에서 따로 정하여진 것을 제외하고는 냉장은 $0 \sim 10℃$, 냉동은 $-18℃$이하를 말한다.

35) '차고 어두운 곳' 또는 '냉암소'라 함은 따로 규정이 없는 한 $0 \sim 15℃$의 빛이 차단된 장소를 말한다.

36) '냉장·냉동 온도측정값'이라 함은 냉장·냉동고 또는 냉장·냉동설비 등의 내부온도를 측 정한 값 중 가장 높은 값을 말한다.

37) '살균'이라 함은 따로 규정이 없는 한 세균, 효모, 곰팡이 등 미생물의 영양 세포를 불활성화 시켜 감소시키는 것을 말한다.

38) '멸균'이라 함은 따로 규정이 없는 한 미생물의 영양세포 및 포자를 사멸시키는 것을 말한다.

39) '밀봉'이라 함은 용기 또는 포장 내외부의 공기유통을 막는 것을 말한다.

40) '초임계추출'이라 함은 임계온도와 임계압력 이상의 상태에 있는 이산화탄소를 이용하여 식 품원료 또는 식품으로부터 식용성분을 추출하는 것을 말한다.

41) '심해'란 태양광선이 도달하지 않는 수심이 200 m 이상 되는 바다를 말한다.

42) '가공식품'이라 함은 식품원료(농, 임, 축, 수산물 등)에 식품 또는 식품첨가물을 가하거나, 그 원형을 알아볼 수 없을 정도로 변형(분쇄, 절단 등) 시키거나 이와 같이 변형시킨 것을 서로 혼합 또는 이 혼합물에 식품 또는 식품첨가물을 사용하여 제조·가공·포장한 식품을 말한다. 다만, 식품첨가물이나 다른 원료를 사용하지 아니하고 원형을 알아볼 수 있는 정도로 농· 임·축·수산물을 단순히 자르거나 껍질을 벗기거나 소금에 절이거나 숙성하거나 가열(살균 의 목적 또는 성분의 현격한 변화를 유발하는 경우를 제외한다) 등의 처리과정 중 위생상 위 해 발생의 우려가 없고 식품의 상태를 관능으로 확인할 수 있도록 단순처리한 것은 제외한다.

43) '식품조사(Food Irradiation)처리'란 식품 등의 발아억제, 살균, 살충 또는 숙도조절을 목적으로 감마선 또는 전자선가속기에서 방출되는 에너지를 복사(radiation)의 방식으로 식품에 조사하는 것으로, 선종과 사용목적 또는 처리방식(조사)에 따라 감마선 살균, 전자선 살균, 감마선 살충, 전자선 살충, 감마선 조사, 전자선 조사 등으로 구분하거나, 통칭하여 방사선 살균, 방사선 살충, 방사선 조사 등으로 구분할 수 있다.

44) '식육'이라 함은 식용을 목적으로 하는 동물성원료의 지육, 정육, 내장, 그 밖의 부분을 말하며, '지육'은 머리, 꼬리, 발 및 내장 등을 제거한 도체(carcass)를, '정육'은 지육으로부터 뼈를 분리한 고기를, '내장'은 식용을 목적으로 처리된 간, 폐, 심장, 위, 췌장, 비장, 신장, 소장 및 대장 등을, '그 밖의 부분'은 식용을 목적으로 도축된 동물성원료로부터 채취, 생산된 동물의 머리, 꼬리, 발, 껍질, 혈액 등 식용이 가능한 부위를 말한다.

45) '장기보존식품'이라 함은 장기간 유통 또는 보존이 가능하도록 제조·가공된 통·병조림식품, 레토르트식품, 냉동식품을 말한다.

46) '식품용수'라 함은 식품의 제조, 가공 및 조리 시에 사용하는 물을 말한다.

47) '인삼', '홍삼' 또는 '흑삼'은 「인삼산업법」에, '산양삼'은 「임업 및 산촌진흥 촉진에 관한 법률」에서 정하고 있는 것을 말한다.

48) '한과'라 함은 주로 곡물류나 과일, 견과류 등에 꿀, 엿, 설탕 등을 입혀 만든 것으로 유과, 약과, 정과 등을 말한다.

49) '슬러쉬'라 함은 청량음료 등 완전 포장된 음료나, 물, 분말주스 등의 원료를 직접 혼합하여 얼음을 분쇄한 것과 같은 상태로 만들거나 아이스크림을 만드는 기계 등을 이용하여 반 얼음상태로 얼려 만든 음료를 말한다.

50) '코코아고형분'이라 함은 코코아매스, 코코아버터 또는 코코아분말을 말하며, '무지방코코아고형분'이라 함은 코코아고형분에서 지방을 제외한 분말을 말한다.

51) '유고형분'이라 함은 유지방분과 무지유고형분을 합한 것이다.

52) '유지방'은 우유로부터 얻은 지방을 말한다.

53) '혈액이 함유된 알'이라 함은 알 내용물에 혈액이 퍼져 있는 알을 말한다.

54) '혈반'이란 난황이 방출될 때 파열된 난소의 작은 혈관에 의해 발생된 혈액 반점을 말한다.

55) '육반'이란 혈반이 특징적인 붉은 색을 잃어버렸거나 산란기관의 작은 체조직 조각을 말한다.

56) '실금란'이란 난각이 깨어지거나 금이 갔지만 난각막은 손상되지 않아 내용물이 누출되지 않은 알을 말한다.

57) '오염란'이란 난각의 손상은 없으나 표면에 분변·혈액·알내용물·깃털 등 이물질이나 현저한 얼룩이 묻어 있는 알을 말한다.

58) '연각란'이란 난각막은 파손되지 않았지만 난각이 얇게 축적되어 형태를 견고하게 유지될 수 없는 알을 말한다.

59) '냉동식용어류머리'란 대구(Gadus morhua, Gadus ogac, Gadus macrocephalus), 은민대구

(Merluccius australis), 다랑어류 및 이빨고기(Dissostichus eleginoides, Dissostichus mawsoni)의 머리를 가슴지느러미와 배지느러미 부위가 붙어 있는 상태로 절단한 것과 식용 가능한 모든 어종(복어류 제외)의 머리 중 가식부를 분리해 낸 것을 중심부 온도가 -18℃이하가 되도록 급속냉동한 것으로서 식용에 적합하게 처리된 것을 말한다.

60) '냉동식용어류내장'이란 식용 가능한 어류의 알(복어알은 제외), 창난, 이리(곤이), 오징어 난포선 등을 분리하여 중심부 온도가 -18℃이하가 되도록 급속냉동한 것으로서 식용에 적합하게 처리된 것을 말한다.

61) '생식용 굴'이란 소비자가 날로 섭취할 수 있는 전각굴, 반각굴, 탈각굴로서 포장한 것을 말한다(냉동굴을 포함한다).

62) 미생물 규격에서 사용하는 용어(n, c, m, M)는 다음과 같다.
   (1) n : 검사하기 위한 시료의 수
   (2) c : 최대허용시료수, 허용기준치(m)를 초과하고 최대허용한계치(M) 이하인 시료의 수로서 결과가 m을 초과하고 M 이하인 시료의 수가 c 이하일 경우에는 적합으로 판정
   (3) m : 미생물 허용기준치로서 결과가 모두 m 이하인 경우 적합으로 판정
   (4) M : 미생물 최대허용한계치로서 결과가 하나라도 M을 초과하는 경우는 부적합으로 판정
   ※ m, M에 특별한 언급이 없는 한 1 g 또는 1 mL 당의 집락수(Colony Forming Unit, CFU)이다.

63) "영아"라 함은 생후 12개월 미만인 사람을 말한다.

64) "유아"라 함은 생후 12개월부터 36개월까지인 사람을 말한다.

65) "고령친화식품"이란 고령자의 식품 섭취나 소화 등을 돕기 위해 식품의 물성을 조절하거나, 소화에 용이한 성분이나 형태가 되도록 처리하거나, 영양성분을 조정하여 제조・가공한 식품을 말한다.

4. 식품원료 분류

다음의 식품원료 분류는 일반적인 분류로서 당해 식품과 원료의 특성 및 목적에 따라 이 분류에 의하지 아니할 수 있다.

1) 식물성 원료

대분류	소분류	품 목
곡류	-	귀리, 기장, 메밀, 밀, 보리, 수수, 쌀, 옥수수, 율무, 조, 퀴노아, 트리티케일, 피, 호밀 등
서류	-	감자, 고구마, 곤약(구약), 마, 카사바(타피오카), 토란 등
두류	-	강낭콩, 녹두, 대두, 동부, 렌즈콩, 리마콩, 완두, 이집트콩, 작두콩, 잠두, 팥, 피전피 등

대분류	소분류	품 목
견과 종실류	땅콩 또는 견과류	땅콩, 개암, 도토리, 마카다미아, 밤, 아몬드, 은행, 잣, 케슈너트, 피스타치오, 피칸, 호두 등
	유지 종실류	달맞이꽃(씨), 대마(씨), 드럼스틱/모링가(씨), 들깨, 면실/목화(씨), 올리브(열매), 유채/카놀라(씨), 참깨, 팜, 해바라기(씨), 호박(씨), 홍화(씨) 등
	음료 및 감미 종실류	결명자, 과라나, 카카오원두, 커피원두, 콜라 너트 등
과일류	인과류	감, 모과, 배, 비파, 사과, 석류 등
	감귤류	감귤(금귤 포함), 레몬(라임 포함), 시트론, 오렌지, 유자, 자몽, 탱자 등
	핵과류	대추, 매실, 복숭아, 산수유, 살구, 앵두, 오미자, 자두, 체리 등
	장과류	구기자, 다래, 딸기, 무화과, 베리류[블루베리, 빌베리, 복분자(라즈베리, 블랙베리, 산딸기 포함), 아로니아, 엘더베리, 오디/멀베리, 커런트, 크랜베리/월귤 등], 으름, 포도(머루 포함) 등
	열대 과일류	가시여지/그라비올라(열매), 구아바, 대추야자, 두리안, 리치, 망고, 망고스틴, 바나나, 바라밀/잭프루트, 아보카도, 아사이팜, 아세로라, 용과, 용안, 코코넛, 키위/참다래, 파인애플, 파파야, 패션 프루트 등
채소류	결구 엽채류	배추, 브로콜리(콜리플라워 포함), 양배추(방울다다기양배추 포함) 등
	엽채류	갓, 갯기름나물/방풍나물, 겨자채, 경수채/교나, 고들빼기, 고려엉겅퀴/곤드레나물, 고추냉이(잎), 고춧잎, 곤달비, 근대, 냉이, 뉴그린, 다채/비타민, 다청채, 당귀(잎), 돌나물, 둥글레(잎), 들깻잎, 머위, 무(잎, 열무 포함), 민들레, 비름나물, 비트(잎), 뽕(잎), 산마늘/명이나물(잎), 상추, 섬쑥부쟁이/부지깽이나물, 시금치, 신선초, 쑥, 쑥갓, 씀바귀, 아욱, 양상추, 엇갈이배추(봄동, 쌈배추 등 포함), 엉겅퀴, 왕고들빼기, 우엉(잎), 원추리, 유채/동초, 질경이(잎), 차즈기/차조기/자소엽(잎), 참나물, 청경채, 춘채, 취나물(곰취, 미역취, 참취), 치커리/앤디브(잎), 케일, 파드득나물/삼엽채, 파슬리, 호박(잎) 등
	엽경채류	갯개미자리/세발나물, 고구마(줄기), 고비, 고사리, 달래, 두릅, 락교/염교, 리크, 미나리, 부추, 삼채, 셀러리, 아스파라거스, 죽순, 콜라비, 토란(줄기), 파(쪽파 포함), 풋마늘(마늘종 포함) 등
	근채류	고추냉이(뿌리), 당근, 더덕, 도라지, 둥글레(뿌리), 마늘, 무(뿌리), 물방기(뿌리), 비트, 사탕무, 생강, 수삼(산양삼 포함), 순무, 양파, 연근, 우엉, 참나리(비늘줄기, 뿌리), 치커리(뿌리), 파스닙 등
	박과 과채류	멜론, 박, 수박, 여주, 오이, 참외, 호박 등
	박과 이외 과채류	가지, 고추, 오크라, 토마토(방울토마토 포함), 풋콩(꼬투리 포함된 그린빈, 대두, 스냅빈, 완두 등), 피망(파프리카 포함) 등
버섯류	-	갓버섯, 나도팽나무버섯/맛버섯, 느타리버섯, 목이버섯, 목질진흙버섯/상황버섯, 새송이버섯, 석이버섯, 송이버섯, 신령버섯, 싸리버섯, 양송이버섯, 영지버섯, 팽이버섯, 표고버섯, 황금뿔나팔버섯 등
향신	허브류	가시여지/그라비올라(가지, 잎), 고수(잎), 돌외(잎), 드럼스틱/모링가(잎,

대분류	소분류	품 목
식물		줄기), 라벤더, 레몬그라스, 레몬머틀, 레몬밤, 로즈마리, 루이보스, 마타리(순), 마테(잎), 민트(박하, 서양박하/페퍼민트, 스피어민트, 애플민트 등), 밀크시슬, 바질(잎), 배초향/방아잎, 사향초/백리향, 서양자초/딜(잎), 스테비아, 식용꽃(국화, 금잔화/마리골드, 장미, 캐모마일, 히비스커스 등), 아이언워트, 오레가노, 올리브(잎), 월계수, 쟈스민, 초피나무, 쿨란트로, 타임, 허니부쉬, 호로파(잎), 회향(잎) 등
	향신열매	노간주나무(열매), 바닐라(열매), 백미후추(열매), 산초(열매), 소두구(열매), 스타아니스/팔각회향(열매), 케이퍼(열매), 후추(열매) 등
	향신씨	겨자(씨), 고수(씨), 바질(씨), 서양자초/딜(씨), 셀러리(씨), 아니스(씨), 육두구(씨), 차즈기/차조기/자소자(씨), 캐러웨이(씨), 쿠민(씨), 호로파(씨), 회향(씨) 등
	향신뿌리	강황/심황/울금(뿌리) 등
	기타 향신식물	계피(가지, 줄기껍질), 몰약(고무수지), 사프란(암술머리), 정향(꽃봉오리) 등
차	–	차
호프	–	호프
조류	–	갈래곰보, 갈파래, 곰피, 김, 꼬시래기, 다시마, 돌가사리, 둥근돌김, 뜸부기, 매생이, 모자반, 미역, 불등가사리, 석묵, 스피루리나, 우뭇가사리, 진두발, 청각, 클로렐라, 톳, 파래 등
기타 식물류		단수수, 사탕수수 등

※ 상기 '/'는 이명을 의미하며, '( )'는 부위 또는 농약 기준이 동일하게 적용되는 농산물을 의미한다.

2) 동물성 원료

대분류	중분류	소분류	품 목
축산물	–	식육류	소고기, 돼지고기, 양고기, 염소고기, 토끼고기, 말고기, 사슴고기, 닭고기, 꿩고기, 오리고기, 거위고기, 칠면조고기, 메추리고기 등
	–	우유류	우유, 산양유 등
	–	알류	달걀, 오리알, 메추리알 등
수산물	어류	민물어류	가물치, 메기, 미꾸라지, 붕어, 빙어, 쏘가리, 잉어, 참붕어, 칠성장어, 향어 등
		회유어류	송어, 연어, 은어, 뱀장어 등
		해양어류	가오리, 가자미, 갈치, 강달이, 고등어, 꽁치, 날치, 넙치(광어), 노래미, 농어, 대구, 도루묵, 도미, 망둑어, 멸치, 명태, 민어, 박대, 방어, 밴댕이, 뱅어, 병어, 복어, 볼기우럭, 조피볼락(우럭), 볼락, 붕장어, 삼치, 서대, 숭어, 쌍동가리, 양미리, 임연수어, 전갱이, 전어, 정어리, 조기,

대분류	중분류	소분류	품 목
			준치, 쥐치, 청어, 홍어, 금눈돔, 칠성상어, 얼룩상어, 악상어, 청상아리, 곱상어, 귀상어, 은상어, 청새리상어, 흑기흉상어, 다금바리, 먹장어, 흑점샛돔(은샛돔), 은민대구, 은대구, 다랑어류(참다랑어, 남방참다랑어, 날개다랑어, 눈다랑어, 황다랑어, 백다랑어, 가다랑어, 점다랑어), 몽치다래, 물치다래, 돛새치, 청새치, 황새치 등
	-	어란류	명태알, 연어알, 철갑상어알 등
		갑각류	새우, 게, 바닷가재, 가재, 방게, 크릴 등
	무척추동물	연체류	1) 패류 : 굴, 홍합, 꼬막, 재첩, 소라, 고둥, 대합, 전복, 바지락, 등 2) 두족류 : 문어, 오징어, 낙지, 갑오징어, 꼴뚜기, 주꾸미 등 3) 기타 연체류 : 개불, 군소, 해파리 등
		극피류	성게, 해삼 등
		피낭류	멍게, 미더덕, 주름미더덕(오만둥이) 등
기타동물	-	파충류 및 양서류	식용자라, 식용개구리 등
	-	-	식용달팽이 등

제2 ─ 식품 일반에 대한 공통기준 및 규격

1. 식품원료 기준

1) 원료 등의 구비요건

(1) 식품의 제조에 사용되는 원료는 식용을 목적으로 채취, 취급, 가공, 제조 또는 관리된 것이어야 한다.

(2) 원료는 품질과 선도가 양호하고 부패·변질되었거나, 유독 유해물질 등에 오염되지 아니한 것으로 안전성을 가지고 있어야 한다.

(3) 식품제조·가공영업등록대상이 아닌 천연성 원료를 직접처리하여 가공식품의 원료로 사용하는 때에는 흙, 모래, 티끌 등과 같은 이물을 충분히 제거하고 필요한 때에는 식품용수로 깨끗이 씻어야 하며 비가식부분은 충분히 제거하여야 한다.

(4) 허가, 등록 또는 신고 대상인 업체에서 식품원료를 구입 사용할 때에는 제조영업등록을 하였거나 수입신고를 마친 것으로서 해당식품의 기준 및 규격에 적합한 것이어야 하며 유통기한 경과제품 등 관련 법 위반식품을 원료로 사용하여서는 아니 된다.

(5) 기준 및 규격이 정하여져 있는 식품, 식품첨가물은 그 기준 및 규격에, 인삼·홍삼·흑삼은 「인삼산업법」에, 산양삼은 「임업 및 산촌 진흥촉진에 관한 법률」에, 축산물은 「축산물

위생관리법」에 적합한 것이어야 한다. 다만, 최종제품의 중금속 등 유해오염물질 기준 및 규격이 사용 원료보다 더 엄격하게 정해져 있는 경우, 최종제품의 기준 및 규격에 적합하도록 적절한 원료를 사용하여야 한다.

(6) 원료로 파쇄분을 사용할 경우에는 선도가 양호하고 부패·변질되었거나 이물 등에 오염되지 아니한 것을 사용하여야 한다.

(7) 식품용수는「먹는물관리법」의 먹는물 수질기준에 적합한 것이거나,「해양심층수의 개발 및 관리에 관한 법률」의 기준·규격에 적합한 원수, 농축수, 미네랄탈염수, 미네랄농축수 이어야 한다.

(8) 생물의 유전자 중 유용한 유전자만을 취하여 다른 생물체의 유전자와 결합시키는 등의 유전자변형기술을 활용하여 재배·육성된 농·축·수산물 등을 원료 등으로 사용하고자 할 경우는「식품위생법」제18조에 의한 '유전자변형식품등의 안전성 심사 등에 관한 규정'에 따라 안전성 심사 결과 적합한 것이어야 한다.

(9) 식품에 사용되는 유산균 등은 식용가능하고 식품위생상 안전한 것이어야 한다.

(10) 옻나무는 옻닭 또는 옻오리 조리에 사용되는 제품의 원료로만 물추출물 또는 물추출물 제조용 티백(Tea bag) 형태로 사용할 수 있다. 이때 옻나무를 사용한 제품은 우루시올 성분이 검출되어서는 아니 된다. 또한 아까시재목버섯(장수버섯, *Fomitella fraxinea*)을 이용하여 우루시올 성분을 제거한 옻나무 물추출물은 장류, 발효식초, 탁주, 약주, 청주, 과실주에 한하여 발효공정 전에만 사용할 수 있으며 이때 사용량은 다음과 같다.

㉮ 장류 및 발효식초 : 추출물 제조에 사용된 옻나무 중량을 기준으로 최종제품 중량의 10.0% 이하

㉯ 탁주, 약주, 청주 및 과실주 : 추출물 제조에 사용된 옻나무 중량을 기준으로 최종제품 중량의 2.0% 이하

(11) 인삼 또는 홍삼 함유 제품류

① 인삼을 원료로 사용하는 경우 춘미삼, 묘삼, 삼피, 인삼박은 사용할 수 없으며 병삼인 경우에는 병든 부분을 제거하고 사용할 수 있다.

② 인삼엽은 다른 식물 등 이물이 함유되지 아니한 것으로서 병든 인삼의 잎이나 줄기 또는 꽃이어서는 아니 된다.

③ 원형그대로 넣는 수삼근은 3년근 이상(다만, 인삼산업법의 수경재배인삼은 제외한다.)이어야 하며, 병삼이나 파삼은 사용할 수 없다.

(12) 식품 제조·가공 등에 사용하는 원료알은 부패된 알, 산패취가 있는 알, 곰팡이가 생긴 알, 이물이 혼입된 알, 혈액이 함유된 알, 내용물이 누출된 알, 난황이 파괴된 알(단, 물리적 원인에 의한 것은 제외한다), 부화를 중지한 알, 부화에 실패한 알 등 식용에 부적합한 알이 아니어야 하며, 알의 잔류허용기준에 적합하여야 한다.

(13) 원유에는 중화·살균·균증식 억제 및 보관을 위한 약제가 첨가되어서는 아니 되며, 우유

와 양유는 동일 작업시설에서 수유하여서는 아니 되고 혼입하여서도 아니 된다.

(14) 냉동식용어류머리의 원료는 세계관세기구(World Customs Organzation, WCO)의 통일상품명 및 부호체계에 관한 국제 협약상 식용(HS 0303호)으로 분류되어 위생적으로 처리된 것이 관련기관에 의해 확인된 것으로, 원료의 절단시 내장, 아가미가 제거 되고 위생적으로 처리된 것이어야 하며, 식품첨가물 등 다른 물질을 사용하지 않은 것이어야 한다.

(15) 냉동식용어류내장의 원료는 세계관세기구(World Customs Organzation, WCO)의 통일상품명 및 부호체계에 관한 국제 협약상 식용(HS 0303호, 0306호 또는 0307호)으로 분류되어 위생적으로 처리된 것이 관련기관에 의해 확인된 것으로, 원료의 분리 시 다른 내장은 제거된 것이어야 하며, 식품첨가물 등 다른 물질을 사용하지 않은 것이어야 한다.

(16) 생식용 굴은 「패류 생산해역 수질의 위생기준」(해양수산부 고시)에 따라 지정해역 수준의 수질 위생기준에 적합한 해역에서 생산된 것이거나 자연정화* 또는 인공정화** 작업을 통해 청정해역의 기준에 적합하도록 처리된 것이어야 한다.

  * 자연정화 : 굴 내에 존재하는 미생물 수치를 줄이기 위해 굴을 수질기준에 적합한 지역으로 옮겨서 자연 정화 능력을 이용하여 처리하는 과정

  ** 인공정화 : 굴 내부의 병원체를 줄이기 위하여 육상 시설 등의 제한된 수중 환경으로 처리하는 과정

(17) 수산물 등의 저장 및 보존을 위하여 사용되는 어업용 얼음은 위생적으로 취급되어야 한다.

(18) 프로폴리스추출물 함유식품에 사용되는 원료는 꿀벌이 채집한 오염되지 아니한 원료를 사용하여야 한다.

(19) 클로렐라 함유식품의 클로렐라와 스피루리나 함유식품의 스피루리나는 순수배양한 것이어야 한다.

(20) 키토산 함유식품에 사용되는 원료는 오염되지 않은 키토산 추출이 가능한 갑각류(게, 새우 등)껍질을 사용하여야 하며, 키토산 사용식품 제조에 사용된 제조용제는 식품에 잔류하지 않아야 한다.

(21) 식용곤충은 「곤충산업의 육성 및 지원에 관한 법률」의 식용곤충 사육기준에 적합한 것이어야 한다.

(22) 고추는 병든 것, 곰팡이가 핀 것, 썩은 것, 상한채로 건조되어 희끗희끗하게 얼룩진 것을 사용하여서는 아니 된다.

(23) 식품의 제조·가공 중에 발생하는 식용가능한 부산물을 다른 식품의 원료로 이용하고자 할 경우 식품의 취급기준에 맞게 위생적으로 채취, 취급, 관리된 것이어야 한다.

2) 식품원료 판단기준

(1) 다음의 어느 하나에 해당하는 것은 식품의 제조·가공 또는 조리 시 식품원료로 사용하여서는 아니 된다. 다만, 이미 식품의약품안전처장이 인정한 것과 「식품등의 한시적 기준 및 규격 인정기준」에 따라 인정된 것은 식품의 원료로 사용할 수 있다.

① 식용을 목적으로 채취, 취급, 가공, 제조 또는 관리되지 아니한 것

② 식품원료로서 안전성 및 건전성이 입증되지 아니한 것

③ 기타 식품의약품안전처장이 식용으로 부적절하다고 인정한 것

(2) 위의 (1)에 해당되지 않는 것은 식품원료로서 사용가능 여부를 식품의약품안전처장이 판단한다. 다만, 식품의약품안전처장은 식품원료의 안전성과 관련된 새로운 사실이 발견되거나 제시될 경우 식품의 원료로서 사용가능 여부를 재검토하여 판단할 수 있다.

(3) 원료에 독성이나 부작용이 없고 식욕억제, 약리효과 등을 목적으로 섭취한 것 이외에 국내에서 식용근거가 있는 경우 '식품에 사용할 수 있는 원료' 또는 '식품에 제한적으로 사용할 수 있는 원료'로 사용가능한 것으로 판단할 수 있다.

(4) 다음에 해당하는 것들은 '식품에 제한적으로 사용할 수 있는 원료'로 판단할 수 있으며, 사용용도를 특정식품에 제한할 수 있다.

① 향신료, 침출차, 주류 등 특정 식품에만 제한적 사용근거가 있는 것

② 독성이나 부작용 원인 물질을 완전 제거하고 사용해야 하는 것

③ 독성이나 부작용 원인 물질의 잔류기준이 필요한 것

(5) 식품원료 승인을 위한 제출자료

승인을 위해 자료를 제출하고자 할 경우에는 아래의 「식품원료 사용을 위한 의사결정도」를 참고할 수 있으며, 제출자료는 다음과 같다.

① 원료의 기본특성자료

㉮ 원료명 또는 이명

㉯ 원료의 학명, 사용부위

㉰ 성분 및 함량, 사진, 자생지 등 원료의 특성을 알 수 있는 자료

㉱ 식품에 사용하고자 하는 용도

② 식용근거자료

㉮ 국내에서 전래적으로 식품으로 섭취하였음을 입증할 수 있는 자료

③ 독성이나 부작용이 있는 경우 제출자료

㉮ 독성이나 부작용의 원인물질의 명칭, 분자구조, 특성 등에 관한 자료

㉯ 원인물질의 독성작용이나 부작용에 대한 자료

㉰ 독성물질의 분석방법 등에 관한 자료

㉱ 독성이나 부작용의 원인물질이 완전히 제거되는 경우 이를 입증할 수 있는 자료

㉠ 독성이나 부작용의 원인물질에 대한 잔류기준이 설정되어 있는 경우, 규정 및 설정 사유, 최종 제품에 대한 함유량 등에 관한 자료

<식품원료 사용을 위한 의사결정도>

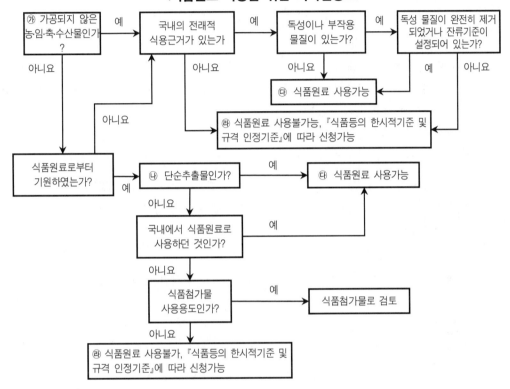

○ 식품원료 사용가능 : '식품에 사용할 수 있는 원료' 또는 '식품에 제한적으로 사용할 수 있는 원료'로 사용 가능함

○ 식품원료 사용불가 : 식품원료로 사용이 불가능하나,「식품등의 한시적 기준 및 규격 인정기준」(식품위생법시행규칙 제5조 관련)에 따라 식품원료의 한시적 기준 및 규격으로 신청 가능함

(6) 식품에 사용할 수 있는 원료

① '식품에 사용할 수 있는 원료'의 목록은 [별표 1]과 같다

② '제1. 총칙 4. 식품원료 분류'에 등재되어 있는 원료

(7) 식품에 제한적으로 사용할 수 있는 원료

① '식품에 제한적으로 사용할 수 있는 원료'의 목록은 [별표 2]와 같다.

② '식품에 제한적으로 사용할 수 있는 원료'로 분류된 원료는 명시된 사용 조건을 준수하여야 하며, 별도의 사용 조건이 정하여지지 않은 원료는 다음의 사용기준에 따른다.

㉮ 식품 제조 시 사용되는 '식품에 제한적으로 사용할 수 있는 원료'는 가공전 원료의

중량을 기준으로 50% 미만(배합수 제외)을 사용하여야 한다.

㉯ 식품 제조 시 '식품에 제한적으로 사용할 수 있는 원료'를 2가지 이상 혼합할 경우 혼합되는 총량은 가공전 원료의 중량을 기준으로 50% 미만(배합수 제외) 사용하여 야 한다.

㉰ 다만, 최종 소비자에게 판매되지 아니하고 제조업소에 공급되는 원료용 제품을 제 조하고자 하는 경우에는 위의 ㉮, ㉯ 항을 적용받지 아니할 수 있다.

㉱ 다류, 음료수, 주류 및 향신료 제조 시 '식품에 제한적으로 사용할 수 있는 원료'에 속하는 식물성원료가 1가지인 경우에는 원료의 중량을 기준으로 100%까지 (배합 수 제외) 사용할 수 있다.

(8) 한시적 기준·규격에서 전환된 원료

① 「식품등의 한시적 기준 및 규격 인정 기준」에 따라 식품원료로 인정된 후 식품공전에 등재되는 '한시적 기준·규격에서 전환된 원료'의 목록은 [별표 3]과 같다.

② '한시적 기준·규격에서 전환된 원료'로 분류된 원료는 명시된 제조(또는 사용) 조건을 준수하여야 한다.

(9) 한시적 인정 식품원료의 식품공전 등재 요건

① 「식품등의 한시적 기준 및 규격 인정 기준」에 따라 인정된 식품원료는 다음의 어느 하나 를 충족하면 「식품의 기준 및 규격」[별표 3] '한시적 기준·규격에서 전환된 원료'의 목록에 추가로 등재 할 수 있다.

㉮ 한시적 기준 및 규격을 인정받은 날로부터 3년이 경과한 경우

㉯ 한시적 기준 및 규격을 인정받은 자가 3인 이상인 경우

㉰ 한시적 기준 및 규격을 인정받은 자가 등재를 요청하는 경우(다만, 인정받은 자가 2명인 경우 모두 등재를 요청하는 경우)

2. 제조 · 가공기준

1) 식품 제조·가공에 사용되는 원료, 기계·기구류와 부대시설물은 항상 위생적으로 유지· 관리하여야 한다.

2) 식품용수는 「먹는물관리법」의 먹는물 수질기준에 적합한 것이거나, 「해양심층수의 개발 및 관리에 관한 법률」의 기준·규격에 적합한 원수, 농축수, 미네랄탈염수, 미네랄농축수이어 야 한다.

3) 식품용수는 먹는물관리법에서 규정하고 있는 수처리제를 사용하거나, 각 제품의 용도에 맞 게 물을 응집침전, 여과[활성탄, 모래, 세라믹, 맥반석, 규조토, 마이크로필터, 한외여과(Ultra Filter), 역삼투막, 이온교환수지], 오존살균, 자외선살균, 전기분해, 염소소독 등의 방법으로 수처리하여 사용할 수 있다.

4) '제5. 식품별 기준 및 규격'에서 원료배합시의 기준이 정하여진 식품은 그 기준에 의하며, 물

을 첨가하여 복원되는 건조 또는 농축된 식품의 경우는 복원상태의 성분 및 함량비(%)로 환산 적용한다. 다만, 식육가공품 및 알가공품의 경우 원료배합시 제품의 특성에 따라 첨가되는 배합수는 제외할 수 있다.

5) 어떤 원료의 배합기준이 100%인 경우에는 식품첨가물의 함량을 제외하되, 첨가물을 함유한 당해제품은 '제5. 식품별 기준 및 규격'의 당해제품 규격에 적합하여야 한다.

6) 식품 제조·가공 및 조리 중에는 이물의 혼입이나 병원성 미생물 등이 오염되지 않도록 하여야 하며, 제조 과정 중 다른 제조 공정에 들어가기 위해 일시적으로 보관되는 경우 위생적으로 취급 및 보관되어야 한다.

7) 식품은 물, 주정 또는 물과 주정의 혼합액, 이산화탄소만을 사용하여 추출할 수 있다. 다만, 식품첨가물의 기준 및 규격에서 개별기준이 정해진 경우는 그 사용기준을 따른다.

8) 냉동된 원료의 해동은 별도의 청결한 해동공간에서 위생적으로 실시하여야 한다.

9) 식품의 제조, 가공, 조리, 보존 및 유통 중에는 동물용의약품을 사용할 수 없다.

10) 가공식품은 미생물 등에 오염되지 않도록 위생적으로 포장하여야 한다.

11) 식품은 캡슐 또는 정제 형태로 제조할 수 없다. 다만, 과자, 캔디류, 추잉껌, 초콜릿류, 식염, 장류, 복합조미식품, 당류가공품은 정제형태로, 식용유지류는 캡슐형태로 제조할 수 있으나 이 경우 의약품으로 오인·혼동할 우려가 없도록 제조 하여야 한다.

12) 식품의 처리·가공 중 건조, 농축, 열처리, 냉각 또는 냉동 등의 공정은 제품의 영양성, 안전성을 고려하여 적절한 방법으로 실시하여야 한다.

13) 원유는 이물을 제거하기 위한 청정공정과 필요한 경우 유지방구의 입자를 미세화 하기 위한 균질공정을 거쳐야 한다.

14) 유가공품의 살균 또는 멸균 공정은 따로 정하여진 경우를 제외하고 저온 장시간 살균법(63~65℃에서 30분간), 고온단시간 살균법(72~75℃에서 15초 내지 20초간), 초고온순간처리법(130~150℃에서 0.5초 내지 5초간) 또는 이와 동등 이상의 효력을 가지는 방법으로 실시하여야 한다. 그리고 살균제품에 있어서는 살균 후 즉시 10℃ 이하로 냉각하여야 하고, 멸균제품은 멸균한 용기 또는 포장에 무균공정으로 충전·포장하여야 한다.

15) 식품 중 살균제품은 그 중심부 온도를 63℃ 이상에서 30분간 가열살균 하거나 또는 이와 동등이상의 효력이 있는 방법으로 가열 살균하여야 하며, 오염되지 않도록 위생적으로 포장 또는 취급하여야 한다. 또한, 식품 중 멸균제품은 기밀성이 있는 용기·포장에 넣은 후 밀봉한 제품의 중심부 온도를 120℃ 이상에서 4분 이상 멸균처리하거나 또는 이와 동등이상의 멸균 처리를 하여야 한다. 다만, 식품별 기준 및 규격에서 정하여진 것은 그 기준에 따른다.

16) 멸균하여야 하는 제품 중 pH 4.6 이하인 산성식품은 살균하여 제조할 수 있다. 이 경우 해당 제품은 멸균제품에 규정된 규격에 적합하여야 한다

17) 식품 중 비살균제품은 다음의 기준에 적합한 방법이나 이와 동등이상의 효력이 있는 방법으로 관리하여야 한다.

  (1) 원료육으로 사용하는 돼지고기는 도살 후 24시간 이내에 5℃ 이하로 냉각·유지하여야 한다.

  (2) 원료육의 정형이나 냉동 원료육의 해동은 고기의 중심부 온도가 10℃를 넘지 않도록 하여야 한다.

18) 식육가공품 및 포장육의 작업장의 실내온도는 15℃ 이하로 유지 관리하여야 한다(다만, 가열처리작업장은 제외).

19) 식육가공품 및 포장육의 공정상 특별한 경우를 제외하고는 가능한 한 신속히 가공하여야 한다.

20) 어류의 육질이외의 부분은 비가식부분을 충분히 제거한 후 중심부온도를 −18℃ 이하에서 보관하여야 한다.

21) 생식용 굴은 채취 후 신속하게 위생적인 물로써 충분히 세척하여야 하며, 식품첨가물(차아염소산나트륨 제외)을 사용하여서는 안 된다.

22) 기구 및 용기·포장류는 「식품위생법」 제9조의 규정에 의한 기구 및 용기·포장의 기준 및 규격에 적합한 것이어야 한다.

23) 식품포장 내부의 습기, 냄새, 산소 등을 제거하여 제품의 신선도를 유지시킬 목적으로 사용되는 물질은 기구 및 용기·포장의 기준·규격에 적합한 재질로 포장하여야 하고 식품에 이행되지 않도록 포장하여야 한다.

24) 식품의 용기·포장은 용기·포장류 제조업 신고를 필한 업소에서 제조한 것이어야 한다. 다만, 그 자신의 제품을 포장하기 위하여 용기·포장류를 직접 제조하는 경우는 제외한다.

25) 식품 제조·가공에 원료로 사용하는 톳과 모자반의 경우, 생물은 끓는 물에 충분히 삶고, 건조된 것은 물에 불린 후 충분히 삶는 등 무기비소 저감 공정을 거친 후 사용하여야 한다.

26) 도시락 제조에 사용되는 과일류 및 채소류는 충분히 세척한 후 식품첨가물로 허용된 살균제로 살균 후 깨끗한 물로 충분히 세척하여야 한다. 다만, 껍질을 제거하여 섭취하는 과일류, 과채류와 세척 후 가열과정이 있는 과일류 또는 채소류는 제외한다.

27) 냉장상태에서 유통되는 도시락의 경우, 도시락 용기에 담는 식품은 조리가 완료된 후 냉장온도 이하로 신속히 냉각하여 용기에 담아야 한다. 다만 반찬의 온도에 영향을 미치지 않도록 별도 포장되는 밥은 그러하지 않을 수 있다.

28) 냉동수산물을 물에 담가 해동하는 경우 21℃이하에서 위생적으로 해동하여야 한다.

29) 고령친화식품은 다음에 적합하게 제조·가공하여야 한다.

  (1) 미생물로 인한 위해가 발생하지 아니하도록 과일류 및 채소류는 충분히 세척한 후 식품첨가물로 허용된 살균제로 살균 후 깨끗한 물로 충분히 세척하여야 하고(다만, 껍질을 제거하여 섭취하는 과일류, 과채류와 세척 후 가열과정이 있는 과일류 또는 채소류는 제외한다.) 육류, 식용란 또는 동물성수산물을 원료로 사용하는 경우 충분히 익도록 가열하여야 한다.

  (2) 고령자의 섭취, 소화, 흡수, 대사, 배설 등의 능력을 고려하여 제조·가공하여야 하며, 다음 중

어느 하나에 적합하여야 한다.

① 제품 100 g 당 단백질, 비타민 A, C, D, 리보플라빈, 나이아신, 칼슘, 칼륨, 식이섬유 중 3개 이상의 영양성분을 제8. 일반시험법 12. 부표 12.10 한국인 영양섭취기준(권장섭취량 또는 충분섭취량)의 10% 이상이 되도록 원료식품을 조합하거나 영양성분을 첨가하여야 한다.

② 고령자가 섭취하기 용이하도록 경도 500,000 N/m² 이하로 제조하여야 한다.

30) 분말, 가루, 환제품을 제조하기 위하여 원료를 금속재질의 분쇄기로 분쇄하는 경우에는 분쇄 이후(여러 번의 분쇄를 거치는 경우 최종 분쇄 이후) 충분한 자력을 가진 자석을 이용하여 금속성이물(쇳가루)을 제거하는 공정을 거쳐야 한다. 이 때 제거공정 중 자석에 부착된 분말 등을 주기적으로 제거하여 충분한 자력이 상시 유지될 수 있도록 관리하여야 한다.

3. 식품일반의 기준 및 규격

1) 성상

제품은 고유의 형태, 색택을 가지고 이미·이취가 없어야 한다.

2) 이물

(1) 식품은 다음의 이물을 함유하여서는 아니된다.

① 원료의 처리과정에서 그 이상 제거되지 아니하는 정도 이상의 이물

② 오염된 비위생적인 이물

③ 인체에 위해를 끼치는 단단하거나 날카로운 이물

다만, 다른 식물이나 원료식물의 표피 또는 토사, 원료육의 털, 뼈 등과 같이 실제에 있어 정상적인 제조·가공상 완전히 제거되지 아니하고 잔존하는 경우의 이물로서 그 양이 적고 위해 가능성이 낮은 경우는 제외한다.

(2) 금속성 이물로서 쇳가루는 제8. 1.2.1 마. 금속성이물(쇳가루)에 따라 시험하였을 때 식품 중 10.0 mg/kg 이상 검출되어서는 아니 되며, 또한 금속이물은 2 mm 이상인 금속성 이물이 검출되어서는 아니 된다.

3) 식품첨가물

(1) 어떤 식품에 사용할 수 없는 식품첨가물이 그 식품첨가물을 사용할 수 있는 원료로부터 유래된 것이라면 원료로부터 이행된 범위 안에서 식품첨가물 사용기준의 제한을 받지 아니할 수 있다.

4) 위생지표균 및 식중독균

(1) 위생지표균

가. 식품일반

규격 항목	제품 특성		n	c	m	M
세균수	멸균제품		5	0	0	-
대장균군	살균제품	분말제품 제외	5	1	0	10
		분말제품	5	2	0	10

나. 식품자동판매기 음료류에 대한 미생물 기준(밀봉제품 제외)

　　가) 세균수 : n=5, c=2, m=1,000, M=10,000(다만, 유가공품, 유산균, 발효제품 및 가열하지 아니한 과일·채소류음료가 함유된 경우는 제외한다.)

　　나) 대장균 : n=5, c=2, m=0, M=10

다. 수산물

　　가) 세균수 : 최종소비자가 그대로 섭취할 수 있도록 유통판매를 목적으로 위생처리하여 용기·포장에 넣은 동물성 냉동수산물 : n=5, c=2, m=100,000, M=500,000

　　나) 대장균

　　　　① 최종소비자가 그대로 섭취할 수 있도록 유통판매를 목적으로 위생처리하여 용기·포장에 넣은 동물성 냉동수산물 : n=5, c=2, m=0, M=10

　　　　② 냉동식용어류머리 또는 냉동식용어류내장 : n=5, c=2, m=0, M=10

　　　　③ 생식용 굴 : n=5, c=1, m=230, M=700 MPN/100g

라. 고령친화식품

　　　　① 대장균군 : n=5, c=0, m=0(살균제품에 한함)

　　　　② 대장균 : n=5, c=0, m=0(비살균제품에 한함)

(2) 식중독균

가. 식중독균은 식품의 특성에 따라 다음과 같이 적용한다.

　　가) 살모넬라(*Salmonella* spp.), 장염비브리오(*Vibrio parahaemolyticus*), 리스테리아 모노사이토제네스(*Listeria monocytogenes*), 장출혈성 대장균(*Enterohemorrhagic Escherichia coli*), 캠필로박터 제주니/콜리(*Campylobacter jejuni/coli*), 여시니아 엔테로콜리티카(*Yersinia enterocolitica*)

대상 식품	규 격
식육(제조, 가공용원료는 제외한다), 살균 또는 멸균처리하였거나 더 이상의 가공, 가열조리를 하지 않고 그대로 섭취하는 가공식품	n=5, c=0, m=0/25g

나) 바실러스 세레우스(*Bacillus cereus*)

대상 식품	규 격
① 가)의 대상식품 중 장류(메주 제외) 및 소스, 복합조미식품, 김치류, 젓갈류, 절임류, 조림류	g 당 10,000 이하 (멸균제품은 음성이어야 한다)
② 위 ①을 제외한 가)의 대상식품	g 당 1,000 이하 (멸균제품은 음성이어야 한다)

다) 클로스트리디움 퍼프린젠스(*Clostridium perfringens*)

대상 식품	규 격
① 가)의 대상식품 중 김치류, 절임류, 조림류, 복합조미식품, 식초, 카레분 및 카레(액상제품 제외)	g 당 100 이하 (멸균제품은 음성이어야 한다)
② 가)의 대상식품 중 햄류, 소시지류, 식육추출가공품, 알가공품	n=5, c=1, m=10, M=100 (멸균제품은 n=5, c=0, m=0/25g)
③ 가)의 대상식품 중 생햄, 발효소시지, 자연치즈, 가공치즈	n=5, c=2, m=10, M=100 (멸균제품은 n=5, c=0, m=0/25g)
④ 가)의 대상식품 중 장류(메주 제외), 젓갈류, 고춧가루 또는 실고추, 향신료가공품	n=5, c=2, m=100, M=1,000 (멸균제품은 n=5, c=0, m=0/25g)
⑤ 위 ①, ②, ③, ④를 제외한 가)의 대상식품	n=5, c=0, m=0/25g

라) 황색포도상구균(*Staphylococcus aureus*)

대상 식품	규 격
① 가)의 대상식품 중 햄류, 소시지류, 식육추출가공품, 건포류	n=5, c=1, m=10, M=100 (멸균제품은 n=5, c=0, m=0/25g)
② 가)의 대상식품 중 생햄, 발효소시지, 자연치즈, 가공치즈	n=5, c=2, m=10, M=100 (멸균제품은 n=5, c=0, m=0/25g)
③ 위 ①, ②를 제외한 가)의 대상식품	n=5, c=0, m=0/25g

나. 기타식육 및 기타 동물성가공식품은 결핵균, 탄저균, 브루셀라균이 음성이어야 한다.
다. 더 이상의 가열조리를 하지 않고 섭취할 수 있도록 비가식부위(비늘, 아가미, 내장 등) 제거, 세척 등 위생처리한 수산물은 살모넬라(*Salmonella* spp.) 및 리스테리아 모노사이토제네스(*Listeria monocytogenes*)가 n=5, c=0, m=0/25g, 장염비브리오(*Vibrio parahaemolyticus*) 및 황색포도상구균(*Staphylococcus aureus*)은 g당 100 이하이어야 한다.

라. 가공·가열처리하지 아니하고 그대로 사람이 섭취하는 용도의 식용란에서는 살
모넬라균(*Salmonella* Enteritidis)이 검출되어서는 아니 된다.

마. 식육(분쇄육에 한함) 및 판매를 목적으로 식육을 절단(세절 또는 분쇄를 포함)하여
포장한 상태로 냉장 또는 냉동한 것으로서 화학적 합성품 등 첨가물 또는 다른 식품
을 첨가하지 아니한 포장육(육함량 100%, 다만, 분쇄에 한함)에서는 장출혈성 대장
균이 n=5, c=0, m=0/25g 이어야 한다.

바. 식품접객업소 등의 노로바이러스 기준

식품접객업소, 집단급식소, 식품제조·가공업소 등에서 식재료 및 식기 등의 세척,
식품의 조리 및 제조·가공, 먹는 물 등으로 사용하는 물 : 불검출(다만, 식품접객업
소, 집단급식소 등에서 먹는 물로 제공되는 수돗물은 먹는물관리법에서 규정하고 있
는 먹는물 수질기준에 의한다)

5) 오염물질

(1) 오염물질 기준 적용

① 건조 과정으로 인하여 수분함량이 변화된 건조 농·임·축·수산물의 중금속, 패
독소, 폴리염화비페닐(PCBs) 기준은 수분함량의 변화를 고려하여 생물 기준으로
환산·적용한다.

② 그대로 섭취하지 않는 건조 농·임·축·수산물의 방사능 기준은 수분함량의 변
화를 고려하여 생물 기준으로 환산·적용한다.

③ 기준이 별도로 설정되어 있지 않은 가공식품의 중금속, 곰팡이독소, 패독소 등 오염
물질 기준은 원료의 함량에 따라 해당 농·임·축·수산물의 기준을 적용하고, 건조
등의 과정으로 인하여 수분 함량이 변화된 경우는 수분 함량을 고려하여 적용한다.

④ 기준이 설정되어 있는 가공식품 중 희석하여 섭취하는 식품의 중금속, 방사능, 다
이옥신, 폴리염화비페닐(PCBs) 기준은 섭취시의 상태(제조사가 제시한 섭취방
법)를 반영하여 적용한다.

(2) 중금속 기준

① 농산물

대상식품		납(mg/kg)	카드뮴(mg/kg)	무기비소(mg/kg)
곡류(현미 제외)		0.2 이하	0.1 이하 (밀, 쌀은 0.2 이하)	0.2 이하 (쌀에 한한다)*
서류		0.1 이하	0.1 이하	
콩류		0.2 이하	0.1 이하 (대두는 0.2 이하)	
견과 종실류	땅콩 또는 견과류	0.1 이하	0.3 이하	
	유지 종실류	0.3 이하 (참깨, 들깨에 한한다)	0.2 이하 (참깨에 한한다)	

과일류	0.1 이하	0.05 이하	
엽채류(결구 엽채류 포함)	0.3 이하	0.2 이하	
엽경채류	0.1 이하	0.05 이하	
근채류	0.1 이하 (인삼, 산양삼은 2.0 이하, 도라지, 더덕은 0.2 이하)	0.1 이하 (양파는 0.05 이하, 인삼, 산양삼은 0.2 이하)	
과채류	0.1 이하 (고추, 호박은 0.2 이하)	0.05 이하 (고추, 호박은 0.1 이하)	
버섯류	0.3 이하 (양송이버섯, 느타리버섯, 새송이버섯, 표고버섯, 송이버섯, 팽이버섯, 목이버섯에 한한다)	0.3 이하 (양송이버섯, 느타리버섯, 새송이버섯, 표고버섯, 송이버섯, 팽이버섯, 목이버섯에 한한다)	

*총비소 0.2 mg/kg 초과 검출 시에만, 무기비소로 시험하여 기준 적용

② 축산물

대상식품	납(mg/kg)	카드뮴(mg/kg)
가금류고기*	0.1 이하	-
돼지간	0.5 이하	0.5 이하
돼지고기**	0.1 이하	0.05 이하
돼지신장	0.5 이하	1.0 이하
소간	0.5 이하	0.5 이하
소고기**	0.1 이하	0.05 이하
소신장	0.5 이하	1.0 이하
원유 및 우유류	0.02 이하	-

*가금류고기 : 부착된 지방 및 표피를 포함하는 가금류 도체의 근육조직으로 닭, 오리, 꿩, 거위, 칠면조, 메추리 등의
　　　　　　 고기를 말한다.
**소고기, 돼지고기 : 근육 내 지방 및 피하지방과 같이 부착된 지방조직을 포함하는 도체(혹은 이를 자른 덩어리)의
　　　　　　 근육조직을 말한다.

③ 수산물

대상식품	납(mg/kg)	카드뮴(mg/kg)	수은(mg/kg)	메틸수은(mg/kg)
어류	0.5 이하	0.1 이하 (민물 및 회유 어류에 해당된다) 0.2 이하 (해양어류에 해당된다)	0.5 이하 (아래 ㉮의 어류는 제외한다)	1.0 이하 (아래 ㉮의 어류에 한한다)
연체류	2.0 이하 (다만, 오징어는 1.0 이하, 내장을 포함한 낙지는 2.0 이하)	2.0 이하 (다만, 오징어는 1.5 이 하, 내장을 포함한 낙 지는 3.0 이하)	0.5 이하	-

대상식품				
갑각류	0.5 이하 (다만, 내장을 포함한 꽃게류는 2.0 이하)	1.0 이하 (다만, 내장을 포함한 꽃게류는 5.0 이하)	-	-
해조류	0.5 이하 [미역(미역귀 포함)에 한한다]	0.3 이하 [김(조미김 포함) 또는 미역(미역귀 포함)에 한한다]	-	-
냉동식용 어류머리	0.5 이하	-	0.5 이하 (아래 ㉮의 어류는 제외한다)	1.0 이하 (아래 ㉮의 어류에 한한다)
냉동식용 어류내장	0.5 이하 (다만, 두족류는 2.0 이하)	3.0 이하 (다만, 어류의 알은 1.0 이하, 두족류는 2.0 이하)	0.5 이하 (아래 ㉮의 어류는 제외한다)	1.0 이하 (아래 ㉮의 어류에 한한다)

㉮ 메틸수은 규격 적용 대상 해양어류 : 쏨뱅이류(적어포함, 연안성 제외), 금눈돔, 칠성상어, 얼룩상어, 악상어, 청상아리, 곱상어, 귀상어, 은상어, 청새리상어, 흑기흉상어, 다금바리, 체장메기(홍메기), 블랙오레오도리(*Allocyttus niger*), 남방달고기(*Pseudocyttus maculatus*), 오렌지라피(*Hoplostethus atlanticus*), 붉평치, 먹장어(연안성 제외), 흑점샛돔(은샛돔), 이빨고기, 은민대구(뉴질랜드계군에 한함), 은대구, 다랑어류, 돛새치, 청새치, 녹새치, 백새치, 황새치, 몽치다래, 물치다래

④ 가공식품

대상식품	납 (mg/kg)	비소 (mg/kg)	무기비소 (mg/kg)
○ 식물성유지류, 어유, 기타동물성유지, 혼합식용유, 향미유, 가공유지, 쇼트닝, 마가린	0.1 이하	0.1 이하 (크릴유는 제외한다)	0.1 이하 (크릴유에 한한다)
○ 영아용 조제유, 성장기용 조제유, 영아용 조제식, 성장기용 조제식, 영·유아용 이유식, 영·유아용 특수조제식품	0.01 이하 [분말제품의 경우 희석하여 섭취하는 형태(제조사가 제시한 섭취방법)를 반영하여 기준적용]	-	0.1 이하[*] (현미, 미강, 쌀눈, 톳 또는 모자반을 사용한 식품에 한함)
○ 특수의료용도등식품 (영·유아용 특수조제식품 제외), 과자, 시리얼류, 면류	-	-	0.1 이하[*] (현미, 미강, 쌀눈, 톳 또는 모자반을 사용한 식품에 한함)
○ 기타식품[**]	-	-	1 이하[*] (현미, 미강, 쌀눈, 톳 또는 모자반을 사용한 식품에 한함)

[*] 총비소 시험결과 무기비소 기준 초과 검출 시 무기비소로 시험하여 기준 적용

** 기타식품은 영아용 조제유, 성장기용 조제유, 영아용 조제식, 성장기용 조제식, 영·유아용 이유식, 특수의료용도등식품, 과자, 시리얼류, 면류를 제외한 모든 식품을 말한다.

⑤ 식용곤충(건조물로서)

㉮ 갈색거저리유충 : 납 0.1 mg/kg 이하, 카드뮴 0.05 mg/kg 이하, 비소 0.1 mg/kg 이하

㉯ 쌍별귀뚜라미 : 납 0.3 mg/kg 이하, 카드뮴 0.3 mg/kg 이하

㉰ 장수풍뎅이유충 : 납 0.3 mg/kg 이하, 카드뮴 0.3 mg/kg 이하

㉱ 흰점박이꽃무지유충 : 납 0.3 mg/kg 이하, 카드뮴 0.05 mg/kg 이하, 비소 0.1 mg/kg 이하

(3) 곰팡이독소 기준

① 총 아플라톡신(B_1, B_2, G_1 및 G_2의 합)

대 상 식 품		기 준(μg/kg)
식물성 원료*		15.0 이하 (단, B_1은 10.0 이하이어야 한다)
가공식품	영아용 조제식, 성장기용 조제식, 영·유아용 이유식	0.10 이하 (B_1에 한함)
	기타식품**	15.0 이하 (단, B_1은 10.0 이하이어야 한다)

* 제1. 총칙 4. 식품원료 분류 1) 식물성 원료의 조류를 제외한 식물성 원료를 말한다.
** 영아용 조제식, 성장기용 조제식, 영·유아용 이유식을 제외한 모든 가공식품을 말한다.

② 아플라톡신 M_1

대 상 식 품	기 준(μg/kg)
제조·가공직전의 원유 및 우유류	0.50 이하
조제유류(영아용 조제유, 성장기용 조제유), 특수용도식품(영아용 조제식, 성장기용 조제식, 영·유아용 이유식, 영·아용 특수조제식품) 중 유성분 함유제품	0.025 이하 [분말제품의 경우 희석하여 섭취하는 형태(제조사가 제시한 섭취방법)를 반영하여 기준 적용]

③ 파튤린(Patulin)

대 상 식 품	기 준(μg/kg)
사과주스 사과주스농축액(원료용 포함, 농축배수로 환산하여)	50 이하
영아용 조제식, 성장기용 조제식, 영·유아용 이유식	10.0 이하

④ 푸모니신(Fumonisin)

대 상 식 품	기 준 (mg/kg, B¹ 및 B²의 합으로서)
옥수수 및 수수	4 이하
수수를 단순 처리한 것(분쇄, 절단 등)	
옥수수를 단순 처리한 것(분쇄, 절단 등)	2 이하
옥수수 또는 수수를 단순 처리한 것이 50% 이상 함유된 곡류가공품	1 이하
시리얼류	
팝콘용옥수수가공품	

⑤ 오크라톡신 A(Ochratoxin A)

대 상 식 품	기 준(μg/kg)
곡류	5.0 이하
곡류를 단순 처리한 것(분쇄, 절단 등)	
커피콩, 볶은커피	
인스턴트커피	10.0 이하
메주	20 이하
고춧가루	7.0 이하
포도주스, 포도주스농축액(원료용 포함, 농축배수로 환산하여), 포도주	2.0 이하
건조과일류	10.0 이하
육두구, 심황(강황), 후추	15.0 이하
육두구, 심황(강황) 또는 후추를 함유한 조미식품	
영아용 조제식, 성장기용 조제식, 영·유아용 이유식	0.50 이하

⑥ 데옥시니발레놀(Deoxynivalenol)

대 상 식 품	기 준(mg/kg)
곡류(옥수수 제외)	1 이하
곡류를 단순 처리한 것(분쇄, 절단 등, 다만 옥수수를 단순처리한 것은 제외)	
옥수수	2 이하
옥수수를 단순 처리한 것(분쇄, 절단 등)	

시리얼류	0.5 이하
영아용 조제식, 성장기용 조제식, 영·유아용 이유식	0.2 이하
면류	0.75 이하

⑦ 제랄레논(Zearalenone)

대 상 식 품	기 준(㎍/kg)
곡류	100 이하 (전분 또는 전분당 제조용 옥수수는 200 이하)
곡류를 단순 처리한 것(분쇄, 절단 등)	
과자	50 이하
영아용 조제식, 성장기용 조제식, 영·유아용 이유식	20 이하
시리얼류	50 이하

(4) 다이옥신

① 소고기 : 4.0 pg TEQ/g fat 이하

② 돼지고기 : 2.0 pg TEQ/g fat 이하

③ 닭고기 : 3.0 pg TEQ/g fat 이하

(5) 폴리염화비페닐(PCBs) : 0.3 mg/kg 이하(어류에 한한다.)

(6) 벤조피렌[Benzo(a)pyrene]

① 식용유지(식물성유지류, 어유, 기타동물성유지, 혼합식용유, 향미유, 가공유지, 쇼트닝, 마가린) : 2.0 ㎍/kg 이하

② 숙지황 및 건지황 : 5.0 ㎍/kg 이하

③ 훈제어육 : 5.0 ㎍/kg 이하(다만, 건조제품은 제외)

④ 훈제건조어육 : 10.0 ㎍/kg 이하[생물로 기준 적용(건조로 인하여 수분함량이 변화된 경우 수분함량을 고려하여 적용)하며, 물로 추출하여 제조하는 제품의 원료로 사용하는 경우에 한하여 이 기준을 적용하지 아니할 수 있다. 다만, 이 경우 물로 추출한 추출물에서는 벤조피렌이 검출되어서는 아니 된다.]

⑤ 어류 : 2.0 ㎍/kg 이하

⑥ 패류 : 10.0 ㎍/kg 이하

⑦ 연체류(패류는 제외) 및 갑각류 : 5.0 ㎍/kg 이하

⑧ 특수용도식품(영아용 조제유, 성장기용 조제유, 영아용 조제식, 성장기용 조제식, 영·유아용 이유식, 영·유아용 특수조제식품) : 1.0 ㎍/kg 이하

⑨ 훈제식육제품 및 그 가공품 : 5.0 ㎍/kg 이하

⑩ 흑삼(분말 포함) : 2.0 μg/kg 이하

⑪ 흑삼농축액 : 4.0 μg/kg 이하

(7) 3-MCPD(3-Monochloropropane-1,2-diol) 기준

대 상 식 품	기 준
산분해간장, 혼합간장(산분해간장 또는 산분해간장 원액을 혼합하여 가공한 것에 한한다)	0.3 mg/kg 이하
식물성 단백가수분해물 (HVP: Hydrolyzed vegetable protein)	1.0 mg/kg 이하 (건조물 기준으로서)

* 식물성 단백가수분해물(Hydrolyzed vegetable protein, HVP) : 콩, 옥수수 또는 밀 등으로부터 얻은 식물성 단백질원을 산가수분해와 같은 화학적공정(효소분해 제외)을 통해 아미노산등으로 분해하여 얻어진 것을 말한다.

〈고시 제2020-3호, 2020.1.14.〉
(7) 3-MCPD(3-Monochloropropane-1,2-diol) 기준

대 상 식 품	기 준(mg/kg)
산분해간장, 혼합간장(산분해간장 또는 산분해간장 원액을 혼합하여 가공한 것에 한한다)	0.1 이하 〈고시 제2020-3호, 2020.1.14〉 [시행일 2022.1.1] 0.02 이하
식물성 단백가수분해물 (HVP : Hydrolyzed vegetable protein)	1.0 이하 (건조물 기준으로서)

---

(8) 멜라민(Melamine) 기준

대 상 식 품	기 준
○ 특수용도식품 중 영아용 조제유, 성장기용 조제유, 영아용 조제식, 성장기용 조제식, 영·유아용 이유식, 특수의료용도 등식품	불검출
○ 상기 이외의 모든 식품 및 식품첨가물	2.5 mg/kg 이하

(9) 패독소 기준

① 마비성 패독

대 상 식 품	기 준(mg/kg)
패류	0.8 이하
피낭류(멍게, 미더덕, 오만둥이 등)	

② 설사성 패독 (Okadaic acid 및 Dinophysistoxin-1의 합계)

대 상 식 품	기 준(mg/kg)
이매패류	0.16 이하

③ 기억상실성 패독 (도모익산) <고시 제2020-3호, 2020.1.14.> [시행일 2020.7.15.]	
대 상 식 품	기 준(mg/kg)
패류	20 이하
갑각류	

(10) 방사능 기준

핵 종	대 상 식 품	기준(Bq/kg, L)
^{131}I	모든식품	100 이하
$^{134}Cs + ^{137}Cs$	영아용 조제식, 성장기용 조제식, 영·유아용 이유식, 영·유아용특수조제식품, 영아용 조제유, 성장기용 조제유, 유 및 유가공품, 아이스크림류	50 이하
	기타 식품★	100 이하

★ 기타식품은 영아용 조제식, 성장기용 조제식, 영·유아용 이유식, 영·유아용특수조제식품, 유 및 유가공품을 제외한 모든 식품을 말한다.

6) 식품조사처리 기준

(1) 식품조사처리에 이용할 수 있는 선종은 감마선, 전자선 또는 엑스선으로 한다.

(2) 감마선을 방출하는 선원으로는 ^{60}Co을 사용할 수 있고, 전자선과 엑스선을 방출하는 선원으로는 전자선 가속기를 이용할 수 있다.

(3) ^{60}Co에서 방출되는 감마선 에너지를 사용할 경우 식품조사처리가 허용된 품목별 흡수선량을 초과하지 않도록 하여야 한다.

(4) 전자선가속기를 이용하여 식품조사처리를 할 경우 전자선은 10 MeV이하에서, 엑스선은 5 MeV(엑스선 전환 금속이 탄탈륨(Tantalum) 또는 금(Gold)일 경우 7.5 MeV)이하에서 조사처리 하여야 하며, 식품조사처리가 허용된 품목별 흡수선량을 초과하지 않도록 하여야 한다.

(5) 식품조사처리는 승인된 원료나 품목 등에 한하여 위생적으로 취급·보관된 경우에만 실시할 수 있으며, 발아억제, 살균, 살충 또는 숙도조절이외의 목적으로는 식품조리기사처리 기술을 사용하여서는 아니 된다.

(6) 식품별 조사처준은 다음과 같다.

① 허용대상 식품별 흡수선량

품 목	조사목적	선량(kGy)
감자 양파 마늘	발아억제	0.15 이하
밤	살충·발아억제	0.25 이하
버섯(건조 포함)	살충·숙도조절	1 이하
난분	살균	5 이하
곡류(분말 포함), 두류(분말 포함)	살균·살충	5 이하
전분	살균	5 이하
건조식육	살균	7 이하
어류분말, 패류분말, 갑각류분말	살균	7 이하
된장분말, 고추장분말, 간장분말	살균	7 이하
건조채소류(분말 포함)	살균	7 이하
효모식품, 효소식품	살균	7 이하
조류식품	살균	7 이하
알로에분말	살균	7 이하
인삼(홍삼 포함) 제품류	살균	7 이하
조미건어포류	살균	7 이하
건조향신료 및 이들 조제품	살균	10 이하
복합조미식품	살균	10 이하
소스	살균	10 이하
침출차	살균	10 이하
분말차	살균	10 이하
특수의료용도등식품	살균	10 이하

(7) 한번 조사처리한 식품은 다시 조사하여서는 아니 되며 조사식품(Irradiated food)을 원료로 사용하여 제조·가공한 식품도 다시 조사하여서는 아니 된다.

7) 농약의 잔류허용기준

(1) 농산물의 농약 잔류허용기준

① 농산물의 농약 잔류허용기준은 [별표 4]와 같다. 단, 개별 기준과 그룹 기준이 있을 경우에는 개별 기준을 우선 적용한다.

② 농산물에 잔류한 농약에 대하여 [별표 4]에 별도로 잔류허용기준을 정하지 않는 경우 0.01 mg/kg이하를 적용한다.

③ 「농약관리법」상 사용·등록된 농약 및 외국에서 해당 국가의 법률에 따라 합법적으로 사용되는 농약에 함유된 유효성분 중 아래의 사유에 해당되는 경우 잔류허용기준

을 면제할 수 있으며, 면제 대상성분은 아래 표와 같다. 〈표. 생략〉

㉮ 독성이 현저히 낮아 인체 위해가능성이 없는 성분

㉯ 식품에 전혀 잔류되지 않는 성분

㉰ 자연계에 존재하여 해당 식품에 포함되어 있으므로 구분이 어려운 성분

㉱ 안전성이 확보된 천연식물보호제(미생물 등 포함) 성분

(2) 콩나물(숙주나물)의 농약 잔류허용기준 및 적용원칙

① 육-비에이(6-BA, *6-Benzyl aminopurine, Benzyladenine*)는 0.2 mg/kg이하로 잔류되어야 한다.

② 카벤다짐, 티아벤다졸, 티람, 캡탄, 이산화황 및 대두(녹두 포함)에 잔류허용기준이 설정되지 않은 농약은 검출되어서는 아니 된다.

③ 대두(녹두 포함)에 잔류허용기준이 설정되어 있는 경우에는 대두(녹두 포함)로부터 기인한 잔류량을 인정하여 대두(녹두 포함)기준의 1/10을 적용한다.

(3) 가공식품의 잔류농약 잠정기준적용

가공식품에 잔류한 농약에 대하여 [별표 4]에 별도로 잔류허용기준을 정하지 않은 경우 다음을 적용한다.

① 원료식품의 잔류허용기준 범위이내에서 잔류를 허용할 수 있다. 즉, 원료의 함량에 따라 원료 농산물의 기준을 적용하고, 건조 등의 과정으로 인하여 수분 함량이 변화된 경우는 수분 함량을 고려하여 적용한다. [단, 건고추(고춧가루 및 실고추 포함)는 고추의 7배, 녹차 추출물은 차의 6배, 건삼 및 홍삼은 수삼의 4배, 인삼농축액 및 홍삼농축액은 수삼의 8배, 건조 허브류는 허브류의 10배 농약잔류허용기준을 적용한다]

8) 동물용의약품의 잔류허용기준

(1) 식품 중 잔류동물용의약품 기준적용

① 관련법령에서 안전성 및 유효성에 문제가 있는 것으로 확인되어 제조 또는 수입 품목허가를 하지 아니하는 동물용의약품(대사물질 포함)은 검출되어서는 아니 된다. 이에 해당되는 주요 물질 〈주요물질 생략〉은 아래와 같으며, 아래에 명시하지 않은 물질에 대해서도 관련법령에 근거하여 본 항을 적용할 수 있다.

② [별표 5] 식품 중 동물용의약품의 잔류허용기준에서 따로 식품명이 정해져 있지 않은 식용동물의 부산물(내장, 뼈, 머리, 꼬리, 발, 껍질, 혈액 등 식용이 가능한 부위)은 축산물의 경우 해당동물의 "근육(고기)", 수산물의 경우 "어류"에 준하여 기준을 적용한다.

③ 잔류허용기준이 정하여진 식품을 원료로 하여 제조·가공된 식품은 원료 식품의 잔류허용기준 범위 이내에서 잔류를 허용할 수 있다. 즉, 원료의 함량에 따라 원료의 기준을 적용하고, 건조 등의 과정으로 인하여 수분 함량이 변화된 경우는 수분 함량을 고려하여 적용한다.

④ 로열젤리 및 프로폴리스는 벌꿀의 기준을 적용한다.

⑤ 식용동물 등에 대해 이 고시에 별도로 잔류허용기준이 정해지지 아니한 경우 다음 각 항의 기준을 순차적으로 적용한다.

㉮ CODEX 기준

㉯ 유사 식용동물의 잔류허용기준 중 해당부위의 최저기준. 즉, 기준이 정하여지지 아니한 포유류 중 반추동물, 포유류 중 비반추동물, 가금류, 어류 및 갑각류는 각각 기준이 정하여진 반추동물, 비반추동물, 가금류, 어류, 갑각류 해당 부위의 기준 중 최저기준(단, 비반추동물 중 말은 기준이 있는 반추동물에 해당하는 기준 적용)

㉰ 항균제에 대하여 축·수산물(유, 알 포함) 및 벌꿀(로열젤리, 프로폴리스 포함)의 잔류기준을 0.03 mg/kg으로 적용

<고시 제2020-40호, 2020.5.27. > [시행일 2022. 1. 1.]
㉰ 항균제에 대하여 축·수산물(유, 알 포함) 및 벌꿀(로열젤리, 프로폴리스 포함)의 잔류기준을 0.01 mg/kg 이하로 적용

(2) 식품 중 동물용의약품의 잔류허용기준은 [별표 5]와 같다.

(3) 식품 중 동물용의약품의 잔류허용기준 면제

「약사법」상 사용·허가된 동물용의약품 및 외국에서 해당 국가의 법률에 따라 합법적으로 사용되는 동물용의약품에 함유된 유효성분 중 아래의 사유에 해당되는 경우 잔류허용기준 설정을 면제할 수 있으며, 면제 대상성분은 [별표 8]과 같다.

① 사람이 섭취하는 식품, 식품첨가물 또는 동물이 섭취하는 사료 등 다음 중 어느 하나의 정상구성성분

㉮ 「식품위생법」에서 식품의 원료 및 식품첨가물로 정하고 있는 것

㉯ 「축산물 위생관리법」에서 축산물로 정하고 있는 것

㉰ 「건강기능식품에 관한 법률」에서 건강기능식품으로 정하고 있는 것

㉱ 「사료 등의 기준 및 규격」(농림축산식품부 고시) 제4조 및 제5조에서 정하고 있는 단미사료 및 보조사료

② 일반적으로 인체에 위해를 미치지 않는 것이 명확한 성분으로서 다음 중 어느 하나에 해당하는 경우

㉮ 생약으로서 사람이 섭취할 수 있거나 의약품의 원료로 사용되는 물질

㉯ 동물의 체내에서 정상적으로 생성되거나 자연계에 존재하여 동물의 체내에 포함되어 있는 물질 또는 구성성분

㉰ 동물의 체내에서 빠르게 분해·배출되어 식품에 잔류하지 않는 성분 (단, 대사물질에 독성이 있는 경우 제외)

㉱ 그 외에 안전성이 확보된 것으로 식약처장이 정하는 물질

9) 축·수산물의 잔류물질 잔류허용기준

(1) 축·수산물의 잔류물질 잔류허용기준 적용

① 해당 축·수산물에 직접 사용이 허가되지 않았으나 비의도적 오염(사료, 환경오염 등)에 의한 살충제, 살균제 등 농약성분의 잔류관리를 위해 설정된 기준으로 [별표 6]에서 정한 해당 기준 이하를 말한다.

② [별표 6]에서 따로 식품명이 정해져 있지 않은 식용동물의 부산물(내장, 뼈, 머리, 꼬리, 발, 껍질, 혈액, 지방, 수산물의 알 등 식용이 가능한 부위)은 축산물의 경우 해당동물의 "근육(고기)" 기준을, "근육(고기)"가 없을시 해당 동물의 최저기준을, 수산물의 경우 "어류"의 잔류허용기준을 적용한다.

(2) 잔류물질 잔류허용기준 적용범위

① 포유류고기 : 근육내지방 및 피하지방과 같이 부착된 지방조직을 포함하는 동물의 도체(혹은 이를 자른 덩어리)의 근육조직으로 소, 돼지, 양, 염소, 토끼, 말, 사슴 등의 고기를 말한다(해양동물의 고기는 제외).

② 포유류지방 : 동물의 지방조직에서 얻어진 가공되지 않은 지방으로 소, 돼지, 양, 염소, 토끼, 말, 사슴 등의 지방을 말하며, 유지방은 포함하지 않는다.

③ 포유류부산물 : 도살된 동물의 고기 및 지방을 제외한 식용조직 및 기관으로 소, 돼지, 양, 말, 염소, 토끼, 말, 사슴 등의 간, 폐, 심장, 위장, 췌장, 비장, 콩팥, 머리, 꼬리, 발, 껍질, 혈액, 뼈(건, 조직이 포함된 뼈) 등 식용 가능한 부위를 말한다.

④ 가금류고기 : 부착된 지방 및 표피를 포함하는 가금류 도체의 근육조직으로 닭, 꿩, 오리, 거위, 칠면조, 메추리 등의 고기를 말한다.

⑤ 가금류지방 : 가금류의 지방조직에서 얻어진 가공되지 않은 지방으로 닭, 꿩, 오리, 거위, 칠면조, 메추리 등의 지방을 말한다.

⑥ 가금류부산물 : 고기 및 지방을 제외한 도살된 가금류의 식용조직 및 기관으로 닭, 꿩, 오리, 거위, 칠면조, 메추리 등의 간, 심장, 모래주머니, 표피, 발 등 식용 가능한 부위를 말한다.

⑦ 유 : 포유류로부터 생산된 우유, 양유, 염소유 등의 원유를 말한다.

⑧ 유가공품 : 원유 또는 유가공품을 주원료로 하여 제조·가공한 우유류, 가공유류, 산양유, 발효유류, 버터유류, 농축유류, 유크림류, 버터류, 치즈류, 분유류, 유청류, 유당, 유단백가수분해식품 등을 말한다.

⑨ 알 : 가금류로부터 생산된 달걀, 오리알, 메추리알 등으로 껍질을 제거한 부위를 말한다.

(3) 가공식품의 잔류물질 잔류허용기준 적용

① 잔류허용기준이 정하여진 축·수산물을 원료로 하여 제조·가공된 식품은 원료 식품의 잔류허용기준 범위 이내에서 잔류를 허용할 수 있다. 즉, 원료의 함량에 따라 원료의 기준을 적용하고, 건조 등의 과정으로 인하여 수분 함량이 변화된 경우는 수분 함량을 고려하여 적용한다.

(4) 잔류물질 잔류허용기준 면제

　① 상기 7)의 (1) 농산물의 농약 잔류허용기준 적용 ③에서 정하고 있는 잔류허용기준 면제대상성분에 대해서는 축·수산물의 잔류물질 잔류허용기준을 면제한다.

10) 부정물질

　(1) 발기부전치료제, 비만치료제, 당뇨병치료제 등 의약품성분과 그 유사물질은 검출되어서는 아니 된다. 이에 해당되는 물질은 아래와 같다. 〈아래 생략〉

11) 테트라하이드로칸나비놀(δ-9-$Tetrahydrocannabinol$) 기준

　(1) 대마씨앗 : 5 mg/kg 이하

　(2) 대마씨유 : 10 mg/kg 이하

12) 우루시올(urushiol) 성분 기준

　(1) 옻나무를 사용한 제품 : 불검출

13) 그레이아노톡신($Grayanotoxin$) Ⅲ 기준

　(1) 벌꿀 : 불검출

14) 식육에 대한 규격

　(1) 휘발성염기질소(mg%) : 20 이하

15) 원유에 대한 규격

	우유(착유된 그대로의 것)	양유(착유된 그대로의 것)
세균수 및 체세포수	축산물 위생관리법 제4조2항의 규정에 의한 축산물의 위생등급에 관한 기준에 의함	1mL 당 500,000이하 (표준한천평판배양법)
비중	1.028~1.034(15℃)	1.028~1.034(15℃)
산도	홀스타인종유 0.18% 이하 기타품종우유 0.20% 이하	0.2% 이하
알콜시험	적합	-
진애검사	2.0mg이하	-
관능검사	적합	-
가수검사	가수하여서는 아니 된다.	-

16) 수산물에 대한 규격

　(1) 히스타민 : 냉동어류, 염장어류, 통조림, 건조 또는 절단 등 단순 처리한 것(어육, 필렛, 건멸치 등) : 200 mg/kg 이하(고등어, 다랑어류, 연어, 꽁치, 청어, 멸치, 삼치, 정어리, 몽치다래, 물치다래, 방어에 한한다)

　(2) 복어독 기준

　　① 육질 : 10 MU/g 이하

② 껍질 : 10 MU/g 이하

③ 식용가능한 복어의 종류

	종 류	학 명
1	복섬	*Fugu niphobles, Takifugu niphobles*
2	흰점복	*Fugu poecilonotus, Takifugu poecilonotus*
3	졸복	*Fugu pardalis, Takifugu pardalis*
4	매리복	*Fugu vermicularis vermicularis, Takifugu vermicuLaris snyderi*
5	검복	*Fugu vermicularis porphyreus, Takifugu porphyreus*
6	황복	*Fugu ocellatus obscurus, Takifugu obscurus*
7	눈불개복	*Fugu chrysops, Takifugu chrysops*
8	자주복	*Fugu rubripes, Takifugu rubripes*
9	검자주복	*Fugu rubripes chinensis, Takifugu chinensis*
10	까치복	*Fugu xanthopterus, Takifugu xanthopterus*
11	금밀복	*Lagocephalus inermis*
12	흰밀복	*Lagocephalus wheeleri*
13	검은밀복	*Lagocephalus gloveri*
14	불룩복	*Sphoeroides pachygaster, Liosaccus pachygaster*
15	삼채복	*Fugu flavidus, Takifugu flavidus*
16	강담복	*ChiLomycterus affinis*
17	가시복	*Diodon holocanthus*
18	브리커가시복	*Diodon liturosus*
19	쥐복	*Diodon hystrix*
20	노란거북복	*Ostracion cubicus*
21	까칠복	*Fugu stictonotus, Takifugu stictonotus*

(3) 일산화탄소 기준

　① 수산물에 일산화탄소를 인위적으로 처리하여서는 아니 된다.

　② 필렛(Fillet) 또는 썰거나 자른 냉동틸라피아, 냉동참치 및 방어(냉장 또는 냉동)의 일산화탄소 처리 유무판정은 제8. 6. 6.14 6.14.5 다. 1) 나)에 따르며, 진공포장된 냉동틸라피아 및 방어(냉장 또는 냉동)의 일산화탄소 처리 유무판정은 제8. 6. 6.14 6.14.5 다. 2) 나)에 따른다.

17) 식품의 제조·가공에 사용되는 캡슐류

　① 붕해시험 : 적합하여야 한다.

　② pH : 3.0~7.5

　③ 비소(mg/kg) : 1.5이하

　④ 보존료 : 파라옥시안식향산메틸, 파라옥시안식향산에틸 : 1.0이하(파라옥시안식향산으로서)

4. 보존 및 유통기준

1) 모든 식품은 위생적으로 취급 판매하여야 하며, 그 보관 및 판매장소가 불결한 곳에 위치하여서는 아니 된다. 또한 방서 및 방충관리를 철저히 하여야 한다.

2) 식품(식품제조에 사용되는 원료 포함)은 직사광선이나 비·눈 등으로부터 보호될 수 있고, 외부로부터의 오염을 방지할 수 있는 취급장소에서 유해물질, 협잡물, 이물(곰팡이 등 포함) 등이 오염되지 않도록 적절한 관리를 하여야 하며, 인체에 유해한 화공약품, 농약, 독극물 등과 같은 것을 함께 보관하지 말아야 한다.

3) 이물이 혼입되지 않도록 주의하여야 하며 제품의 풍미에 영향을 줄 수 있는 다른 식품 및 식품첨가물 및 식품을 오염시키거나 품질에 영향을 미칠 수 있는 물품 등과는 분리 보관하여야 한다.

4) 따로 보관방법을 명시하지 않은 제품은 직사광선을 피한 실온에서 보관 유통하여야 하며 상온에서 7일 이상 보존성이 없는 식품은 가능한 한 냉장 또는 냉동시설에서 보관 유통하여야 한다.

5) 이 고시에서 별도로 보관온도를 정하고 있지 않은 냉장제품은 0~10℃에서 냉동제품은 -18℃이하에서 보관 및 유통하여야 한다.

6) 즉석섭취편의식품류는 제조된 식품을 가장 짧은 시간내에 소비자에게 공급하도록 하고 냉장 및 온장으로 운반 및 유통 시에는 일정한 온도 관리를 위하여 온도 조절이 가능한 설비 등을 이용하여야 하며 이때 냉장은 0~10℃, 온장은 60℃이상을 유지할 수 있어야 한다.

7) 아래의 제품은 10℃이하에서 보존하여야 한다.
   ① 어육가공품류(멸균제품 또는 기타어육가공품 중 굽거나 튀겨 수분함량이 15% 이하인 제품은 제외)
   ② 두유류 중 살균제품(pH 4.6 이하의 살균제품 제외)
   ③ 양념젓갈류 및 가공두부(멸균제품 제외)

8) 신선편의식품 및 훈제연어는 5℃ 이하에서 보존하여야 한다. 또한 두부, 묵류(밀봉 포장한 두부, 묵류는 제외)는 냉장하거나 먹는물 수질기준에 적합한 물로 가능한 한 환수하면서 보존하여야 한다.

9) 우유류, 가공유류, 산양유, 버터유, 농축유류 및 유청류의 살균제품은 냉장에서 보관하여야 하며 발효유류, 치즈류, 버터류는 냉장 또는 냉동에서 보관하여야 한다. 다만, 수분제거, 당분첨가 등 부패를 막을 수 있도록 가공된 제품은 냉장 또는 냉동하지 않을 수 있다.

10) 식육, 포장육 및 식육가공품의 냉장 제품은 -2~10℃(다만, 가금육, 가금육 포장육, 분쇄육, 분쇄가공육제품은 -2~5℃)에서 보존 및 유통하여야 한다. 다만, 멸균 또는 건조 식육가공품 등은 실온에서 보관할 수 있다.

11) 제품 원료로 사용되는 동물성 수산물은 냉장 또는 냉동 보존하여야 하며, 압착올리브유용

올리브과육 등 변질되기 쉬운 원료는 −10℃ 이하, 원유는 냉장에, 원료육은 냉장 또는 냉동에서 보존하여야 한다.

12) 식용란은 가능한 한 0~15℃에, 알가공품은 10℃ 이하(다만, 액란제품은 5℃ 이하)에서 냉장 또는 냉동 보존·유통하여야 한다. 다만, 건조, 당장, 염장 등 부패를 막을 수 있도록 가공된 제품은 냉장 또는 냉동하지 않을 수 있으며, 냉장보관 중인 달걀은 냉장으로 보관·유통하여야 한다.

13) 달걀을 물로 세척하는 경우 30℃이상이면서 품온보다 5℃이상의 깨끗한 물(100~200 ppm 차아염소산나트륨 함유 또는 이와 동등 이상의 살균효력이 있는 방법)로 세척하여야 하고, 세척한 달걀은 냉장으로 보존·유통하여야 한다.

14) 생식용 굴은 덮개가 있는 용기(합성수지, 알루미늄 상자 또는 내수성의 가공용기) 등으로 포장해서 10℃이하로 보존·유통하여야 한다.

15) 냉장제품을 실온에서 유통시켜서는 아니 된다(단, 과일·채소류 제외).

16) 냉동제품을 해동시켜 실온 또는 냉장제품으로 유통할 수 없다. 다만, 식품제조·가공업 영업자가 냉동제품인 빵류, 떡류, 초콜릿류, 젓갈류, 과·채주스, 또는 수산물가공품(살균 또는 멸균하여 진공 포장된 제품에 한함)에, 축산물가공업 중 유가공업 영업자가 냉동된 치즈류 또는 버터류에 냉동포장완료일자, 해동일자, 해동일로부터 유통조건에서의 유통기한(냉동제품으로서의 유통기한 이내)을 별도로 표시하여 해동시키는 경우는 제외한다.

17) 실온 또는 냉장제품을 냉동제품으로 유통하여서는 아니 된다. 다만, 아래에 해당되는 경우 그러하지 아니할 수 있다.

① 냉동식품을 보조하기 위해 함께 포장되는 소스류, 장류, 식용유지류, 향신료가공품의 실온 또는 냉장제품은 냉동으로 유통할 수 있다. 이때 냉동제품과 함께 포장되는 소스류, 장류, 식용유지류, 향신료가공품의 포장단위는 20 g을 초과하여서는 아니 되며, 합포장된 최종 제품의 유통기한은 실온 또는 냉장제품의 유통기한을 초과할 수 없다.

② 살균 또는 멸균처리된 음료류와 발효유류(유리병 용기 제품과 탄산음료류 제외)는 당해 제품의 제조·가공업자가 제품에 냉동하여 판매가 가능하도록 표시한 경우에 한하여 판매업자가 실온 또는 냉장제품을 냉동하여 판매할 수 있다. 이 경우 한 번 냉동한 경우 해동하여 판매할 수 없다.

18) 실온 또는 냉장제품인 건포류나 건조수산물은 품질의 유지를 위해 냉동으로 보관 및 유통할 수 있다. 이 경우 유통기한은 종전의 제품의 유통기한을 초과할 수 없다.

19) 냉동수산물은 해동 후, 24시간 이내에 한하여 냉장으로 유통할 수 있다. 다만, 냉동수산물을 해동하여 미생물의 번식을 억제하고 품질이 유지되도록 기체치환포장(Modified Atmosphere Packaging, MAP)한 경우로써, 냉동포장완료일자, 해동일자, 해동일로부터 유통조건에서의 유통기한(냉동제품으로서의 유통기한 이내)을 별도로 표시한 경우는 정해진 유통기한 이내에 유통할 수 있다. 이때 해동된 수산물을 재냉동하여서는 아니 된다.

20) 해동된 냉동제품을 재냉동하여서는 아니 된다. 다만, 아래의 작업을 하는 경우에는 그러하지 아니할 수 있으나, 작업 후 즉시 냉동하여야 한다.

① 냉동수산물의 내장 등 비가식부위 및 혼입된 이물을 제거하거나, 선별, 절단, 소분 등을 하기 위해 해동하는 경우

② 냉동식육의 절단 또는 뼈 등의 제거를 위해 해동하는 경우

21) 냉동 또는 냉장제품의 운반은 적절한 온도를 유지할 수 있는 냉동 또는 냉장차량이거나 이와 동등 이상의 효력이 있는 방법으로 하여야 한다. 다만, 냉동제품을 소비자(영업을 목적으로 해당 제품을 사용하기 위한 경우는 제외한다.)에게 운반하는 경우는 그러하지 않을 수 있으나, 이 경우 냉동제품은 어느 일부라도 녹아있는 부분이 없어야 한다.

22) 냉장으로 보존하여야 하는 두부, 묵류는 제품운반 소요시간이 4시간 이상의 장거리 이동판매를 할 경우에는 제품의 품질유지가 가능하도록 냉장차량을 이용하여야 하며 가공두부도 운반시에는 품질유지가 가능하도록 냉장차량을 이용하여야 한다.

23) 흡습의 우려가 있는 제품은 흡습되지 않도록 주의하여야 한다.

24) 제품의 운반 및 포장과정에서 용기·포장이 파손되지 않도록 주의하여야 하며 가능한 한 심한 충격을 주지 않도록 하여야 한다. 또한 관제품은 외부에 녹이 발생하지 않도록 보관하여야 한다.

25) 제품의 유통기간 설정은 당해 제품의 제조가공업자, 식육포장처리업영업자, 식육판매업영업자, 식용란수집판매업영업자, 식육즉석판매가공업영업자, 수입업자(수입 냉장식품 중 보존 및 유통온도가 국내와 상이한 경우 국내의 보존 및 유통온도에서 유통하기 위한 경우 또는 수입식품 중 제조자가 정한 유통기한 내에서 별도로 유통기한을 설정하는 경우에 한함)가 포장재질, 보존조건, 제조방법, 원료배합비율 등 제품의 특성과 냉장 또는 냉동보존 등 기타 유통실정을 고려하여 위해방지와 품질을 보장할 수 있도록 정하여야 한다.

26) "유통기간"의 산출은 포장완료(다만, 포장 후 제조공정을 거치는 제품은 최종공정 종료)시점으로 하고 캡슐제품은 충전·성형완료시점으로 한다. 선물세트와 같이 유통기한이 상이한 제품이 혼합된 경우와 단순 절단, 식품 등을 이용한 단순 결착 등 원료 제품의 저장성이 변하지 않는 단순가공처리만을 하는 제품은 유통기한이 먼저 도래하는 원료 제품의 유통기한을 최종제품의 유통기한으로 정하여야 한다. 다만, 달걀은 '산란일자'를 유통기간 산출시점으로 하며, 소분 판매하는 제품은 소분하는 원료 제품의 유통기한을 따르고, 해동하여 출고하는 냉동제품(빵류, 떡류, 초콜릿류, 젓갈류, 과·채주스, 치즈류, 버터류, 수산물가공품(살균 또는 멸균하여 진공 포장된 제품에 한함))은 해동시점을 유통기간 산출시점으로 본다.

27) 과일농축액 등을 선박을 이용하여 수입·저장·보관·운송 등을 하고자할 때에는 저장탱크(-5℃ 이하), 자사 보관탱크(0℃ 이하), 운송용 탱크로리(0℃ 이하)의 온도를 준수하고 이송라인 세척 등을 반드시 실시하여야 하며, 식품의 저장·보관·운송 및 이송라인 세척에 사용되는 재질 및 세척제는 식품첨가물이나 기구 또는 용기·포장의 기준 및 규격에 적합한

것을 사용하여야 한다.

28) 염수로 냉동된 통조림제조용 어류에 한해서는 -9℃ 이하에서 운송할 수 있으나 운송시에는 위생적인 운반용기, 운반덮개 등을 사용하여 -9℃ 이하의 온도를 유지하여야만 한다.

29) 얼음류는 -10℃ 이하로 보관·유통하여야 한다.

30) 포장축산물은 아래의 경우를 제외하고는 재분할 판매하지 말아야 하며, 표시대상 축산물인 경우 표시가 없는 것을 구입하거나 판매하지 말아야 한다.

  (1) 식육판매업 또는 식육즉석판매가공업의 영업자가 포장육을 다시 절단하거나 나누어 판매하는 경우

  (2) 식육즉석판매가공업 영업자가 식육가공품(통조림·병조림은 제외)을 만들거나 다시 나누어 판매하는 경우

제3 — 영·유아를 섭취대상으로 표시하여 판매하는 식품의 기준 및 규격

1. 정의

"영·유아를 섭취대상으로 표시하여 판매하는 식품"이란 '제5. 식품별 기준 및 규격'의 1. 과자류, 빵류 또는 떡류~22. 즉석식품류에 해당하는 식품(다만, 특수용도식품 제외) 중 영아 또는 유아를 섭취대상으로 표시하여 판매하는 식품으로서, 그대로 또는 다른 식품과 혼합하여 바로 섭취하거나 가열 등 간단한 조리과정을 거쳐 섭취하는 식품을 말한다.

2. 제조·가공기준

  (1) 미생물로 인한 위해가 발생하지 않도록 살균 또는 멸균공정을 거쳐야 한다.

  (2) 영아용 제품(영·유아 공용제품 포함) 중 액상제품은 멸균제품으로 제조하여야 한다. (단, 우유류, 가공유류, 발효유류 제외)

  (3) 꿀 또는 단풍시럽을 원료로 사용하는 때에는 클로스트리디움 보툴리늄의 포자가 파괴되도록 처리하여야 한다.

  (4) 코코아는 12개월 이상의 유아용 제품에 사용할 수 있으며 그 사용량은 1.5% 이하이어야 한다.(희석하여 섭취하는 제품은 섭취할 때를 기준으로 한다.)

  (5) 타르색소와 사카린나트륨은 사용하여서는 아니된다.

  (6) 제품은 제2. 식품일반에 대한 공통기준 및 규격, 3. 식품일반의 기준 및 규격, 5) 오염물질 중 영·유아용 이유식에 대해 규정한 기준에 적합하게 제조하여야 한다.

3. 규격

(1) 위생지표균 및 식중독균

규격 / 항목	제품 특성	n	c	m	M
세균수	① 멸균제품	5	0	0	-
	② 6개월미만 영아를 대상을 하는 분말제품	5	2	1,000	10,000
	위 ①, ② 이외의 식품 (분말제품 또는 유산균첨가제품, 치즈류는 제외)	5	1	10	100
대장균군 (멸균제품 제외)		5	0	0	-
바실러스 세레우스 (멸균제품 세외)		5	0	100	-
크로노박터 (영아용제품에 한하며, 멸균제품은 제외)		5	0	0/60g	-

(2) 나트륨(mg/100g) : 200 이하(다만 치즈류는 300이하이며, 희석 또는 혼합하여 섭취하는 제품은 제조사가 제시한 섭취방법을 반영하여 기준을 적용)

제4 — 장기보존식품의 기준 및 규격

1. 통 · 병조림식품

"통 · 병조림식품"이라 함은 식품을 통 또는 병에 넣어 탈기와 밀봉 및 살균 또는 멸균한 것을 말한다.

1) 제조 · 가공기준

(1) 멸균은 제품의 중심온도가 120℃ 4분간 또는 이와 동등이상의 효력을 갖는 방법으로 열처리하여야 한다.

(2) pH 4.6을 초과하는 저산성식품(low acid food)은 제품의 내용물, 가공장소, 제조일자를 확인할 수 있는 기호를 표시하고 멸균공정 작업에 대한 기록을 보관하여야 한다.

(3) pH가 4.6 이하인 산성식품은 가열 등의 방법으로 살균처리할 수 있다.

(4) 제품은 저장성을 가질 수 있도록 그 특성에 따라 적절한 방법으로 살균 또는 멸균 처리하여야 하며 내용물의 변색이 방지되고 호열성 세균의 증식이 억제될 수 있도록 적절한 방법으로 냉각하여야 한다.

2) 규 격

(1) 성 상 : 관 또는 병 뚜껑이 팽창 또는 변형되지 아니하고, 내용물은 고유의 색택을 가지고 이미 · 이취가 없어야 한다.

(2) 주석(mg/kg) : 150 이하(알루미늄 캔을 제외한 캔제품에 한하며, 산성 통조림은 200 이하이어야 한다.)

(3) 세 균 : 세균발육이 음성이어야 한다.

2. 레토르트식품

"레토르트(retort)식품"이라 함은 단층 플라스틱필름이나 금속박 또는 이를 여러 층으로 접착하여, 파우치와 기타 모양으로 성형한 용기에 제조·가공 또는 조리한 식품을 충전하고 밀봉하여 가열살균 또는 멸균한 것을 말한다.

1) 제조·가공기준

(1) 멸균은 제품의 중심온도가 120℃ 4분간 또는 이와 같은 수준 이상의 효력을 갖는 방법으로 열처리하여야 한다. pH 4.6을 초과하는 저산성식품(low acid food)은 제품의 내용물, 가공장소, 제조일자를 확인할 수 있는 기호를 표시하고 멸균공정 작업에 대한 기록을 보관하여야 한다. pH가 4.6 이하인 산성식품은 가열 등의 방법으로 살균처리 할 수 있다.

(2) 제품은 저장성을 가질 수 있도록 그 특성에 따라 적절한 방법으로 살균 또는 멸균 처리하여야 하며 내용물의 변색이 방지되고 호열성 세균의 증식이 억제될 수 있도록 적절한 방법으로 냉각시켜야 한다.

(3) 보존료는 일절 사용하여서는 아니 된다.

2) 규격

(1) 성   상 : 외형이 팽창, 변형되지 아니하고, 내용물은 고유의 향미, 색택, 물성을 가지고 이미·이취가 없어야 한다.

(2) 세   균 : 세균발육이 음성이어야 한다.

(3) 타르색소 : 검출되어서는 아니 된다.

3. 냉동식품

"냉동식품"이라 함은 제조·가공 또는 조리한 식품을 장기보존할 목적으로 냉동처리, 냉   동보관하는 것으로서 용기·포장에 넣은 식품을 말한다.

(1) 가열하지 않고 섭취하는 냉동식품 : 별도의 가열과정 없이 그대로 섭취할 수 있는 냉동식품을 말한다.

(2) 가열하여 섭취하는 냉동식품 : 섭취시 별도의 가열과정을 거쳐야만 하는 냉동식품을 말한다.

1) 제조·가공기준

(1) 살균제품은 그 중심부의 온도를 63℃ 이상에서 30분 가열하거나 이와 같은 수준 이상의 효력이 있는 방법으로 가열 살균하여야 한다.

2) 규격(식육, 유가공품, 식육가공품, 알가공품, 어육가공품(비살균제품), 기타 동물성가공식품(비살균제품)은 제외)

(1) 가열하지 않고 섭취하는 냉동식품

① 세균수 : n=5, c=2, m=100,000, M=500,000(다만, 발효제품, 발효제품 첨가 또는 유산균 첨가제품은 제외한다)

② 대장균군 : n=5, c=2, m=10, M=100(살균제품에 해당된다)

③ 대장균 : n=5, c=2, m=0, M=10(다만, 살균제품은 제외한다)

④ 유산균수 : 표시량 이상(유산균 첨가제품에 해당된다)

(2) 가열하여 섭취하는 냉동식품

① 세균수 : n=5, c=2, m=1,000,000, M=5,000,000(살균제품은 n=5, c=2, m=100,000, M=500,000,
　　다만, 발효제품, 발효제품 첨가 또는 유산균 첨가제품은 제외한다)

② 대장균군 : n=5, c=2 m=10, M=100(살균제품에 해당된다)

③ 대장균 : n=5, c=2, m=0, M=10(다만, 살균제품은 제외한다)

④ 유산균수 : 표시량 이상(유산균 첨가제품에 해당된다)

제5 ─ 식품별 기준 및 규격

1. 과자류, 빵류 또는 떡류

1) 정의

　과자류, 빵류 또는 떡류라 함은 곡분, 설탕, 달걀, 유제품 등을 주원료로 하여 가공한 과자, 캔디류, 추잉껌, 빵류, 떡류를 말한다.

2) 원료 등의 구비요건

(1) 부패·변질이 용이한 원료는 냉장 또는 냉동 보관하여야 한다.

3) 제조·가공기준

(1) 흡입하여 섭취할 수 있는 컵모양 등 젤리의 크기는 다음의 어느 하나에 적합하게 제조하여야 한다.

① 뚜껑과 접촉하는 면의 최소내경이 5.5 cm 이상이고 높이와 바닥면의 최소내경은 각각 3.5 cm이상

② 긴 변의 길이가 10 cm 이상이고 너비와 두께가 각각 1.5 cm 미만

③ 젤리 내 두 지점을 잇는 가장 긴 직선의 길이가 5.5 cm 이상이고 젤리의 중량이 60 g 이상

(2) 컵모양 등 젤리의 원료로 다음의 겔화제는 사용할 수 없다.

① 곤약, 글루코만난

(3) 캔디류의 표면에 신맛을 내기 위해 구연산, 사과산 등을 도포하여 제조하는 경우, 구연산, 사과산 등의 성분이 50% 미만(여러 가지 산(酸)을 혼합하는 경우는 그 합으로서)이 되도록 희석하여 도포하여야 한다.

4) 식품유형

(1) 과자

곡분 등을 주원료로 하여 굽기, 팽화, 유탕 등의 공정을 거친 것이거나 이에 식품 또는 식품첨가물을 가한 것으로 비스킷, 웨이퍼, 쿠키, 크래커, 한과류, 스낵과자 등을 말한다.

(2) 캔디류

당류, 당알코올, 앙금 등을 주원료로 하여 이에 식품 또는 식품첨가물을 가하여 성형 등 가공한 것으로 사탕, 캐러멜, 양갱, 젤리 등을 말한다.

(3) 추잉껌

천연 또는 합성수지 등을 주원료로 한 껌베이스에 다른 식품 또는 식품첨가물을 가하여 가공한 것을 말한다.

(4) 빵류

밀가루 또는 기타 곡분, 설탕, 유지, 달걀 등을 주원료로 하여 이를 발효시키거나 발효하지 않고 반죽한 것 또는 크림, 설탕, 계란 등을 주원료로 하여 반죽하여 냉동한 것과 이를 익힌 것으로서 식빵, 케이크, 카스텔라, 도넛, 피자, 파이, 핫도그, 티라미스, 무스케익 등을 말한다.

(5) 떡류

쌀가루, 찹쌀가루, 감자가루 또는 전분이나 기타 곡분 등을 주원료로 하여 이에 식염, 당류, 곡류, 두류, 채소류, 과일류 또는 주류 등을 가하여 반죽한 것 또는 익힌 것을 말한다.

5) 규격

(1) 산가 : 2.0 이하(유탕·유처리한 과자에 한하며, 한과류는 3.0 이하)

(2) 허용외 타르색소 : 검출되어서는 아니 된다(캔디류, 추잉껌, 빵류에 한한다).

(3) 산화방지제(g/kg) : 다음에서 정하는 것 이외의 산화방지제가 검출되어서는 아니 된다(추잉껌에 한한다).

부틸히드록시아니솔 디부틸히드록시톨루엔 터셔리부틸히드로퀴논	0.4 이하(병용할 때에는 디부틸히드록시톨루엔으로서 사용량, 부틸히드록시아니솔으로서 사용량 및 터셔리부틸히드로퀴논으로서 사용량의 합계가 0.4 이하)

(4) 보존료(g/kg) : 다음에서 정하는 것 이외의 보존료가 검출되어서는 아니 된다.

프로피온산 프로피온산나트륨 프로피온산칼슘	2.5 이하(프로피온산으로서 기준하며, 빵류에 한한다)

(5) 세균수 : n=5, c=2, m=10,000, M=50,000(과자, 캔디류 밀봉제품에 한하며, 발효제품 또는 유산균 함유제품은 제외한다.)

(6) 황색포도상구균 : n=5, c=0, m=0/10g[다만, 크림(우유, 달걀, 유크림, 식용유지를 주원료로 이에 식품이나 식품첨가물을 가하여 혼합 또는 공기혼입 등의 가공공정을 거친 것

을 말한다.)을 도포 또는 충전 후 가열살균하지 않은 빵류에 한한다.]

(7) 살모넬라 : n=5, c=0, m=0/10g[다만, 크림(우유, 달걀, 유크림, 식용유지를 주원료로 이에 식품이나 식품첨가물을 가하여 혼합 또는 공기혼입 등의 가공공정을 거친 것을 말한다.)을 도포 또는 충전 후 가열살균하지 않은 빵류에 한한다.]

(8) 대장균 : n=5, c=1, m=0, M=10(떡류에 한한다.)

(9) 유산균수 : 표시량 이상(유산균함유 과자, 캔디류에 한한다.)

(10) 압착강도(Newton) : 5 이하(컵모양, 막대형 등 젤리에 한한다)

(11) 총산(구연산으로서, w/w%) : 6.0 미만(캔디류에 한하며, 표면에 신맛 물질이 도포되어 있는 경우는 4.5 미만)

(12) 총 아플라톡신(μg/kg) : 15.0 이하(B_1, B_2, G_1 및 G_2의 합으로서, 단 B_1은 10.0 μg/kg 이하이어야 하며, 땅콩 및 견과류 함유 과자, 캔디류, 추잉껌에 한한다)

(13) 푸모니신(mg/kg) : 1 이하(B_1 및 B_2의 합으로서. 단, 옥수수 50% 이상 함유 과자, 캔디류, 추잉껌에 한한다)

(14) 납(mg/kg) : 1.0 이하(젤리에 한한다)
　　　　　　　　0.2 이하(사탕, 캔디류에 한한다)

6) 시험방법

(1) 산가

　　제8. 일반시험법 2.1.5.3.1 산가에 따라 시험한다.

(2) 허용외 타르색소

　　제8. 일반시험법 3.4 착색료에 따라 시험한다.

(3) 산화방지제

　　제8. 일반시험법 3.3 산화방지제에 따라 시험한다.

(4) 보존료

　　제8. 일반시험법 3.1 보존료에 따라 시험한다.

(5) 세균수

　　제8. 일반시험법 4.미생물시험법 4.5.1 일반세균수에 따라 시험한다.

(6) 황색포도상구균

　　크림을 도포 또는 충전한 제품의 크림 10 g을 무작위로 취한 후 제8. 일반시험법 4.12 황색포도상구균 4.12.1 정성시험에 따라 시험한다.

(7) 살모넬라

　　크림을 도포 또는 충전한 제품의 크림 10 g을 무작위로 취한 후 제8. 일반시험법 4.11 살모넬라에 따라 시험한다.

(8) 대장균

제8. 일반시험법 4. 미생물시험법 4.8 대장균에 따라 시험한다.

(9) 유산균수

제8. 일반시험법 4. 미생물시험법 4.9 유산균수에 따라 시험한다.

(10) 압착강도

제8. 일반시험법 1.5 젤리의 물성시험에 따라 시험한다.

(11) 총산

균질화된 검체 1~5 g을 취하여 증류수 50 mL를 가하고 진탕하여 완전히 녹인 것을 시험 용액으로 한다. 시험에 사용할 pH미터기를 pH 4.01, 7.00, 10.01 각각의 완충용액으로 교 정한다. 시험용액을 교정용 완충용액과 동일한 온도가 되도록 한 후 교정한 pH 미터기의 전극을 이용하여 교반하면서 0.1 N 수산화나트륨액으로 pH 8.2가 될 때까지 적정한다. 소 비된 0.1 N 수산화나트륨액을 확인하여 다음 식으로 총산의 함량을 계산한다. 3회 반복 실험 후 평균값으로 결과값을 구한다.

0.1 N 수산화나트륨액 1 mL = 0.0064 g $C_6H_8O_7$

$$총산(w/w\%) = \frac{0.0064 \times V \times f}{S} \times 100 (구연산으로서)$$

V : 0.1 N NaOH의 소비량(mL)

f : 0.1 N NaOH의 Factor

S : 검체량(g)

(12) 아플라톡신

제8. 일반시험법 9.2 곰팡이독소에 따른다.

(13) 푸모니신

제8. 일반시험법 9.2 곰팡이독소에 따라 시험한다.

(14) 납

제8. 일반시험법 9.1 중금속에 따라 시험한다.

【주】 이하 식품별 기준 및 규격은 각 식품마다
　　　1) 정의, 　2) 원료 등의 구비요건, 　3) 제조·가공기준, 　4) 식품유형,
　　　5) 규격, 　6) 시험방법 에 대하여 정하고 있으나
　　　주요 다소비 식품 중점으로 1) 정의, 4) 식품유형, 5) 규격 발췌하여 수록.

2. 빙과류

빙과류라 함은 원유, 유가공품, 먹는물에 다른 식품 또는 식품첨가물 등을 가한 후 냉동하여 섭취하는 아이스크림류, 빙과, 아이스크림믹스류, 식용얼음을 말한다.

2-1 아이스크림류

1) 정의

아이스크림류라 함은 원유, 유가공품을 원료로 하여 이에 다른 식품 또는 식품 첨가물 등을 가한 후 냉동, 경화한 것을 말하며, 유산균(유산간균, 유산구균, 비피더스균을 포함한다) 함유제품은 유산균 함유제품 또는 발효유를 함유한 제품으로 표시한 아이스크림류를 말한다.

4) 식품유형

 (1) 아이스크림

아이스크림류이면서 유지방분 6% 이상, 유고형분 16% 이상의 것을 말한다.

 (2) 저지방아이스크림

아이스크림류이면서 조지방 2% 이하, 무지유고형분 10% 이상의 것을 말한다.

 (3) 아이스밀크

아이스크림류이면서 유지방분 2% 이상, 유고형분 7% 이상의 것을 말한다.

 (4) 샤베트

아이스크림류이면서 무지유고형분 2% 이상의 것을 말한다.

 (5) 비유지방아이스크림

아이스크림류이면서 조지방 5% 이상, 무지유고형분 5% 이상의 것을 말한다.

5) 규격

 (1) 유지방(%) : 2.0 이상(아이스밀크에 한한다)

   　　　　　　　6.0 이상(아이스크림에 한한다)

 (2) 조지방(%) : 2.0 이하(저지방아이스크림에 한한다)

 (3) 세균수 : n=5, c=2, m=10,000, M=100,000(단, 유산균 함유제품, 발효유 함유제품은 제외한다)

 (4) 대장균군 : n=5, c=2, m=10, M=100

 (5) 유산균수 : 표시량 이상이어야 한다(단, 유산균 함유제품에 한한다)

 (6) 리스테리아 모노사이토제네스 : n=5, c=0, m=0/25g

2-2 아이스크림믹스류 〈내용 생략〉
2-3 빙과 〈내용 생략〉
2-4 얼음류

1) 정의

얼음류라 함은 식품의 제조·가공·조리·저장 등에 사용하거나 그대로 먹을 수 있도록 먹는물을 냉동한 것을 말한다.

4) 식품유형

(1) 식용얼음

식품의 제조·가공·조리 등에 직접 사용하거나 그대로 먹기 위하여 먹는물을 얼린 얼음을 말한다.

(2) 어업용얼음

수산물 등의 저장 및 보존을 위하여 사용하는 얼음을 말한다.

5) 규격

구 분 항 목	식용얼음	어업용 얼음
(1) 염소이온(mg/L)	250 이하	−
(2) 질산성질소(mg/L)	10.0 이하	−
(3) 암모니아성질소(mg/L)	0.5 이하	−
(4) 과망간산칼륨소비량(mg/L)	10.0 이하	−
(5) pH	5.8~8.5	5.8~8.5
(6) 증발잔류물(mg/L)	−	1,500 이하
(7) 세균수	n=5, c=2, m=100, M=1,000	n=5, c=2, m=100, M=1,000
(8) 대장균군	n=5, c=2, m=0, M=10/50mL	n=5, c=2, m=0, M=10/50mL

3. 코코아가공품류 또는 초콜릿류 〈내용 생략〉

4. 당류 〈내용 생략〉

5. 잼류 〈내용 생략〉

6. 두부류 또는 묵류

1) 정의

두부류라 함은 두류를 주원료로 하여 얻은 두유액을 응고시켜 제조·가공한 것으로 두부, 유바, 가공두부를 말하며, 묵류라 함은 전분질이나 다당류를 주원료로 하여 제조한 것을 말한다.

4) 식품유형

(1) 두부

두류(두류분 포함, 100%, 단 식염제외)를 원료로 하여 얻은 두유액에 응고제를 가하여 응고시킨 것을 말한다.

(2) 유바

두류를 일정한 온도로 가열시 형성되는 피막을 채취하거나 이를 가공한 것을 말한다.

(3) 가공두부

두부 제조시 다른 식품을 첨가하거나 두부에 다른 식품이나 식품첨가물을 가하여 가공한 것을 말한다(다만, 두부가 30% 이상이어야 한다).

(4) 묵류

전분질원료, 해조류 또는 곤약을 주원료로 하여 가공한 것을 말한다.

5) 규격

(1) 대장균군 : n=5, c=1, m=0, M=10(충전, 밀봉한 제품에 한한다.)

(2) 타르색소 : 검출되어서는 아니 된다.

7. 식용유지류 〈내용 생략〉

8. 면류

1) 정의

면류라 함은 곡분 또는 전분 등을 주원료로 하여 성형, 열처리, 건조 등을 한 것으로 생면, 숙면, 건면, 유탕면을 말한다.

4) 식품유형

(1) 생면

곡분 또는 전분을 주원료로 하여 성형한 후 바로 포장한 것이거나 표면만 건조 시킨 것을 말한다.

(2) 숙면

곡분 또는 전분을 주원료로 하여 성형한 후 익힌 것 또는 면발의 성형과정 중 익힌 것을 말한다.

(3) 건면

생면 또는 숙면을 건조시킨 것으로 수분 15% 이하의 것을 말한다.

(4) 유탕면

생면, 숙면, 건면을 유탕처리한 것을 말한다.

5) 규격

(1) 타르색소 : 검출되어서는 아니 된다.

(2) 보존료 : 검출되어서는 아니 된다.

(3) 대장균 : n=5, c=1, m=0, M=10(주정처리제품에 한한다.)

(4) 대장균군 : n=5, c=1, m=0, M=10(살균제품에 한한다.)

9. 음료류 〈내용 생략〉
10. 특수용도식품 〈내용 생략〉

11. 장 류

1) 정의

장류라 함은 동·식물성 원료에 누룩균 등을 배양하거나 메주 등을 주원료로 하여 식염 등을 섞어 발효·숙성시킨 것을 제조·가공한 것으로 한식메주, 개량메주, 한식간장, 양조간장, 산분해간장, 효소분해간장, 혼합간장, 한식된장, 된장, 고추장, 춘장, 청국장, 혼합장 등을 말한다.

4) 식품유형

(1) 한식메주

대두를 주원료로 하여 찌거나 삶아 성형하여 발효시킨 것을 말한다.

(2) 개량메주

대두를 주원료로 하여 원료를 찌거나 삶은 후 선별된 종균을 이용하여 발효시킨 것을 말한다.

(3) 한식간장

메주를 주원료로 하여 식염수 등을 섞어 발효·숙성시킨 후 그 여액을 가공한 것을 말한다.

(4) 양조간장

대두, 탈지대두 또는 곡류 등에 누룩균 등을 배양하여 식염수 등을 섞어 발효·숙성시킨 후 그 여액을 가공한 것을 말한다.

(5) 산분해간장

단백질을 함유한 원료를 산으로 가수분해한 후 그 여액을 가공한 것을 말한다.

(6) 효소분해간장

단백질을 함유한 원료를 효소로 가수분해한 후 그 여액을 가공한 것을 말한다.

(7) 혼합간장

한식간장 또는 양조간장에 산분해간장 또는 효소분해간장을 혼합하여 가공한 것이나 산분해간장 원액에 단백질 또는 탄수화물 원료를 가하여 발효·숙성시킨 여액을 가공한 것 또는 이의 원액에 양조간장 원액이나 산분해간장 원액 등을 혼합하여 가공한 것을 말한다.

(8) 한식된장

한식메주에 식염수를 가하여 발효한 후 여액을 분리한 것을 말한다.

(9) 된장

대두, 쌀, 보리, 밀 또는 탈지대두 등을 주원료로 하여 누룩균 등을 배양한 후 식염을 혼합하여 발효·숙성시킨 것 또는 메주를 식염수에 담가 발효하고 여액을 분리하여 가공한 것을 말한다.

(10) 고추장

두류 또는 곡류 등을 주원료로 하여 누룩균 등을 배양한 후 고춧가루(6% 이상), 식염 등을 가하여 발효·숙성하거나 숙성 후 고춧가루(6% 이상), 식염 등을 가한 것을 말한다.

(11) 춘장

대두, 쌀, 보리, 밀 또는 탈지대두 등을 주원료로 하여 누룩균 등을 배양한 후 식염, 카라멜색소 등을 가하여 발효·숙성하거나 숙성 후 식염, 카라멜색소 등을 가한 것을 말한다.

(12) 청국장

대두를 주원료로 하여 바실러스(*Bacillus*)속균으로 발효시켜 제조한 것이거나, 이를 고춧가루, 마늘 등으로 조미한 것으로 페이스트, 환, 분말 등을 말한다.

(13) 혼합장

간장, 된장, 고추장, 춘장 또는 청국장 등을 주원료로 하거나 이에 식품 또는 식품첨가물을 혼합하여 제조·가공한 것으로 조미된장, 조미고추장 또는 그 외 혼합하여 가공된 장류(장류 50% 이상이어야 한다)를 말한다.

(14) 기타장류

식품유형 (3)~(10)에 해당하지 아니하는 간장, 된장, 고추장을 말한다.

5) 규격

(1) 총질소(w/v%) : 0.8 이상(간장에 한하며, 한식간장은 0.7 이상)
(2) 타르색소 : 검출되어서는 아니 된다.
(3) 대장균군 : n=5, c=1, m=0, M=10[혼합장(살균제품)에 한한다]
(4) 보존료(g/kg 다만, 간장은 g/L) : 다음에서 정하는 것 이외의 보존료가 검출되어서는 아니 된다.

소브산 소브산칼륨 소브산칼슘	1.0 이하(소브산으로서, 한식된장, 된장, 조미된장, 고추장, 조미고추장, 춘장, 청국장(비건조 제품에 한함), 혼합장에 한한다)
안식향산 안식향산나트륨 안식향산칼륨 안식향산칼슘	0.6 이하(안식향산으로서, 간장에 한한다. 파라옥시안식향산에틸 또는 파라옥시안식향산메틸과 병용할 때에는 안식향산으로서 사용량과 파라옥시안식향산으로서 사용량의 합계가 0.6 이하이어야 하며, 그 중 파라옥시안식향산으로서의 사용량은 0.25 이하)
파라옥시안식향산메틸 파라옥시안식향산에틸	0.25 이하(파라옥시안식향산으로서, 간장에 한한다. 안식향산, 안식향산나트륨, 안식향산칼륨 또는 안식향산칼슘과 병용할 때에는 파라옥시안식향산으로서 사용량과 안식향산으로서 사용량의 합계가 0.6 이하이어야 하며, 그 중 파라옥시안식향산으로서의 사용량은 0.25 이하)

12. 조미식품 〈내용 생략〉

13. 절임류 또는 조림류

절임류 또는 조림류라 함은 동·식물성 원료에 식염, 식초, 당류 또는 장류를 가하여 절이거나 가열한 것으로 김치류, 절임류, 조림류를 말한다.

13-1 김치류

1) 정의

　김치류라 함은 배추 등 채소류를 주원료로 하여 절임, 양념혼합공정을 거쳐 그대로 또는 발효시켜 가공한 김치와 김치를 제조하기 위해 사용하는 김칫속을 말한다.

4) 식품유형

(1) 김칫속

　식물성 원료에 고춧가루, 당류, 식염 등을 가하여 혼합한 것으로 채소류 등에 첨가, 혼합하여 김치를 만드는데 사용하는 것을 말한다.

(2) 김치

　배추 등 채소류를 주원료로 하여 절임, 양념혼합과정 등을 거쳐 그대로 또는 발효시킨 것이거나 이를 가공한 것을 말한다.

5) 규격

(1) 납(mg/kg) : 0.3 이하

(2) 카드뮴(mg/kg) : 0.2 이하

(3) 타르색소 : 검출되어서는 아니 된다.

(4) 보존료 : 검출되어서는 아니 된다.

(5) 대장균군 : n=5, c=1, m=0, M=10(살균제품에 한한다).

13-2 절임류, 13-3 조림류 〈내용 생략〉

14. 주 류

주류라 함은 곡류 등의 전분질원료나 과실 등의 당질원료를 주된 원료로 하여 발효, 증류 등의 방법으로 제조·가공한 발효주류, 증류주류, 기타주류, 주정 등 주세법에서 규정한 주류를 말한다.

14-1 발효주류

1) 정의

　발효주류란 곡류 등의 전분질원료나 과실 등의 당질원료를 주된 원료로 하여 발효시켜 제조한 탁주, 약주, 청주, 맥주, 과실주를 말한다.

4) 식품유형

(1) 탁주

탁주라 함은 전분질 원료(발아 곡류 제외)와 국(麴), 물을 주된 원료로 하여 발효시킨 술덧을 혼탁하게 제성한 것 또는 그 발효·제성 과정에 탄산가스 등을 첨가한 것을 말한다.

(2) 약주

약주라 함은 전분질 원료(발아 곡류 제외)와 국(麴), 식물성 원료, 물 등을 원료로 하여 발효시킨 술덧을 여과하여 제성한 것 또는 발효·제성 과정에 당분, 과실·채소류, 주정 등을 첨가한 것을 말한다.

(3) 청주

청주라 함은 곡류 중 쌀(찹쌀 포함), 국(麴), 물을 원료로 하여 발효시킨 술덧을 여과하여 제성한 것 또는 발효·제성 과정에 주정 등을 첨가한 것을 말한다.

(4) 맥주

맥주라 함은 발아한 맥류, 홉, 전분질 원료, 물 등을 원료로 하여 발효시켜 제성하거나 여과하여 제성한 것 또는 발효·제성 과정에 녹말이 포함된 재료, 당분, 캐러멜, 탄산가스, 주정 등을 혼합한 것을 말한다.

(5) 과실주

과실주라 함은 과실 또는 과실에 당분을 첨가하여 발효하거나 술덧에 과실즙, 탄산가스, 주류 등을 혼합하고 여과·제성한 것을 말한다.

5) 규격

(1) 에탄올(v/v%) : 주세법의 규정에 따른다.

(2) 메탄올(mg/mL) : 0.5 이하(다만, 과실주는 1.0 이하)

(3) 보존료(g/kg) : 다음에서 정하는 것 이외의 보존료가 검출되어서는 아니 된다.

소브산 소브산칼륨 소브산칼슘	0.2 이하(소브산으로서, 탁주, 약주, 과실주에 한한다)

(4) 납(mg/kg) : 0.2 이하(과실주 중 포도주에 한한다)

(5) 대장균군 : n=5, c=2, m=0, M=10(탁주, 약주 중 살균제품에 한한다)

(6) 대장균 : n=5, c=2, m=0, M=10(탁주, 약주에 한하며 살균제품은 제외한다)

14-2 증류주류

1) 정의

증류주류란 곡류 등의 전분질원료나 과실 등의 당질원료를 주된 원료로 하여 발효시킨 후 증류하여 그대로 또는 나무통에 저장하여 제조한 것을 말한다.

4) 식품유형

(1) 소주

소주라 함은 전분질 원료, 국(麴), 물 등을 원료로 발효시켜 연속식증류 이외의 방법으로 증류한 것 또는 주정을 물로 희석하거나 이에 첨가물 등을 혼합하여 희석한 것을 말한다. 다만, 발아시킨 곡류를 원료의 전부 또는 일부로 한 것, 곡류에 물을 뿌려 섞어 밀봉·발효 시켜 증류한 것 또는 자작나무 숯으로 여과한 것은 제외한다.

(2) 위스키

위스키라 함은 발아된 곡류와 물을 원료로 하거나 발아된 곡류와 물, 곡류를 원료로 하여 발효시킨 술덧을 증류하여 나무통에 1년 이상 저장한 것 또는 이에 주정, 첨가재료를 혼합한 것을 말한다.

(3) 브랜디

브랜디라 함은 과실주(과실주 지게미 포함)를 증류하여 나무통에 1년 이상 저장한 것 또는 이에 주정, 첨가재료를 혼합한 것을 말한다.

(4) 일반증류주

일반증류주라 함은 고량주, 럼, 진, 보드카, 데킬라 등과 같이 전분, 당분이 포함된 원료를 발효시켜 증류하거나 증류주를 서로 혼합하여 제조한 것으로서 소주, 위스키 또는 브랜디 에 해당하지 않는 것을 말한다.

(5) 리큐르

리큐르라 함은 증류주류에 속하는 주류 중 불휘발분이 2도 이상의 것을 말한다.

5) 규격

(1) 에탄올(v/v%) : 주세법의 규정에 따른다.

(2) 메탄올(mg/mL) : 1.0 이하(다만, 일반증류주 중 곡류를 주원료로 한 제품 및 소주, 위 스키는 0.5 이하)

(3) 알데히드(mg/100mL) : 70.0 이하(다만, 리큐르 제외)

14-3 기타 주류, 14-4 주정 〈내용 생략〉
15. 농산가공식품류 〈내용 생략〉

16. 식육가공품 및 포장육

식육가공품 및 포장육이라 함은 식육 또는 식육가공품을 주원료로 하여 가공한 햄 류, 소시지류, 베이컨류, 건조저장육류, 양념육류, 식육추출가공품, 식육함유가공품, 포장육을 말한다.

16-1 햄류
1) 정의

햄류라 함은 식육 또는 식육가공품을 부위에 따라 분류하여 정형 염지한 후 숙성, 건조한 것, 훈연, 가열처리한 것이거나 식육의 고깃덩어리에 식품 또는 식품첨가물을 가한 후 숙성, 건조한 것이거나 훈연 또는 가열처리하여 가공한 것을 말한다.

4) 식품유형

(1) 햄 : 식육을 부위에 따라 분류하여 정형 염지한 후 숙성·건조하거나 훈연 또는 가열처리하여 가공한 것을 말한다(뼈나 껍질이 있는 것도 포함한다).

(2) 생햄 : 식육의 부위를 염지한 것이나 이에 식품첨가물을 가하여 저온에서 훈연 또는 숙성·건조한 것을 말한다(뼈나 껍질이 있는 것도 포함한다).

(3) 프레스햄 : 식육의 고깃덩어리를 염지한 것이나 이에 식품 또는 식품첨가물을 가한 후 숙성·건조하거나 훈연 또는 가열처리한 것으로 육함량 75% 이상, 전분 8% 이하의 것을 말한다.

5) 규격

(1) 아질산 이온(g/kg) : 0.07 이하

(2) 타르색소 : 검출되어서는 아니 된다.

(3) 보존료(g/kg) : 다음에서 정하는 이외의 보존료가 검출되어서는 아니 된다.

소브산 소브산칼륨 소브산칼슘	2.0 이하(소브산으로서)

(4) 세균수 : n=5, c=0, m=0(멸균제품에 한한다).

(5) 대장균 : n=5, c=2, m=10, M=100(생햄에 한한다)

(6) 대장균군 : n=5, c=2, m=10, M=100(살균제품에 한한다)

(7) 살모넬라 : n=5, c=0, m=0/25g(살균제품 또는 그대로 섭취하는 제품에 한한다)

(8) 리스테리아 모노사이토제네스 : n=5, c=0, m=0/25g(살균제품 또는 그대로 섭취하는 제품에 한한다)

(9) 황색포도상구균 : n=5, c=1, m=10, M=100(살균제품 또는 그대로 섭취하는 제품에 한한다. 다만, 생햄의 경우 n=5, c=2, m=10, M=100 이어야 한다)

16-2 소시지류, 16-3 베이컨류, 16-4 건조저장육류, 16-5 양념육류, 16-6 식육추출가공품, 16-7 식육함유가공품, 16-8 포장육 〈내용 생략〉

17. 알가공품류 〈내용 생략〉

18. 유가공품

유가공품이라 함은 원유를 주원료로 하여 가공한 우유류, 가공유류, 산양유, 발효유류, 버터유, 농축유류, 유크림류, 버터류, 치즈류, 분유류, 유청류, 유당, 유단백가수분해식품을 말한다.

다만, 커피고형분 0.5% 이상 함유된 음용을 목적으로 하는 제품은 제외한다.

18-1 우유류

1) 정의

　　우유류라 함은 원유를 살균 또는 멸균처리한 것(원유의 유지방분을 부분 제거한 것 포함)이거나 유지방 성분을 조정한 것 또는 유가공품으로 원유성분과 유사하게 환원한 것을 말한다.

4) 식품유형

　(1) 우유 : 원유를 살균 또는 멸균처리한 것을 말한다(원유 100%).

　(2) 환원유 : 유가공품으로 원유성분과 유사하게 환원하여 살균 또는 멸균처리한 것으로 무지유고형분 8% 이상의 것을 말한다.

5) 규격

　(1) 산도(%) : 0.18 이하(젖산으로서)

　(2) 유지방(%) : 3.0 이상(다만, 저지방제품은 0.6~2.6, 무지방제품은 0.5 이하)

　(3) 세균수 : n=5, c=2, m=10,000, M=50,000(멸균제품의 경우 55℃에서 1주 또는 30℃에서 2주 보관 후 일반세균수 시험법에 의할 때 n=5, c=0, m=0이어야 한다. 다만, 유산균 첨가제품은 제외한다)

　(4) 대장균군 : n=5, c=2, m=0, M=10(멸균제품은 제외한다.)

　(5) 포스파타제 : 음성이어야 한다(저온장시간 살균제품, 고온단시간 살균제품에 한한다)

　(6) 살모넬라 : n=5, c=0, m=0/25g

　(7) 리스테리아 모노사이토제네스 : n=5, c=0, m=0/25g

　(8) 황색포도상구균 : n=5, c=0, m=0/25g

18-2 가공유류, 18-3 산양유, 18-4 발효유류, 18-5 버터유, 18-6 농축유류, 18-7 유크림류, 18-8 버터류, 18-9 치즈류, 18-10 분유류, 18-11 유청류, 18-12 유당, 18-13 유단백가수분해식품 〈내용 생략〉

19. 수산가공식품류

　수산가공식품류라 함은 수산물을 주원료로 분쇄, 건조 등의 공정을 거치거나 이에 식품 또는 식품첨가물을 가하여 제조·가공한 것으로 어육가공품류, 젓갈류, 건포류, 조미김 등을 말한다.

19-1 어육가공품류

1) 정의

　　어육가공품류라 함은 어육을 주원료로 하여 식품 또는 식품첨가물을 가하여 제조·가공한 것으로 어육살, 연육, 어육반제품, 어묵, 어육소시지 등을 말한다.

4) 식품유형

(1) 어육살

어류의 살을 채취, 가공한 어육살로서 부형제와 보존료(소브산 및 소브산칼륨 제외) 등 식품첨가물을 일절 첨가하지 아니한 것을 말한다.

(2) 연육

어류의 살을 채취·가공한 어육살에 염, 당류, 인산염 등을 가한 것을 말한다.

(3) 어육반제품

어육의 염(鹽)에 녹는 단백질을 용출시킨 고기풀에 식품 또는 식품첨가물을 가한 것으로서 열처리하지 아니한 것을 말한다.

(4) 어묵

어육 중 염(鹽)에 녹는 단백질을 용출시킨 고기풀에 식품 또는 식품첨가물을 가하여 제조·가공한 것을 말한다.

(5) 어육소시지

어육이나 어육 및 식육을 염지하여 훈연한 것 또는 어육이나 어육 및 식육 등을 케이싱에 충전하여 열처리한 것을 말한다(다만, 어육의 함량이 식육의 함량보다 많아야 한다).

(6) 기타 어육가공품

식품유형 (1)~(5)에 정하여지지 아니한 어육가공품류를 말한다.

5) 규격

(1) 아질산이온(g/kg) : 0.05 미만(어육소시지에 한한다)

(2) 타르색소 : 검출되어서는 아니 된다(어육소시지는 제외한다).

(3) 대장균군 : n=5, c=1, m=0, M=10(살균제품에 한한다.)

(4) 세균수 : n=5, c=0, m=0(멸균제품에 한한다.)

(5) 보존료(g/kg) : 다음에서 정하는 것 이외의 보존료가 검출되어서는 아니 된다.

소브산 소브산칼륨 소브산칼슘	2.0 이하(소브산으로서)

19-2 젓갈류

1) 정의

젓갈류라 함은 어류, 갑각류, 연체류, 극피류 등에 식염을 가하여 발효 숙성한 것 또는 이를 분리한 여액에 식품 또는 식품첨가물을 가하여 가공한 젓갈, 양념젓갈, 액젓, 조미액젓을 말한다.

4) 식품유형

(1) 젓갈

어류, 갑각류, 연체류, 극피류 등의 전체 또는 일부분에 식염('식해'의 경우 식염 및 곡류 등)을 가하여 발효 숙성시킨 것(생물로 기준할 때 60%이상)을 말한다.

(2) 양념젓갈

젓갈에 고춧가루, 조미료 등을 가하여 양념한 것을 말한다.

(3) 액젓

젓갈을 여과하거나 분리한 액 또는 이에 여과·분리하고 남은 것을 재발효 또는 숙성시킨 후 여과하거나 분리한 액을 혼합한 것을 말한다.

(4) 조미액젓

액젓에 염수 또는 조미료 등을 가한 것을 말한다.

5) 규격

(1) 총질소(%) : 액젓 1.0 이상(다만, 곤쟁이 액젓은 0.8 이상)

　　　　　　　조미액젓 0.5 이상

(2) 대장균군 : n=5, c=1, m=0, M=10(액젓, 조미액젓에 한한다.)

(3) 타르색소 : 검출되어서는 아니 된다(다만, 명란젓은 제외한다).

(4) 보존료(g/kg) : 다음에서 정하는 것 이외의 보존료가 검출되어서는 아니 된다(다만, 식염 함량이 8% 이하의 제품에 한한다).

소브산 소브산칼륨 소브산칼슘	1.0 이하(소브산으로서)

(5) 대장균 : n=5, c=1, m=0, M=10(액젓, 조미액젓은 제외한다.)

19-3 건포류 〈내용 생략〉

19-4 조미김

1) 정의

조미김이라 함은 마른김(얼구운김 포함)을 굽거나, 식용유지, 조미료, 식염 등으로 조미·가공한 것을 말한다.

5) 규격

(1) 산가 : 4.0 이하(유처리한 김에 한한다)

(2) 과산화물가 : 60.0 이하(유처리한 김에 한한다)

(3) 타르색소 : 검출되어서는 아니 된다.

19-5 한천, 19-6 기타 수산물가공품 〈내용 생략〉

20. 동물성가공식품류 〈내용 생략〉

21. 벌꿀 및 화분가공품류

벌꿀 및 화분가공품류라 함은 꿀벌들이 채집하여 벌집에 저장한 자연물 또는 이를 가공한 것으로 벌꿀류, 로열젤리류, 화분가공식품을 말한다.

21-1 벌꿀류

1) 정의

벌꿀류라 함은 꿀벌들이 꽃꿀, 수액 등 자연물을 채집하여 벌집에 저장한 것 또는 이를 채밀한 것을 말한다.

4) 식품유형

(1) 벌집꿀

꿀벌들이 꽃꿀, 수액 등 자연물을 채집하여 벌집 속에 저장한 후 벌집의 전체 또는 일부를 봉한 것 또는 이에 벌꿀을 가한 것으로 벌집 고유의 형태를 유지하고 있는 것을 말한다.

(2) 벌꿀

꿀벌들이 꽃꿀, 수액 등 자연물을 채집하여 벌집에 저장한 것을 채밀, 숙성시킨 것을 말한다.

(3) 사양벌집꿀

꿀벌의 생존을 위해 최소량의 설탕으로 사양한 후 채취한 벌집꿀 또는 이에 벌꿀이나 사양벌꿀을 가한 것으로 벌집 고유의 형태를 유지하고 있는 것을 말한다.

(4) 사양벌꿀

꿀벌의 생존을 위해 최소량의 설탕으로 사양한 후 채밀, 숙성시킨 것을 말한다.

5) 규격

유형 항목	벌집꿀	벌꿀	사양벌집꿀	사양벌꿀
(1) 수분(%)	23.0 이하	20.0 이하	23.0 이하	20.0 이하
(2) 물불용물(%)	–	0.5 이하	–	0.5 이하
(3) 산도(meq/kg)	–	40.0 이하	–	40.0 이하
(4) 전화당(%)	50.0 이상	60.0 이상	50.0 이상	60.0 이상
(5) 자당(%)	15.0 이하	7.0 이하	15.0 이하	7.0 이하
(6) 히드록시메틸푸르푸랄(mg/kg)	80.0 이하			
(7) 타르색소	–	검출되어서는 아니 된다.	–	검출되어서는 아니 된다.
(8) 사카린나트륨	–	검출되어서는 아니 된다.	–	검출되어서는 아니 된다.

(9) 이성화당	-	음성이어야 한다.	-	음성이어야 한다.
(10) 탄소동위원소 비율(‰)	-22.5‰ 이하	-22.5‰ 이하	-22.5‰ 초과	-22.5‰ 초과

21-2 로열젤리류, 21-3 화분가공식품 〈내용 생략〉
22. 즉석식품류 〈내용 생략〉
23. 기타식품류 〈내용 생략〉

제6 식품접객업소(집단급식소 포함)의 조리식품 등에 대한 기준 및 규격

1. 정의
'식품접객업소(집단급식소 포함)의 조리식품'이란 유통판매를 목적으로 하지 아니하고 조리 등의 방법으로 손님에게 직접 제공하는 모든 음식물(음료수, 생맥주 등 포함)을 말한다.

2. 기준 및 규격의 적용
1) 식품첨가물의 사용에 대하여 식품접객업소(집단급식소 포함)에서 조리하여 판매하는 식품이 제5. 식품별 기준 및 규격에 따른 가공식품과 동일하거나 유사한 경우, 해당 가공식품에 적용되는 「식품첨가물의 기준 및 규격」(식품의약품안전처 고시)을 적용할 수 있다.

3. 원료 기준
1) 원료의 구비요건
 (1) 원료는 선도가 양호한 것으로서 부패·변질되었거나 유독·유해물질 등에 오염되지 아니한 것이어야 한다.
 (2) 원료 및 기구 등의 세척, 식품의 조리, 먹는물 등으로 사용되는 물은 「먹는물 관리법」의 수질기준에 적합한 것이어야 하며, 노로바이러스가 검출되어서는 아니 된다(수돗물은 제외).
 (3) 식품접객업소에서 사용하는 얼음은 세균수가 1 ㎖당 1,000이하, 대장균 및 살모넬라가 250 ㎖당 음성이어야 하며, 기타 이화학적 규격은 제5. 식품별 기준 및 규격 2-4 얼음류의 기준 및 규격에 적합한 것이어야 한다.
 (4) 식용을 목적으로 채취, 취급, 가공, 제조 또는 관리되지 아니한 동·식물성 원재료는 식품의 조리용으로 사용하여서는 아니 된다.
2) 원료의 보관 및 저장
 가) 공통

(1) 모든 식품 등은 위생적으로 취급하여야 하며 쥐, 바퀴벌레 등 위해생물에 의하여 오염되지 않도록 보관하여야 한다.

(2) 식품 등은 세척제나 인체에 유해한 화학물질, 농약, 독극물 등과 함께 보관하여서는 아니 된다.

(3) 기준규격이 정해진 식품 등은 정해진 기준에 따라 보관·저장하여야 하며, 농·임·축·수산물 중 선도를 유지해야 하는 원료의 경우에는 냉장 또는 냉동 보관하여야 한다.

(4) 세척 등 전처리를 거쳐 식품에 바로 사용할 수 있는 식품이나 가공식품은 바닥으로부터 오염되지 않도록 용기 등에 담아서 청결한 장소에 보관하여야 한다.

(5) 개별 표시된 식품 등을 제외하고, 냉장으로 보관하여야 하는 경우에는 10℃ 이하, 냉동으로 보관하여야 하는 경우에는 -18℃ 이하에서 보관하여야 한다.

(6) 냉동식품의 해동

① 냉동식품의 해동은 위생적으로 실시하여야 한다.

② 해동 후 바로 사용하지 않는 경우 조리 시까지 냉장 보관하여야 한다.

③ 한 번 해동한 식품의 경우 다시 냉동하여서는 아니 된다.

나) 식품별

(1) 곡류(쌀, 보리, 밀가루 등)

① 건조하고 서늘한 곳에 위생적으로 보관하여야 한다.

② 곰팡이가 피거나 색깔이 변하지 않도록 보관하여야 한다.

(2) 유지류(참기름, 들기름, 현미유, 옥수수기름, 콩기름 등) 및 유지함유량이 많은 견과류 등은 직사광선을 받지 아니하는 서늘한 곳에 보관하거나, 냉장 또는 냉동 보관하여야 한다.

(3) 축·수산물(소고기, 돼지고기, 생선 등)은 각각 위생적으로 포장하여 다른 식품과 용기, 포장 등으로 구분하여 냉장 또는 냉동 보관하여야 한다.

(4) 과일 및 채소류(사과, 배, 복숭아, 포도, 배추, 무, 양파, 오이, 양배추, 시금치 등)는 세척한 과일·채소와 세척하지 않은 과일·채소가 섞이지 않도록 따로 보관하여야 한다.

(5) 기타식품

① 조미식품은 이물의 혼입이나 오염방지를 위하여 마개나 덮개를 닫아 보관하여야 한다.

② 두부는 냉장 보관하여야 한다.

4. 조리 및 관리기준

(1) 사용 중인 튀김용 유지는 산가 3.0 이하이어야 한다.

(2) 식품의 조리에 직접 접촉하는 기구류는 부식 등으로 인한 오염이 되지 않도록 관리하여야 한다.

(3) 조리한 식품은 위생적인 용기 등에 넣어 조리하지 않은 식품과 교차오염 되지 않도록 관리하여야 한다.

(4) 가능한 한 조리한 식품 중 냉면육수 등 찬 음식의 보관은 10℃이하에서, 따뜻한 음식의 보관은 60℃이상에서 보관하여야 한다.

(5) 수산물을 보관하기 위한 수족관 물은 위생적으로 관리되어야 한다. 다만, 불가피하게 수족 관의 거품제거, 정수 등의 목적으로 사용되는 물질은 식품원료로 사용가능한 것이거나, 식 품첨가물 중 이산화염소, 이산화규소 및 규소수지의 성분규격에 적합한 것이어야 한다.

(6) 야채 또는 과실의 세척에 세척제를 사용하는 경우에는 「위생용품의 규격 및 기준」(보건복 지부 고시)에 따른 야채 또는 과실용 세척제의 규격에 적합한 것을 사용하여야 하며, 야채 또는 과실 이외에는 세척제를 사용하여서는 아니 된다.

(7) 소비자가 그대로 섭취할 수 있는 냉동제품은 해동 후 24시간 이내에 한하여 해동 판매할 수 있다.

(8) 육류, 어류 등 동물성원료를 가열 조리하는 경우에는 식품의 중심부까지 충분히 익혀야 한 다. 다만, 소비자가 덜 익히도록 요청한 경우에는 그러하지 않을 수 있다.

5. 규격

가) 조리식품 등

(1) 성상 : 고유의 색택과 향미를 가지고 이미·이취가 없어야 한다.

(2) 이물 : 식품은 원료의 처리과정에서 그 이상 제거되지 아니하는 정도 이상의 이물과 오염 된 비위생적인 이물을 함유하여서는 아니 된다. 다만 다른 식품이나 원료식물의 표 피 또는 토사 등과 같이 실제에 있어 정상적인 조리과정 중 완전히 제거되지 아니 하고 잔존하는 경우의 이물로서 그 양이 적고 일반적으로 인체의 건강을 해할 우려 가 없는 정도는 제외한다.

(3) 대장균 : 1 g당 10 이하.

(4) 세균수 : 3,000/g 이하이어야 한다.(슬러쉬에 한한다. 단, 유가공품, 유산균, 발효식품 및 비살균제품이 함유된 경우에는 제외한다).

(5) 식중독균 : 식품접객업소(집단급식소 포함)에서 조리된 식품은 살모넬라(*Salmonella* spp.), 황색포도상구균(*Staphylococcus aureus*), 리스테리아 모노사이토제네스 (*Listeria monocytogenes*), 장출혈성 대장균(Enterohemorrhagic *Escherichia coli*), 캠필로박터 제주니/콜리(*Camplyobacter jejuni/coli*), 여시니아 엔테로콜 리티카(*Yersinia enterocolitica*) 등 식중독균이 음성이어야 하며, 장염비브리오균 (*Vibrio parahaemolyticus*), 클로스트리디움 퍼프린젠스(*Clostridium perfringens*) g당 100 이하, 바실러스 세레우스(*Bacillus cereus*) g당 10,000 이하이어야 한 다. 다만, 조리과정 중 가열처리를 하지 않거나 가열 후 조리한 식품의 경우 황 색포도상구균(*Staphylococcus aureus*)은 g당 100 이하이어야 한다.

나) 접객용 음용수

(1) 대장균 : 음성/250 mL

(2) 살모넬라 : 음성/250 mL

(3 여시니아 엔테로콜리티카 : 음성/250 mL

다) 조리기구 등

⑴ 수족관물

① 세균수 : 1 mL 당 100,000 이하

② 대장균군 : 1,000 이하/100 mL

⑵ 행주(사용 중인 것은 제외한다)

① 대장균 : 음성이어야 한다.

⑶ 칼·도마 및 숟가락, 젓가락, 식기, 찬기 등 음식을 먹을 때 사용하거나 담는 것(사용 중인
것은 제외한다)

① 살모넬라 : 음성이어야 한다.

② 대장균 : 음성이어야 한다.

6. 시험방법 : 생략

제7 ─ 검체의 채취 및 취급방법

1. 검체 채취의 의의

검체의 채취는 식품위생법에 따라서 식품위생감시원이 검사대상으로부터 일부의 검체를 채취하
여 기준·규격 적합여부, 오염물질 등에 대한 안전성 검사를 실시하여 그 검사결과에 따라 행정조
치 등이 이루어지게 되므로 검사대상 선정, 검체 채취·취급·운반·시험검사 등은 효율성을 확보
하면서 과학적인 방법으로 수행하여야 한다. 따라서 검체를 채취하여 식품위생검사기관에 검사 의
뢰하는 것은 중요한 의의를 가지므로 식품위생감시원은 검체 채취 및 취급방법 등에 대하여 충분한
지식을 가지고 그 직무를 수행하여야 한다.

2. 용어의 정의

1) 검   체 : 검사대상으로부터 채취된 시료를 말한다.
2) 검사대상 : 같은 조건에서 생산·제조·가공·포장되어 그 유형이 같은 식품 등으로 검체
가 채취되는 하나의 대상을 말한다. 다만, 농·임·축·수산물에 있어서는 같
은 품목으로 동시에 생산·도착·운송된 것은 하나의 검사대상으로 볼 수 있
으나, 내용량 검사가 필요한 경우에는 하나의 검사대상으로 볼 수 없다.
3) 벌크(Bulk) : 최종소비자에게 그대로 유통 판매하도록 포장되지 아니한 검사대상을 말한다.

3. 검체채취의 일반원칙

1) 검체의 채취는「식품위생법」제32조 및 같은 법 시행령 제16조 또는「축산물 위생관리 법」제13조 및 제20조의2, 같은 법 시행령 제14조 및 제20조의2에서 규정하는 자(이 하 "검체채취자"라 한다.)가 수행하여야 한다.

2) 검체를 채취하는 때에는 검사대상으로부터 제8. 일반시험법 13. 부표 중의 13.9 난수표를 사 용하여 대표성을 가지도록 하여야 한다. 다만, 난수표법을 사용할 수 없는 사유가 있을 때에 는 채취자가 검사대상을 선정·채취할 수 있다.

3) 검체는 검사목적, 검사항목 등을 참작하여 검사대상 전체를 대표할 수 있는 최소한도의 양 을 수거하여야 한다.

4) 검체채취 시에는 검체채취결정표에 따라 검체를 채취하며, 6. 개별 검체채취 및 취급 방법 에서 정한 검체채취지점수 또는 시험검체수와 중복될 경우에는 강화된 검체채취지점수 또 는 시험검체수를 적용하여 채취하여야 한다. 다만, 기구 및 용기·포장의 경우에는 검체채 취결정표에 따르지 아니하고 식품등의 기준 및 규격 검사에 필요한 양만큼 채취한다.

<검체채취결정표>

검사대상 크기(kg)		검체채취 지점수(이상)	시험검체수
~	5,000 미만	2	1
5,000 이상 ~	15,000 미만	3	1
15,000 이상 ~	25,000 미만	5	1
25,000 이상 ~	100,000 미만	8(4×2)	2
100,000 이상 ~	1,000,000 미만	10(5×2)	2
1,000,000 이상 ~		12(4×3)	3

※ 25,000 kg 이상 100,000 kg 미만인 검사대상의 경우에는 4곳 이상에서 채취·혼합하여 1개로 하는 방법으로 총 2개의 검체를 채취하여 검사 의뢰하고, 100,000 kg 이상 1,000,000 kg 미만인 검사대상 은 5곳 이상에서 채취·혼합하여 1개로 하는 방법으로 총 2개의 검체를 채취하여 검사를 의뢰한다. 1,000,000 kg 이상인 검사대상은 4곳 이상에서 채취·혼합하여 1개로 하는 방법으로 총 3개의 검체 를 채취하여 검사 의뢰한다.

5) 냉동검체, 대포장검체 및 유통중인 식품 등 검체채취결정표에 따라 채취하기 어려운 경우에 는 식품위생감시원이 판단하여 수거량안에서 대표성 있게 검체를 채취할 수 있다.

6) 일반적으로 검체는 제조번호, 제조년월일, 유통기한이 동일한 것을 하나의 검사대상으로 하 고 이와 같은 표시가 없는 것은 품종, 식품유형, 제조회사, 기호, 수출국, 수출년월일, 도착년 월일, 적재선, 수송차량, 화차, 포장형태 및 외관 등의 상태를 잘 파악하여 그 식품의 특성 및 검사목적을 고려하여 채취하도록 한다.

7) 채취된 검체가 검사대상이 손상되지 않도록 주의하여야 하고, 식품을 포장하기전 또는 포 장된 것을 개봉하여 검체로 채취하는 경우에는 이물질의 혼입, 미생물의 오염 등이 되지 않 도록 주의하여야 한다.

8) 채취한 검체는 봉인하여야 하며 파손하지 않고는 봉인을 열 수 없도록 하여야 한다.

9) 기구 또는 용기·포장으로서 재질 및 바탕색상이 같으나 단순히 용도·모양·크기 또는 제품명 등이 서로 다른 경우에는 그중 대표성이 있는 것을 검체로 할 수 있다. 다만, 재질 및 바탕색이 같지 않은 세트의 경우에는 판매단위인 세트별로 검체를 채취할 수 있다.

10) 검체채취자는 검사대상식품 중 곰팡이독소, 방사능오염 등이 의심되는 부분을 우선 채취할 수 있으며, 추가적으로 의심되는 물질이 있을 경우 검사항목을 추가하여 검사를 의뢰할 수 있다.

11) 미생물 검사를 위한 시료채취는 검체채취결정표에 따르지 아니하고 제2. 식품일반에 대한 공통기준 및 규격과 제5. 식품별 기준 및 규격에서 정하여진 시료수(n)에 해당하는 검체를 채취한다.

12) 위험물질에 대한 검사강화, 부적합이력, 위해정보 등의 사유로 인해 식품의약품안전처장이 검사강화가 필요하다고 판단하는 경우 검체를 추가로 채취하여 검사를 의뢰할 수 있다.

4. 검체의 채취 및 취급요령

검체채취시에는 검사 목적, 대상 식품의 종류와 물량, 오염 가능성, 균질 여부 등 검체의 물리·화학·생물학적 상태를 고려하여야 한다.

1) 검체의 채취 요령

⑴ 검사대상식품 등이 불균질할 때

① 검체가 불균질할 때에는 일반적으로 다량의 검체가 필요하나 검사의 효율성, 경제성 등으로 부득이 소량의 검체를 채취할 수 밖에 없는 경우에는 외관, 보관상태 등을 종합적으로 판단하여 의심스러운 것을 대상으로 검체를 채취할 수 있다.

② 식품등의 특성상 침전·부유 등으로 균질하지 않은 제품(예, 식품첨가물 중 향신료올레오레진류 등)은 전체를 가능한 한 균일 하게 처리한 후 대표성이 있도록 채취하여야 한다.

⑵ 검사항목에 따른 균질 여부 판단

검체의 균질 여부는 검사항목에 따라 달라질 수 있다. 어떤 검사대상식품의 선도판정에 있어서는 그 식품이 불균질하더라도 이에 함유된 중금속, 식품첨가물 등의 성분은 균질한 것으로 보아 검체를 채취할 수 있다.

⑶ 포장된 검체의 채취

① 깡통, 병, 상자 등 용기·포장에 넣어 유통되는 식품 등은 가능한 한 개봉하지 않고 그대로 채취한다.

② 대형 용기·포장에 넣은 식품 등은 검사대상 전체를 대표할 수 있는 일부를 채취 할 수 있다.

⑷ 선박의 벌크검체 채취

① 검체채취는 선상에서 하거나 보세장치장의 사일로(silo)에 투입하기 전에 하여야 한다. 다만, 부득이한 사유가 있는 경우에는 그러하지 아니할 수 있다.

② 같은 선박에 선적된 같은 품명의 농·임·축·수산물이 여러 장소에 분산되어 선적된 경우에는 전체를 하나의 검사대상으로 간주하여 난수표를 이용하여 무작위로 장소를 선정하여 검체를 채취한다.

③ 같은 선박 벌크 제품의 대표성이 있도록 5곳 이상에서 채취 혼합하여 1개로 하는 방법으로 총 5개의 검체를 채취하여 검사의뢰한다.

(5) 냉장, 냉동 검체의 채취

    냉장 또는 냉동 식품을 검체로 채취하는 경우에는 그 상태를 유지하면서 채취하여야 한다.

(6) 미생물 검사를 하는 검체의 채취

① 검체를 채취·운송·보관하는 때에는 채취당시의 상태를 유지할 수 있도록 밀폐되는 용기·포장 등을 사용하여야 한다.

② 미생물학적 검사를 위한 검체는 가능한 미생물에 오염되지 않도록 단위포장상태 그대로 수거하도록 하며, 검체를 소분채취할 경우에는 멸균된 기구·용기 등을 사용하여 무균적으로 행하여야 한다.

③ 검체는 부득이한 경우를 제외하고는 정상적인 방법으로 보관·유통중에 있는 것을 채취하여야 한다.

④ 검체는 관련정보 및 특별수거계획에 따른 경우와 식품접객업소의 조리식품 등을 제외하고는 완전 포장된 것에서 채취하여야 한다.

(7) 기체를 발생하는 검체의 채취

① 검체가 상온에서 쉽게 기체를 발산하여 검사결과에 영향을 미치는 경우는 포장을 개봉하지 않고 하나의 포장을 그대로 검체단위로 채취하여야 한다.

② 다만, 소분 채취하여야 하는 경우에는 가능한 한 채취된 검체를 즉시 밀봉·냉각시키는 등 검사결과에 영향을 미치지 않는 방법으로 채취하여야 한다.

(8) 페이스트상 또는 시럽상 식품등

① 검체의 점도가 높아 채취하기 어려운 경우에는 검사결과에 영향을 미치지 않는 범위내에서 가온 등 적절한 방법으로 점도를 낮추어 채취할 수 있다.

② 검체의 점도가 높고 불균질하여 일상적인 방법으로 균질하게 만들 수 없을 경우에는 검사결과에 영향을 주지 아니하는 방법으로 균질하게 처리할 수 있는 기구 등을 이용하여 처리한 후 검체를 채취할 수 있다.

(9) 검사 항목에 따른 검체채취 주의점

① 수분

    증발 또는 흡습 등에 의한 수분 함량 변화를 방지하기 위하여 검체를 밀폐 용기에 넣고 가능한 한 온도 변화를 최소화하여야 한다.

② 산가 및 과산화물가

    빛 또는 온도 등에 의한 지방 산화의 촉진을 방지하기 위하여 검체를 빛이 차단되는 밀폐 용기에 넣고 채취 용기내의 공간 체적과 가능한 한 온도 변화를 최소화하여야 한다.

2) 검체채취내역서의 기재

검체채취자는 검체채취시 당해 검체와 함께 제8. 일반시험법 13. 부표 13.11 검체채취내역서를 첨부하여야 한다. 다만, 검체채취내역서를 생략하여도 기준·규격검사에 지장이 없다고 인정되는 때에는 그러하지 아니할 수 있다.

3) 식별표의 부착

수입식품검사(유통수거 검사는 제외한다)의 경우 검체채취 후 검체를 수거하였음을 나타내는 제8. 일반시험법 13. 부표 13.12 식별표를 보세창고 등의 해당 식품에 부착한다.

4) 검체의 운반 요령

⑴ 채취된 검체는 오염, 파손, 손상, 해동, 변형 등이 되지 않도록 주의하여 검사실로 운반하여야 한다.

⑵ 검체가 장거리로 운송되거나 대중 교통으로 운송되는 경우에는 손상되지 않도록 특히 주의하여 포장한다.

⑶ 냉동 검체의 운반

① 냉동 검체는 냉동 상태에서 운반하여야 한다.

② 냉동 장비를 이용할 수 없는 경우에는 드라이 아이스 등으로 냉동상태를 유지하여 운반할 수 있다.

⑷ 냉장 검체의 운반

냉장 검체는 온도를 유지하면서 운반하여야 한다. 얼음 등을 사용하여 냉장온도를 유지하는 때에는 얼음 녹은 물이 검체에 오염되지 않도록 주의하여야 하며 드라이 아이스 사용 시 검체가 냉동되지 않도록 주의하여야 한다.

⑸ 미생물 검사용 검체의 운반

① 부패·변질 우려가 있는 검체

미생물학적인 검사를 하는 검체는 멸균용기에 무균적으로 채취하여 저온(5℃± 3 이하)을 유지시키면서 24시간 이내에 검사기관에 운반하여야 한다. 부득이한 사정으로 이 규정에 따라 검체를 운반하지 못한 경우에는 재수거하거나 채취일시 및 그 상태를 기록하여 식품위생검사기관에 검사 의뢰한다.

② 부패·변질의 우려가 없는 검체

미생물 검사용 검체일지라도 운반과정중 부패·변질우려가 없는 검체는 반드시 냉장온도에서 운반할 필요는 없으나 오염, 검체 및 포장의 파손 등에 주의하여야 한다.

③ 얼음 등을 사용할 때의 주의사항

얼음 등을 사용할 때에는 얼음 녹은 물이 검체에 오염되지 않도록 주의하여야 한다.

⑹ 기체를 발생하는 검체의 운반

소분 채취한 검체의 경우에는 적절하게 냉장 또는 냉동한 상태로 운반하여야 한다.

5. 검체채취 기구 및 용기

1) 검체채취 기구 및 용기는 검체의 종류, 형상, 용기·포장 등이 다양하므로 검체의 수거 목적에 적절한 기구 및 용기를 준비하여야 한다.

2) 「기구 및 용기·포장의 기준·규격」에 적합한 것이어야 한다.

3) 기구 및 용기는 운반, 세척, 멸균에 편리한 것이어야 하며 미생물 검사를 위한 검체 채취의 기구·용기 중 검체와 직접 접촉하는 부분은 반드시 멸균 처리하여야 한다.

4) 검체와 직접 접촉하는 기구 및 용기는 검사결과에 영향을 미치지 않는 것이어야 한다.

5) 검체채취 및 기구·용기의 종류

(1) 채취용 기구

저울, 핀셋, 가위, 칼, 캔따개, 망치, 전기톱 또는 톱, 곡물검체채취기(색대), 드라이어, 피펫, 커터, 액체검체채취용 펌프 또는 튜브, 국자, 깔때기 등

(2) 채취용 용기·포장

검체봉투(대, 중, 소), 검체채취병(광구병) 등

(3) 미생물검사용 검체채취 기구

멸균백, 멸균병, 일회용 멸균플라스틱 피펫, 멸균피펫 inspirator, 일회용 멸균 장갑, 70% 에틸알콜, 멸균스테인레스 국자, 멸균스테인레스 집게 등

(4) 냉장·냉동 검체 운반기구

아이스박스, 아이스팩, 실시간온도기록계 등

(5) 기 타

안전모, 간이사다리, 위생장화, 테이프, 아이스박스, 사진기, 필기구 등

6. 개별 검체채취 및 취급 방법

1) 수산물의 검체채취

(1) 관능검사용 검체채취방법

관능검사용 검체채취는 무포장 수산물과 포장수산물로 구분하고 난수표 등을 이용, 다음의 표에 따라 검체를 채취하여 성상(관능)검사를 실시하고 이 중 채점개수만큼 채취하여 채점을 실시한다.

① 무포장 수산물(단위중량이 일정하지 아니한 것)

검사대상	채취 개수	채점 개수	채취요령
1톤미만	3	2	○ 채취개수는 개체중량이 2 kg이상은 1마리를, 2 kg 미만은 기구 또는 그물망 등으로 채취(2~3 kg)한 것을 1개의 채취개수로 한다. ○ 활어 등 살아있는 상태로 2개 이상 수조에 분산되 어 수용되어 있는 경우 각 수조별 품질상태, 크기, 중량 등을 고려하여 채취개수를 추가할 수 있다.
1톤이상~ 3톤미만	5	3	
3톤이상~ 5톤미만	7	4	
5톤이상~10톤미만	9	5	
10톤이상~20톤미만	11	6	
20톤이상	13	7	

② 포장제품(단위중량이 일정한 Block형의 무포장 제품 포함)

검사대상	채취 개수	채점 개수	채취요령
4개이하	1	1	○ 포장별 제품의 제조연월일(포장일), 크기, 중량 등을 고려하여 대표성 있게 채취한다.
5~ 50개	3	1	
51~ 100개	5	2	○ 검사대상이 35,001개 이상인 경우에는 채취개수를 추가할 수 있다.
101~ 200개	7	2	
201~ 300개	9	3	
301~ 400개	11	3	
401~ 500개	13	4	
501~ 700개	15	5	
701~1,000개	17	5	
1,001~10,000개	20	6	
10,001~35,000개	32	10	
35,001개 이상	50	16	

(2) 정밀검사용 검체채취 방법

① 정밀검사용 검체의 채취는 관능검사 채점대상 수산물에서 무작위로 채취한다.

② 패류(패각이 붙어 있는 경우) 및 해조류, 한천 등은 중량으로 채취하고 그 이외의 정밀검사용 검체는 마리수 또는 단위포장을 기준으로 채취함을 원칙으로 한다.

③ 정밀검사 결과에 영향을 줄 우려가 있는 포장횟감용 수산물은 포장단위로 검체를 채취할 수 있다.

④ 정밀검사는 채취된 검체 전체에서 먹을 수 있는 부위만을 취해 균질화 한 후 그 중 일정량을 1개의 시험검체로 한다. 다만, 어류는 머리, 꼬리, 내장, 뼈, 비늘을 제거한 후 껍질을 포함한 근육부위를 시험검체로 하고, 이때 검체를 물에서 꺼낸 경우나, 물로 씻은 경우에는 표준체(20 mesh 또는 이와 동등한 것)에 얹어 물을 제거한 후 균질화 한다.

⑤ 정밀검사용 검체 채취량은 다음의 표와 같다. 다만, 가격이 고가이거나 마리수 또는 단위포장별로 검체채취가 곤란한 경우에는 채취량의 범위 안에서 정밀검사 최소 필요량(가식부 300 g)이 되도록 검체를 절단·분할·파쇄하여 채취할 수 있다.

종 류 별	채 취 량
○ 대형 수산물	
– 개체중량이 2 kg이상	2 마리(포장)
– 개체중량이 1 kg이상~2 kg미만	3 마리(포장)
○ 중형 수산물	
– 개체중량이 500 g이상~1 kg미만	3 마리(포장)
– 개체중량이 200 g이상~500 g미만	5 마리(포장)
○ 소형 수산물	
– 개체중량이 100 g이상~200 g미만	10 마리(포장)

– 개체중량이 50 g이상~100 g미만	10~20 마리(포장)
– 개체중량이 50 g미만	2 kg이하
○ 패류(패각이 붙어 있는 경우)	1~4 kg
○ 해조류, 한천 등 기타수산물	0.3~0.5 kg

2) 잔류농약검사를 위한 검체의 채취

(1) 가능한 한 잔류농약검사를 위한 검체는 냉장보관하여 운반한다.

(2) 가공식품의 경우에는 3. 검체채취의 일반원칙 4)의 검체채취결정표에 따라 채취하고 농산물 등의 경우에는 다음의 표에 따라 채취한다.

검사대상 크기(kg)	검체채취 지점수(이상)	시험검체수
~ 5,000 미만	3	1
5,000 이상 ~ 15,000 미만	5	1
15,000 이상 ~ 25,000 미만	8	1
25,000 이상 ~	14	1

3) 아플라톡신 검사를 위한 검체의 채취

(1) 가공식품의 경우에는 3. 검체채취의 일반원칙 4)의 검체채취결정표에 따라 채취하고 곡류, 두류, 땅콩 및 견과류의 경우에는 다음의 표에 따라 채취한다.

검사대상 크기(kg)	검체채취 지점수(이상)	시험검체수	검체채취량(kg)
~ 1,000 미만	8	1	1
1,000 이상 ~ 5,000 미만	10	1	1
5,000 이상 ~ 15,000 미만	15	1	1
15,000 이상 ~ 25,000 미만	18(9×2)	2	2
25,000 이상 ~ 60,000 미만	20(10×2)	2	2
60,000 이상 ~	24(8×3)	3	3

예시) 시험검체수가 3개인 경우에는 8곳 이상에서 채취혼합하여 1개로 하는 방법으로 총 3개 검체를 각각 시험검체로 의뢰한다.

4) 잔류동물용의약품 검사를 위한 검체의 채취

가공식품 및 축산물의 경우에는 3. 검체채취의 일반원칙 4)의 검체채취결정표에 따라 채취하고, 수산물의 경우에는 6. 개별 검체채취 및 취급 방법 1) 수산물의 검체채취에 따라 채취한다. 다만, 잔류동물용의약품이 비균질하게 분포하는 제품이라고 판단되는 경우에는 검체채취 지점수만큼 시험검체수가 되도록 채취한다.

5) 유전자변형성분 검사를 위한 검체의 채취

가공식품의 경우에는 3. 검체채취의 일반원칙 4)의 검체채취결정표에 따라 검체채취하고 곡류, 두류, 및 대두분의 경우에는 6. 개별 검체채취 및 취급 방법 2) 잔류농약검사를 위한 검체의 채취의 표에 따라 채취한다.

6) 컨테이너의 검체채취

⑴ 곡류벌크선적물의 경우에는 컨테이너 내부를 을(乙)자형으로 이동하며 무작위로 채취한다.

⑵ 여러 개의 컨테이너가 하나의 검사대상인 경우에는 다음 표에 따라 컨테이너를 개봉하여 검체채취하여야 한다. 다만, 이 검체채취 및 취급 방법 상 규정된 검체채취지점수 등을 고려하여 개봉수를 가감할 수 있다.

컨테이너수	1-3개	4-6개	7-10개	11-20개	21-30개	31-50개	51개 이상
개봉수	1개	2개이상	3개이상	4개이상	6개이상	8개이상	10개이상

⑶ 컨테이너에 실려있는 상태에서 대표성 있는 검체를 수거할 수 없는 경우에는 당해 식품 등을 검사 가능하도록 1/3이상 꺼내게 한 후 검체를 채취할 수 있다. 이 경우 냉장·냉동 검체인 경우에는 보관온도를 유지할 수 있는 장소에서 화물을 꺼내게 할 수 있다.

제8 → 일반시험법 : 생략

[별표 1] "식품에 사용할 수 있는 원료"의 목록 : 생략

[별표 2] "식품에 제한적으로 사용할 수 있는 원료"의 목록 : 생략

[별표 3] "한시적 기준·규격에서 전환된 원료"의 목록 : 생략

[별표 4] 농산물의 농약 잔류허용기준 : 생략

[별표 5] 식품 중 동물용의약품의 잔류허용기준 : 생략

[별표 6] 축·수산물의 잔류물질 잔류허용기준 : 생략

[별표 7] 식품 중 농약 및 동물용의약품의 잔류허용기준설정 지침 : 생략

[별표 8] 식품 중 동물용의약품의 잔류허용기준 면제물질 : 생략

부 칙

제1조(시행일) ① 이 고시는 고시한 날부터 시행한다.

제2조(적용례) 이 고시는 이 고시 시행 이후 최초로 제조·가공 또는 수입한 식품(선적일 기준)부터 적용한다.

제3조(경과조치) 이 고시는 이 고시 시행 당시 제조·가공·판매 또는 수입되어 검사가 진행 중인 사항에 대하여는 종전의 규정에 따른다.

식품 및 축산물 안전관리 인증기준

〈식품의약품안전처 고시 제2019-148호, 2019. 12. 30.〉

제1장 → 총칙

제1조(목적) 이 기준은 「식품위생법」 제48조부터 제48조의3까지, 같은 법 시행규칙 제62조부터 제68조의2까지 및 「건강기능식품에 관한 법률」 제38조에 따른 「식품안전관리인증기준」의 적용·운영 및 교육·훈련 등에 관한 사항과 「축산물 위생관리법」 제9조부터 제9조의4까지, 같은 법 시행규칙 제7조부터 제7조의8까지에 따른 「축산물안전관리인증기준」의 적용·운영 및 교육·훈련 등에 관한 사항을 정함을 목적으로 한다.

제2조(정의) 이 기준에서 사용하는 용어의 정의는 다음과 같다.

1. "식품 및 축산물 안전관리인증기준(Hazard Analysis and Critical Control Point, HACCP)"이란 「식품위생법」 및 「건강기능식품에 관한 법률」에 따른 「식품안전관리인증기준」과 「축산물 위생관리법」에 따른 「축산물안전관리인증기준」으로서, 식품(건강기능식품을 포함한다. 이하 같다)·축산물의 원료 관리, 제조·가공·조리·소분·유통·판매의 모든 과정에서 위해한 물질이 식품 또는 축산물에 섞이거나 식품 또는 축산물이 오염되는 것을 방지하기 위하여 각 과정의 위해요소를 확인·평가하여 중점적으로 관리하는 기준을 말한다(이하 "안전관리인증기준(HACCP)"이라 한다).

2. "위해요소(Hazard)"란 「식품위생법」 제4조(위해식품등의 판매 등 금지), 「건강기능식품에 관한 법률」 제23조(위해 건강기능식품 등의 판매 등의 금지) 및 「축산물 위생관리법」 제33조(판매 등의 금지)의 규정에서 정하고 있는 인체의 건강을 해할 우려가 있는 생물학적, 화학적 또는 물리적 인자나 조건을 말한다.

3. "위해요소분석(Hazard Analysis)"이란 식품·축산물 안전에 영향을 줄 수 있는 위해요소와 이를 유발할 수 있는 조건이 존재하는지 여부를 판별하기 위하여 필요한 정보를 수집하고 평가하는 일련의 과정을 말한다.

4. "중요관리점(Critical Control Point : CCP)"이란 안전관리인증기준(HACCP)을 적용하여 식품·축산물의 위해요소를 예방·제어하거나 허용 수준 이하로 감소시켜 당해 식품·축산물의 안전성을 확보할 수 있는 중요한 단계·과정 또는 공정을 말한다.

5. "한계기준(Critical Limit)"이란 중요관리점에서의 위해요소 관리가 허용범위 이내로 충분히 이루어지고 있는지 여부를 판단할 수 있는 기준이나 기준치를 말한다.

6. "모니터링(Monitoring)"이란 중요관리점에 설정된 한계기준을 적절히 관리하고 있는지 여부를 확인하기 위하여 수행하는 일련의 계획된 관찰이나 측정하는 행위 등을 말한다.

7. "개선조치(Corrective Action)"란 모니터링 결과 중요관리점의 한계기준을 이탈할 경우에 취하는 일련의 조치를 말한다.

8. "선행요건(Pre-requisite Program)"이란 「식품위생법」, 「건강기능식품에 관한 법률」, 「축산물 위생관리법」에 따라 안전관리인증기준(HACCP)을 적용하기 위한 위생관리프로그램을 말한다.

9. "안전관리인증기준 관리계획(HACCP Plan)"이란 식품·축산물의 원료 구입에서부터 최종 판매에 이르는 전 과정에서 위해가 발생할 우려가 있는 요소를 사전에 확인하여 허용 수준 이하로 감소시키거나 제어 또는 예방할 목적으로 안전관리인증기준(HACCP)에 따라 작성한 제조·가공·조리·소분·유통·판매 공정 관리문서나 도표 또는 계획을 말한다.

10. "검증(Verification)"이란 안전관리인증기준(HACCP) 관리계획의 유효성(Validation)과 실행(Implementation) 여부를 정기적으로 평가하는 일련의 활동(적용 방법과 절차, 확인 및 기타 평가 등을 수행하는 행위를 포함한다)을 말한다.

11. "안전관리인증기준(HACCP) 적용업소"란 「식품위생법」, 「건강기능식품에 관한 법률」에 따라 안전관리인증기준(HACCP)을 적용·준수하여 식품을 제조·가공·조리·소분·유통·판매하는 업소와 「축산물 위생관리법」에 따라 안전관리인증기준(HACCP)을 적용·준수하고 있는 안전관리인증작업장·안전관리인증업소·안전관리인증농장 또는 축산물안전관리통합인증업체 등을 말한다.

12. "관리책임자"란 「축산물 위생관리법」에 따른 자체안전관리인증기준 적용 작업장 및 안전관리인증기준(HACCP) 적용 작업장 등의 영업자·농업인이 안전관리인증기준(HACCP) 운영 및 관리를 직접 할 수 없는 경우 해당 안전관리인증기준 운영 및 관리를 총괄적으로 책임지고 운영하도록 지정한 자(영업자·농업인을 포함한다)를 말한다.

13. "통합관리프로그램"이란 「축산물 위생관리법」 시행규칙 제7조의3제4항제3호에 따라 축산물안전관리통합인증업체에 참여하는 각각의 작업장·업소·농장에 안전관리인증기준(HACCP)을 적용·운용하고 있는 통합적인 위생관리프로그램을 말한다.

제2장 → 안전관리인증기준(HACCP)적용 체계 및 운영 관리

제3조(적용대상 영업자) 이 기준은 「식품위생법」, 「건강기능식품에 관한 법률」 및 「축산물 위생관리법」에 따라 영업허가를 받거나 신고 또는 등록을 한 자와 「축산법」에 따라 축산업의 허가 또는 등록을 한 자 중 안전관리인증기준(HACCP)을 준수하여야 하는 영업자·농업인과 그 밖에 안전관리인증기준의 준수를 원하는 영업자를 대상으로 적용한다. 다만, 국외에 소재하여 식품·축산물을 제조·가공하는 자나 수출을 목적으로 하는 자가 이 기준의 준수를 원하는 경우 이 기준을 적용하게 할 수 있다.

제4조(적용품목 및 시기 등) ① 이 기준은 「식품위생법」 및 같은 법 시행규칙, 「건강기능식품에 관한 법률」, 「축산물 위생관리법」 및 같은 법 시행규칙에 따라 의무적으로 안전관리인증기준(HACCP)을 적용해야 하는 식품·축산물에 적용하며, 필요한 경우 그 이외의 제품에 대해서도 적용할 수 있다. 다만, 생산식품이 해당 지역 내에서만 유통되는 도서지역의 영업자이거나 생산식품을 모두 국외로 수출하는 영업자는 제외한다.

② 안전관리인증기준(HACCP) 의무적용 시기는 각 법에서 정한 바에 따르되, 연매출액 및 종업원수를 기준으로 하여 연매출액과 종업원 수의 요건을 동시에 충족하는 시기를 말하며, 연매출액 산정은 해당 사업장에서 제조·가공하는 의무적용 대상 식품·축산물의 총 매출액을 기준으로 하고, 종업원 수는 「근로기준법」에 의한 영업장 전체의 상시근로자를 기준으로 한다.

③ 제2항의 규정에도 불구하고 신규영업 또는 휴업 등으로 1년간 매출액을 산정할 수 없는 경우에는 매출액 산정이 가능한 최근 3개월의 매출액을 기준으로 1년간 매출액을 산정하여 의무적용 시기를 정할 수 있다. 다만, 안전관리인증기준 의무적용 대상업소(소규모 업소 중 「식품위생법」 제48조의2 및 「축산물위생관리법」 제9조의2 규정에 따른 연장심사를 일반 업소로 받아야 하는 경우 포함) 중 기준 준수에 필요한 시설·설비 등의 개·보수를 위하여 일정 기간이 필요하다고 요청하여 식품의약품안전처장이 인정하는 경우에는 1년의 범위 내에서 의무적용 및 연장심사를 유예할 수 있다.

④ 식품의약품안전처장은 다음 각 호 중 어느 하나에 해당하는 「식품위생법 시행규칙」 제62조 제13호에 따른 안전관리인증기준(HACCP) 의무적용 대상 업소가 필요하다고 요청한 경우에는 6개월 범위 내에서 의무적용 시기를 유예할 수 있다. 제2호의 경우 전년도 생산실적 보고 완료일 이전에 요청하여야 한다.

1. 안전관리인증기준(HACCP) 적용업소가 신규로 식품유형을 추가하려는 경우. 다만, 「식품위생법 시행규칙」 제62조 제1항제1호부터 제12의2호에 해당하는 식품은 제외한다

2. 전년도 매출액이 100억원 이상이 되어 해당연도에 신규 의무적용 대상이 된 경우

제5조(선행요건 관리) ① 「식품위생법」 및 「건강기능식품에 관한 법률」, 「축산물 위생관리법」에 따른 안전관리인증기준(HACCP) 적용업소(도축장, 농장은 제외한다)는 다음 각 호와 관련된 별표 1의 선행요건을 준수하여야 한다.

　　1. 식품(식품첨가물 포함)제조·가공업소, 건강기능식품제조업소, 집단급식소식품판매업소, 축산물작업장·업소

　　가. 영업장 관리

　　나. 위생 관리

　　다. 제조·가공·조리 시설·설비 관리

　　라. 냉장·냉동 시설·설비 관리

　　마. 용수 관리

　　바. 보관·운송 관리

　　사. 검사 관리

　　아. 회수 프로그램 관리

　　2. 집단급식소, 식품접객업소(위탁급식영업), 도시락제조·가공업소(운반급식 포함)

　　가. 영업장 관리

　　나. 위생 관리

　　다. 제조·가공·조리 시설·설비 관리

　　라. 냉장·냉동 시설·설비 관리

　　마. 용수 관리

　　바. 보관·운송 관리

　　사. 검사 관리

　　아. 회수 프로그램 관리

　　3. 기타 식품판매업소

　　가. 입고 관리

　　나. 보관 관리

　　다. 작업 관리

　　라. 포장 관리

　　마. 진열·판매 관리

　　바. 반품·회수 관리

　　4. 소규모업소, 즉석판매제조가공업소, 식품소분업소, 식품접객업소(일반음식점·휴게음식점·제과점)

　　가. 작업장(조리장), 개인위생 관리

　　나. 방충·방서관리

　　다. 종업원 교육

라. 세척·소독관리

　　마. 입고·보관관리

　　바. 용수관리

　　사. 검사관리

　　아. 냉장·냉동창고 온도관리

　　자. 이물관리

② 「축산물 위생관리법」에 따른 안전관리인증기준(HACCP) 적용업소 중 도축장, 농장은 다음 각 호와 관련된 선행요건을 준수하여야 한다.

　1. 도축장

　　가. 위생관리기준

　　나. 영업자·농업인 및 종업원의 교육·훈련

　　다. 검사관리(법 제17조 및 제18조의 규정에 따른 미검사품 및 검사 불합격품 사후관리 포함)

　　라. 회수프로그램관리

　　마. 제조·가공 시설·설비 등 환경 관리(영업장, 방충·방서, 채광 및 조명, 환기, 배관, 배수, 용수, 탈의실, 화장실 등)

　2. 농장

　　가. 농장 관리(부화장 제외)

　　나. 위생 관리

　　다. 사양 관리(부화장 제외)

　　라. 반입 및 출하 관리

　　마. 원유 관리(젖소농장에 한함)

　　바. 알 관리(닭·오리농장에 한함)

　　사. 종축 등 관리(종축장에 한함)

　　아. 부화 관리·부화장 관리(부화장에 한함)

③ 안전관리인증기준(HACCP) 적용업소는 제1항 또는 제2항의 선행요건 준수를 위해 필요한 관리계획 등을 포함하는 선행요건관리기준서를 작성하여 비치하여야 한다. 다만, 제1항 또는 제2항의 선행요건을 포함하는 자체 위생관리기준서를 작성·비치한 경우 이를 선행요건관리기준서로 갈음 또는 대체할 수 있다.

④ 제1항 및 제2항에도 불구하고 해당 가공품 유형의 연매출액이 5억원 미만이거나 종업원 수가 21명 미만인 식품(식품첨가물 포함)제조·가공업소, 건강기능식품제조업소 및 축산물가공업소와 해당 영업장의 연 매출액이 5억원 미만이거나 종업원 수가 10명 미만인 집단급식소식품판매업소, 식육포장처리업소, 축산물운반업소, 축산물보관업소, 축산물판매업소 및 식육즉석판매가공업소(이하 "소규모 업소"라 한다)는 별표 1의 소규모 업소용 선행요건을 준수할 수 있다.

⑤ 제3조의 단서규정에 따라 국외에 소재하여 식품·축산물을 제조·가공하는영업자의 경우에는 국제식품규격위원회(Codex Alimentarius Commission)의 우수위생기준(Good Hygienic Practice)을 선행요건으로 적용할 수 있다.

⑥ 제3항에 따른 선행요건관리기준서를 제정하거나 이를 개정한 때에는 일자, 담당자 및 관리책임자 또는 영업자의 이름을 적고 서명하여야 한다.

제6조(안전관리인증기준 관리) ① 안전관리인증기준(HACCP) 적용업소는 다음 각 호의 안전관리인증기준(HACCP) 적용원칙과 별표 2의 안전관리인증기준(HACCP) 적용 순서도에 따라 제조·가공·조리·소분·유통·판매하는 식품, 가축의 사육과 축산물의 원료관리·처리·가공·포장·유통 및 판매에 사용하는 원·부재료와 해당 공정에 대하여 적절한 안전관리인증기준(HACCP) 관리계획을 수립·운영하여야 한다.

1. 위해요소 분석
2. 중요관리점 결정
3. 한계기준 설정
4. 모니터링 체계 확립
5. 개선조치 방법 수립
6. 검증 절차 및 방법 수립
7. 문서화 및 기록 유지

② 제1항에 따른 안전관리인증기준(HACCP) 관리계획은 과학적 근거나 사실에 기초하여 수립·운영하여야 하며, 중요관리점, 한계기준 등 변경사항이 있는 경우에는 이를 재검토하여야 한다.

③ 「식품위생법」에 따른 안전관리인증기준(HACCP) 적용업소는 제1항에 따른 안전관리인증기준(HACCP) 관리계획의 적절한 운영을 위하여 다음 각 호의 사항을 포함하는 안전관리인증기준(HACCP) 관리기준서를 작성·비치하여야 한다.

1. 식품(식품첨가물 포함)제조·가공업소, 건강기능식품제조업소
　가. 안전관리인증기준(HACCP)팀 구성
　(1) 조직 및 인력현황
　(2) 안전관리인증기준(HACCP)팀 구성원별 역할
　(3) 교대 근무 시 인수·인계 방법
　나. 제품설명서 작성
　(1) 제품명·제품유형 및 성상
　(2) 품목제조보고 연·월·일(해당제품에 한한다)
　(3) 작성자 및 작성 연·월·일
　(4) 성분(또는 식자재) 배합비율
　(5) 제조(포장)단위(해당제품에 한한다)

(6) 완제품 규격

(7) 보관·유통상(또는 배식상)의 주의사항

(8) 유통기한(또는 배식시간)

(9) 포장방법 및 재질(해당제품에 한한다)

(10) 표시사항(해당제품에 한한다)

(11) 기타 필요한 사항

다. 용도 확인

(1) 가열 또는 섭취 방법

(2) 소비 대상

라. 공정 흐름도 작성

(1) 제조·가공·조리 공정도(공정별 가공방법)

(2) 작업장 평면도(작업특성별 분리, 시설·설비 등의 배치, 제품의 흐름과정, 세척·
소독조의 위치, 작업자의 이동경로, 출입문 및 창문 등을 표시한 평면도면)

(3) 급기 및 배기 등 환기 또는 공조시설 계통도

(4) 급수 및 배수처리 계통도

마. 공정 흐름도 현장 확인

바. 원·부자재, 제조·가공·조리·유통에 따른 위해요소분석

(1) 원·부자재별·공정별 생물학적·화학적·물리적 위해요소 목록 및 발생원인

(2) 위해평가(원·부자재별, 공정별 각 위해요소에 대한 심각성과 위해발생가능
성 평가)

(3) 위해평가 결과 및 예방조치·관리 방법

사. 중요관리점 결정

(1) 확인된 주요 위해요소를 예방·제어(또는 허용수준 이하로 감소)할 수 있는
공정상의 단계·과정 또는 공정 결정

(2) 중요관리점 결정도 적용 결과

아. 중요관리점의 한계기준 설정

자. 중요관리점 모니터링 체계 확립

차. 개선 조치방법 수립

카. 검증 절차 및 방법 수립

(1) 유효성 검증 방법(서류조사, 현장조사, 시험검사) 및 절차

(2) 실행성 평가 방법(서류조사, 현장조사, 시험검사) 및 절차

타. 문서화 및 기록유지방법 설정

2. 기타 식품판매업소

가. 안전관리인증기준(HACCP)팀 구성

(1) 조직 및 인력현황

(2) 안전관리인증기준(HACCP)팀 구성원별 역할

(3) 교대 근무 시 인수·인계 방법

나. 입고·보관·작업·포장·진열·판매 등 판매 흐름도 작성

다. 입고·보관·작업·포장·진열·판매 등 단계별 위해요소분석

라. 중요관리점 결정

마. 중요관리점의 한계기준 설정

바. 중요관리점 모니터링 체계 확립

사. 개선 조치방법 수립

아. 검증 절차 및 방법 수립

자. 문서화 및 기록유지방법 설정

3. 집단급식소, 식품접객업소, 집단급식소식품판매업소, 즉석판매제조가공업소, 식품
소분업소

가. 안전관리인증기준(HACCP)팀 구성

(1) 조직 및 인력현황

(2) 안전관리인증기준(HACCP)팀 구성원별 역할

(3) 교대 근무 시 인수·인계 방법

나. 조리·제조·소분 공정도(과정별 조리·제조·소분방법) 작성

다. 원·부자재, 조리·제조·소분·판매에 따른 위해요소분석

(1) 원·부자재별·공정별 생물학적·화학적·물리적 위해요소 목록 및 발생원인

(2) 위해평가(원·부자재별, 조리·제조·소분 공정별 각 위해요소에 대한 심각성
과 위해발생가능성 평가)

(3) 위해요소분석결과 및 예방조치·관리 방법

라. 중요관리점 결정

(1) 확인된 주요 위해요소를 예방·제어(또는 허용수준 이하로 감소)할 수 있는 공정상
의 단계·과정 또는 공정 결정

마. 중요관리점의 한계기준 설정

바. 중요관리점 모니터링 체계 확립

사. 개선 조치방법 수립

아. 검증 방법 및 절차 수립

자. 문서화 및 기록유지방법 설정

④ 「축산물 위생관리법」에 따른 안전관리인증기준(HACCP) 적용업소는 제1항에 따른 안
전관리인증기준(HACCP) 관리계획의 적절한 운영을 위하여 다음 각 호의 사항이 포
함된 안전관리인증기준(HACCP) 관리기준서를 작성·비치하여야 한다. 다만, 축산물가공
업소의 경우 식품제조·가공업소의 안전관리인증기준(HACCP) 관리기준서를 같이 활용
할 수 있다.

1. 안전관리인증기준(HACCP)팀 구성

 가. 조직 및 인력현황

 나. 안전관리인증기준(HACCP)팀 구성원별 역할

 다. 교대근무 시 인수·인계방법

2. 도체설명서(도축장에 한한다)

 가. 도체식육명

 나. 도체절단방법

 다. 보관·운반·판매시 주의사항

 라. 식육용도

 마. 작성자 이름 및 작성 연월일

 바. 기타 필요한 사항

3. 제품설명서(축산물가공장, 식육포장처리장에 한한다)

 가. 제품명, 제품 유형 및 성상

 나. 품목제조보고연월일

 다. 작성자 및 작성연월일

 라. 성분배합비율

 마. 처리·가공(포장)단위

 바. 완제품의 규격

 사. 보관·유통상의 주의사항

 아. 제품의 용도 및 유통기간

 자. 포장방법 및 재질

 차. 기타 필요한 사항

4. 축산물설명서(식육판매업, 식용란수집판매업, 식육즉석판매가공업에 한한다)

 가. 식육·포장육·식용란명

 나. 식육·포장육·식용란의 제조일자 또는 유통기한

 다. 작성자 및 작성연월일

 라. 보관·유통상의 주의사항

 마. 용도

 바. 기타 필요한 사항

5. 축산물설명서(축산물보관업, 축산물운반업에 한한다)

 가. 축산물의 종류

 나. 축산물의 포장상태 및 보관(운반)온도

 다. 작성자 및 작성연월일

 라. 보관(운반) 중 주의사항

 마. 기타 필요한 사항

6. 원유설명서(집유업, 젖소농장에 한한다)

 가. 원유의 종류

 나. 보관 및 운반 온도

 다. 작성자 및 작성연월일

 라. 구매자

 마. 집유·운반상 주의사항

 바. 용도

 사. 기타 필요한 사항

7. 가축설명서(농장, 부화장에 한한다)

 가. 용도

 나. 품종

 다. 작성자 및 작성연월일

 라. 구매자, 출하처 및 출하시 운반자

 마. 항생제 처치 및 휴약기간 경과 여부(부화장 제외)

 바. 주사침 잔류여부(부화장 제외)

 사. 항생제무첨가 사료 급여기간

 아. 기타 필요한 사항

8. 도살·처리·가공·포장·유통 및 판매 공정(과정) 등의 시설·설비(농장은 제외한다)

 가. 공정도(공정별 처리·가공·포장 및 유통 등의 방법)

 나. 평면도(작업특성별 분리, 시설·설비 등의 배치, 제품의 흐름 또는 축산물의 생산·유통과정, 세척·소독조의 위치, 종업원의 이동경로, 출입문 및 창문 등을 표시한 것을 말한다)

 다. 급기 및 배기 등 환기 또는 공조시설(공기여과시설 및 배출시설을 말한다) 계통도

 라. 급수 및 배수처리 계통도

9. 가축 사육의 시설·설비(농장에 한한다)

 가. 사양관리 절차도

 나. 사육시설·설비(축사, 소독 및 차단시설)

 다. 농장 평면도(축종특성별 분리(축사 배치), 시설·설비 등의 배치, 가축의 이동, 차량의 이동경로, 소독조의 위치, 출입자의 이동경로 등을 표시한 것을 말한다)

 라. 가축분뇨처리장

10. 위해요소의 분석

11. 중요관리점 결정

12. 중요관리점의 한계기준 설정

13. 중요관리점 모니터링 체계 확립

14. 개선 조치방법 수립

15. 검증 절차 및 방법 수립

16. 문서화 및 기록유지방법 설정

⑤ 제1항부터 제4항까지의 규정에도 불구하고 소규모 업소는 별도로 정하여진 「소규모 업소용 안전관리인증기준(HACCP) 표준관리기준서」를 활용하여 안전관리인증기준(HACCP) 관리 계획 및 기준서를 작성·비치할 수 있다.

⑥ 제3항에 따른 안전관리인증기준(HACCP) 관리기준서는 업소별 또는 적용대상 식품별로 작성하여야 하고, 제4항에 따른 안전관리인증기준(HACCP) 관리기준서는 작업장·업소·농장(축종)별로 작성하여야 하며, 이를 제정하거나 개정할 때에는 일자, 담당자 및 HACCP팀장 또는 영업자의 이름을 적고 서명하여야 한다.

제7조(축산물통합인증관리) ① 「축산물 위생관리법」에 따른 안전관리통합인증업체의 인증을 받으려는 자는 다음 각 호의 사항이 포함된 통합관리프로그램을 작성·비치하여야 한다.

1. 안전관리인증기준을 관리하기 위한 전담조직의 구성

2. 안전관리인증기준을 관리하기 위한 운영규정

  가. 안전관리통합인증기준 내부 규정·지침

  나. 교육 및 훈련계획

3. 위생관리프로그램

  가. 예비심사 실시 및 기록

  나. 가축의 사육, 축산물의 처리·가공·유통 및 판매 등 모든 단계에서 안전관리인증기준을 준수할 수 있도록 생산하는 축산물의 특성에 따른 단계별 구분관리 기준 마련

  다. 통합인증에 참여하는 작업장·업소·농장 안전관리인증기준(HACCP) 모니터링 및 검증

  라. 통합인증에 참여하는 작업장·업소·농장의 부적합 발생시 관리기준

② 제1항에 따른 통합관리프로그램을 제정하거나 개정할 때에는 일자 및 관리책임자의 이름을 적고 서명하여야 한다.

제8조(기록관리) ① 「식품위생법」 및 「건강기능식품에 관한 법률」, 「축산물 위생관리법」에 따른 안전관리인증기준(HACCP) 적용업소는 관계 법령에 특별히 규정된 것을 제외하고는 이 기준에 따라 관리되는 사항에 대한 기록을 2년간 보관하여야 한다.

② 제1항에 따른 기록을 할 때에 작성자는 작성일자, 시간 및 이름을 적고 서명하여야 한다.

③ 제1항에 따른 기록이 작성일자, 시간, 이름 및 서명 등의 동일함을 보증할 수 있을 때에는 전산으로 유지할 수 있다.

④ 안전관리인증기준(HACCP) 적용업소의 출입·검사업무 등을 수행하는 안전관리인증기준(HACCP) 지도관 또는 시·도 검사관(이하 "검사관"이라 한다), 식품(축산물)위생감시원은 제1항에 따른 기록을 열람할 수 있다.

제9조(안전관리인증기준팀 구성 및 팀장의 책무 등) ① 안전관리인증기준(HACCP) 적용업소의 영업자·농업인은 안전관리인증기준(HACCP) 관리를 효과적으로 수행할 수 있도록 안전관리인증기준(HACCP) 팀장과 팀원으로 구성된 안전관리인증기준(HACCP) 팀을 구성·운영하여야 한다.

② 안전관리인증기준(HACCP) 팀장은 종업원이 맡은 업무를 효과적으로 수행할 수 있도록 선행요건관리 및 안전관리인증기준(HACCP) 관리 등에 관한 교육·훈련 계획을 수립·실시하여야 한다.

③ 안전관리인증기준(HACCP) 팀장은 원·부재료 공급업소 등 협력업소의 위생관리 상태 등을 점검하고 그 결과를 기록·유지하여야 한다. 다만, 공급업소가 「식품위생법」 제48조 또는 「축산물 위생관리법」 제9조에 따른 안전관리인증기준(HACCP) 적용업소일 경우에는 이를 생략할 수 있다.

④ 안전관리인증기준(HACCP) 팀장은 원·부자재 공급원이나 제조·가공·조리·소분·유통 공정 변경 등 안전관리인증기준(HACCP) 관리계획의 재평가 필요성을 수시로 검토하여야 하며, 개정이력 및 개선조치 등 중요 사항에 대한 기록을 보관·유지하여야 한다.

⑤ 도축장의 관리책임자는 별표 3의 안전관리인증기준(HACCP) 적용 도축장의 미생물학적 검사요령에 따라 해당 도축장에 대하여 대장균(*Escherichia coli* Biotype I) 검사를 실시하고 그 결과에 따라 적절한 조치를 하여야 한다.

제10조(안전관리인증기준 적용업소 인증신청 등) ① 「식품위생법」 제48조제3항에 따라 안전관리인증기준(HACCP) 적용업소로 인증받고자 하는 자와 같은 법 제48조의2제2항에 따라 인증유효기간의 연장을 신청하려는 자는 「식품위생법 시행규칙」 제63조제1항에 따라 동 규칙 별지 제52서식의 안전관리인증기준(HACCP) 적용업소 인증(연장)신청서(전자문서로 된 신청서를 포함한다)에 업소별 또는 적용대상 식품별 식품안전관리인증계획서를 첨부하여 한국식품안전관리인증원장에게 제출하여야 한다.

② 「축산물 위생관리법」 제9조제3항에 따라 안전관리인증작업장·안전관리인증업소·안전관리인증농장의 인증을 받으려는 자는 「축산물 위생관리법 시행규칙」 제7조의3제1항에 따라 동 규칙 별지 제1호의3서식의 안전관리인증작업장·업소·농장(HACCP) 인증신청서(전자문서로 된 신청서를 포함한다)에 업종(축종)별 또는 가공품의 유형별 자체안전관리인증기준을 첨부하여 한국식품안전관리인증원장에게 제출하여야 한다. 다만, 축산물가공업의 경우에는 축산물가공품의 유형별 기준이 포함되어야 한다.

③ 「축산물 위생관리법」 제9조제4항에 따라 안전관리통합인증업체로 인증을 받으려는 자는 「축산물 위생관리법 시행규칙」 별지 제1호의4서식의 안전관리통합인증업체

(HACCP) 인증신청서(전자문서로 된 신청서를 포함한다)에 동 규칙 제7조의3제4
항제1호부터 제5호까지의 서류를 첨부하여 한국식품안전관리인증원장에게 제출하
여야 한다.

④ 한국식품안전관리인증원장은 「축산물 위생관리법 시행규칙」 제7조의3제6항 또는
제7항에 따라 인증을 신청한 자에 대한 안전관리인증기준(HACCP)의 준수여부를
심사할 경우 안전관리인증기준(HACCP) 운영능력이 있는지를 확인하기 위하여 업
종(축종)별 또는 가공품의 유형별 자체안전관리인증기준에 따른 1개월 이상의 운
영실적을 확인할 수 있다.

⑤ 「축산물 위생관리법」 제9조의2제2항에 따라 안전관리인증작업장·안전관리인증업
소·안전관리인증농장 또는 안전관리통합인증업체의 인증 유효기간을 연장받으려
는 자는 「축산물 위생관리법 시행규칙」 별지 제1호의3서식의 안전관리인증작업장
·업소·농장(HACCP) 인증연장신청서(전자문서로 된 신청서를 포함한다) 또는
별지 제1호의4서식의 안전관리통합인증업체(HACCP) 인증연장신청서를 한국식품
안전관리인증원장에게 제출하여야 한다.

⑥ 제1항 및 제2항의 식품·축산물 안전관리인증계획서란 다음 각 호의 자료를 말
한다.
1. 중요관리점 및 한계기준
2. 모니터링 체계
3. 개선조치 및 검증 절차 및 방법

⑦ 제1항 또는 제2항, 제3항에 따라 안전관리인증기준(HACCP) 인증신청서를 제출하는 영업
자·농업인은 영업의 종류별·축종별, 가공품의 유형별로 신청하여야 한다.

⑧ 한국식품안전관리인증원장은 제1항 또는 제2항, 제3항에 따라 제출한 서류가 기준
에 미흡한 경우 일정기간을 정하여(특별한 경우를 제외하고는 15일 이내에) 보완할
것을 요구할 수 있다.

제11조(안전관리인증기준 적용업소의 인증 등) ① 한국식품안전관리인증원장은 안
전관리인증기준(HACCP) 적용업소의 인증 또는 연장 신청을 받은 때에는 신청인이 제출
한 서류를 심사한 후 별표 4의 안전관리인증기준(HACCP) 실시상황평가표에 따라 현장
조사를 실시하여 평가하며, 평가당시 신청인이 제출한 자료 등의 신뢰성이 의심되는 경우
수거 및 검사 등을 통해 확인하여 그 결과를 반영할 수 있다. 이 경우 「식품위생법」 제
49조제1항 또는 「축산물 위생관리법」 제31조의3제1항에 따라 이력추적관리를 등록한 자
에 대하여는 선행요건 중 회수 프로그램 관리를 운영한 것으로 평가할 수 있다.

② 한국식품안전관리인증원장은 현장조사 결과 보완이 필요한 경우에는 3개월 이내에 보완
하도록 요구할 수 있으며, 보완을 요구한 기한 내에 해당사항이 보완되지 아니한 경우에
는 안전관리인증기준(HACCP) 적용업소의 인증 또는 연장 절차를 종결 처리할 수 있다.

③ 한국식품안전관리인증원장은 제1항에 따른 평가 결과 이 기준에 적합한 경우에는 해당 식품의 제조·가공·조리·소분·유통·판매업소 또는 해당 축산물의 가축사육 농장, 축산물의 처리·가공·포장·유통 및 판매시설이나 영업장·업소를 안전관리인증기준(HACCP) 적용업소로 인증하고, 「식품위생법 시행규칙」 별지 제53호서식 또는 「축산물 위생관리법 시행규칙」 별지 제1호의5 또는 별지 제1호의6 서식의 인증서를 발급한다.

④ 한국식품안전관리인증원장은 별표 4의 안전관리인증기준(HACCP) 실시상황평가표에 따라 현장조사를 실시하고 평가하기 위하여 제19조 안전관리인증기준(HACCP) 지도관에 준하거나 관련교육을 이수한 관계공무원, 관련협회 등으로 안전관리인증기준(HACCP) 평가단을 구성·운영할 수 있다.

⑤ 영업자·농업인이 평가기준이 마련되지 않은 품목에 대해 안전관리인증기준(HACCP) 적용작업장 등으로 인증을 받고자 하는 경우에는 「축산물 위생관리법 시행규칙」 제7조의3제1항에 따른 인증 신청 전 한국식품안전관리인증원장과 협의하여야 하며, 이 경우 한국식품안전관리인증원장은 식품의약품안전처장과 사전협의를 거쳐 이 고시에 따른 유사기준을 적용하여 인증할 수 있다.

제12조(안전관리인증기준 적용업소 인증사항 변경) ① 제11조에 따라 안전관리인증기준(HACCP) 적용업소로 인증된 자가 중요관리점을 추가·삭제·변경하는 등 인증받은 사항을 변경하거나 소재지를 이전(이 경우에도 안전관리인증기준(HACCP)을 계속 적용하여야 한다)하는 때에는 변경 또는 이전한 날로부터 30일 이내에 「식품위생법 시행규칙」 별지 제54호서식 또는 「축산물 위생관리법 시행규칙」 별지 제1호의7 서식에 따른 변경신청서(전자문서로 된 신청서를 포함한다)에 변경사항을 증명할 수 있는 서류를 첨부하여 한국식품안전관리인증원장에게 제출하여야 한다. 이 경우 제5조제1항제1호의 축산물작업장·업소가 같은 조 제3항에 따른 선행요건관리기준서 변경 등으로 인해 이미 인증받은 사항을 변경하는 경우에도 이를 준용한다.

② 한국식품안전관리인증원장은 제1항에 따른 안전관리인증기준(HACCP) 적용업소 인증사항 변경신청을 받은 때에는 서류검토나 현장조사 등의 방법으로 변경사항을 확인하여야 한다.

③ 한국식품안전관리인증원장은 제2항에 따른 확인 결과 안전관리인증기준(HACCP)을 인증받는데 지장이 없다고 인정될 때에는 「식품위생법 시행규칙」 별지 제53호서식 또는 「축산물 위생관리법 시행규칙」 별지 제1호의5서식 또는 별지 제1호의6서식에 따른 안전관리인증기준(HACCP) 적용업소 인증서에 해당사항을 기재하여 재교부하여야 한다.

④ 한국식품안전관리인증원장은 제1항에 따라 신청인이 제출한 서류가 기준에 미흡한 경우 제10조제8항의 절차를 준용하여 보완을 요구할 수 있으며, 현장조사 평가결과 보완이 필요한 경우에는 제11조제2항을 준용하여 보완을 요구하거나 변경절차를 종결처리할 수 있다.

제13조(안전관리인증기준 인증대상의 추가) ① 한국식품안전관리인증원장은 이미 인증받은 식품 또는 축산물과 동일한 공정을 거쳐 제조된 유사한 유형의 식품 또는 축산물을 안전관리인증기준(HACCP) 인증 식품 또는 축산물로 추가하고자 하는 신청을 받은 경우 별도의 현장평가 없이 서류 검토만으로 그 식품 또는 축산물을 안전관리인증기준(HACCP) 인증 식품 또는 축산물로 추가할 수 있다. 이미 인증받은 작업장·업소에서 새로운 식품 또는 축산물을 인증받고자 하는 경우에도 또한 같다.

② 한국식품안전관리인증원장은 제1항에 따른 서류 검토 결과 안전관리인증기준(HACCP)을 인증받는데 지장이 없다고 인정될 때에는 「식품위생법 시행규칙」 별지 제53호서식 또는 「축산물 위생관리법 시행규칙」 별지 제1호의5서식 또는 별지 제1호의6서식에 따른 안전관리인증기준(HACCP) 적용업소 인증서에 해당사항을 기재하여야 한다.

제14조(인증서의 반납) ① 「식품위생법」 제48조제8항 또는 「축산물 위생관리법」 제9조의4에 따라 안전관리인증기준(HACCP) 인증취소를 통보 받은 영업자 또는 영업소 폐쇄처분을 받거나 영업을 폐업한 영업자는 제11조제3항 또는 제12조제3항에 따라 발급된 안전관리인증기준(HACCP) 적용업소 인증서를 한국식품안전관리인증원장에게 지체 없이 반납하여야 하며, 영업자가 반납처리를 하지 않은 경우 한국식품안전관리인증원장은 인허가기관에 폐업 등의 여부를 확인하여 자체적으로 처리할 수 있다.

② 안전관리인증기준(HACCP) 적용업소로 인증된 집단급식소 중 위탁 계약 만료 등으로 운영자가 변경되어 안전관리인증기준(HACCP)을 적용하지 않을 경우 해당 집단급식소는 안전관리인증기준(HACCP) 적용업소 인증이 취소되며, 당해 집단급식소 신고자는 안전관리인증기준(HACCP) 적용업소 인증서를 한국식품안전관리인증원장에게 즉시 반납하여야 한다.

제15조(조사·평가의 범위와 주기 등) ① 지방식품의약품안전청장 농림축산식품부장관 또는 한국식품안전관리인증원장은 「식품위생법 시행규칙」 제66조 또는 「축산물 위생관리법 시행규칙」 제7조의6에 따라 안전관리인증기준(HACCP) 적용업소로 인증받은 업소에 대하여 안전관리인증기준(HACCP) 준수 여부를 별표4에 따라 연 1회 이상 (인증 유효기간을 연장받은 날이 속한 해당연도는 정기 조사·평가를 생략할 수 있다) 서류검토 및 현장조사의 방법으로 정기 조사·평가할 수 있으며, 조사·평가당시 신청인이 제출한 자료 등의 신뢰성이 의심되거나 주요안전조항 검증 등에 필요한 경우 수거 및 검사 등을 통해 확인하여 그 결과를 반영할 수 있다. 이 경우 「식품위생법」 제49조제1항 또는 「축산물 위생관리법」 제31조의3제1항에 따라 이력추적관리를 등록한 자에 대하여는 선행요건 중 회수프로그램 관리를 운영한 것으로 평가할 수 있다.

② 지방식품의약품안전청장, 농림축산식품부장관 또는 한국식품안전관리인증원장은 제1항에 따른 정기 조사·평가 대상업소와 「식품위생법」 또는 「축산물 위생관리법」 위반사항이 발견된 업소 등에 대해서는 불시에 조사·평가를 실시하고, 안전관리인증기준(HACCP)을 준수할 수 있도록 필요한 교육 또는 행정지도를 할 수 있다.

③ 지방식품의약품안전청장은 제1항 또는 제2항에 따른 안전관리인증기준(HACCP) 준수 여부를 별표 4에 따라 조사·평가하기 위하여 제19조 안전관리인증기준(HACCP) 지도관에 준하거나 관련교육을 이수한 관계공무원, 관련협회 등으로 안전관리인증기준(HACCP) 평가단을 구성·운영할 수 있다.

④ 제1항에도 불구하고 이미 인증받은 유사한 유형의 식품 또는 축산물이거나 제13조제1항에 따라 안전관리인증기준(HACCP) 인증 식품 또는 축산물을 추가한 경우에는 최초로 인증한 기관에서 추가로 인증받은 식품 또는 축산물을 포함하여 조사·평가를 실시하며, 이 경우 추가된 식품 또는 축산물에 대한 조사·평가를 한 것으로 본다.

⑤ 제1항에도 불구하고 안전관리인증기준(HACCP) 적용업소의 전년도 정기 조사·평가 점수에 따라 다음 각 호와 같이 차등하여 관리할 수 있다. 다만, 「축산물 위생관리법」 제9조제2항에 따른 축산물작업자과 「축산물 위생관리법」 제9조의2에 따른 연장심사 대상에 해당하고 그 연장심사 결과가 제1호 또는 제2호의 기준 미만이거나 부적합한 경우 자체적인 조사·평가는 적용하지 아니한다.

1. 전년도 정기 조사·평가 점수의 백분율이 95% 이상인 경우 2년간 정기 조사·평가를 하지 아니할 수 있으며, 해당업소가 자체적으로 조사·평가 실시. 다만, 김치, 즉석섭취식품, 신선편의식품중 비가열식품은 제외한다.

2. 전년도 정기 조사·평가 점수의 백분율이 95% 미만에서 90% 이상인 경우 1년간 정기 조사·평가를 하지 아니할 수 있으며, 해당업소가 자체적으로 조사·평가 실시. 다만, 김치, 즉석섭취식품, 신선편의식품 중 비가열식품은 제외한다.

3. 전년도 정기 조사·평가 점수의 백분율이 90% 미만에서 85% 이상인 경우 연 1회 이상 정기 조사·평가 실시

4. 전년도 정기 조사·평가 점수의 백분율이 85% 미만에서 70% 이상인 경우 연 1회 이상 정기 조사·평가 및 연 1회 이상 기술지원(이하 "한국식품안전관리인증원에서 실시하는 지원"을 말한다) 실시. 다만, 학교 집단급식소에 납품하는 경우 연 2회 이상 정기 조사·평가 및 연 1회 이상 기술지원 실시

5. 전년도 정기 조사·평가 점수의 백분율이 70% 미만인 경우 연 1회 이상 정기 조사·평가 및 연 2회 이상 기술지원 실시. 다만, 학교 집단급식소에 납품하는 경우 연 2회 이상 정기 조사·평가 및 연 2회 이상 기술지원 실시

⑥ 제5항제1호 및 제2호에 따라 자체적인 조사·평가 계획을 수립하여 업종(축종)별 실시 상황평가표에 따라 조사·평가를 실시한 업소는 그 결과를 1개월 이내에 관할 지방식품의약품안전청장에게 제출하거나 농림축산식품부장관 또는 한국식품안전관리인증원

장에게 제출하여야 한다.

제16조(조사ㆍ평가 방법) ① 지방식품의약품안전청장, 농림축산식품부장관 또는 한국식품안전관리인증원장은 제15조제1항에 따른 조사ㆍ평가를 실시하는 경우 인증, 연장 또는 최근 조사ㆍ평가 이후 운영해 온 선행요건프로그램 및 안전관리인증기준(HACCP) 관리 운용사항을 평가하여야 하며, 축산물의 경우「축산물 위생관리법 시행규칙」제7조의6제3항 각 호의 내용을 중점적으로 확인하여야 한다.

② 시ㆍ도 검사관은 도축장에 대하여「축산물 위생관리법 시행령」제14조제2항제9호에 따른 자체위생관리기준 및 자체안전관리인증기준의 작성ㆍ운영 여부를 확인함에 있어 도축장 전체 또는 일부구역을 정하여 매일 작업전ㆍ중 위생상태와 안전관리인증기준 운영여부를 별지 제1호서식에 따라 점검하여야 한다.

③ 지방식품의약품안전청장 또는 농림축산식품부장관은「축산물 위생관리법 시행규칙」제7조의6제5항에 따른 자체안전관리인증기준 적용 영업자의 자체안전관리인증기준 준수여부를 연 1회 이상 확인할 때에는 별표 4에 따라 서류검토 및 현장조사(작업전ㆍ중 위생상태 확인 포함)의 방법으로 평가하여야 하고, 점검결과 부적합 사항이 발견될 때에는 관할 시ㆍ도지사에게 그 내용을 통보하여야 한다.

제17조(조사ㆍ평가 결과에 따른 조치) ① 지방식품의약품안전청장, 농림축산식품부장관 또는 한국식품안전관리인증원장은 제15조 및 제16조에 따른 조사ㆍ평가 결과 이 기준에 적합한 업소로 판정되었으나 일부 사항이 미흡하거나 개선되어야 할 필요성이 있다고 인정되는 때에는 1개월 이내에 수정ㆍ보완 또는 개선하도록 명할 수 있으며, 기준에 적합하지 아니한 것으로 판정된 업소에 대하여는 시정명령 또는 인증취소를 명할 수 있다.

② 한국식품안전관리인증원장은 제15조제1항에 따른 조사ㆍ평가결과 부적합하거나 수정ㆍ보완사항이 기한내 보완되지 않는 경우에는 즉시 지방식품의약품안전청장 및 농림축산식품부장관(농장에 한함)에게 통보하여야 한다.

③ 제16조제2항에 따른 점검결과 부적합사항이 발생할 경우 검사관은 별지 제2호서식의 부적합통보서를 영업자에게 발급하고, 영업자는 이에 대한 적절한 개선조치를 취한 후 별지 제3호서식의 개선조치 결과를 검사관에게 제출하여야 하며 검사관은 도축장의 개선조치 사항을 확인하여야 한다.

제18조(감독기관의 검증기준 등) ① 식품의약품안전처장은「축산물 위생관리법」제9조의3제5항 및 같은 법 시행규칙 제7조의7에 따라 안전관리인증기준(HACCP) 및 그 운용의 적정성을 검증하기 위하여 자체안전관리인증기준 적용작업장 및 안전관리인증기준(HACCP) 적용작업장 등에 출입하여 다음 각 호의 사항을 조사할 수 있다. 단, 일부항목을 전문적으로 조사하려는 경우에는 조사항목 등을 조정할 수 있다

1. 선행요건관리기준에 관한 사항
2. 안전관리인증기준 관리계획(HACCP Plan)에 관한 사항
3. 모니터링, 개선조치 및 검증활동에 대한 기록, 현장확인 및 시험·검사에 관한 사항
4. 작업전·중 위생상태 확인(농장 제외)에 관한 사항
5. 축산물 안전성을 검증하기 위한 시료의 검사에 관한 사항
6. 기타 검증에 필요한 사항

② 식품의약품안전처장은 제1항에 따른 검증을 축산물 위생관련 연구기관·단체 및 안전관리인증기준(HACCP) 전문가·관계공무원 등으로 하여금 실시하게 할 수 있다.

③ 식품의약품안전처장은 제1항에 따른 검증 결과 다음 각 호의 어느 하나에 해당되는 때에는 당해 영업자·농업인에게 1개월 이내에 보완하게 할 수 있다.

1. 영업자·농업인이 위생관리프로그램 및 선행요건관리기준, 안전관리인증기준(HACCP) 관리에서 정한 업무를 이행하지 아니한 때
2. 제1항에 따른 검증결과 개선조치를 하지 아니한 때
3. 제8조에 따른 기록관리가 시행되지 아니한 때
4. 공중위생상 위해를 일으킬 수 있는 축산물을 생산·출하한 때
5. 기타 이 고시의 규정을 위반한 때

④ 식품의약품안전처장은 제15조의 조사·평가 및 제1항의 검증 결과를 종합하여 안전관리인증기준(HACCP) 고시 개정 등 안전관리인증기준(HACCP) 제도를 개선하거나 관계기관에 기술·정보 제공, 교육훈련 등의 조치를 할 수 있다.

⑤ 시·도지사는 안전관리인증기준(HACCP) 및 그 운용의 적정성을 검증하기 위하여 별표 3의 도축장의 미생물학적 검사요령에 따라 관할 도축장에 대하여 살모넬라균(*Salmonella* spp.) 검사를 실시하고 그 결과에 따라 적절한 조치를 하여야 한다.

제19조(안전관리인증기준 지도관) ① 식품의약품안전처장, 농림축산식품부장관 또는 시·도지사는 제11조에 따른 안전관리인증기준(HACCP) 적용업소 인증업무와 제15조에 따른 조사·평가 업무를 수행하게 하기 위하여 안전관리인증기준(HACCP) 지도관(이하 "지도관"이라 한다)을 둔다.

② 제1항에 따른 지도관은 식품·축산물위생 관계 공무원 중 다음 각호의 어느 하나에 해당하는 자로서, 소정의 지도관 교육·훈련을 받은 자를 식품의약품안전처장(농장·도축장·집유장인 경우 농림축산식품부장관)이 지명한다.

1. 식품·축산관련학과에서 학사학위 이상의 학위를 취득한 자
2. 식품위생행정(축산물 포함)에 5년 이상 근무한 자

③ 지도관의 직무는 다음 각 호와 같다.

1. 안전관리인증기준(HACCP) 인증 신청업소 실시상황평가
2. 안전관리인증기준(HACCP) 인증업소 사후관리

3. 안전관리인증기준(HACCP) 관련 교육훈련 및 홍보

4. 안전관리인증기준(HACCP) 제도 활성화 사업 지원

④ 식품의약품안전처장 또는 농림축산식품부장관은 제1항에 따른 지도관의 전문성 제고를 위해 다음 각 호의 과정을 운영하여 교육·훈련을 실시한다.

1. 안전관리인증기준(HACCP) 기초과정 : 식품·축산물 위생관련 공무원을 대상으로 안전관리인증기준(HACCP)에 대한 기본적인 사항을 교육·훈련하는 과정

2. 신규 안전관리인증기준(HACCP) 지도관 양성과정 : 안전관리인증기준(HACCP) 적용업소 인증 또는 사후관리평가 업무를 수행하는데 필요한 전문지식을 교육·훈련하는 과정

3. 안전관리인증기준(HACCP) 지도관 실무교육과정 : 안전관리인증기준(HACCP) 지도관들의 전문성 제고 및 자질향상을 위해 최근 안전관리인증기준(HACCP) 관련 정보 및 사후관리기법 등을 교육·훈련하는 과정

⑤ 식품의약품안전처장 또는 농림축산식품부장관은 지도관이 다음 각 호 중 어느 하나의 경우에 해당하면 그 지도관의 지명을 철회할 수 있다.

1. 교육·훈련을 2년 이상 받지 아니한 경우

2. 안전관리인증기준(HACCP) 인증 신청업소에 대한 실시상황평가나 정기 조사·평가 업무를 연 2회 이상 수행하지 아니한 경우

⑥ 식품의약품안전처장, 농림축산식품부장관 또는 시·도지사는 제1항에 따른 지도관 중 안전관리인증기준(HACCP) 적용과 운영에 관한 전문성과 경험이 풍부한 자로 하여금 지도관 교육·훈련을 전담하도록 하거나 이와 동등한 수준 이상의 연구기관·대학·외국기관 등의 전문가를 선별하여 교육·훈련을 실시하게 할 수 있다.

⑦ 지도관이 소속된 기관의 장은 지도관이 제3항에 따른 지도관의 직무를 이행하고 제4항에 따른 교육·훈련을 받을 수 있도록 최대한 지원하여야 한다.

제3장 — 식품 안전관리인증기준 적용업소 영업자 등에 대한 교육훈련

제20조(교육훈련 등) ① 식품의약품안전처장은 「식품위생법 시행규칙」 제64조제1항 또는 「축산물 위생관리법 시행규칙」 제7조의4제1항에 따라 안전관리인증기준(HACCP) 관리를 효과적으로 수행하기 위하여 안전관리인증기준(HACCP) 적용업소 영업자 및 종업원에 대하여 안전관리인증기준(HACCP) 교육훈련을 실시하여야 하며, 기타 안전관리인증기준(HACCP) 적용업소로 인증을 받고자 하는 자, 안전관리인증기준(HACCP) 평가를 수행할 자와 식품 또는 축산물위생관련 공무원에 대하여 안전관리인증기준(HACCP) 교육훈련을 실시할 수 있다.

② 식품의약품안전처장은 제1항에 따른 교육훈련을 위탁 실시하기 위하여 이에 필요한 시설·강사·교육과정 등을 갖춘 기관, 단체 또는 법인 중에서 별표 5의 교육훈련기관 지정 기준에 부합하는 곳을 안전관리인증기준(HACCP) 교육훈련기관(이하 "교육훈련기관"이라 한다)으로 지정할 수 있다.

③ 안전관리인증기준(HACCP) 적용업소 영업자 및 종업원은 「식품위생법 시행규칙」 제64조제1항제1호에 따른 신규교육훈련을 안전관리인증기준(HACCP) 적용업소 인증일로부터 6개월 이내에 이수하여야 하고, 축산물 안전관리인증기준(HACCP)을 작성·운영하여야 하는 축산물영업자(농업인) 및 종업원은 「축산물 위생관리법 시행규칙」 제7조의3제2항제3호에 따라 인증신청 이전에 교육을 이수하여야 한다. 다만, 안전관리인증기준(HACCP) 적용업소로 인증을 받기 위하여 인증일 이전에 신규교육훈련을 이수한 영업자 및 종업원은 신규교육훈련을 받은 것으로 본다.

④ 안전관리인증기준(HACCP) 적용업소 영업자 및 종업원이 받아야 하는 신규교육훈련시간은 다음 각 호와 같다. 다만, 영업자가 제1호나목의 안전관리인증기준(HACCP) 팀장 교육을 받은 경우에는 영업자 교육을 받은 것으로 본다.

1. 식품

가. 영업자 교육 훈련: 2시간

나. 안전관리인증기준(HACCP) 팀장 교육 훈련: 16시간

다. 안전관리인증기준(HACCP) 팀원, 기타 종업원 교육 훈련: 4시간

2. 축산물

가. 영업자 및 농업인 : 4시간 이상,

나. 종업원 : 24시간 이상.

다. 가목에도 불구하고 종업원을 고용하지 않고 영업을 하는 축산물운반업·식육판매업 영업자는 종업원이 받아야 하는 교육훈련을 수료하여야 하며, 이 경우 영업자가 받아야 하는 교육훈련은 받지 아니할 수 있다.

⑤ 제4항제1호가목 및 나목 또는 같은 항 제2호에 해당하는 자는 식품의약품안전처장이 지정한 교육 훈련 기관에서 교육 훈련을 받아야 하고, 제4항제1호다목에 해당하는 자는 「식품위생법 시행규칙」 제64조제2항에 따른 교육 훈련내용이 포함된 교육계획을 수립하여 안전관리인증기준(HACCP) 팀장이 자체적으로 실시할 수 있다.

⑥ 「식품위생법 시행규칙」 제64조제1항제2호에 따라 안전관리인증기준(HACCP) 적용업소의 안전관리인증기준(HACCP) 팀장, 안전관리인증기준(HACCP) 팀원 및 기타 종업원과 「축산물 위생관리법 시행규칙」 제7조의4제1항에 따라 영업자 및 농업인은 식품의약품안전처장이 지정한 교육훈련기관에서 다음 각 호에 따라 정기교육훈련을 받아야 한다.

1. 식품 : 연 1회 이상 4시간. 다만, 안전관리인증기준(HACCP) 팀원 및 기타 종업원 교육훈련은 「식품위생법 시행규칙」 제64조제2항에 따른 내용이 포함된 교육훈련

계획을 수립하여 안전관리인증기준(HACCP) 팀장이 자체적으로 실시할 수 있다.

2. 축산물 : 매년 1회(영업 개시일 또는 인증받은 날부터 기산한다) 이상 4시간 이상. 다만, 2년 이상의 기간 동안 정기 교육훈련을 이수하고 축산물 위생관리법을 위반한 사실이 없는 영업자 및 농업인의 경우에는 다음 1년간의 정기 교육훈련을 받지 아니할 수 있다. 이 경우 자체안전관리인증기준에 종업원에 대한 교육기준을 정한 경우에는 「축산물 위생관리법 시행규칙」 제7조의4제3항에 따른 교육내용을 자체적으로 실시할 수 있다.

⑦ 제4항 또는 제6항에서 규정한 교육훈련을 받아야 하는 안전관리인증기준(HACCP) 적용업소 중 위탁급식업소와 계약을 맺고 급식을 운영하는 집단급식소의 경우 안전관리인증기준(HACCP) 적용업소 운영주체인 위탁급식업소 영업자나 설치신고자가 영업자 신규 교육훈련을 이수할 수 있다.

⑧ 정기교육훈련 개시일은 인증일로부터 1년이 경과된 시점을 기준으로 하거나 인증연도의 차기 연도를 기준으로 하여 실시할 수 있다.

제21조(교육훈련기관의 지정신청) ① 「식품위생법 시행규칙」 제64조제4항 또는 「축산물 위생관리법 시행규칙」 제7조의4제5항에 따라 교육훈련기관으로 지정 받고자 하는 기관, 단체는 식품의약품안전처장이 공고한 기간 내에 별지 제5호서식의 교육훈련기관 지정 신청서에 다음 각 호의 서류를 첨부하여 식품의약품안전처장에게 제출하여야 한다.

1. 법인등기부 등본(축산물에 한함) 1부.
2. 법인 정관(축산물에 한함) 1부
3. 교육훈련시설 임대차계약서(임대시설에 한함) 1부.
4. 교육훈련관련 조직 및 직무(급)별 명단 1부
5. 교육훈련강사 현황 및 자격·경력을 증빙하는 서류 각 1부
6. 교육훈련과정 운영에 관한 규정 1부
7. 교육훈련과정별 교육훈련교재 1부

② 제1항제6호의 교육훈련과정 운영에 관한 규정은 다음 각 호의 사항을 포함하여야 한다.

1. 과정별 교육훈련내용 및 실시계획에 관한 사항
2. 과정별 교육훈련의 절차에 관한 사항
3. 과정별 교육훈련비에 관한 사항
4. 과정별 교육훈련증명의 발행에 관한 사항
5. 교육훈련강사 및 교육훈련생이 준수하여야 할 사항
6. 기타 교육훈련업무에 필요한 사항

제22조(교육훈련기관의 지정) ① 식품의약품안전처장은 제21조제1항에 따른 교육훈련기관 지정 신청서를 접수한 때에는 접수일로부터 30일 이내에 서류심사 및 현장평가 등을 통하여 제20조 및 제21조의 규정에 적합한지 여부와 교육훈련기관으로서 교육수행능력 적정성 등을 종합 심사하여 적합하다고 판단되는 경우 안전관리인증기준(HACCP) 교육훈련기관으로 지정할 수 있다.

② 식품의약품안전처장은 제1항에 따라 안전관리인증기준(HACCP) 교육훈련기관으로 지정하는 경우 별지 제6호서식에 따른 교육훈련기관 지정서를 발급하고, 지정내용을 홈페이지 등에 공고하여야 한다. 이 경우 지정내용을 별지 제7호서식에 따른 교육훈련기관 지정관리대장에 기록·유지하여야 한다.

③ 식품의약품안전처장은 교육대상과 교육훈련과정별로 세분하거나 전문성을 감안하여 과정별·분야별로 제1항에 따른 안전관리인증기준(HACCP) 교육훈련기관을 지정할 수 있다.

④ (삭제)

⑤ 제1항에 따라 지정받은 교육훈련기관은 별표 7에 따른 준수사항을 지켜야 한다.

제23조(교육훈련기관의 지정내용 변경) ① 안전관리인증기준(HACCP) 교육훈련기관의 장은 제22조제1항에 따라 지정된 내용을 변경하고자 하는 경우 별지 제8호서식의 지정변경신청서에 교육훈련기관 지정서 원본을 첨부하여 식품의약품안전처장에게 제출하여야 한다.

② 식품의약품안전처장은 제1항에 따라 안전관리인증기준(HACCP) 교육훈련기관의 지정내용 변경 신청을 받은 때에는 서류심사 또는 현장조사 등의 방법으로 변경사항을 확인하고 교육훈련기관 운영에 지장이 없다고 인정되는 경우 별지 제6호 서식에 따른 교육훈련기관 지정서에 변경사항을 기재하여 재교부하여야 한다.

제24조(교육훈련기관 평가) 식품의약품안전처장은 제22조제1항에 따라 지정한 안전관리인증기준(HACCP) 교육훈련기관의 교육훈련 방법과 내용 및 강사와 시설·설비, 교육 만족도 등을 평가하여 이를 공표할 수 있다.

제25조(교육훈련기관의 운영 등) ① 식품의약품안전처장은 제22조제1항에 따라 지정한 안전관리인증기준(HACCP) 교육훈련기관의 지정·운영 및 관리를 위하여 필요한 경우 관련 자료 제출을 요구할 수 있다.

② 식품의약품안전처장은 제22조제1항에 따라 지정한 안전관리인증기준(HACCP) 교육훈련기관에 대하여 다음 각 호의 사항을 지도·확인할 수 있다.

1. 교육훈련시설 및 교재·강사의 적정성에 관한 사항

2. 교육훈련기관 준수사항 이행 여부에 관한 사항

3. 교육훈련결과의 정기보고 여부에 관한 사항

4. 교육훈련수료증의 발급 및 관리실태에 관한 사항

5. 기타 효율적인 교육훈련 실시에 필요하다고 인정되는 사항

③ 식품의약품안전처장은 제2항의 규정에 따른 지도·확인 결과 미흡하거나 개선이 필요한 경우 이에 대한 시정 등의 적절한 조치를 취할 수 있다.

제26조(교육훈련기관의 지정취소 등) ① 식품의약품안전처장은 제22조제1항에 따라 지정한 안전관리인증기준(HACCP) 교육훈련기관이 다음 각 호의 어느 하나에 해당하는 경우 지정을 취소하거나 1년 이내의 기간을 정하여 해당 교육훈련과정의 정지를 명할 수 있다.

1. 허위 또는 기타 부정한 방법으로 교육훈련기관으로 지정을 받은 경우

2. 정당한 사유 없이 교육훈련기관 지정일로부터 1년 이상 교육훈련과정을 개설(실시)하지 아니하는 경우

3. 제2항의 규정에 따라 시정명령을 받고도 이를 시정하지 아니하는 경우

4. 교육훈련기관의 지도·감독결과 교육훈련실적 및 교육훈련내용이 극히 부실하거나 부정한 방법으로 교육훈련을 실시한 경우

5. 교육훈련수료증을 허위로 발급한 경우

6. 기타 제1호 내지 제5호의 규정에 준하는 사유에 해당한다고 식품의약품안전처장이 인정하는 경우

② 식품의약품안전처장은 제22조제1항에 따라 지정한 안전관리인증기준(HACCP) 교육훈련기관이 다음 각 호의 어느 하나에 해당하는 경우에는 시정명령을 할 수 있다.

1. 지정변경 신고사항을 신고하지 아니한 경우

2. 교육훈련대장을 보관하지 아니하거나 허위로 기재한 경우

3. 교육훈련업무에 관한 규정에 위반하여 교육훈련을 한 경우

4. 기타 식품의약품안전처장이 부과한 의무사항을 이행하지 아니한 경우

5. 별표 7에 따른 교육훈련기관의 준수사항을 위반한 경우

③ 제1항의 규정에 따라 지정 취소된 교육훈련기관과 그 대표자는 지정 취소일로부터 3년간 교육훈련기관 및 그 대표자로 지정받을 수 없다.

④ 교육훈련기관은 제1항의 규정에 따라 교육훈련기관의 지정이 취소된 경우 교육훈련기관의 대표자는 교육훈련기관지정서 등 관련 서류를 식품의약품안전처장에게 즉시 반납하여야 한다.

제4장 → 우대조치 및 재검토기한

제27조(우대조치) 식품의약품안전처장은 안전관리인증기준(HACCP) 적용업소로 인증된 업소에 대하여 다음 각 호의 우대조치를 취할 수 있다.

1. 「식품위생법」 제48조제11항, 「축산물 위생관리법」 제19조제1항에 따른 출입·검사 및 수거 등 완화
2. 별표 8의 안전관리(통합)인증 표시 또는 안전관리(통합)인증기준(HACCP) 적용업소 인증 사실에 대한 광고 허용(다만, 안전관리(통합)인증기준(HACCP) 적용품목 또는 업소에 한한다.)
3. 「국가를 당사자로 하는 계약에 관한 법률」에 따른 우대조치
4. 기타 안전관리인증기준(HACCP) 활성화 및 식품·축산물 안전성 제고에 필요하다고 인정되는 우대조치

제28조(재검토기한) 「행정규제기본법」 제8조 및 「훈령·예규 등의 발령 및 관리에 관한 규정」(대통령훈령 제248호)에 따라 2016년 1월 1일을 기준으로 매 3년이 되는 시점(매 3년째의 12월 31일까지를 말한다)마다 그 타당성을 검토하여 개선 등의 조치를 하여야 한다.

부칙 <제2019-148호, 2019. 12. 30.>

이 고시는 2020년 1월 1일부터 시행한다.

[별표 1 ~ 8] 생략
[별지 제1 ~ 8호 서식] 생략

4 식품 등의 표시·광고에 관한 법률

〈법률 제17246호, 2020. 4. 7〉

제1조(목적) 이 법은 식품 등에 대하여 올바른 표시·광고를 하도록 하여 소비자의 알 권리를 보장하고 건전한 거래질서를 확립함으로써 소비자 보호에 이바지함을 목적으로 한다.

제2조(정의) 이 법에서 사용하는 용어의 뜻은 다음과 같다.

1. "식품"이란 「식품위생법」 제2조제1호에 따른 식품(해외에서 국내로 수입되는 식품을 포함한다)을 말한다.
2. "식품첨가물"이란 「식품위생법」 제2조제2호에 따른 식품첨가물(해외에서 국내로 수입되는 식품첨가물을 포함한다)을 말한다.
3. "기구"란 「식품위생법」 제2조제4호에 따른 기구(해외에서 국내로 수입되는 기구를 포함한다)를 말한다.
4. "용기·포장"이란 「식품위생법」 제2조제5호에 따른 용기·포장(해외에서 국내로 수입되는 용기·포장을 포함한다)을 말한다.
5. "건강기능식품"이란 「건강기능식품에 관한 법률」 제3조제1호에 따른 건강기능식품(해외에서 국내로 수입되는 건강기능식품을 포함한다)을 말한다.
6. "축산물"이란 「축산물 위생관리법」 제2조제2호에 따른 축산물(해외에서 국내로 수입되는 축산물을 포함한다)을 말한다.
7. "표시"란 식품, 식품첨가물, 기구, 용기·포장, 건강기능식품, 축산물(이하 "식품 등"이라 한다) 및 이를 넣거나 싸는 것(그 안에 첨부되는 종이 등을 포함한다)에 적는 문자·숫자 또는 도형을 말한다.
8. "영양표시"란 식품, 식품첨가물, 건강기능식품, 축산물에 들어있는 영양성분의 양(量) 등 영양에 관한 정보를 표시하는 것을 말한다.
9. "나트륨 함량 비교 표시"란 식품의 나트륨 함량을 동일하거나 유사한 유형의 식품의 나트륨 함량과 비교하여 소비자가 알아보기 쉽게 색상과 모양을 이용하여 표시하는 것을 말한다.
10. "광고"란 라디오·텔레비전·신문·잡지·인터넷·인쇄물·간판 또는 그 밖의 매체를 통하여 음성·음향·영상 등의 방법으로 식품등에 관한 정보를 나타내거나 알리는 행위를 말한다.

11. "영업자"란 다음 각 목의 어느 하나에 해당하는 자를 말한다.

　가. 「건강기능식품에 관한 법률」 제5조에 따라 허가를 받은 자 또는 같은 법 제6조에 따라 신고를 한 자

　나. 「식품위생법」 제37조제1항에 따라 허가를 받은 자 또는 같은 조 제4항에 따라 신고하거나 같은 조 제5항에 따라 등록을 한 자

　다. 「축산물 위생관리법」 제22조에 따라 허가를 받은 자 또는 같은 법 제24조에 따라 신고를 한 자

　라. 「수입식품안전관리 특별법」 제15조제1항에 따라 영업등록을 한 자

제3조(다른 법률과의 관계) 식품등의 표시 또는 광고에 관하여 다른 법률에 우선하여 이 법을 적용한다.

제4조(표시의 기준) ① 식품등에는 다음 각 호의 구분에 따른 사항을 표시하여야 한다. 다만, 총리령으로 정하는 경우에는 그 일부만을 표시할 수 있다.

　1. 식품, 식품첨가물 또는 축산물

　가. 제품명, 내용량 및 원재료명

　나. 영업소 명칭 및 소재지

　다. 소비자 안전을 위한 주의사항

　라. 제조연월일, 유통기한 또는 품질유지기한

　마. 그 밖에 소비자에게 해당 식품, 식품첨가물 또는 축산물에 관한 정보를 제공하기 위하여 필요한 사항으로서 총리령으로 정하는 사항

　2. 기구 또는 용기·포장

　가. 재질

　나. 영업소 명칭 및 소재지

　다. 소비자 안전을 위한 주의사항

　라. 그 밖에 소비자에게 해당 기구 또는 용기·포장에 관한 정보를 제공하기 위하여 필요한 사항으로서 총리령으로 정하는 사항

　3. 건강기능식품

　가. 제품명, 내용량 및 원료명

　나. 영업소 명칭 및 소재지

　다. 유통기한 및 보관방법

　라. 섭취량, 섭취방법 및 섭취 시 주의사항

　마. 건강기능식품이라는 문자 또는 건강기능식품임을 나타내는 도안

　바. 질병의 예방 및 치료를 위한 의약품이 아니라는 내용의 표현

　사. 「건강기능식품에 관한 법률」 제3조제2호에 따른 기능성에 관한 정보 및 원료 중에 해

당 기능성을 나타내는 성분 등의 함유량

아. 그 밖에 소비자에게 해당 건강기능식품에 관한 정보를 제공하기 위하여 필요한 사항
으로서 총리령으로 정하는 사항

② 제1항에 따른 표시의무자, 표시사항 및 글씨크기·표시장소 등 표시방법에 관하여는 총리
령으로 정한다.

③ 제1항에 따른 표시가 없거나 제2항에 따른 표시방법을 위반한 식품등은 판매하거나 판매
할 목적으로 제조·가공·소분[(小分) : 완제품을 나누어 유통을 목적으로 재포장하는 것
을 말한다. 이하 같다]·수입·포장·보관·진열 또는 운반하거나 영업에 사용해서는 아
니 된다.

제5조(영양표시) ① 식품등(기구 및 용기·포장은 제외한다. 이하 이 조에서 같다)을 제조·
가공·소분하거나 수입하는 자는 총리령으로 정하는 식품등에 영양표시를 하여야 한다.

② 제1항에 따른 영양성분 및 표시방법 등에 관하여 필요한 사항은 총리령으로 정한다.

③ 제1항에 따른 영양표시가 없거나 제2항에 따른 표시방법을 위반한 식품등은 판매하거나
판매할 목적으로 제조·가공·소분·수입·포장·보관·진열 또는 운반하거나 영업에 사
용해서는 아니 된다.

제6조(나트륨 함량 비교 표시) ① 식품을 제조·가공·소분하거나 수입하는 자는 총리령으
로 정하는 식품에 나트륨 함량 비교 표시를 하여야 한다.

② 제1항에 따른 나트륨 함량 비교 표시의 기준 및 표시방법 등에 관하여 필요한 사항은 총리
령으로 정한다.

③ 제1항에 따른 나트륨 함량 비교 표시가 없거나 제2항에 따른 표시방법을 위반한 식품은 판
매하거나 판매할 목적으로 제조·가공·소분·수입·포장·보관·진열 또는 운반하거나
영업에 사용해서는 아니 된다.

제7조(광고의 기준) ① 식품등을 광고할 때에는 제품명 및 업소명을 포함시켜야 한다.

② 제1항에서 정한 사항 외에 식품등을 광고할 때 준수하여야 할 사항은 총리령으로 정한다.

제8조(부당한 표시 또는 광고행위의 금지) ① 누구든지 식품등의 명칭·제조방법·성분 등
대통령령으로 정하는 사항에 관하여 다음 각 호의 어느 하나에 해당하는 표시 또는 광고를 하여
서는 아니 된다.

1. 질병의 예방·치료에 효능이 있는 것으로 인식할 우려가 있는 표시 또는 광고

2. 식품등을 의약품으로 인식할 우려가 있는 표시 또는 광고

3. 건강기능식품이 아닌 것을 건강기능식품으로 인식할 우려가 있는 표시 또는 광고

4. 거짓·과장된 표시 또는 광고

5. 소비자를 기만하는 표시 또는 광고

6. 다른 업체나 다른 업체의 제품을 비방하는 표시 또는 광고

7. 객관적인 근거 없이 자기 또는 자기의 식품등을 다른 영업자나 다른 영업자의 식품등과 부당하게 비교하는 표시 또는 광고

8. 사행심을 조장하거나 음란한 표현을 사용하여 공중도덕이나 사회윤리를 현저하게 침해하는 표시 또는 광고

9. 제10조제1항에 따라 심의를 받지 아니하거나 같은 조 제4항을 위반하여 심의 결과에 따르지 아니한 표시 또는 광고

② 제1항 각 호의 표시 또는 광고의 구체적인 내용과 그 밖에 필요한 사항은 대통령령으로 정한다.

제9조(표시 또는 광고 내용의 실증) ① 식품등에 표시를 하거나 식품등을 광고한 자는 자기가 한 표시 또는 광고에 대하여 실증(實證)할 수 있어야 한다.

② 식품의약품안전처장은 식품등의 표시 또는 광고가 제8조제1항을 위반할 우려가 있어 해당 식품등에 대한 실증이 필요하다고 인정하는 경우에는 그 내용을 구체적으로 밝혀 해당 식품등에 표시하거나 해당 식품등을 광고한 자에게 실증자료를 제출할 것을 요청할 수 있다.

③ 제2항에 따라 실증자료의 제출을 요청받은 자는 요청받은 날부터 15일 이내에 그 실증자료를 식품의약품안전처장에게 제출하여야 한다. 다만, 식품의약품안전처장은 정당한 사유가 있다고 인정하는 경우에는 제출기간을 연장할 수 있다.

④ 식품의약품안전처장은 제2항에 따라 실증자료의 제출을 요청받은 자가 제3항에 따른 제출기간 내에 이를 제출하지 아니하고 계속하여 해당 표시 또는 광고를 하는 경우에는 실증자료를 제출할 때까지 그 표시 또는 광고 행위의 중지를 명할 수 있다.

⑤ 제2항에 따라 실증자료의 제출을 요청받은 자가 실증자료를 제출한 경우에는 「표시·광고의 공정화에 관한 법률」 등 다른 법률에 따라 다른 기관이 요구하는 자료제출을 거부할 수 있다. 다만, 식품의약품안전처장이 제출받은 실증자료를 제6항에 따라 다른 기관에 제공할 수 없는 경우에는 자료제출을 거부해서는 아니 된다.

⑥ 식품의약품안전처장은 제출받은 실증자료에 대하여 다른 기관이 「표시·광고의 공정화에 관한 법률」 등 다른 법률에 따라 해당 실증자료를 요청한 경우에는 특별한 사유가 없으면 이에 따라야 한다.

⑦ 제1항부터 제4항까지의 규정에 따른 실증의 대상, 실증자료의 범위 및 요건, 제출방법 등에 관하여 필요한 사항은 총리령으로 정한다.

제10조(표시 또는 광고의 자율심의) ① 식품등에 관하여 표시 또는 광고하려는 자는 해당 표시·광고에 대하여 제2항에 따라 등록한 기관 또는 단체(이하 "자율심의기구"라 한다)로부터 미리 심의를 받아야 한다. 다만, 자율심의기구가 구성되지 아니한 경우에는 대통령령으로 정하

는 바에 따라 식품의약품안전처장으로부터 심의를 받아야 한다.

② 제1항에 따른 식품등의 표시·광고에 관한 심의를 하고자 하는 다음 각 호의 어느 하나에 해당하는 기관 또는 단체는 제11조에 따른 심의위원회 등 대통령령으로 정하는 요건을 갖추어 식품의약품안전처장에게 등록하여야 한다.

1. 「식품위생법」 제59조제1항에 따른 동업자조합

2. 「식품위생법」 제64조제1항에 따른 한국식품산업협회

3. 「건강기능식품에 관한 법률」 제28조에 따라 설립된 단체

4. 「소비자기본법」 제29조에 따라 등록한 소비자단체로서 대통령령으로 정하는 기준을 충족하는 단체

③ 자율심의기구는 제4조부터 제8조까지의 규정에 따라 공정하게 심의하여야 하며, 정당한 사유 없이 영업자의 표시·광고 또는 소비자에 대한 정보 제공을 제한해서는 아니 된다.

④ 제1항에 따라 표시·광고의 심의를 받은 자는 심의 결과에 따라 식품등의 표시·광고를 하여야 한다. 다만, 심의 결과에 이의가 있는 자는 그 결과를 통지받은 날부터 30일 이내에 대통령령으로 정하는 바에 따라 식품의약품안전처장에게 이의신청할 수 있다.

⑤ 제1항에 따라 표시·광고의 심의를 받으려는 자는 자율심의기구 등에 수수료를 납부하여야 한다.

⑥ 식품의약품안전처장은 자율심의기구가 제3항을 위반한 경우에는 그 시정을 명할 수 있다.

⑦ 식품의약품안전처장은 자율심의기구가 다음 각 호의 어느 하나에 해당하는 경우에는 그 등록을 취소할 수 있다.

1. 제2항에 따른 등록 요건을 갖추지 못하게 된 경우

2. 제3항을 위반하여 공정하게 심의하지 아니하거나 정당한 사유 없이 영업자의 표시·광고 또는 소비자에 대한 정보 제공을 제한한 경우

3. 제6항에 따른 시정명령을 정당한 사유 없이 따르지 아니한 경우

⑧ 제1항에 따른 심의 대상, 제2항에 따른 등록 방법·절차, 그 밖에 필요한 사항은 총리령으로 정한다.

제11조(심의위원회의 설치·운영) 자율심의기구는 식품등의 표시·광고를 심의하기 위하여 10명 이상 25명 이하의 위원으로 구성된 심의위원회를 설치·운영하여야 하며, 심의위원회의 위원은 다음 각 호의 어느 하나에 해당하는 사람 중에서 자율심의기구의 장이 위촉한다. 이 경우 제1호부터 제5호까지의 사람을 각각 1명 이상 포함하되, 제1호에 해당하는 위원 수는 전체 위원 수의 3분의 1 미만이어야 한다.

1. 식품등 관련 산업계에 종사하는 사람

2. 「소비자기본법」 제2조제3호에 따른 소비자단체의 장이 추천하는 사람

3. 「변호사법」 제7조제1항에 따라 같은 법 제78조에 따른 대한변호사협회에 등록한 변호사로서 대한변호사협회의 장이 추천하는 사람

4. 「비영리민간단체 지원법」 제4조에 따라 등록된 단체로서 식품등의 안전을 주된 목적으로 하는 단체의 장이 추천하는 사람

5. 그 밖에 식품등의 표시·광고에 관한 학식과 경험이 풍부한 사람

제12조(표시 또는 광고 정책 등에 관한 자문) ① 식품의약품안전처장의 자문에 응하여 식품등의 표시 또는 광고 정책 등을 조사·심의하기 위하여 식품의약품안전처 소속으로 식품등표시광고자문위원회를 둘 수 있다.

② 제1항에도 불구하고 식품의약품안전처장은 다음 각 호의 구분에 따른 식품등에 대하여는 각각 같은 호에 따른 위원회로 하여금 사문하게 할 수 있다.

1. 건강기능식품의 표시·광고 : 「건강기능식품에 관한 법률」 제27조에 따른 건강기능식품심의위원회

2. 식품, 식품첨가물, 기구 또는 용기·포장의 표시·광고 : 「식품위생법」 제57조에 따른 식품위생심의위원회

3. 축산물의 표시·광고 : 「축산물 위생관리법」 제3조의2에 따른 축산물위생심의위원회

제13조(소비자 교육 및 홍보) ① 식품의약품안전처장은 소비자가 건강한 식생활을 할 수 있도록 식품등의 표시·광고에 관한 교육 및 홍보를 하여야 한다.

② 식품의약품안전처장은 제1항에 따른 교육 및 홍보를 대통령령으로 정하는 기관 또는 단체에 위탁할 수 있다.

③ 제1항에 따른 교육 및 홍보의 내용 등에 관하여 필요한 사항은 총리령으로 정한다.

제14조(시정명령) 식품의약품안전처장, 특별시장·광역시장·특별자치시장·도지사·특별자치도지사(이하 "시·도지사"라 한다) 또는 시장·군수·구청장(자치구의 구청장을 말한다. 이하 같다)은 다음 각 호의 어느 하나에 해당하는 자에게 필요한 시정을 명할 수 있다.

1. 제4조제3항, 제5조제3항 또는 제6조제3항을 위반하여 식품등을 판매하거나 판매할 목적으로 제조·가공·소분·수입·포장·보관·진열 또는 운반하거나 영업에 사용한 자

2. 제7조를 위반하여 광고의 기준을 준수하지 아니한 자

3. 제8조제1항을 위반하여 표시 또는 광고를 한 자

4. 제9조제3항을 위반하여 실증자료를 제출하지 아니한 자

제15조(위해 식품등의 회수 및 폐기처분 등) ① 판매의 목적으로 식품등을 제조·가공·소분 또는 수입하거나 식품등을 판매한 영업자는 해당 식품등이 제4조제3항 또는 제8조제1항을 위반한 사실(식품등의 위해와 관련이 없는 위반사항은 제외한다)을 알게 된 경우에는 지체 없이 유통 중인 해당 식품등을 회수하거나 회수하는 데에 필요한 조치를 하여야 한다.

② 제1항에 따른 회수 또는 회수하는 데에 필요한 조치를 하려는 영업자는 회수계획을 식품

의약품안전처장, 시·도지사 또는 시장·군수·구청장에게 미리 보고하여야 한다. 이 경우
회수결과를 보고받은 시·도지사 또는 시장·군수·구청장은 이를 지체 없이 식품의약품
안전처장에게 보고하여야 한다.

③ 식품의약품안전처장, 시·도지사 또는 시장·군수·구청장은 영업자가 제4조제3항 또는
제8조제1항을 위반한 경우에는 관계 공무원에게 그 식품등을 압류 또는 폐기하게 하거나
용도·처리방법 등을 정하여 영업자에게 위해를 없애는 조치를 할 것을 명하여야 한다.

④ 제1항부터 제3항까지의 규정에 따른 위해 식품등의 회수, 압류·폐기처분의 기준 및 절차
등에 관하여는 「식품위생법」 제45조 및 제72조를 준용한다.

제16조(영업정지 등) ① 식품의약품안전처장, 시·도지사 또는 시장·군수·구청장은 영업
자 중 허가를 받거나 등록을 한 영업자가 다음 각 호의 어느 하나에 해당하는 경우에는 6개월
이내의 기간을 정하여 그 영업의 전부 또는 일부를 정지하거나 영업허가 또는 등록을 취소할 수
있다.

1. 제4조제3항, 제5조제3항 또는 제6조제3항을 위반하여 식품등을 판매하거나 판매할 목적
   으로 제조·가공·소분·수입·포장·보관·진열 또는 운반하거나 영업에 사용한 경우
2. 제8조제1항을 위반하여 표시 또는 광고를 한 경우
3. 제14조에 따른 명령을 위반한 경우
4. 제15조제1항을 위반하여 회수 또는 회수하는 데에 필요한 조치를 하지 아니한 경우
5. 제15조제2항을 위반하여 회수계획 보고를 하지 아니하거나 거짓으로 보고한 경우
6. 제15조제3항에 따른 명령을 위반한 경우

② 식품의약품안전처장, 시·도지사 또는 시장·군수·구청장은 영업자 중 허가를 받거나 등
록을 한 영업자가 제1항에 따른 영업정지 명령을 위반하여 영업을 계속하면 영업허가 또
는 등록을 취소할 수 있다.

③ 특별자치시장·특별자치도지사·시장·군수·구청장은 영업자 중 영업신고를 한 영업자
가 다음 각 호의 어느 하나에 해당하는 경우에는 6개월 이내의 기간을 정하여 그 영업의
전부 또는 일부를 정지하거나 영업소 폐쇄를 명할 수 있다.

1. 제4조제3항, 제5조제3항 또는 제6조제3항을 위반하여 식품등을 판매하거나 판매할 목적
   으로 제조·가공·소분·수입·포장·보관·진열 또는 운반하거나 영업에 사용한 경우
2. 제8조제1항을 위반하여 표시 또는 광고를 한 경우
3. 제14조에 따른 명령을 위반한 경우
4. 제15조제1항을 위반하여 회수 또는 회수하는 데에 필요한 조치를 하지 아니한 경우
5. 제15조제2항을 위반하여 회수계획 보고를 하지 아니하거나 거짓으로 보고한 경우
6. 제15조제3항에 따른 명령을 위반한 경우

④ 특별자치시장·특별자치도지사·시장·군수·구청장은 영업자 중 영업신고를 한 영업자
가 제3항에 따른 영업정지 명령을 위반하여 영업을 계속하면 영업소 폐쇄를 명할 수 있다.

⑤ 제1항 및 제3항에 따른 행정처분의 기준은 그 위반행위의 유형과 위반의 정도 등을 고려하여 총리령으로 정한다.

제17조(품목 등의 제조정지) ① 식품의약품안전처장, 시·도지사 또는 시장·군수·구청장은 영업자가 다음 각 호의 어느 하나에 해당하면 식품등의 품목 또는 품목류(「식품위생법」 제7조·제9조 또는 「건강기능식품에 관한 법률」 제14조에 따라 정해진 기준 및 규격 중 동일한 기준 및 규격을 적용받아 제조·가공되는 모든 품목을 말한다. 이하 같다)에 대하여 기간을 정하여 6개월 이내의 제조정지를 명할 수 있다.

1. 제4조제3항을 위반하여 식품등을 판매하거나 판매할 목적으로 제조·가공·소분·수입·포장·보관·진열 또는 운반하거나 영업에 사용한 경우
2. 제8조제1항을 위반하여 표시 또는 광고를 한 경우

② 제1항에 따른 행정처분의 세부 기준은 그 위반행위의 유형과 위반 정도 등을 고려하여 총리령으로 정한다.

제18조(행정 제재처분 효과의 승계) 「건강기능식품에 관한 법률」 제11조, 「수입식품안전관리 특별법」 제16조, 「식품위생법」 제39조 또는 「축산물 위생관리법」 제26조에 따라 영업이 양수인·상속인 또는 합병 후 존속하는 법인이나 합병에 따라 설립되는 법인(이하 이 조에서 "양수인등"이라 한다)에 승계된 경우에는 제16조제1항 각 호, 같은 조 제3항 각 호 또는 제17조제1항 각 호를 위반한 사유로 종전의 영업자에게 한 행정 제재처분이나 제16조제2항 또는 제4항에 따라 종전의 영업자에게 한 행정 제재처분의 효과는 그 처분기간이 끝난 날부터 1년간 양수인등에게 승계되며, 행정 제재처분 절차가 진행 중일 때에는 양수인등에 대하여 그 절차를 계속할 수 있다. 다만, 양수인등(상속으로 승계받은 자는 제외한다)이 영업을 승계할 때 그 처분 또는 위반사실을 알지 못하였음을 증명하면 그러하지 아니하다.

제19조(영업정지 등의 처분에 갈음하여 부과하는 과징금 처분) ① 식품의약품안전처장, 시·도지사 또는 시장·군수·구청장은 영업자가 제16조제1항 각 호, 같은 조 제3항 각 호 또는 제17조제1항 각 호의 어느 하나에 해당하여 영업정지 또는 품목 제조정지 등을 명하여야 하는 경우로서 그 영업정지 또는 품목 제조정지 등이 이용자에게 심한 불편을 주거나 그 밖에 공익을 해칠 우려가 있을 때에는 영업정지 또는 품목 제조정지 등을 갈음하여 10억원 이하의 과징금을 부과할 수 있다. 다만, 제4조제3항 또는 제8조제1항을 위반하여 제16조제1항, 같은 조 제3항 또는 제17조제1항에 해당하는 경우로서 총리령으로 정하는 경우는 제외한다.

② 식품의약품안전처장, 시·도지사 또는 시장·군수·구청장은 제1항에 따른 과징금을 부과하기 위하여 필요한 경우에는 다음 각 호의 사항을 적은 문서로 관할 세무관서의 장에게 과세 정보 제공을 요청할 수 있다.

1. 납세자의 인적 사항

2. 과세 정보의 사용 목적

3. 과징금 부과기준이 되는 매출금액

③ 식품의약품안전처장, 시·도지사 또는 시장·군수·구청장은 영업자가 제1항에 따른 과징금을 기한 내에 납부하지 아니하는 때에는 대통령령으로 정하는 바에 따라 제1항에 따른 과징금 부과처분을 취소하고 제16조제1항 또는 제3항에 따른 영업정지, 제17조제1항에 따른 품목 제조 정지 또는 품목류 제조 정지 처분을 하거나 국세 체납 처분의 예 또는 「지방행정제재·부과금의 징수 등에 관한 법률」에 따라 징수한다. 다만, 다음 각호의 어느 하나에 해당하여 영업정지, 품목 제조 정지 또는 품목류 제조 정지의 처분을 할 수 없는 경우에는 국세 체납 처분의 예 또는 「지방행정제재·부과금의 징수 등에 관한 법률」에 따라 징수한다. <개정 2020. 3. 24.>

1. 「건강기능식품에 관한 법률」 제5조제2항 및 제6조제3항에 따라 폐업을 한 경우

2. 「수입식품안전관리 특별법」 제15조제3항에 따라 폐업을 한 경우

3. 「식품위생법」 제37조제3항부터 제5항까지의 규정에 따라 폐업을 한 경우

4. 「축산물 위생관리법」 제22조제5항 및 제24조제2항에 따라 폐업을 한 경우

④ 식품의약품안전처장, 시·도지사 또는 시장·군수·구청장은 제3항에 따라 체납된 과징금을 징수하기 위하여 필요한 경우에는 「전자정부법」 제36조제1항에 따른 행정정보의 공동이용을 통하여 다음 각 호의 사항을 확인할 수 있다.

1. 「건축법」 제38조에 따른 건축물대장 등본

2. 「공간정보의 구축 및 관리 등에 관한 법률」 제71조에 따른 토지대장 등본

3. 「자동차관리법」 제7조에 따른 자동차등록원부 등본

⑤ 제1항과 제3항 각 호 외의 부분 단서에 따라 징수한 과징금 중 식품의약품안전처장이 부과·징수한 과징금은 국가에 귀속되고, 시·도지사가 부과·징수한 과징금은 특별시·광역시·특별자치시·도·특별자치도(이하 "시·도"라 한다)의 식품진흥기금(「식품위생법」 제89조에 따른 식품진흥기금을 말한다. 이하 이 항에서 같다)에 귀속되며, 시장·군수·구청장이 부과·징수한 과징금은 대통령령으로 정하는 바에 따라 시·도와 시·군·구(자치구를 말한다)의 식품진흥기금에 귀속된다.

⑥ 제1항에 따른 과징금을 부과하는 위반행위의 종류와 위반 정도 등에 따른 과징금의 금액과 그 밖에 필요한 사항은 대통령령으로 정한다.

제20조(부당한 표시·광고에 따른 과징금 부과 등) ① 식품의약품안전처장, 시·도지사 또는 시장·군수·구청장은 제8조제1항제1호부터 제3호까지의 규정을 위반하여 제16조제1항 또는 제3항에 따라 2개월 이상의 영업정지 처분, 같은 조 제1항 또는 제2항에 따라 영업허가 및 등록의 취소 또는 같은 조 제3항 또는 제4항에 따라 영업소의 폐쇄명령을 받은 자에 대하여 그가 판매한 해당 식품등의 판매가격에 상당하는 금액을 과징금으로 부과한다.

② 식품의약품안전처장, 시·도지사 또는 시장·군수·구청장은 제1항에 따른 과징금을 기한

내에 납부하지 아니하는 경우 또는 제19조제3항 각 호의 어느 하나에 해당하는 경우에는 국세 체납처분의 예 또는 「지방행정제재·부과금의 징수 등에 관한 법률」에 따라 징수한다. <개정 2020. 3. 24.>

③ 제1항에 따라 부과한 과징금의 징수절차 및 귀속 등에 관하여는 제19조제4항 및 제5항을 준용한다.

④ 제1항에 따른 과징금의 산출금액은 대통령령으로 정하는 바에 따라 결정한다.

제21조(위반사실의 공표) ① 식품의약품안전처장, 시·도지사 또는 시장·군수·구청장은 제15조부터 제20조까지의 규정에 따라 행정처분이 확정된 영업자에 대한 처분 내용, 해당 영업소와 식품등의 명칭 등 처분과 관련한 영업 정보를 공표하여야 한다.

② 제1항에 따른 공표의 대상, 방법 및 절차 등에 관하여 필요한 사항은 대통령령으로 정한다.

제22조(국고 보조) 식품의약품안전처장은 예산의 범위에서 제15조제3항에 따른 폐기에 드는 비용의 전부 또는 일부를 보조할 수 있다.

제23조(청문) 식품의약품안전처장, 시·도지사 또는 시장·군수·구청장은 제10조제7항에 따른 자율심의기구에 대한 등록의 취소, 제16조제1항 또는 제2항에 따른 영업허가 또는 등록의 취소나 같은 조 제3항 또는 제4항에 따른 영업소 폐쇄를 명하려면 청문을 하여야 한다.

제24조(권한 등의 위임 및 위탁) ① 이 법에 따른 식품의약품안전처장의 권한은 대통령령으로 정하는 바에 따라 그 일부를 소속 기관의 장 또는 시·도지사에게 위임할 수 있다.

② 이 법에 따른 식품의약품안전처장의 업무는 대통령령으로 정하는 바에 따라 그 일부를 관계 전문기관 또는 단체에 위탁할 수 있다.

제25조(벌칙 적용에서 공무원 의제) 제11조에 따른 심의위원회의 위원은 「형법」 제129조부터 제132조까지의 규정을 적용할 때에는 공무원으로 본다.

제26조(벌칙) ① 제8조제1항제1호부터 제3호까지의 규정을 위반하여 표시 또는 광고를 한 자는 10년 이하의 징역 또는 1억원 이하의 벌금에 처하거나 이를 병과(竝科)할 수 있다.

② 제1항의 죄로 형을 선고받고 그 형이 확정된 후 5년 이내에 다시 제1항의 죄를 범한 자는 1년 이상 10년 이하의 징역에 처한다.

③ 제2항의 경우 해당 식품등을 판매하였을 때에는 그 판매가격의 4배 이상 10배 이하에 해당하는 벌금을 병과한다.

제27조(벌칙) 다음 각 호의 어느 하나에 해당하는 자는 5년 이하의 징역 또는 5천만원 이하

의 벌금에 처하거나 이를 병과할 수 있다.

1. 제4조제3항을 위반하여 건강기능식품을 판매하거나 판매할 목적으로 제조 · 가공 · 소분 · 수입 · 포장 · 보관 · 진열 또는 운반하거나 영업에 사용한 자

2. 제8조제1항제4호부터 제9호까지의 규정을 위반하여 표시 또는 광고를 한 자

3. 제15조제1항에 따른 회수 또는 회수하는 데에 필요한 조치를 하지 아니한 자

4. 제15조제3항에 따른 명령을 위반한 자

5. 「건강기능식품에 관한 법률」 제5조제1항에 따라 영업허가를 받은 자로서 제16조제1항에 따른 영업정지 명령을 위반하여 계속 영업한 자

6. 「건강기능식품에 관한 법률」 제6조제2항에 따라 영업신고를 한 자로서 제16조제3항에 따른 영업정지 명령을 위반하여 계속 영업한 자

7. 「식품위생법」 제37조제1항에 따라 영업허가를 받은 자로서 제16조제1항에 따른 영업정지 명령을 위반하여 계속 영업한 자

제28조(벌칙) 다음 각 호의 어느 하나에 해당하는 자는 3년 이하의 징역 또는 3천만원 이하의 벌금에 처한다.

1. 제4조제3항을 위반하여 식품등(건강기능식품은 제외한다)을 판매하거나 판매할 목적으로 제조 · 가공 · 소분 · 수입 · 포장 · 보관 · 진열 또는 운반하거나 영업에 사용한 자

2. 제17조제1항에 따른 품목 또는 품목류 제조정지 명령을 위반한 자

3. 「수입식품안전관리 특별법」 제15조제1항에 따라 영업등록을 한 자로서 제16조제1항에 따른 영업정지 명령을 위반하여 계속 영업한 자

4. 「식품위생법」 제37조제4항에 따라 영업신고를 한 자로서 제16조제3항 또는 제4항에 따른 영업정지 명령 또는 영업소 폐쇄명령을 위반하여 계속 영업한 자

5. 「식품위생법」 제37조제5항에 따라 영업등록을 한 자로서 제16조제1항에 따른 영업정지 명령을 위반하여 계속 영업한 자

6. 「축산물 위생관리법」 제22조제1항에 따라 영업허가를 받은 자로서 제16조제1항에 따른 영업정지 명령을 위반하여 계속 영업한 자

7. 「축산물 위생관리법」 제24조제1항에 따라 영업신고를 한 자로서 제16조제3항 또는 제4항에 따른 영업정지 명령 또는 영업소 폐쇄명령을 위반하여 계속 영업한 자

제29조(벌칙) 다음 각 호의 어느 하나에 해당하는 자는 1년 이하의 징역 또는 1천만원 이하의 벌금에 처한다. 다만, 제1호의 경우 징역과 벌금을 병과할 수 있다.

1. 제9조제4항에 따른 중지명령을 위반하여 계속하여 표시 또는 광고를 한 자

2. 제15조제2항에 따른 회수계획 보고를 하지 아니하거나 거짓으로 보고한 자

제30조(양벌규정) 법인의 대표자나 법인 또는 개인의 대리인, 사용인, 그 밖의 종업원이 그

법인 또는 개인의 업무에 관하여 제26조부터 제29조까지의 어느 하나에 해당하는 위반행위를 하면 그 행위자를 벌하는 외에 그 법인 또는 개인에게도 해당 조문의 벌금형을 과(科)한다. 다만, 법인 또는 개인이 그 위반행위를 방지하기 위하여 해당 업무에 관하여 상당한 주의와 감독을 게을리하지 아니한 경우에는 그러하지 아니하다.

제31조(과태료) ① 다음 각호의 어느 하나에 해당하는 자에게는 500만 원 이하의 과태료를 부과한다. <개정 2020. 4. 7.>

　　　1. 제5조제3항을 위반하여 식품 등을 판매하거나 판매할 목적으로 제조·가공·소분·수입·포장·보관·진열 또는 운반하거나 영업에 사용한 자

　　　2. 제6조제3항을 위반하여 식품을 판매하거나 판매할 목적으로 제조·가공·소분·수입·포장·보관·진열 또는 운반하거나 영업에 사용한 자

② 제7조를 위반하여 광고를 한 자에게는 300만 원 이하의 과태료를 부과한다.

③ 제1항 및 제2항에 따른 과태료는 대통령령으로 정하는 바에 따라 식품의약품안전처장, 시·도지사 또는 시장·군수·구청장이 부과·징수한다.

부칙　<제17246호, 2020. 4. 7.>

이 법은 공포한 날부터 시행한다.

5 식품 등의 표시·광고에 관한 법률 시행령

〈대통령령 제29622호, 2019. 3. 14, 제정〉

제1조(목적) 이 영은 「식품 등의 표시·광고에 관한 법률」에서 위임된 사항과 그 시행에 필요한 사항을 규정함을 목적으로 한다.

제2조(부당한 표시 또는 광고행위의 금지 대상) 「식품 등의 표시·광고에 관한 법률」(이하 "법"이라 한다) 제8조제1항 각 호 외의 부분에서 "식품등의 명칭·제조방법·성분 등 대통령령으로 정하는 사항"이란 다음 각 호의 사항을 말한다.

1. 식품, 식품첨가물, 기구, 용기·포장, 건강기능식품, 축산물(이하 "식품등"이라 한다)의 명칭, 영업소 명칭, 종류, 원재료, 성분(영양성분을 포함한다), 내용량, 제조방법(축산물을 생산하기 위한 해당 가축의 사육방식을 포함한다), 등급, 품질 및 사용정보에 관한 사항
2. 식품등의 제조연월일, 유통기한, 품질유지기한 및 산란일에 관한 사항
3. 「식품위생법」 제12조의2에 따른 유전자변형식품등의 표시 또는 「건강기능식품에 관한 법률」 제17조의2에 따른 유전자변형건강기능식품의 표시에 관한 사항
4. 다음 각 목의 이력추적관리에 관한 사항
   가. 「식품위생법」 제2조제13호에 따른 식품이력추적관리
   나. 「건강기능식품에 관한 법률」 제3조제6호에 따른 건강기능식품이력추적관리
   다. 「축산물 위생관리법」 제2조제13호에 따른 축산물가공품이력추적관리
5. 축산물의 인증과 관련된 다음 각 목의 사항
   가. 「축산물 위생관리법」 제9조제2항 본문에 따른 자체안전관리인증기준에 관한 사항
   나. 「축산물 위생관리법」 제9조제3항에 따른 안전관리인증작업장·안전관리인증업소 또는 안전관리인증농장의 인증에 관한 사항
   다. 「축산물 위생관리법」 제9조제4항 전단에 따른 안전관리통합인증업체의 인증에 관한 사항

제3조(부당한 표시 또는 광고의 내용) ① 법 제8조제1항에 따른 부당한 표시 또는 광고의 구체적인 내용은 별표 1과 같다.
② 제1항에서 규정한 사항 외에 부당한 표시 또는 광고의 내용에 관한 세부적인 사항은 식품의약품안전처장이 정하여 고시한다.

제4조(표시 또는 광고의 심의 기준 등) ① 법 제10조제1항 본문에 따른 자율심의기구(이하 "자율심의기구"라 한다)가 구성되지 않아 같은 항 단서에 따라 식품등의 표시·광고에 대하여 식품의약품안전처장의 심의를 받는 경우 그 심의 기준은 다음 각 호와 같다.

    1. 법 제4조부터 제8조까지의 규정에 적합할 것

    2. 다음 각 목에 따른 기준에 적합할 것

        가. 「식품위생법」 제7조 및 제9조에 따른 기준

        나. 「건강기능식품에 관한 법률」 제14조 및 제15조에 따른 기준

        다. 「축산물 위생관리법」 제4조 및 제5조에 따른 기준

    3. 객관적이고 과학적인 사료를 근거로 하여 표현할 것

② 식품의약품안전처장은 법 제10조제1항 단서에 따라 심의 신청을 받은 경우에는 심의 신청을 받은 날부터 20일 이내에 심의 결과를 신청인에게 통지해야 한다. 다만, 부득이한 사유로 그 기간 내에 처리할 수 없는 경우에는 신청인에게 심의 지연 사유와 처리 예정기한을 통지해야 한다.

③ 제1항 및 제2항에서 규정한 사항 외에 심의 기준 및 심의 절차 등에 관한 세부적인 사항은 식품의약품안전처장이 정하여 고시한다.

제5조(자율심의기구의 등록 요건) ① 법 제10조제2항 각 호 외의 부분에서 "심의위원회 등 대통령령으로 정하는 요건"이란 다음 각 호의 요건을 말한다.

    1. 법 제11조에 따른 심의위원회를 구성할 것

    2. 표시·광고 심의 업무를 수행할 수 있는 전담 부서와 2명 이상의 상근 인력(식품등에 관한 전문지식과 경험이 풍부한 사람이 포함되어야 한다)을 갖출 것

    3. 표시·광고 심의 업무를 처리할 수 있는 전산장비와 사무실을 갖출 것

② 법 제10조제2항제4호에서 "대통령령으로 정하는 기준"이란 「소비자기본법 시행령」 제23조제1항 각 호에 따른 기준을 말한다.

제6조(표시 또는 광고 심의 결과에 대한 이의신청) ① 식품등의 표시·광고에 관한 심의 결과에 이의가 있는 자는 법 제10조제4항 단서에 따라 심의 결과를 통지받은 날부터 30일 이내에 필요한 자료를 첨부하여 식품의약품안전처장에게 이의신청을 할 수 있다.

② 식품의약품안전처장은 이의신청을 받은 날부터 30일 이내에 이의를 신청한 자에게 그 결과를 통지해야 한다. 다만, 부득이한 사유로 그 기간 내에 처리할 수 없는 경우에는 이의를 신청한 자에게 결정 지연 사유와 처리 예정기한을 통지해야 한다.

③ 제1항 및 제2항에서 규정한 사항 외에 이의신청의 절차 등에 관한 세부적인 사항은 식품의약품안전처장이 정하여 고시한다.

제7조(교육 및 홍보 위탁) 식품의약품안전처장은 법 제13조제2항에 따라 식품등의 표시·광고에 관한 교육 및 홍보 업무를 다음 각호의 기관 또는 단체에 위탁한다.

1. 법 제10조제2항 각호의 어느 하나에 해당하는 기관 또는 단체
2. 그 밖에 식품 등에 관한 전문성을 갖춘 기관 또는 단체로서 식품의약품안전처장이 인정하는 기관 또는 단체

제8조(영업정지 등의 처분을 갈음하여 부과하는 과징금의 산정기준) 법 제19조제1항 본문에 따라 부과하는 과징금의 산정기준은 별표 2와 같다.

제9조(과징금의 부과 및 납부) ① 식품의약품안전처장, 특별시장·광역시장·특별자치시장·도지사·특별자치도지사(이하 "시·도지사"라 한다) 또는 시장·군수·구청장(자치구의 구청장을 말한다. 이하 같다)은 법 제19조제1항 본문에 따라 과징금을 부과하려면 그 위반행위의 종류와 해당 과징금의 금액 등을 명시하여 이를 납부할 것을 서면으로 알려야 한다.

② 제1항에 따라 통지를 받은 자는 통지를 받은 날부터 20일 이내에 식품의약품안전처장, 시·도지사 또는 시장·군수·구청장이 정하는 수납기관에 과징금을 납부해야 한다. 다만, 천재지변이나 그 밖의 부득이한 사유로 그 기간에 과징금을 납부할 수 없을 때에는 그 사유가 해소된 날부터 7일 이내에 납부해야 한다.

③ 제2항에 따라 과징금을 받은 수납기관은 그 납부자에게 영수증을 발급해야 하며, 납부받은 사실을 지체 없이 식품의약품안전처장, 시·도지사 또는 시장·군수·구청장에게 통보해야 한다.

제10조(과징금 납부기한의 연기 및 분할납부) ① 식품의약품안전처장, 시·도지사 또는 시장·군수·구청장은 법 제19조제1항 본문에 따라 과징금을 부과받은 자(이하 "과징금납부의무자"라 한다)가 납부해야 할 과징금의 금액이 100만 원 이상인 경우로서 다음 각호의 어느 하나에 해당하는 사유로 과징금 전액을 한꺼번에 납부하기 어렵다고 인정될 때에는 그 납부기한을 연기하거나 분할하여 납부하게 할 수 있다. 이 경우 필요하다고 인정하면 담보를 제공하게 할 수 있다.

1. 재해 등으로 재산에 현저한 손실을 입은 경우
2. 사업 여건의 악화로 사업이 중대한 위기에 있는 경우
3. 과징금을 한꺼번에 납부하면 자금사정에 현저한 어려움이 예상되는 경우
4. 제1호부터 제3호까지의 규정에 준하는 사유가 있는 경우

② 과징금납부의무자가 제1항에 따라 과징금의 납부기한을 연기하거나 분할납부하려는 경우에는 그 납부기한의 10일 전까지 납부기한의 연기 또는 분할 납부의 사유를 증명하는 서류를 첨부하여 식품의약품안전처장, 시·도지사 또는 시장·군수·구청장에게 신청해야 한다.

③ 제1항에 따라 과징금의 납부기한을 연기하거나 분할납부하게 하는 경우 납부기한의 연기는 그 납부기한의 다음 날부터 1년 이내로 하고, 분할된 납부기한 간의 간격은 4개월 이내로 하며, 분할납부의 횟수는 3회 이내로 한다.

④ 식품의약품안전처장, 시·도지사 또는 시장·군수·구청장은 제1항에 따라 납부기한이 연기되거나 분할납부하기로 결정된 과징금납부의무자가 다음 각 호의 어느 하나에 해당하는 경우에는 납부기한의 연기를 취소하거나 분할납부 결정을 취소하고 과징금을 한꺼번에 징수할 수 있다.

1. 분할납부하기로 결정된 과징금을 납부기한까지 내지 않은 경우
2. 담보의 제공에 관한 식품의약품안전처장, 시·도지사 또는 시장·군수·구청장의 명령을 이행하지 않은 경우
3. 강제집행, 경매의 개시, 파산선고, 법인의 해산, 국세 또는 지방세의 체납처분을 받은 경우 등 과징금의 전부 또는 잔여분을 징수할 수 없다고 인정되는 경우

제11조(과징금 미납자에 대한 처분) ① 식품의약품안전처장, 시·도지사 또는 시장·군수·구청장은 법 제19조제3항에 따라 과징금 부과처분을 취소하려는 경우 과징금납부의무자에게 과징금 부과의 납부기한(제10조제1항에 따라 과징금을 분할납부하게 한 경우로서 같은 조 제4항에 따라 분할납부 결정을 취소한 경우에는 한꺼번에 납부하도록 한 기한을 말한다)이 지난 후 15일 이내에 독촉장을 발부해야 한다. 이 경우 납부기한은 독촉장을 발부하는 날부터 10일 이내로 해야 한다.

② 식품의약품안전처장, 시·도지사 또는 시장·군수·구청장은 법 제19조제3항에 따라 과징금 부과처분을 취소하고 영업정지, 품목 제조정지 또는 품목류 제조정지 처분을 하는 경우에는 처분이 변경된 사유와 처분의 기간 등 영업정지, 품목 제조정지 또는 품목류 제조정지 처분에 필요한 사항을 명시하여 서면으로 처분대상자에게 통지해야 한다.

제12조(기금의 귀속비율) 법 제19조제5항에 따라 시장·군수·구청장이 부과·징수한 과징금의 특별시·광역시·특별자치시·도·특별자치도(이하 "시·도"라 한다) 및 시·군·구(자치구를 말한다. 이하 같다)의 식품진흥기금에 귀속되는 비율은 다음 각 호와 같다.

1. 시·도: 40퍼센트
2. 시·군·구: 60퍼센트

제13조(부당한 표시·광고에 따른 과징금 부과 기준 및 절차) ① 법 제20조제1항에 따라 부과하는 과징금의 금액은 부당한 표시·광고를 한 식품등의 판매량에 판매가격을 곱한 금액으로 한다.

② 제1항에 따른 판매량은 부당한 표시·광고를 한 식품등을 최초로 판매한 시점부터 적발시점까지의 판매량(출하량에서 회수량 및 반품·검사 등의 사유로 실제로 판매되지 않은 양

을 제외한 수량을 말한다)으로 하고, 판매가격은 판매기간 중 판매가격이 변동된 경우에는 판매시기별로 가격을 산정한다.

③ 제1항 및 제2항에서 규정한 사항 외에 과징금의 부과·징수 절차 등에 관하여는 제9조 및 제10조를 준용한다.

제14조(위반사실의 공표) 식품의약품안전처장, 시·도지사 또는 시장·군수·구청장은 법 제21조에 따라 행정처분이 확정된 영업자에 대한 다음 각 호의 사항을 지체 없이 해당 기관의 인터넷 홈페이지 또는「신문 등의 진흥에 관한 법률」제9조제1항 각 호 외의 부분 본문에 따라 등록한 전국을 보급지역으로 하는 일반일간신문에 게재해야 한다.

1. 「식품 등의 표시·광고에 관한 법률」위반사실의 공표라는 내용의 표제
2. 영업의 종류
3. 영업소의 명칭·소재지 및 대표자의 성명
4. 식품등의 명칭(식육의 경우 그 종류 및 부위의 명칭을 말한다)
5. 위반 내용(위반행위의 구체적인 내용과 근거 법령을 포함한다)
6. 행정처분의 내용, 처분일 및 기간
7. 단속기관 및 적발일

제15조(권한의 위임) ① 식품의약품안전처장은 법 제24조제1항에 따라 법 제9조제2항에 따른 식품등의 표시 또는 광고의 실증자료에 대한 검토에 관한 권한을 식품의약품안전평가원장에게 위임한다.

② 식품의약품안전처장은 법 제24조제1항에 따라 법 제8조제1항에 따른 식품등의 부당한 표시 또는 광고행위의 금지 위반사항의 점검에 관한 권한(건강기능식품에 대한 점검 권한만 해당한다)을 시·도지사에게 위임한다.

제16조(과태료의 부과기준) 법 제31조제1항 및 제2항에 따른 과태료의 부과기준은 별표 3과 같다.

부칙 <제29622호, 2019. 3. 14.>

제1조(시행일) 이 영은 2019년 3월 14일부터 시행한다.

■ 식품 등의 표시·광고에 관한 법률 시행령 [별표 1]

부당한 표시 또는 광고의 내용(제3조제1항 관련)

1. 질병의 예방·치료에 효능이 있는 것으로 인식할 우려가 있는 다음 각 목의 표시 또는 광고
   가. 질병 또는 질병군(疾病群)의 발생을 예방한다는 내용의 표시·광고. 다만, 다음의 어느 하나에 해당하는 경우는 제외한다.
   1) 특수의료용도 등 식품[정상적으로 섭취, 소화, 흡수 또는 대사할 수 있는 능력이 제한되거나 손상된 환자 또는 질병이나 임상적 상태로 인하여 일반인과 생리적으로 특별히 다른 영양요구량을 필요로 하는 환자의 식사의 일부 또는 전부를 대신할 목적으로 이들에게 입이나 관(管)을 통하여 식사를 공급할 수 있도록 제조·가공된 식품을 말한다]에 섭취대상자의 질병명 및 "영양조절"을 위한 식품임을 표시·광고하는 경우
   2) 건강기능식품에 기능성을 인정받은 사항을 표시·광고하는 경우
   나. 질병 또는 질병군에 치료 효과가 있다는 내용의 표시·광고
   다. 질병의 특징적인 징후 또는 증상에 예방·치료 효과가 있다는 내용의 표시·광고
   라. 질병 및 그 징후 또는 증상과 관련된 제품명, 학술자료, 사진 등(이하 이 목에서 "질병정보"라 한다)을 활용하여 질병과의 연관성을 암시하는 표시·광고. 다만, 건강기능식품의 경우 다음의 어느 하나에 해당하는 표시·광고는 제외한다.
   1) 「건강기능식품에 관한 법률」 제15조에 따라 식품의약품안전처장이 고시하거나 안전성 및 기능성을 인정한 건강기능식품의 원료 또는 성분으로서 질병의 발생 위험을 감소시키는 데 도움이 된다는 내용의 표시·광고
   2) 질병정보를 제품의 기능성 표시·광고와 명확하게 구분하고, "해당 질병정보는 제품과 직접적인 관련이 없습니다"라는 표현을 병기한 표시·광고
2. 식품등을 의약품으로 인식할 우려가 있는 다음 각 목의 표시 또는 광고
   가. 의약품에만 사용되는 명칭(한약의 처방명을 포함한다)을 사용하는 표시·광고
   나. 의약품에 포함된다는 내용의 표시·광고
   다. 의약품을 대체할 수 있다는 내용의 표시·광고
   라. 의약품의 효능 또는 질병 치료의 효과를 증대시킨다는 내용의 표시·광고
3. 건강기능식품이 아닌 것을 건강기능식품으로 인식할 우려가 있는 표시 또는 광고: 「건강기능식품에 관한 법률」 제3조제2호에 따른 기능성이 있는 것으로 표현하는 표시·광고. 다만, 다음 각 목의 어느 하나에 해당하는 표시·광고는 제외한다.
   가. 「건강기능식품에 관한 법률」 제14조에 따른 건강기능식품의 기준 및 규격에서 정한 영양성분의 기능 및 함량을 나타내는 표시·광고

나. 제품에 함유된 영양성분이나 원재료가 신체조직과 기능의 증진에 도움을 줄 수 있다는 내용으로서 식품의약품안전처장이 정하여 고시하는 내용의 표시·광고

다. 특수용도식품(영아·유아, 병약자, 비만자 또는 임산부·수유부 등 특별한 영양관리가 필요한 대상을 위하여 식품과 영양성분을 배합하는 등의 방법으로 제조·가공한 것을 말한다)으로 임산부·수유부·노약자, 질병 후 회복 중인 사람 또는 환자의 영양보급 등에 도움을 준다는 내용의 표시·광고

라. 해당 제품이 발육기, 성장기, 임신수유기, 갱년기 등에 있는 사람의 영양보급을 목적으로 개발된 제품이라는 내용의 표시·광고

4. 거짓·과장된 다음 각 목의 표시 또는 광고

가. 다음의 어느 하나에 따라 허가받거나 등록·신고한 사항과 다르게 표현하는 표시·광고
  1) 「식품위생법」 제37조
  2) 「건강기능식품에 관한 법률」 제5조부터 제7조까지
  3) 「축산물 위생관리법」 제22조 및 제24조
  4) 「수입식품안전관리 특별법」 제5조, 제15조 및 제20조

나. 건강기능식품의 경우 식품의약품안전처장이 인정하지 않은 기능성을 나타내는 내용의 표시·광고

다. 제2조 각 호의 사항을 표시·광고할 때 사실과 다른 내용으로 표현하는 표시·광고

라. 제2조 각 호의 사항을 표시·광고할 때 신체의 일부 또는 신체조직의 기능·작용·효과·효능에 관하여 표현하는 표시·광고

마. 정부 또는 관련 공인기관의 수상(受賞)·인증·보증·선정·특허와 관련하여 사실과 다른 내용으로 표현하는 표시·광고

5. 소비자를 기만하는 다음 각 목의 표시 또는 광고

가. 식품학·영양학·축산가공학·수의공중보건학 등의 분야에서 공인되지 않은 제조방법에 관한 연구나 발견한 사실을 인용하거나 명시하는 표시·광고. 다만, 식품학 등 해당 분야의 문헌을 인용하여 내용을 정확히 표시하고, 연구자의 성명, 문헌명, 발표 연월일을 명시하는 표시·광고는 제외한다.

나. 가축이 먹는 사료나 물에 첨가한 성분의 효능·효과 또는 식품등을 가공할 때 사용한 원재료나 성분의 효능·효과를 해당 식품등의 효능·효과로 오인 또는 혼동하게 할 우려가 있는 표시·광고

다. 각종 감사장 또는 체험기 등을 이용하거나 "한방(韓方)", "특수제법", "주문쇄도", "단체추천" 또는 이와 유사한 표현으로 소비자를 현혹하는 표시·광고

라. 의사, 치과의사, 한의사, 수의사, 약사, 한약사, 대학교수 또는 그 밖의 사람이 제품의 기능성을 보증하거나, 제품을 지정·공인·추천·지도 또는 사용하고 있다는 내용의 표시·광고. 다만, 의사 등이 해당 제품의 연구·개발에 직접 참여한 사실만을 나타내는 표시

· 광고는 제외한다.

마. 외국어의 남용 등으로 인하여 외국 제품 또는 외국과 기술 제휴한 것으로 혼동하게 할 우려가 있는 내용의 표시·광고

바. 조제유류(調製乳類)의 용기 또는 포장에 유아·여성의 사진 또는 그림 등을 사용한 표시·광고

사. 조제유류가 모유와 같거나 모유보다 좋은 것으로 소비자를 오도(誤導)하거나 오인하게 할 수 있는 표시·광고

아. 「건강기능식품에 관한 법률」 제15조제2항 본문에 따라 식품의약품안전처장이 인정한 사항의 일부 내용을 삭제하거나 변경하여 표현함으로써 해당 건강기능식품의 기능 또는 효과에 대하여 소비자를 오인하게 하거나 기만하는 표시·광고

자. 「건강기능식품에 관한 법률」 제15조제2항 단서에 따라 기능성이 인정되지 않는 사항에 대하여 기능성이 인정되는 것처럼 표현하는 표시·광고

차. 이온수, 생명수, 약수 등 과학적 근거가 없는 추상적인 용어로 표현하는 표시·광고

카. 해당 제품에 사용이 금지된 식품첨가물이 함유되지 않았다는 내용을 강조함으로써 소비자로 하여금 해당 제품만 금지된 식품첨가물이 함유되지 않은 것으로 오인하게 할 수 있는 표시·광고

6. 다른 업체나 다른 업체의 제품을 비방하는 표시 또는 광고: 비교하는 표현을 사용하여 다른 업체의 제품을 간접적으로 비방하거나 다른 업체의 제품보다 우수한 것으로 인식될 수 있는 표시·광고

7. 객관적인 근거 없이 자기 또는 자기의 식품등을 다른 영업자나 다른 영업자의 식품등과 부당하게 비교하는 다음 각 목의 표시 또는 광고

가. 비교표시·광고의 경우 그 비교대상 및 비교기준이 명확하지 않거나 비교내용 및 비교방법이 적정하지 않은 내용의 표시·광고

나. 제품의 제조방법·품질·영양가·원재료·성분 또는 효과와 직접적인 관련이 적은 내용이나 사용하지 않은 성분을 강조함으로써 다른 업소의 제품을 간접적으로 다르게 인식하게 하는 내용의 표시·광고

8. 사행심을 조장하거나 음란한 표현을 사용하여 공중도덕이나 사회윤리를 현저하게 침해하는 다음 각 목의 표시 또는 광고

가. 판매 사례품이나 경품의 제공 등 사행심을 조장하는 내용의 표시·광고(「독점규제 및 공정거래에 관한 법률」에 따라 허용되는 경우는 제외한다)

나. 미풍양속을 해치거나 해칠 우려가 있는 저속한 도안, 사진 또는 음향 등을 사용하는 표시·광고

비고

제1호 및 제3호에도 불구하고 다음 각 호에 해당하는 표시·광고는 부당한 표시 또는 광고 행위로 보지 않는다.

1. 「식품위생법 시행령」 제21조제8호의 식품접객업 영업소에서 조리·판매·제조·제공 하는 식품에 대한 표시·광고
2. 「식품위생법 시행령」 제25조제2항제6호 각 목 외의 부분 본문에 따라 영업신고 대상에 서 제외되거나 같은 영 제26조의2제2항제6호 각 목 외의 부분 본문에 따라 영업등록 대 상에서 제외되는 경우로서 가공과정 중 위생상 위해가 발생할 우려가 없고 식품의 상태 를 관능검사(官能檢査)로 확인할 수 있도록 가공하는 식품에 대한 표시·광고

[별표 2] 영업정지 등의 처분을 갈음하여 부과하는 과징금의 산정기준(제8조 관련): 생략
[별표 3] 과태료의 부과기준(제16조 관련): 생략

6

식품 등의 표시·광고에 관한 법률 시행규칙

<총리령 제1535호, 2019. 4. 25. 제정>

제1조(목적) 이 규칙은 「식품 등의 표시·광고에 관한 법률」 및 같은 법 시행령에서 위임된 사항과 그 시행에 필요한 사항을 규정함을 목적으로 한다.

제2조(일부 표시사항) 「식품 등의 표시·광고에 관한 법률」(이하 "법"이라 한다) 제4 조제1항 각 호 외의 부분 단서에 따라 식품, 식품첨가물, 기구, 용기·포장, 건강기능식품, 축산물(이하 "식품등"이라 한다. 이하 같다)에 표시사항 중 일부만을 표시할 수 있는 경우는 별표 1과 같다.

제3조(표시사항) ① 법 제4조제1항제1호마목에서 "총리령으로 정하는 사항"이란 다음 각 호의 사항을 말한다.
　1. 식품유형, 품목보고번호
　2. 성분명 및 함량
　3. 용기·포장의 재질
　4. 조사처리(照射處理) 표시
　5. 보관방법 또는 취급방법
　6. 식육(食肉)의 종류, 부위 명칭, 등급 및 도축장명
　7. 포장일자
② 법 제4조제1항제2호라목에서 "총리령으로 정하는 사항"이란 식품용이라는 단어 또는 식품용 기구를 나타내는 도안을 말한다.
③ 법 제4조제1항제3호아목에서 "총리령으로 정하는 사항"이란 다음 각 호의 사항을 말한다.
　1. 원료의 함량
　2. 소비자 안전을 위한 주의사항

제4조(표시의무자) 법 제4조제2항에 따른 표시의무자는 다음 각 호에 해당하는 자로 한다.
　1. 「식품위생법 시행령」 제21조에 따른 영업을 하는 자 중 다음 각 목의 어느 하나에 해당하는 자

가. 「식품위생법 시행령」 제21조제1호에 따른 식품제조·가공업을 하는 자(식용얼음의 경우에는 용기·포장에 5킬로그램 이하로 넣거나 싸서 생산하는 자만 해당한다)

나. 「식품위생법 시행령」 제21조제2호에 따른 즉석판매제조·가공업을 하는 자

다. 「식품위생법 시행령」 제21조제3호에 따른 식품첨가물제조업을 하는 자

라. 「식품위생법 시행령」 제21조제5호가목에 따른 식품소분업을 하는 자, 같은 호 나목1)에 따른 식용얼음판매업자(얼음을 용기·포장에 5킬로그램 이하로 넣거나 싸서 유통 또는 판매하는 자만 해당한다) 및 같은 호 나목4)에 따른 집단급식소 식품판매업을 하는 자

마. 「식품위생법 시행령」 제21조제7호에 따른 용기·포장류제조업을 하는 자

2. 「축산물 위생관리법 시행령」 제21조에 따른 영업을 하는 자 중 다음 각 목의 어느 하나에 해당하는 자

가. 「축산물 위생관리법 시행령」 제21조제1호에 따른 도축업을 하는 자(닭·오리 식육을 포장하는 자만 해당한다)

나. 「축산물 위생관리법 시행령」 제21조제3호에 따른 축산물가공업을 하는 자

다. 「축산물 위생관리법 시행령」 제21조제3호의2에 따른 식용란선별포장업을 하는 자

라. 「축산물 위생관리법 시행령」 제21조제4호에 따른 식육포장처리업을 하는 자

마. 「축산물 위생관리법 시행령」 제21조제7호가목에 따른 식육판매업을 하는 자, 같은 호 나목에 따른 식육부산물전문판매업을 하는 자 및 같은 호 바목에 따른 식용란수집판매업을 하는 자

바. 「축산물 위생관리법 시행령」 제21조제8호에 따른 식육즉석판매가공업을 하는 자

3. 「건강기능식품에 관한 법률」 제4조제1호에 따른 건강기능식품제조업을 하는 자

4. 「수입식품안전관리 특별법 시행령」 제2조제1호에 따른 수입식품등 수입·판매업을 하는 자

5. 「축산법」 제22조제1항제4호에 따른 가축사육업을 하는 자 중 식용란을 출하하는 자

6. 농산물·임산물·수산물 또는 축산물을 용기·포장에 넣거나 싸서 출하·판매하는 자

7. 법 제2조제3호에 따른 기구를 생산, 유통 또는 판매하는 자

제5조(표시방법 등) ① 법 제4조제1항 및 제2항에 따른 소비자 안전을 위한 주의사항의 구체적인 표시사항은 별표 2와 같다.

② 법 제4조제2항에 따른 글씨크기·표시장소 등의 표시방법은 별표 3과 같다.

③ 제1항 및 제2항에서 규정한 사항 외에 표시사항 및 표시방법에 관한 세부 사항은 식품의약품안전처장이 정하여 고시한다.

제6조(영양표시) ① 법 제5조제1항에서 "총리령으로 정하는 식품등"이란 별표 4의 식품등을 말한다.

② 법 제5조제2항에 따른 표시 대상 영양성분은 다음 각 호와 같다. 다만, 건강기능식품의 경우에는 제6호부터 제8호까지의 영양성분은 표시하지 않을 수 있다.

1. 열량
2. 나트륨
3. 탄수화물
4. 당류[식품, 축산물, 건강기능식품에 존재하는 모든 단당류(單糖類)와 이당류(二糖類)를 말한다. 다만, 캡슐·정제·환·분말 형태의 건강기능식품은 제외한다]
5. 지방
6. 트랜스지방(Trans Fat)
7. 포화지방(Saturated Fat)
8. 콜레스테롤(Cholesterol)
9. 단백질
10. 영양표시나 영양강조표시를 하려는 경우에는 별표 5의 1일 영양성분 기준치에 명시된 영양성분

③ 제2항에 따른 영양성분을 표시할 때에는 다음 각 호의 사항을 표시해야 한다.

1. 영양성분의 명칭
2. 영양성분의 함량
3. 별표 5의 1일 영양성분 기준치에 대한 비율

④ 제1항부터 제3항까지에서 규정한 사항 외에 영양성분의 표시방법 등에 관한 세부 사항은 식품의약품안전처장이 정하여 고시한다.

제7조(나트륨 함량 비교 표시) ① 법 제6조제1항에서 "총리령으로 정하는 식품"이란 다음 각 호의 식품을 말한다.

1. 조미식품이 포함되어 있는 면류 중 유탕면(기름에 튀긴 면), 국수 또는 냉면
2. 즉석섭취식품(동·식물성 원료에 식품이나 식품첨가물을 가하여 제조·가공한 것으로서 더 이상의 가열 또는 조리과정 없이 그대로 섭취할 수 있는 식품을 말한다) 중 햄버거 및 샌드위치

② 법 제6조제2항에 따른 나트륨 함량 비교 표시의 단위 및 도안 등의 표시기준, 표시 사항 및 표시방법 등에 관한 세부 사항은 식품의약품안전처장이 정하여 고시한다.

제8조(광고의 기준) 법 제7조제2항에 따른 식품등을 광고할 때 준수해야 할 사항은 별표 6과 같다.

제9조(실증방법 등) ① 법 제9조제2항에 따라 식품등을 표시 또는 광고한 자가 표시 또는 광고에 대하여 실증(實證)하기 위하여 제출해야 하는 자료는 다음 각 호와 같다.

    1. 시험 또는 조사 결과

    2. 전문가 견해

    3. 학술문헌

    4. 그 밖에 식품의약품안전처장이 실증을 위하여 필요하다고 인정하는 자료

  ② 법 제9조제3항에 따라 실증자료의 제출을 요청받은 자는 실증자료를 제출할 때 다음 각 호의 사항을 적은 서면에 그 내용을 증명하는 서류를 첨부해야 한다.

    1. 실증자료의 종류

    2. 시험·조사기관의 명칭, 대표자의 성명·주소·전화번호(시험·조사를 하는 경우만 해당한다)

    3. 실증 내용

  ③ 식품의약품안전처장은 제2항에 따라 제출된 실증자료에 보완이 필요한 경우에는 지체 없이 실증자료를 제출한 자에게 보완을 요청할 수 있다.

  ④ 제1항부터 제3항까지에서 규정한 사항 외에 실증자료의 요건, 실증방법 등에 관한 세부 사항은 식품의약품안전처장이 정하여 고시한다.

제10조(표시 또는 광고 심의 대상 식품등) 식품등에 관하여 표시 또는 광고하려는 자가 법 제10조제1항 본문에 따른 자율심의기구(이하 "자율심의기구"라 한다)에 미리 심의를 받아야 하는 대상은 다음 각 호와 같다.

    1. 특수용도식품(영아·유아, 병약자, 비만자 또는 임산부·수유부 등 특별한 영양관리가 필요한 대상을 위하여 식품과 영양성분을 배합하는 등의 방법으로 제조·가공한 식품을 말한다)

    2. 건강기능식품

제11조(수수료) ① 법 제10조제1항 본문에 따라 자율심의기구로부터 심의를 받는 경우 법 제10조제5항에 따른 심의 수수료는 해당 자율심의기구에서 정한다.

  ② 자율심의기구가 구성되지 않아 법 제10조제1항 단서에 따라 식품의약품안전처장의 심의를 받는 경우 법 제10조제5항에 따른 심의 수수료는 10만원으로 한다.

제12조(자율심의기구의 등록) ① 법 제10조제2항에 따라 자율심의기구로 등록을 하려는 기관 또는 단체는 「식품 등의 표시·광고에 관한 법률 시행령」(이하 "영"이라 한다) 제5조에 따른 요건을 갖춘 후 별지 제1호서식의 자율심의기구 등록 신청서에 다음 각 호의 내용을 적은 서류를 첨부하여 식품의약품안전처장에게 제출해야 한다.

    1. 자율심의기구의 설립 근거

2. 자율심의기구의 운영 기준

3. 심의 대상

4. 심의 기준

5. 심의위원회의 설치·운영 기준

6. 심의 수수료

② 제1항에 따라 등록신청을 받은 식품의약품안전처장은 해당 기관 또는 단체가 등록 요건을 충족하는 경우 별지 제2호서식의 자율심의기구 등록증을 발급해야 한다.

③ 제2항에 따라 등록증을 발급한 식품의약품안전처장은 자율심의기구 등록 관리대장을 작성·보관해야 한다.

④ 자율심의기구의 등록증을 잃어버렸거나 등록증이 헐어 못 쓰게 되어 등록증을 재발급 받으려는 경우에는 별지 제3호서식의 자율심의기구 등록증 재발급 신청서를 식품의약품안전처장에게 제출해야 한다. 이 경우 헐어서 못 쓰게 된 등록증을 첨부해야 한다.

제13조(등록사항의 변경) 제12조에 따라 자율심의기구로 등록을 한 기관 또는 단체는 다음 각 호의 사항이 변경된 경우에는 별지 제4호서식의 자율심의기구 등록사항 변경 신청서에 등록증과 변경내용을 확인할 수 있는 서류를 첨부하여 변경 사유가 발생한 날부터 7일 이내에 식품의약품안전처장에 제출해야 한다.

1. 대표자 성명

2. 기관 명칭

3. 기관 소재지

4. 심의 대상

제14조(교육 및 홍보의 내용) 법 제13조제1항에 따라 식품등의 표시·광고에 관하여 교육 및 홍보를 해야 하는 사항은 다음 각 호와 같다.

1. 법 제4조에 따른 표시의 기준에 관한 사항

2. 법 제5조에 따른 영양표시에 관한 사항

3. 법 제6조에 따른 나트륨 함량의 비교 표시에 관한 사항

4. 법 제7조에 따른 광고의 기준에 관한 사항

5. 법 제8조에 따른 부당한 표시 또는 광고행위의 금지에 관한 사항

6. 그 밖에 소비자의 식생활에 도움이 되는 식품등의 표시·광고에 관한 사항

제15조(회수·폐기처분 등의 기준) 법 제15조에 따른 회수, 압류·폐기처분 대상 식품등은 다음 각 호와 같다.

1. 표시 대상 알레르기 유발물질을 표시하지 않은 식품등

2. 제조연월일 또는 유통기한을 사실과 다르게 표시하거나 표시하지 않은 식품등

3. 그 밖에 안전과 관련된 표시를 위반한 식품등

제16조(행정처분의 기준) 법 제14조부터 제17조까지의 규정에 따른 행정처분의 기준은 별표 7과 같다.

제17조(과징금 부과 제외 대상) 법 제19조제1항 단서에 따라 과징금 부과 대상에서 제외되는 대상은 별표 8과 같다.

부칙 <제1535호, 2019. 4. 25.>

제1조(시행일) 이 규칙은 공포한 날부터 시행한다.

제2조(표시 또는 광고 심의대상 식품 등에 관한 경과조치) 제10조제1호에 따른 특수용도식품 중 조제유류는 2019년 12월 31일까지 자율심의기구의 심의 대상에서 제외한다.

제3조(다른 법령의 개정) 〈이하 내용 생략〉

■ 식품 등의 표시·광고에 관한 법률 시행규칙 [별표 1]

식품등의 일부 표시사항(제2조 관련)

법 제4조제1항 각 호 외의 부분 단서에 따라 표시사항의 일부만을 표시할 수 있는 식품등과 해당 식품등에 표시할 사항은 다음 각 호의 구분에 따른다.

1. 자사(自社)에서 제조·가공할 목적으로 수입하는 식품등
   가. 세품명
   나. 영업소(제조·가공 영업소를 말한다) 명칭
   다. 제조연월일, 유통기한 또는 품질유지기한
   라. "건강기능식품"이라는 문자(건강기능식품만 해당한다)
   마. 「건강기능식품에 관한 법률」 제3조제2호에 따른 기능성에 관한 정보(건강기능식품만 해당한다)

2. 「식품위생법 시행령」 제21조제1호 및 제3호의 식품제조·가공업 및 식품첨가물제조업, 「축산물 위생관리법 시행령」 제21조제3호의 축산물가공업, 「건강기능식품에 관한 법률 시행령」 제2조제1호의 건강기능식품제조업에 사용될 목적으로 공급되는 원료용 식품등
   가. 제품명
   나. 영업소의 명칭 및 소재지
   다. 제조연월일, 유통기한 또는 품질유지기한
   라. 보관방법
   마. 소비자 안전을 위한 주의사항 중 알레르기 유발물질
   바. 내용량, 원료명 및 함량(건강기능식품만 해당한다)
   사. "건강기능식품"이라는 문자(건강기능식품만 해당한다)
   아. 「건강기능식품에 관한 법률」 제3조제2호에 따른 기능성에 관한 정보(건강기능식품만 해당한다)

3. 「식품위생법 시행령」 제21조제1호의 식품제조·가공업 또는 「축산물 위생관리법 시행령」 제21조제3호의 축산물가공업 영업자가 「가맹사업거래의 공정화에 관한 법률」에 따른 가맹본부 또는 가맹점사업자에게 제조·가공 또는 조리를 목적으로 공급하는 식품 및 축산물(가맹본부 또는 가맹점사업자가 「유통산업발전법」 제2조제12호에 따른 판매시점 정보관리시스템 등을 통해 낱개 상품 여러 개를 한 포장에 담은 제품에 대하여 가목 및 나목의 사항을 알 수 있는 경우에는 그 표시를 생략할 수 있다)
   가. 제품명
   나. 영업소의 명칭 및 소재지

다. 제조연월일, 유통기한 또는 품질유지기한

　　라. 보관방법 또는 취급방법

　　마. 소비자 안전을 위한 주의사항 중 알레르기 유발물질

4. 법 제4조제1항에 따른 표시사항의 정보를 바코드 등을 이용하여 소비자에게 제공하는 식품 및 축산물

　　가. 제품명, 내용량 및 원재료명

　　나. 영업소 명칭 및 소재지

　　다. 소비자 안전을 위한 주의사항

　　라. 제조연월일, 유통기한 또는 품질유지기한

　　마. 품목보고번호

5. 「축산물 위생관리법 시행령」 제21조제7호가목 및 제8호의 식육판매업 및 식육즉석판매가공업 영업자가 보관·판매하는 식육

　　가. 식육의 종류, 부위명칭, 등급, 도축장명. 이 경우 식육의 부위명칭 및 구별방법, 식육의 종류 표시 등에 관한 세부 사항은 식품의약품안전처장이 정하여 고시하는 바에 따른다.

　　나. 유통기한 및 보관방법. 이 경우 식육을 보관하거나 비닐 등으로 포장하여 판매하는 경우만 해당한다.

　　다. 포장일자(식육을 비닐 등으로 포장하여 보관·판매하는 경우만 해당한다)

6. 「축산물 위생관리법 시행령」 제21조제7호나목의 식육부산물전문판매업 영업자가 보관·판매하는 식육부산물(도축 당일 도축장에서 위생용기에 넣어 운반·판매하는 경우에는 도축검사증명서로 그 표시를 대신할 수 있다)

　　가. 식육부산물의 종류(식육부산물을 비닐 등으로 포장하지 않고 진열상자에 놓고 판매하는 경우에는 식육판매표지판에 표시하여 전면에 설치해야 한다)

　　나. 유통기한 및 보관방법. 이 경우 식육부산물을 비닐 등으로 포장하여 보관·판매하는 경우만 해당한다.

■ 식품 등의 표시·광고에 관한 법률 시행규칙 [별표 2]

<u>소비자 안전을 위한 표시사항</u>(제5조제1항 관련)

Ⅰ. 공통사항

1. 알레르기 유발물질 표시

　식품등에 알레르기를 유발할 수 있는 원재료가 포함된 경우 그 원재료명을 표시해야 하며, 알레르기 유발물질, 표시 대상 및 표시방법은 다음 각 목과 같다.

　가. 알레르기 유발물질

　　알류(가금류만 해당한다), 우유, 메밀, 땅콩, 대두, 밀, 고등어, 게, 새우, 돼지고기, 복숭아, 토마토, 아황산류(이를 첨가하여 최종 제품에 이산화황이 1킬로그램당 10밀리그램 이상 함유된 경우만 해당한다), 호두, 닭고기, 쇠고기, 오징어, 조개류(굴, 전복, 홍합을 포함한다), 잣

　나. 표시 대상

　　1) 가목의 알레르기 유발물질을 원재료로 사용한 식품등

　　2) 1)의 식품등으로부터 추출 등의 방법으로 얻은 성분을 원재료로 사용한 식품등

　　3) 1) 및 2)를 함유한 식품등을 원재료로 사용한 식품등

　다. 표시방법

　　원재료명 표시란 근처에 바탕색과 구분되도록 알레르기 표시란을 마련하고, 제품에 함유된 알레르기 유발물질의 양과 관계없이 원재료로 사용된 모든 알레르기 유발물질을 표시해야 한다. 다만, 단일 원재료로 제조·가공한 식품이나 포장육 및 수입 식육의 제품명이 알레르기 표시 대상 원재료명과 동일한 경우에는 알레르기 유발물질 표시를 생략할 수 있다.

　　(예시)

달걀, 우유, 새우, 이산화황, 조개류(굴) 함유

2. 혼입(混入)될 우려가 있는 알레르기 유발물질 표시

　알레르기 유발물질을 사용한 제품과 사용하지 않은 제품을 같은 제조 과정(작업자, 기구, 제조라인, 원재료보관 등 모든 제조과정을 포함한다)을 통해 생산하여 불가피하게 혼입될 우려가 있는 경우 "이 제품은 알레르기 발생 가능성이 있는 메밀을 사용한 제품과 같은 제조 시설에서 제조하고 있습니다", "메밀 혼입 가능성 있음", "메밀 혼입 가능" 등의 주의사항 문구를 표시해야 한다. 다만, 제품의 원재료가 제1호가목에 따른 알레르기 유발물질인 경우에는 표시하지 않는다.

3. 무(無) 글루텐의 표시

　다음 각 목의 어느 하나에 해당하는 경우 "무 글루텐"의 표시를 할 수 있다.

가. 밀, 호밀, 보리, 귀리 또는 이들의 교배종을 원재료로 사용하지 않고 총 글루텐 함량
이 1킬로그램당 20밀리그램 이하인 식품등

나. 밀, 호밀, 보리, 귀리 또는 이들의 교배종에서 글루텐을 제거한 원재료를 사용하여
총 글루텐 함량이 1킬로그램당 20밀리그램 이하인 식품등

Ⅱ. 식품등의 주의사항 표시

1. 식품, 축산물

가. 냉동제품에는 "이미 냉동되었으니 해동 후 다시 냉동하지 마십시오" 등의 표시를 해
야 한다.

나. 과일·채소류 음료, 우유류 등 개봉 후 부패·변질될 우려가 높은 제품에는 "개봉
후 냉장보관하거나 빨리 드시기 바랍니다" 등의 표시를 해야 한다.

다. "음주전후, 숙취해소" 등의 표시를 하는 제품에는 "과다한 음주는 건강을 해칩니다"
등의 표시를 해야 한다.

라. 아스파탐(aspatame, 감미료)을 첨가 사용한 제품에는 "페닐알라닌 함유"라는 내용
을 표시해야 한다.

마. 당알코올류를 주요 원재료로 사용한 제품에는 해당 당알코올의 종류 및 함량이나
"과량 섭취 시 설사를 일으킬 수 있습니다" 등의 표시를 해야 한다.

바. 별도 포장하여 넣은 신선도 유지제에는 "습기방지제", "습기제거제" 등 소비자가 그
용도를 쉽게 알 수 있게 표시하고, "먹어서는 안 됩니다" 등의 주의문구도 함께 표
시해야 한다. 다만, 정보표시면(용기·포장의 표시면 중 소비자가 쉽게 알아볼 수 있
게 표시사항을 모아서 표시하는 면을 말한다. 이하 같다) 등에 표시하기 어려운 경
우에는 신선도 유지제에 직접 표시할 수 있다.

사. 식품 및 축산물에 대한 불만이나 소비자의 피해가 있는 경우에는 신속하게 신고할
수 있도록 "부정·불량식품 신고는 국번 없이 1399" 등의 표시를 해야 한다.

아. 카페인을 1밀리리터당 0.15밀리그램 이상 함유한 액체 제품에는 "어린이, 임산부, 카
페인 민감자는 섭취에 주의해 주시기 바랍니다" 등의 문구를 표시하고, 주표시면(용
기·포장의 표시면 중 상표, 로고 등이 인쇄되어 있어 소비자가 식품등을 구매할 때
통상적으로 보이는 면을 말한다. 이하 같다)에 "고카페인 함유"와 "총카페인 함량
○○○밀리그램"을 표시해야 한다. 이 경우 카페인 허용오차는 표시량의 90퍼센트 이
상 110퍼센트 이하[커피, 다류(茶類), 커피 및 다류를 원료로 한 액체 축산물은 120
퍼센트 미만]로 한다.

자. 보존성을 증진시키기 위해 용기 또는 포장 등에 질소가스 등을 충전한 경우에는 "질
소가스 충전" 등으로 그 사실을 표시해야 한다.

차. 원터치캔(한 번 조작으로 열리는 캔) 통조림 제품에는 "캔 절단 부분이 날카로우므

로 개봉, 보관 및 폐기 시 주의하십시오" 등의 표시를 해야 한다.

카. 아마씨(아마씨유는 제외한다)를 원재료로 사용한 제품에는 "아마씨를 섭취할 때에는 일일섭취량이 16그램을 초과하지 않아야 하며, 1회 섭취량은 4그램을 초과하지 않도록 주의하십시오" 등의 표시를 해야 한다.

2. 식품첨가물

수산화암모늄, 초산, 빙초산, 염산, 황산, 수산화나트륨, 수산화칼륨, 차아염소산나트륨, 차아염소산칼슘, 액체 질소, 액체 이산화탄소, 드라이아이스, 아산화질소에는 "어린이 등의 손에 닿지 않는 곳에 보관하십시오", "직접 먹거나 마시지 마십시오", "눈·피부에 닿거나 마실 경우 인체에 치명적인 손상을 입힐 수 있습니다" 등의 취급상 주의문구를 표시해야 한다.

3. 기구 또는 용기·포장

가. 식품포장용 랩을 사용할 때에는 섭씨 100도를 초과하지 않은 상태에서만 사용하도록 표시해야 한다.

나. 식품포장용 랩은 지방성분이 많은 식품 및 주류에는 직접 접촉되지 않게 사용하도록 표시해야 한다.

다. 유리제 가열조리용 기구에는 "표시된 사용 용도 외에는 사용하지 마십시오" 등을 표시하고, 가열조리용이 아닌 유리제 기구에는 "가열조리용으로 사용하지 마십시오" 등의 표시를 해야 한다.

4. 건강기능식품

가. "음주전후, 숙취해소" 등의 표시를 하려는 경우에는 "과다한 음주는 건강을 해칩니다" 등의 표시를 해야 한다.

나. 아스파탐을 첨가 사용한 제품에는 "페닐알라닌 함유"라는 표시를 해야 한다.

다. 별도 포장하여 넣은 신선도 유지제에는 "습기방지제", "습기제거제" 등 소비자가 그 용도를 쉽게 알 수 있도록 표시하고, "먹어서는 안 됩니다" 등의 주의문구도 함께 표시해야 한다. 다만, 정보표시면 등에 표시하기 어려운 경우에는 신선도 유지제에 직접 표시할 수 있다.

라. 카페인을 1밀리리터당 0.15밀리그램 이상 함유한 액체 건강기능식품에는 주표시면에 "고카페인 함유"로 표시해야 한다. 다만, 다류와 제품명 또는 제품명의 일부를 "커피" 또는 "차"로 표시하는 제품에는 해당 문구를 표시하지 않을 수 있다.

마. 건강기능식품의 섭취로 인하여 구토, 두드러기, 설사 등의 이상 증상이 의심되는 경우에는 신속하게 신고할 수 있도록 제품의 용기·포장에 "이상 사례 신고는 1577-2488"의 표시를 해야 한다.

■ 식품 등의 표시·광고에 관한 법률 시행규칙 [별표 3]

식품등의 표시방법(제5조제2항 관련)

1. 소비자에게 판매하는 제품의 최소 판매단위별 용기·포장에 법 제4조부터 제6조까지의 규정에 따른 사항을 표시해야 한다. 다만, 다음 각 목의 어느 하나에 해당하는 경우에는 제외한다.

   가. 캔디류, 추잉껌, 초콜릿류 및 잼류가 최소 판매단위 제품의 가장 넓은 면 면적이 30제곱센티미터 이하이고, 여러 개의 최소 판매단위 제품이 하나의 용기·포장으로 진열·판매될 수 있도록 포장된 경우에는 그 용기·포장에 대신 표시할 수 있다.

   나. 낱알모음을 하여 한 알씩 사용하는 건강기능식품은 그 낱알모음 포장에 제품명과 제조업소명을 표시해야 한다. 이 경우 「건강기능식품에 관한 법률 시행령」 제2조제3호나목에 따른 건강기능식품유통전문판매업소가 위탁한 제품은 건강기능식품유통전문판매업소명을 표시할 수 있다.

2. 한글로 표시하는 것을 원칙으로 하되, 한자나 외국어를 병기하거나 혼용(건강기능식품은 제외한다)하여 표시할 수 있으며, 한자나 외국어의 글씨크기는 한글의 글씨크기와 같거나 한글의 글씨크기보다 작게 표시해야 한다. 다만, 다음 각 목의 어느 하나에 해당하는 경우에는 제외한다.

   가. 한자나 외국어를 한글 글씨보다 크게 표시할 수 있는 경우
   「수입식품안전관리 특별법」 제2조제1호에 따른 수입식품등, 「상표법」에 따라 등록된 상표 및 주류의 제품명의 경우

   나. 한글표시를 생략할 수 있는 경우

   1) 별표 1 제1호에 따라 자사에서 제조·가공할 목적으로 수입하는 식품등에 같은 호 각 목에 따른 사항을 영어 또는 수출국의 언어로 표시한 경우

   2) 「대외무역법 시행령」 제2조제6호 및 제8호에 따른 외화획득용 원료 및 제품으로 수입하는 식품등(「대외무역법 시행령」 제26조제1항제3호에 따른 관광 사업용으로 수입하는 식품등은 제외한다)의 경우

   3) 수입축산물 중 지육[머리·내장·발을 제거한 도체(屠體)], 우지(쇠기름), 돈지(돼지기름) 등 표시가 불가능한 벌크(판매단위로 포장되지 않고, 선박의 탱크, 초대형 상자 등에 대용량으로 담긴 상태를 말한다) 상태의 축산물의 경우

3. 소비자가 쉽게 알아볼 수 있도록 바탕색의 색상과 대비되는 색상을 사용하여 주표시면 및 정보표시면을 구분해서 표시해야 한다. 다만, 회수해서 다시 사용하는 병마개의 제품과 유통기한 등 일부 표시사항의 변조 등을 방지하기 위해 각인 또는 압인 등을 사용하여 그 내용을 알아볼 수 있도록 한 건강기능식품에는 바탕색의 색상과 대비되는 색상으로 표시하지 않을 수 있다.

4. 표시를 할 때에는 지워지지 않는 잉크·각인 또는 소인(燒印) 등을 사용해야 한다.

다만, 원료용 제품 또는 용기·포장의 특성상 잉크·각인 또는 소인 등이 어려운 경우 등에는 식품의약품안전처장이 정하여 고시하는 바에 따라 표시할 수 있다.

5. 글씨크기는 10포인트 이상으로 해야 한다. 다만, 영양표시를 하는 경우, 식육의 합격 표시를 하는 경우 또는 달걀껍데기에 표시하는 경우와 정보표시면이 부족한 경우에는 식품의약품안전처장이 정하여 고시하는 바에 따른다.

6. 제5호에 따른 글씨는 정보표시면에 글자 비율(장평) 90퍼센트 이상, 글자 간격(자간) -5퍼센트 이상으로 표시해야 한다. 다만, 정보표시면 면적이 100제곱센티미터 미만인 경우에는 글자 비율 50퍼센트 이상, 글자 간격 -5퍼센트 이상으로 표시할 수 있다.

■ 식품 등의 표시·광고에 관한 법률 시행규칙 [별표 4]

영양표시 대상 식품등(제6조제1항 관련)

1. 영양표시 대상 식품등은 다음 각 목과 같다.

　가. 레토르트식품(조리가공한 식품을 특수한 주머니에 넣어 밀봉한 후 고열로 가열 살균한 가공식품을 말하며, 축산물은 제외한다)

　나. 과자류 중 과자, 캔디류 및 빙과류 중 빙과·아이스크림류

　다. 빵류 및 만두류

　라. 코코아 가공품류 및 초콜릿류

　마. 잼류

　바. 식용 유지류(油脂類)(동물성유지류, 식용유지가공품 중 모조치즈, 식물성크림, 기타 식용유지가공품은 제외한다)

　사. 면류

　아. 음료류(다류와 커피 중 볶은 커피 및 인스턴트 커피는 제외한다)

　자. 특수용도식품

　차. 어육가공품류 중 어육소시지

　카. 즉석섭취·편의식품류 중 즉석섭취식품 및 즉석조리식품

　타. 장류(한식메주, 한식된장, 청국장 및 한식메주를 이용한 한식간장은 제외한다)

　파. 시리얼류

　하. 유가공품 중 우유류·가공유류·발효유류·분유류·치즈류

　거. 식육가공품 중 햄류, 소시지류

　너. 건강기능식품

　더. 가목부터 너목까지의 규정에 해당하지 않는 식품 및 축산물로서 영업자가 스스로 영양표시를 하는 식품 및 축산물

2. 영양표시 대상에서 제외되는 식품등은 다음 각 목과 같다.

　가. 「식품위생법 시행령」 제21조제2호에 따른 즉석판매제조·가공업 영업자가 제조·가공하는 식품

　나. 「축산물 위생관리법 시행령」 제21조제8호에 따른 식육즉석판매가공업 영업자가 만들거나 다시 나누어 판매하는 식육가공품

　다. 식품, 축산물 및 건강기능식품의 원료로 사용되어 그 자체로는 최종 소비자에게 제공되지 않는 식품, 축산물 및 건강기능식품

　라. 포장 또는 용기의 주표시면 면적이 30제곱센티미터 이하인 식품 및 축산물

[별표 5] 1일 영양성분 기준치(제6조제2항 및 제3항 관련) : 생략

■ 식품 등의 표시·광고에 관한 법률 시행규칙 [별표 6]

식품등 광고 시 준수사항(제8조 관련)

1. 식품등을 텔레비전·인쇄물 등을 통해 광고하는 경우에는 제품명, 제조·가공·처리·판매하는 업소명(관할 관청에 허가·등록·신고한 업소명을 말한다)을 그 광고에 포함시켜야 한다. 다만, 수입식품등의 경우에는 제품명, 제조국(또는 생산국) 및 수입식품등 수입·판매업의 업소명을 그 광고에 포함시켜야 한다.

2. 모유대용으로 사용하는 식품등(조제유류는 제외한다), 영·유아의 이유식 또는 영양보충의 목적으로 제조·가공한 식품등을 광고하는 경우에는 조제유류와 같은 명칭 또는 유사한 명칭을 사용하여 소비자를 혼동하게 할 우려가 있는 광고를 해서는 안 된다.

3. 조제유류에 관하여는 다음 각 목에 해당하는 광고 또는 판매촉진 행위를 해서는 안 된다.

   가. 신문·잡지·라디오·텔레비전·음악·영상·인쇄물·간판·인터넷, 그 밖의 방법으로 광고하는 행위. 다만, 인터넷에 법 제4조부터 제6조까지의 규정에 따른 표시사항을 게시하는 경우는 제외한다.

   나. 조제유류를 의료기관·모자보건시설·소비자 등에게 무료 또는 저가로 공급하는 판매촉진행위

   다. 홍보단, 시음단, 평가단 등을 모집하는 행위

   라. 제조사가 소비자에게 사용후기 등을 작성하게 하여 홈페이지 등에 게시하도록 유도하는 행위

   마. 소비자가 사용 후기 등을 작성하여 제조사 홈페이지 등에 연결하거나 직접 게시하는 행위

   바. 그 밖에 조제유류의 판매 증대를 목적으로 하는 광고나 판매촉진행위에 해당된다고 식품의약품안전처장이 인정하는 행위

4. 식품·축산물·건강기능식품의 제조·가공업자는 부당한 표시·광고를 하여 행정처분을 받은 경우에는 해당 광고를 즉시 중지해야 한다.

[별표 7] 행정처분 기준(제16조 관련)
[별표 8] 과징금 부과 제외 대상(제17조 관련)

제3편
식품위생관계 기타법규

1 먹는물 관리법

〈법률 제17326호, 2020. 5. 26.〉

제1장 → 총칙

제1조(목적) 이 법은 먹는물의 수질과 위생을 합리적으로 관리하여 국민건강을 증진하는 데 이바지하는 것을 목적으로 한다.

제2조(책무) ① 국가와 지방자치단체는 모든 국민이 질 좋은 먹는물을 공급받을 수 있도록 합리적인 시책을 마련하고, 먹는물관련영업자에 대하여 알맞은 지도와 관리를 하여야 한다.

② 먹는물관련영업자는 관계 법령으로 정하는 바에 따라 질 좋은 먹는물을 안전하고 알맞게 공급하도록 하여야 한다.

제3조(정의) 이 법에서 사용하는 용어의 뜻은 다음과 같다. <개정 2020. 5. 26.>

1. "먹는물"이란 먹는 데에 일반적으로 사용하는 자연 상태의 물, 자연 상태의 물을 먹기에 적합하도록 처리한 수돗물, 먹는샘물, 먹는염지하수(鹽地下水), 먹는해양심층수(海洋深層水)등을 말한다.

2. "샘물"이란 암반대수층(岩盤帶水層) 안의 지하수 또는 용천수 등 수질의 안전성을 계속 유지할 수 있는 자연 상태의 깨끗한 물을 먹는 용도로 사용할 원수(原水)를 말한다.

3. "먹는샘물"이란 샘물을 먹기에 적합하도록 물리적으로 처리하는 등의 방법으로 제조한 물을 말한다.

3의2. "염지하수"란 물속에 녹아있는 염분(鹽分) 등의 함량(含量)이 환경부령으로 정하는 기준 이상인 암반대수층 안의 지하수로서 수질의 안전성을 계속 유지할 수 있는 자연 상태의 물을 먹는 용도로 사용할 원수를 말한다.

3의3. "먹는염지하수"란 염지하수를 먹기에 적합하도록 물리적으로 처리하는 등의 방법으로 제조한 물을 말한다.

4. "먹는해양심층수"란 「해양심층수의 개발 및 관리에 관한 법률」 제2조제1호에 따른 해양심층수를 먹는 데 적합하도록 물리적으로 처리하는 등의 방법으로 제조한 물을 말한다.

5. "수처리제(水處理劑)"란 자연 상태의 물을 정수(淨水) 또는 소독하거나 먹는물 공급시설의

산화방지 등을 위하여 첨가하는 제제를 말한다.

6. "먹는물공동시설"이란 여러 사람에게 먹는물을 공급할 목적으로 개발했거나 저절로 형성 된 약수터, 샘터, 우물 등을 말한다.

6의2. "냉·온수기"란 용기(容器)에 담긴 먹는샘물 또는 먹는염지하수를 냉수·온수로 변환 시켜 취수(取水)꼭지를 통하여 공급하는 기능을 가진 것을 말한다.

6의3. "냉·온수기 설치·관리자"란 「실내공기질 관리법」 제3조제1항에 따른 다중이용시설에 서 다수인에게 먹는샘물 또는 먹는염지하수를 공급하기 위하여 냉·온수기를 설치·관리 하는 자를 말한다.

7. "정수기"란 물리적·화학적 또는 생물학적 과정을 거치거나 이들을 결합한 과정을 거쳐 먹는물을 제5조제3항에 따른 먹는물의 수질기준에 맞게 취수 꼭지를 통하여 공급하도록 제조된 기구[해당 기구에 냉수·온수 장치, 제빙(製氷) 장치 등 환경부장관이 정하여 고시 하는 장치가 결합되어 냉수·온수, 얼음 등을 함께 공급할 수 있도록 제조된 기구를 포함한 다]로서, 유입수(流入水) 중에 들어있는 오염물질을 감소시키는 기능을 가진 것을 말한다.

7의2. "정수기 설치·관리자"란 「실내공기질 관리법」 제3조제1항에 따른 다중이용시설에서 다수인에게 먹는물을 공급하기 위하여 정수기를 설치 및 관리하는 자를 말한다.

8. "정수기품질검사"란 정수기에 대한 구조, 재질, 정수 성능 등을 종합적으로 검사하는 것을 말한다.

9. "먹는물관련영업"이란 먹는샘물·먹는염지하수의 제조업·수입판매업·유통전문판매업, 수처리제 제조업 및 정수기의 제조업·수입판매업을 말한다.

9의2. "유통전문판매업"이란 제품을 스스로 제조하지 아니하고 타인에게 제조를 의뢰하여 자 신의 상표로 유통·판매하는 영업을 말한다.

제4조(적용범위) 먹는물과 관련된 사항 중 수돗물에 관하여는 「수도법」을 적용하고, 먹는해양 심층수에 관하여는 「해양심층수의 개발 및 관리에 관한 법률」을 적용한다. 다만, 제5조제3항에 따른 먹는물의 수질기준에 관하여는 이 법을 적용한다.

제2장 — 먹는물의 수질 관리

제5조(먹는물 등의 수질 관리) ① 환경부장관은 먹는물, 샘물 및 염지하수의 수질 기준을 정하 여 보급하는 등 먹는물, 샘물 및 염지하수의 수질 관리를 위하여 필요한 시책을 마련하여야 한다.

② 환경부장관 또는 특별시장·광역시장·특별자치시장·도지사·특별자치도지사(이하 "시· 도지사"라 한다)는 먹는물, 샘물 및 염지하수의 수질검사를 실시하여야 한다.

③ 먹는물, 샘물 및 염지하수의 수질 기준 및 검사 횟수는 환경부령으로 정한다.

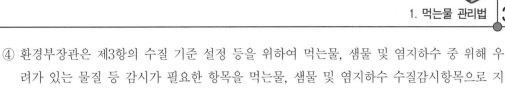

④ 환경부장관은 제3항의 수질 기준 설정 등을 위하여 먹는물, 샘물 및 염지하수 중 위해 우려가 있는 물질 등 감시가 필요한 항목을 먹는물, 샘물 및 염지하수 수질감시항목으로 지정할 수 있다. 이 경우 먹는물, 샘물 및 염지하수 수질감시항목의 지정대상·지정절차, 감시항목별 감시기준 및 검사주기 등에 관한 세부사항은 환경부장관이 정하여 고시한다. <신설 2018. 12. 24.>

⑤ 특별시·광역시·특별자치시·도·특별자치도(이하 "시·도"라 한다)는 먹는물, 샘물 및 염지하수의 수질 개선을 위하여 필요하다고 인정하는 경우에는 조례로 제3항에 따른 수질 기준 및 검사 횟수를 강화하여 정할 수 있다. <신설 2018. 12. 24.>

⑥ 시·도지사는 제5항에 따라 수질 기준 및 검사 횟수가 설정·변경된 경우에는 지체 없이 환경부장관에게 보고하고, 환경부령으로 정하는 바에 따라 이해관계자가 알 수 있도록 필요한 조치를 하여야 한다. <신설 2018. 12. 24.>

제6조(먹는물 수질에 대한 공정시험 방법) 환경부장관은 먹는물 검사를 정확하고 통일성 있게 하기 위하여 먹는물 수질공정시험(水質公定試驗) 방법을 정하여 고시하여야 한다.

제7조(먹는물 수질 감시원) ① 이 법에 따른 관계 공무원의 직무나 그 밖에 먹는물 수질에 관한 지도 등을 행하게 하기 위하여 환경부, 시·도, 시·군·구(자치구를 말한다. 이하 같다)에 먹는물 수질 감시원을 둔다.

② 제1항에 따른 먹는물 수질 감시원의 자격, 임명, 직무범위, 그 밖에 필요한 사항은 대통령령으로 정한다.

제8조(먹는물 공동시설의 관리) ① 먹는물공동시설 소재지의 특별자치시장·특별자치도지사·시장·군수·구청장(구청장은 자치구의 구청장을 말하며, 이하 "시장·군수·구청장"이라 한다)은 국민들에게 양질의 먹는물을 공급하기 위하여 먹는물공동시설을 개선하고, 먹는물공동시설의 수질을 정기적으로 검사하며, 수질검사 결과 먹는물공동시설로 이용하기에 부적합한 경우에는 사용금지 또는 폐쇄조치를 하는 등 먹는물공동시설의 알맞은 관리를 위하여 환경부령으로 정하는 바에 따라 필요한 조치를 하여야 한다.

② 누구든지 먹는물공동시설의 수질을 오염시키거나 시설을 훼손하는 행위를 하여서는 아니 된다.

③ 먹는물공동시설의 관리대상, 관리방법, 그 밖에 필요한 사항은 환경부령으로 정한다.

④ 특별자치시·특별자치도·시·군·구는 먹는물공동시설의 수질 개선을 위하여 필요하다고 인정하는 경우에는 조례로 제3항에 따른 관리대상, 관리방법 등을 강화하여 정할 수 있다.

⑤ 시장·군수·구청장은 제4항에 따라 관리대상, 관리방법 등이 설정·변경된 경우에는 지체 없이 환경부장관에게 보고하고, 환경부령으로 정하는 바에 따라 이해관계자가 알 수 있도록 필요한 조치를 하여야 한다.

⑥ 시장·군수·구청장은 제1항에 따른 먹는물공동시설의 수질검사 결과를 환경부령으로 정

하는 바에 따라 환경부장관에게 보고하여야 한다.

⑦ 환경부장관은 시장·군수·구청장에게 제1항에 따른 먹는물공동시설의 정기검사, 사용금지, 폐쇄조치 및 먹는물공동시설의 개선에 필요한 조치를 명할 수 있다.

제8조의2(냉·온수기 또는 정수기의 설치·관리) ① 냉·온수기 설치·관리자 또는 정수기 설치·관리자는 환경부령으로 정하는 바에 따라 냉·온수기 또는 정수기의 설치 장소, 설치 대수 등을 시장·군수·구청장에게 신고하여야 한다. 신고한 사항 중 환경부령으로 정하는 중요한 사항을 변경하려는 때에도 또한 같다.

② 냉·온수기 설치·관리자 또는 정수기 설치·관리자는 먹는물이 오염되기 쉬운 장소에 냉·온수기 또는 정수기를 설치하여서는 아니 된다.

③ 냉·온수기 설치·관리자 또는 정수기 설치·관리자는 냉·온수기 또는 정수기를 주기적으로 청소·소독하는 등 위생적으로 관리하여야 한다.

④ 제2항에 따른 냉·온수기 또는 정수기의 설치 금지 장소 및 제3항에 따른 냉·온수기 또는 정수기의 관리 방법에 관한 구체적인 기준은 환경부령으로 정한다.

제3장 ─ 샘물 등의 개발 및 보전

제8조의3 ~ 제18조 〈생략〉

제4장 ─ 영업

제19조(판매 등의 금지) 누구든지 먹는 데 제공할 목적으로 다음 각 호의 어느 하나에 해당하는 것을 판매하거나 판매할 목적으로 채취, 제조, 수입, 저장, 운반 또는 진열하지 못한다.

1. 먹는샘물등 외의 물이나 그 물을 용기에 넣은 것
2. 제21조제1항에 따른 허가를 받지 아니한 먹는샘물등이나 그 물을 용기에 넣은 것
3. 제26조제1항에 따른 수입신고를 하지 아니한 먹는샘물등이나 그 물을 용기에 넣은 것
4. 삭제

제20조(시설 기준) 먹는물관련영업을 하려는 자는 환경부령으로 정하는 기준에 적합한 시설을 갖추어야 한다.

제21조(영업의 허가 등) ① 먹는샘물등의 제조업을 하려는 자는 환경부령으로 정하는 바에 따라 시·도지사의 허가를 받아야 한다. 환경부령으로 정하는 중요한 사항을 변경하려는 때에도

또한 같다.

② 수처리제 제조업을 하려는 자는 환경부령으로 정하는 바에 따라 시·도지사에게 등록하여야 한다. 환경부령으로 정하는 중요한 사항을 변경하려는 때에도 또한 같다.

③ 먹는샘물등의 수입판매업을 하려는 자는 환경부령으로 정하는 바에 따라 시·도지사에게 등록하여야 한다. 환경부령으로 정하는 중요한 사항을 변경하려는 때에도 또한 같다.

④ 먹는샘물등의 유통전문판매업을 하려는 자는 환경부령으로 정하는 바에 따라 시·도지사에게 신고하여야 한다. 환경부령으로 정하는 중요한 사항을 변경하려는 때에도 또한 같다.

⑤ 정수기의 제조업 또는 수입판매업을 하려는 자는 제43조제1항에 따라 환경부장관이 지정한 기관의 검사를 받고 환경부령으로 정하는 바에 따라 시·도지사에게 신고하여야 한다. 환경부령으로 정하는 중요한 사항을 변경하려는 때에도 또한 같다.

⑥ 시·도지사는 제1항에 따른 허가를 할 때에는 제18조에 따른 조사서의 심사결과에 따라 1일 취수량(取水量)을 제한하는 등의 필요한 조건을 붙일 수 있다.

⑦ 제1항부터 제5항까지의 규정에 따라 영업허가를 받거나 등록 또는 신고를 한 자가 그 영업을 휴업·재개업 또는 폐업하거나, 허가받은 사항이나 등록 또는 신고한 사항 중 가벼운 사항을 변경하려면 환경부령으로 정하는 바에 따라 시·도지사에게 신고하여야 한다.

제22조 ∼ 제26조 〈생략〉

제27조(품질관리인) ① 먹는샘물등의 제조업자, 수처리제 제조업자, 정수기 제조업자는 품질관리인을 두어야 한다. 다만, 개인인 먹는샘물등의 제조업자, 수처리제 제조업자 또는 정수기 제조업자가 제4항에 따른 품질관리인의 자격을 갖추고 제2항에 따른 업무를 직접 수행하는 경우에는 품질관리인을 따로 두지 아니할 수 있다.

② 품질관리인은 먹는샘물등, 수처리제 또는 정수기를 제조하는 과정에서 품질을 관리하고, 제조 시설을 위생적으로 관리하여야 한다.

③ 먹는샘물등의 제조업자, 수처리제 제조업자, 정수기 제조업자는 제2항에 따른 품질관리인의 업무를 방해하여서는 아니 되며, 그로부터 업무수행에 필요한 요청을 받으면 정당한 사유가 없으면 요청에 따라야 한다.

④ 품질관리인의 자격 기준은 대통령령으로 정한다.

제28조(품질관리교육) ① 제27조제1항 단서에 따라 품질관리인을 두지 아니한 개인인 먹는샘물등의 제조업자, 수처리제 제조업자 또는 정수기 제조업자는 환경부장관이 실시하는 품질관리교육(이하 "품질관리교육"이라 한다)을 정기적으로 받아야 하고, 같은 항 본문에 따른 먹는샘물등의 제조업자, 수처리제 제조업자 또는 정수기 제조업자는 품질관리인으로 하여금 정기적으로 품질관리교육을 받도록 하여야 한다. 〈개정 2018. 6. 12.〉

② 제27조에 따른 품질관리인이 되려는 자는 미리 제1항에 따른 교육을 받아야 한다. 다만,

품질관리인이 특별한 사정 등 부득이한 사유로 미리 교육을 받을 수 없으면 품질관리인이 된 후에 교육을 받을 수 있다.

③ 제1항과 제2항에 따른 품질관리에 관한 교육의 실시기관 및 내용 등에 관하여는 환경부령으로 정한다.

④ 환경부장관은 제1항과 제2항에 따른 교육에 드는 경비를 교육 대상자나 교육 대상자를 고용한 자로부터 징수할 수 있다.

제29조(건강진단) ① 먹는샘물등의 제조에 종사하는 종업원(제조업자가 직접 제조에 종사하는 경우에는 제조업사를 포함한다)은 건강진단을 받아야 한다. 다만, 다른 법령에 따라 같은 내용의 건강진단을 받은 경우에는 이 법에 따른 건강진단으로 갈음할 수 있다.

② 먹는샘물등의 제조업자는 제1항에 따른 건강진단을 받지 아니한 사람과 건강진단을 받은 결과 다른 사람에게 위해를 끼칠 우려가 있는 질병이 있다고 인정되는 사람을 그 업무에 종사하게 하여서는 아니 된다. <개정 2020. 5. 26.>

③ 제1항에 따른 건강진단의 실시 방법 등과 제2항에 따라 영업에 종사하지 못하는 질병의 종류는 환경부령으로 정한다.

제30조 ~ 제35조 〈생략〉

제5장 ─ 기준과 표시 등

제36조(기준과 규격) ① 환경부장관은 먹는샘물등, 수처리제, 정수기 또는 그 용기의 종류, 성능, 제조방법, 보존방법, 유통기한(그 기한의 연장에 관한 사항을 포함한다), 사후관리 등에 관한 기준과 성분에 관한 규격을 정하여 고시할 수 있다.

② 환경부장관은 제1항에 따른 기준과 규격이 정하여지지 아니한 먹는샘물등, 수처리제, 정수기 또는 그 용기는 그 제조업자에게 자가기준(自家基準)과 자가규격을 제출하게 하여, 제43조에 따라 지정된 검사 기관의 검사를 거쳐 이를 그 제품의 기준과 규격으로 인정할 수 있다.

③ 제1항 및 제2항에 따른 기준과 규격에 맞지 아니한 먹는샘물등, 수처리제, 정수기 또는 그 용기를 판매하거나 판매할 목적으로 제조, 수입, 저장, 운반, 진열하거나 그 밖의 영업상으로 사용하지 못한다.

제37조(표시기준) ① 환경부장관은 먹는샘물등, 수처리제(水處理劑), 정수기의 용기나 포장의 표시, 제품명(製品名)의 사용에 필요한 기준을 정하여 고시하여야 한다.

② 먹는물관련영업자는 제1항에 따른 표시기준에 맞게 표시하지 아니한 먹는샘물등, 수처리제 또는 정수기를 판매하거나 판매할 목적으로 제조·수입·진열 또는 운반하거나 영업상

사용하여서는 아니 된다.

제38조(수출용 제품의 기준, 규격, 표시 기준) ① 수출용으로 제조하는 먹는샘물등, 수처리제, 정수기 또는 그 용기의 기준, 규격, 표시 기준은 제36조제1항·제2항 및 제37조에도 불구하고 수입하는 자가 요구하는 기준, 규격, 표시 기준을 따를 수 있다.

② 먹는물관련영업자가 제1항에 따라 수입하는 자가 요구하는 기준, 규격, 표시 기준을 따라 먹는샘물등, 수처리제, 정수기 또는 그 용기를 제조하려 할 때에는 환경부령으로 정하는 바에 따라 이를 증명하는 서류 등을 시·도지사에게 제출하여야 한다.

제39조(광고의 제한) ① 환경부장관은 공익상 필요하다고 인정하면 대통령령으로 정하는 바에 따라 먹는샘물등에 관한 광고를 금지하거나 제한할 수 있다.

② 시·도지사는 먹는샘물등의 제조업자와 수입판매업자가 제1항에 따른 금지 또는 제한을 위반하면 그 먹는샘물등의 수입 또는 판매를 제한하거나 광고물의 제거 등 시정에 필요한 명령이나 조치를 할 수 있다.

제40조(거짓 또는 과대 표시·광고의 금지 등) ① 먹는샘물등, 수처리제, 정수기와 그 용기·포장의 명칭, 제조 방법·품질 등에 관하여 거짓 또는 과대의 표시·광고를 하거나 의약품과 혼동할 우려가 있는 표시·광고를 하여서는 아니 된다.

② 제1항에 따른 거짓 또는 과대의 표시·광고의 범위, 그 밖에 필요한 사항은 환경부령으로 정한다.

제40조의2(유사 표시의 사용금지) 이 법에 따른 정수기, 먹는샘물등이 아닌 경우에는 정수기, 먹는샘물등으로 오인될 우려가 있는 "정수기", "샘물", "생수" 등의 제품명을 사용하거나 그 밖의 표시를 하여 제공 또는 판매를 하여서는 아니 된다. 〈개정 2018. 12. 24.〉

제41조 ~ 제61조 〈생략〉

부칙 〈제17326호, 2020. 5.26.〉

이 법은 공포한 날부터 시행한다. 〈단서 생략〉

제1조(목적) 이 영은 「먹는물관리법」에서 위임된 사항과 그 시행에 필요한 사항을 규정함을 목적으로 한다.

제2조(먹는물 수질 감시원) ① 「먹는물관리법」(이하 "법"이라 한다) 제7조제1항에 따른 먹는물 수질 감시원은 환경부장관, 특별시장·광역시장·특별자치시장·도지사·특별자치도지사(이하 "시·도지사"라 한다) 또는 시장·군수·구청장(자치구의 구청장을 말한다. 이하 같다)이 다음 각 호의 어느 하나에 해당하는 소속 공무원 중에서 임명한다. <2017. 10. 17.>

　　1. 수질환경기사 또는 위생사(법률 제13983호 공중위생관리법 일부개정법률 부칙 제7조제2항에 따라 위생사로 보는 사람을 포함한다. 이하 같다)의 자격증이 있는 사람

　　2. 대학(「고등교육법」 제2조에 따른 학교를 말한다. 이하 같다)에서 상수도공학, 환경공학, 화학, 미생물학, 위생학 또는 식품학 등 관련분야의 학과·학부를 졸업한 사람이거나 법령에 따라 이와 같은 수준 이상의 학력이 있다고 인정되는 사람

　　3. 1년 이상 환경행정 또는 식품위생행정 분야의 사무에 종사한 사람

② 먹는물 수질 감시원의 직무 범위는 다음 각 호와 같다.

　　1. 먹는물의 수질관리에 관한 조사·지도 및 감시

　　2. 먹는물 관련 영업에 대한 조사·지도 및 감시

제2조의2 ～ 제5조 〈생략〉

제6조(품질관리인의 자격기준) 법 제27조제4항에 따른 품질관리인의 자격기준은 다음 각 호와 같다. <개정 2017. 10. 17.>

　　1. 먹는샘물등의 제조업 및 수처리제 제조업의 경우에는 다음 각 목의 어느 하나에 해당하는 사람

　가. 수질환경산업기사 이상 또는 위생사의 자격증이 있는 사람

　나. 대학에서 상수도공학, 환경공학, 화학, 미생물학, 위생학 또는 식품학 등 관련분야의 학과·학부를 졸업한 사람이거나 법령에 따라 이와 같은 수준 이상의 학력이 있다고 인정되는 사람

다. 1년 이상 환경행정 또는 식품위생행정 분야의 업무에 종사한 사람

　2. 정수기의 제조업의 경우에는 다음 각 목의 어느 하나에 해당하는 사람

　　가. 수질환경산업기사 이상, 품질경영산업기사 이상 또는 위생사의 자격증이 있는 사람

　　나. 대학에서 상수도공학, 환경공학, 화학, 미생물학, 위생학, 품질관리 또는 품질경영 분야의 학과·학부를 졸업한 사람이거나 법령에 따라 이와 같은 수준 이상의 학력이 있다고 인정되는 사람

　　다. 수질환경, 위생, 품질관리, 품질경영 또는 정수기 제조 분야에 2년 이상 종사한 사람

제7조 ~ 제21조 〈생략〉

부칙 <제28584호, 2018. 1. 16.>

제1조(시행일) 이 영은 공포한 날부터 시행한다.

제1조(목적) 이 규칙은 「먹는물관리법」 및 같은 법 시행령에서 위임된 사항과 그 시행에 필요한 사항을 규정함을 목적으로 한다.

제1조의2(염분 등의 함량) 「먹는물관리법」(이하 "법"이라 한다) 제3조제3호의2에서 "염분(鹽分) 등의 함량(含量)이 환경부령으로 정하는 기준 이상"이란 염분 등 총용존고형물(總溶存固形物)의 함량이 2,000㎎/L이상을 말한다.

제1조의3(먹는물의 수질관리) 특별시장·광역시장·특별자치시장·도지사·특별자치도지사(이하 "시·도지사"라 한다)는 법 제5조제4항에 따라 해당 특별시·광역시·특별자치시·도·특별자치도(이하 "시·도"라 한다)가 조례로 먹는물의 수질 기준 및 검사 횟수를 강화하여 정한 때에는 이를 시·도의 공보에 공고하고, 인터넷 홈페이지에 게재하여야 한다. <개정 2013. 2. 1.>

제2조(먹는물공동시설의 관리) ① 법 제8조제3항에 따른 먹는물 공동시설의 관리대상은 다음 각 호와 같다. <개정 2013. 2. 1.>

1. 상시 이용인구가 50명 이상으로서 먹는물공동시설 소재지의 특별자치시장·특별자치도지사·시장·군수 또는 구청장(구청장은 자치구의 구청장을 말하며, 이하 "시장·군수·구청장"이라 한다)이 지정하는 시설
2. 상시 이용인구가 50명 미만으로서 시장·군수·구청장이 수질관리가 특히 필요하다고 인정하여 지정하는 시설

② 시장·군수·구청장은 제1항의 먹는물공동시설에 대하여 「환경분야 시험·검사 등에 관한 법률」 제6조제1항제6호에 따른 먹는물 수질공정시험기준에 따라 수질검사를 정기적으로 실시하고, 주변청소 및 시설의 보수 등을 통하여 적절하게 관리하여야 한다. <개정 2011. 3. 23.>

③ 시장·군수·구청장은 제2항에 따른 먹는물공동시설에 대한 수질검사 결과가 「먹는물 수질기준 및 검사 등에 관한 규칙」 제2조에 따른 수질기준(이하 "수질기준"이라 한다)에 부적합한 경우에는 지체 없이 먹는물공동시설에 대한 사용을 중단시키고 다음 각 호의 조치를 하여야 한다. <신설 2013. 10. 30.>

1. 먹는물공동시설 주변의 오염원 제거 및 청소

    2. 먹는물공동시설 보강 및 소독

    3. 먹는물공동시설로 유입되는 외부 오염원의 차단

④ 시장·군수·구청장은 제3항의 조치를 취한 후 재검사를 실시하고, 그 결과가 수질기준에 적합한 것으로 판정된 경우에는 시설의 사용재개 조치를 하여야 하며, 부적합한 것으로 판정된 경우에는 시설의 사용금지 조치를 하여야 한다. <신설 2013. 10. 30.>

⑤ 시장·군수·구청장은 제4항에 따라 사용금지 조치를 한 시설에 대하여 1년간 4회 이상 수질검사를 실시하고, 그 결과가 수질기준에 적합한 것으로 판정된 경우에는 시설의 사용재개 조치를 하여야 하며, 부적합한 것으로 판정된 경우에는 시설을 폐쇄할 수 있다. <신설 2013. 10. 30.>

⑥ 시장·군수·구청장은 법 제8조제4항에 따라 해당 특별자치시·특별자치도·시·군·구(구는 자치구를 말하며, 이하 "시·군·구"라 한다)가 조례로 먹는물공동시설의 관리대상, 관리방법 등을 강화하여 정하는 때에는 이를 시·군·구의 공보에 공고하고, 인터넷 홈페이지에 게재하여야 한다. <신설 2013. 10. 30.>

⑦ 시장·군수·구청장은 법 제8조제6항에 따라 다음 각 호의 사항을 포함한 먹는물공동시설의 수질검사 결과를 매분기 종료 후 다음 달 말일까지 시·도지사를 거쳐(특별자치시장 및 특별자치도지사는 제외한다) 환경부장관에게 보고하여야 한다. <신설 2014. 7. 22.>

    1. 먹는물공동시설 관리대상 현황

    2. 수질검사 결과

    3. 수질기준을 초과한 먹는물공동시설에 대한 조치 내용 또는 계획

⑧ 그 밖에 먹는물공동시설의 관리를 위하여 필요한 사항은 환경부장관이 정한다. <신설 2014 .7. 22.>

제2조의2(냉·온수기 또는 정수기의 설치·관리) ① 냉·온수기 설치·관리자 또는 정수기 설치·관리자는 법 제8조의2제1항에 따라 신고 또는 변경신고를 하는 때에는 별지 제1호서식의 냉·온수기, 정수기 설치 또는 변경설치 신고서(전자문서를 포함한다)를 시장·군수·구청장에게 제출하여야 한다. <개정 2013. 10. 30.>

② 법 제8조의2제1항 후단에서 "환경부령으로 정하는 중요한 사항"이란 다음 각 호의 어느 하나에 해당하는 사항을 말한다. <신설 2013. 10. 30.>

    1. 신고인(설치·관리자)

    2. 냉·온수기 또는 정수기 설치 대수

③ 시장·군수·구청장은 제1항에 따른 신고를 받으면 신고내용이 적정한지를 검토한 후 별지 제1호의2서식의 신고증명서를 발급하여야 한다. <개정 2013. 10. 30.>

④ 법 제8조의2제4항에 따른 냉·온수기 또는 정수기의 설치금지 장소 및 관리방법에 관한 구체적 기준은 다음과 같다. <개정 2013. 10. 30.>

1. 냉·온수기 또는 정수기 설치금지 장소

가. 실외 또는 직사광선이 비추는 장소

나. 화장실과 가까운 장소

다. 냉·난방기 앞

2. 냉·온수기 관리방법

가. 에어필터를 1년마다 1회 이상 정기적으로 교환할 것

나. 고온·고압증기소독방법, 약품과 증기소독의 병행방법 등으로 6개월마다 1회 이상 물과 접촉하는 부분에 대해 청소소독을 실시할 것. 다만, 약품소독을 하는 경우에는 약품이 냉·온수기에 잔류하지 않도록 힐 것

다. 별지 제1호의3서식의 냉·온수기 관리카드를 비치하고, 기록을 유지할 것

3. 정수기 관리방법

가. 필터는 해당 정수기의 사용방법 설명서에 따라 정기적으로 교환할 것

나. 고온·고압증기소독방법, 약품과 증기소독의 병행방법, 전기분해방법 등으로 6개월마다 1회 이상 물과 접촉하는 부분에 대해 청소소독을 실시할 것. 이 경우, 소독에 사용한 약품이 정수기에 잔류하지 않도록 할 것

다. 별지 제1호의4서식의 정수기 관리카드를 비치하고, 기록을 유지할 것

라. 총대장균군 및 탁도 항목이 수질기준에 적합하도록 관리할 것

제2조의3 ∼ 제16조 〈생략〉

제17조(품질관리 교육) ① 법 제28조제1항 및 제2항에 따른 품질관리교육은 다음 각 호의 구분에 따른다. 〈개정 2018. 12. 13.〉

1. 신규교육: 품질관리인의 업무를 수행하기 전에 1회. 다만, 특별한 사정 등 부득이한 사유로 미리 교육을 받을 수 없는 경우에는 다음 각 목의 구분에 따른 기간 내에 신규교육을 받아야 한다.

가. 정수기 제조업자가 두는 품질관리인: 품질관리인의 업무를 수행한 날부터 2년 이내

나. 품질관리인을 두지 않는 개인인 정수기 제조업자: 품질관리인의 업무를 수행한 날부터 2년 이내

다. 가목 및 나목 외의 경우: 품질관리인의 업무를 수행한 날부터 1년 이내

2. 정기교육: 신규교육 또는 직전의 정기교육을 수료한 날(제2항에 따라 신규교육이 면제된 경우에는 해당 품질관리교육을 수료한 날)부터 3년이 되는 날이 속하는 해의 1월 1일부터 12월 31일까지

② 제1항에도 불구하고 품질관리인이 퇴직 후 같은 업종의 품질관리인으로 다시 채용된 경우로서 다시 채용된 날 이전 2년 이내에 품질관리교육을 수료한 사람에 대해서는 제1항제1호에 따른 신규교육을 면제한다. <신설 2018. 12. 13.>

③ 품질관리에 관한 교육의 실시기관은 국립환경인력개발원 또는 먹는샘물등의 제조, 수처리제 제조 및 정수기 제조 관련단체 등 환경부장관이 지정하는 단체 및 기관으로 한다. <개정 2018. 12. 13.>

제18조(교육과정 등) ① 법 제28조제3항에 따라 먹는샘물등의 제조업자, 수처리제 제조업자, 정수기 제조업자 및 품질관리인이 마쳐야 할 교육과정은 다음 각 호와 같다. <개정 2011. 3. 23.>
  1. 먹는샘물등의 제조업자 과정
  2. 수처리제 제조업자 과정
  3. 정수기 제조업자 과정
  4. 먹는샘물등의 제조업 품질관리인 과정
  5. 수처리제 제조업 품질관리인 과정
  6. 정수기 제조업 품질관리인 과정
② 제1항제1호부터 제3호까지의 규정에 따른 교육과정의 교육기간은 1일 이내로 하고, 제1항 제4호부터 제6호까지의 규정에 따른 교육과정의 교육기간은 2일 이내로 한다.
③ 제1항 및 제2항에 따른 교육과정은 과정의 성격, 교육여건 등을 고려하여 집합교육 또는 이에 상응하는 인터넷을 이용한 교육과정으로 운영할 수 있다. <신설 2014. 7. 22.>

제19조 ~ 제30조 〈생략〉

제31조(광고 제한의 기준, 방법 및 절차 등) ① 법 제39조 및 영 제17조제2항에 따른 먹는샘물등의 광고 제한의 기준은 다음 각 호의 어느 하나에 해당하는 것으로 한다.
  1. 객관적이고 과학적인 근거자료에 따라 표현하지 않은 경우
  2. 삭제 <2014.11.28.>
  3. 수돗물에 대한 불신을 조장하는 표현을 사용한 경우
② 환경부장관은 먹는샘물등의 제조업자와 수입판매업자(이하 "먹는샘물등 영업자"라 한다)가 제1항에 따른 기준을 위반한 경우에는 해당 먹는샘물등 영업자에게 그 사실을 서면(전자문서를 포함한다)으로 통지하여야 한다.
③ 먹는샘물등 영업자는 제2항에 따른 결과를 통지받은 날부터 1개월 이내에 환경부장관에게 이의를 신청할 수 있다.
④ 환경부장관은 제2항 및 제3항에 따른 통지 및 이의 신청 결과를 관할 시·도지사에게 통보하여야 한다.

제32조(거짓 또는 과대 표시·광고의 금지 등) 법 제40조에 따른 거짓 또는 과대의 표시·광고의 범위는 용기·포장·라디오·텔레비전·신문·잡지·음악·영상·인쇄물·간판, 그 밖의 방법에 따라 먹는샘물등·수처리제·정수기 및 그 용기·포장의 명칭·제조방법·품질 또는 사

용에 대한 정보를 알리는 행위 중 다음 각 호의 어느 하나에 해당하는 것을 말한다. <개정 2019. 12. 20.>

　　1. 먹는샘물등 및 수처리제의 경우

　　　가. 법 제21조제1항부터 제4항까지에 따라 허가받은 사항 또는 등록한 사항 또는 신고한 사항이나 법 제26조제1항에 따라 수입신고한 사항과 다른 내용의 표시 · 광고

　　　나. 제품 중에 함유된 성분과 다른 내용의 표시 · 광고

　　　다. 제조연월일이나 유통기한을 표시할 때 사실과 다른 내용의 표시 · 광고

　　　라. "최고" · "특수" 등의 표현이나 "특수제법" 등의 모호한 표현으로 소비자를 현혹시킬 우려가 있는 표시 · 광고

　　　마. 의약품으로 혼동할 우려가 있는 내용의 표시 · 광고

　　　바. 체험사례 등을 이용하는 광고

　　2. 정수기의 경우

　　　가. 법 제21조제5항에 따라 신고한 사항과 다른 내용의 표시 · 광고

　　　나. "최고" · "특수" 등의 표현이나 "특수제법" 등의 모호한 표현으로 소비자를 현혹시킬 우려가 있는 표시 · 광고

　　　다. 유효 정수량을 표시할 때 실제 정수량과 다른 내용의 표시 · 광고

　　　라. 실제 정수기능과 다른 기능의 표시 · 광고

　　　마. 비교대상 및 기준을 구체적으로 밝히지 아니하거나 객관적인 근거 없이 다른 회사제품과 비교하는 표시 · 광고

　　　바. 다른 회사제품을 비방하는 광고

　　　사. 체험사례 등을 이용하는 광고

제33조 ～ 제45조

부칙 〈제833호, 2019. 12. 20.〉

이 규칙은 공포한 날부터 시행한다.

먹는물 수질기준 및 검사 등에 관한 규칙

〈환경부령 제833호, 2019. 12. 20.〉

제1조(목적) 이 규칙은 「먹는물관리법」 제5조제3항 및 제29조제3항과 「수도법」 제26조제2항, 제29조제1항·제3항, 제32조제1항·제3항, 제53조 및 제55조제1항에 따른 수질기준 및 수질검사 횟수와 관련 종사자의 건강진단 등에 관한 사항을 규정함을 목적으로 한다.

제2조(수질기준) 「먹는물관리법」 제5조제3항 및 「수도법」 제26조제2항에 따른 먹는물(「먹는물관리법」 제3조제1호에 따른 먹는물을 말하며, 같은 법 제3조제2호, 제3조제3호의2 및 제6호에 따른 샘물, 염지하수 및 먹는물공동시설의 물 등을 포함한다. 이하 같다)의 수질기준은 별표 1과 같다. <개정 2011. 2. 1.>

제3조(수질검사의 신청) ① 먹는물의 수질검사를 받으려는 자는 별지 제1호서식의 수질검사 신청서를 「먹는물관리법」 제43조제1항에 따라 지정된 먹는물 수질검사기관에 제출하여야 한다.
② 제1항에 따라 먹는물 수질검사기관이 수질검사를 실시하면 별지 제2호서식의 먹는물 수질 검사성적서를 발급하여야 한다.

제4조(수질검사의 횟수) ① 「수도법」 제29조제1항, 제53조 및 제55조제1항에 따라 일반수도사 업자, 전용상수도 설치자 및 소규모급수시설을 관할하는 시장·군수·구청장(자치구의 구청장을 말한다. 이하 같다)은 다음 각 호의 구분에 따라 수질검사를 실시하여야 한다. <개정 2019. 12. 20.>
1. 광역상수도 및 지방상수도의 경우
  가. 정수장에서의 검사
    (1) 별표 1 중 냄새, 맛, 색도, 탁도(濁度), 수소이온 농도 및 잔류염소에 관한 검사 : 매일 1회 이상
    (2) 별표 1 중 일반세균, 총 대장균군, 대장균 또는 분원성 대장균군, 암모니아성 질소, 질산성 질소, 과망간산칼륨 소비량 및 증발잔류물에 관한 검사 : 매주 1회 이상. 다만, 일반세균, 총 대장균군, 대장균 또는 분원성 대장균군을 제외한 항목에 대하여 지난 1년간 수질검사를 실시한 결과 별표 1에 따른 수질기준의 10퍼센트{ 정량한계 치(「환경분야 시험·검사 등에 관한 법률」 제6조제1항제6호에 따른 환경오염공정

시험기준으로 검출할 수 있는 최저농도를 말한다. 이하 같다)가 수질기준의 10퍼센트를 넘는 항목의 경우에는 그 항목의 정량한계치} 를 초과한 적이 없는 항목에 대하여는 매월 1회 이상

(3) 별표 1의 제1호부터 제3호까지 및 제5호에 관한 검사 : 매월 1회 이상. 다만, 일반세균, 총 대장균군, 대장균 또는 분원성 대장균군, 암모니아성 질소, 질산성 질소, 과망간산칼륨 소비량, 냄새, 맛, 색도, 수소이온 농도, 염소이온, 망간, 탁도 및 알루미늄을 제외한 항목에 대하여 지난 3년간 수질검사를 실시한 결과 별표 1에 따른 수질기준의 10퍼센트(정량한계치가 수질기준의 10퍼센트를 넘는 항목의 경우에는 그 항목의 정량한계치)를 초과한 적이 없는 항목에 대하여는 매 분기 1회 이상

(4) 별표 1의 제4호에 관한 검사 : 매 분기 1회 이상. 다만, 총 트리할로메탄, 클로로포름, 브로모디클로로메탄 및 디브로모클로로메탄은 매월 1회 이상

나. 수도꼭지에서의 검사

(1) 별표 1 중 일반세균, 총 대장균군, 대장균 또는 분원성 대장균군, 잔류염소에 관한 검사 : 매월 1회 이상

(2) 정수장별 수도관 노후지역에 대한 일반세균, 총 대장균군, 대장균 또는 분원성 대장균군, 암모니아성 질소, 동, 아연, 철, 망간, 염소이온 및 잔류염소에 관한 검사 : 매월 1회 이상

다. 수돗물 급수과정별 시설에서의 수질검사

별표 1 중 일반세균, 총 대장균군, 대장균 또는 분원성 대장균군, 암모니아성 질소, 총 트리할로메탄, 동, 수소이온 농도, 아연, 철, 탁도 및 잔류염소에 관한 급수과정별 시설[정수장, 정수장으로부터 물을 공급받는 주배수지를 기준으로 하여 급수구역별로 주배수지 전후, 급수구역 유입부, 급수구역 내 가압장(加壓場) 유출부, 광역 및 외부수수계통(外部授受系統)의 수수지점, 정수계통이 다른 계통과 합쳐지는 지점, 급수구역 배관 말단의 수도꼭지]에서의 수질검사 : 매 분기 1회 이상

2. 마을상수도·전용상수도 및 소규모급수시설의 경우

가. 별표 1 중 일반세균, 총 대장균군, 대장균 또는 분원성 대장균군, 불소, 암모니아성 질소, 질산성 질소, 냄새, 맛, 색도, 망간, 탁도, 알루미늄, 잔류염소, 붕소 및 염소이온에 관한 검사 : 매 분기 1회 이상. 다만, 붕소 및 염소이온은 원수가 해수인 경우에만 검사하며, 지난 3년간 수질검사를 실시한 결과 별표 1에 따른 수질기준의 10퍼센트(정량한계치가 수질기준의 10퍼센트를 넘는 항목의 경우에는 그 항목의 정량한계치)를 초과한 적이 없는 항목에 대하여는 매 반기 1회 이상

나. 별표 1 중 우라늄에 관한 검사: 매 분기 1회 이상. 다만, 지난 3년간 수질검사를 실시한 결과 별표 1에 따른 수질기준의 10퍼센트를 초과한 적이 없는 경우에는 매년 1회 이상

다. 별표 1 중 제1호부터 제5호까지의 전항목 검사 : 매년 1회 이상. 다만, 지난 3년간 수질검사를 실시한 결과 별표 1에 따른 수질기준의 10퍼센트(정량한계치가 수질기준의 10

퍼센트를 넘는 항목의 경우에는 그 항목의 정량한계치)를 초과한 적이 없는 항목에 대하여는 3년에 1회 이상

② 「먹는물관리법」제8조에 따라 먹는물공동시설을 관리하는 시장·군수·구청장은 다음 각 호의 기준에 따라 수질검사를 실시하여야 한다. <개정 2011. 12. 30.>

1. 별표 1의 전항목 검사 : 매년 1회 이상

2. 별표 1 중 일반세균, 총 대장균군, 대장균 또는 분원성 대장균군, 암모니아성 질소, 질산성 질소 및 과망간산칼륨 소비량에 관한 검사 : 매 분기 1회 이상

③ 제1항제1호나목에 따른 수질검사는 별표 2에 따라 추출되는 수도꼭지에 대하여 실시한다. 이 경우 저수조를 통하여 수돗물이 공급되는 수도꼭지가 총 검사대상의 20퍼센트 이상이 되도록 한다.

④ 일반수도사업자, 전용상수도 설치자 및 소규모급수시설을 관할하거나 먹는물공동시설을 관리하는 시장·군수·구청장은 제1항 또는 제2항에 따라 수질검사를 실시한 결과 수질기준을 초과하면 수질기준에 적합할 때까지 수시로 검사를 실시하고 필요한 조치를 하여야 한다.

⑤ 일반수도사업자, 전용상수도 설치자 및 소규모급수시설을 관할하거나 먹는물공동시설을 관리하는 시장·군수·구청장은 제1항 또는 제2항의 수질검사 외에 특정물질 등으로 인한 위생상 위해가 우려되면 그 물질에 대한 수질검사를 실시하고 필요한 조치를 하여야 한다.

⑥ 일반수도사업자는 제3항에 따라 수질검사를 실시한 결과 수질이 1년 동안 지속적으로 수질기준에 적합한 경우에는 수질검사지점을 변경할 수 있다.

제5조(건강진단) ① 「먹는물관리법」제29조제1항 및 「수도법」제32조제1항(같은 법 제53조에 따라 준용되는 경우를 포함한다)에 따라 건강진단을 받아야 하는 자는 다음 각 호의 구분에 따라 장티푸스, 파라티푸스 및 세균성 이질 병원체의 감염 여부에 관하여 건강진단을 받아야 한다. 다만, 소화기계통 전염병이 먹는샘물 또는 먹는염지하수(이하 "먹는샘물등"이라 한다)의 제조공장 또는 수도의 취수장·배수지 부근에서 발생하였거나 발생할 우려가 있는 경우에는 즉시 건강진단을 받아야 한다. <개정 2011. 2. 1.>

1. 「먹는물관리법」제29조제1항에 따라 먹는샘물등의 취수·제조·가공·저장·이송시설에서 종사하는 자와 「수도법」제32조제1항(같은 법 제53조에 따라 준용되는 경우를 포함한다)에 따라 취수·정수 또는 배수시설에서 종사하는 자 및 그 시설 안에 거주하는 자 : 6개월마다 1회

2. 「먹는물관리법」제29조제1항에 따른 먹는샘물등의 제조업에 종사하는 자로서 제1호 외의 자 : 환경부장관이 전염병의 예방 등을 위하여 필요하다고 인정하는 경우

② 제1항에 따른 건강진단은 관할 보건소 또는 특별시장·광역시장 또는 도지사(이하 "시·도지사"라 한다)가 지정하는 지정의료기관에서 실시한다.

③ 「먹는물관리법」제29조제3항에 따라 영업에 종사하지 못하는 질병의 종류는 장티푸스, 파라티푸스, 세균성 이질 병원체의 감염 및 소화기계통 전염병으로 한다.

제6조(수질검사결과의 보고) ① 광역상수도사업자와 지방상수도사업자는 매월 실시한 정수장 및 수도꼭지에서의 수질검사 및 조치결과를 별지 제3호서식에 따라 다음 달 10일까지, 분기마다 실시한 급수과정시설별 수질검사 및 조치결과는 별지 제4호서식에 따라 그 분기가 끝나는 달의 다음달 10일까지 각각 시·도지사에게 보고하여야 하며, 시·도지사는 이를 취합하여 다음 달 15일까지 환경부 장관에게 보고하여야 한다.

② 전용상수도 설치자는 분기마다 실시한 수질검사 및 조치결과를 별지 제5호서식에 따라 매 분기 종료 후 10일 이내에 관할 특별시장·광역시장 또는 시장·군수에게 제출하여야 한다. 이 경우 시장·군수는 제출받은 수질검사 및 조치결과를 같은 별지 서식에 따라 매 분기 종료 후 15일 이내에 도지사에게 보고하여야 한다.

③ 시·도지사는 제2항에 따라 제출받거나 보고받은 수질검사 및 조치결과를 취합하여 매 분기 종료 후 20일 이내에 환경부 장관에게 보고하여야 한다.

④ 마을상수도사업자와 소규모급수시설을 관할하는 시장·군수·구청장은 분기마다 실시한 수질검사 및 조치결과를 별지 제5호서식에 따라 매 분기 종료 후 15일 이내에 시·도지사에게 보고하여야 하며, 시·도지사는 이를 취합하여 매 분기 종료 후 20일 이내에 환경부 장관에게 보고하여야 한다.

⑤ 먹는물공동시설을 관리하는 시장·군수·구청장은 분기마다 실시한 수질검사 및 조치결과를 별지 제6호서식에 따라 매 분기 종료 후 15일 이내에 시·도지사에게 보고하여야 하며, 시·도지사는 이를 취합하여 매 분기 종료 후 20일 이내에 환경부 장관에게 보고하여야 한다.

제7조(수질검사성적서 등의 보존) ① 일반수도사업자, 전용상수도 설치자 및 소규모급수시설을 관할하거나 먹는물공동시설을 관리하는 시장·군수·구청장은 제4조에 따른 수질검사결과를 3년간 보존하여야 한다. <개정 2011. 2. 1.>

② 먹는샘물등의 제조업자 또는 일반수도사업자는 제5조에 따라 실시한 건강진단결과를 3년간 보존하여야 한다.

제8조 삭제 <2016. 12. 30.>

부칙 <제833호, 2019. 12. 20.>
이 규칙은 공포한 날부터 시행한다.

[별표 1] 〈개정 2019. 12. 20〉

<u>먹는물의 수질기준</u>(제2조 관련)

1. 미생물에 관한 기준

가. 일반세균은 1mL 중 100CFU(Colony Forming Unit)를 넘지 아니할 것. 다만, 샘물 및 염지하수의 경우에는 저온일반세균은 20CFU/mL, 중온일반세균은 5CFU/mL를 넘지 아니하여야 하며, 먹는샘물, 먹는염지하수 및 먹는해양심층수의 경우에는 병에 넣은 후 4℃를 유지한 상태에서 12시간 이내에 검사하여 저온일반세균은 100CFU/mL, 중온일반세균은 20CFU/mL를 넘지 아니할 것

나. 총 대장균군은 100mL(샘물·먹는샘물, 염지하수·먹는염지하수 및 먹는해양심층수의 경우에는 250mL)에서 검출되지 아니할 것. 다만, 제4조제1항제1호나목 및 다목에 따라 매월 또는 매 분기 실시하는 총 대장균군의 수질검사 시료(試料) 수가 20개 이상인 정수시설의 경우에는 검출된 시료 수가 5퍼센트를 초과하지 아니하여야 한다.

다. 대장균·분원성 대장균군은 100mL에서 검출되지 아니할 것. 다만, 샘물·먹는샘물, 염지하수·먹는염지하수 및 먹는해양심층수의 경우에는 적용하지 아니한다.

라. 분원성 연쇄상구균·녹농균·살모넬라 및 쉬겔라는 250mL에서 검출되지 아니할 것(샘물·먹는샘물, 염지하수·먹는염지하수 및 먹는해양심층수의 경우에만 적용한다)

마. 아황산환원혐기성포자형성균은 50mL에서 검출되지 아니할 것(샘물·먹는샘물, 염지하수·먹는염지하수 및 먹는해양심층수의 경우에만 적용한다)

바. 여시니아균은 2L에서 검출되지 아니할 것(먹는물공동시설의 물의 경우에만 적용한다)

2. 건강상 유해영향 무기물질에 관한 기준

가. 납은 0.01mg/L를 넘지 아니할 것

나. 불소는 1.5mg/L(샘물·먹는샘물 및 염지하수·먹는염지하수의 경우에는 2.0mg/L)를 넘지 아니할 것

다. 비소는 0.01mg/L(샘물·염지하수의 경우에는 0.05mg/L)를 넘지 아니할 것

라. 셀레늄은 0.01mg/L(염지하수의 경우에는 0.05mg/L)를 넘지 아니할 것

마. 수은은 0.001mg/L를 넘지 아니할 것

바. 시안은 0.01mg/L를 넘지 아니할 것

사. 크롬은 0.05mg/L를 넘지 아니할 것

아. 암모니아성 질소는 0.5mg/L를 넘지 아니할 것

자. 질산성 질소는 10mg/L를 넘지 아니할 것

차. 카드뮴은 0.005mg/L를 넘지 아니할 것

카. 붕소는 1.0mg/L를 넘지 아니할 것(염지하수의 경우에는 적용하지 아니한다)

    타. 브롬산염은 0.01mg/L를 넘지 아니할 것(수돗물, 먹는샘물, 염지하수ㆍ먹는염지하수, 먹는
        해양심층수 및 오존으로 살균ㆍ소독 또는 세척 등을 하여 음용수로 이용하는 지하수만 적
        용한다)

    파. 스트론튬은 4mg/L를 넘지 아니할 것(먹는염지하수 및 먹는해양심층수의 경우에만 적용한다)

    하. 우라늄은 30㎍/L를 넘지 않을 것[수돗물(지하수를 원수로 사용하는 수돗물을 말한다), 샘
        물, 먹는샘물, 먹는염지하수 및 먹는물공동시설의 물의 경우에만 적용한다)]

3. 건강상 유해영향 유기물질에 관한 기준

    가. 페놀은 0.005mg/L를 넘지 아니할 것

    나. 다이아지논은 0.02mg/L를 넘지 아니할 것

    다. 파라티온은 0.06mg/L를 넘지 아니할 것

    라. 페니트로티온은 0.04mg/L를 넘지 아니할 것

    마. 카바릴은 0.07mg/L를 넘지 아니할 것

    바. 1,1,1-트리클로로에탄은 0.1mg/L를 넘지 아니할 것

    사. 테트라클로로에틸렌은 0.01mg/L를 넘지 아니할 것

    아. 트리클로로에틸렌은 0.03mg/L를 넘지 아니할 것

    자. 디클로로메탄은 0.02mg/L를 넘지 아니할 것

    차. 벤젠은 0.01mg/L를 넘지 아니할 것

    카. 톨루엔은 0.7mg/L를 넘지 아니할 것

    타. 에틸벤젠은 0.3mg/L를 넘지 아니할 것

    파. 크실렌은 0.5mg/L를 넘지 아니할 것

    하. 1,1-디클로로에틸렌은 0.03mg/L를 넘지 아니할 것

    거. 사염화탄소는 0.002mg/L를 넘지 아니할 것

    너. 1,2-디브로모-3-클로로프로판은 0.003mg/L를 넘지 아니할 것

    더. 1,4-다이옥산은 0.05mg/L를 넘지 아니할 것

4. 소독제 및 소독부산물질에 관한 기준(샘물ㆍ먹는샘물ㆍ염지하수ㆍ먹는염지하수ㆍ먹는해양심층수 및 먹는물공동시설의 물의 경우에는 적용하지 아니한다)

    가. 잔류염소(유리잔류염소를 말한다)는 4.0mg/L를 넘지 아니할 것

    나. 총트리할로메탄은 0.1mg/L를 넘지 아니할 것

    다. 클로로포름은 0.08mg/L를 넘지 아니할 것

    라. 브로모디클로로메탄은 0.03mg/L를 넘지 아니할 것

    마. 디브로모클로로메탄은 0.1mg/L를 넘지 아니할 것

    바. 클로랄하이드레이트는 0.03mg/L를 넘지 아니할 것

    사. 디브로모아세토니트릴은 0.1mg/L를 넘지 아니할 것

아. 디클로로아세토니트릴은 0.09mg/L를 넘지 아니할 것

자. 트리클로로아세토니트릴은 0.004mg/L를 넘지 아니할 것

차. 할로아세틱에시드(디클로로아세틱에시드, 트리클로로아세틱에시드 및 디브로모아세틱에
시드의 합으로 한다)는 0.1mg/L를 넘지 아니할 것

카. 포름알데히드는 0.5mg/L를 넘지 아니할 것

5. 심미적(審美的) 영향물질에 관한 기준

가. 경도(硬度)는 1,000mg/L(수돗물의 경우 300mg/L, 먹는염지하수 및 먹는해양심층수의 경우
1,200mg/L)를 넘지 아니할 것. 다만, 샘물 및 염지하수의 경우에는 적용하지 아니한다.

나. 과망간산칼륨 소비량은 10mg/L를 넘지 아니할 것

다. 냄새와 맛은 소독으로 인한 냄새와 맛 이외의 냄새와 맛이 있어서는 아니될 것. 다만, 맛의
경우는 샘물, 염지하수, 먹는샘물 및 먹는물공동시설의 물에는 적용하지 아니한다.

라. 동은 1mg/L를 넘지 아니할 것

마. 색도는 5도를 넘지 아니할 것

바. 세제(음이온 계면활성제)는 0.5mg/L를 넘지 아니할 것. 다만, 샘물·먹는샘물, 염지하수·
먹는염지하수 및 먹는해양심층수의 경우에는 검출되지 아니하여야 한다.

사. 수소이온 농도는 pH 5.8 이상 pH 8.5 이하이어야 할 것. 다만, 샘물, 먹는샘물 및 먹는물공
동시설의 물의 경우에는 pH 4.5 이상 pH 9.5 이하이어야 한다.

아. 아연은 3mg/L를 넘지 아니할 것

자. 염소이온은 250mg/L를 넘지 아니할 것(염지하수의 경우에는 적용하지 아니한다)

차. 증발잔류물은 수돗물의 경우에는 500mg/L, 먹는염지하수 및 먹는해양심층수의 경우에는
미네랄 등 무해성분을 제외한 증발잔류물이 500mg/L를 넘지 아니할 것

카. 철은 0.3mg/L를 넘지 아니할 것. 다만, 샘물 및 염지하수의 경우에는 적용하지 아니한다.

타. 망간은 0.3mg/L(수돗물의 경우 0.05mg/L)를 넘지 아니할 것. 다만, 샘물 및 염지하수의 경
우에는 적용하지 아니한다.

파. 탁도는 1NTU(Nephelometric Turbidity Unit)를 넘지 아니할 것. 다만, 지하수를 원수로
사용하는 마을 상수도, 소규모 급수시설 및 전용 상수도를 제외한 수돗물의 경우에는
0.5NTU를 넘지 아니하여야 한다.

하. 황산이온은 200mg/L를 넘지 아니할 것. 다만, 샘물, 먹는샘물 및 먹는물공동시설의 물은
250mg/L를 넘지 아니하여야 하며, 염지하수의 경우에는 적용하지 아니한다.

거. 알루미늄은 0.2mg/L를 넘지 아니할 것

6. 방사능에 관한 기준(염지하수의 경우에만 적용한다)

가. 세슘(Cs-137)은 4.0mBq/L를 넘지 아니할 것

나. 스트론튬(Sr-90)은 3.0mBq/L를 넘지 아니할 것

다. 삼중수소는 6.0Bq/L를 넘지 아니할 것

[별표 2]

검사대상 수도꼭지의 추출기준(제4조제3항 관련)

급수인구(명)	수질검사대상 수도꼭지의 수(개)
5,000 미만	1
5,000 이상 – 50,000 미만	급수인구 5,000명당 1
50,000 이상 – 100,000 미만	급수인구 7,000명당 1 + 2
100,000 이상 – 500,000 미만	급수인구 8,000명당 1 + 4
500,000 이상 – 1,000,000 미만	급수인구 15,000명당 1 + 33
1,000,000 이상	급수인구 30,000명당 1 + 66

※ 비고 : 검사대상 수도꼭지의 수를 산정할 때 소수점 이하 자리는 올려서 계산한다.

제1장 총칙

제1조(목적) 이 법은 국민의 식생활에 대한 과학적인 조사·연구를 바탕으로 체계적인 국가 영양정책을 수립·시행함으로써 국민의 영양 및 건강 증진을 도모하고 삶의 질 향상에 이바지하는 것을 목적으로 한다.

제2조(정의) 이 법에서 사용하는 용어의 정의는 다음과 같다.

1. "식생활"이란 식문화, 식습관, 식품의 선택 및 소비 등 식품의 섭취와 관련된 모든 양식화된 행위를 말한다.
2. "영양관리"란 적절한 영양의 공급과 올바른 식생활 개선을 통하여 국민이 질병을 예방하고 건강한 상태를 유지하도록 하는 것을 말한다.
3. "영양관리사업"이란 국민의 영양관리를 위하여 생애주기 등 영양관리 특성을 고려하여 실시하는 교육·상담 등의 사업을 말한다.

제3조(국가 및 지방자치단체의 의무) ① 국가 및 지방자치단체는 올바른 식생활 및 영양관리에 관한 정보를 국민에게 제공하여야 한다.

② 국가 및 지방자치단체는 국민의 영양관리를 위하여 필요한 대책을 수립하고 시행하여야 한다.

③ 지방자치단체는 영양관리사업을 시행하기 위한 공무원을 둘 수 있다.

제4조(영양사 등의 책임) ① 영양사는 지속적으로 영양지식과 기술의 습득으로 전문능력을 향상시켜 국민영양개선 및 건강증진을 위하여 노력하여야 한다.

② 식품·영양 및 식생활 관련 단체와 그 종사자, 영양관리사업 참여자는 자발적 참여와 연대를 통하여 국민의 건강증진을 위하여 노력하여야 한다.

제5조(국민의 권리 등) ① 누구든지 영양관리사업을 통하여 건강을 증진할 권리를 가지며 성별, 연령, 종교, 사회적 신분 또는 경제적 사정 등을 이유로 이에 대한 권리를 침해받지 아니한다.

② 모든 국민은 올바른 영양관리를 통하여 자신과 가족의 건강을 보호·증진하기 위하여 노력하여야 한다.

제6조(다른 법률과의 관계) 국민의 영양관리에 대하여 다른 법률에 특별한 규정이 있는 경우를 제외하고는 이 법에서 정하는 바에 따른다.

제2장 ─• 국민영양관리 기본계획 등

제7조(국민영양관리 기본계획) ① 보건복지부장관은 관계 중앙행정기관의 장과 협의하고 「국민건강증진법」 제5조에 따른 국민건강증진정책심의위원회(이하 "위원회"라 한다)의 심의를 거쳐 국민영양관리기본계획(이하 "기본계획"이라 한다)을 5년마다 수립하여야 한다.
　② 기본계획에는 다음 각 호의 사항이 포함되어야 한다.
　　1. 기본계획의 중장기적 목표와 추진방향
　　2. 다음 각 목의 영양관리사업 추진계획
　　　가. 제10조에 따른 영양·식생활 교육사업
　　　나. 제11조에 따른 영양취약계층 등의 영양관리사업
　　　다. 제13조에 따른 영양관리를 위한 영양 및 식생활 조사
　　　라. 그 밖에 대통령령으로 정하는 영양관리사업
　　3. 연도별 주요 추진과제와 그 추진방법
　　4. 필요한 재원의 규모와 조달 및 관리 방안
　　5. 그 밖에 영양관리정책수립에 필요한 사항
　③ 보건복지부장관은 제1항에 따라 기본계획을 수립한 경우에는 관계 중앙행정기관의 장, 특별시장·광역시장·도지사·특별자치도지사(이하 "시·도지사"라 한다) 및 시장·군수·구청장(자치구의 구청장을 말한다. 이하 같다)에게 통보하여야 한다.
　④ 제1항의 기본계획 수립에 따른 협의절차, 제3항의 통보방법 등에 관하여 필요한 사항은 보건복지부령으로 정한다.

제8조(국민영양관리 시행계획) ① 시장·군수·구청장은 기본계획에 따라 매년 국민영양관리 시행계획(이하 "시행계획"이라 한다)을 수립·시행하여야 하며 그 시행계획 및 추진실적을 시·도지사를 거쳐 보건복지부장관에게 제출하여야 한다.
　② 보건복지부장관은 시·도지사로부터 제출된 시행계획 및 추진실적에 관하여 보건복지부령으로 정하는 방법에 따라 평가하여야 한다.
　③ 시행계획의 수립 및 추진 등에 필요한 사항은 보건복지부령으로 정하는 기준에 따라 해당 지방자치단체의 조례로 정한다.

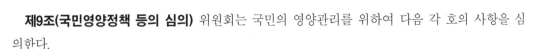

제9조(국민영양정책 등의 심의) 위원회는 국민의 영양관리를 위하여 다음 각 호의 사항을 심의한다.

1. 국민영양정책의 목표와 추진방향에 관한 사항
2. 기본계획의 수립에 관한 사항
3. 그 밖에 영양관리를 위하여 위원장이 필요하다고 인정한 사항

제3장 → 영양관리사업

제10조(영양 · 식생활 교육사업) ① 국가 및 지방자치단체는 국민의 건강을 위하여 영양 · 식생활 교육을 실시하여야 하며 영양 · 식생활 교육에 필요한 프로그램 및 자료를 개발하여 보급하여야 한다.

② 제1항에 따른 영양 · 식생활 교육의 대상 · 내용 · 방법 등에 필요한 사항은 보건복지부령으로 정한다.

제11조(영양취약계층 등의 영양관리사업) 국가 및 지방자치단체는 다음 각 호의 영양관리사업을 실시할 수 있다. <개정 2011. 6. 7.>

1. 영유아, 임산부, 아동, 노인, 노숙인 및 사회복지시설 수용자 등 영양취약계층을 위한 영양관리사업
2. 어린이집, 유치원, 학교, 집단급식소, 의료기관 및 사회복지시설 등 시설 및 단체에 대한 영양관리사업
3. 생활습관질병 등 질병예방을 위한 영양관리사업

제12조(통계 · 정보) ① 보건복지부장관은 영양정책 및 영양관리사업 등에 활용할 수 있도록 식품 및 영양에 관한 통계 및 정보를 수집 · 관리하여야 한다.

② 보건복지부장관은 제1항에 따른 통계 및 정보를 수집 · 관리하기 위하여 필요한 경우 관련 기관 또는 단체에 자료를 요청할 수 있다.

③ 제2항에 따라 자료를 요청받은 기관 또는 단체는 이에 성실히 응하여야 한다.

제13조(영양관리를 위한 영양 및 식생활 조사) ① 국가 및 지방자치단체는 지역사회의 영양문제에 관한 연구를 위하여 다음 각 호의 조사를 실시할 수 있다.

1. 식품 및 영양소 섭취조사
2. 식생활 행태 조사
3. 영양상태 조사

4. 그 밖에 영양문제에 필요한 조사로서 대통령령으로 정하는 사항

② 보건복지부장관은 국민의 식품섭취·식생활 등에 관한 국민 영양 및 식생활 조사를 매년 실시하고 그 결과를 공표하여야 한다. <개정 2019. 4. 23.>

③ 보건복지부장관은 제2항에 따른 조사를 위하여 관련 기관·법인 또는 단체의 장에게 필요한 자료의 제출 또는 의견의 진술을 요청할 수 있다. 이 경우 요청을 받은 자는 정당한 사유가 없으면 이에 협조하여야 한다. <신설 2019. 4. 23.>

④ 제1항 및 제2항에 따른 조사의 방법과 그 밖에 필요한 사항은 대통령령으로 정한다. <개정 2019. 4. 23.>

제14조(영양소 섭취기준 및 식생활 지침의 제정 및 보급) ① 보건복지부장관은 국민건강증진에 필요한 영양소 섭취기준을 제정하고 정기적으로 개정하여 학계·산업계 및 관련 기관 등에 체계적으로 보급하여야 한다.

② 보건복지부장관은 관계 중앙행정기관의 장과 협의하여 다음 각 호의 분야에서 제1항에 따른 영양소 섭취기준을 적극 활용할 수 있도록 하여야 한다. <신설 2018. 12. 11.>

1. 「국민건강증진법」 제2조제1호에 따른 국민건강증진사업
2. 「학교급식법」 제11조에 따른 학교급식의 영양관리
3. 「식품위생법」 제2조제12호에 따른 집단급식소의 영양관리
4. 「식품 등의 표시·광고에 관한 법률」 제5조에 따른 식품등의 영양표시
5. 「식생활교육지원법」 제2조제2호에 따른 식생활 교육
6. 그 밖에 영양관리를 위하여 대통령령으로 정하는 분야

③ 보건복지부장관은 국민건강증진과 삶의 질 향상을 위하여 질병별·생애주기별 특성 등을 고려한 식생활 지침을 제정하고 정기적으로 개정·보급하여야 한다. <개정 2018. 12. 11.>

④ 제1항에 따른 영양소 섭취기준 및 제3항에 따른 식생활 지침의 주요 내용 및 발간 주기 등 세부적인 사항은 보건복지부령으로 정한다. <개정 2018. 12. 11.>

제4장 ➡ 영양사의 면허 및 교육 등

제15조(영양사의 면허) ① 영양사가 되고자 하는 사람은 다음 각 호의 어느 하나에 해당하는 사람으로서 영양사 국가시험에 합격한 후 보건복지부장관의 면허를 받아야 한다. 〈개정 2018. 12. 11.〉

1. 「고등교육법」에 따른 대학, 산업대학, 전문대학 또는 방송통신대학에서 식품학 또는 영양학을 전공한 자로서 교과목 및 학점이수 등에 관하여 보건복지부령으로 정하는 요건을 갖춘 사람

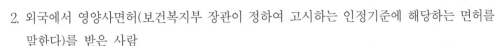

2. 외국에서 영양사면허(보건복지부 장관이 정하여 고시하는 인정기준에 해당하는 면허를 말한다)를 받은 사람

3. 외국의 영양사 양성학교(보건복지부 장관이 정하여 고시하는 인정기준에 해당하는 학교를 말한다)를 졸업한 사람

② 보건복지부 장관은 제1항에 따른 국가시험의 관리를 보건복지부령으로 정하는 바에 따라 시험 관리 능력이 있다고 인정되는 관계 전문기관에 위탁할 수 있다.

③ 영양사 면허와 국가시험 등에 필요한 사항은 보건복지부령으로 정한다.

제15조의2(응시자격의 제한 등) ① 부정한 방법으로 영양사 국가시험에 응시한 사람이나 영양사 국가시험에서 부정행위를 한 사람에 대해서는 그 수험을 정지시키거나 합격을 무효로 한다.

② 보건복지부 장관은 제1항에 따라 수험이 정지되거나 합격이 무효가 된 사람에 대하여 처분의 사유와 위반 정도 등을 고려하여 보건복지부령으로 정하는 바에 따라 3회의 범위에서 영양사 국가시험 응시를 제한할 수 있다. 〔본조 신설 2019. 4. 23.〕

제16조(결격사유) 다음 각호의 어느 하나에 해당하는 사람은 영양사의 면허를 받을 수 없다. 〈개정 2018. 12. 11.〉

1. 「정신건강증진 및 정신질환자 복지서비스 지원에 관한 법률」 제3조제1호에 따른 정신질환자. 다만, 전문의가 영양사로서 적합하다고 인정하는 사람은 그러하지 아니하다.

2. 「감염병의 예방 및 관리에 관한 법률」 제2조제13호에 따른 감염병환자 중 보건복지부령으로 정하는 사람

3. 마약·대마 또는 향정신성의약품 중독자

4. 영양사 면허의 취소 처분을 받고 그 취소된 날부터 1년이 지나지 아니한 사람

제17조(영양사의 업무) 영양사는 다음 각호의 업무를 수행한다.

1. 건강증진 및 환자를 위한 영양·식생활 교육 및 상담

2. 식품 영양정보의 제공

3. 식단 작성, 검식(檢食) 및 배식관리

4. 구매식품의 검수 및 관리

5. 급식시설의 위생적 관리

6. 집단급식소의 운영일지 작성

7. 종업원에 대한 영양지도 및 위생교육

제18조(면허의 등록) ① 보건복지부 장관은 영양사의 면허를 부여할 때에는 영양사 면허대장에 그 면허에 관한 사항을 등록하고 면허증을 교부하여야 한다. 다만, 면허증 교부 신청일

기준으로 제16조에 따른 결격사유에 해당하는 자에게는 면허 등록 및 면허증 교부를 하여서는 아니 된다. <개정 2019. 12. 3.>

② 제1항에 따라 면허증을 교부받은 사람은 다른 사람에게 그 면허증을 빌려주어서는 아니 되고, 누구든지 그 면허증을 빌려서는 아니 된다. <개정 2020. 4. 7.>

③ 누구든지 제2항에 따라 금지된 행위를 알선하여서는 아니 된다. <신설 2020. 4. 7.>

④ 제1항에 따른 면허의 등록 및 면허증의 교부 등에 관하여 필요한 사항은 보건복지부령으로 정한다. <개정 2020. 4. 7.>

제19조(명칭 사용의 금지) 제15조에 따라 영양사 면허를 받지 아니한 사람은 영양사 명칭을 사용할 수 없다.

제20조(보수교육) ① 보건기관·의료기관·집단급식소 등에서 각각 그 업무에 종사하는 영양사는 영양관리수준 및 자질 향상을 위하여 보수교육을 받아야 한다.

② 제1항에 따른 보수교육의 시기·대상·비용 및 방법 등에 관하여 필요한 사항은 보건복지부령으로 정한다.

제20조의2(실태 등의 신고) ① 영양사는 대통령령으로 정하는 바에 따라 최초로 면허를 받은 후부터 3년마다 그 실태와 취업상황 등을 보건복지부장관에게 신고하여야 한다.

② 보건복지부장관은 제20조제1항의 보수교육을 이수하지 아니한 영양사에 대하여 제1항에 따른 신고를 반려할 수 있다.

③ 보건복지부장관은 제1항에 따른 신고 수리 업무를 대통령령으로 정하는 바에 따라 관련 단체 등에 위탁할 수 있다.

제21조(면허취소 등) ① 보건복지부장관은 영양사가 다음 각 호의 어느 하나에 해당하는 경우 그 면허를 취소할 수 있다. 다만, 제1호에 해당하는 경우 면허를 취소하여야 한다. <개정 2012. 5. 23.>

　1. 제16조제1호부터 제3호까지의 어느 하나에 해당하는 경우

　2. 제2항에 따른 면허정지처분 기간 중에 영양사의 업무를 하는 경우

　3. 제2항에 따라 3회 이상 면허정지처분을 받은 경우

② 보건복지부장관은 영양사가 다음 각 호의 어느 하나에 해당하는 경우 6개월 이내의 기간을 정하여 그 면허의 정지를 명할 수 있다.

　1. 영양사가 그 업무를 행함에 있어서 식중독이나 그 밖에 위생과 관련한 중대한 사고 발생에 직무상의 책임이 있는 경우

　2. 면허를 타인에게 대여하여 이를 사용하게 한 경우

③ 제1항, 제2항 및 제5항에 따른 행정처분의 세부적인 기준은 그 위반행위의 유형과 위반의

정도 등을 참작하여 대통령령으로 정한다. <개정 2012. 5. 23.>

④ 보건복지부 장관은 제1항의 면허취소처분 또는 제2항의 면허정지처분을 하고자 하는 경우에는 청문을 실시하여야 한다.

⑤ 보건복지부 장관은 영양사가 제20조의2에 따른 신고를 하지 아니한 경우에는 신고할 때까지 면허의 효력을 정지할 수 있다. <신설 2012. 5. 23.>

제22조(영양사협회) ① 영양사는 영양에 관한 연구, 영양사의 윤리 확립 및 영양사의 권익증진 및 자질 향상을 위하여 대통령령으로 정하는 바에 따라 영양사협회(이하 "협회"라 한다)를 설립할 수 있다.

② 협회는 법인으로 한다.

③ 협회에 관하여 이 법에 규정되지 아니한 사항은 「민법」 중 사단법인에 관한 규정을 준용한다.

제5장 → 보칙

제23조(임상영양사) ① 보건복지부 장관은 건강관리를 위하여 영양판정, 영양상담, 영양소 모니터링 및 평가 등의 업무를 수행하는 영양사에게 영양사 면허 외에 임상영양사 자격을 인정할 수 있다.

② 제1항에 따른 임상영양사의 업무, 자격기준, 자격증 교부 등에 관하여 필요한 사항은 보건복지부령으로 정한다.

③ 제2항에 따라 자격증을 교부받은 사람은 다른 사람에게 그 자격증을 빌려주어서는 아니 되고, 누구든지 그 자격증을 빌려서는 아니 된다. <신설 2020. 4. 7.>

④ 누구든지 제3항에 따라 금지된 행위를 알선하여서는 아니 된다. <신설 2020. 4. 7.>

제23조의2(임상영양사의 자격취소 등) ① 보건복지부 장관은 임상영양사가 제23조제3항을 위반하여 다른 사람에게 자격증을 빌려준 경우에는 그 자격을 6개월의 범위에서 정지시킬 수 있다.

② 보건복지부 장관은 임상영양사가 제1항에 따라 3회 이상 자격정지처분을 받은 경우 그 자격을 취소할 수 있다.

③ 제1항 및 제2항에 따른 임상영양사에 대한 행정처분에 관하여는 제21조제3항 및 제4항을 준용한다. [본조 신설 2020. 4. 7.]

제24조(비용의 보조) 국가나 지방자치단체는 회계연도마다 예산의 범위에서 영양관리사업의 수행에 필요한 비용의 일부를 부담하거나 사업을 수행하는 법인 또는 단체에 보조할 수 있다.

제25조(권한의 위임 · 위탁) ① 이 법에 따른 보건복지부 장관의 권한은 대통령령으로 정하는 바에 따라 그 일부를 시 · 도지사에게 위임할 수 있다.

② 이 법에 따른 보건복지부장관의 업무는 대통령령으로 정하는 바에 따라 그 일부를 관계 전문기관에 위탁할 수 있다.

제26조(수수료) ① 지방자치단체의 장은 영양관리사업에 드는 경비 중 일부에 대하여 그 이용자로부터 조례로 정하는 바에 따라 수수료를 징수할 수 있다.

② 제1항에 따라 수수료를 징수하는 경우 지방자치단체의 장은 노인, 장애인, 「국민기초생활보장법」에 따른 수급권자 등의 수수료를 감면하여야 한다.

③ 영양사의 면허를 받거나 면허증을 재교부 받으려는 사람 또는 국가시험에 응시하려는 사람은 보건복지부령으로 정하는 바에 따라 수수료를 내야 한다.

④ 제15조제2항에 따라 영양사 국가시험 관리를 위탁받은 「한국보건의료인국가시험원법」에 따른 한국보건의료인국가시험원은 국가시험의 응시수수료를 보건복지부장관의 승인을 받아 시험관리에 필요한 경비에 직접 충당할 수 있다. <개정 2015. 6. 22.>

제27조(벌칙 적용에서의 공무원 의제) 제15조제2항에 따라 위탁받은 업무에 종사하는 전문 기관의 임직원은 「형법」 제129조부터 제132조까지의 규정에 따른 벌칙의 적용에서는 공무원으로 본다.

제6장 ▸ 벌칙

제28조(벌칙) ① 다음 각호의 어느 하나에 해당하는 자는 1년 이하의 징역 또는 1천만 원 이하의 벌금에 처한다. <개정 2020. 4. 7.>

1. 제18조제2항 또는 제23조제3항을 위반하여 다른 사람에게 영양사의 면허증 또는 임상영양사의 자격증을 빌려주거나 빌린 자

2. 제18조제3항 또는 제23조제4항을 위반하여 영양사의 면허증 또는 임상영양사의 자격증을 빌려주거나 빌리는 것을 알선한 자

② 제19조를 위반하여 영양사라는 명칭을 사용한 사람은 300만 원 이하의 벌금에 처한다.

제29조 삭제 <2012. 5. 23.>

부칙 <제17198호, 2020. 4. 7.>

이 법은 공포 후 3개월이 경과한 날부터 시행한다.

제1조(목적) 이 영은 「국민영양관리법」에서 위임된 사항과 그 시행에 필요한 사항을 규정함을 목적으로 한다.

제2조(영양관리사업의 유형) 「국민영양관리법」(이하 "법"이라 한다) 제7조제2항제2호라목에 따른 영양관리사업은 다음 각 호와 같다.

1. 법 제14조에 따른 영양소 섭취기준 및 식생활 지침의 제정·개정·보급 사업
2. 영양취약계층을 조기에 발견하여 관리할 수 있는 국가영양관리감시체계 구축 사업
3. 국민의 영양 및 식생활 관리를 위한 홍보 사업
4. 고위험군·만성질환자 등에게 영양관리식 등을 제공하는 영양관리서비스산업의 육성을 위한 사업
5. 그 밖에 국민의 영양관리를 위하여 보건복지부장관이 필요하다고 인정하는 사업

제3조(영양 및 식생활 조사의 유형) 법 제13조제1항제4호에 따른 영양문제에 필요한 조사는 다음 각 호와 같다.

1. 식품의 영양성분 실태조사
2. 당·나트륨·트랜스지방 등 건강 위해가능 영양성분의 실태조사
3. 음식별 식품재료량 조사
4. 그 밖에 국민의 영양관리와 관련하여 보건복지부장관 또는 지방자치단체의 장이 필요하다고 인정하는 조사

제4조(영양 및 식생활 조사의 시기와 방법 등) ① 보건복지부장관은 법 제13조제1항제1호부터 제3호까지 및 같은 조 제2항에 따른 조사를 「국민건강증진법」 제16조에 따른 국민영양조사에 포함하여 실시한다.

② 보건복지부장관은 제3조제1호 및 제2호에 따른 실태조사를 가공식품과 식품접객업소·집단급식소 등에서 조리·판매·제공하는 식품 등에 대하여 보건복지부장관이 정한 기준에 따라 매년 실시한다. <개정 2013. 3. 23.>

③ 보건복지부장관은 제3조제3호에 따른 조사를 식품접객업소 및 집단급식소 등의 음식별 식품재료에 대하여 보건복지부장관이 정한 기준에 따라 매년 실시한다.

제4조의2(영양사의 실태 등의 신고) ① 영양사는 법 제20조의2제1항에 따라 그 실태와 취업상황 등을 법 제18조제1항에 따른 면허증의 교부일(법률 제11440호 국민영양관리법 일부개정법

률 부칙 제2조제1항에 따라 신고를 한 경우에는 그 신고를 한 날을 말한다)부터 매 3년이 되는 해의 12월 31일까지 보건복지부장관에게 신고하여야 한다.

② 보건복지부장관은 법 제20조의2제3항에 따라 신고 수리 업무를 법 제22조에 따른 영양사협회(이하 "협회"라 한다)에 위탁한다.

③ 제1항에 따른 신고의 방법 및 절차 등에 관하여 필요한 사항은 보건복지부령으로 정한다. [본조신설 2015.4.29.]

제5조(행정처분의 세부기준) 법 제21조제3항에 따른 행정처분의 세부적인 기준은 별표와 같다.

제6조(협회의 설립허가) 법 제22조에 따라 협회를 설립하려는 자는 다음 각 호의 서류를 보건복지부장관에게 제출하여 설립허가를 받아야 한다. <개정 2015. 4. 29.>

1. 정관
2. 사업계획서
3. 자산명세서
4. 설립결의서
5. 설립대표자의 선출 경위에 관한 서류
6. 임원의 취임승낙서와 이력서

제7조(정관의 기재사항) 협회의 정관에는 다음 각 호의 사항이 포함되어야 한다.

1. 목적
2. 명칭
3. 소재지
4. 재산 또는 회계와 그 밖에 관리·운영에 관한 사항
5. 임원의 선임에 관한 사항
6. 회원의 자격 및 징계에 관한 사항
7. 정관 변경에 관한 사항
8. 공고 방법에 관한 사항

제8조(정관의 변경 허가) 협회가 정관을 변경하려면 다음 각 호의 서류를 보건복지부장관에게 제출하고 허가를 받아야 한다.

1. 정관 변경의 내용과 그 이유를 적은 서류
2. 정관 변경에 관한 회의록
3. 신구 정관 대조표와 그 밖의 참고서류

제9조(협회의 지부 및 분회) 협회는 특별시·광역시·도와 특별자치도에 지부를 설치할 수 있으며, 시·군·구(자치구를 말한다)에 분회를 설치할 수 있다.

제10조(업무의 위탁) ① 보건복지부장관은 법 제25조제2항에 따라 법 제20조에 따른 보수교육업무를 협회에 위탁한다.

② 보건복지부장관은 법 제25조제2항에 따라 다음 각 호의 업무를 관계 전문기관에 위탁한다.

    1. 법 제10조에 따른 영양·식생활 교육사업

    2. 법 제11조에 따른 영양취약계층 등의 영양관리사업

    3. 법 제12조에 따른 통계·정보의 수집·관리

    4. 법 제13조에 따른 영양 및 식생활 조사

    5. 법 제14조에 따른 영양소 섭취기준 및 식생활 지침의 제정·개정·보급

    6. 법 제23조에 따른 임상영양사의 자격시험 관리

③ 제2항에서 "관계 전문기관"이란 다음 각 호의 어느 하나에 해당하는 기관 중에서 보건복지부장관이 지정하는 기관을 말한다.

    1. 「고등교육법」에 따른 학교로서 식품학 또는 영양학 전공이 개설된 전문대학 이상의 학교

    2. 협회

    3. 정부가 설립하거나 정부가 운영비용의 전부 또는 일부를 지원하는 영양관리업무 관련 비영리법인

    4. 그 밖에 영양관리업무에 관한 전문 인력과 능력을 갖춘 비영리법인

제10조의2(민감정보 및 고유식별정보의 처리) 보건복지부장관(법 제15조제2항, 이 영 제4조의2제2항 및 제10조에 따라 보건복지부장관의 권한을 위탁받은 자를 포함한다)은 다음 각 호의 사무를 수행하기 위하여 불가피한 경우 「개인정보 보호법」 제23조에 따른 건강에 관한 정보, 같은 법 시행령 제19조제1호, 제2호 또는 제4호에 따른 주민등록번호, 여권번호 또는 외국인등록번호가 포함된 자료를 처리할 수 있다. <개정 2015. 4. 29.>

    1. 법 제10조에 따른 영양·식생활 교육사업에 관한 사무

    2. 법 제11조에 따른 영양취약계층 등의 영양관리사업에 관한 사무

    3. 법 제12조에 따른 통계·정보에 관한 사무

    4. 법 제13조에 따른 영양관리를 위한 영양 및 식생활 조사에 관한 사무

    5. 법 제15조에 따른 영양사 면허 및 국가시험 등에 관한 사무

    6. 법 제16조에 따른 영양사 면허의 결격사유 확인에 관한 사무

    7. 법 제18조에 따른 영양사 면허의 등록에 관한 사무

    8. 법 제20조에 따른 영양사 보수교육에 관한 사무

    8의2. 법 제20조의2에 따른 영양사의 실태와 취업상황 등의 신고에 관한 사무

    9. 법 제21조에 따른 영양사 면허취소처분 및 면허정지처분에 관한 사무

    10. 법 제23조에 따른 임상영양사의 자격기준 및 국가시험에 관한 사무

제11조 삭제 <2015. 4. 29.>

부칙 <제26218호, 2015. 4. 29.>

이 영은 2015년 5월 24일부터 시행한다.

[별표] ⟨개정 2015. 4. 29.⟩

행정처분 기준(제5조 관련)

Ⅰ. 일반기준

  1. 둘 이상의 위반행위가 적발된 경우에는 가장 중한 면허정지처분 기간에 나머지 각각의 면허정지처분 기간의 2분의 1을 더하여 처분한다.

  2. 위반행위에 대하여 행정처분을 하기 위한 절차가 진행되는 기간 중에 반복하여 같은 위반행위를 하는 경우에는 그 위반횟수미다 행징저분 기준의 2분의 1씩 더하여 처분한다.

  3. 위반행위의 횟수에 따른 행정처분의 기준은 최근 1년간 같은 위반행위를 한 경우에 적용한다.

  4. 제3호에 따른 행정처분 기준의 적용은 같은 위반행위에 대하여 행정처분을 한 날과 그 처분 후 다시 적발된 날을 기준으로 한다.

  5. 어떤 위반행위든 그 위반행위에 대하여 행정처분이 이루어진 경우에는 그 처분 이전에 이루어진 같은 위반행위에 대해서도 행정처분이 이루어진 것으로 보아 다시 처분해서는 아니 된다.

  6. 제1호에 따른 행정처분을 한 후 다시 행정처분을 하게 되는 경우 그 위반행위의 횟수에 따른 행정처분의 기준을 적용할 때 종전의 행정처분의 사유가 된 각각의 위반행위에 대하여 각각 행정처분을 하였던 것으로 본다.

Ⅱ. 개별기준

위반행위	근거 법령	행정처분 기준		
		1차 위반	2차 위반	3차 이상 위반
1. 법 제16조제1호부터 제3호까지의 어느 하나에 해당하는 경우	법 제21조 제1항제1호	면허취소		
2. 법 제21조제1항에 따른 면허정지처분 기간 중에 영양사의 업무를 하는 경우	법 제21조 제1항제2호	면허취소		
3. 영양사가 그 업무를 행함에 있어서 식중독이나 그 밖에 위생과 관련한 중대한 사고 발생에 직무상의 책임이 있는 경우	법 제21조 제2항제1호	면허정지 1개월	면허정지 2개월	면허취소
4. 면허를 타인에게 대여하여 사용하게 한 경우	법 제21조 제2항제2호	면허정지 2개월	면허정지 3개월	면허취소

제1조(목적) 이 규칙은 「국민영양관리법」 및 「국민영양관리법 시행령」에서 위임된 사항과 그 시행에 필요한 사항을 규정함을 목적으로 한다.

제2조(국민영양관리기본계획 협의절차 등) ① 보건복지부장관은 「국민영양관리법」(이하 "법" 이라 한다) 제7조에 따른 국민영양관리기본계획(이하 "기본계획"이라 한다) 수립 시 기본계획안을 작성하여 관계 중앙행정기관의 장에게 통보하여야 한다.

② 보건복지부장관은 제1항에 따른 기본계획안에 관계 중앙행정기관의 장으로부터 수렴한 의견을 반영하여 「국민건강증진법」 제5조에 따른 국민건강증진정책심의위원회의 심의를 거쳐 기본계획을 확정한다.

제3조(시행계획의 수립시기 및 추진절차 등) ① 법 제7조제3항에 따라 기본계획을 통보받은 시장·군수·구청장(자치구의 구청장을 말한다. 이하 같다)은 법 제8조에 따른 국민영양관리시행계획(이하 "시행계획"이라 한다)을 수립하여 매년 1월 말까지 특별시장·광역시장·도지사·특별자치도지사(이하 "시·도지사"라 한다)에게 보고하여야 하며, 이를 보고받은 시·도지사는 관할 시·군·구(자치구를 말한다. 이하 같다)의 시행계획을 종합하여 매년 2월 말까지 보건복지부장관에게 제출하여야 한다.

② 시장·군수·구청장은 제1항에 따른 시행계획을 「지역보건법」 제7조제2항에 따른 지역보건의료계획의 연차별 시행계획에 포함하여 수립할 수 있다. <개정 2015. 11. 18.>

③ 시장·군수·구청장은 해당 연도의 시행계획에 대한 추진실적을 다음 해 2월 말까지 시·도지사에게 보고하여야 하며, 이를 보고받은 시·도지사는 관할 시·군·구의 추진실적을 종합하여 다음 해 3월 말까지 보건복지부장관에게 제출하여야 한다.

④ 시장·군수·구청장은 지역 내 인구의 급격한 변화 등 예측하지 못한 지역 환경의 변화에 따라 필요한 경우에는 관련 단체 및 전문가 등의 의견을 들어 시행계획을 변경할 수 있다.

⑤ 시장·군수·구청장은 제4항에 따라 시행계획을 변경한 때에는 지체 없이 이를 시·도지사에게 보고하여야 하며, 이를 보고받은 시·도지사는 지체없이 이를 보건복지부장관에게 제출하여야 한다.

제4조(국민영양관리 시행계획 및 추진실적의 평가) ① 보건복지부장관은 시행계획의 내용이 국가의 영양관리시책에 부합되지 아니하는 경우에는 조정을 권고할 수 있다.

② 보건복지부장관은 제3조에 따라 제출받은 추진실적을 현황분석·목표·활동전략의 적절성 등 보건복지부장관이 정하는 평가기준에 따라 평가하여야 한다.

③ 보건복지부장관은 제2항에 따라 추진실적을 평가하였을 때에는 그 결과를 공표할 수 있다.

제5조(영양·식생활 교육의 대상·내용·방법 등) ① 보건복지부장관, 시·도지사 및 시장·군수·구청장은 국민 또는 지역 주민에게 영양·식생활 교육을 실시하여야 하며, 이 경우 생애주기 등 영양관리 특성을 고려하여야 한다.

② 영양·식생활 교육의 내용은 다음 각 호와 같다.

1. 생애주기별 올바른 식습관 형성·실천에 관한 사항
2. 식생활 지침 및 영양소 섭취기준
3. 질병 예방 및 관리
4. 비만 및 저체중 예방·관리
5. 바람직한 식생활문화 정립
6. 식품의 영양과 안전
7. 영양 및 건강을 고려한 음식만들기
8. 그 밖에 보건복지부장관, 시·도지사 및 시장·군수·구청장이 국민 또는 지역 주민의 영양관리 및 영양개선을 위하여 필요하다고 인정하는 사항

제6조(영양소 섭취기준과 식생활 지침의 주요 내용 및 발간 주기 등) ① 법 제14조제1항에 따른 영양소 섭취기준에는 다음 각 호의 내용이 포함되어야 한다.

1. 국민의 생애주기별 영양소 요구량(평균 필요량, 권장 섭취량, 충분 섭취량 등) 및 상한 섭취량
2. 영양소 섭취기준 활용을 위한 식사 모형
3. 국민의 생애주기별 1일 식사 구성안
4. 그 밖에 보건복지부장관이 영양소 섭취기준에 포함되어야 한다고 인정하는 내용

② 법 제14조제3항에 따른 식생활 지침에는 다음 각 호의 내용이 포함되어야 한다. <개정 2019. 10. 24.>

1. 건강증진을 위한 올바른 식생활 및 영양관리의 실천
2. 생애주기별 특성에 따른 식생활 및 영양관리
3. 질병의 예방·관리를 위한 식생활 및 영양관리
4. 비만과 저체중의 예방·관리
5. 영양취약계층, 시설 및 단체에 대한 식생활 및 영양관리
6. 바람직한 식생활문화 정립

7. 식품의 영양과 안전

8. 영양 및 건강을 고려한 음식 만들기

9. 그 밖에 올바른 식생활 및 영양관리에 필요한 사항

③ 영양소 섭취기준 및 식생활 지침의 발간 주기는 5년으로 하되, 필요한 경우 그 주기를 조정할 수 있다.

제7조(영양사 면허 자격 요건) ① 법 제15조제1항제1호에서 "보건복지부령으로 정하는 요건을 갖춘 사람"이란 별표 1에 따른 교과목 및 학점을 이수하고 별표 1의2에 따른 학과 또는 학부(전공)를 졸업한 사람 및 제8조에 따른 영양사 국가시험의 응시일로부터 3개월 이내에 졸업이 예정된 사람을 말한다. 이 경우 졸업이 예정된 사람은 그 졸업예정시기에 별표 1에 따른 교과목 및 학점을 이수하고 별표 1의2에 따른 학과 또는 학부(전공)를 졸업하여야 한다. <개정 2015. 5. 19.>

② 법 제15조제1항제2호 및 제3호에서 "외국"이란 다음 각 호의 어느 하나에 해당하는 국가를 말한다.

1. 대한민국과 국교(國交)를 맺은 국가

2. 대한민국과 국교를 맺지 아니한 국가 중 보건복지부장관이 외교부장관과 협의하여 정하는 국가

제8조(영양사 국가시험의 시행과 공고) ① 보건복지부장관은 매년 1회 이상 영양사 국가시험을 시행하여야 한다.

② 보건복지부장관은 영양사 국가시험의 관리를 시험관리능력이 있다고 인정하여 지정·고시하는 다음 각 호의 요건을 갖춘 관계전문기관(이하 "영양사 국가시험관리기관"이라 한다)으로 하여금 하도록 한다.

1. 정부가 설립·운영비용의 일부를 출연(出捐)한 비영리법인

2. 국가시험에 관한 조사·연구 등을 통하여 국가시험에 관한 전문적인 능력을 갖춘 비영리법인

③ 영양사 국가시험관리기관의 장이 영양사 국가시험을 실시하려면 미리 보건복지부장관의 승인을 받아 시험일시, 시험장소, 응시원서 제출기간, 응시 수수료의 금액 및 납부방법, 그 밖에 영양사 국가시험의 실시에 관하여 필요한 사항을 시험 실시 30일 전까지 공고하여야 한다.

제9조(영양사 국가시험 과목 등) ① 영양사 국가시험의 과목은 다음 각 호와 같다. <개정 2015. 5. 19.>

1. 영양학 및 생화학(기초영양학·고급영양학·생애주기영양학 등을 포함한다)

2. 영양교육, 식사요법 및 생리학(임상영양학·영양상담·영양판정 및 지역사회영양학을 포함한다)

   3. 식품학 및 조리원리(식품화학·식품미생물학·실험조리·식품가공 및 저장학을 포함한다)

   4. 급식, 위생 및 관계 법규(단체급식관리·급식경영학·식생활관리·식품위생학·공중보건학과 영양·보건의료·식품위생 관계 법규를 포함한다)

② 영양사 국가시험은 필기시험으로 한다.

③ 영양사 국가시험의 합격자는 전 과목 총점의 60퍼센트 이상, 매 과목 만점의 40퍼센트 이상을 득점하여야 한다. <개정 2015. 5. 19.>

④ 영양사 국가시험의 출제방법, 배점비율, 그 밖에 시험 시행에 필요한 사항은 영양사 국가시험관리기관의 장이 정한다.

제10조(영양사 국가시험 응시제한) 법 제15조의2제2항에 따른 영양사 국가시험 응시제한의 기준은 별표 4와 같다. [전문개정 2019. 10. 24.]

제11조(시험위원) 영양사 국가시험관리기관의 장은 영양사 국가시험을 실시할 때마다 시험과목별로 전문지식을 갖춘 사람 중에서 시험위원을 위촉한다.

제12조(영양사 국가시험의 응시 및 합격자 발표 등) ① 영양사 국가시험에 응시하려는 사람은 영양사 국가시험관리기관의 장이 정하는 응시원서를 영양사 국가시험관리기관의 장에게 제출하여야 한다.

② 영양사 국가시험관리기관의 장은 영양사 국가시험을 실시한 후 합격자를 결정하여 발표한다.

③ 영양사 국가시험관리기관의 장은 합격자 발표 후 합격자에 대한 다음 각 호의 사항을 보건복지부장관에게 보고하여야 한다.

   1. 성명, 성별 및 주민등록번호(외국인은 국적, 성명, 성별 및 생년월일)

   2. 출신학교 및 졸업 연월일

   3. 합격번호 및 합격 연월일

제13조(관계 기관 등에의 협조 요청) 영양사 국가시험관리기관의 장은 영양사 국가시험의 관리업무를 원활하게 수행하기 위하여 필요한 경우에는 국가·지방자치단체 또는 관계 기관·단체에 시험장소 및 시험감독의 지원 등 필요한 협조를 요청할 수 있다.

제14조(감염병환자) 법 제16조제2호에서 "감염병환자"란 「감염병의 예방 및 관리에 관한 법률」 제2조제3호아목에 따른 B형간염 환자를 제외한 감염병환자를 말한다.

제15조(영양사 면허증의 교부) ① 영양사 국가시험에 합격한 사람은 합격자 발표 후 별지 제1호서식의 영양사 면허증 교부신청서에 다음 각 호의 서류를 첨부하여 보건복지부장관에게 영양

사 면허증의 교부를 신청하여야 한다. <개정 2016. 12. 30.>

    1. 다음 각 목의 구분에 따른 자격을 증명할 수 있는 서류

      가. 법 제15조제1항제1호: 졸업증명서 및 별표 1에 따른 교과목 및 학점이수 확인에 필요한 증명서

      나. 법 제15조제1항제2호: 면허증 사본

      다. 법 제15조제1항제3호: 졸업증명서

    2. 법 제16조제1호 본문에 해당되지 아니함을 증명하는 의사의 진단서 또는 같은 호 단서에 해당하는 경우에는 이를 증명할 수 있는 전문의의 진단서

    3. 법 제16조제2호 및 제3호에 해당되지 아니함을 증명하는 의사의 진단서

    4. 응시원서의 사진과 같은 사진(가로 3.5센티미터, 세로 4.5센티미터) 2장

② 보건복지부장관은 영양사 국가시험에 합격한 사람이 제1항에 따른 영양사 면허증의 교부를 신청한 날부터 14일 이내에 별지 제2호서식의 영양사 면허대장에 그 면허에 관한 사항을 등록하고 별지 제3호서식의 영양사 면허증을 교부하여야 한다. 다만, 법 제15조제1항제2호 및 제3호에 해당하는 사람의 경우에는 외국에서 영양사 면허를 받은 사실 등에 대한 조회가 끝난 날부터 14일 이내에 영양사 면허증을 교부한다.

제16조(면허증의 재교부) ① 영양사가 면허증을 잃어버리거나 면허증이 헐어 못 쓰게 된 경우, 성명 또는 주민등록번호의 변경 등 영양사 면허증의 기재사항이 변경된 경우에는 별지 제4호서식의 면허증(자격증) 재교부신청서에 다음 각 호의 서류를 첨부하여 보건복지부장관에게 제출하여야 한다. 이 경우 보건복지부장관은 「전자정부법」 제36조제1항에 따른 행정정보의 공동이용을 통하여 주민등록표 등(초)본을 확인(주민등록번호가 변경된 경우만 해당한다)하여야 하며, 신청인이 확인에 동의하지 않는 경우에는 해당 서류를 첨부하도록 하여야 한다. <개정 2016. 12. 30.>

    1. 영양사 면허증이 헐어 못 쓰게 된 경우: 영양사 면허증

    2. 성명 또는 주민등록번호 등이 변경된 경우: 영양사 면허증 및 변경 사실을 증명할 수 있는 다음 각 목의 구분에 따른 서류

      가. 성명 변경 시 : 가족관계등록부 등의 증명서 중 기본증명서

      나. 주민등록번호 변경 시 : 주민등록표 등(초)본(「전자정부법」 제36조제1항에 따른 행정정보의 공동이용을 통한 확인에 동의하지 않는 경우에만 제출한다)

    3. 사진(신청 전 6개월 이내에 모자 등을 쓰지 않고 촬영한 천연색 상반신 정면사진으로 가로 3.5센티미터, 세로 4.5센티미터의 사진을 말한다. 이하 같다) 2장

② 보건복지부장관은 제1항에 따라 영양사 면허증의 재교부 신청을 받은 경우에는 해당 영양사 면허대장에 그 사유를 적고 영양사 면허증을 재교부하여야 한다.

제17조(면허증의 반환) 영양사가 제16조에 따라 영양사 면허증을 재교부받은 후 분실하였던

영양사 면허증을 발견하였거나, 법 제21조에 따라 영양사 면허의 취소처분을 받았을 때에는 그 영양사 면허증을 지체 없이 보건복지부장관에게 반환하여야 한다.

제18조(보수교육의 시기·대상·비용·방법 등) ① 법 제20조에 따른 보수교육은 법 제22조에 따른 영양사협회(이하 "협회"라 한다)에 위탁한다.

② 협회의 장은 보수교육을 2년마다 실시해야 하며, 교육시간은 6시간 이상으로 한다. 다만, 해당 연도에 「식품위생법」 제56조제1항 단서에 따른 교육을 받은 경우에는 법 제20조에 따른 보수교육을 받은 것으로 보며, 이 경우 이를 증명할 수 있는 서류를 협회의 장에게 제출해야 한다. <개정 2019. 10. 24.>

③ 보수교육의 대상자는 다음 각 호와 같다. <개정 2019. 10. 24.>
   1. 「지역보건법」 제10조 및 제13조에 따른 보건소·보건지소(이하 "보건소·보건지소"라 한다), 「의료법」 제3조에 따른 의료기관(이하 "의료기관"이라 한다) 및 「식품위생법」 제2조제12호에 따른 집단급식소(이하 "집단급식소"라 한다)에 종사하는 영양사
   2. 「영유아보육법」 제7조에 따른 육아종합지원센터에 종사하는 영양사
   3. 「어린이 식생활안전관리 특별법」 제21조에 따른 어린이급식관리지원센터에 종사하는 영양사
   4. 「건강기능식품에 관한 법률」 제4조제1항제3호에 따른 건강기능식품판매업소에 종사하는 영양사

④ 제3항에 따른 보수교육 대상자 중 다음 각 호의 어느 하나에 해당하는 사람은 해당 연도의 보수교육을 면제한다. 이 경우 보수교육이 면제되는 사람은 해당 보수교육이 실시되기 전에 별지 제5호서식의 보수교육 면제신청서에 면제 대상자임을 인정할 수 있는 서류를 첨부하여 협회의 장에게 제출해야 한다. <개정 2019. 10. 24.>
   1. 군복무 중인 사람
   2. 본인의 질병 또는 그 밖의 불가피한 사유로 보수교육을 받기 어렵다고 보건복지부장관이 인정하는 사람

⑤ 보수교육은 집합교육, 온라인 교육 등 다양한 방법으로 실시해야 한다. <개정 2019. 10. 24.>

⑥ 보수교육의 교과과정, 비용과 그 밖에 보수교육을 실시하는데 필요한 사항은 보건복지부장관의 승인을 받아 협회의 장이 정한다.

제19조(보수교육계획 및 실적 보고 등) ① 협회의 장은 별지 제6호서식의 해당 연도 보수교육계획서를 해당 연도 1월 말까지, 별지 제7호서식의 해당 연도 보수교육 실적보고서를 다음 연도 2월 말까지 각각 보건복지부장관에게 제출하여야 한다.

② 협회의 장은 보수교육을 받은 사람에게 별지 제8호서식의 보수교육 이수증을 발급하여야 한다.

제20조(보수교육 관계 서류의 보존) 협회의 장은 다음 각 호의 서류를 3년간 보존하여야 한다.

　　1. 보수교육 대상자 명단(대상자의 교육 이수 여부가 명시되어야 한다)

　　2. 보수교육 면제자 명단

　　3. 그 밖에 이수자의 교육 이수를 확인할 수 있는 서류

제20조의2(영양사의 실태 등의 신고 및 보고) ① 법 제20조의2제1항 및 영 제4조의2제1항에 따라 영양사의 실태와 취업상황 등을 신고하려는 사람은 별지 제8호의2 서식의 영양사의 실태 등 신고서에 다음 각 호의 서류를 첨부하여 협회의 장에게 제출하여야 한다.

　　1. 제19조제2항에 따른 보수교육 이수증(이수한 사람만 해당한다)

　　2. 제18조제4항에 따른 보수교육 면제 확인서(면제된 사람만 해당한다)

　② 제1항에 따른 신고를 받은 협회의 장은 신고를 한 자가 제18조에 따른 보수교육을 이수하였는지 여부를 확인하여야 한다.

　③ 협회의 장은 제1항에 따른 신고 내용과 그 처리 결과를 반기별로 보건복지부장관에게 보고하여야 한다. 다만, 법 제21조제5항에 따라 면허의 효력이 정지된 영양사가 제1항에 따른 신고를 한 경우에는 신고 내용과 그 처리 결과를 지체 없이 보건복지부장관에게 보고하여야 한다. [본조신설 2015. 5. 19.]

제21조(행정처분 및 청문 대장 등) 보건복지부장관은 법 제21조에 따라 행정처분 및 청문을 한 경우에는 별지 제9호서식의 행정처분 및 청문 대장에 그 내용을 기록하고 이를 갖춰 두어야 한다.

제22조(임상영양사의 업무) 법 제23조에 따른 임상영양사(이하 "임상영양사"라 한다)는 질병의 예방과 관리를 위하여 질병별로 전문화된 다음 각 호의 업무를 수행한다.

　　1. 영양문제 수집·분석 및 영양요구량 산정 등의 영양판정

　　2. 영양상담 및 교육

　　3. 영양관리상태 점검을 위한 영양모니터링 및 평가

　　4. 영양불량상태 개선을 위한 영양관리

　　5. 임상영양 자문 및 연구

　　6. 그 밖에 임상영양과 관련된 업무

제23조(임상영양사의 자격기준) 임상영양사가 되려는 사람은 다음 각 호의 어느 하나에 해당하는 사람으로서 보건복지부장관이 실시하는 임상영양사 자격시험에 합격하여야 한다. <개정 2015. 5. 19.>

　　1. 제24조에 따른 임상영양사 교육과정 수료와 보건소·보건지소, 의료기관, 집단급식소 등

보건복지부장관이 정하는 기관에서 1년 이상 영양사로서의 실무경력을 충족한 사람【주】

2. 외국의 임상영양사 자격이 있는 사람 중 보건복지부장관이 인정하는 사람

【주】 임상영양사 자격시험 응시를 위한 실무경력 인정기준

〈보건복지부고시 제2016 - 82 호, 2016. 5. 30.〉

제1조(목적) 이 고시는 「국민영양관리법」 제23조 및 동법 시행규칙 제23조제1호에 따른 임상영양사 자격시험의 응시를 위한 영양사의 실무경력 인정범위에 관한 기준을 정함을 목적으로 한다.

제2조(실무경력 인정범위) 「국민영양관리법 시행규칙」 제23조제1호의 "보건복지부 장관이 징하는 기관"이란 다음 각 호의 어느 하나에 해당하는 것을 말한다.

　1. 「지역보건법」에 따른 지역보건의료기관 및 「농어촌등보건의료를 위한 특별조치법」에 따른 보건진료소

　2. 「의료법」에 따른 의료기관

　3. 「식품위생법」에 따른 집단급식소

　4. 「영유아보육법」에 따른 보육정보센터

　5. 「어린이 식생활안전관리 특별법」에 따른 어린이급식관리지원센터

　6. 「국민건강보험법」 제 14조제1항제4호 등에 따라 국민의 건강 유지·증진을 위해 설치·운영 중인 국민건강보험공단 건강증진센터

　7. 「산업안전보건법」 제4조제1항제10호 및 같은 법 시행령 제3조의6제2항에 따른 「근로자 건강증진활동 지침」 제11조의2제1항에 따라 설치·운영 중인 근로자건강센터

　8. 기타 국가 및 지방자치단체가 국민의 영양 개선 및 건강 증진을 도모하기 위하여 영양 상담·교육 등 영양관리를 시행하는 기관 등

부　　　칙

이 고시는 발령한 날부터 시행한다.

제24조(임상영양사의 교육과정) ① 임상영양사의 교육은 보건복지부장관이 지정하는 임상영양사 교육기관이 실시하고 그 교육기간은 2년 이상으로 한다.

② 임상영양사 교육을 신청할 수 있는 사람은 영양사 면허를 가진 사람으로 한다.

제25조(임상영양사 교육기관의 지정 기준 및 절차) ① 제24조제1항에 따른 임상영양사 교육기관으로 지정받을 수 있는 기관은 다음 각 호의 어느 하나의 기관으로서 별표 2의 임상영양사 교육기관 지정기준에 맞아야 한다.

　1. 영양학, 식품영양학 또는 임상영양학 전공이 있는 「고등교육법」 제29조의2에 따른 일반대학원, 특수대학원 또는 전문대학원

　2. 임상영양사 교육과 관련하여 전문 인력과 능력을 갖춘 비영리법인

② 제1항에 따른 임상영양사 교육기관으로 지정받으려는 자는 별지 제10호서식의 임상영양사

교육기관 지정신청서에 다음 각 호의 서류를 첨부하여 보건복지부장관에게 제출하여야 한다.

1. 교수요원의 성명과 이력이 적혀 있는 서류
2. 실습협약기관 현황 및 협약 약정서
3. 교육계획서 및 교과과정표
4. 해당 임상영양사 교육과정에 사용되는 시설 및 장비 현황

③ 보건복지부장관은 제2항에 따른 신청이 제1항의 지정기준에 맞다고 인정하면 임상영양사 교육기관으로 지정하고, 별지 제11호서식의 임상영양사 교육기관 지정서를 발급하여야 한다.

제26조(임상영양사 교육생 정원) ① 보건복지부장관은 제25조제3항에 따라 임상영양사 교육기관을 지정하는 경우에는 교육생 정원을 포함하여 지정하여야 한다.

② 임상영양사 교육기관의 장은 제1항에 따라 정해진 교육생 정원을 변경하려는 경우에는 별지 제12호서식의 임상영양사과정 교육생 정원 변경신청서에 제25조제2항 각 호의 서류를 첨부하여 보건복지부장관에게 제출하여야 한다.

③ 보건복지부장관은 제2항에 따른 정원 변경신청이 제25조제1항의 지정기준에 맞으면 정원 변경을 승인하고 지정서를 재발급하여야 한다.

제27조(임상영양사 교육과정의 과목 및 수료증 발급) ① 임상영양사 교육과정의 과목은 이론과목과 실습과목으로 구분하고, 과목별 이수학점 기준은 별표 3과 같다.

② 임상영양사 교육기관의 장은 임상영양사 교육과정을 마친 사람에게 별지 제13호서식의 임상영양사 교육과정 수료증을 발급하여야 한다.

제28조(임상영양사 자격시험의 시행과 공고) ① 보건복지부장관은 매년 1회 이상 임상영양사 자격시험을 시행하여야 한다. 다만, 영양사 인력 수급(需給) 등을 고려하여 시험을 시행하는 것이 적절하지 않다고 인정하는 경우에는 임상영양사 자격시험을 시행하지 않을 수 있다.

② 보건복지부장관은 임상영양사 자격시험의 관리를 다음 각 호의 요건을 갖춘 관계 전문기관(이하 "임상영양사 자격시험관리기관"이라 한다)으로 하여금 하도록 한다.

1. 정부가 설립·운영비용의 일부를 출연한 비영리법인
2. 자격시험에 관한 전문적인 능력을 갖춘 비영리법인

③ 제2항에 따라 임상영양사 자격시험을 실시하는 임상영양사 자격시험관리기관의 장은 보건복지부장관의 승인을 받아 임상영양사 자격시험의 일시, 시험장소, 시험과목, 시험방법, 응시원서 및 서류 접수, 응시 수수료의 금액 및 납부방법, 그 밖에 시험 시행에 필요한 사항을 정하여 시험 실시 30일 전까지 공고하여야 한다.

제29조(임상영양사 자격시험의 응시자격 및 응시절차) ① 임상영양사 자격시험에 응시할 수 있는 사람은 제23조 각 호의 어느 하나에 해당하는 사람으로 한다.

② 임상영양사 자격시험에 응시하려는 사람은 별지 제14호서식의 임상영양사 자격시험 응시원서를 임상영양사 자격시험관리기관의 장에게 제출하여야 한다.

제30조(임상영양사 자격시험의 시험방법 등) ① 임상영양사 자격시험은 필기시험으로 한다.

② 임상영양사 자격시험의 합격자는 총점의 60퍼센트 이상을 득점한 사람으로 한다.

③ 임상영양사 자격시험의 시험과목, 출제방법, 배점비율, 그 밖에 시험 시행에 필요한 사항은 임상영양사 자격시험관리기관의 장이 정한다.

제31조(임상영양사 합격자 발표 등) ① 임상영양사 자격시험관리기관의 장은 임상영양사 자격시험을 실시한 후 합격자를 결정하여 발표한다.

② 제1항의 합격자는 다음 각 호의 서류를 합격자 발표일로부터 10일 이내에 임상영양사 자격시험관리기관의 장에게 제출하여야 한다.

1. 제27조제2항에 따른 수료증 사본 또는 외국의 임상영양사 자격증 사본

2. 영양사 면허증 사본

3. 사진 3장

③ 임상영양사 자격시험관리기관의 장은 합격자 발표 후 15일 이내에 다음 각 호의 서류를 보건복지부장관에게 제출하여야 한다.

1. 합격자의 성명, 주민등록번호, 영양사 면허번호 및 면허 연월일, 수험번호 등이 적혀 있는 합격자 대장

2. 제27조제2항에 따른 수료증 사본 또는 외국의 임상영양사 자격증 사본

3. 사진 1장

제32조(임상영양사 자격증 교부) ① 보건복지부장관은 제31조제3항에 따라 임상영양사 자격시험관리기관의 장으로부터 서류를 제출받은 경우에는 임상영양사 자격인정대장에 다음 각 호의 사항을 적고, 합격자에게 별지 제15호서식의 임상영양사 자격증을 교부하여야 한다.

1. 성명 및 생년월일

2. 임상영양사 자격인정번호 및 자격인정 연월일

3. 임상영양사 자격시험 합격 연월일

4. 영양사 면허번호 및 면허 연월일

② 임상영양사의 자격증의 재교부에 관하여는 제16조를 준용한다. 이 경우 "영양사"는 "임상영양사"로, "면허증"은 "자격증"으로 본다.

제33조(수수료) ① 영양사 국가시험에 응시하려는 사람은 법 제26조제3항에 따라 영양사 국가시험관리기관의 장이 보건복지부장관의 승인을 받아 결정한 수수료를 내야 한다.

② 제16조(제32조제2항에서 준용하는 경우를 포함한다)에 따라 면허증 또는 자격증의 재교부

를 신청하거나 면허 또는 자격사항에 관한 증명을 신청하는 사람은 다음 각 호의 구분에 따른 수수료를 수입인지로 내거나 정보통신망을 이용하여 전자화폐·전자결제 등의 방법으로 내야 한다. <개정 2013. 4. 17.>

1. 면허증 또는 자격증의 재교부수수료: 2천원
2. 면허 또는 자격사항에 관한 증명수수료: 500원(정보통신망을 이용하여 발급받는 경우 무료)

③ 임상영양사 자격시험에 응시하려는 사람은 임상영양사 자격시험관리기관의 장이 보건복지부장관의 승인을 받아 결정한 수수료를 내야 한다.

제34조(규제의 재검토) 보건복지부장관은 다음 각 호의 사항에 대하여 다음 각 호의 기준일을 기준으로 2년마다(매 2년이 되는 해의 기준일과 같은 날 전까지를 말한다) 그 타당성을 검토하여 개선 등의 조치를 하여야 한다.

1. 제23조에 따른 임상영양사의 자격기준: 2015년 1월 1일
2. 제25조제1항 및 별표 2에 따른 임상영양사 교육기관 지정기준: 2015년 1월 1일

부칙 <제676호, 2019. 10. 24.>

이 규칙은 2019년 10월 24일부터 시행한다.

[별표 1] 〈개정 2015. 5. 19.〉

교과목 및 학점이수 기준(제7조제1항 관련)

다음 교과목 중 각 영역별 최소이수 과목(총 18과목) 및 학점(총 52학점) 이상을 전공과목(필수 또는 선택)으로 이수해야 한다.

영역	교과목	유사인정과목	최소이수 과목 및 학점
기초	생리학	인체생리학, 영양생리학	총 2과목 이상 (6학점 이상)
	생화학	영양생화학	
	공중보건학	환경위생학, 보건학	
영양	기초영양학	영양학, 영양과 현대사회, 영양과 건강, 인체영양학	총 6과목 이상 (19학점 이상)
	고급영양학	영양화학, 고급인체영양학, 영양소 대사	
	생애주기 영양학	특수영양학, 생활주기영양학, 가족영양학, 영양과 (성장)발달	
	식사요법	식이요법, 질병과 식사요법	
	영양교육	영양상담, 영양교육 및 상담, 영양정보관리 및 상담	
	임상영양학	영양병리학	
	지역사회 영양학	보건영양학, 지역사회 영양 및 정책	
	영양판정	영양(상태)평가	
식품 및 조리	식품학	식품과 현대사회, 식품재료학	총 5과목 이상 (14학점 이상)
	식품화학	고급식품학, 식품(영양)분석	
	식품 미생물학	발효식품학, 발효(미생물)학	
	식품가공 및 저장학	식품가공학, 식품저장학, 식품제조 및 관리	
	조리원리	한국음식연구, 외국음식연구, 한국조리, 서양조리	
	실험조리	조리과학, 실험조리 및 관능검사, 실험조리 및 식품평가, 실험조리 및 식품개발	
급식 및 위생	단체급식관리	급식관리, 다량조리, 외식산업과 다량조리	총 4과목 이상 (11학점 이상)
	급식경영학	급식경영 및 인사관리, 급식경영 및 회계, 급식경영 및 마케팅 전략	
	식생활관리	식생활계획, 식생활(과)문화, 식문화사	
	식품위생학	식품위생 및 (관계) 법규	
	식품위생관계 법규	식품위생법규	

실습	영양사 현장실습	영양사 실무	총 1과목 이상 (2학점 이상)

비고 : 1. 위의 교과목명이나 유사인정 과목명에 "~ 및 실험", "~ 및 실습", "~ 실험", "~실습", "~ 학", "~연습", "~ Ⅰ 과 Ⅱ", "~관리", "~개론"을 붙여도 해당 교과목으로 인정할 수 있다.
      2. 위의 영양사 현장실습 교과목은 80시간 이상(2주 이상) 이수하여야 하며, 영양사가 배치된 집단급식소, 의료기관, 보건소 등에서 현장 실습하여야 한다.

[별표 1의2] 〈신설 2015. 5. 19.〉

영양사 면허 취득에 필요한 학과, 학부[전공] 기준(제7조제1항 관련)

구 분	내 용
학과	영양학과, 식품영양학과, 영양식품학과
학부(전공)	식품학, 영양학, 식품영양학, 영양식품학

[별표 2]

임상영양사 교육기관 지정기준(제25조제1항 관련)

교수요원		실습협약기관 (각 호의 요건을 모두 갖추어야 한다)
전공전임 교수	실습지도 겸임교수	
학생 10명당 1명 이상	학생 5명당 1명 이상	1. 보건소·보건지소, 의료기관, 그 밖에 보건복지부장관이 인정하는 시설을 실습협약기관으로 지정해야 한다. 이 경우 의료기관은 실습협약기관에 반드시 포함되어야 한다. 2. 실습협약기관에는 임상영양사 1명 이상을 배치하여야 한다. 3. 실습협약기관에는 임상영양사 실습을 위한 별도의 교육훈련 프로그램을 갖추어야 한다.

[별표 3]

임상영양사 교육과정의 과목별 이수학점 기준 (제27조제1항 관련)

구분	과목명	학점
이론과목	고급영양이론	3
	병태생리학	3
	임상영양치료	6
	고급영양상담 및 교육	2
	임상영양연구	2
실습과목	임상영양실습	8
계		24

비고
1. 이론과목에 대해서는 수업학기당 15시간을 1학점으로 인정하고, 실습과목에 대해서는 60시간을 1학점으로 인정한다.
2. 실습은 일주일에 40시간까지 인정하며, 최소 4학점 이상은 실습협약기관으로 지정된 의료기관에서 실습해야 한다.

[별표 4] 〈신설 2019. 10. 24.〉

영양사 국가시험 응시제한의 기준 (제10조 관련)

위반행위	응시제한 횟 수
1. 시험 중에 대화·손동작 또는 소리 등으로 서로 의사소통을 하는 행위 2. 시험 중에 허용되지 않는 자료를 가지고 있거나 해당 자료를 이용하는 행위 3. 제12조제1항에 따른 응시원서를 허위로 작성하여 제출하는 행위	1회
4. 시험 중에 다른 사람의 답안지 또는 문제지를 엿보고 본인의 답안지를 작성하는 행위 5. 시험 중에 다른 사람을 위해 답안 등을 알려주거나 엿보게 하는 행위 6. 다른 사람의 도움을 받아 답안지를 작성하거나 다른 사람의 답안지 작성에 도움을 주는 행위 7. 본인이 작성한 답안지를 다른 사람과 교환하는 행위 8. 시험 중에 허용되지 않는 전자장비·통신기기 또는 전자계산기기 등을 사용하여 답안을 작성하거나 다른 사람에게 답안을 전송하는 행위 9. 시험 중에 시험문제 내용과 관련된 물건(시험 관련 교재 및 요약자료를 포함한다)을 다른 사람과 주고받는 행위	2회
10. 본인이 대리시험을 치르거나 다른 사람으로 하여금 시험을 치르게 하는 행위 11. 사전에 시험문제 또는 답안을 다른 사람에게 알려주는 행위 12. 사전에 시험문제 또는 시험답안을 알고 시험을 치르는 행위	3회

[별지 제1호서식]

영양사 면허증 교부신청서

접수번호		접수일		처리일		처리기간	14일

응시번호		시험 응시연도		사진 (3cm×4cm)
신청인	성명			
	생년월일			
	전화번호	휴대전화		
	출신학교		대학(교)	
	주소	우편번호		

「국민영양관리법」 제18조제3항 및 같은 법 시행규칙 제15조제1항에 따라 면허증의 교부를 신청합니다.

년   월   일

신청인   (서명 또는 인)

보건복지부장관 귀하

첨부서류	1. 졸업증명서와 교과목 및 학점 이수 확인에 필요한 증명서 각 1부(외국에서 영양사면허를 받은 사람의 경우 면허증 사본 1부, 보건복지부장관이 인정한 외국의 영양사 양성학교를 졸업한 사람의 경우 졸업증명서 1부) 2. 「정신보건법」 제3조제1호에 따른 정신질환자가 아님을 증명하는 의사의 진단서 1부 또는 전문의가 영양사로서 적합하다고 인정하는 사람의 경우 이를 증명할 수 있는 전문의의 진단서 1부 3. '마약·대마 또는 향정신성 의약품 중독자' 및 '감염병 환자'가 아님을 증명할 수 있는 의사의 진단서 1부 4. 사진(면허증 발급신청 전 6개월 이내에 촬영한 것으로서 응시원서와 동일 원판의 탈모 정면 상반신 컬러사진, 가로 3센티미터, 세로 4센티미터) 2장	수수료 없 음

처리절차

신청서 작성	→	접 수	→	검 토	→	합격번호 부여	→	접 수
신청인		한국보건의료인 국가시험원		한국보건의료 인 국가시험원		한국보건의료인 국가시험원		한국보건의료인 국가시험원

↑ 교부   ↓

면허증 교부	←	면허증 작성	←	기안결재	←	대장등록	←	내용 확인
보건복지부 (운영지원과)		보건복지부 (운영지원과)		보건복지부 (운영지원과)		보건복지부 (운영지원과)		보건복지부 (운영지원과)

210mm×297mm[일반용지 60g/㎡(재활용품)]

[별지 제2호서식]

영양사 면허대장

				작성		담당	

면허번호			면허 연월일			사진
성명						3cm×4cm
주민등록번호						
면허근거		년 월 일 졸업 년 월 일 제 회 국가시험 합격				

관련 면허 (자격)	종류	번호	취득 연월일	시험 합격일	합격번호

행정처분사항 등

[별지 제3호서식]

제   호

영양사 면허증

1. 성   명 :

2. 생 년 월 일 :

3. 근   거 :

사진
(3cm×4cm)

「국민영양관리법」 제15조제1항 및 같은 법 시행규칙 제15조제2항에 따라 위와 같이 면허합니다.

년   월   일

보건복지부장관 [직인]

비고 : 1. 면허증 발급명의 날인은 관인(전자이미지 관인을 포함)으로 한다.
　　　2. 전자이미지 관인 사용 시 위조·변조를 방지하기 위하여 전자서명 값 및 원본 대조란을 추가하는 전자적 처리를 해야 한다.

[별지 제4호서식]

[   ] 면허증(자격증) 재교부신청서

	주민등록증 대조필	

접수번호		접수일		처리일	처리기간	5일

신청인	성명		전화번호		사진 (3cm×4cm)
	주민등록번호 또는 외국인등록번호				
	주소				
면허증(자격증)번호			면허증(자격증) 취득 연월일		
신청 사유					

「국민영양관리법 시행규칙」 제16조제1항 및 제32조제2항에 따라 위와 같이 면허증(자격증) 재교부를 신청합니다.

년   월   일

신청인   (서명 또는 인)

보건복지부장관 귀하

신청인 제출서류	1. 면허증(자격증) 원본(훼손 재교부 시, 성명 또는 주민등록번호 변경 시) 2. 가족관계등록부의 기록사항에 관한 증명서 중 기본증명서(성명 변경 시) 3. 사진(신청 전 6개월 이내에 촬영한 탈모 정면 상반신 컬러사진, 가로 3센티미터, 세로 4센티미터) 2장 ※ 신청인의 주소는 우송받을 수 있는 현재의 주소지로 할 것	수수료 수입인지 2,000원
담당 공무원 확인사항	주민등록표 등(초)본(주민등록번호 변경 시)	

행정정보 공동이용 동의서

본인은 이 건 업무 처리와 관련하여 담당 공무원이 「전자정부법」 제36조제1항에 따른 행정정보의 공동이용을 통하여 위의 담당 공무원 확인사항을 확인하는 것에 동의합니다. *동의하지 않는 경우에는 신청인이 직접 관련 서류를 제출해야 합니다.

신청인(대표자)   (서명 또는 인)

처리절차

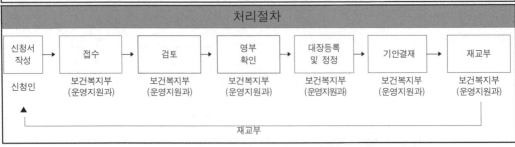

210mm×297mm[일반용지 60g/㎡(재활용품)]

[별지 제5~15호 서식] 생략

제1조(목적) 이 법은 공중이 이용하는 영업의 위생관리등에 관한 사항을 규정함으로써 위생수준을 향상시켜 국민의 건강증진에 기여함을 목적으로 한다. <개정 2016. 2. 3.>

제2조(정의) ① 이 법에서 사용하는 용어의 정의는 다음과 같다. <개정 2019. 12. 3.>

1. "공중위생영업"이라 함은 다수인을 대상으로 위생관리서비스를 제공하는 영업으로서 숙박업·목욕장업·이용업·미용업·세탁업·건물위생관리업을 말한다.

2. "숙박업"이라 함은 손님이 잠을 자고 머물 수 있도록 시설 및 설비등의 서비스를 제공하는 영업을 말한다. 다만, 농어촌에 소재하는 민박등 대통령령이 정하는 경우를 제외한다.

3. "목욕장업"이라 함은 다음 각목의 어느 하나에 해당하는 서비스를 손님에게 제공하는 영업을 말한다. 다만, 숙박업 영업소에 부설된 욕실 등 대통령령이 정하는 경우를 제외한다.

   가. 물로 목욕을 할 수 있는 시설 및 설비 등의 서비스

   나. 맥반석·황토·옥 등을 직접 또는 간접 가열하여 발생되는 열기 또는 원적외선 등을 이용하여 땀을 낼 수 있는 시설 및 설비 등의 서비스

4. "이용업"이라 함은 손님의 머리카락 또는 수염을 깎거나 다듬는 등의 방법으로 손님의 용모를 단정하게 하는 영업을 말한다.

5. "미용업"이라 함은 손님의 얼굴, 머리, 피부 및 손톱·발톱 등을 손질하여 손님의 외모를 아름답게 꾸미는 다음 각 목의 영업을 말한다.

   가. 일반미용업: 파마·머리카락자르기·머리카락모양내기·머리피부손질·머리카락염색·머리감기, 의료기기나 의약품을 사용하지 아니하는 눈썹손질을 하는 영업

   나. 피부미용업: 의료기기나 의약품을 사용하지 아니하는 피부상태분석·피부관리·제모(除毛)·눈썹손질을 하는 영업

   다. 네일미용업: 손톱과 발톱을 손질·화장(化粧)하는 영업

   라. 화장·분장 미용업: 얼굴 등 신체의 화장, 분장 및 의료기기나 의약품을 사용하지 아니하는 눈썹손질을 하는 영업

   마. 그 밖에 대통령령으로 정하는 세부 영업

　　　바. 종합미용업 : 가목부터 마목까지의 업무를 모두 하는 영업

　6. "세탁업"이라 함은 의류 기타 섬유제품이나 피혁제품등을 세탁하는 영업을 말한다.

　7. "건물위생관리업"이라 함은 공중이 이용하는 건축물·시설물등의 청결유지와 실내공기 정화를 위한 청소등을 대행하는 영업을 말한다.

　8. 삭제 <2015. 12. 22.>

②　제1항제2호부터 제4호까지, 제6호 및 제7호의 영업은 대통령령이 정하는 바에 의하여 이를 세분할 수 있다. <개정 2019. 12. 3.>

제3조(공중위생영업의 신고 및 폐업신고) ① 공중위생영업을 하고자 하는 자는 공중위생영업의 종류별로 보건복지부령이 정하는 시설 및 설비를 갖추고 시장·군수·구청장(자치구의 구청장에 한한다. 이하 같다)에게 신고하여야 한다. 보건복지부령이 정하는 중요사항을 변경하고자 하는 때에도 또한 같다. <개정 2010. 1. 18.>

②　제1항의 규정에 의하여 공중위생영업의 신고를 한 자(이하 "공중위생영업자"라 한다)는 공중위생영업을 폐업한 날부터 20일 이내에 시장·군수·구청장에게 신고하여야 한다. 다만, 제11조에 따른 영업정지 등의 기간 중에는 폐업신고를 할 수 없다. <신설 2016. 2. 3.>

③　시장·군수·구청장은 공중위생영업자가 「부가가치세법」 제8조에 따라 관할 세무서장에게 폐업신고를 하거나 관할 세무서장이 사업자등록을 말소한 경우에는 신고 사항을 직권으로 말소할 수 있다. <신설 2016. 2. 3.>

④　시장·군수·구청장은 제3항의 직권말소를 위하여 필요한 경우 관할 세무서장에게 공중위생영업자의 폐업여부에 대한 정보 제공을 요청할 수 있다. 이 경우 요청을 받은 관할 세무서장은 「전자정부법」 제36조제1항에 따라 공중위생영업자의 폐업여부에 대한 정보를 제공하여야 한다. <신설 2017. 12. 12.>

⑤　제1항 및 제2항의 규정에 의한 신고의 방법 및 절차 등에 관하여 필요한 사항은 보건복지부령으로 정한다. < 2017. 12. 12.>

제3조의2(공중위생영업의 승계) ① 공중위생영업자가 그 공중위생영업을 양도하거나 사망한 때 또는 법인의 합병이 있는 때에는 그 양수인·상속인 또는 합병후 존속하는 법인이나 합병에 의하여 설립되는 법인은 그 공중위생영업자의 지위를 승계한다. <개정 2005. 3. 31.>

②　민사집행법에 의한 경매, 「채무자 회생 및 파산에 관한 법률」에 의한 환가나 국세징수법·관세법 또는 「지방세징수법」에 의한 압류재산의 매각 그 밖에 이에 준하는 절차에 따라 공중위생영업 관련시설 및 설비의 전부를 인수한 자는 이 법에 의한 그 공중위생영업자의 지위를 승계한다. <개정 2016. 12. 27.>

③　제1항 또는 제2항의 규정에 불구하고 이용업 또는 미용업의 경우에는 제6조의 규정에 의한 면허를 소지한 자에 한하여 공중위생영업자의 지위를 승계할 수 있다.

④　제1항 또는 제2항의 규정에 의하여 공중위생영업자의 지위를 승계한 자는 1월 이내에 보

건복지부령이 정하는 바에 따라 시장·군수 또는 구청장에게 신고하여야 한다. <개정 2010. 1. 18.>

제4조(공중위생영업자의 위생관리의무 등) ① 공중위생영업자는 그 이용자에게 건강상 위해 요인이 발생하지 아니하도록 영업관련 시설 및 설비를 위생적이고 안전하게 관리하여야 한다.

② 목욕장업을 하는 자는 다음 각호의 사항을 지켜야 한다. 이 경우 세부기준은 보건복지부령으로 정한다. <개정 2010. 1. 18.>

1. 제2조제1항제3호 가목의 서비스를 제공하는 경우 : 목욕장의 수질기준 및 수질검사방법 등 수질 관리에 관한 사항

2. 제2조제1항제3호 나목의 서비스를 제공하는 경우 : 위생기준 등에 관한 사항

③ 이용업을 하는 자는 다음 각호의 사항을 지켜야 한다. <2010. 1. 18.>

1. 이용기구는 소독을 한 기구와 소독을 하지 아니한 기구로 분리하여 보관하고, 면도기는 1회용 면도날만을 손님 1인에 한하여 사용할 것. 이 경우 이용기구의 소독기준 및 방법은 보건복지부령으로 정한다.

2. 이용사면허증을 영업소안에 게시할 것

3. 이용업소표시등을 영업소 외부에 설치할 것

④ 미용업을 하는 자는 다음 각호의 사항을 지켜야 한다. <개정 2010. 1. 18.>

1. 의료기구와 의약품을 사용하지 아니하는 순수한 화장 또는 피부미용을 할 것

2. 미용기구는 소독을 한 기구와 소독을 하지 아니한 기구로 분리하여 보관하고, 면도기는 1회용 면도날만을 손님 1인에 한하여 사용할 것. 이 경우 미용기구의 소독기준 및 방법은 보건복지부령으로 정한다.

3. 미용사면허증을 영업소안에 게시할 것

⑤ 세탁업을 하는 자는 세제를 사용함에 있어서 국민건강에 유해한 물질이 발생되지 아니하도록 기계 및 설비를 안전하게 관리하여야 한다. 이 경우 유해한 물질이 발생되는 세제의 종류와 기계 및 설비의 안전관리에 관하여 필요한 사항은 보건복지부령으로 정한다. <개정 2010. 1. 18.>

⑥ 건물위생관리업을 하는 자는 사용장비 또는 약제의 취급시 인체의 건강에 해를 끼치지 아니하도록 위생적이고 안전하게 관리하여야 한다. <개정 2016. 2. 3.>

⑦ 제1항 내지 제6항의 규정에 의하여 공중위생영업자가 준수하여야 할 위생관리기준 기타 위생관리서비스의 제공에 관하여 필요한 사항으로서 그 각항에 규정된 사항외의 사항 및 감염병환자 기타 함께 출입시켜서는 아니되는 자의 범위와 목욕장내에 둘 수 있는 종사자의 범위등 건전한 영업질서유지를 위하여 영업자가 준수하여야 할 사항은 보건복지부령으로 정한다. <개정 2010. 1. 18.>

제5조(공중위생영업자의 불법카메라 설치 금지) 공중위생영업자는 영업소에 「성폭력범죄의 처벌 등에 관한 특례법」 제14조제1항에 위반되는 행위에 이용되는 카메라나 그 밖에 이와 유사한 기능을 갖춘 기계장치를 설치해서는 아니 된다. [본조신설 2018. 12. 11.]

제6조(이용사 및 미용사의 면허 등) ① 이용사 또는 미용사가 되고자 하는 자는 다음 각호의 1에 해당하는 자로서 보건복지부령이 정하는 바에 의하여 시장·군수·구청장의 면허를 받아야 한다. <개정 2019. 12. 3.>

1. 전문대학 또는 이와 같은 수준 이상의 학력이 있다고 교육부장관이 인정하는 학교에서 이용 또는 미용에 관한 학과를 졸업한 자

1의2. 「학점인정 등에 관한 법률」 제8조에 따라 대학 또는 전문대학을 졸업한 자와 같은 수준 이상의 학력이 있는 것으로 인정되어 같은 법 제9조에 따라 이용 또는 미용에 관한 학위를 취득한 자

2. 고등학교 또는 이와 같은 수준의 학력이 있다고 교육부장관이 인정하는 학교에서 이용 또는 미용에 관한 학과를 졸업한 자

3. 초·중등교육법령에 따른 특성화고등학교, 고등기술학교나 고등학교 또는 고등기술학교에 준하는 각종학교에서 1년 이상 이용 또는 미용에 관한 소정의 과정을 이수한 자

4. 국가기술자격법에 의한 이용사 또는 미용사의 자격을 취득한 자

② 다음 각호의 1에 해당하는 자는 이용사 또는 미용사의 면허를 받을 수 없다. <개정 2018. 12. 11.>

1. 피성년후견인

2. 「정신건강증진 및 정신질환자 복지서비스 지원에 관한 법률」 제3조제1호에 따른 정신질환자. 다만, 전문의가 이용사 또는 미용사로서 적합하다고 인정하는 사람은 그러하지 아니하다.

3. 공중의 위생에 영향을 미칠 수 있는 감염병환자로서 보건복지부령이 정하는 자

4. 마약 기타 대통령령으로 정하는 약물 중독자

5. 제7조제1항제2호, 제4호, 제6호 또는 제7호의 사유로 면허가 취소된 후 1년이 경과되지 아니한 자

③ 제1항에 따라 면허증을 발급받은 사람은 다른 사람에게 그 면허증을 빌려주어서는 아니 되고, 누구든지 그 면허증을 빌려서는 아니 된다. <신설 2020. 4. 7.>

④ 누구든지 제3항에 따라 금지된 행위를 알선하여서는 아니 된다. <신설 2020. 4. 7.>

제6조의2(위생사의 면허 등) ① 위생사가 되려는 사람은 다음 각 호의 어느 하나에 해당하는 사람으로서 위생사 국가시험에 합격한 후 보건복지부장관의 면허를 받아야 한다. <개정 2018. 12. 11.>

1. 전문대학이나 이와 같은 수준 이상에 해당된다고 교육부장관이 인정하는 학교(보건복

지부장관이 정하여 고시하는 인정기준에 해당하는 외국의 학교를 포함한다. 이하 같다)
에서 보건 또는 위생에 관한 교육과정을 이수한 사람

2. 「학점인정 등에 관한 법률」 제8조에 따라 전문대학을 졸업한 사람과 같은 수준 이상의
   학력이 있는 것으로 인정되어 같은 법 제9조에 따라 보건 또는 위생에 관한 학위를 취
   득한 사람

3. 외국의 위생사 면허 또는 자격(보건복지부장관이 정하여 고시하는 인정기준에 해당하
   는 면허 또는 자격을 말한다)을 가진 사람

② 제1항에 따른 위생사 국가시험은 매년 1회 이상 보건복지부장관이 실시하며, 시험과목·
시험방법·합격기준과 그 밖에 시험에 필요한 사항은 대통령령으로 정한다.

③ 보건복지부장관은 위생사 국가시험의 실시에 관한 업무를 「한국보건의료인국가시험원법」
에 따른 한국보건의료인국가시험원에 위탁할 수 있다.

④ 위생사 국가시험에서 대통령령으로 정하는 부정행위를 한 사람에 대하여는 그 시험을 정
지시키거나 합격을 무효로 한다.

⑤ 제4항에 따라 시험이 정지되거나 합격이 무효가 된 사람은 해당 위생사 국가시험 후에 치
러지는 위생사 국가시험에 2회 응시할 수 없다.

⑥ 보건복지부장관은 위생사 면허를 부여하는 경우에는 보건복지부령으로 정하는 바에 따라
면허대장에 등록하고 면허증을 발급하여야 한다. 다만, 면허 발급 신청일 기준으로 제7항에
따른 결격사유에 해당하는 사람에게는 면허 등록 및 면허증 발급을 하여서는 아니 된다.
<개정 2019. 12. 3.>

⑦ 다음 각 호의 어느 하나에 해당하는 사람은 위생사 면허를 받을 수 없다. <개정 2018. 12.
11.>

1. 「정신건강증진 및 정신질환자 복지서비스 지원에 관한 법률」 제3조제1호에 따른 정신
   질환자. 다만, 전문의가 위생사로서 적합하다고 인정하는 사람은 그러하지 아니하다.

2. 「마약류 관리에 관한 법률」에 따른 마약류 중독자

3. 이 법, 「감염병의 예방 및 관리에 관한 법률」, 「검역법」, 「식품위생법」, 「의료법」, 「약사
   법」, 「마약류 관리에 관한 법률」 또는 「보건범죄 단속에 관한 특별조치법」을 위반하여
   금고 이상의 실형을 선고받고 그 집행이 끝나지 아니하거나 그 집행을 받지 아니하기로
   확정되지 아니한 사람

⑧ 제6항에 따른 면허의 등록, 수수료 및 면허증에 필요한 사항은 보건복지부령으로 정한다.

⑨ 제6항에 따라 면허증을 발급받은 사람은 다른 사람에게 그 면허증을 빌려주어서는 아니
되고, 누구든지 그 면허증을 빌려서는 아니 된다. <신설 2020. 4. 7.>

⑩ 누구든지 제9항에 따라 금지된 행위를 알선하여서는 아니 된다. <신설 2020. 4. 7.>

제7조(이용사 및 미용사의 면허취소 등) ① 시장·군수·구청장은 이용사 또는 미용사가 다
음 각호의 1에 해당하는 때에는 그 면허를 취소하거나 6월 이내의 기간을 정하여 그 면허의 정

지를 명할 수 있다. 다만, 제1호, 제2호, 제4호, 제6호 또는 제7호에 해당하는 경우에는 그 면허를 취소하여야 한다. <개정 2018. 12. 11.>

    1. 제6조제2항제1호

    2. 제6조제2항제2호 내지 제4호에 해당하게 된 때

    3. 면허증을 다른 사람에게 대여한 때

    4. 「국가기술자격법」에 따라 자격이 취소된 때

    5. 「국가기술자격법」에 따라 자격정지처분을 받은 때(「국가기술자격법」에 따른 지격징지 처분 기간에 한정한다)

    6. 이중으로 면허를 취득한 때(나중에 발급받은 면허를 말한다)

    7. 면허정지처분을 받고도 그 정지 기간 중에 업무를 한 때

    8. 「성매매알선 등 행위의 처벌에 관한 법률」이나 「풍속영업의 규제에 관한 법률」을 위반 하여 관계 행정기관의 장으로부터 그 사실을 통보받은 때

② 제1항의 규정에 의한 면허취소·정지처분의 세부적인 기준은 그 처분의 사유와 위반의 정 도등을 감안하여 보건복지부령으로 정한다. <개정 2010. 1. 18.>

제7조의2(위생사 면허의 취소 등) ① 보건복지부장관은 위생사가 다음 각 호의 어느 하나에 해당하는 경우에는 그 면허를 취소한다.

    1. 제6조의2제7항 각 호의 어느 하나에 해당하게 된 경우

    2. 면허증을 대여한 경우

② 위생사가 제1항제1호에 따라 면허가 취소된 후 그 처분의 원인이 된 사유가 소멸된 때에 는 보건복지부장관은 그 사람에 대하여 다시 면허를 부여할 수 있다. [본조신설 2016. 2. 3.]

제8조(이용사 및 미용사의 업무범위 등) ① 제6조제1항의 규정에 의한 이용사 또는 미용사의 면허를 받은 자가 아니면 이용업 또는 미용업을 개설하거나 그 업무에 종사할 수 없다. 다만, 이 용사 또는 미용사의 감독을 받아 이용 또는 미용 업무의 보조를 행하는 경우에는 그러하지 아니 하다.

② 이용 및 미용의 업무는 영업소외의 장소에서 행할 수 없다. 다만, 보건복지부령이 정하는 특별한 사유가 있는 경우에는 그러하지 아니하다. <개정 2010. 1. 18.>

③ 제1항의 규정에 의한 이용사 및 미용사의 업무범위와 이용·미용의 업무보조 범위에 관하 여 필요한 사항은 보건복지부령으로 정한다. <개정 2016. 2. 3.>

제8조의2(위생사의 업무범위) 위생사의 업무범위는 다음 각 호와 같다.

    1. 공중위생영업소, 공중이용시설 및 위생용품의 위생관리

    2. 음료수의 처리 및 위생관리

    3. 쓰레기, 분뇨, 하수, 그 밖의 폐기물의 처리

4. 식품·식품첨가물과 이에 관련된 기구·용기 및 포장의 제조와 가공에 관한 위생관리

5. 유해 곤충·설치류 및 매개체 관리

6. 그 밖에 보건위생에 영향을 미치는 것으로서 대통령령으로 정하는 업무 [본조신설 2016. 2. 3.]

제9조(보고 및 출입·검사) ① 특별시장·광역시장·도지사(이하 "시·도지사"라 한다) 또는 시장·군수·구청장은 공중위생관리상 필요하다고 인정하는 때에는 공중위생영업자에 대하여 필요한 보고를 하게 하거나 소속공무원으로 하여금 영업소·사무소 등에 출입하여 공중위생영업자의 위생관리의무이행 등에 대하여 검사하게 하거나 필요에 따라 공중위생영업장부나 서류를 열람하게 할 수 있다. <개정 2015. 12. 22.>

② 시·도지사 또는 시장·군수·구청장은 공중위생영업자의 영업소에 제5조에 따라 설치가 금지되는 카메라나 기계장치가 설치되었는지를 검사할 수 있다. 이 경우 공중위생영업자는 특별한 사정이 없으면 검사에 따라야 한다. <신설 2018. 12. 11.>

③ 제2항의 경우에 시·도지사 또는 시장·군수·구청장은 관할 경찰관서의 장에게 협조를 요청할 수 있다. <신설 2018. 12. 11.>

④ 제2항의 경우에 시·도지사 또는 시장·군수·구청장은 영업소에 대하여 검사 결과에 대한 확인증을 발부할 수 있다. <신설 2018. 12. 11.>

⑤ 제1항 및 제2항의 경우에 관계공무원은 그 권한을 표시하는 증표를 지녀야 하며, 관계인에게 이를 내보여야 한다. <개정 2018. 12. 11.>

⑥ 제1항 및 제2항의 규정을 적용함에 있어서 관광진흥법 제4조제2항의 규정에 의하여 등록한 관광숙박업(이하 "관광숙박업"이라 한다)의 경우에는 해당 관광숙박업의 관할행정기관의 장과 사전에 협의하여야 한다. 다만, 보건위생관리상 위해요인을 방지하기 위하여 긴급한 사유가 있는 경우에는 그러하지 아니하다. <개정 2019. 12. 3.>

제9조의2(영업의 제한) 시·도지사는 공익상 또는 선량한 풍속을 유지하기 위하여 필요하다고 인정하는 때에는 공중위생영업자 및 종사원에 대하여 영업시간 및 영업행위에 관한 필요한 제한을 할 수 있다.

제10조(위생지도 및 개선명령) 시·도지사 또는 시장·군수·구청장은 다음 각 호의 어느 하나에 해당하는 자에 대하여 보건복지부령으로 정하는 바에 따라 기간을 정하여 그 개선을 명할 수 있다. <개정 2016. 2. 3.>

1. 제3조제1항의 규정에 의한 공중위생영업의 종류별 시설 및 설비기준을 위반한 공중위생영업자

2. 제4조의 규정에 의한 위생관리의무 등을 위반한 공중위생영업자

3. 삭제 <2015. 12. 22.>

제11조(공중위생영업소의 폐쇄 등) ① 시장·군수·구청장은 공중위생영업자가 다음 각 호의 어느 하나에 해당하면 6월 이내의 기간을 정하여 영업의 정지 또는 일부 시설의 사용중지를 명하거나 영업소폐쇄등을 명할 수 있다. 다만, 관광숙박업의 경우에는 해당 관광숙박업의 관할행정기관의 장과 미리 협의하여야 한다. <개정 2019. 12. 3.>

1. 제3조제1항 전단에 따른 영업신고를 하지 아니하거나 시설과 설비기준을 위반한 경우
2. 제3조제1항 후단에 따른 변경신고를 하지 아니한 경우
3. 제3조의2제4항에 따른 지위승계신고를 하지 아니한 경우
4. 제4조에 따른 공중위생영업자의 위생관리의무등을 지키지 아니한 경우
4의2. 제5조를 위반하여 카메라나 기계장치를 설치한 경우
5. 제8조제2항을 위반하여 영업소 외의 장소에서 이용 또는 미용 업무를 한 경우
6. 제9조에 따른 보고를 하지 아니하거나 거짓으로 보고한 경우 또는 관계 공무원의 출입, 검사 또는 공중위생영업 장부 또는 서류의 열람을 거부·방해하거나 기피한 경우
7. 제10조에 따른 개선명령을 이행하지 아니한 경우
8. 「성매매알선 등 행위의 처벌에 관한 법률」, 「풍속영업의 규제에 관한 법률」, 「청소년 보호법」, 「아동·청소년의 성보호에 관한 법률」 또는 「의료법」을 위반하여 관계 행정기관의 장으로부터 그 사실을 통보받은 경우

② 시장·군수·구청장은 제1항에 따른 영업정지처분을 받고도 그 영업정지 기간에 영업을 한 경우에는 영업소 폐쇄를 명할 수 있다. <신설 2016. 2. 3.>

③ 시장·군수·구청장은 다음 각 호의 어느 하나에 해당하는 경우에는 영업소 폐쇄를 명할 수 있다. <신설 2016. 2. 3.>

1. 공중위생영업자가 정당한 사유 없이 6개월 이상 계속 휴업하는 경우
2. 공중위생영업자가 「부가가치세법」 제8조에 따라 관할 세무서장에게 폐업신고를 하거나 관할 세무서장이 사업자 등록을 말소한 경우

④ 제1항에 따른 행정처분의 세부기준은 그 위반행위의 유형과 위반 정도 등을 고려하여 보건복지부령으로 정한다. <개정 2016. 2. 3.>

⑤ 시장·군수·구청장은 공중위생영업자가 제1항의 규정에 의한 영업소폐쇄명령을 받고도 계속하여 영업을 하는 때에는 관계공무원으로 하여금 해당 영업소를 폐쇄하기 위하여 다음 각호의 조치를 하게 할 수 있다. 제3조제1항 전단을 위반하여 신고를 하지 아니하고 공중위생영업을 하는 경우에도 또한 같다. <개정 2019. 12. 3.>

1. 해당 영업소의 간판 기타 영업표지물의 제거
2. 해당 영업소가 위법한 영업소임을 알리는 게시물등의 부착
3. 영업을 위하여 필수불가결한 기구 또는 시설물을 사용할 수 없게 하는 봉인

⑥ 시장·군수·구청장은 제5항제3호에 따른 봉인을 한 후 봉인을 계속할 필요가 없다고 인정되는 때와 영업자등이나 그 대리인이 해당 영업소를 폐쇄할 것을 약속하는 때 및 정당한 사유를 들어 봉인의 해제를 요청하는 때에는 그 봉인을 해제할 수 있다. 제5항제2호에

따른 게시물등의 제거를 요청하는 경우에도 또한 같다. <개정 2019. 12. 3.>

제11조의2(과징금처분) ① 시장·군수·구청장은 제11조제1항의 규정에 의한 영업정지가 이용자에게 심한 불편을 주거나 그 밖에 공익을 해할 우려가 있는 경우에는 영업정지 처분에 갈음하여 1억원 이하의 과징금을 부과할 수 있다. 다만, 제5조, 「성매매알선 등 행위의 처벌에 관한 법률」, 「아동·청소년의 성보호에 관한 법률」, 「풍속영업의 규제에 관한 법률」 제3조 각 호의 1 또는 이에 상응하는 위반행위로 인하여 처분을 받게 되는 경우를 제외한다. <개정 2019. 1. 15.>

② 제1항의 규정에 의한 과징금을 부과하는 위반행위의 종별·정도 등에 따른 과징금의 금액 등에 관하여 필요한 사항은 대통령령으로 정한다.

③ 시장·군수·구청장은 제1항의 규정에 의한 과징금을 납부하여야 할 자가 납부기한까지 이를 납부하지 아니한 경우에는 대통령령으로 정하는 바에 따라 제1항에 따른 과징금 부과처분을 취소하고, 제11조제1항에 따른 영업정지 처분을 하거나 「지방행정제재·부과금의 징수 등에 관한 법률」에 따라 이를 징수한다. <개정 2020. 3. 24.>

④ 제1항 및 제3항의 규정에 의하여 시장·군수·구청장이 부과·징수한 과징금은 해당 시·군·구에 귀속된다. <개정 2019. 12. 3.>

⑤ 시장·군수·구청장은 과징금의 징수를 위하여 필요한 경우에는 다음 각 호의 사항을 기재한 문서로 관할 세무관서의 장에게 과세정보의 제공을 요청할 수 있다. <신설 2016. 2. 3.>

1. 납세자의 인적사항

2. 사용목적

3. 과징금 부과기준이 되는 매출금액

제11조의3(행정제재처분효과의 승계) ① 공중위생영업자가 그 영업을 양도하거나 사망한 때 또는 법인의 합병이 있는 때에는 종전의 영업자에 대하여 제11조제1항의 위반을 사유로 행한 행정제재처분의 효과는 그 처분기간이 만료된 날부터 1년간 양수인·상속인 또는 합병후 존속하는 법인에 승계된다.

② 공중위생영업자가 그 영업을 양도하거나 사망한 때 또는 법인의 합병이 있는 때에는 제11조제1항의 위반을 사유로 하여 종전의 영업자에 대하여 진행중인 행정제재처분 절차를 양수인·상속인 또는 합병 후 존속하는 법인에 대하여 속행할 수 있다.

③ 제1항 및 제2항에도 불구하고 양수인이나 합병 후 존속하는 법인이 양수하거나 합병할 때에 그 처분 또는 위반사실을 알지 못한 경우에는 그러하지 아니하다. <신설 2019. 12. 3.>

제11조의4(같은 종류의 영업 금지) ① 제5조, 「성매매알선 등 행위의 처벌에 관한 법률」·「아동·청소년의 성보호에 관한 법률」·「풍속영업의 규제에 관한 법률」 또는 「청소년 보호법」(이하 이 조에서 "「성매매알선 등 행위의 처벌에 관한 법률」 등"이라 한다)을 위반하여 제11조제1

항의 폐쇄명령을 받은 자(법인인 경우에는 그 대표자를 포함한다. 이하 제2항에서 같다)는 그 폐쇄명령을 받은 후 2년이 경과하지 아니한 때에는 같은 종류의 영업을 할 수 없다. <개정 2018. 12. 11.>

② 「성매매알선 등 행위의 처벌에 관한 법률」 등 외의 법률을 위반하여 제11조제1항의 폐쇄명령을 받은 자는 그 폐쇄명령을 받은 후 1년이 경과하지 아니한 때에는 같은 종류의 영업을 할 수 없다.

③ 「성매매알선 등 행위의 처벌에 관한 법률」 등의 위반으로 제11조제1항에 따른 폐쇄명령이 있은 후 1년이 경과하지 아니한 때에는 누구든지 그 폐쇄명령이 이루어진 영업장소에서 같은 종류의 영업을 할 수 없다.

④ 「성매매알선 등 행위의 처벌에 관한 법률」 등 외의 법률의 위반으로 제11조제1항에 따른 폐쇄명령이 있은 후 6개월이 경과하지 아니한 때에는 누구든지 그 폐쇄명령이 이루어진 영업장소에서 같은 종류의 영업을 할 수 없다.

제11조의5(이용업소표시등의 사용제한) 누구든지 시·군·구에 이용업 신고를 하지 아니하고 이용업소표시등을 설치할 수 없다.

제11조의6(위반사실 공표) 시장·군수·구청장은 제7조, 제11조 또는 제11조의2에 따라 행정처분이 확정된 공중위생영업자에 대한 처분 내용, 해당 영업소의 명칭 등 처분과 관련한 영업 정보를 대통령령으로 정하는 바에 따라 공표하여야 한다. [본조신설 2016. 2. 3.]

제12조(청문) 보건복지부장관 또는 시장·군수·구청장은 다음 각 호의 어느 하나에 해당하는 처분을 하려면 청문을 하여야 한다.

1. 제3조제3항에 따른 신고사항의 직권 말소
2. 제7조에 따른 이용사와 미용사의 면허취소 또는 면허정지
3. 제7조의2에 따른 위생사의 면허취소
4. 제11조에 따른 영업정지명령, 일부 시설의 사용중지명령 또는 영업소 폐쇄명령
[전문개정 2016. 2. 3.]

제13조(위생서비스수준의 평가) ① 시·도지사는 공중위생영업소(관광숙박업의 경우를 제외한다. 이하 이 조에서 같다)의 위생관리수준을 향상시키기 위하여 위생서비스평가계획(이하 "평가계획"이라 한다)을 수립하여 시장·군수·구청장에게 통보하여야 한다. <개정 2005. 3. 31.>

② 시장·군수·구청장은 평가계획에 따라 관할지역별 세부평가계획을 수립한 후 공중위생영업소의 위생서비스수준을 평가(이하 "위생서비스평가"라 한다)하여야 한다. <개정 2005. 3. 31.>

③ 시장·군수·구청장은 위생서비스평가의 전문성을 높이기 위하여 필요하다고 인정하는

경우에는 관련 전문기관 및 단체로 하여금 위생서비스평가를 실시하게 할 수 있다. <개정 2005. 3. 31.>

④ 제1항 내지 제3항의 규정에 의한 위생서비스평가의 주기·방법, 위생관리등급의 기준 기타 평가에 관하여 필요한 사항은 보건복지부령으로 정한다. <개정 2010. 1. 18.>

제14조(위생관리등급 공표 등) ① 시장·군수·구청장은 보건복지부령이 정하는 바에 의하여 위생서비스평가의 결과에 따른 위생관리등급을 해당공중위생영업자에게 통보하고 이를 공표하여야 한다. <개정 2010. 1. 18.>

② 공중위생영업자는 제1항의 규정에 의하여 시장·군수·구청장으로부터 통보받은 위생관리등급의 표지를 영업소의 명칭과 함께 영업소의 출입구에 부착할 수 있다. <개정 2005. 3. 31.>

③ 시·도지사 또는 시장·군수·구청장은 위생서비스평가의 결과 위생서비스의 수준이 우수하다고 인정되는 영업소에 대하여 포상을 실시할 수 있다. <개정 2005. 3. 31.>

④ 시·도지사 또는 시장·군수·구청장은 위생서비스평가의 결과에 따른 위생관리등급별로 영업소에 대한 위생감시를 실시하여야 한다. 이 경우 영업소에 대한 출입·검사와 위생감시의 실시주기 및 횟수등 위생관리등급별 위생감시기준은 보건복지부령으로 정한다. <개정 2010. 1. 18.>

제15조(공중위생감시원) ① 제3조, 제3조의2, 제4조 또는 제8조 내지 제11조의 규정에 의한 관계공무원의 업무를 행하게 하기 위하여 특별시·광역시·도 및 시·군·구(자치구에 한한다)에 공중위생감시원을 둔다. <개정 2015. 12. 22.>

② 제1항의 규정에 의한 공중위생감시원의 자격·임명·업무범위 기타 필요한 사항은 대통령령으로 정한다.

제15조의2(명예공중위생감시원) ① 시·도지사는 공중위생의 관리를 위한 지도·계몽 등을 행하게 하기 위하여 명예공중위생감시원을 둘 수 있다. <개정 2005. 3. 31.>

② 제1항의 규정에 의한 명예공중위생감시원의 자격 및 위촉방법, 업무범위 등에 관하여 필요한 사항은 대통령령으로 정한다.

제16조(공중위생 영업자단체의 설립) 공중위생영업자는 공중위생과 국민보건의 향상을 기하고 그 영업의 건전한 발전을 도모하기 위하여 영업의 종류별로 전국적인 조직을 가지는 영업자단체를 설립할 수 있다.

제17조(위생교육) ① 공중위생영업자는 매년 위생교육을 받아야 한다. <개정 2004. 1. 29.>

② 제3조제1항 전단의 규정에 의하여 신고를 하고자 하는 자는 미리 위생교육을 받아야 한다. 다만, 보건복지부령으로 정하는 부득이한 사유로 미리 교육을 받을 수 없는 경우에는 영업

개시 후 6개월 이내에 위생교육을 받을 수 있다. <개정2016. 2. 3.>

③ 제1항 및 제2항의 규정에 따른 위생교육을 받아야 하는 자 중 영업에 직접 종사하지 아니 하거나 2 이상의 장소에서 영업을 하는 자는 종업원 중 영업장별로 공중위생에 관한 책임 자를 지정하고 그 책임자로 하여금 위생교육을 받게 하여야 한다. <신설 2008.3.28.>

④ 제1항부터 제3항까지의 규정에 따른 위생교육은 보건복지부장관이 허가한 단체 또는 제16 조에 따른 단체가 실시할 수 있다. <개정 2010. 1. 18.>

⑤ 제1항부터 제4항까지의 규정에 따른 위생교육의 방법·절차 등에 관하여 필요한 사항은 보건복지부령으로 정한다. <신설 2010. 1. 18.>

제18조(위임 및 위탁) ① 보건복지부장관은 이 법에 의한 권한의 일부를 대통령령이 정하는 바에 의하여 시·도지사 또는 시장·군수·구청장에게 위임할 수 있다. <개정 2010. 1. 18.>

② 보건복지부장관은 대통령령이 정하는 바에 의하여 관계전문기관등에 그 업무의 일부를 위 탁할 수 있다. <신설 2018. 12. 11.>

제19조(국고보조) 국가 또는 지방자치단체는 제13조제3항의 규정에 의하여 위생서비스평가를 실시하는 자에 대하여 예산의 범위안에서 위생서비스평가에 소요되는 경비의 전부 또는 일부를 보조할 수 있다.

제19조의2(수수료) 제6조의 규정에 의하여 이용사 또는 미용사 면허를 받고자 하는 자는 대 통령령이 정하는 바에 따라 수수료를 납부하여야 한다.

제19조의3(같은 명칭의 사용금지) 위생사가 아니면 위생사라는 명칭을 사용하지 못한다.

제19조의4(벌칙 적용에서 공무원 의제) 제18조제2항에 따라 위탁받은 업무에 종사하는 관계 전문기관의 임직원은 「형법」 제129조부터 제132조까지의 규정을 적용할 때에는 공무원으로 본다. [본조신설 2018. 12. 11.]

제20조(벌칙) ① 다음 각호의 1에 해당하는 자는 1년 이하의 징역 또는 1천만원 이하의 벌금 에 처한다. <개정 2002. 8. 26.>

1. 제3조제1항 전단의 규정에 의한 신고를 하지 아니한 자
2. 제11조제1항의 규정에 의한 영업정지명령 또는 일부 시설의 사용중지명령을 받고도 그 기간중에 영업을 하거나 그 시설을 사용한 자 또는 영업소 폐쇄명령을 받고도 계속하여 영업을 한 자

② 다음 각호의 1에 해당하는 자는 6월 이하의 징역 또는 500만원 이하의 벌금에 처한다. <개정 2002. 8. 26.>

1. 제3조제1항 후단의 규정에 의한 변경신고를 하지 아니한 자
2. 제3조의2제1항의 규정에 의하여 공중위생영업자의 지위를 승계한 자로서 동조제4항의 규정에 의한 신고를 하지 아니한 자
3. 제4조제7항의 규정에 위반하여 건전한 영업질서를 위하여 공중위생영업자가 준수하여야 할 사항을 준수하지 아니한 자

③ 다음 각호의 어느 하나에 해당하는 사람은 300만 원 이하의 벌금에 처한다. <개정 2020. 4. 7.>

1. 제6조제3항을 위반하여 다른 사람에게 이용사 또는 미용사의 면허증을 빌려주거나 빌린 사람
2. 제6조제4항을 위반하여 이용사 또는 미용사의 면허증을 빌려주거나 빌리는 것을 알선한 사람
3. 제6조의2제9항을 위반하여 다른 사람에게 위생사의 면허증을 빌려주거나 빌린 사람
4. 제6조의2제10항을 위반하여 위생사의 면허증을 빌려주거나 빌리는 것을 알선한 사람
5. 제7조제1항에 따른 면허의 취소 또는 정지 중에 이용업 또는 미용업을 한 사람
6. 제8조제1항을 위반하여 면허를 받지 아니하고 이용업 또는 미용업을 개설하거나 그 업무에 종사한 사람

제21조(양벌규정) 법인의 대표자나 법인 또는 개인의 대리인, 사용인, 그 밖의 종업원이 그 법인 또는 개인의 업무에 관하여 제20조의 위반행위를 하면 그 행위자를 벌하는 외에 그 법인 또는 개인에게도 해당 조문의 벌금형을 과(科)한다. 다만, 법인 또는 개인이 그 위반행위를 방지하기 위하여 해당 업무에 관하여 상당한 주의와 감독을 게을리하지 아니한 경우에는 그러하지 아니하다.

제22조(과태료) ① 다음 각호의 1에 해당하는 자는 300만 원 이하의 과태료에 처한다. <개정 2008. 3. 28.>

1. 삭제 <2016. 2. 3.>
1의2. 제4조제2항의 규정을 위반하여 목욕장의 수질기준 또는 위생기준을 준수하지 아니한 자로서 제10조의 규정에 의한 개선명령에 따르지 아니한 자
2. 제4조제7항의 규정에 위반하여 숙박업소의 시설 및 설비를 위생적이고 안전하게 관리하지 아니한 자
3. 제4조제7항의 규정에 위반하여 목욕장업소의 시설 및 설비를 위생적이고 안전하게 관리하지 아니한 자
4. 제9조의 규정에 의한 보고를 하지 아니하거나 관계공무원의 출입·검사 기타 조치를 거부·방해 또는 기피한 자
5. 제10조의 규정에 의한 개선명령에 위반한 자
6. 제11조의5를 위반하여 이용업소표시등을 설치한 자

② 다음 각호의 1에 해당하는 자는 200만원 이하의 과태료에 처한다. <개정 2016. 2. 3.>

　　1. 제4조제3항 각호 및 제7항의 규정에 위반하여 이용업소의 위생관리 의무를 지키지 아니한 자

　　2. 제4조제4항 각호 및 제7항의 규정에 위반하여 미용업소의 위생관리 의무를 지키지 아니한 자

　　3. 제4조제5항 및 제7항의 규정에 위반하여 세탁업소의 위생관리 의무를 지키지 아니한 자

　　4. 제4조제6항 및 제7항의 규정에 위반하여 건물위생관리업소의 위생관리 의무를 지키지 아니한 자

　　5. 제8조제2항의 규정에 위반하여 영업소외의 장소에서 이용 또는 미용업무를 행한 자

　　6. 제17조제1항의 규정에 위반하여 위생교육을 받지 아니한 자

③ 제19조의3을 위반하여 위생사의 명칭을 사용한 자에게는 100만 원 이하의 과태료를 부과한다. <신설 2016. 2. 3.>

④ 제1항부터 제3항까지의 규정에 따른 과태료는 대통령령으로 정하는 바에 따라 보건복지부장관 또는 시장·군수·구청장이 부과·징수한다. <신설 2016. 2. 3.>

제23조 삭제 <2016. 2. 3.>

부칙 <제17195호, 2020. 4. 7.>

이 법은 공포 후 3개월이 경과한 날부터 시행한다.

제1조(목적) 이 영은 「공중위생관리법」에서 위임된 사항과 그 시행에 관하여 필요한 사항을 규정함을 목적으로 한다. <개정 2005. 11. 1.>

제2조(적용제외 대상) ① 「공중위생관리법」(이하 "법"이라 한다) 제2조제1항제2호 단서에 따라 숙박업에서 제외되는 시설은 다음 각 호와 같다. <개정 2020. 4. 28.>
　　1. 「농어촌정비법」에 따른 농어촌민박사업용 시설
　　2. 「산림문화·휴양에 관한 법률」에 따라 자연휴양림 안에 설치된 시설
　　3. 「청소년활동 진흥법」 제10조제1호에 따른 청소년수련시설
　　4. 「관광진흥법」 제4조에 따라 등록한 외국인관광 도시민박업용 시설 및 한옥체험업용 시설
② 법 제2조제1항제3호 단서에 따라 목욕장업에서 제외되는 시설은 다음 각 호와 같다.
　　<개정 2019. 4. 9.>
　　1. 숙박업 영업소에 부설된 욕실
　　2. 「체육시설의 설치·이용에 관한 법률」에 따른 종합체육시설업의 체온 관리실
　　3. 제1항 각 호의 어느 하나에 해당하는 시설에 부설된 욕실

제3조 삭제 <2016. 8. 2.>

제4조(숙박업의 세분) 법 제2조제2항에 따라 숙박업을 다음과 같이 세분한다.
　　1. 숙박업(일반): 손님이 잠을 자고 머물 수 있도록 시설(취사시설은 제외한다) 및 설비 등
　　　의 서비스를 제공하는 영업
　　2. 숙박업(생활): 손님이 잠을 자고 머물 수 있도록 시설(취사시설을 포함한다) 및 설비 등
　　　의 서비스를 제공하는 영업 [전문개정 2020. 6. 2.]

제5조 삭제 <2003. 4. 4.>

제6조(마약외의 약물 중독자) 법 제6조제2항제4호에서 "기타 대통령령으로 정하는 약물중독자"라 함은 대마 또는 향정신성의약품의 중독자를 말한다.

제6조의2(위생사 국가시험의 시험방법 등) ① 보건복지부장관은 법 제6조의2제1항에 따른 위생사 국가시험(이하 "위생사 국가시험"이라 한다)을 실시하려는 경우에는 시험일시, 시험장소 및 시험과목 등 위생사 국가시험 시행계획을 시험실시 90일 전까지 공고하여야 한다. 다만, 시험장소의 경우에는 시험실시 30일 전까지 공고할 수 있다.

② 위생사 국가시험은 다음 각 호의 구분에 따라 필기시험과 실기시험으로 실시한다.

    1. 필기시험: 다음 각 목의 시험과목에 대한 검정(檢定)

    가. 공중보건학

    나. 환경위생학

    다. 식품위생학

    라. 위생곤충학

    마. 위생 관계 법령(「공중위생관리법」, 「식품위생법」, 「감염병의 예방 및 관리에 관한 법률」, 「먹는물관리법」, 「폐기물관리법」 및 「하수도법」과 그 하위법령)

    2. 실기시험: 위생사 업무 수행에 필요한 지식 및 기술 등의 실기 방법에 따른 검정

③ 위생사 국가시험의 합격자 결정기준은 다음 각 호의 구분에 따른다.

    1. 필기시험 : 각 과목 총점의 40퍼센트 이상, 전 과목 총점의 60퍼센트 이상 득점한 사람

    2. 실기시험 : 실기시험 총점의 60퍼센트 이상 득점한 사람

④ 보건복지부장관은 위생사 국가시험을 실시할 때마다 시험과목에 대한 전문지식 또는 위생사 업무에 대한 풍부한 경험을 갖춘 사람 중에서 시험위원을 임명하거나 위촉한다. 이 경우 해당 시험위원에 대해서는 예산의 범위에서 수당과 여비를 지급할 수 있다.

⑤ 보건복지부장관은 법 제6조의2제3항에 따라 위생사 국가시험의 실시에 관한 업무를 「한국보건의료인국가시험원법」에 따른 한국보건의료인국가시험원에 위탁한다.

⑥ 법 제6조의2제4항에서 "대통령령으로 정하는 부정행위"란 다음 각 호의 어느 하나에 해당하는 행위를 말한다.

    1. 대리시험을 의뢰하거나 대리로 시험에 응시하는 행위

    2. 다른 수험생의 답안지를 보거나 본인의 답안지를 보여 주는 행위

    3. 정보통신기기나 그 밖의 신호 등을 이용하여 해당 시험내용에 관하여 다른 사람과 의사소통하는 행위

    4. 부정한 자료를 가지고 있거나 이용하는 행위

    5. 그 밖의 부정한 수단으로 본인 또는 다른 사람의 시험 결과에 영향을 미치는 행위로서 보건복지부령으로 정하는 행위

⑦ 제1항부터 제6항까지에서 규정한 사항 외에 위생사 국가시험의 실시절차, 실시방법, 실시비용 및 업무위탁 등에 필요한 사항은 보건복지부장관이 정하여 고시한다. [본조신설 2016. 8. 2.]

제6조의3(위생사의 업무) 법 제8조의2제6호에서 "대통령령으로 정하는 업무"란 다음 각 호의 업무를 말한다.

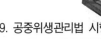

    1. 소독업무

    2. 보건관리업무 [본조신설 2016. 8. 2.]

제7조 삭제 <2003. 4. 4.>

제7조의2(과징금을 부과할 위반행위의 종별과 과징금의 금액) ① 법 제11조의2제2항의 규정에 따라 부과하는 과징금의 금액은 위반행위의 종별·정도 등을 감안하여 보건복지부령이 정하는 영업정지기간에 별표 1의 과징금 산정기준을 적용하여 산정한다. <개정 2010. 3. 15.>

  ② 시장·군수·구청장(자치구의 구청장을 말한다. 이하 같다)은 공중위생영업자의 사업규모·위반행위의 정도 및 횟수 등을 고려하여 제1항에 따른 과징금의 2분의 1 범위에서 과징금을 늘리거나 줄일 수 있다. 이 경우 과징금을 늘리는 때에도 그 총액은 1억원을 초과할 수 없다. <개정 2019. 4. 9.>

제7조의3(과징금의 부과 및 납부) ① 시장·군수·구청장은 법 제11조의2의 규정에 따라 과징금을 부과하고자 할 때에는 그 위반행위의 종별과 해당 과징금의 금액 등을 명시하여 이를 납부할 것을 서면으로 통지하여야 한다.

  ② 제1항의 규정에 따라 통지를 받은 자는 통지를 받은 날부터 20일 이내에 과징금을 시장·군수·구청장이 정하는 수납기관에 납부하여야 한다. 다만, 천재·지변 그 밖에 부득이한 사유로 인하여 그 기간내에 과징금을 납부할 수 없는 때에는 그 사유가 없어진 날부터 7일 이내에 납부하여야 한다.

  ③ 제2항의 규정에 따라 과징금의 납부를 받은 수납기관은 영수증을 납부자에게 교부하여야 한다.

  ④ 과징금의 수납기관은 제2항의 규정에 따라 과징금을 수납한 때에는 지체없이 그 사실을 시장·군수·구청장에게 통보하여야 한다.

  ⑤ 시장·군수·구청장은 법 제11조의2에 따라 과징금을 부과받은 자(이하 "과징금납부의무자"라 한다)가 납부해야 할 과징금의 금액이 100만원 이상인 경우로서 다음 각 호의 어느 하나에 해당하는 사유로 과징금의 전액을 한꺼번에 납부하기 어렵다고 인정될 때에는 과징금납부의무자의 신청을 받아 12개월의 범위에서 분할 납부의 횟수를 3회 이내로 정하여 분할 납부하게 할 수 있다. <개정 2020. 6. 2.>

    1. 재해 등으로 재산에 현저한 손실을 입은 경우

    2. 사업 여건의 악화로 사업이 중대한 위기에 있는 경우

    3. 과징금을 한꺼번에 납부하면 자금사정에 현저한 어려움이 예상되는 경우

    4. 그 밖에 제1호부터 제3호까지의 규정에 준하는 사유가 있다고 인정되는 경우

  ⑥ 과징금납부의무자는 제5항에 따라 과징금을 분할 납부하려는 경우에는 그 납부기한의 10일 전까지 같은 항 각 호의 사유를 증명하는 서류를 첨부하여 시장·군수·구청장에게 과징금의 분할 납부를 신청해야 한다. <신설 2020. 6. 2.>

⑦ 시장·군수·구청장은 과징금납부의무자가 다음 각 호의 어느 하나에 해당하는 경우에는 분할 납부 결정을 취소하고 과징금을 한꺼번에 징수할 수 있다. <신설 2020. 6. 2.>

1. 분할 납부하기로 결정된 과징금을 납부기한까지 내지 않은 경우
2. 강제집행, 경매의 개시, 파산선고, 법인의 해산, 국세 또는 지방세의 체납처분을 받은 경우 등 과징금의 전부 또는 잔여분을 징수할 수 없다고 인정되는 경우

⑧ 과징금의 징수절차는 보건복지부령으로 정한다. <개정 2020. 6. 2.>

제7조의4(과징금 부과처분 취소 대상자) 법 제11조의2제3항에 따라 과징금 부과처분을 취소하고 영업정지 처분을 하거나 「지방행정제재·부과금의 징수 등에 관한 법률」에 따라 과징금을 징수하여야 하는 대상자는 과징금을 기한 내에 납부하지 아니한 자로서 1회의 독촉을 받고 그 독촉을 받은 날부터 15일 이내에 과징금을 납부하지 아니한 자로 한다. <개정 2020. 3. 24.>

제7조의5(위반사실의 공표) ① 법 제11조의6에 따른 공표 사항은 다음 각 호와 같다.

1. 「공중위생관리법」 위반사실의 공표라는 내용의 표제
2. 공중위생영업의 종류
3. 영업소의 명칭 및 소재지와 대표자 성명
4. 위반 내용(위반행위의 구체적 내용과 근거 법령을 포함한다)
5. 행정처분의 내용, 처분일 및 처분기간
6. 그 밖에 보건복지부장관이 특히 공표할 필요가 있다고 인정하는 사항

② 시장·군수·구청장은 법 제11조의6에 따라 공표하는 경우에는 해당 시·군·구(자치구를 말한다)의 인터넷 홈페이지와 공중위생영업자의 인터넷 홈페이지(인터넷 홈페이지가 있는 경우만 해당한다)에 각각 게시하여야 한다.

③ 제2항에 따른 공표의 절차 및 방법 등에 필요한 세부사항은 보건복지부장관이 정하여 고시한다. [본조신설 2016. 8. 2.]

제8조(공중위생감시원의 자격 및 임명) ① 법 제15조에 따라 특별시장·광역시장·도지사(이하 "시·도지사"라 한다) 또는 시장·군수·구청장은 다음 각 호의 어느 하나에 해당하는 소속 공무원 중에서 공중위생감시원을 임명한다. <개정 2018. 9. 28.>

1. 위생사 또는 환경기사 2급 이상의 자격증이 있는 사람
2. 「고등교육법」에 따른 대학에서 화학·화공학·환경공학 또는 위생학 분야를 전공하고 졸업한 사람 또는 법령에 따라 이와 같은 수준 이상의 학력이 있다고 인정되는 사람
3. 외국에서 위생사 또는 환경기사의 면허를 받은 사람
4. 1년 이상 공중위생 행정에 종사한 경력이 있는 사람

② 시·도지사 또는 시장·군수·구청장은 제1항 각 호의 어느 하나에 해당하는 사람만으로는 공중위생감시원의 인력확보가 곤란하다고 인정되는 때에는 공중위생 행정에 종사하는 사람 중 공중위생 감시에 관한 교육훈련을 2주 이상 받은 사람을 공중위생 행정에 종사하

는 기간 동안 공중위생감시원으로 임명할 수 있다. <개정 2018. 9. 28.>

제9조(공중위생감시원의 업무범위) 법 제15조에 따른 공중위생감시원의 업무는 다음 각호와 같다. <개정 2016. 8. 2.>

1. 법 제3조제1항의 규정에 의한 시설 및 설비의 확인
2. 법 제4조의 규정에 의한 공중위생영업 관련 시설 및 설비의 위생상태 확인·검사, 공중위생영업자의 위생관리의무 및 영업자준수사항 이행여부의 확인
3. 삭제 <2016. 8. 2.>
4. 법 제10조의 규정에 의한 위생지도 및 개선명령 이행여부의 확인
5. 법 제11조의 규정에 의한 공중위생영업소의 영업의 정지, 일부 시설의 사용중지 또는 영업소 폐쇄명령 이행여부의 확인
6. 법 제17조의 규정에 의한 위생교육 이행여부의 확인

제9조의2(명예공중위생감시원의 자격 등) ① 법 제15조의2제1항의 규정에 의한 명예공중위생감시원(이하 "명예감시원"이라 한다)은 시·도지사가 다음 각호의 1에 해당하는 자중에서 위촉한다. <개정 2005. 11. 1.>

1. 공중위생에 대한 지식과 관심이 있는 자
2. 소비자단체, 공중위생관련 협회 또는 단체의 소속직원중에서 당해 단체 등의 장이 추천하는 자

② 명예감시원의 업무는 다음 각호와 같다. <개정 2005. 11. 1.>

1. 공중위생감시원이 행하는 검사대상물의 수거 지원
2. 법령 위반행위에 대한 신고 및 자료 제공
3. 그 밖에 공중위생에 관한 홍보·계몽 등 공중위생관리업무와 관련하여 시·도지사가 따로 정하여 부여하는 업무

③ 시·도지사는 명예감시원의 활동지원을 위하여 예산의 범위안에서 시·도지사가 정하는 바에 따라 수당 등을 지급할 수 있다. <개정 2005. 11. 1.>

④ 명예감시원의 운영에 관하여 필요한 사항은 시·도지사가 정한다. <개정 2005. 11. 1.>

제10조(세탁물관리 사고로 인한 분쟁의 조정) 법 제16조의 규정에 의하여 설립된 세탁업자단체는 그 정관이 정하는 바에 의하여 세탁업자와 소비자간의 분쟁 조정을 위하여 노력하여야 한다.

제10조의2(수수료) 법 제19조의2의 규정에 따른 수수료는 지방자치단체의 수입증지 또는 정보통신망을 이용한 전자화폐·전자결제 등의 방법으로 시장·군수·구청장에게 납부하여야 하며, 그 금액은 다음 각 호와 같다. <개정 2011. 4. 22.>

1. 이용사 또는 미용사 면허를 신규로 신청하는 경우 : 5천500원
2. 이용사 또는 미용사 면허증을 재교부 받고자 하는 경우 : 3천원

제10조의3(민감정보 및 고유식별정보의 처리) ① 보건복지부장관(법 제6조의2제3항에 따라 보건복지부장관의 업무를 위탁받은 자를 포함한다)은 다음 각 호의 사무를 수행하기 위하여 불가피한 경우 「개인정보 보호법」 제23조에 따른 건강에 관한 정보, 같은 법 시행령 제19조제1호 또는 제4호에 따른 주민등록번호 또는 외국인등록번호가 포함된 자료를 처리할 수 있다. <신설 2016. 8. 2.>

1. 법 제6조의2에 따른 위생사 면허 및 위생사 국가시험에 관한 사무
2. 법 제7조의2에 따른 위생사 면허의 취소 및 면허 재부여에 관한 사무
3. 법 제12조제3호에 따른 청문에 관한 사무

② 시·도지사 또는 시장·군수·구청장(시·도지사는 제5호의 사무만 해당하며, 해당 권한이 위임·위탁된 경우에는 그 권한을 위임·위탁받은 자를 포함한다)은 다음 각 호의 사무를 수행하기 위하여 불가피한 경우 「개인정보 보호법」 제23조에 따른 건강에 관한 정보, 같은 법 시행령 제19조제1호 또는 제4호에 따른 주민등록번호 또는 외국인등록번호가 포함된 자료를 처리할 수 있다. <개정 2016. 8. 2.>

1. 법 제3조에 따른 공중위생영업의 신고·변경신고 및 폐업신고에 관한 사무
2. 법 제3조의2에 따른 공중위생영업자의 지위승계 신고에 관한 사무
3. 법 제6조에 따른 이용사 및 미용사 면허신청 및 면허증 발급에 관한 사무
4. 법 제7조에 따른 이용사 및 미용사의 면허취소 등에 관한 사무
5. 법 제10조에 따른 위생지도 및 개선명령에 관한 사무
6. 법 제11조에 따른 공중위생업소의 폐쇄 등에 관한 사무
7. 법 제11조의2에 따른 과징금의 부과·징수에 관한 사무
8. 법 제12조제1호·제2호 및 제4호에 따른 청문에 관한 사무

제10조의4 삭제 <2018. 12. 24.>

제11조(과태료의 부과) 법 제22조에 따른 과태료의 부과기준은 별표 2와 같다.

부칙 <제30744호, 2020. 6. 2.>

제1조(시행일) 이 영은 2020년 6월 4일부터 시행한다.

제2조(과징금의 분할 납부에 관한 적용례) 제7조의3의 개정규정은 이 영 시행 전에 법 제11조의2에 따라 과징금을 부과한 경우에도 적용한다.

[별표 1] [별표 2] 생략

제1조(목적) 이 규칙은 「공중위생관리법」 및 같은 법 시행령에서 위임된 사항과 그 시행에 관하여 필요한 사항을 규정함을 목적으로 한다. <개정 2015. 1. 30.>

제2조(시설 및 설비기준) 「공중위생관리법」(이하 "법"이라 한다) 제3조제1항에 따른 공중위생영업의 종류별 시설 및 설비기준은 별표 1과 같다. <개정 2015. 7. 2.>

제3조(공중위생영업의 신고) ① 법 제3조제1항에 따라 공중위생영업의 신고를 하려는 자는 제2조에 따른 공중위생영업의 종류별 시설 및 설비기준에 적합한 시설을 갖춘 후 별지 제1호 서식의 신고서(전자문서로 된 신고서를 포함한다)에 다음 각 호의 서류를 첨부하여 시장·군수·구청장(자치구의 구청장을 말한다. 이하 같다)에게 제출하여야 한다. <개정 2019. 9. 27.>

1. 영업시설 및 설비개요서
2. 교육수료증(법 제17조제2항에 따라 미리 교육을 받은 경우에만 해당한다)
3. 삭제 <2012. 6. 29.>
4. 「국유재산법 시행규칙」 제14조제3항에 따른 국유재산 사용허가서(국유철도 정거장 시설 또는 군사시설에서 영업하려는 경우에만 해당한다)
5. 철도사업자(도시철도사업자를 포함한다)와 체결한 철도시설 사용계약에 관한 서류(국유철도외의 철도 정거장 시설에서 영업하려고 하는 경우에만 해당한다)
6. 삭제 <2020. 6. 4.>

② 제1항에 따라 신고서를 제출받은 시장·군수·구청장은 「전자정부법」 제36조제1항에 따른 행정정보의 공동이용을 통하여 다음 각 호의 서류를 확인해야 한다. 다만, 제3호·제3호의2·제3호의3 및 제4호의 경우 신고인이 확인에 동의하지 않는 경우에는 그 서류를 첨부하도록 해야 한다. <신설 2020. 6. 4.>

1. 건축물대장(제1항제4호에 따른 국유재산 사용허가서를 제출한 경우에는 제외한다)
2. 토지이용계획확인서(제1항제4호에 따른 국유재산 사용허가서를 제출한 경우에는 제외한다)
3. 전기안전점검확인서(「전기사업법」 제66조의2제1항에 따른 전기안전점검을 받아야 하는 경우에만 해당한다)
3의2. 액화석유가스 사용시설 완성검사증명서(「액화석유가스의 안전관리 및 사업법」 제44조제2항에 따라 액화석유가스 사용시설의 완성검사를 받아야 하는 경우만 해당한다)

3의3. 「다중이용업소의 안전관리에 관한 특별법」 제9조제5항에 따라 소방본부장 또는 소방서장이 발급하는 안전시설등 완비증명서(「다중이용업소의 안전관리에 관한 특별법 시행령」 제2조제4호에 따른 목욕장업을 하려는 경우에만 해당한다)

4. 면허증(이용업·미용업의 경우에만 해당한다)

③ 제1항에 따른 신고를 받은 시장·군수·구청장은 즉시 별지 제2호서식의 영업신고증을 교부하고, 별지 제3호서식의 신고관리대장(전자문서를 포함한다)을 작성·관리하여야 한다. <개정 2008. 6. 30.>

④ 제1항에 따른 신고를 받은 시장·군수·구청장은 해당 영업소의 시설 및 설비에 대한 확인이 필요한 경우에는 영업신고증을 교부한 후 30일 이내에 확인하여야 한다. <신설 2018. 10. 5.>

⑤ 법 제3조제1항에 따라 공중위생영업의 신고를 한 자가 제3항에 따라 교부받은 영업신고증을 잃어버렸거나 헐어 못 쓰게 되어 재교부 받으려는 경우에는 별지 제4호서식의 영업신고증 재교부신청서를 시장·군수·구청장에게 제출하여야 한다. 이 경우 영업신고증이 헐어 못쓰게 된 경우에는 못 쓰게 된 영업신고증을 첨부하여야 한다. <개정 2015. 7. 2.>

제3조의2(변경신고) ① 법 제3조제1항 후단에서 "보건복지부령이 정하는 중요사항"이란 다음 각 호의 사항을 말한다. <개정 2020. 6. 4.>

1. 영업소의 명칭 또는 상호

2. 영업소의 주소

3. 신고한 영업장 면적의 3분의 1 이상의 증감

4. 대표자의 성명 또는 생년월일

5. 「공중위생관리법 시행령」(이하 "영"이라 한다) 제4조제1호 각 목에 따른 숙박업 업종 간 변경

6. 법 제2조제1항제5호 각 목에 따른 미용업 업종 간 변경

② 법 제3조제1항 후단에 따라 변경신고를 하려는 자는 별지 제5호서식의 영업신고사항 변경신고서(전자문서로 된 신고서를 포함한다)에 다음 각 호의 서류를 첨부하여 시장·군수·구청장에게 제출하여야 한다. <개정 2012. 6. 29.>

1. 영업신고증(신고증을 분실하여 영업신고사항 변경신고서에 분실 사유를 기재하는 경우에는 첨부하지 아니한다)

2. 변경사항을 증명하는 서류

③ 제2항에 따라 변경신고서를 제출받은 시장·군수·구청장은 「전자정부법」 제36조제1항에 따른 행정정보의 공동이용을 통하여 다음 각 호의 서류를 확인해야 한다. 다만, 제3호·제3호의2·제3호의3 및 제4호의 경우 신고인이 확인에 동의하지 않는 경우에는 그 서류를 첨부하도록 해야 한다. <신설 2020. 6. 4.>

1. 건축물대장(제3조제1항제4호에 따른 국유재산 사용허가서를 제출한 경우에는 제외한다)

2. 토지이용계획확인서(제3조제1항제4호에 따른 국유재산 사용허가서를 제출한 경우에는 제외한다)

3. 전기안전점검확인서(「전기사업법」 제66조의2제1항에 따른 전기안전점검을 받아야 하는

경우에만 해당한다)

3의2. 액화석유가스 사용시설 완성검사증명서(「액화석유가스의 안전관리 및 사업법」 제44조제2항에 따라 액화석유가스 사용시설의 완성검사를 받아야 하는 경우만 해당한다)

3의3. 「다중이용업소의 안전관리에 관한 특별법」 제9조제5항에 따라 소방본부장 또는 소방서장이 발급하는 안전시설등 완비증명서(「다중이용업소의 안전관리에 관한 특별법 시행령」 제2조제4호에 따른 목욕장업을 하려는 경우에만 해당한다)

4. 면허증(이용업 및 미용업의 경우에만 해당한다)

④ 제2항에 따른 신고를 받은 시장·군수·구청장은 영업신고증을 고쳐 쓰거나 재교부해야 한다. 다만, 변경신고사항이 제1항제2호, 제5호 또는 제6호에 해당하는 경우에는 변경신고한 영업소의 시설 및 설비 등을 변경신고를 받은 날부터 30일 이내에 확인해야 한다. <개정 2019. 12. 31.>

제3조의3(공중위생영업의 폐업신고) ① 법 제3조제2항 본문에 따라 폐업신고를 하려는 자는 별지 제5호의2서식의 신고서(전자문서로 된 신고서를 포함한다)를 시장·군수·구청장에게 제출하여야 한다. <개정 2016. 8. 4.>

② 제1항에 따른 폐업신고를 하려는 자가 「부가가치세법」 제8조제7항에 따른 폐업신고를 같이 하려는 경우에는 제1항에 따른 폐업신고서에 「부가가치세법 시행규칙」 별지 제9호서식의 폐업신고서를 함께 제출하여야 한다. 이 경우 시장·군수·구청장은 함께 제출받은 폐업신고서를 지체 없이 관할 세무서장에게 송부(정보통신망을 이용한 송부를 포함한다. 이하 이 조에서 같다)하여야 한다. <신설 2020. 6. 4.>

③ 관할 세무서장이 「부가가치세법 시행령」 제13조제5항에 따라 같은 조 제1항에 따른 폐업신고를 받아 이를 해당 시장·군수·구청장에게 송부한 경우에는 제1항에 따른 폐업신고서가 제출된 것으로 본다. <신설 2015. 1. 5.>

제3조의4(영업자의 지위승계신고) 생략
제4조(목욕장 욕수의 수질기준 등) 생략
제5조(이·미용기구의 소독기준 및 방법) 생략
제6조(세제의 종류 등) 생략
제7조(공중위생영업자가 준수하여야 하는 위생관리기준 등) 생략
제8조 삭제 <2016. 8. 4.>
제9조(이용사 및 미용사의 면허) 생략
제10조(면허증의 재교부 등) 생략

제11조(위생사 국가시험의 부정행위) 영 제6조의2제6항제5호에서 "보건복지부령으로 정하는 행위"란 다음 각 호의 어느 하나에 해당하는 행위를 말한다.

1. 시험 중 다른 수험자와 시험과 관련된 대화를 하는 행위
2. 답안지(실기작품을 포함한다)를 교환하는 행위

3. 시험 중 시험문제 내용과 관련된 물건을 휴대하여 사용하거나 이를 주고받는 행위

4. 시험장 내외의 자로부터 도움을 받고 답안지(실기작품을 포함한다)를 작성하는 행위

5. 미리 시험문제를 알고 시험을 치른 행위

6. 다른 수험자와 성명 또는 수험번호를 바꾸어 제출하는 행위

[본조신설 2016. 8. 4.]

제11조의2(위생사 면허증의 발급) ① 법 제6조의2제6항에 따라 위생사 면허를 받으려는 사람은 별지 제10호의2서식의 위생사 면허증 발급신청서(전자문서로 된 신청서를 포함한나)에 다음 각 호의 시류(전사문서를 포함한다)를 첨부하여 보건복지부장관에게 제출하여야 한다. <개정 2019. 9. 27.>

1. 다음 각 목의 구분에 따른 서류

가. 법 제6조의2제1항제1호에 해당하는 사람: 보건 또는 위생에 관한 이수증명서

나. 법 제6조의2제1항제2호에 해당하는 사람: 보건 또는 위생에 관한 학위증명서 또는 졸업증명서

다. 법 제6조의2제1항제3호에 해당하는 사람: 외국의 위생사 면허증 또는 자격증 사본

라. 법률 제13983호 공중위생관리법 일부개정법률 부칙 제5조에 따라 위생사 국가시험에 응시하여 합격한 사람: 위생업무에 종사한 경력증명서

2. 법 제6조의2제7항제1호 본문에 해당하지 아니함을 증명하는 의사의 진단서 또는 같은 호 단서에 해당한다는 사실을 증명할 수 있는 전문의의 진단서

3. 법 제6조의2제7항제2호에 해당하지 아니함을 증명하는 의사의 진단서

4. 사진 2장

② 보건복지부장관은 제1항에 따른 면허증의 발급 신청이 적합하다고 인정하는 경우에는 다음 각 호의 사항이 포함된 면허대장에 해당 사항을 등록하고, 별지 제10호의3서식의 위생사 면허증을 신청인에게 발급하여야 한다.

1. 면허번호 및 면허연월일

2. 성명·주소 및 주민등록번호

3. 위생사 국가시험 합격연월일

4. 면허취소 사유 및 취소연월일

5. 면허증 재교부 사유 및 재교부연월일

6. 그 밖에 보건복지부장관이 면허의 관리에 특히 필요하다고 인정하는 사항

제11조의3(위생사 면허증 재발급) ① 위생사는 면허증을 잃어버리거나 못쓰게 된 경우에는 별지 제10호의4서식의 위생사 면허증 재발급 신청서(전자문서로 된 신청서를 포함한다)에 다음 각 호의 서류(전자문서를 포함한다)를 첨부하여 보건복지부장관에게 제출하여야 한다. <개정 2019. 9. 27.>

1. 면허증 원본(면허증을 못쓰게 된 경우만 해당한다)

2. 분실사유서(면허증을 잃어버린 경우만 해당한다)

3. 사진 2장

② 위생사 면허증을 잃어버린 후 재발급받은 사람이 잃어버린 면허증을 찾은 때에는 지체 없
　이 보건복지부 장관에게 그 면허증을 반납하여야 한다.

제11조의4(위생사 면허 등에 관한 수수료) 법 제6조의2제6항에 따른 위생사 면허에 대한 수
수료는 다음 각호의 구분에 따른다. 이 경우 해당 수수료는 수입인지 또는 정보통신망을 이용하
여 전자화폐 및 전자결제 등의 방법으로 납부한다.

　　1. 제11조의2에 따른 위생사 면허증 발급 : 면제

　　2. 제11조의3 및 제12조의2에 따른 위생사 면허증 재발급·재부여 : 2천원

　　3. 위생사 면허에 관한 증명 : 500원. 다만, 정보통신망을 이용하여 신청하는 경우에는 해
　　　당 수수료를 면제한다. [본조신설 2016. 8. 4.]

제12조(면허증의 반납 등) 생략

제12조의2(위생사 면허의 재부여) 법 제7조의2제1항제1호에 따라 위생사 면허가 취소된 사
람이 같은 조 제2항에 따라 다시 면허를 받으려는 경우에는 별지 제10호의4 서식의 위생사
면허증 재부여 신청서(전자문서로 된 신청서를 포함한다)에 다음 각호의 서류(전자문서를 포
함한다)를 첨부하여 보건복지부 장관에게 제출하여야 한다. <개정 2019. 9. 27.>

　　1. 면허취소의 원인이 된 사유가 소멸한 것을 증명하는 서류

　　2. 사진 2장

제13조(영업소 외에서의 이용 및 미용 업무) 생략
제14조(업무범위) 생략
제15조(검사의뢰) 생략
제16조(공중위생영업소 출입·검사 등) 생략
제17조(개선기간) 생략
제18조 삭제 <2016. 8. 4.>
제19조(행정처분기준) 생략
제20조(위생서비스수준의 평가주기) 생략
제21조(위생관리등급의 구분 등) 생략
제22조(위생관리등급의 통보 및 공표절차 등) 생략

제23조(위생교육) ① 법 제17조에 따른 위생교육은 3시간으로 한다. <개정 2011. 2. 10.>

② 위생교육의 내용은 「공중위생관리법」 및 관련 법규, 소양교육(친절 및 청결에 관한 사항을
　포함한다), 기술교육, 그 밖에 공중위생에 관하여 필요한 내용으로 한다.

③ 동일한 공중위생영업자가 법 제2조제1항제5호 각 목 중 둘 이상의 미용업을 같은 장소에
　서 하는 경우에는 그중 하나의 미용업에 대한 위생교육을 받으면 나머지 미용업에 대한

위생교육도 받은 것으로 본다. <신설 2020. 6. 4.>

④ 법 제17조제1항 및 제2항에 따른 위생교육 대상자 중 보건복지부장관이 고시하는 섬·벽지지역에서 영업을 하고 있거나 하려는 자에 대하여는 제7항에 따른 교육교재를 배부하여 이를 익히고 활용하도록 함으로써 교육에 갈음할 수 있다. <개정 2020. 6. 4.>

⑤ 법 제17조제1항 및 제2항에 따른 위생교육 대상자 중 「부가가치세법」 제8조제7항에 따른 휴업신고를 한 자에 대해서는 휴업신고를 한 다음 해부터 영업을 재개하기 전까지 위생교육을 유예할 수 있다. <신설 2020. 6. 4.>

⑥ 법 제17조제2항 단서에 따라 영업신고 전에 위생교육을 받아야 하는 자 중 다음 각 호의 어느 하나에 해당하는 자는 영업신고를 한 후 6개월 이내에 위생교육을 받을 수 있다. <개정 2020. 6. 4.>
1. 천재지변, 본인의 질병·사고, 업무상 국외출장 등의 사유로 교육을 받을 수 없는 경우
2. 교육을 실시하는 단체의 사정 등으로 미리 교육을 받기 불가능한 경우

⑦ 법 제17조제2항에 따른 위생교육을 받은 자가 위생교육을 받은 날부터 2년 이내에 위생교육을 받은 업종과 같은 업종의 영업을 하려는 경우에는 해당 영업에 대한 위생교육을 받은 것으로 본다. <개정 2020. 6. 4.>

⑧ 법 제17조제4항에 따른 위생교육을 실시하는 단체(이하 "위생교육 실시단체"라 한다)는 보건복지부장관이 고시한다. <개정 2020. 6. 4.>

⑨ 위생교육 실시단체는 교육교재를 편찬하여 교육대상자에게 제공하여야 한다. <개정 2020. 6. 4.>

⑩ 위생교육 실시단체의 장은 위생교육을 수료한 자에게 수료증을 교부하고, 교육실시 결과를 교육 후 1개월 이내에 시장·군수·구청장에게 통보하여야 하며, 수료증 교부대장 등 교육에 관한 기록을 2년 이상 보관·관리하여야 한다. <개정 2020. 6. 4.>

⑪ 제1항부터 제8항까지의 규정 외에 위생교육에 관하여 필요한 세부사항은 보건복지부장관이 정한다. <개정 2020. 6. 4.>

제23조의2(행정지원) 생략
제24조(과징금의 징수 절차) 생략
제25조(규제의 재검토) 생략

 부칙 <제733호, 2020. 6. 4.>
이 규칙은 2020년 6월 4일부터 시행한다.

[별표] 1 ~ 7 생략, **<별지>** 서식 1 ~ 14 생략

11 학교급식법

〈법률 제16876호, 2020. 1. 29.〉

제1장 ─ 총칙

제1조(목적) 이 법은 학교급식 등에 관한 사항을 규정함으로써 학교급식의 질을 향상시키고 학생의 건전한 심신의 발달과 국민 식생활 개선에 기여함을 목적으로 한다.

제2조(정의) 이 법에서 사용하는 용어의 정의는 다음과 같다.
1. "학교급식"이라 함은 제1조의 목적을 달성하기 위하여 제4조의 규정에 따른 학교 또는 학급의 학생을 대상으로 학교의 장이 실시하는 급식을 말한다.
2. "학교급식공급업자"라 함은 제15조의 규정에 따라 학교의 장과 계약에 의하여 학교급식에 관한 업무를 위탁받아 행하는 자를 말한다.
3. "급식에 관한 경비"라 함은 학교급식을 위한 식품비, 급식운영비 및 급식시설·설비비를 말한다.

제3조(국가·지방자치단체의 임무) ① 국가와 지방자치단체는 양질의 학교급식이 안전하게 제공될 수 있도록 행정적·재정적으로 지원하여야 하며, 영양교육을 통한 학생의 올바른 식생활 관리능력 배양과 전통 식문화의 계승·발전을 위하여 필요한 시책을 강구하여야 한다.
② 특별시·광역시·도·특별자치도의 교육감(이하 "교육감"이라 한다)은 매년 학교급식에 관한 계획을 수립·시행하여야 한다.

제4조(학교급식 대상) 학교급식은 대통령령이 정하는 바에 따라 다음 각 호의 어느 하나에 해당하는 학교 또는 학급에 재학하는 학생을 대상으로 실시한다. <개정 2020. 1. 29.>
1. 「유아교육법」 제2조제2호에 따른 유치원. 다만, 대통령령으로 정하는 규모 이하의 유치원은 제외한다.
2. 「초·중등교육법」 제2조제1호부터 제4호까지의 어느 하나에 해당하는 학교
3. 「초·중등교육법」 제52조의 규정에 따른 근로청소년을 위한 특별학급 및 산업체부설 중·고등학교
4. 「초·중등교육법」 제60조의3에 따른 대안학교
5. 그 밖에 교육감이 필요하다고 인정하는 학교

제5조(학교급식위원회 등) ① 교육감은 학교급식에 관한 다음 각호의 사항을 심의하기 위하여 그 소속하에 학교급식위원회를 둔다.

    1. 제3조제2항의 규정에 따른 학교급식에 관한 계획

    2. 제9조의 규정에 따른 급식에 관한 경비의 지원

    3. 그 밖에 학교급식의 운영 및 지원에 관한 사항으로서 교육감이 필요하다고 인정하는 사항

  ② 제1항의 규정에 따른 학교급식위원회의 구성·운영 등에 관하여 필요한 사항은 대통령령으로 정한다.

  ③ 특별시장·광역시장·도지사·특별자치도지사 및 시상·군수·자치구의 구청장은 제8조제4항의 규정에 따른 학교급식 지원에 관한 중요사항을 심의하기 위하여 그 소속하에 학교급식지원심의위원회를 둘 수 있다.

  ④ 특별자치도지사·시장·군수·자치구의 구청장은 우수한 식자재 공급 등 학교급식을 지원하기 위하여 그 소속하에 학교급식지원센터를 설치·운영할 수 있다.

  ⑤ 제3항의 규정에 따른 학교급식지원심의위원회의 구성·운영과 제4항의 규정에 따른 학교급식지원센터의 설치·운영에 관하여 필요한 사항은 해당지방자치단체의 조례로 정한다.

제2장 · 학교급식 시설·설비 기준 등

제6조(급식시설·설비) ① 학교급식을 실시할 학교는 학교급식을 위하여 필요한 시설과 설비를 갖추어야 한다. 다만, 2이상의 학교가 인접하여 있는 경우에는 학교급식을 위한 시설과 설비를 공동으로 할 수 있다.

  ② 제1항의 규정에 따른 시설·설비의 종류와 기준은 대통령령으로 정한다.

제7조(영양교사의 배치 등) ① 제6조의 규정에 따라 학교급식을 위한 시설과 설비를 갖춘 학교는 「초·중등교육법」 제21조제2항의 규정에 따른 영양교사와 「식품위생법」 제53조제1항에 따른 조리사를 둔다. 다만, 제4조제1호에 따른 유치원에 두는 영양교사의 배치기준 등에 관하여 필요한 사항은 대통령령으로 정한다. <개정 2020. 1. 29.>

  ② 교육감은 학교급식에 관한 업무를 전담하게 하기 위하여 그 소속하에 학교급식에 관한 전문지식이 있는 직원을 둘 수 있다.

제8조(경비부담 등) ① 학교급식의 실시에 필요한 급식시설·설비비는 당해 학교의 설립·경영자가 부담하되, 국가 또는 지방자치단체가 지원할 수 있다.

  ② 급식운영비는 당해 학교의 설립·경영자가 부담하는 것을 원칙으로 하되, 대통령령이 정하는 바에 따라 보호자(친권자, 후견인 그 밖에 법률에 따라 학생을 부양할 의무가 있는 자를 말한다. 이하 같다)가 그 경비의 일부를 부담할 수 있다.

③ 학교급식을 위한 식품비는 보호자가 부담하는 것을 원칙으로 한다.

④ 특별시장·광역시장·도지사·특별자치도지사 및 시장·군수·자치구의 구청장은 학교급식에 품질이 우수한 농수산물 사용 등 급식의 질 향상과 급식시설·설비의 확충을 위하여 식품비 및 시설·설비비 등 급식에 관한 경비를 지원할 수 있다. <개정 2019. 4. 23.>

제9조(급식에 관한 경비의 지원) ① 국가 또는 지방자치단체는 제8조의 규정에 따라 보호자가 부담할 경비의 전부 또는 일부를 지원할 수 있다.

② 제1항의 규정에 따라 보호자가 부담할 경비를 지원하는 경우에는 다음 각 호의 어느 하나에 해당하는 학생을 우선적으로 지원한다.

1. 학생 또는 그 보호자가 「국민기초생활 보장법」 제2조의 규정에 따른 수급권자, 차상위계층에 속하는 자, 「한부모가족지원법」 제5조의 규정에 따른 보호대상자인 학생

2. 「도서·벽지 교육진흥법」 제2조의 규정에 따른 도서벽지에 있는 학교와 그에 준하는 지역으로서 대통령령이 정하는 지역의 학교에 재학하는 학생

3. 「농어업인 삶의 질 향상 및 농어촌지역 개발촉진에 관한 특별법」 제3조제4호에 따른 농어촌학교와 그에 준하는 지역으로서 대통령령이 정하는 지역의 학교에 재학하는 학생

4. 그 밖에 교육감이 필요하다고 인정하는 학생

제3장 → 학교급식 관리·운영

제10조(식재료) ① 학교급식에는 품질이 우수하고 안전한 식재료를 사용하여야 한다.

② 식재료의 품질관리기준 그 밖에 식재료에 관하여 필요한 사항은 교육부령으로 정한다.

제11조(영양관리) ① 학교급식은 학생의 발육과 건강에 필요한 영양을 충족할 수 있으며, 올바른 식생활습관 형성에 도움을 줄 수 있는 식품으로 구성되어야 한다.

② 학교급식의 영양관리기준은 교육부령으로 정한다.

제12조(위생·안전관리) ① 학교급식은 식단작성, 식재료 구매·검수·보관·세척·조리, 운반, 배식, 급식기구 세척 및 소독 등 모든 과정에서 위해한 물질이 식품에 혼입되거나 식품이 오염되지 아니하도록 위생과 안전관리에 철저를 기하여야 한다.

② 학교급식의 위생·안전관리기준은 교육부령으로 정한다.

제13조(식생활 지도 등) 학교의 장은 올바른 식생활습관의 형성, 식량생산 및 소비에 관한 이해 증진 및 전통 식문화의 계승·발전을 위하여 학생에게 식생활 관련 지도를 하며, 보호자에게

는 관련 정보를 제공한다.

제14조(영양상담) 학교의 장은 식생활에서 기인하는 영양불균형을 시정하고 질병을 사전에 예방하기 위하여 저체중 및 성장부진, 빈혈, 과체중 및 비만학생 등을 대상으로 영양상담과 필요한 지도를 실시한다.

제15조(학교급식의 운영방식) ① 학교의 장은 학교급식을 직접 관리·운영하되, 「유아교육법」 제19조의3에 따른 유치원운영위원회 및 「초·중등교육법」 세31조에 따른 학교운영위원회의 심의·자문을 거쳐 일정한 요건을 갖춘 자에게 학교급식에 관한 업무를 위탁하여 이를 행하게 할 수 있다. 다만, 식재료의 선정 및 구매·검수에 관한 업무는 학교급식 여건상 불가피한 경우를 제외하고는 위탁하지 아니한다. <개정 2020. 1. 29.>

② 제1항의 규정에 따라 의무교육기관에서 업무위탁을 하고자 하는 경우에는 미리 관할청의 승인을 얻어야 한다.

③ 제1항의 규정에 따른 학교급식에 관한 업무위탁의 범위, 학교급식공급업자가 갖추어야 할 요건 그 밖에 업무위탁에 관하여 필요한 사항은 대통령령으로 정한다.

제16조(품질 및 안전을 위한 준수사항) ① 학교의 장과 그 학교의 학교급식 관련 업무를 담당하는 관계 교직원(이하 "학교급식관계교직원"이라 한다) 및 학교급식공급업자는 학교급식의 품질 및 안전을 위하여 다음 각 호의 어느 하나에 해당하는 식재료를 사용하여서는 아니된다.

1. 「농수산물의 원산지 표시에 관한 법률」 제5조제1항에 따른 원산지 표시를 거짓으로 적은 식재료

2. 「농수산물 품질관리법」 제56조에 따른 유전자변형농수산물의 표시를 거짓으로 적은 식재료

3. 「축산법」 제40조의 규정에 따른 축산물의 등급을 거짓으로 기재한 식재료

4. 「농수산물 품질관리법」 제5조제2항에 따른 표준규격품의 표시, 같은 법 제14조제3항에 따른 품질인증의 표시 및 같은 법 제34조제3항에 따른 지리적표시를 거짓으로 적은 식재료

② 학교의 장과 그 소속 학교급식관계교직원 및 학교급식공급업자는 다음 사항을 지켜야 한다.

1. 제10조제2항의 규정에 따른 식재료의 품질관리기준, 제11조제2항의 규정에 따른 영양관리기준 및 제12조제2항의 규정에 따른 위생·안전관리기준

2. 그 밖에 학교급식의 품질 및 안전을 위하여 필요한 사항으로서 교육부령이 정하는 사항

③ 학교의 장과 그 소속 학교급식관계교직원 및 학교급식공급업자는 학교급식에 알레르기를 유발할 수 있는 식재료가 사용되는 경우에는 이 사실을 급식 전에 급식 대상 학생에게 알리고, 급식 시에 표시하여야 한다.

④ 알레르기를 유발할 수 있는 식재료의 종류 등 제3항에 따른 공지 및 표시와 관련하여 필요한 사항은 교육부령으로 정한다.

제17조(생산품의 직접사용 등) 학교에서 작물재배·동물사육 그 밖에 각종 생산활동으로 얻은 생산품이나 그 생산품의 매각대금은 다른 법률의 규정에 불구하고 학교급식을 위하여 직접 사용할 수 있다.

제4장 — 보칙

제18조(학교급식 운영평가) ① 교육부장관 또는 교육감은 학교급식 운영의 내실화와 질적 향상을 위하여 학교급식의 운영에 관한 평가를 실시할 수 있다.

② 제1항의 규정에 따른 평가의 방법·기준 그 밖에 학교급식 운영평가에 관하여 필요한 사항은 대통령령으로 정한다.

제19조(출입·검사·수거 등) ① 교육부장관 또는 교육감은 필요하다고 인정하는 때에는 식품위생 또는 학교급식 관계공무원으로 하여금 학교급식 관련 시설에 출입하여 식품·시설·서류 또는 작업상황 등을 검사 또는 열람을 하게 할 수 있으며, 검사에 필요한 최소량의 식품을 무상으로 수거하게 할 수 있다.

② 제1항의 규정에 따라 출입·검사·열람 또는 수거를 하고자 하는 공무원은 그 권한을 표시하는 증표를 지니고, 이를 관계인에게 내보여야 한다.

③ 제1항의 규정에 따른 검사 등의 결과 제16조제2항제1호·제2호 또는 같은 조 제3항의 규정을 위반한 때에는 교육부장관 또는 교육감은 해당학교의 장 또는 학교급식공급업자에게 시정을 명할 수 있다.

제20조(권한의 위임) 이 법에 의한 교육부장관 또는 교육감의 권한은 그 일부를 대통령령이 정하는 바에 따라 교육감 또는 교육장에게 위임할 수 있다.

제21조(행정처분 등의 요청) ① 교육부장관 또는 교육감은 「식품위생법」·「농수산물 품질관리법」·「축산법」·「축산물위생관리법」의 규정에 따라 허가 및 신고·지정 또는 인증을 받은 자가 제19조의 규정에 따른 검사 등의 결과 각 해당법령을 위반한 경우에는 관계행정기관의 장에게 행정처분 등의 필요한 조치를 할 것을 요청할 수 있다.

② 제1항의 규정에 따라 요청을 받은 관계행정기관의 장은 특별한 사유가 없는 한 이에 응하여야 하며, 그 조치결과를 교육부장관 또는 당해 교육감에게 알려야 한다.

제22조(징계) 학교급식의 적정한 운영과 안전성 확보를 위하여 징계의결 요구권자는 관할학교의 장 또는 그 소속 교직원 중 다음 각 호의 어느 하나에 해당하는 자에 대하여 당해 징계사건을 관할하는 징계위원회에 그 징계를 요구하여야 한다.

1. 고의 또는 과실로 식중독 등 위생·안전상의 사고를 발생하게 한 자
2. 학교급식 관련 계약상의 계약해지 사유가 발생하였음에도 불구하고 정당한 사유 없이 계약해지를 하지 아니한 자
3. 제19조제3항의 규정에 따라 교육부장관 또는 교육감으로부터 시정명령을 받았음에도 불구하고 정당한 사유 없이 이를 이행하지 아니한 자
4. 학교급식과 관련하여 비리가 적발된 자

제5장 벌칙

제23조(벌칙) ① 제16조제1항제1호 또는 제2호의 규정을 위반한 학교급식공급업자는 7년 이하의 징역 또는 1억원 이하의 벌금에 처한다.

② 제16조제1항제3호의 규정을 위반한 학교급식공급업자는 5년 이하의 징역 또는 5천만원 이하의 벌금에 처한다.

③ 다음 각 호의 어느 하나에 해당하는 자는 3년 이하의 징역 또는 3천만원 이하의 벌금에 처한다.

1. 제16조제1항제4호의 규정을 위반한 학교급식공급업자
2. 제19조제1항의 규정에 따른 출입·검사·열람 또는 수거를 정당한 사유 없이 거부하거나 방해 또는 기피한 자

제24조(양벌규정) 법인의 대표자나 법인 또는 개인의 대리인, 사용인, 그 밖의 종업원이 그 법인 또는 개인의 업무에 관하여 제23조의 위반행위를 하면 그 행위자를 벌하는 외에 그 법인 또는 개인에게도 해당 조문의 벌금형을 과(科)한다. 다만, 법인 또는 개인이 그 위반행위를 방지하기 위하여 해당 업무에 관하여 상당한 주의와 감독을 게을리하지 아니한 경우에는 그러하지 아니하다.

제25조(과태료) ① 제16조제2항제1호의 규정을 위반하여 제19조제3항의 규정에 따른 시정명령을 받았음에도 불구하고 정당한 사유없이 이를 이행하지 아니한 학교급식공급업자는 500만원 이하의 과태료에 처한다.

② 제16조제2항제2호 또는 같은 조 제3항의 규정을 위반하여 제19조제3항의 규정에 따른 시정명령을 받았음에도 불구하고 정당한 사유 없이 이를 이행하지 아니한 학교급식공급업자는 300만원 이하의 과태료에 처한다.

③ 제1항 및 제2항의 규정에 따른 과태료는 대통령령이 정하는 바에 따라 교육부장관 또는 교육감이 부과·징수한다.

④ 삭제 <2010. 3. 17.>

⑤ 삭제 <2010.3.17.>

⑥ 삭제 <2010.3.17.>

부칙 <제16876호, 2020. 1. 29.>

제1조(시행일) 이 법은 공포 후 1년이 경과한 날부터 시행한다.

제2조(영양교사의 배치에 관한 경과조치) 이 법 시행 당시 유치원에 「국민영양관리법」 제15조제1항에 따른 영양사를 배치한 경우 제4조 및 제7조의 개정규정에도 불구하고 영양교사를 배치한 것으로 본다.

학교급식법 시행령

〈대통령령 제29950호, 2019. 7. 2.〉

제1조(목적) 이 영은 「학교급식법」에서 위임된 사항과 그 시행에 관하여 필요한 사항을 규정함을 목적으로 한다.

제2조(학교급식의 운영원칙) ① 학교급식은 수업일의 점심시간[「학교급식법」(이하 "법"이라 한다) 제4조제2호에 따른 근로청소년을 위한 특별학급 및 산업체부설학교에 있어서는 저녁시간]에 법 제11조제2항에 따른 영양관리기준에 맞는 주식과 부식 등을 제공하는 것을 원칙으로 한다.

② 학교급식에 관한 다음 각 호의 사항은 「초·중등교육법」 제31조에 따른 학교운영위원회(이하 "학교운영위원회"라 한다)의 심의 또는 자문을 거쳐 학교의 장이 결정하여야 한다.

1. 학교급식 운영방식, 급식대상, 급식횟수, 급식시간 및 구체적 영양기준 등에 관한 사항
2. 학교급식 운영계획 및 예산·결산에 관한 사항
3. 식재료의 원산지, 품질등급, 그 밖의 구체적인 품질기준 및 완제품 사용 승인에 관한 사항
4. 식재료 등의 조달방법 및 업체선정 기준에 관한 사항
5. 보호자가 부담하는 경비 및 급식비의 결정에 관한 사항
6. 급식비 지원대상자 선정 등에 관한 사항
7. 급식활동에 관한 보호자의 참여와 지원에 관한 사항
8. 학교우유급식 실시에 관한 사항
9. 그 밖에 학교의 장이 학교급식 운영에 관하여 중요하다고 인정하는 사항

제3조(학교급식의 개시보고 등) ① 법 제4조에 따라 학교급식을 실시하려는 학교의 장은 법 제6조에 따른 급식시설·설비를 갖추고 교육부령이 정하는 바에 따라 교육부장관 또는 교육감에게 학교급식의 개시보고를 하여야 한다. 다만, 교내에 급식시설을 갖추지 못하여 외부에서 제조·가공한 식품을 운반하여 급식을 실시하는 경우 등에는 급식시설·설비를 갖추지 않고 학교급식의 개시보고를 할 수 있다.

② 제1항에 따른 학교급식의 개시보고 후 급식운영방식의 변경, 급식시설 대수선 또는 증·개축, 급식시설의 운영중단 또는 폐지 등 중요한 사항이 변경된 경우에는 그 내용을 교육부장관 또는 교육감에게 보고하여야 한다.

제4조(학교급식 운영계획의 수립 등) ① 학교의 장은 학교급식의 관리·운영을 위하여 매 학년도 시작 전까지 학교운영위원회의 심의 또는 자문을 거쳐 학교급식 운영계획을 수립하여야 한다.

② 제1항에 따른 학교급식 운영계획에는 급식계획, 영양·위생·식재료·작업·예산관리 및 식생활 지도 등 학교급식 운영관리에 필요한 사항이 포함되어야 한다.

③ 학교의 장은 운영계획의 이행상황을 연 1회 이상 학교운영위원회에 보고하여야 한다.

제5조(학교급식위원회의 구성) ① 법 제5조제1항에 따른 학교급식위원회는 위원장 1인을 포함한 15인 이내의 위원으로 구성한다.

② 학교급식위원회의 위원장(이하 "위원장"이라 한다)은 특별시·광역시·도·특별자치도교육청(이하 "시·도교육청"이라 한다)의 부교육감(부교육감이 2인일 때에는 제1부교육감을 말한다)이 된다.

③ 위원은 시·도교육청 학교급식업무 담당국장, 특별시·광역시·도·특별자치도의 학교급식지원업무 담당국장 및 보건위생업무 담당국장, 학교의 장, 학부모, 학교급식분야 전문가, 「비영리민간단체 지원법」 제2조에 따른 시민단체가 추천한 자 그 밖에 교육감이 필요하다고 인정하는 자 중에서 교육감이 임명 또는 위촉한다.

④ 학교급식위원회에는 간사 1인을 두되, 시·도교육청 공무원 중에서 위원장이 임명한다.

제6조(학교급식위원회의 운영) ① 위원장은 학교급식위원회의 사무를 총괄하고, 학교급식위원회를 대표한다.

② 위원장은 학교급식위원회의 회의를 소집하고, 그 의장이 된다.

③ 학교급식위원회의 회의는 재적위원 과반수의 출석으로 개의하고, 출석위원 과반수의 찬성으로 의결한다.

④ 간사는 위원장의 명을 받아 학교급식위원회의 사무를 처리한다.

⑤ 위촉위원의 임기는 2년으로 하되, 1차에 한하여 연임할 수 있다.

⑥ 그 밖에 학교급식위원회의 운영에 관하여 필요한 사항은 학교급식위원회의 의결을 거쳐 위원장이 정한다.

제7조(시설·설비의 종류와 기준) ① 법 제6조제2항에 따라 학교급식시설에서 갖추어야할 시설·설비의 종류와 기준은 다음 각호와 같다. <개정 2019. 7. 2.>

1. 조리장: 교실과 떨어지거나 차단되어 학생의 학습에 지장을 주지 않는 시설로 하되, 식품의 운반과 배식이 편리한 곳에 두어야 하며, 능률적이고 안전한 조리기기, 냉장·냉동시설, 세척·소독시설 등을 갖추어야 한다.

2. 식품보관실: 환기·방습이 용이하며, 식품과 식재료를 위생적으로 보관하는데 적합한 위치에 두되, 방충 및 쥐막기 시설을 갖추어야 한다.

3. 급식관리실 : 조리장과 인접한 위치에 두되, 컴퓨터 등 사무장비를 갖추어야 한다.

4. 편의시설 : 조리장과 인접한 위치에 두되, 조리종사자의 수에 따라 필요한 옷장과 샤워시설 등을 갖추어야 한다.

② 제1항에 따른 시설에서 갖추어야할 시설과 그 부대시설의 세부적인 기준은 교육부령으로 정한다. <개정 2013. 3. 23.>

제8조(영양교사의 직무) 법 제7조제1항에 따른 영양교사는 학교의 장을 보좌하여 다음 각 호의 직무를 수행한다.

1. 식단작성, 식재료의 선정 및 검수

2. 위생ㆍ안전ㆍ작업관리 및 검식

3. 식생활 지도, 정보 제공 및 영양상담

4. 조리실 종사자의 지도ㆍ감독

5. 그 밖에 학교급식에 관한 사항

제9조(급식운영비 부담) ① 법 제8조제2항에 따른 급식운영비는 다음 각 호와 같다.

1. 급식시설ㆍ설비의 유지비

2. 종사자의 인건비

3. 연료비, 소모품비 등의 경비

② 제1항제2호와 제3호에 따른 경비는 학교운영위원회의 심의 또는 자문을 거쳐 그 경비의 일부를 보호자로 하여금 부담하게 할 수 있다.

③ 학교의 설립ㆍ경영자는 제2항에 따른 보호자의 부담이 경감되도록 노력하여야 한다.

제10조(급식비 지원기준 등) ① 법 제9조제1항에 따라 보호자가 부담할 경비를 지원하는 경우 그 지원액 및 지원대상은 학교급식위원회의 심의를 거쳐 교육감이 정한다.

② 법 제9조제2항제2호와 제3호에서 "대통령령이 정하는 지역의 학교"라 함은 각각 다음 각 호의 학교를 말한다.

1. 법 제9조제2항제2호 : 「도서ㆍ벽지 교육진흥법」 제2조에 따른 도서벽지에 준하는 지역에 소재하는 학교로서 7할 이상에 해당하는 학생의 학부모가 도서벽지의 학부모와 유사한 생활여건에 처하여 있다고 교육감이 인정하는 학교

2. 법 제9조제2항제3호 : 「농어업인 삶의 질 향상 및 농어촌지역 개발촉진에 관한 특별법」 제3조제1호에 따른 농어촌에 준하는 지역에 소재하는 학교로서 7할 이상에 해당하는 학생의 학부모가 농어촌의 학부모와 유사한 생활여건에 처하여 있다고 교육감이 인정하는 학교

제11조(업무위탁의 범위 등) ① 법 제15조제1항에서 "학교급식 여건상 불가피한 경우"라 함

은 다음 각 호의 경우를 말한다.

    1. 공간적 또는 재정적 사유 등으로 학교급식시설을 갖추지 못한 경우

    2. 학교의 이전 또는 통·폐합 등의 사유로 장기간 학교의 장이 직접 관리·운영함이 곤란한 경우

    3. 그 밖에 학교급식의 위탁이 불가피한 경우로서 교육감이 학교급식위원회의 심의를 거쳐 정하는 경우

② 법 제15조제3항에 따른 학교급식공급업자가 갖추어야 할 요건은 다음 각 호와 같다.

    1. 법 제12조제1항에 따른 학교급식 과정 중 조리, 운반, 배식 등 일부업무를 위탁하는 경우 : 「식품위생법 시행령」 제21조제8호마목에 따른 위탁급식영업의 신고를 할 것

    2. 법 제12조제1항에 따른 학교급식 과정 전부를 위탁하는 경우

     가. 학교 밖에서 제조·가공한 식품을 운반하여 급식하는 경우 : 「식품위생법 시행령」 제21조제1호에 따른 식품제조·가공업의 신고를 할 것

     나. 학교급식시설을 운영위탁하는 경우 : 「식품위생법 시행령」 제21조제8호마목에 따른 위탁급식영업의 신고를 할 것

③ 학교의 장은 법 제15조제1항에 따라 학교급식에 관한 업무를 위탁하고자 하는 경우 「식품위생법」 제88조에 따른 집단급식소 신고에 필요한 면허소지자를 둔 학교급식공급업자에게 위탁하여야 한다.

제12조(업무위탁 등의 계약방법) 법 제15조에 따른 학교급식업무의 위탁에 관한 계약은 국가를 당사자로 하는 계약에 관한 법령 또는 지방자치단체를 당사자로 하는 계약에 관한 법령의 관계 규정을 적용 또는 준용한다.

제13조(학교급식 운영평가 방법 및 기준) ① 법 제18조제1항에 따른 학교급식 운영평가를 효율적으로 실시하기 위하여 교육부장관 또는 교육감은 평가위원회를 구성·운영할 수 있다.

② 법 제18조제2항에 따른 학교급식 운영평가기준은 다음 각 호와 같다.

    1. 학교급식 위생·영양·경영 등 급식운영관리

    2. 학생 식생활지도 및 영양상담

    3. 학교급식에 대한 수요자의 만족도

    4. 급식예산의 편성 및 운용

    5. 그 밖에 평가기준으로 필요하다고 인정하는 사항

제14조(출입·검사·수거 등 대상시설) 법 제19조제1항에 따른 학교급식관련 시설은 다음 각 호와 같다.

    1. 학교 안에 설치된 학교급식시설

    2. 학교급식에 식재료 또는 제조·가공한 식품을 공급하는 업체의 제조·가공시설

제15조(관계공무원의 교육) 교육감은 법 제19조에 따른 공무원의 검사기술 및 자질 향상을 위하여 교육을 실시할 수 있다.

제16조(급식연구학교 등의 지정·운영) 교육감은 학교급식의 교육효과 증진과 발전을 위하여 학교급식 연구학교 또는 시범학교를 지정·운영할 수 있다.

제17조(권한의 위임) 교육감은 법 제20조에 따라 법 제19조에 따른 출입·검사·수거 등, 법 제21조에 따른 행정처분 등의 요청 및 법 제25조에 따른 과태료 부과·징수권한을 조례로 정하는 바에 따라 교육장에게 위임할 수 있다.

제18조(과태료의 부과기준) 법 제25조제1항 및 제2항에 따른 과태료의 부과기준은 별표와 같다.

부칙 <제29950호, 2019. 7. 2.>

이 영은 공포한 날부터 시행한다. <단서 생략>

[별표] 〈개정 2013. 11. 22〉

과태료의 부과기준(제18조 관련)

1. 일반기준

   가. 위반행위의 횟수에 따른 과태료의 기준은 최근 3년간 같은 위반행위로 과태료를 부과받은 경우에 적용한다. 이 경우 위반행위에 대하여 과태료 부과처분을 한 날과 다시 같은 위반행위를 적발한 날을 각각 기준으로 하여 위반횟수를 계산한다.

   나. 부과권자는 다음의 어느 하나에 해당하는 경우에는 제2호에 따른 과태료 금액의 2분의 1의 범위에서 그 금액을 감경할 수 있다. 다만, 과태료를 체납하고 있는 위반행위자의 경우에는 그러하지 아니하다.

   1) 위반행위자가「질서위반행위규제법 시행령」제2조의2제1항 각 호의 어느 하나에 해당하는 경우

   2) 위반행위자가 위법행위로 인한 결과를 시정하거나 해소한 경우

   3) 위반행위가 사소한 부주의나 오류 등 과실로 인한 것으로 인정되는 경우

   4) 위반행위의 결과가 경미한 경우

   5) 그 밖에 위반행위의 정도, 위반행위의 동기와 그 결과 등을 고려하여 감경할 필요가 있다고 인정되는 경우

2. 개별기준

위반행위	근거 법조문	과태료 금액(만원)		
		1회 위반	2회 위반	3회 이상 위반
가. 학교급식공급업자가 법 제16조제2항제1호를 위반하여 법 제19조제3항에 따른 시정명령을 받았음에도 불구하고 정당한 사유 없이 이를 이행하지 않은 경우	법 제25조 제1항	100	300	500
나. 학교급식공급업자가 법 제16조제2항제2호를 위반하여 법 제19조제3항에 따른 시정명령을 받았음에도 불구하고 정당한 사유 없이 이를 이행하지 않은 경우	법 제25조 제2항	100	200	300
다. 학교급식공급업자가 법 제16조제3항을 위반하여 법 제19조제3항에 따른 시정명령을 받았음에도 불구하고 정당한 사유 없이 이를 이행하지 않은 경우	법 제25조 제2항	100	200	300

제1조(목적) 이 규칙은「학교급식법」및 동법 시행령에서 위임된 사항과 그 시행에 관하여 필요한 사항을 규정함을 목적으로 한다.

제2조(학교급식의 개시보고 등) ①「학교급식법 시행령」(이하 "영"이라 한다) 제3조제1항에 따른 학교급식의 개시보고는 급식 개시 전 10일까지 별지 제1호서식의 학교급식 개시 보고서에 따라 하여야 한다.

② 영 제3조제2항에 따른 변경보고는 변경 후 20일 이내에 그 내용을 보고하여야 한다.

③ 학교의 장은 매학년도말 현재의 급식현황을 2월 28일까지 별지 제2호서식의 급식실시현황에 따라 교육부장관 또는 교육감에게 보고하고, 교육감은 이를 3월 20일까지 교육부장관에게 보고하여야 한다. <개정 2013. 3. 23.>

④ 교육부장관 또는 교육감은 제1항 내지 제3항의 보고를 받은 사항에 대하여「초·중등교육법」제30조의4에 따른 교육정보시스템에 입력하여 관리하여야 한다. <개정 2013. 3. 23.>

제3조(급식시설의 세부기준) ① 영 제7조제2항에 따른 시설과 부대시설의 세부기준은 별표 1과 같다.

② 제1항에 따른 기준 중 냉장·냉동시설, 조리 및 급식관련 설비·기계·기구에 대한 용량 등 구체적 기준은 교육감이 정한다.

제4조(학교급식 식재료의 품질관리기준 등) ①「학교급식법」(이하 "법"이라 한다) 제10조제2항에 따른 식재료의 품질관리기준은 별표 2와 같다.

② 학교급식의 질 제고 및 안전성 확보를 위하여 품질을 우선적으로 고려하여야 하는 경우 식재료의 구매에 관한 계약은「국가를 당사자로 하는 계약에 관한 법률 시행령」제43조 또는「지방자치단체를 당사자로 하는 계약에 관한 법률 시행령」제43조에 따른 협상에 의한 계약체결 방법을 활용할 수 있다.

제5조(학교급식의 영양관리기준 등) ① 법 제11조제2항에 따른 학교급식의 영양관리기준은 별표 3과 같다.

② 제1항의 기준에 따라 식단작성시 고려하여야 할 사항은 다음 각 호와 같다.

　1. 전통 식문화(食文化)의 계승·발전을 고려할 것

　2. 곡류 및 전분류, 채소류 및 과일류, 어육류 및 콩류, 우유 및 유제품 등 다양한 종류의 식품을 사용할 것

　3. 염분·유지류·단순당류 또는 식품첨가물 등을 과다하게 사용하지 않을 것

　4. 가급적 자연식품과 계절식품을 사용할 것

　5. 다양한 조리방법을 활용할 것

제6조(학교급식의 위생·안전관리기준 등) ① 법 제12조제2항에 따른 학교급식의 위생·안전관리기준은 별표 4와 같다.

② 교육부장관은 제1항에 따른 기준의 준수 및 향상을 위한 지침을 정할 수 있다. <개정 2013. 3. 23.>

제7조(품질 및 안전을 위한 준수사항) ① 법 제16조제2항제2호에서 "그 밖에 학교급식의 품질 및 안전을 위하여 필요한 사항"이라 함은 다음 각 호의 사항을 말한다. <개정 2013. 11. 22.>

　1. 매 학기별 보호자부담 급식비 중 식품비 사용비율의 공개

　2. 학교급식관련 서류의 비치 및 보관(보존연한은 3년)

　가. 급식인원, 식단, 영양 공급량 등이 기재된 학교급식일지

　나. 식재료 검수일지 및 거래명세표

② 법 제16조제3항에 따라 학교의 장과 그 소속 학교급식관계교직원 및 학교급식공급업자는 학교급식에 「식품위생법」 제10조에 따라 식품의약품안전처장이 고시한 식품의 표시기준에 따른 한국인에게 알레르기를 유발하는 것으로 알려져 있는 식품을 사용하는 경우 다음 각 호의 방법으로 알리고 표시하여야 한다. 다만, 해당 식품으로부터 추출 등의 방법으로 얻은 성분을 함유하고 있는 식품에 대해서는 다음 각 호의 방법에 따를 수 있다. <신설 2013. 11. 22.>

　1. 공지방법 : 알레르기를 유발할 수 있는 식재료가 표시된 월간 식단표를 가정통신문으로 안내하고 학교 인터넷 홈페이지에 게재할 것

　2. 표시방법 : 알레르기를 유발할 수 있는 식재료가 표시된 주간 식단표를 식당 및 교실에 게시할 것

제8조(출입·검사 등) ① 영 제14조제1호의 시설에 대한 출입·검사 등은 다음 각 호와 같이 실시하되, 학교급식 운영상 필요한 경우에는 수시로 실시할 수 있다.

　1. 제4조제1항에 따른 식재료 품질관리기준, 제5조제1항에 따른 영양관리기준 및 제7조에 따른 준수사항 이행여부의 확인·지도 : 연 1회 이상 실시하되, 제2호의 확인·지도시 함께 실시할 수 있음

　2. 제6조제1항에 따른 위생·안전관리기준 이행여부의 확인·지도 : 연 2회 이상

② 영 제14조제2호의 시설에 대한 출입·검사 등을 효율적으로 시행하기 위하여 필요하다고 인정하는 경우 교육부장관, 교육감 또는 교육장은 식품의약품안전처장, 특별시장·광역시장·특별자치시장·도지사·특별자치도지사 또는 시장·군수·구청장(자치구의 구청장을 말한다)에게 행정응원을 요청할 수 있다. <개정 2013. 11. 22.>

③ 제1항 및 제2항에 따른 출입·검사를 실시한 관계공무원은 해당 학교급식관련 시설에 비치된 별지 제3호서식의 출입·검사 등 기록부에 그 결과를 기록하여야 한다.

④ 법 제19조제2항에 따른 공무원의 권한을 표시하는 증표는 별지 제4호서식과 같다.

제9조(수거 및 검사의뢰 등) ① 법 제19조제1항에 따라 다음 각호의 검사를 실시할 수 있다.

1. 미생물 검사
2. 식재료의 원산지, 품질 및 안전성 검사

② 제1항에 따라 검체를 수거한 관계공무원은 검체를 수거한 장소에서 봉함(封函)하고 관계공무원 및 피수거자의 날인이나 서명으로 봉인(封印)한 후 지체없이 특별시·광역시·도·특별자치도의 보건환경연구원, 시·군·구의 보건소 등 관계검사기관에 검사를 의뢰하거나 자체적으로 검사를 실시한다. 다만, 제1항제2호의 검사에 대하여는 국립농산물품질관리원, 농림축산검역본부, 국립수산물품질관리원 등 관계행정기관에 수거 및 검사를 의뢰할 수 있다. <개정 2013. 11. 22.>

③ 제2항에 따라 검체를 수거한 때에는 별지 제5호서식의 수거증을 교부하여야 하며, 검사를 의뢰한 때에는 별지 제6호서식의 수거검사처리대장에 그 내용을 기록하고 이를 비치하여야 한다.

제10조(행정처분의 요청 등) 법 제21조에 따라 관할 행정기관의 장에게 행정처분 등 필요한 조치를 요청하고자 하는 때에는 별지 제7호서식의 확인서 또는 제9조제1항의 검사결과를 첨부하여 요청하여야 한다.

제11조(규제의 재검토) 교육부장관은 제3조 및 별표 1에 따른 급식시설의 세부기준에 대하여 2015년 1월 1일을 기준으로 2년마다(매 2년이 되는 해의 기준일과 같은 날 전까지를 말한다) 그 타당성을 검토하여 개선 등의 조치를 하여야 한다.

[본조신설 2014.12.31.]

부칙 <제96호, 2016. 4. 20.>

제1조(시행일) 이 규칙은 공포한 날부터 시행한다.

제2조(서식 개정에 관한 경과조치) 이 규칙 시행 당시 종전의 규정에 따른 서식은 이 규칙 시행 이후 3개월 간 이 규칙에 따른 서식과 함께 사용할 수 있다.

[별표 1] 〈개정 2013. 11. 22〉

급식시설의 세부기준(제3조제1항관련)

1. 조리장

　가. 시설·설비

　　1) 조리장은 침수될 우려가 없고, 먼지 등의 오염원으로부터 차단될 수 있는 등 주변 환경이 위생적이며 쾌적한 곳에 위치하여야 하고, 조리장의 소음·냄새 등으로 인하여 학생의 학습에 지장을 주지 않도록 해야 한다.

　　2) 조리장은 작업과정에서 교차오염이 발생되지 않도록 전처리실(前處理室), 조리실 및 식기구세척실 등을 벽과 문으로 구획하여 일반작업구역과 청결작업구역으로 분리한다. 다만, 이러한 구획이 적절하지 않을 경우에는 교차오염을 방지할 수 있는 다른 조치를 취하여야 한다.

　　3) 조리장은 급식설비·기구의 배치와 작업자의 동선(動線) 등을 고려하여 작업과 청결유지에 필요한 적정한 면적이 확보되어야 한다.

　　4) 내부벽은 내구성, 내수성(耐水性)이 있는 표면이 매끈한 재질이어야 한다.

　　5) 바닥은 내구성, 내수성이 있는 재질로 하되, 미끄럽지 않아야 한다.

　　6) 천장은 내수성 및 내화성(耐火性)이 있고 청소가 용이한 재질로 한다.

　　7) 바닥에는 적당한 위치에 상당한 크기의 배수구 및 덮개를 설치하되 청소하기 쉽게 설치한다.

　　8) 출입구와 창문에는 해충 및 쥐의 침입을 막을 수 있는 방충망 등 적절한 설비를 갖추어야 한다.

　　9) 조리장 출입구에는 신발소독 설비를 갖추어야 한다.

　　10) 조리장내의 증기, 불쾌한 냄새 등을 신속히 배출할 수 있도록 환기시설을 설치하여야 한다.

　　11) 조리장의 조명은 220룩스(lx) 이상이 되도록 한다. 다만, 검수구역은 540룩스(lx) 이상이 되도록 한다.

　　12) 조리장에는 필요한 위치에 손 씻는 시설을 설치하여야 한다.

　　13) 조리장에는 온도 및 습도관리를 위하여 적정 용량의 급배기시설, 냉·난방시설 또는 공기조화시설(空氣調和施設) 등을 갖추도록 한다.

　나. 설비·기구

　　1) 밥솥, 국솥, 가스테이블 등의 조리기기는 화재, 폭발 등의 위험성이 없는 제품을 선정하되, 재질의 안전성과 기기의 내구성, 경제성 등을 고려하여 능률적인 기기를 설치하여야 한다.

　　2) 냉장고(냉장실)와 냉동고는 식재료의 보관, 냉동 식재료의 해동(解凍), 가열조리된 식품의

냉각 등에 충분한 용량과 온도(냉장고 5℃이하, 냉동고 -18℃이하)를 유지하여야 한다.

3) 조리, 배식 등의 작업을 위생적으로 하기 위하여 식품 세척시설, 조리시설, 식기구 세척 시설, 식기구 보관장, 덮개가 있는 폐기물 용기 등을 갖추어야 하며, 식품과 접촉하는 부분은 내수성 및 내부식성 재질로 씻기 쉽고 소독·살균이 가능한 것이어야 한다.

4) 식기세척기는 세척, 헹굼 기능이 자동적으로 이루어지는 것이어야 한다.

5) 식기구를 소독하기 위하여 전기살균소독기 또는 열탕소독시설을 갖추거나 충분히 세척·소독할 수 있는 세정대(洗淨臺)를 설치하여야 한다.

6) 급식기구 및 배식도구 등을 안진하고 위생석으로 세척할 수 있도록 온수공급 설비를 갖추어야 한다.

2. 식품보관실 등

가. 식품보관실과 소모품보관실을 별도로 설치하여야 한다. 다만, 부득이하게 별도로 설치하지 못할 경우에는 공간구획 등으로 구분하여야 한다.

나. 바닥의 재질은 물청소가 쉽고 미끄럽지 않으며, 배수가 잘 되어야 한다.

다. 환기시설과 충분한 보관선반 등이 설치되어야 하며, 보관선반은 청소 및 통풍이 쉬운 구조이어야 한다.

3. 급식관리실, 편의시설

가. 급식관리실, 휴게실은 외부로부터 조리실을 통하지 않고 출입이 가능하여야 하며, 외부로 통하는 환기시설을 갖추어야 한다. 다만, 시설 구조상 외부로의 출입문 설치가 어려운 경우에는 출입시에 조리실 오염이 일어나지 않도록 필요한 조치를 취하여야 한다.

나. 휴게실은 외출복장으로 인하여 위생복장이 오염되지 않도록 외출복장과 위생복장을 구분하여 보관할 수 있는 옷장을 두어야 한다.

다. 샤워실을 설치하는 경우 외부로 통하는 환기시설을 설치하여 조리실 오염이 일어나지 않도록 하여야 한다.

4. 식당 : 안전하고 위생적인 공간에서 식사를 할 수 있도록 급식인원 수를 고려한 크기의 식당을 갖추어야 한다. 다만, 공간이 부족한 경우 등 식당을 따로 갖추기 곤란한 학교는 교실배식에 필요한 운반기구와 위생적인 배식도구를 갖추어야 한다.

5. 이 기준에서 정하지 않은 사항에 대하여는 식품위생법령의 집단급식소 시설기준에 따른다.

[별표 2] ⟨개정 2013. 11. 22⟩

<u>학교급식 식재료의 품질관리기준</u>(제4조제1항 관련)

1. 농산물

　가. 「농수산물의 원산지 표시에 관한 법률」 제5조 및 「대외무역법」 제33조에 따라 원산지가 표시된 농산물을 사용한다. 다만, 원산지 표시 대상 식재료가 아닌 농산물은 그러하지 아니하다.

　나. 다음의 농산물에 해당하는 것 중 하나를 사용한다.

　　1) 「친환경농어업 육성 및 유기식품 등의 관리·지원에 관한 법률」 제19조에 따라 인증받은 유기식품등 및 같은 법 제34조에 따라 인증받은 무농약농수산물등

　　2) 「농수산물 품질관리법」 제5조에 따른 표준규격품 중 농산물표준규격이 "상" 등급 이상인 농산물. 다만, 표준규격이 정해져 있지 아니한 농산물은 상품가치가 "상" 이상에 해당하는 것을 사용한다.

　　3) 「농수산물 품질관리법」 제6조에 따른 우수관리인증농산물

　　4) 「농수산물 품질관리법」 제24조에 따른 이력추적관리농산물

　　5) 「농수산물 품질관리법」 제32조에 따라 지리적표시의 등록을 받은 농산물

　다. 쌀은 수확연도부터 1년 이내의 것을 사용한다.

　라. 부득이하게 전처리(前處理)농산물(수확 후 세척, 선별, 박피 및 절단 등의 가공을 통하여 즉시 조리에 이용할 수 있는 형태로 처리된 식재료)을 사용할 경우에는 나목과 다목에 해당되는 품목으로 다음 사항이 표시된 것으로 한다.

　　1) 제품명(내용물의 명칭 또는 품목)

　　2) 업소명(생산자 또는 생산자단체명)

　　3) 제조연월일(전처리작업일 및 포장일)

　　4) 전처리 전 식재료의 품질(원산지, 품질등급, 생산연도)

　　5) 내용량

　　6) 보관 및 취급방법

　마. 수입농산물은 「대외무역법」, 「식품위생법」 등 관계 법령에 적합하고, 나목부터 라목까지의 규정에 상당하는 품질을 갖춘 것을 사용한다.

2. 축산물

　가. 공통 기준은 다음과 같다. 다만, 「축산물위생관리법」 제2조제6호에 따른 식용란(食用卵)은 공통 기준을 적용하지 아니한다.

　　1) 「축산물위생관리법」 제9조제2항에 따라 위해요소중점관리기준을 적용하는 도축장에서 처리된 식육을 사용한다.

2)「축산물위생관리법」제9조제3항에 따라 위해요소중점관리기준 적용 작업장으로 지정 받은 축산물가공장 또는 식육포장처리장에서 처리된 축산물(수입축산물을 국내에서 가 공 또는 포장처리 하는 경우에도 동일하게 적용)을 사용한다.

나. 개별기준은 다음과 같다. 다만, 닭고기, 계란 및 오리고기의 경우에는 등급제도 전면 시 행 전까지는 권장사항으로 한다.

1) 쇠고기 :「축산법」제35조에 따른 등급판정의 결과 3등급 이상인 한우 및 육우를 사용 한다.

2) 돼지고기 :「축산법」제35조에 따른 등급판정의 결과 2능급 이상을 사용한다.

3) 닭고기 :「축산법」제35조에 따른 등급판정의 결과 1등급 이상을 사용한다.

4) 계란 :「축산법」제35조에 따른 등급판정의 결과 2등급 이상을 사용한다.

5) 오리고기 :「축산법」제35조에 따른 등급판정의 결과 1등급 이상을 사용한다.

6) 수입축산물 :「대외무역법」,「식품위생법」,「축산물위생관리법」등 관련법령에 적합하 며, 1)부터 5)까지에 상당하는 품질을 갖춘 것을 사용한다.

3. 수산물

가.「농수산물의 원산지 표시에 관한 법률」제5조 및「대외무역법」제33조에 따른 원산지가 표시된 수산물을 사용한다.

나.「농수산물 품질관리법」제14조에 따른 품질인증품, 같은 법 제32조에 따라 지리적표시의 등록을 받은 수산물 또는 상품가치가 "상" 이상에 해당하는 것을 사용한다.

다. 전처리수산물

1) 전처리수산물(세척, 선별, 절단 등의 가공을 통해 즉시 조리에 이용할 수 있는 형태로 처리된 식재료를 말한다. 이하 같다)을 사용할 경우 나목에 해당되는 품목으로서 다음 시설 또는 영업소에서 가공 처리(수입수산물을 국내에서 가공 처리하는 경우에도 동일 하게 적용한다)된 것으로 한다.

가)「농수산물 품질관리법」제74조에 따라 위해요소중점관리기준을 이행하는 시설로서 해양수산부장관에게 등록한 생산·가공시설

나)「식품위생법」제48조에 따라 위해요소중점관리기준을 적용하는 업소로서「식품위생 법 시행규칙」제62조제1항제2호에 따른 냉동수산식품 중 어류·연체류 식품제조· 가공업소

2) 전처리수산물을 사용할 경우 다음 사항이 표시된 것으로 한다.

가) 제품명(내용물의 명칭 또는 품목)

나) 업소명(생산자 또는 생산자단체명)

다) 제조연월일(전처리작업일 및 포장일)

라) 전처리 전 식재료의 품질(원산지, 품질등급, 생산연도)

마) 내용량

　　　　바) 보관 및 취급방법

　　라. 수입수산물은 「대외무역법」, 「식품위생법」 등 관련법령에 적합하고 나목 및 다목에 상당하는 품질을 갖춘 것을 사용한다.

4. 가공식품 및 기타

　　가. 다음에 해당하는 것 중 하나를 사용한다.

　　　　1) 「식품산업진흥법」 제22조에 따라 품질인증을 받은 전통식품

　　　　2) 「산업표준화법」 제15조에 따라 산업표준 적합 인증을 받은 농축수산물 가공품

　　　　3) 「농수산물 품질관리법」 제32조에 따라 지리적표시의 등록을 받은 식품

　　　　4) 「농수산물 품질관리법」 제14조에 따른 품질인증품

　　　　5) 「식품위생법」 제48조에 따라 위해요소중점관리기준을 적용하는 업소에서 생산된 가공식품

　　　　6) 「식품위생법」 제37조에 따라 영업 등록된 식품제조·가공업소에서 생산된 가공식품

　　　　7) 「축산물위생관리법」 제9조에 따라 위해요소중점관리기준을 적용하는 업소에서 가공 또는 처리된 축산물가공품

　　　　8) 「축산물위생관리법」 제6조제1항에 따른 표시기준에 따라 제조업소, 유통기한 등이 표시된 축산물 가공품

　　나. 김치 완제품은 「식품위생법」 제48조에 따라 위해요소중점관리기준을 적용하는 업소에서 생산된 제품을 사용한다.

　　다. 수입 가공식품은 「대외무역법」, 「식품위생법」 등 관련법령에 적합하고 가목에 상당하는 품질을 갖춘 것을 사용한다.

　　라. 위에서 명시되지 아니한 식품 및 식품첨가물은 식품위생법령에 적합한 것을 사용한다.

5. 예외

　　가. 수해, 가뭄, 천재지변 등으로 식품수급이 원활하지 않은 경우에는 품질관리기준을 적용하지 않을 수 있다.

　　나. 이 표에서 정하지 않는 식재료, 도서(島嶼)·벽지(僻地) 및 소규모학교 또는 지역 여건상 학교급식 식재료의 품질관리기준 적용이 곤란하다고 인정되는 경우에는, 교육감이 학교급식위원회의 심의를 거쳐 별도의 품질관리기준을 정하여 시행할 수 있다.

[별표 3]

학교급식의 영양관리기준(제5조제1항관련)

구분	학년	에너지 (kcal)	단백질 (g)	비타민A (R.E.)		티아민 (비타민B₁) (mg)		리보플라빈 (비타민B₂) (mg)		비타민C (mg)		칼슘 (mg)		철 (mg)	
				평균 필요량	권장 섭취량	평균 필요량	권장 섭취량	평균 필요량	권장 섭취량	평균 필요량	권장 섭취량	평균 필요량	권장 섭취량	평균 필요량	권장 섭취량
남자	초등 1~3학년	534	8.4	97	134	0.20	0.24	0.24	0.30	13.4	20.0	184	234	2.4	3.0
	초등 4~6학년	634	11.7	127	184	0.27	0.30	0.30	0.37	18.4	23.4	184	267	3.0	4.0
	중학생	800	16.7	167	234	0.34	0.40	0.44	0.50	25.0	33.4	267	334	3.0	4.0
	고등학생	900	20.0	200	284	0.37	0.47	0.50	0.60	28.4	36.7	267	334	4.0	5.4
여자	초등 1~3학년	500	8.4	90	134	0.17	0.20	0.20	0.24	13.4	20.0	184	234	2.4	3.0
	초등 4~6학년	567	11.7	117	167	0.24	0.27	0.27	0.30	18.4	23.4	184	267	3.0	4.0
	중학생	667	15.0	154	217	0.27	0.34	0.34	0.40	23.4	30.0	250	300	3.0	4.0
	고등학생	667	15.0	167	234	0.27	0.34	0.34	0.40	25.0	33.4	250	300	4.0	5.4

비고 : R.E.는 레티놀 당량(Retinol Equivalent)임.

1. 학교급식의 영양관리기준은 한끼의 기준량을 제시한 것으로 학생 집단의 성장 및 건강상태, 활동정도, 지역적 상황 등을 고려하여 탄력적으로 적용할 수 있다.

2. 영양관리기준은 계절별로 연속 5일씩 1인당 평균영양공급량을 평가하되, 준수범위는 다음과 같다.

   가. 에너지는 학교급식의 영양관리기준 에너지의 ±10%로 하되, 탄수화물 : 단백질 : 지방의 에너지 비율이 각각 55~70% : 7~20% : 15~30%가 되도록 한다.

   나. 단백질은 학교급식 영양관리기준의 단백질량 이상으로 공급하되, 총공급에너지 중 단백질 에너지가 차지하는 비율이 20%를 넘지 않도록 한다.

   다. 비타민A, 티아민, 리보플라빈, 비타민C, 칼슘, 철은 학교급식 영양관리기준의 권장섭취량 이상으로 공급하는 것을 원칙으로 하되, 최소한 평균필요량 이상이어야 한다.

[별표 4] 〈개정 2013. 11. 22〉

학교급식의 위생ㆍ안전관리기준(제6조제1항관련)

1. 시설관리

가. 급식시설ㆍ설비, 기구 등에 대한 청소 및 소독계획을 수립ㆍ시행하여 항상 청결하게 관리하여야 한다.

나. 냉장ㆍ냉동고의 온도, 식기세척기의 최종 헹굼수 온도 또는 식기소독보관고의 온도를 기록ㆍ관리하여야 한다.

다. 급식용수로 수돗물이 아닌 지하수를 사용하는 경우 소독 또는 살균하여 사용하여야 한다.

2. 개인위생

가. 식품취급 및 조리작업자는 6개월에 1회 건강진단을 실시하고, 그 기록을 2년간 보관하여야 한다. 다만, 폐결핵검사는 연1회 실시할 수 있다.

나. 손을 잘 씻어 손에 의한 오염이 일어나지 않도록 하여야 한다. 다만, 손 소독은 필요시 실시할 수 있다.

3. 식재료 관리

가. 잠재적으로 위험한 식품 여부를 고려하여 식단을 계획하고, 공정관리를 철저히 하여야 한다.

나. 식재료 검수시 「학교급식 식재료의 품질관리기준」에 적합한 품질 및 신선도와 수량, 위생상태 등을 확인하여 기록하여야 한다.

4. 작업위생

가. 칼과 도마, 고무장갑 등 조리기구 및 용기는 원료나 조리과정에서 교차오염을 방지하기 위하여 용도별로 구분하여 사용하고 수시로 세척ㆍ소독하여야 한다.

나. 식품 취급 등의 작업은 바닥으로부터 60㎝ 이상의 높이에서 실시하여 식품의 오염이 방지되어야 한다.

다. 조리가 완료된 식품과 세척ㆍ소독된 배식기구ㆍ용기등은 교차오염의 우려가 있는 기구ㆍ용기 또는 원재료 등과 접촉에 의해 오염되지 않도록 관리하여야 한다.

라. 해동은 냉장해동(10℃ 이하), 전자레인지 해동 또는 흐르는 물(21℃ 이하)에서 실시하여야 한다.

마. 해동된 식품은 즉시 사용하여야 한다.

바. 날로 먹는 채소류, 과일류는 충분히 세척ㆍ소독하여야 한다.

사. 가열조리 식품은 중심부가 75℃(패류는 85℃) 이상에서 1분 이상으로 가열되고 있는지 온도계로 확인하고, 그 온도를 기록ㆍ유지하여야 한다.

아. 조리가 완료된 식품은 온도와 시간관리를 통하여 미생물 증식이나 독소 생성을 억제하

여야 한다.

5. 배식 및 검식

　가. 조리된 음식은 안전한 급식을 위하여 운반 및 배식기구 등을 청결히 관리하여야 하며, 배식 중에 운반 및 배식기구 등으로 인하여 오염이 일어나지 않도록 조치하여야 한다.

　나. 급식실 외의 장소로 운반하여 배식하는 경우 배식용 운반기구 및 운송차량 등을 청결히 관리하여 배식시까지 식품이 오염되지 않도록 하여야 한다.

　다. 조리된 식품에 대하여 배식하기 직전에 음식의 맛, 온도, 조화(영양적인 균형, 재료의 균형), 이물(異物), 불쾌한 냄새, 조리상태 등을 확인하기 위한 검식을 실시하여야 한다.

　라. 급식시설에서 조리한 식품은 온도관리를 하지 아니하는 경우에는 조리 후 2시간 이내에 배식을 마쳐야 한다.

6. 세척 및 소독 등

　가. 식기구는 세척·소독 후 배식 전까지 위생적으로 보관·관리하여야 한다.

　나. 「감염병의 예방 및 관리에 관한 법률 시행령」 제24조에 따라 급식시설에 대하여 소독을 실시하고 소독필증을 비치하여야 한다.

7. 안전관리

　가. 관계규정에 따른 정기안전검사(가스·소방·전기안전, 보일러·압력용기·덤웨이터(dumbwaiter)검사 등)를 실시하여야 한다.

　나. 조리기계·기구의 안전사고 예방을 위하여 안전작동방법을 게시하고 교육을 실시하며, 관리책임자를 지정, 그 표시를 부착하고 철저히 관리하여야 한다.

　다. 조리장 바닥은 안전사고 방지를 위하여 미끄럽지 않게 관리하여야 한다.

8. 기타 : 이 기준에서 정하지 않은 사항에 대해서는 식품위생법령의 위생·안전관련 기준에 따른다.

<서식 1~7> 생략

식품위생관계법규 해설
[개정 31판]

2020년 7월 20일 개정31판 1쇄 인 쇄
2020년 7월 25일 개정31판 1쇄 발 행

지은이 : 식품위생법규교재 편찬위원회

펴낸이 : 박   정   태

펴낸곳 : **광   문   각**

10881
파주시 파주출판문화도시 광인사길 161 광문각빌딩 4층
등   록 : 1991. 5. 31 제12-484호
전화(代) : 031) 955-8787
팩   스 : 031) 955-3730
E-mail : kwangmk7@hanmail.net
홈페이지 : www.kwangmoonkag.co.kr

• ISBN : 978-89-7093-360-3   93590

값 20,000원

한국과학기술출판협회회원
KSPA